国家出版基金项目

NATIONAL PUBLICATION FOUNDATION

有色金属理论与技术前沿丛书

配合物冶金理论与技术

FUNDAMENTAL AND TECHNOLOGY OF COMPLEX METALLURGY

唐谟堂 杨天足 等著

Tang Motang Yang Tianzu

中南大学出版社

www.csupress.com.cn

CNMC 中国有色集团

内容简介 /
Introduction

　　本书主要介绍现代湿法冶金的重要分支——配合物冶金的新理论和新工艺，其中大部分内容是作者及其合作者近三十多年来的学术成就和研究成果。新理论内容涉及双平衡法对三十多个复杂配合物体系的配合平衡计算和热力学关系图的绘制及模型的构建，将传统的以配合物稳定常数表征的金属配合离子浓度与配体浓度的隐性关系发展为以数学模型和热力学关系图表示的金属离子总浓度与配体总浓度的显性关系。在新理论指导下开发的新工艺内容涉及 10 个重金属及金银 2 个贵金属的配合物冶金问题，包括锌、镉、铜、镍、钴、金和银的氨配合物冶金，锑、铋、锡、汞、铅、金和银的氯配合物冶金，锑和金的含硫配合物冶金以及金和银的氰配合物冶金等。本书可供从事湿法冶金、化工生产和科研的有关人员以及相关专业的大专院校师生使用，亦可用作相关专业研究生的教材或主要参考书。

作者简介 /

About the Author

唐谟堂，1942年生，1967年毕业于中南矿冶学院有色冶金专业，1986年10月获原中南工业大学有色金属冶金工学博士学位，成为我国自己培养的第一个有色金属冶金工学博士，1988年破格晋升为教授，1995年起担任博士生导师，2007年评为中南大学二级教授。

作者长期致力于有色金属冶金的教学和科研工作，在有色重金属冶金、稀有金属冶金，特别是铅、锌、锑、铋、锡、铜和银的清洁冶金和湿法冶金方面造诣较深。主要研究方向是：清洁冶金、精细冶金、非传统资源高效利用及冶金环保。已培养研究生55人(其中博士20人)；主持和完成国家科研项目多项；专著及教材4本，参编著作5本，发表论文250余篇，其中被国外权威索引杂志引用80余篇。申请发明专利35项，其中授权18项，获省部级科技进步一、二等奖各1项，省部级教学成果三等奖1项。1991年1月被国家教委和国务院学位委员会授予"做出突出贡献的中国博士学位获得者"的荣誉称号，受到江泽民等中央领导的接见；同年10月获政府特殊津贴。

学术委员会

Academic Committee

国家出版基金项目
有色金属理论与技术前沿丛书

编辑出版委员会

总序

当今有色金属已成为决定一个国家经济、科学技术、国防建设等发展的重要物质基础，是提升国家综合实力和保障国家安全的关键性战略资源。作为有色金属生产第一大国，我国在有色金属研究领域，特别是在复杂低品位有色金属资源的开发与利用上取得了长足进展。

我国有色金属工业近30年来发展迅速，产量连年来居世界首位，有色金属科技在国民经济建设和现代化国防建设中发挥着越来越重要的作用。与此同时，有色金属资源短缺与国民经济发展需求之间的矛盾也日益突出，对国外资源的依赖程度逐年增加，严重影响我国国民经济的健康发展。

随着经济的发展，已探明的优质矿产资源接近枯竭，不仅使我国面临有色金属材料总量供应严重短缺的危机，而且因为"难探、难采、难选、难冶"的复杂低品位矿石资源或二次资源逐步成为主体原料后，对传统的地质、采矿、选矿、冶金、材料、加工、环境等科学技术提出了巨大挑战。资源的低质化将会使我国有色金属工业及相关产业面临生存竞争的危机。我国有色金属工业的发展迫切需要适应我国资源特点的新理论、新技术。系统完整、水平领先和相互融合的有色金属科技图书的出版，对于提高我国有色金属工业的自主创新能力，促进高效、低耗、无污染、综合利用有色金属资源的新理论与新技术的应用，确保我国有色金属产业的可持续发展，具有重大的推动作用。

作为国家出版基金资助的国家重大出版项目，《有色金属理论与技术前沿丛书》计划出版100种图书，涵盖材料、冶金、矿业、地学和机电等学科。丛书的作者荟萃了有色金属研究领域的院士、国家重大科研计划项目的首席科学家、长江学者特聘教授、国家杰出青年科学基金获得者、全国优秀博士论文奖获得者、国家重大人才计划入选者、有色金属大型研究院所及骨干企业的顶尖专家。

国家出版基金由国家设立，用于鼓励和支持优秀公益性出版项目，代表我国学术出版的最高水平。《有色金属理论与技术前沿丛书》瞄准有色金属研究发展前沿，把握国内外有色金属学科的最新动态，全面、及时、准确地反映有色金属科学与工程技术方面的新理论、新技术和新应用，发掘与采集极富价值的研究成果，具有很高的学术价值。

中南大学出版社长期倾力服务有色金属的图书出版，在《有色金属理论与技术前沿丛书》的策划与出版过程中做了大量极富成效的工作，大力推动了我国有色金属行业优秀科技著作的出版，对高等院校、研究院所及大中型企业的有色金属学科人才培养具有直接而重大的促进作用。

王淀佐

2010 年 12 月

前言

　　湿法冶金过程在多数情况下是利用金属离子与某些配位体能形成配合物的特性来实现金属的提取与提纯。因此，20 世纪 80 年代初赵天从教授等提出了"配合物冶金"新概念；然而至今为止，尚未见有关配合物冶金的论著；编写本书的目的在于总结作者及其合作者三十多年来在金属的配位平衡以及配合物冶金方面的学术成就和研究成果，向世人介绍"配合物冶金"的新思想，发展配合物冶金新技术，使之成为现代湿法冶金的重要分支，对金属资源的有效利用和材料制备发挥重要作用。

　　全书共 5 章，在各章后面分别列出主要参考文献。第 1 章介绍配合物冶金基础，包括金属配合物化学基础知识、配合平衡的双平衡法计算和配合物冶金动力学，重点是双平衡法计算，即根据质量平衡、电荷平衡的双平衡原理，对三十多个复杂配合物体系的配合平衡进行计算，绘制相应的热力学关系图，将传统的以配合物稳定常数表征的金属配合离子浓度与配体浓度的隐性关系发展为以数学模型和热力学关系图表示的金属离子总浓度与配体总浓度的显性关系。第 2 章介绍铜、镍、钴的氨配合物冶金，重点是高碱性脉石型低品位矿产资源中铜、镍、钴的氨法提取和氧化铜等精细产品的制备。第 3 章介绍锌和镉的氨配合物冶金以及铅的氯配合物冶金，重点是以氧化锌矿、复杂氧化锌物料为原料，在碳酸铵-氨-水体系中制取纳米氧化锌和活性氧化锌，在硫酸铵-氨-水体系中制取等级氧化锌、锌粉和磷酸锌，在氯化铵-氨-水体系中制取电锌和高纯锌；从镉烟尘及废镍镉电池中用氨法提取镉和镍；在氯盐体系中由硫酸铅或氯化铅物料制取黄丹等铅的化工产品。第 4 章介绍锑、铋、锡和汞的氯配合物冶金以及锑的含硫配合物冶金，重点是新氯化-水解法由硫化锑精矿和脆硫锑铅矿精矿直接制取高纯氧化锑和氯氧化锑阻燃剂，由硫化铋精矿和铋中矿直接制取纳米氧化铋和硝酸铋等铋品；氯化法处理锡阳极泥和复杂锡烟尘，综合回收有价金属和制取 ATO 导电粉；氯配合浸出硫化汞精矿直接制取氧化汞。第 5 章介绍金和银的配合物冶金，重点是氯化法由阳极泥提取金，由银锰精矿提取银；氨配合物法由阳极泥提取银。

本书涵盖了全部重金属及金银两个贵金属的配合物冶金新领域，内容全面、丰富、系统、创新性强，反映了作者及其合作者几十年来在配合物冶金学科方向上的学术成就和研究成果。所介绍的新技术与研究成果有的已实现产业化，有的正在建示范性生产工厂，有的是实验室研究成果。但这些都展示着配合物冶金技术正在快速发展，其学术地位和重要作用日益显现。

本书在以作者及其合作者的学术成就和研究成果的内容为主体的前提下，还收集整理了成熟及有工业应用前景的别人在配合物冶金方面的研究成果的内容，比如氰化及氯化提金，氯化法炼铅和烟气除汞，氨配合物法提取铜、镍、钴和制取氧化铜等。

全书先由唐谟堂策划，确定编著范围和结构，收集整理大部分入编材料；然后分工编写初稿；具体情况是：杨天足编第 1 章 1.1 节及第 5 章（金银）；杨建广编第 1 章 1.2 节与 1.3 节，第 4 章 4.3 节（锡）和 4.4 节（汞）；刘维编第 2 章（铜镍钴）；杨声海编第 3 章 3.1 节（锌）；唐朝波编第 3 章 3.2 节（铅）和第 4 章 4.1 节（锑）；何静编第 3 章 3.3 节（镉）；陈永明编第 4 章 4.2 节（铋）；最后由唐谟堂统一对初稿进行整理、修改和定稿，并由杨天足对全书进行审校。

从作者学术团队离休的建校元老汪键，退休的老教师鲁君乐、袁延胜、晏德生、贺青蒲、姚维义几十年的辛勤劳动对本书的问世做出了重要贡献，对此作者深表谢意。

赵天从教授的博士研究生殷群生和郑国渠，张文海院士的博士研究生王瑞祥，本书作者的博士研究生阳卫军、金胜明、杨声海、张保平、杨建广、巨少华、陈永明、刘维、刘伟锋、窦爱春和张杜超，硕士研究生唐明成、欧阳民、陈进中、王玲、唐建军、程华月、赵廷凯、吴斌秀、李诚国、张鹏、金贵忠、张家靓、任晋和和李鹏等的学位论文研究成果为本书编写提供了全面、充足的实质性素材。对他们的贡献表示谢意，并以此书缅怀我们最崇敬的赵天从老师。

另外，本书还引用了以下作者及其合作者(或导师)已公开发表的有关论文的内容，他们是王成彦、方兆珩、程琼、宋志鹏、郑利峰、史凤梅、王书民和董丰库，对他们的贡献表示衷心感谢。

本书可供从事湿法冶金、化工生产和科研的有关人员以及相关专业的大专院校师生使用，亦可用作相关专业研究生的教材或主体参考书。

由于本书作者学识水平有限，书中错误在所难免，敬请各位同行和读者批评指正，以便在本书再版时修正。对本书存在的问题和建议请发往 tmtang@126.com，作者将不胜感谢。

唐谟堂　杨天足

2011 年 1 月 10 日

目录
Contents

第 1 章　配合物冶金基础

　　配合物化学是无机化学的一个重要分支，它主要是研究金属或金属离子（中心离子或原子）与其他离子或分子（配位体）相互作用的化学，研究的对象是配位化合物（或称配合物）。

　　湿法冶金以水溶液为介质，使有价金属从矿物原料中溶解进入溶液，然后净化除去浸出液的有害杂质元素；最后将有价金属从溶液中沉积出来而达到制备金属化合物或生产金属的目的。即湿法冶金原则上可概括为浸出、净化和沉积三个主要过程，这些过程通过溶浸、沉淀、离子交换、溶剂萃取、置换和电解（积）等分离和提取手段得以实现。湿法冶金单元过程与方法都涉及配位化学理论和知识。

　　配合物冶金是配合物化学与湿法冶金两个学科的紧密结合，是配合物化学对湿法冶金的渗透。它主要是利用配合物化学的原理，研究金属氧化态或单质在浸出、净化、沉积过程中的配位化学行为，确定溶液与有价金属离子相互作用的配合平衡关系，选择适当的条件使主体金属与杂质元素分离，从而确立湿法冶金过程的最佳工艺条件。

1.1　金属配合物化学简介

1.1.1　概述

　　配合物是由能给出孤对电子的一定数目的离子或分子（统称为配位体）与具有能接受孤对电子适当空轨道的离子或原子（称为中心离子或原子）结合而成。当配合物带有电荷时，又可称为配合离子（配离子），带正电荷的称为配阳离子，例如 $Cu(NH_3)_4^{2+}$，带负电荷者称为配阴离子，如 $Ag(CN)_2^-$、$AuCl_4^-$。

　　当配合物只含一个中心金属离子或原子时，称为单核配合物，而当配合物中心金属离子多于一个时，则称为多核配合物。此外，如果配合物中的配体只有一种类型时，称为单配型配合物，而两种或两种以上的配体与同一种中心离子形成的配合物则称为混配型配合物。混配型配合物中的配体可以是阴离子，也可以是分子，但习惯上水溶液体系中的配体不包括水分子。就是说，在水溶液中，水分子和其他某一种配体一起与某一种金属离子形成的配合物不将其看成是混配型配合物。

在湿法冶金中，溶液中主要存在的是单核型配合物。在金属离子的水解过程中生成的单核羟合离子可以缩合成多核配离子；而混配型配合物则主要出现在溶剂萃取中，用两种或两种以上的萃取剂萃取时，以达到协同萃取的目的；在某些浸出过程亦可能形成混配型配合物。

单核配合物中各部分的组成，以 $[Co(NH_3)_6]Cl_3$ 为例，示意如下：

$$[Co:(NH_3)_6]^{3+}Cl_3$$

(1)中心离子或原子

中心离子或原子是配合物的形成体，它一般是金属离子，也可以是金属原子。例如，$Cu(NH_3)_4SO_4$ 中铜是 +2 价离子，而 $Ni(CO)_4$ 中的镍则是原子。

不同类型的金属离子或原子，生成配合物的能力不同，一般来说具有 8 电子惰性气体构型的金属离子生成配合物的能力小。具有 8 - 18 电子构型，即 d 轨道未完全充满电子的离子，生成配合物的能力最强。在周期表两端的元素生成配合物的能力显然很弱，而位于周期表中部的过渡元素生成配合物的能力很强。生成配合物的能力，不仅与中心离子或原子有关，而且还与配体的种类、性质等因素有关。

(2)配位原子

配体中以孤对电子与中心离子或原子直接结合的原子称为配位原子。可以作为配位原子的是周期表中靠右的一些元素，如表 1 - 1 所示。在水溶液中，只有含有配位原子为 F、Cl、Br、I、O、S、N 等的许多配体及配位原子为 C 的个别配体（如 CN^-）是重要的。

表 1 - 1   配位原子在周期表中的位置

C	N	O	F
	P	S	Cl
	As	Se	Br
		Te	I

(3)配体

配体又称为配位体，它可以是单原子的离子，也可以是多原子的离子或分子。配合物之所以种类众多，主要是配体的种类众多。不同配体的选择，可以产生新的湿法冶金工艺。

根据配体所含的配位原子数目，可以将配体粗略地分成两类，即单齿配体和多齿配体。一些配体中含有一对或多对孤对电子，如 NH_3、H_2O、Cl^-，但无论这些配体中配位原子含有多少对孤对电子，通常它们只能有一对孤对电子与一个中心离子结合形成配位键，这样的配体称为单齿配体。如果配体中有两个或两个以上配位原子，且与一个中心离子形成两个或两个以上配位键，这样的配体称为多齿配体。多齿配体能与中心离子形成环状结构（螯环），故又称螯合配体，形成的配合物可称为螯合物。多齿配体按其能提供的配位原子的数目可分为二齿、三齿配体等。

湿法冶金中，由于经济等方面的原因能够在工业上被采用的配体相对说来较少。通常涉及的单齿配体主要有：F^-、Cl^-、Br^-、I^-、NO_3^-、OH^-、S^{2-}、CN^-、SCN^-、NH_3。

在溶剂萃取等过程中也可能涉及 R_2O、RO^-、RS^-、R_2S、Ar_2S、RNH_2 等单齿配体。水溶液中涉及较多的多齿配体有 SO_4^{2-}、CO_3^{2-}、PO_4^{3-} 等。

无机含氧酸根作为二齿配体形成配合物时，形成的环往往是不太稳定的四原子环。但在溶剂萃取、离子交换等过程中则主要涉及多齿配体，通常采用的萃取剂往往是螯合萃取剂，淋洗剂也主要是由螯合配体组成。

（4）配位数

金属离子的配位数首先取决于金属离子本身，其作用是主导的、决定性的，其次取决于配体的种类与浓度。另外，外界条件（如温度、溶剂、压力）对配位数也有影响。因此，在水溶液中配合物的配位数是一个可变的数值。在湿法冶金过程中，配离子的配位数因配体浓度不同而异，如果配体浓度很高，有些金属离子可以在水溶液中形成最高配位数的配合物。

配合物中心离子或原子的配位数，已知的有 2～12，个别可高达 14。对于同一金属离子，当它们的氧化数不同时，配位数也是不同的。因此，不能笼统地说某一元素的配位数，而应指明它的氧化数（价态），例如，Pt（Ⅱ）的配位数为 4，而 Pt（Ⅳ）的配位数则为 6。一般说来，同一族价态相同的金属离子，随着它们的离子半径的增大，配位数一般倾向于增大；而同一种金属元素价态较高的离子的配位数，往往有比价态较低的离子的配位数为大的趋势。

（5）配合物的命名

配合物的正式命名是 1970 年国际纯粹化学和应用化学会首次提出的，中国化学会于 1980 年提出了“无机化学命名原则”，同时撤销了原先的“络合物”命名。但在配位化学的一些应用学科，仍然沿用“络合物”这一提法，实际上两种名称仍在混用，但在同一文献中只能用其一。

1.1.2　配合平衡及配合物的稳定常数

湿法冶金就目前而言大多数在水溶液中进行，探讨配合物的实际应用和配合物的形成规律一般都在水溶液中进行，因此，在本书中我们主要讨论配合物在水溶液中的稳定性。

许多配合物均能溶于水，而在水溶液中完全电离为配离子以及原来处于配合物外界的抗衡离子，而配离子本身又不同程度地离解。

例如，$[Cu(NH_3)_4]SO_4$ 溶于水时，可以认为其完全电离为 $[Cu(NH_3)_4]^{2+}$ 和 SO_4^{2-}，前者又分步离解出 NH_3 和 $[Cu(NH_3)_3]^{2+}$、$[Cu(NH_3)_2]^{2+}$、$[Cu(NH_3)]^{2+}$、Cu^{2+}。反过来看，在水溶液中，Cu^{2+} 离子可以与 NH_3 分子形成各级配离子 $[Cu(NH_3)]^{2+}$、$[Cu(NH_3)_2]^{2+}$、$[Cu(NH_3)_3]^{2+}$ 和 $[Cu(NH_3)_4]^{2+}$；当氨浓度很高时，还可以形成 $[Cu(NH_3)_5]^{2+}$ 甚至 $[Cu(NH_3)_6]^{2+}$。

1.1.2.1 配合平衡

水溶液中的配位反应对于湿法冶金过程来说是十分重要的，通过考察水溶液中的配位反应，确定配合物在水溶液中的形态，对于工艺的选择将起决定性的影响。在湿法冶金中，存在的相可以分成溶液相和固相，就平衡而言，应当存在溶液相与固相之间的平衡及溶液相中的配合平衡。因此，在湿法冶金中所涉及的平衡类型总体上可以分成以下三种类型。

（1）溶液相中的配合平衡

这一类平衡所涉及的相只有溶液相，在选择冶金工艺过程中有时需要了解溶液中的杂质离子和主体金属离子是配阴离子还是以配阳离子的形态存在。在这种情况下，可以借助于配合离子的稳定常数，计算出在一定条件下水溶液体系配合物中各个物种（配离子及游离金属离子）存在的百分率；同时也可以计算出这些离子在一定工艺条件下平衡浓度的具体数值。利用这些数据可以定量地描述某些湿法冶金工艺，选择可改变某些工艺参数，使之达到最佳条件。

（2）配位反应的固 – 液平衡

在这种类型的平衡中，主要涉及通过配位反应使金属由固相进入溶液形成金属配合离子，或从溶液中以难溶化合物的形式沉淀金属或杂质元素，但不发生价态改变，或化合物中与金属离子结合的抗衡阴离子发生加质子反应（亦可以视为配位反应）后进入气相。例如：

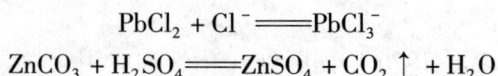

$$PbCl_2 + Cl^- \longrightarrow PbCl_3^-$$
$$ZnCO_3 + H_2SO_4 \longrightarrow ZnSO_4 + CO_2 \uparrow + H_2O$$

（3）配位反应和氧化 – 还原反应的固 – 液平衡

在这一类反应中，由固相进入溶液的金属离子是借助于氧化剂将金属氧化或将化合物的抗衡阴离子氧化后形成配合物而实现的。其典型的反应有：

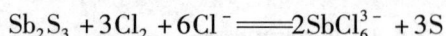

$$Sb_2S_3 + 3Cl_2 + 6Cl^- \longrightarrow 2SbCl_6^{3-} + 3S$$

1.1.2.2 配合物的稳定常数

（1）配离子的逐级和积累稳定常数

为简单起见，用 M 表示中心离子或原子，L 表示配体（阴离子或电中性分子），同时还将 M 和 L 以及由它们形成的配离子所带的电荷省去不写（除要说明

离子的价态外）。这样，设在某一定温度下，在水溶液中 M 与 L 形成各级单核配
离子 $ML_i(i=1, 2, 3, \cdots, n)$，那么，在建立平衡后，体系中存在的 n 个配位平衡
的反应方程式及相应的平衡常数表达式为：

$$M + L \Longrightarrow ML \tag{1-1}$$

$$K_1 = \frac{[ML]}{[M][L]}$$

$$ML + L \Longrightarrow ML_2 \tag{1-2}$$

$$K_2 = \frac{[ML_2]}{[ML][L]}$$

$$ML_{n-1} + L \Longrightarrow ML_n \tag{1-3}$$

$$K_n = \frac{[ML_n]}{[ML_{n-1}][L]}$$

上述各表达式中 [ ] 表示各物种的平衡浓度，K_1，K_2，$\cdots$，K_n 称为逐级稳定
常数，或称分步稳定常数。除少数体系外，在一个配合物体系中，一般规律是 K_1
$> K_2 > K_3 \cdots$

表示上述体系中平衡关系的另一种方式为：

$$M + L \Longrightarrow ML \tag{1-4}$$

$$\beta_1 = \frac{[ML]}{[M][L]}$$

$$M + 2L \Longrightarrow ML_2 \tag{1-5}$$

$$\beta_2 = \frac{[ML_2]}{[M][L]^2}$$

$$M + nL \Longrightarrow ML_n \tag{1-6}$$

$$\beta_n = \frac{[ML_n]}{[M][L]^n}$$

式中：β_1，β_2，$\cdots$，β_n 为各级配离子 ML，ML_2，$\cdots$，ML_n 的积累稳定常数。显然，β_1
$= K_1$，$\beta_2 = K_1 K_2$，$\cdots$，$\beta_n = K_1 K_2 \cdots K_n$。有时用 $K_稳$ 表示最高一级的积累稳定常数。
各种稳定常数的大小反映有关配离子在溶液中稳定性的高低。

（2）配离子稳定常数和活度稳定常数

配离子的稳定常数有活度稳定常数（或称热力学稳定常数）和浓度稳定常数
之分。对于一定的配合物体系浓度稳定常数的大小不但取决于温度，而且还与溶
液中的离子强度有关。

在压力和温度恒定的条件下，对于式（1-6）所表示的反应，其活度稳定常数
β_n^a 为：

$$\beta_n^a = \frac{a_{ML_n}}{a_M a_L^n} \tag{1-7}$$

式中：a 表示各物种的活度，它们可用浓度和活度系数(f)的乘积来表示。因此式(1-7)可以写成：

$$\beta_n^a = \frac{[ML_n]}{[M][L]^n}\frac{f_{ML_n}}{f_M f_L^n} = \beta_n \frac{f_{ML_n}}{f_M f_L^n} \qquad (1-8)$$

根据 Debye-Huckel 电解质理论，在稀溶液中的活度系数，可以近似地认为只与溶液的离子强度有关。Daries 推导出了各种离子活度系数的表达式：

$$-\lg f_z = Az^2\left(\frac{\sqrt{I}}{1+\sqrt{I}} - 0.2I\right) \qquad (1-9)$$

式中：z 为离子的电荷数，A 为常数，在室温时水溶液的 $A = 0.509$；I 为离子强度，它的定义是：

$$I = \frac{1}{2}(C_1 z_1^2 + C_2 z_2^2 + \cdots) = \frac{1}{2}\sum_{i=1}^{n} C_i z_i^2 \qquad (1-10)$$

式中：C_i 为溶液中各种离子的浓度。

不带电荷的中性配合物的活度系数可近似地用下式表式：

$$\lg f_0 = bI \qquad (1-11)$$

式中：b 是由物质性质决定的经验常数，其值一般为 $0.01 \sim 0.1$，若 $I < 1$ 时，电中性物种的活度系数可以不予考虑。

当离子强度等于零时，各离子的活度系数均为 1，此时的浓度稳定常数等于活度稳定常数。若离子强度恒定，式(1-8)的浓度稳定常数和 $I = 0$ 时的活度稳定常数只差一个常数。

图 1-1 是按 Daries 方程计算的不同电荷离子的平均活度系数与离子强度变化的关系。由图 1-1 可以看出，离子活度系数随离子强度的不同、离子电荷多少而异，1 价离子的变化最小。实际测定配合物稳定常数时，常用加入大量惰性电解质的办法来恒定离子强度，由此测定的稳定常数为浓度稳定常数，在

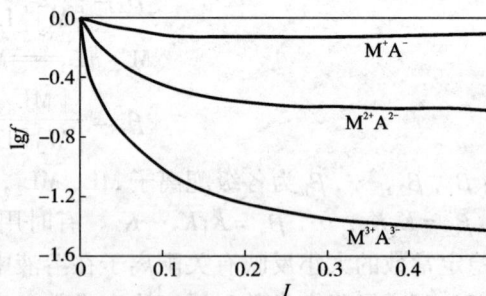

图 1-1 不同电荷的平均活度系数
与离子强度的关系

不同的离子强度下测定一系列的稳定常数并外推至离子强度为零，此时所得的浓度稳定常数即为热力学稳定常数。

若平均活度系数已知，可由式(1-8)直接计算热力学稳定常数。

湿法冶金中，在大多数情况下，体系的离子强度比较高，但已经报道的稳定常数常常是在较小的离子强度下测得的。因此，利用已有的稳定常数进行湿法冶

金计算时，应尽可能选择与实际体系接近的浓度稳定常数，必要时可由有关的式子通过某种离子强度下的浓度稳定常数计算出另一种离子强度下的浓度稳定常数。

（3）配体的加质子常数

溶液中配体（L）除了少数几种不加合质子（Cl^-、Br^-、I^-、NO_3^- 等强酸根离子）外，其他的则当溶液中 H^+ 浓度增加时，氢离子将会与 L 在一定程度上形成 HL、H_2L…（为简单起见，略去可能的电荷不写）。

配体与质子间的平衡可以写成：

$$L + H \Longrightarrow HL \tag{1-12}$$

$$K_1^H = \frac{[HL]}{[H][L]}$$

$$HL + H \Longrightarrow H_2L \tag{1-13}$$

$$K_2^H = \frac{[H_2L]}{[HL][H]}$$

$$H_{m-1}L + H \Longrightarrow H_mL \tag{1-14}$$

$$K_m^H = \frac{[H_mL]}{[H_{m-1}L][H]}$$

式（1-12）~（1-14）中的平衡常数称为配体的逐级加质子常数，与配合物的稳定常数一样，配体的加质子常数也可以用另外一种形式表示：

$$L + H \Longrightarrow HL \tag{1-15}$$

$$\beta_1^H = \frac{[HL]}{[H][L]}$$

$$L + 2H \Longrightarrow H_2L \tag{1-16}$$

$$\beta_2^H = \frac{[H_2L]}{[L][H]^2}$$

$$L + mH \Longrightarrow H_mL \tag{1-17}$$

$$\beta_m^H = \frac{[H_mL]}{[L][H]^m}$$

式（1-15）~（1-17）中的 β^H 称为配体的积累加质子常数，显然积累加质子常数 β^H 与逐级加质子常数 K^H 的关系为：

$$\beta_m = \prod_{i=1}^m K_i$$

例如在水溶液中，硫酸根离子 SO_4^{2-} 与 H^+ 间的反应为：

$$SO_4^{2-} + H^+ \Longrightarrow HSO_4^- \tag{1-18}$$

此反应的平衡常数 K^H 即为 SO_4^{2-} 的加质子常数：

$$K^H = \frac{[HSO_4^-]}{[SO_4^{2-}][H^+]} \quad\quad (1-19)$$

显然，SO_4^{2-} 的加质子常数就是 HSO_4^- 的电离常数的倒数：

$$K^H = \frac{1}{K_a} \quad\quad (1-20)$$

水溶液中氨分子 NH_3 与 H^+ 的反应为：

$$NH_3 + H^+ \Longrightarrow NH_4^+ \quad\quad (1-21)$$

此反应的平衡常数 K^+ 即为 NH_3 分子的加质子常数：

$$K^H = \frac{[NH_4^+]}{[NH_3][H^+]} \qu\quad (1-22)$$

通常 NH_3 作为弱碱，在水溶液中可以发生离解：

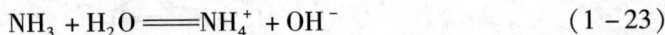

$$NH_3 + H_2O \Longrightarrow NH_4^+ + OH^- \quad\quad (1-23)$$

其电离常数 K_b 为：

$$K_b = \frac{[NH_4^+][OH^-]}{[NH_3]} \quad\quad (1-24)$$

式(1-24)的 K_b 与 NH_3 的加质子常数的关系为：

$$K^H = \frac{K_b}{K_w} \quad\quad (1-25)$$

式中：K_w 为水的离子积。

如果配体 L 可以加合多个质子，则其逐级稳定常数将分别与相应酸的各级电离常数成倒数关系。例如，磷酸根离子的三级逐级加质子常数分别为：

$$PO_4^{3-} + H^+ \Longrightarrow HPO_4^{2-} \quad\quad (1-26)$$

$$K_1^H = \frac{[HPO_4^-]}{[PO_4^{3-}][H^+]} = \frac{1}{K_{a3}}$$

$$HPO_4^{2-} + H^+ \Longrightarrow H_2PO_4^- \quad\quad (1-27)$$

$$K_2^H = \frac{[H_2PO_4^-]}{[HPO_4^{2-}][H^+]} = \frac{1}{K_{a2}}$$

$$H_2PO_4^- + H^+ \Longrightarrow H_3PO_4 \quad\quad (1-28)$$

$$K_3^H = \frac{[H_3PO_4]}{[H_2PO_4^-][H^+]} = \frac{1}{K_{a1}}$$

PO_4^{3-} 的三级逐级加质子常数 K_1^H、K_2^H、K_3^H 分别与 H_3PO_4 的三级电离常数 K_{a3}、K_{a2}、K_{a1} 成倒数关系。

1.1.3 配合物的稳定性规律

（1）软硬酸碱规则

根据广义的酸碱定义，凡是能给出电子对的称为碱（如 OH^-），凡是能接受电子对的则称为酸（如 H^+）。按照此定义，所有的金属离子都是广义酸，而所有的配体都是碱。配合物的形成过程可看成是酸碱反应的过程：

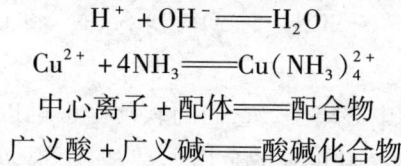

$$H^+ + OH^- \rightleftharpoons H_2O$$
$$Cu^{2+} + 4NH_3 \rightleftharpoons Cu(NH_3)_4^{2+}$$

中心离子 + 配体 === 配合物

广义酸 + 广义碱 === 酸碱化合物

而广义酸有软酸、硬酸、交界酸之分，若中心原子的正电荷高，体积小，极化性低，外层电子较难于再失去，则称之为硬酸。相反，若中心离子的正电荷低、体积大，外层电子较易失去的称为软酸。介于硬酸和软酸之间的称为交界酸。同时，若配体的体积小，电负性低，极化性低，难于氧化，则称为硬碱。反之，若配体的体积大，极化性高，易氧化则称为软碱，介于硬碱和软碱之间的称为交界碱。表 1-2 将常见的广义酸碱按软硬度进行一个粗略的分类。

表 1-2 中心原子和配体的软硬酸碱分类

分类	中心原子[①]（酸类）	配体[①]（碱类）
硬	H(Ⅰ)、Li(Ⅰ)、Na(Ⅰ)、K(Ⅰ)、Be(Ⅱ)、Mg(Ⅱ)、Ca(Ⅱ)、Sr(Ⅱ)、Mn(Ⅱ)、Al(Ⅲ)、Sc(Ⅲ)、Ga(Ⅲ)、In(Ⅲ)、La(Ⅲ)、N(Ⅲ)、Cl(Ⅲ)、Gd(Ⅲ)、Lu(Ⅲ)、Cr(Ⅲ)、Co(Ⅲ)、Fe(Ⅲ)、As(Ⅲ)、Si(Ⅳ)、Ti(Ⅳ)、Zr(Ⅳ)、Th(Ⅳ)、U(Ⅳ)、Pu(Ⅳ)、Ce(Ⅳ)、Hf(Ⅳ)、WO^{4+}、Sn(Ⅳ)、UO_2^{2+}、VO^{2+}、MoO^{3+}、$(CH_2)_2Sn^{2+}$、CH_3Sn^{2+}、$Be(CH_3)_2$、BF_3、$B(OR)_3$、$Al(CH_3)_3$、$AlCl_3$、AlH_3、RPO_2^+、$ROPO_2^+$、RSO_2^+、$ROSO_2^+$、SO_3、RCO^+、CO_2、NC^+、I(Ⅶ)、I(Ⅴ)、Cl(Ⅶ)、Cr(Ⅵ)、HX(成氢键分子)	H_2O、OH^-、O^{2-}、F^-、$CH_3CO_3^-$、PO_4^{3-}、SO_4^{2-}、Cl^-、ClO^-、CO_3^{2-}、ClO_4^-、NO_3^-、ROH、RO^-、R_2O、NH_3、RNH_2、N_2H_4
交界	Fe(Ⅱ)、Co(Ⅱ)、Ni(Ⅱ)、Cu(Ⅱ)、Zn(Ⅱ)、Pb(Ⅱ)、Sn(Ⅱ)、Sb(Ⅲ)、Bi(Ⅲ)、Rh(Ⅲ)、Ir(Ⅲ)、SO_2、$B(CH_3)_2$、NO^+、Ru(Ⅲ)、Os(Ⅲ)、R_2C^+、$C_6H_5^+$、GaH_3、Cr(Ⅱ)	$C_6H_5NH_2$、C_5H_6N、N_3^-、Br^-、NO_2^-、SO_4^{2-}、N_2
软	Cu(Ⅰ)、Ag(Ⅰ)、Au(Ⅰ)、Tl(Ⅰ)、Hg(Ⅰ)、Pd(Ⅱ)、Cd(Ⅱ)、Pt(Ⅱ)、Hg(Ⅱ)、Tl(Ⅲ)、$Tl(CH_3)_2$、CH_3Hg^+、$[Co(CN)_3]^{2+}$、Pt(Ⅳ)、Te(Ⅳ)、BH_3、$Ga(CH_3)_3$、$GaCl_3$、RS^+、RSe^+、RTe^+、I(Ⅰ)、Br(Ⅰ)、HO^+、RO^+、$InCl_3$、GaI_3、I_2、Br_2、ICN；三硫基苯、氰乙烯、醌类；O、Cl、Br、I、N、RO、RO_2；CH_2；M^0（金属原子），金属	R_2S、RSH、RS^-、I^-、SCN^-、$S_2O_3^{3-}$、S^{2-}、R_3P、R_3As、$(RO)_2P$、CN^-、RNO、CO、H^-、C_3H_4、C_6H_6、R^-

注：①R 表示烷基。本表取自：南京大学化学系无机化学组，化学通报，366(1976)。

广义酸碱的软硬度还没有严格的准则，常见的作为碱的配体其硬度下降趋势为：$H_2O > OH^-$，OCH_3^-，$F^- > Cl^- > NH_3 > C_5H_5N > NO_3^- > N_3^- > NH_2OH > H_2N-NH_2 > C_6H_5SH > Br > I^- > SCN^- > SO_3^{2-} > SeCN^- > C_6H_5S^- > (H_2N)_2C—S > S_2O_3^{2-}$。

对于金属离子，作为中心离子，它们的软硬度也可以用元素周期表反映（见表1-3）。从表1-3可知，软度大的金属主要为铜、银、金、铂、钯、镉、汞，它们属于典型的软酸，而交界酸则主要分布在软度较大的金属两侧。除了软酸和交界酸外，其余的金属离子可以认为是硬酸。

表1-3　中心离子在周期表中的软硬度分类

H																	
IA	IIA											IIIA	IVA	VA	VIA	VIIA	
Li	Be												B	C	N	O	F
Na	Mg												Al	Si	P	S	Cl
		IIIB	IVB	VB	VIB	VIIB		VIIIB		IB	IIB						
K	Ca	Sc	Ti	V	Cr	Mn	[Fe]	[Co]	[Ni]	Cu*	[Zn]	Ga	Ge	As	Sc	Br	
Rb	Sr	Y	Zr	Nb	Mo	Tc	[Ru]	[Rb]	Pd*	Ag*	Cd*	In	[Sn]	Sb	Te	I	
Cs	Ba	La	Hf	Ta	W	Re	[Os]	[Ir]	Pt*	Au*	Hg*	Tl	[Pb]	[Bi]	Po	At	

注：*—软，□—交界，其余为硬。

（2）软硬酸碱规则和配合物的稳定性

影响水溶液中配合物稳定性的因素有许多，如金属离子的本性、配体的性质、温度、压力和溶剂、离子强度等。但总的说来，金属离子本性和配体性质的影响是主要的，根据大量配合物的稳定常数数据，发现软酸与软碱可以形成较强的配位键，形成的配合物也比由硬酸与软碱或软酸与硬碱形成的配合物稳定。

同样，硬酸与硬碱在一定条件下也可以形成较稳定的配合物。而交界酸（碱）均可以与硬碱（酸）、软碱（酸）及交界碱（酸）形成具有一定稳定性的配合物。这一现象由Pearson总结，称之为"硬亲硬，软亲软"规律。以卤素离子与一些金属离子形成的配合物的稳定常数的大小为例，可以很好地反映出此规律（见表1-4）。

表 1-4　卤素与一些金属离子配合物的稳定常数($\lg K_1$)

项目		硬	交界		软	备注
		F^-	Cl^-	Br^-	I^-	
硬酸	Fe^{3+}	6.04	1.41	0.49	—	
	H^+	3.6	-7	-9	-9.5	
交界	Pb^{2+}	<0.8	1.75	1.77	1.92	偏软
	Zn^{2+}	0.77	-0.19	-0.6	-1.3	偏硬
软酸	Ag^+	-0.2	3.4	4.2	7.0	
	Hg^{2+}	1.03	6.72	8.94	12.81	

1.1.4　配合平衡计算方法

1.1.4.1　常规配合平衡计算法

常规配合平衡计算以溶液配合平衡、质量平衡和电荷平衡为依据。以 PbAc-NaAc(Ac⁻为乙酸根离子)体系为例说明。

(1) 配位反应平衡

溶液配合平衡就是配位反应平衡，如

$$Pb^{2+} + Ac^- \Longrightarrow PbAc^+ \qquad (1-29)$$

$$\beta_1 = \frac{[PbAc^+]}{[Pb^{2+}][Ac^-]}$$

$$Pb^{2+} + 2Ac^- \Longrightarrow PbAc_2 \qquad (1-30)$$

$$\beta_2 = \frac{[PbAc_2]}{[Pb^{2+}][Ac^-]^2}$$

$$Ac^- + H^+ \Longrightarrow HAc \qquad (1-31)$$

$$\beta_1^H = \frac{[HAc]}{[H^+][Ac^-]}$$

$$H_2O \Longrightarrow OH^- + H^+ \qquad (1-32)$$

$$K_w = [H^+][OH^-]$$

(2) 质量平衡

质量平衡是指溶液中某一物质各种存在形态的浓度总和，等于该物质的分析浓度，有时也称为表观浓度。例如，在 PbAc-NaAc 中，其各物质的质量平衡可以用离子的总浓度 $[Pb^{2+}]_T$、$[Ac^-]_T$ 和 $[Na^+]_T$ 来表达：

$$[Pb^{2+}]_T = [Pb^{2+}] + [PbAc^+] + [PbAc_2] \qquad (1-33)$$

$$[Ac^-]_T = [Ac^-] + [HAc] + [PbAc^+] + 2[PbAc_2] \tag{1-34}$$

由于在体系中，钠离子不存在任何配位反应，其总浓度可以表达为：

$$[Na^+]_T = [Na^+] \tag{1-35}$$

（3）电荷平衡

众所周知，任何电解质溶液都是电中性的，在 PbAc – NaAc 体系中，则有：

$$2[Pb^{2+}] + [Na^+] + [H^+] = [OH^-] + [Ac^-] \tag{1-36}$$

1.1.4.2 单平衡法

湿法冶金体系热力学分析的传统手段是绘制电位 – pH 图的 Pourbaix 法。这种方法以单个化学反应平衡为依据，具有绘图简单，能直观地反映体系中有关元素单质及其化合物的热力学稳定区；但它只适用于元素 – 水体系和金属固态化合物 – 水体系，而不适合配合物体系。由于在原理上没有考虑体系的同时平衡和电荷平衡，所得结果是定性的，而不是定量的。

20 世纪七八十年代，国内学者根据同时平衡原理提出 $\varphi - \psi$ 函数法和 $x - y$ 函数法来绘制配合物体系的电位 – pH 图。这两种方法在原理上是一样的，即对 $M - L - H_2O$（M 为形成配合物的金属，L 为配位体）配合物体系，首先确定体系中可能存在的所有物种（含离子）和平衡固相；然后求得金属离子配合基浓度加合函数 φ 或 x 和配位体基浓度加合函数 ψ 或 y：

$$\varphi_n(x_n) = 1 + \sum K_i[L]^i \tag{1-37}$$

$$\psi(y) = \sum iK_i[L]^i \tag{1-38}$$

式中：K、$[L]$、i 及 n 分别表示配合物稳定常数、游离配位体浓度、配位数及金属离子价数。最后根据质量同时平衡原理，建立金属总浓度平衡方程和配位体总浓度平衡方程：

$$[M]_T = \sum \varphi_n(x_n)[M^n] \tag{1-39}$$

$$[L]_T = \psi(y)[L] \tag{1-40}$$

式中：$[M^n]$ 为 n 价游离金属离子的浓度。

这两种方法可称之为单平衡法，它只考虑体系各物种的同时平衡，而没有考虑体系的电荷平衡，即忽略了阴离子和副金属离子的作用，而且忽视配位体（功能团）的价态随电位变化而变化的实际情况，缺乏科学性和严密性；因而所得结果仍然是定性的，准确性和可靠性差，不能用试验验证。单平衡法可以完成没有多核配位和复杂配位的简单配合物体系的热力学计算，但它不适用于复杂配合物体系。传统方法，不论是 Pourbaix 法还是单平衡法，计算数据十分有限，只能绘制电位 – pH 及 pH – 主金属浓度二维平面图，而不能绘制三维立体图。

1.1.4.3 双平衡法

20 世纪 80 年代初，我们提出了双平衡电算指数方程法，简称双平衡法。与传统方法比较，双平衡法首先在原理上更加科学和严密，既考虑了金属和配位体元素（功能团）的质量平衡，又考虑了体系的电荷平衡，即考虑了阴离子和副金属离子的作用，而且允许配位体（功能团）的价态随电位变化而变化，生成配位体元素（功能团）的其他物种；其次，双平衡法所得结果是定量的，可用试验验证，更加准确和接近实际；第三，计算数据最完整，包括体系中存在的所有物种（含离子）的浓度，主、副金属及配位体元素（功能团）的总浓度，电位值和 pH 值等，从而可求出金属总浓度与配位体元素（功能团）总浓度、电位和 pH 值的定量关系，绘制出多种类的二维平面图和三维立体图；第四，浓度均以指数方程表示，不仅模型形式简单规整，而且取导容易，电算时不易"溢出"。总之，双平衡法具有全面而精确描绘湿法冶金体系热力学平衡的特点，其基本观点和计算步骤适用于一切有多种配合物形成的复杂配合物体系，当然更可以用于简单配合物体系，而且含有多核配位和复杂配位配合物以及配位体变价和变体的极复杂体系的热力学计算目前还只能用双平衡法完成。

对 $M_1(n) - M_2(m) - L_1 - L_2 - R^{z-} - H_2O$（$M_1$ 为形成配合物的主金属，M_2 为副金属，可以形成配合物，也可以不形成，L_1 及 L_2 均为配位体，R^{z-} 为不形成配合物的其他阴离子）配合物体系，首先确定体系中可能存在的所有物种（含离子）和平衡固相。体系中所有物种（含离子）的摩尔浓度用一个指数方程通式表示：

$$[R] = \exp(aME + bNP + c_1\ln[L_1^{k_1-}] + c_2\ln[L_2^{k_2-}] + d) \quad (1-41)$$

式中：$[L_1^{k_1-}]$ 及 $[L_2^{k_2-}]$ 分别为配位体 1 及配位体 2 的游离浓度，$M = 38.944$，E 为体系的平衡混合电位，$N = \ln10$，P 为体系的平衡 pH 值；a、b、c_1、c_2、d 称为指数方程常数，可分别由相应的平衡方程及热力学常数求得，其中 a 和 b 分别为某物种（离子）在配合平衡反应中得失的电子数和质子数，c_1 和 c_2 分别为某物种（离子）在配合平衡反应中得失的配位体 1 及配位体 2 的个数，d 是由某物种（离子）的平衡反应常数或电位得出的常数。

根据同时平衡原理，可建立以下 4 个浓度平衡方程。

主金属浓度平衡方程：

$$[M_1^{n+}]_T = [M_1^{n+}] + \sum_{e=1}[M_1L_{1e}^{n-ek_1}] + \sum_{f=1}[M_1L_{2f}^{n-fk_2}] \quad (1-42)$$

副金属浓度平衡方程：

$$[M_2^{m+}]_T = [M_2^{m+}] + \sum_{i=1}[M_2L_{1i}^{m-ik_1}] + \sum_{j=1}[M_2L_{2j}^{m-jk_2}] \quad (1-43)$$

式中：$[M_1^{n+}]_T$ 和 $[M_2^{m+}]_T$ 分别为主、副金属离子的总浓度，而 $[M_1^{n+}]$ 和 $[M_2^{m+}]$ 分别为主、副金属的游离离子浓度；$[M_1L_{1e}^{n-ek_1}]$ 和 $[M_1L_{2f}^{n-fk_2}]$ 分别为主金属与配位体 1 及配位体 2 形成的配合物的浓度，$[M_2L_{1i}^{m-ik_1}]$ 和 $[M_2L_{2j}^{m-jk_2}]$ 分别为副金属与配位体 1 及配位体 2 形成的配合物的浓度。当 M_2^{m+} 与配位体 1 及配位体 2 均不形成

配合物时，则式(1-43)不存在，只与其中一种配位体形成配合物时，则式(1-43)中不形成配合物的相应项消失。

配位体元素 1 浓度平衡方程：

$$[L_1^{k_1-}]_T = [L_1^{k_1-}] + \sum_{e=1} e[M_1 L_{1e}^{n-ek_1}] + \sum_{i=1} i[M_2 L_{1i}^{m-ik_1}] \qquad (1-44)$$

配位体元素 2 浓度平衡方程：

$$[L_2^{k_2-}]_T = [L_2^{k_2-}] + \sum_{f=1} f[M_1 L_{2f}^{n-fk_2}] + \sum_{j=1} j[M_2 L_{2j}^{m-jk_2}] \qquad (1-45)$$

式中：$[L_1^{k_1-}]_T$ 和 $[L_2^{k_2-}]_T$ 分别为配位体 1 及配位体 2 的总浓度，根据电中性原理，可建立电荷平衡方程：

$$n[M_1^{n+}]_T + m[M_2^{m+}]_T + [H^+] = k_1[L_1^{k_1-}]_T + k_2[L_2^{k_2-}]_T + [OH^-] + z[R^{z-}]$$

$$(1-46)$$

式中：$[R^{z-}]$ 为不形成配合物的其他阴离子浓度。式(1-42)~式(1-46)5 个方程中有 E、P、$[M_1^{n+}]_T$、$[M_2^{m+}]_T$、$[L_1^{k_1-}]$、$[L_2^{k_2-}]$、$[L_1^{k_1-}]_T$、$[L_2^{k_2-}]_T$ 及 $[R^{z-}]$ 9 个未知数，只要设定 $[M_2^{m+}]_T$、$[L_1^{k_1-}]_T$、$[L_2^{k_2-}]_T$ 及 $[R^{z-}]$ 4 个未知数为常数，将式(1-42)~式(1-46)联立求解，即可求得 E、P、$[M_1^{n+}]_T$、$[L_1^{k_1-}]$ 及 $[L_2^{k_2-}]$ 5 个未知数。将有关数据代入式(1-41)即可算出体系中每个物种的浓度，从而求得主金属总浓度 $[M_1^{n+}]_T$ 与 E、P、$[M_2^{m+}]_T$、$[L_1^{k_1-}]$、$[L_2^{k_2-}]$ 及 $[R^{z-}]$ 等的关系，绘制出多种多样的热力学关系图，包括三维立体图。

当然，$M_1(n) - M_2(m) - L_1 - L_2 - R^{z-} - H_2O$ 配合物体系是很复杂的、涵盖面宽的综合体系，完全可以根据实际情况进行简化。比如，没有氧化还原平衡时，指数方程式(1-41)中的第一项消失；没有质子得失反应时，第二项消失；没有配位体 2 时，第四项消失，式(1-45)不存在；没有副金属或副金属不形成配合物时，式(1-43)不存在。简化后，电荷平衡方程要作相应的调整；一般情况下，实际体系中都存在不形成配合物的其他阴离子，在建立电荷平衡方程时，这一点必须考虑。

也有更复杂的情况，比如计算溶液与金属难溶盐平衡时，式(1-41)将变成如下形式：

$$[R] = \exp(aME + bNP + c_1 \ln[L_1^{k_1-}] + c_2 \ln[L_2^{k_2-}] + d)[M_2^{m+}]_r \qquad (1-47)$$

式中：$[M_2^{m+}]_r$ 为从难溶盐溶度积推算出的副金属离子的总浓度，称为参照离子浓度。

1.2　配合平衡的双平衡法计算

1.2.1　金属－硫－水体系

金属－硫－水体系包括 $Sb-S-H_2O$ 系和 $Sb-Na-S-H_2O$ 系，这些体系非常复杂，只能用双平衡法分析其配合平衡问题。

1.2.1.1　$Sb-S-H_2O$ 系碱性负电位区的热力学分析

$Sb-S-H_2O$ 系是极复杂的配合物体系，溶液中除了存在单一配位体的单核配合离子（SbS_2^-、SbS_3^{3-}、SbS_4^{3-}）外，还有单一配位体的多核配合离子（$Sb_2S_4^{2-}$、$Sb_2S_5^{4-}$、$Sb_2S_6^{6-}$）以及部分氧代配位及全氧代配位的配合离子，前者如 $SbSO^-$、$SbSO_2^-$，后者如 SbO^+、SbO_2^-、SbO_3^{3-}、SbO_3^-、SbO_4^{3-}。作为配位体的 S^{2-} 也有多种变价离子（S_2^{2-}、$S_2O_3^{2-}$、SO_4^{2-}、SO_3^{2-}）等和变体离子（HS^-）。

（1）配位体 S^{2-} 和其他形态的无锑含硫物种的平衡

这些平衡可用下式表示：

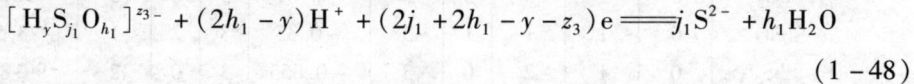

$$\left[H_yS_{j_1}O_{h_1}\right]^{z_3-} + (2h_1-y)H^+ + (2j_1+2h_1-y-z_3)e \Longrightarrow j_1S^{2-} + h_1H_2O$$

$$(1-48)$$

无锑含硫物种示于表 1－5。以下各种液－固、固－固和液－固－固平衡中都须考虑上述无锑含硫物种。

（2）溶液与金属锑及三硫化二锑之间的平衡

两种平衡的总平衡式分别由式（1－49）和式（1－50）表示：

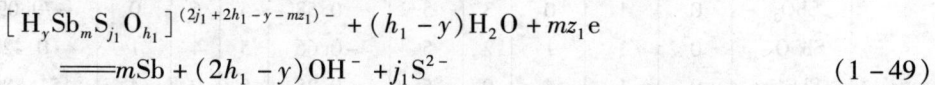

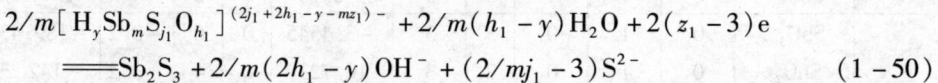

$$\left[H_ySb_mS_{j_1}O_{h_1}\right]^{(2j_1+2h_1-y-mz_1)-} + (h_1-y)H_2O + mz_1e$$
$$\Longrightarrow mSb + (2h_1-y)OH^- + j_1S^{2-} \qquad (1-49)$$
$$2/m\left[H_ySb_mS_{j_1}O_{h_1}\right]^{(2j_1+2h_1-y-mz_1)-} + 2/m(h_1-y)H_2O + 2(z_1-3)e$$
$$\Longrightarrow Sb_2S_3 + 2/m(2h_1-y)OH^- + (2/mj_1-3)S^{2-} \qquad (1-50)$$

含锑离子的种类和相关常数列于表 1－5，将由式（1－47）表示的各种离子或物种的浓度分别代入式（1－42）和式（1－44），从而建立主金属锑质量平衡方程和配位体元素硫的质量平衡方程。

（3）金属锑与三硫化二锑之间的平衡

由平衡反应式：

$$Sb_2S_3 + 6e \Longrightarrow 2Sb + 3S^{2-} \qquad (1-51)$$

得如下游离硫离子浓度方程：

$$\left[S^{2-}\right] = \exp(-2ME - 60.42294) \qquad (1-52)$$

含硫物种的总浓度由溶液与金属锑或与三硫化二锑的平衡确定，将式（1－

52)代入式(1-44),可得含 E 和 P 两个未知数的方程。

(4)溶液-金属锑-硫化二锑的三相平衡

将式(1-52)代入式(1-42)和式(1-44)时,得含有 E 和 P 两个未知数的两个离子浓度方程,求解该方程组,可获得三相点的 pH 值和电位值。

表1-5　溶液与金属锑及三硫化二锑平衡时的离子种类与常数

平衡对象	平衡离子	y	m	j_1	h_1	z_1 或 z_2	E_i^0 或 $\lg K_i$	a	b	c	d
S^{2-}	S_2^{2-}	0	0	2	0	2	-0.524	2	0	2	40.8137
	$S_2O_3^{2-}$	0	0	2	3	2	-0.006	8	6	2	1.0598
	HS^-	1	0	1	0	1	13.90	0	-1	1	32.0053
	SO_4^{2-}	0	0	1	4	2	0.149	8	8	1	-46.2826
	SO_3^{2-}	0	0	1	3	2	0.231	6	6	1	-53.9908
Sb	SbO^+	0	1	0	1	3	0.212	3	2	0	-1.56018
	SbO_2^-	0	1	0	2	3	-0.67	3	4	0	-50.5665
	$HSbO_2$	1	1	0	2	3	-0.5974	3	3	0	-26.9124
	SbO_3^{3-}	0	1	0	3	3	-0.81	3	6	0	-98.7822
	$SbSO^-$	0	1	1	1	3	-0.35	3	2	1	-23.58075
	SbS_2^-	0	1	2	0	3	-0.855	3	0	2	99.8924
	SbS_3^{3-}	0	1	3	0	3	-0.00	3	0	3	105.1490
	$Sb_2S_4^{2-}$	0	2	4	0	3	-0.05	6	0	4	151.8832
	$Sb_2S_5^{4-}$	0	2	5	0	3	-0.86	6	0	5	200.9532
	$Sb_2S_5^{5-}$	0	2	6	0	3	-0.90	6	0	6	210.2995
	SbO_3^-	0	1	0	3	5	-0.58	5	6	0	-79.0995
	$SbSO_2^-$	0	1	1	2	5	-0.66	5	4	1	-0.4282
	SbS_4^{3-}	0	1	4	0	5	-0.78	5	0	4	151.8832
Sb_2S_3	SbO_3^{3-}	0	1	0	3	3	-3.4545	0	6	-3/2	-189.43995
	SbO_2^-	0	1	0	2	3	10.723	0	4	-3/2	-142.2979
	$HSbO_2$	1	1	0	2	3	18.0968	0	3	-3/2	117.58308
	SbS_2^-	0	1	2	0	3	-8.0401	0	0	1/2	92.565
	SbS_3^{3-}	0	1	3	0	3	-12.0057	0	0	3/2	14.5128
	$Sb_2S_5^{4-}$	0	2	5	0	3	-8.5475	0	0	2	119.6813
	$Sb_2S_6^{6-}$	0	2	6	0	3	-12.0057	0	0	3	20.0257
	SbO_3^-	0	1	0	3	5	1.0352	2	6	-3/2	-226.5401
	$SbSO_2^-$	0	1	1	2	5	-0.4864	2	4	-1/2	-119.4845
	SbS_4^{3-}	0	1	4	0	5	-0.7864	2	0	5/2	26.61253

1.2.1.2　Sb – Na – S – H₂O 系碱性负电位区的热力学分析

碱性湿法炼锑体系实际上是存在有 Na^+ 的更加复杂的 Sb – Na – S – H₂O 体系，该体系中存在有溶液与 Na_3SbO_4 晶体，溶液与 $NaSbS_2$ 晶体及固态锑与固态 $NaSbS_2$ 的平衡。

（1）溶液与 Na_3SbO_4 及 $NaSbS_2$ 晶体的平衡

当溶液与 Na_3SbO_4 晶体平衡时，SbO_4^{3-} 作为参照离子，平衡反应可写成如下形式：

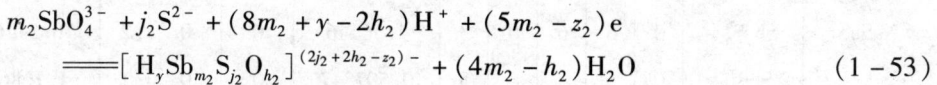

$$m_2SbO_4^{3-} + j_2S^{2-} + (8m_2 + y - 2h_2)H^+ + (5m_2 - z_2)e$$
$$=\!=\!=[H_ySb_{m_2}S_{j_2}O_{h_2}]^{(2j_2 + 2h_2 - z_2)-} + (4m_2 - h_2)H_2O \qquad (1-53)$$

Na_3SbO_4 在溶液中的离解式为：

$$Na_3SbO_4 =\!=\!= 3Na^+ + SbO_4^{3-} \qquad (1-54)$$

所以，

$$[Na^+] = 0.016447[SbO_4^{3-}]^{1/3} \qquad (1-55)$$

当溶液与 $NaSbS_2$ 晶体平衡时，SbS_2^- 作为参照离子，平衡反应可写成如下形式：

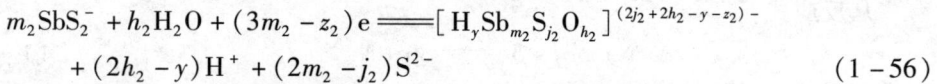

$$m_2SbS_2^- + h_2H_2O + (3m_2 - z_2)e =\!=\!= [H_ySb_{m_2}S_{j_2}O_{h_2}]^{(2j_2 + 2h_2 - y - z_2)-}$$
$$+ (2h_2 - y)H^+ + (2m_2 - j_2)S^{2-} \qquad (1-56)$$

从 $NaSbS_2$ 在溶液中的离解式：

$$NaSbS_2 =\!=\!= Na^+ + SbS_2^- \qquad (1-57)$$

可得钠离子浓度方程：

$$[Na^+] = 9.9283 \times 10^{-3}/[SbS_2^-] \qquad (1-58)$$

与 Na_3SbO_4 及 $NaSbS_2$ 晶体平衡的含锑离子的种类及相关常数列于表 1 – 6，上述 $M_j^{z_j+}$ 指 Na^+ 和无锑含硫离子。另外，$[OH^-] = \exp(NP - 32.242)$。因此，除了两个质量平衡方程外，还可以建立一个电荷平衡方程。

表 1 – 6　溶液与 Na_3SbO_4 及 $NaSbS_2$ 晶体平衡时的离子种类和常数

平衡对象	平衡离子	y	m_2	j_2	h_2	z_2	E_i^0 或 $\lg K$	a	b	c	d
Na₃SbO₄	SbO_3^{3-}	0	0	0	3	3	0.5077	-2	-2	0	39.5423
	SbO_2^-	0	0	0	2	3	1.126	-2	-4	0	87.7060
	$HSbO_2$	1	0	0	2	3	1.4312	-2	-6	0	111.4712
	SbS_2^-	0	2	2	0	3	3.0596	-2	-8	2	238.31244
	SbO_3^-	0	0	0	3	5	25.4769	0	-2	0	58.6632

续上表

平衡对象	平衡离子	y	m_2	j_2	h_2	z_2	E_i^0 或 $\lg K$	a	b	c	d
NaSbS₂	SbO_3^{3-}	0	0	0	3	3	-86.3248	0	6	-2	-198.77019
	SbO_2^-	0	0	0	2	3	-65.40755	0	4	-2	-150.60645
	$HSbO_2$	1	0	0	2	3	-55.08645	0	3	-2	-126.84124
	SbS_3^{3-}	0	3	3	0	3	2.28323	0	0	1	5.25733
	$Sb_2S_6^{6-}$	0	6	6	0	3	4.56646	0	0	2	10.51465
	SbS_5^{4-}	0	5	5	0	3	0.507547	0	0	1	1.16867
	SbO_3^-	0	0	0	3	5	2.3065	2	6	-2	-179.64923
	SbS_4^{3-}	0	4	4	0	5	-0.66675	0	0	2	51.990623
	$SbSO_2^-$	0	1	1	2	5	1.2886	2	4	-1	-100.36844

(2)金属锑与 $NaSbS_2$ 晶体的平衡

从反应式:

$$NaSbS_2 + 3e \Longrightarrow Sb + Na^+ + 2S^{2-} \qquad (1-59)$$

可得下列方程:

$$E = -89448 - 0.085592\ln[Na^+] - 0.0171184\ln[S^{2-}] \qquad (1-60)$$

利用溶液与金属锑或 $NaSbS_2$ 晶体平衡的离子浓度指数方程可建立一个硫量平衡方程和一个电荷平衡方程,将它们与式(1-60)联立求解。

1.2.1.3 Sb-S-H₂O 系和 Sb-Na-S-H₂O 系碱性负电位区的电位-pH 图的绘制

根据同时平衡原理和电中性原理,用电子计算机求解指数方程,进行了 Sb-S-H₂O 系的电位-pH 值计算,绘制了 25 ℃时 $[Sb]_T = 1\ mol/L$ 及 $[S]_T$ 分别等于 2 mol/L 和 3 mol/L 时 Sb-S-H₂O 体系的电位-pH 图(图 1-2 和图 1-3)。图中 $[Sb]_T$ 和 $[S]_T$ 分别为含锑和含硫的离子平衡总浓度。

图中锑配合离子与氧配体的平衡线以及无锑含硫物种的平衡线均采用 M. Pourbaix 方法绘制,所用热力学数据(μ_i^0、E_i^0 或 $\lg K_i$)取自经典文献,用质量摩尔浓度代替活度,难溶盐 Na_3SbO_4 和 $NaSbS$ 的溶度积按照有关溶解度数据计算得出。

由图 1-2 和图 1-3 可以看出,在固-液平衡线上,随着 pH 值升高,电位负向移动,溶液中含锑配合离子由以配位数少的配合离子(SbS_2^-)为主(pH < 13.6)过渡到以配位数多的配合离子(SbS_3^{3-}、$Sb_2S_6^{6-}$)为主(pH = 13.6 ~ 14.2);同时锑配合阴离子中代替的氧原子数增加,例如在 pH > 14.2 时,以 SbO_3^{3-} 为主。

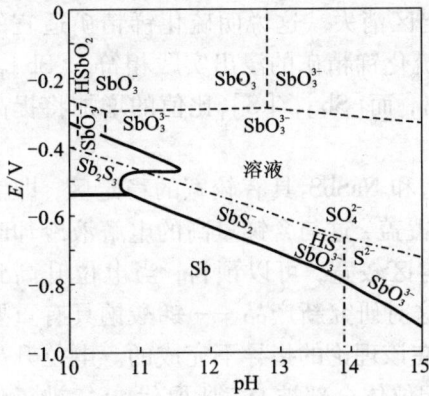

图 1 - 2　Sb - S - H₂O
体系的 E - pH 关系图

([Sb]$_T$ = 1 mol/kg, [S]$_T$ = 2 mol/kg, t = 25 ℃)

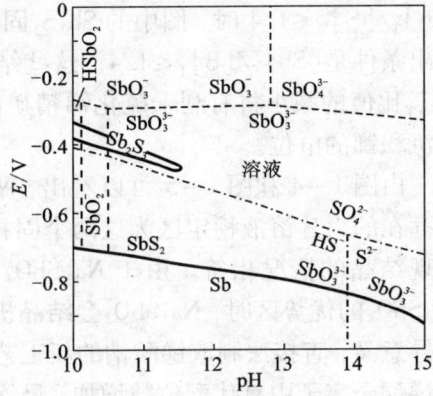

图 1 - 3　Sb - S - H₂O
体系的 E - pH 关系图

([Sb]$_T$ = 1 mol/kg, [S]$_T$ = 3 mol/kg, t = 25 ℃)

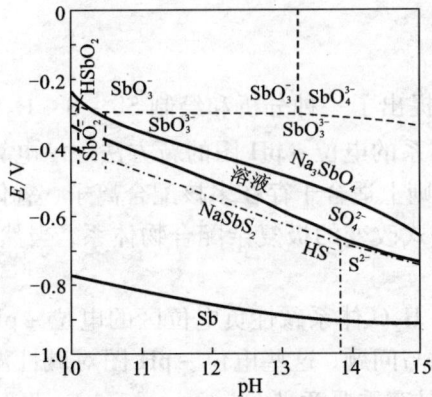

图 1 - 4　Sb - Na - S - H₂O
体系的 E - pH 关系图

([Sb]$_T$ = 0.5 mol/kg, [S]$_T$ = 2 mol/kg, t = 25 ℃)

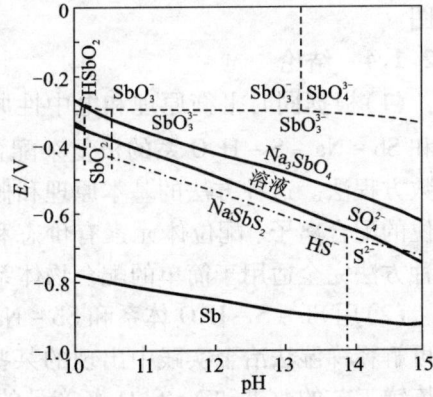

图 1 - 5　Sb - Na - S - H₂O
体系的 E - pH 关系图

([Sb]$_T$ = 0.5 mol/kg, [S]$_T$ = 3 mol/kg, t = 25 ℃)

由图 1 - 2 和图 1 - 3 可以看出，溶液的稳定区，特别是简单配位配合离子稳定区很窄。即随着电位的升高，氧代配位体的个数增加，以致最后变成全部氧代的 SbO_4^{3-} 或 SbO_3^- 以及 SbO_3^{3-} 或 SbO_2^- 等离子，而被氧取代的 S^{2-} 氧化成 $S_2O_3^{2-}$ 等，这说明浸出液极易氧化，生成各种钠盐（$Na_2S_2O_3$、Na_2SO_3、Na_2SO_4 等）。

由图 1 - 2 和图 1 - 3 还可看出，随着 [Sb]$_T$/[S]$_T$ 比值的减小，锑固相和 Sb₂S₃ 固相稳定区缩小，溶液稳定区扩大。在 [Sb]$_T$/[S]$_T$ = 1/2 时，Sb₂S₃ 固相稳定区面积很大,当$[Sb]_T/[S]_T=1/3$时,Sb_2S_3固相稳定区缩成一窄条状。计算表明,当$[Sb]_T/[S]_T \leqslant 1/4$时,图中的$Sb_2S_3$固相稳定区消失。这说明硫化锑精矿适宜的浸出条件是$[Sb]_T/[S]_T \leqslant 1/4$。这些结果与硫化锑精矿的浸出实践相符,$[Sb]_T/[S]_T$比值的减小将有利于硫化锑精矿的浸出,而$[Sb]_T/[S]_T$比值的增加将提高电沉积锑的电位。

由图1-4和图1-5可以看出,Na_3SbO_4和$NaSbS_2$具有较宽的稳定区,即实际存在的大片溶液稳定区为这两个固相区所覆盖,这与含锑量高的电解液冷却时出现结晶的情况相符。由于Na_3SbO_4的稳定区较宽,可以预料,当电位升高到Na_3SbO_4的优势区时,Na_3SbO_4会结晶析出,这对研究新产品——锑酸钠具有重要指导意义,直接法制取锑酸钠的新工艺就是在该理论的指导下完成的。电位升高时锑配合离子中氧代配位数增加,最终S^{2-}配位体全部被O^{2-}所取代,S^{2-}被氧化成SO_4^{2-}。这已为电解时阳极液易被氧化成Na_2SO_4、Na_2SO_3和$Na_2S_2O_3$之类的钠盐的现象所证实。

值得指出的是,采用上述方法还可以绘制诸如电位-pS($-\lg[S^{2-}]$),离子浓度-pS之类的二维图和电位-$[Sb^{3+}]_T$-pH及电位-$[Sb^{3+}]_T$-pS之类的三维图。

1.2.1.4　结论

(1)根据同时平衡原理和电中性原理,提出了一种分析和绘制$Sb-S-H_2O$系和$Sb-Na-S-H_2O$系的极复杂配合物体系的电位-pH图的新方法——电算指数方程法。这种方法的基本原理和概念原则上适合于存在多核配合离子、氧代配位的配合离子、配位体元素有价态和结构式改变的极复杂配合物体系,当然,这种方法完全适用于简单的配合物体系。

(2)用$Sb-S-H_2O$体系和$Sb-Na-S-H_2O$体系碱性负电位区的电位-pH图可解释锑湿法冶金实践中出现的某些现象与问题,这些电位-pH图对碱性湿法炼锑工艺的改进和Na_3SbO_4新产品的研制具有重要意义。

1.2.2　金属-氯-水体系

1.2.2.1　Sb(Ⅲ)-Me(n)-Cl$^-$-H$_2$O体系

氯配合离子的稳定常数表征了游离氯离子浓度与金属氯配合离子浓度的关系;然而在像$Sb(Ⅲ)-Cl^--H_2O$这样的水解体系中,确定氯离子总浓度与3价锑总浓度及其他金属离子浓度之间的定量关系更为重要,但这种关系只能由实验确定。本文以配合离子的稳定常数为基础,采用双平衡法分析三氯化锑水解体系的热力学,以确定氯离子总浓度与3价锑总浓度及其他金属离子浓度之间的定量关系。

（1）数据选择和模型建立

F. Pantai，龚竹青和其他研究者分别测定了 Sb(Ⅲ) 的氯配合物稳定常数，计算结果表明，Pantai's 常数较符合 Sb(Ⅲ) – Cl⁻ – H₂O 体系的试验值，因此，选择 Pantai's 常数作为电算的基础数据，其他常数取自相关文献或根据相关反应的平衡常数或电位计算获得。

在三氯化锑水解体系中氯配合平衡反应可用下式表示：

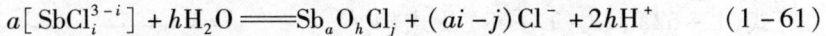

$$a\left[SbCl_i^{3-i}\right] + hH_2O \Longrightarrow Sb_aO_hCl_j + (ai-j)Cl^- + 2hH^+ \qquad (1-61)$$

式中：$Sb_aO_hCl_j$ 是固态水解产物，每种 Sb(Ⅲ) 的氯配合离子按式(1-61)分别与之平衡，各种离子或物种的浓度可按式(1-41)计算，但指数式中的第 1 项与第 4 项不存在，则所得的指数方程系数值列于表 1-7。

表 1-7　离子浓度指数方程常数

平衡固相	$Sb_4O_5Cl_2$			SbOCl			Sb_2O_3		
常数	d	b	c_1	d	b	c_1	d	b	c_1
$[SbO^+]$	-14.84524	0.5	-0.5	-11.710345	2	-1	-7.017087	1	0
$[SbCl^{2+}]$	-12.7798	2.5	0.5	-9.64491	2	0	-4.95165	3	1
$[SbCl_2^+]$	-10.016787	2.5	1.5	-6.88198	2	1	-2.18872	3	2
$[SbCl_3]$	-8.40573	2.5	2.5	-5.270838	2	2	-0.57758	3	3
$[SbCl_4^-]$	-7.25395	2.5	3.5	-4.11906	2	3	0.5742	3	4
$[SbCl_5^{2-}]$	-7.25395	2.5	4.5	-4.11906	2	4	0.5742	3	5
$[SbCl_6^{3-}]$	-8.63541	2.5	5.5	-5.50052	2	5	0.807261	3	6

在三氯化锑水解体系的氯配合平衡中，Sb^{3+} 可与 Cl^- 形成 6 种氯配合离子，$SbCl_i^{3-i}(i=1\sim6)$，因而 3 价锑的总浓度为：

$$\left[Sb^{3+}\right]_T = \left[SbO^+\right] + \sum_{i=1}^{6}\left[SbCl_i^{3-i}\right] \quad mol/L \qquad (1-62)$$

与 Sb(Ⅲ) 配位的 Cl⁻ 浓度为：

$$\left[Cl^-\right]_{Sb} = \sum_{i=1}^{6} i\left[SbCl_i^{3-i}\right] \quad mol/L \qquad (1-63)$$

与其他金属离子(Me^{n+})配位的 Cl⁻ 浓度为：

$$\left[Cl^-\right]_{Me} = \frac{\left[Me^{n+}\right]_T \sum_{i=1}^{n} iK_i\left[Cl^-\right]^i}{1 + \sum_{i=1}^{n} K_i\left[Cl^-\right]^i} \quad mol/L \qquad (1-64)$$

式中：K_i 为 Me^{n+} 的氯配合稳定常数，$[Cl^-]$ 表示游离氯离子浓度，因此，总氯根浓度为：

$$[Cl^-]_T = [Cl^-] + [Cl^-]_{Sb} + [Cl^-]_{Me} \qquad (1-65)$$

当 Me^{n+} 不形成氯配合物时，它对氯离子浓度的贡献可忽略，即 $[Cl^-]_{Me} = 0$。根据电中性原理，建立电荷平衡方程：

$$3[Sb^{3+}]_T + [H^+] + n[Me^{n+}]_T = [Cl^-]_T \qquad (1-66)$$

式（1-62）、式（1-65）及式（1-66）关联了 $[Sb^{3+}]_T$、$[Cl^-]_T$、$[Cl^-]$、$[H^+]$ 及 $[Me^{n+}]_T$ 5 个未知数，如果假定其中 2 个未知数，即可编程用计算机联解该方程组，求得另外 3 个未知数。

（2）试验与计算结果以及数据处理与绘图

结果表明，$[Sb^{3+}]_T$ 的计算值与试验值及文献值符合较好，用电脑绘制了 Sb（Ⅲ）-Cl⁻-H₂O 系、Sb（Ⅲ）-Me（Ⅰ）-Cl⁻-H₂O 系及 Sb（Ⅲ）-Zn（Ⅱ）-Cl⁻-H₂O 系的热力学关系图（如图

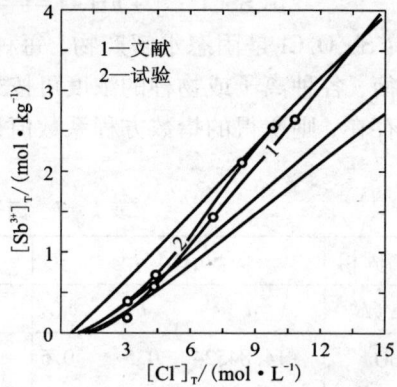

图 1-6　Sb（Ⅲ）-Cl⁻-H₂O 水解体系理论和试验值的对比曲线

1-6、图 1-7 及图 1-8）。通过这些热力学关系图的分析及对 $[Sb^{3+}]_T$ 的计算值、试验值及文献值进行拟合回归获得计算 $[Sb^{3+}]_T$ 的 2 个公式：

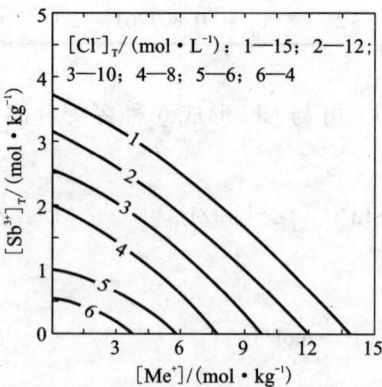

图 1-7　Sb（Ⅲ）-Me（Ⅰ）-Cl⁻-H₂O 水解体系中 $[Sb^{3+}]_T$ 和 $[Me^+]_T$ 的理论关系

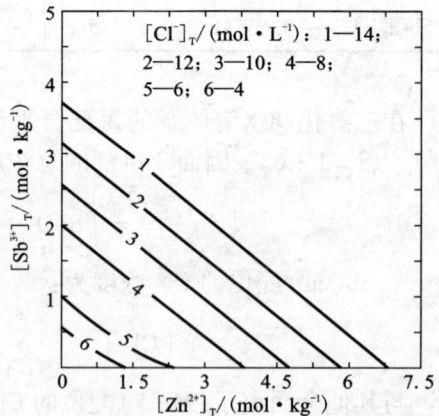

图 1-8　Sb（Ⅲ）-Zn（Ⅱ）-Cl⁻-H₂O 水解体系中 $[Sb^{3+}]_T$ 和 $[Zn^{2+}]_T$ 的理论关系

$$\lg[Sb^{3+}]_T = A[Cl^-]_T + B[Me^{n+}]_T + C \qquad (1-67)$$

$$[Sb^{3+}]_T = A'[Cl^-]_T + B'[Me^{n+}]_T + C' \qquad (1-68)$$

式中：A、B、C 和 A'、B'、C' 为常数，式(1-67)和式(1-68)适合不同条件的具体情况列于表 1-8。

对以上公式进行了相关系数检验，结果表明，在高 $[Cl^-]_T$ 条件下 $[Sb^{3+}]_T$ 或在低 $[Cl^-]_T$ 条件下 $\lg[Sb^{3+}]_T$ 与 $[Cl^-]_T$ 或与 $[Cl^-]_T$ 和 $[Me^{n+}]_T$ 呈良好的线性关系。绘制了 $Sb(\text{III})-Cl^--H_2O$ 体系的 $[Sb^{3+}]_T-[Cl^-]_T$ 回归直线如图 1-9 及图 1-10。图 1-9 及图 1-10 说明理论计算线比参考文献数据拟合线更接近试验数据拟合线。最后，比较了 $Sb(\text{III})-Me(\text{I})-Cl^--H_2O$ 和 $Sb(\text{III})-Zn(\text{II})-Cl^--H_2O$ 体系的理论模型与实验模型的计算结果，表明二者间的偏差可以忽略。

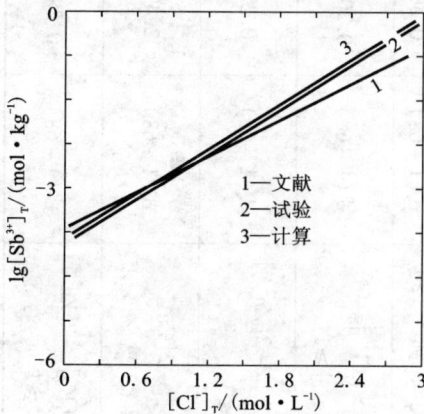

图 1-9　低 $[Cl^-]_T$ 条件下
$Sb(\text{III})-Cl^--H_2O$
水解体系中三种回归曲线的关系

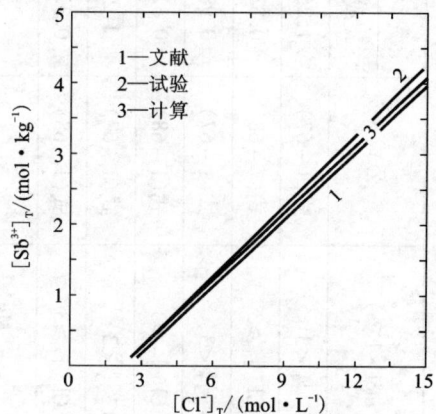

图 1-10　高 $[Cl^-]_T$ 条件下
$Sb(\text{III})-Cl^--H_2O$
水解体系中三种回归曲线的关系

（3）讨论

上面结果说明，$[Cl^-]_T$ 是锑的氯化浸出和三氯化锑水解的很重要的参数，浸出剂中高 $[Cl^-]_T$ 是确保浸出体系不产生水解及锑最终完全溶解的重要手段，控制水解液中的 $[Cl^-]_T$ 是获得高水解率和高生产能力的关键措施。$[H^+]$ 也是氯化浸出过程的重要参数之一，在很高的 $[Sb^{3+}]_T$ 的情况下，浸出体系不产生水解的必要条件是既要有高的 $[Cl^-]_T$，又要有高的 $[H^+]$。在 $[Cl^-]_T$ 一定的情况下，$[Sb^{3+}]_T$ 随 $[Me^{n+}]_T$ 的升高而降低，这为中和水解提供了理论依据，然而，如果向与固态水解产物平衡的三氯化锑溶液中加入金属氯化物结晶，则 $[Sb^{3+}]_T$ 将升高。这种现象可以解释金属氯化物具有抑制三氯化锑水解的功能，而且不形成氯配合物的金属氯化物（如 LiCl、KCl 及 NaCl 等）比能形成氯配合物的金属氯化物（如 $ZnCl_2$ 与 $FeCl_3$ 等）更具有提高 $[Sb^{3+}]_T$ 的能力。

表1-8 模型的系数及使用条件

水解体系	模型确定方法	条件/(mol·L⁻¹)	公式	A 或 A'	B 或 B'	C 或 C'
					系数	
$Sb(III)-Cl^--H_2O$	试验数据	$[Cl^-]_T<3$	式(1-67)	1.2520	0	-3.9847
	参考文献数据	$15>[Cl^-]_T\geq3$	式(1-68)	0.3387	0	-0.8003
		$[Cl^-]_T<3$	式(1-67)	0.9817	0	-3.6563
		$15>[Cl^-]_T\geq3$	式(1-68)	0.3201	0	-0.8175
	计算数据	$[Cl^-]_T<3$	式(1-67)	1.223	0	-3.95675
		$15>[Cl^-]_T\geq3$	式(1-68)	0.3218	0	-0.7063
$Sb(III)-Me(I)-Cl^--H_2O$	试验数据	$0.4<[Cl^-]_T-[Me^+]<3.84$	式(1-68)	0.22095	-0.1589	-0.2164
	计算数据	$0<[Cl^-]_T>[Me^+]<1$	式(1-68)	0.3065	-0.3026	-0.03656
		$[Cl^-]_T-[Me^+]\geq1$	式(1-68)	0.20727	-0.1457	-0.20366
$Sb(III)-Zn(II)-Cl^--H_2O$	试验数据	$0.18\leq[Cl^-]_T-2[Zn^{2+}]\leq3.1$	式(1-68)	0.2734	-0.46657	-0.42096
	计算数据	$0<[Cl^-]_T-2[Zn^{2+}]<1$	式(1-68)	2.4984	-4.639	-4.9364
		$[Cl^-]_T>[Cl^-]_T-2[Zn^{2+}]\geq1$	式(1-68)	0.28432	-0.49831	-0.42883

（4）结论

①上述体系中，对以热力学数据为依据的理论计算结果与试验值进行了比较，二者符合较好。

②发现三氯化锑水解体系中，$[Cl^-]_T$ 和 $[Me^{n+}]_T$ 是 $[Sb^{3+}]_T$ 和 $[H^+]$ 的重要尺度。分别对理论计算值与试验值进行回归拟合，建立了计算 $[Sb^{3+}]_T$ 和 $[H^+]$ 的数学模型。模型显示，在相应条件下 $[Sb^{3+}]_T$ 或 $\lg[Sb^{3+}]_T$ 与 $[Cl^-]_T$ 或与 $[Me^{n+}]_T$ 和 $[Cl^-]_T$ 呈良好的线性关系。

③中和水解及金属氯化物对三氯化锑水解的影响可用这些模型解释，因此，这些模型对湿法锑白的生产具有重要意义。

1.2.2.2　Bi(Ⅲ)–Me(n)–Cl⁻–H₂O 体系

一般在研究金属氯配合物时，常用游离氯离子浓度与金属配合离子浓度的关系来确定配合离子稳定常数。但作者认为，在研究金属氯配合物水解体系时，确定能够直接测定的总氯根浓度及其他金属离子浓度和被水解的金属离子总浓度的关系更为重要。因此，作者曾采用电算–指数方程法，深入研究了三氯化锑水解体系，并将求得的数模关系应用于湿法制取锑白的科研与生产实践，均取得较好的效果。本节将从 Bi(Ⅲ) 的氯配合稳定常数出发，进一步求得三氯化铋水解体系的热力学关系。

（1）数据选择及计算模型

共有两组 Bi(Ⅲ) 氯配合稳定常数，我们选用在 25 ℃下测定的第一组常数作为电算绘图的原始数据。

离子及化合物标准生成自由能数据取自有关文献，但 $BiCl_i^{3-i}$ 的 $\Delta G_{298}^{\ominus}$ 系按有关反应常数算出（见表1–9）。

表1–9　铋离子及其化合物的标准生成自由能/($J \cdot mol^{-1}$)

名称	Bi^{3+}	BiO^+	$BiOCl$	$BiCl^{2+}$	$BiCl_2^+$
$\Delta G_{298}^{\ominus}$	62049	–144515	–322168	–81663	–220246
来源	文献	文献	文献	计算	计算
名称	$BiCl_3$	$BiCl_4^-$	$BiCl_5^{2-}$	$BiCl_6^{3-}$	
$\Delta G_{298}^{\ominus}$	–364527	–501398	–635416	–767153	
来源	计算	计算	计算	计算	

在三氯化铋水解体系中，配合平衡反应具有如下形式：

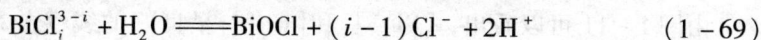

$$BiCl_i^{3-i} + H_2O \Longrightarrow BiOCl + (i-1)Cl^- + 2H^+ \tag{1–69}$$

式中：BiOCl 为水解产物，每一种铋氯配合离子分别与它平衡，因而可建立数量与配合离子种数相等的指数方程式(1-41)，在此，指数式中第一项及第四项不存在，令 $H = b\ln 10$，$L = c_1$。

指数方程系数列于表 1-10，从而可建立金属浓度平衡方程：

$$[\mathrm{Bi}^{3+}]_T = [\mathrm{BiO}^+] + [\mathrm{Bi}^{3+}] + \sum_{i=1}^{6} [\mathrm{BiCl}_i^{3-i}] \tag{1-70}$$

和配位体浓度平衡方程：

$$[\mathrm{Cl}^-]_T = [\mathrm{Cl}^-] + \sum_{i=1}^{6} i[\mathrm{BiCl}_i^{3-i}] \tag{1-71}$$

根据电中性原理可建立电荷平衡方程

$$3[\mathrm{Bi}^{3+}]_T + [\mathrm{H}^+] + n[\mathrm{Me}^{n+}] = [\mathrm{Cl}^-]_T \tag{1-72}$$

式(1-70)~式(1-72)关联了 $[\mathrm{Bi}^{3+}]_T$，$[\mathrm{Cl}^-]_T$，$[\mathrm{Cl}^-]$，$[\mathrm{H}^+]$ 及 $[\mathrm{Me}^{n+}]$ 5个变量，只需假定其中两个则可求得另外三个。

表 1-10 离子浓度指数方程的系数

离子	Bi^{3+}	BiO^+	BiCl^{2+}	BiCl_2^+	BiCl_3	BiCl_4^-	BiCl_5^{2-}	BiCl_6^{3-}
d	-6.404	-18.7724	-1.33823	1.65589	6.951344	9.264378	10.40505	10.63485
b	2	2	2	2	2	2	2	2
c_1	-1	-1	0	1	2	3	4	5

其他金属离子，如不形成氯配合离子，则只需考虑这种离子对电荷平衡的贡献。但若形成氯配合离子，则需考虑其对电荷及氯量平衡两种贡献。按铋(Ⅲ)-氯配合平衡的处理方法，后种贡献可用式(1-65)表示。

令 $[\mathrm{Cl}^-]_{\mathrm{Bi}} = \sum_{i=1}^{5} i[\mathrm{BiCl}_i^{3-i}]$，这时有：

$$[\mathrm{Cl}^-]_T = [\mathrm{Cl}^-] + [\mathrm{Cl}^-]_{\mathrm{Bi}} + [\mathrm{Cl}^-]_{\mathrm{Me}} \tag{1-73}$$

式(1-70)~式(1-72)及式(1-73)都是指数方程，指数方程取导容易，且可减少电算"溢出"，因此，较适合电算求解。

(2) 计算、绘图结果和数据处理

对于 Bi(Ⅲ)-Cl-$\mathrm{H}_2\mathrm{O}$ 水解系在 0~12 mol/L $[\mathrm{Cl}^-]_T$ 范围内对溶液与 BiOCl 固相平衡的 $[\mathrm{Cl}^-]_T$，pH 值和 $[\mathrm{Bi}^{3+}]_T$ 进行电算和绘图，得图 1-11~图 1-13，对于 Bi(Ⅲ)-Me(Ⅰ)-Cl-$\mathrm{H}_2\mathrm{O}$ 水解系，分别绘制了 $[\mathrm{Cl}^-]_T$ 为 10、8、6、4、2 mol/L 时的热力学关系图，得图 1-14~图 1-16。

由图 1-11 可以看出，$[\mathrm{Bi}^{3+}]_T$ 和 $[\mathrm{Cl}^-]_T$ 呈良好的线性关系，但图 1-12 说

明，当 $[Cl^-]_T < 0.045$ mol/L 时，则呈非线性关系。由图 1 - 13 可以看出，当 pH 由 1.55 升到 1.80 时，$[Bi^{3+}]_T$ 急剧降低。计算值与测定值的比较示于表 1 - 11，由表 1 - 11 可以看出，两者有较大差距，其主要原因是试验体系中调 pH 时加入了其他金属离子，促使铋浓度升高。由图 1 - 14 可以看出，在不同的 $[Me^+]$ 下，$[Bi^{3+}]_T$ 与 $[Cl^-]_T$ 的关系曲线是一些互相平行的直线。这说明，$[Bi^{3+}]_T$ 与 $[Cl^-]_T$ 及 $[Me^+]$ 都呈良好的线性关系。但图 1 - 15 及图 1 - 16 表明，$[Bi^{3+}]_T$ 与 pH 的关系比较复杂。

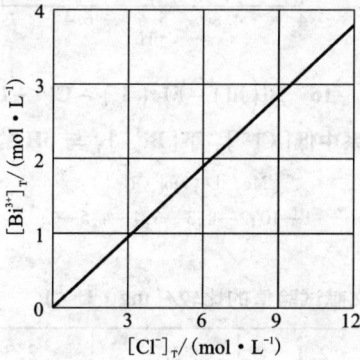

图 1 - 11　Bi(Ⅲ) - Cl⁻ - H₂O 水解系中
$[Bi^{3+}]_T$ 与 $[Cl^-]_T$ 的关系

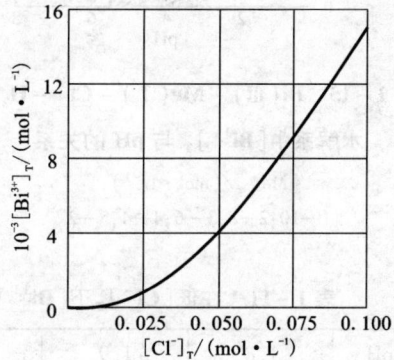

图 1 - 12　Bi(Ⅲ) - Cl⁻ - H₂O 水解系中
低 $[Cl^-]_T$ 下 $[Bi^{3+}]_T$ 与 $[Cl^-]_T$ 的关系

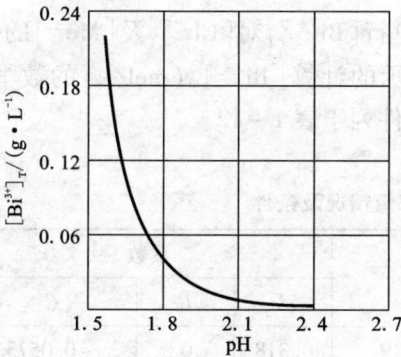

图 1 - 13　Bi(Ⅲ) - Cl⁻ - H₂O 水解系中
$[Bi^{3+}]_T$ 与 pH 的关系

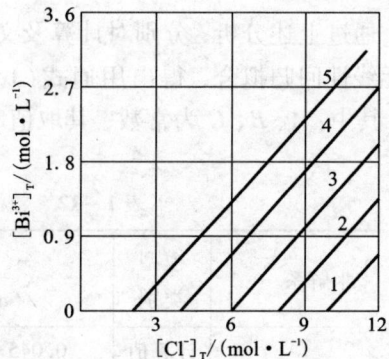

图 1 - 14　Bi(Ⅲ) - Me(I) - Cl⁻ - H₂O 水解
系中 $[Bi^{3+}]_T$ 与 $[Cl^-]_T$ 及 $[Me^+]_T$ 的关系
$[Me^+]/(mol \cdot L^{-1})$: 1—10;
2—8; 3—6; 4—4; 5—2

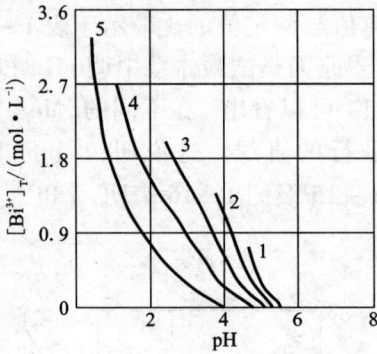

图 1 – 15　Bi(Ⅲ) – Me(Ⅰ) – Cl⁻ – H₂O

水解系中[Bi³⁺]$_T$ 与 pH 的关系

[Me⁺]/(mol · L⁻¹)：

1—10;2—8;3—6;4—4;5—2

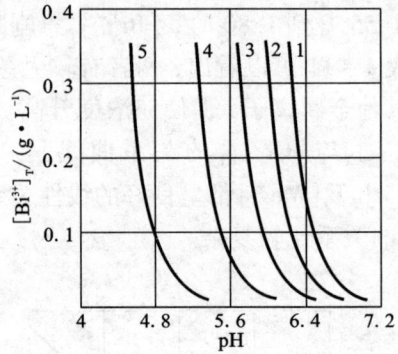

图 1 – 16　Bi(Ⅲ) – Me(Ⅰ) – Cl⁻ – H₂O

水解系中低[Cl⁻]$_T$ 下[Bi³⁺]$_T$ 与 pH 的关系

[Me⁺]/(mol · L⁻¹)：

1—10;2—8;3—6;4—4;5—2

表 1 – 11　在低[Cl⁻]$_T$ 下[Bi³⁺]$_T$计算值与文献试验值的比较/(mg · L⁻¹)

pH	1.8	1.9	2.0	2.1	2.2	2.3
计算	25.4	14.2	7.5	5.4	3.7	2.8
文献	44	33	19	13	11	9

通过上述分析，分别对计算及文献数据进行[Bi³⁺]$_T$对[Cl⁻]$_T$及[Me⁺]的一、二元线性回归拟合，得出用通式(1 – 74)表示的计算[Bi³⁺]$_T$(mol/L)的数学模式，其中：A、B、C 为常数，其取值和使用条件列于表 1 – 12。

表 1 – 12　数模系数的取值情况及条件

水解系	模型类别	条件/(mol · L⁻¹)	系数		
			A	B	C
Bi(Ⅲ) – Cl⁻ – H₂O	计算值	$0.045 \leqslant [Cl^-]_T \leqslant 9$	0.318	0	– 0.0573
	文献值	$0.75 \leqslant [Cl^-]_T \leqslant 8$	0.284	0	– 0.174
Bi(Ⅲ) – Me(Ⅰ) – Cl⁻ – H₂O	计算值	$0.1 \leqslant [Cl^-]_T - [Me^+] \leqslant 9$	0.321	– 0.318	– 0.0029
	计算值	$0.005 \leqslant [Cl^-]_T - [Me^+] \leqslant 0.1$	0.333	– 0.333	-6.782×10^{-3}

$$[Bi^{3+}]_T = A[Cl^-]_T + B[Me^+] + C \qquad (1-74)$$

对以上回归方程进行相关系数检验，对于 Bi(Ⅲ) - Cl⁻ - H₂O 水解系，计算模型及文献数模的值分别为 0.999923 及 0.99937，远远大于其临界值。对于 Bi(Ⅲ) - Me(Ⅰ) - Cl⁻ - H₂O 水解系高浓度差（$[Cl^-]_T - [Me^+]_T$）模型的 R 值分别为 0.99927 及 0.999993，也远远大于临界值。

P_1 及 P_2 分别为 218.70、-211.499 及 -1775.414、-1774.725，其绝对值远远大于 2，这些情况说明，$[Bi^{3+}]_T$ 与 $[Cl^-]_T$ 和 $[Me^{n+}]$ 呈良好的线性关系。

（3）讨论

①氯化浸出过程和三氯化铋水解过程的影响因素

热力学图及数学模型说明，总氯浓度 $[Cl^-]_T$ 是铋物料的氯化浸出和三氯化铋水解过程非常重要的参数，浸出剂具有足够高的总氯浓度，是保证浸出体系不产生水解从而达到良好浸出的先决条件；水解液中 $[Cl^-]_T$ 的控制是取得高水解率和大生产能力的关键措施。利用以上基本数模可以推导出计算加水量或中和剂量的公式，从而灵活而准确地控制水解过程。

酸度也是铋物料氯化浸出及三氯化铋水解过程中最重要的因素之一。在浸出体系中铋浓度很高的情况下，为了使浸出体系不产生水解，除了足够高的总氯浓度外，还必须保持一定的酸度，但仅为三氯化锑浸出体系酸度的 1/5 ~ 1/6。在三氯化铋水解过程中，控制 pH 值是最重要的，图 1-13、图 1-16 和表 1-11 都说明了这一点，这与实际情况是十分吻合的。

此外，在 $[Cl^-]_T$ 一定的情况下，$[Bi^{3+}]_T$ 随 $[Me^+]$ 的升高而成比例地降低，这正是中和水解的理论依据，但若向三氯化铋溶液中添加金属氯化物（即 $[Cl^-]_T$ 和 $[Me^{n+}]$ 分别增加 c 和 c/n mol/L），会提高 $[Bi^{3+}]_T$，而且，添加不形成氯配合离子的金属氯化物（如 KCl、NaCl 等）比添加能形成氯配合离子的金属氯化物（如 $ZnCl_2$、$FeCl_3$ 等）提高 $[Bi^{3+}]_T$ 的趋势更大，这正好说明其他金属氯化物有抑制 $BiCl_3$ 溶液水解的作用。因此，含有较高 $[Me^{n+}]$ 的 $BiCl_3$ 溶液完全水解的 pH 值比纯 $BiCl_3$ 溶液水解完全的 pH 值要高。纯 $BiCl_3$ 溶液中和水解完全的 pH 比冲稀水解完全的 pH 值要高（图 1-13、图 1-16）。

②用物质的量浓度代替活度及其偏差

要进行精确的热力学计算，必须求得各组分的平均活度系数 v。

因缺乏高离子强度下单一电解质的平均活度系数及该体系是氯配合物体系，至少在目前，无法对三氯化铋水解体系各组分的活度系数进行计算。因此，在本研究中，只好用物质的量浓度代替活度。

用物质的量浓度代替活度必然出现偏差。由 Bi(Ⅲ) - Cl⁻ - H₂O 水解系的两组数模的比较计算结果（表 1-13）可以看出。二者平均相对误差为 46.97%，而在低$[Cl^-]_T$下,相差较大。尽管如此,这些数模对铋的湿法冶金仍然具有重要的指导意义。

表1-13 Bi(Ⅲ)-Cl⁻-H₂O系中两种数模的比较计算结果

$[Cl^-]_T/(mol\cdot L^{-1})$		0.8	2.0	2.5	3.0	4.0	5.0	6.0	8.0
$[Bi^{3+}]_T$ /$(mol\cdot L^{-1})$	计算	0.1998	0.5853	0.7459	0.9061	1.2279	1.5492	1.8705	2.5130
	文献	0.01323	0.2941	0.4111	0.5282	0.7622	0.9963	1.2308	1.6985
误差/%	绝对	0.1865	0.2912	0.3348	0.3784	0.4657	0.6431	0.6401	0.8146
	相对	93.38	49.75	44.88	41.74	37.89	41.51	34.22	32.41

(4) 结论

①计算和绘制了这些体系水解平衡的有关数据和热力学图,发现在三氯化铋水解体系中,总氯根浓度和其他金属离子浓度是总铋浓度的重要标度。建立了计算$[Bi^{3+}]_T$的数学模型。这些模型说明,对于 Bi(Ⅲ)-Cl⁻-H₂O 水解系,当$[Cl^-]_T > 0.045$ mol/L 时,$[Bi^{3+}]$ 与 $[Cl^-]_T$ 呈良好的正线性关系;但是当$[Cl^-]_T < 0.045$ mol/L 时,$[Bi^{3+}]_T$ 与 $[Cl^-]_T$ 是非线性关系。对于 Bi(Ⅲ)-Me(Ⅰ)-Cl⁻-H₂O 水解系,$[Bi^{3+}]_T$ 与 $[Cl^-]_T$ 呈良好的正线性关系,而与 $[Me^+]$ 呈负线性关系。

②利用这些数模和热力学图可以解释其他金属氯化物对 BiCl₃水解过程的影响和中和水解及水解过程的 pH 控制等问题。

1.2.2.3 Sn(Ⅳ)-NH₄Cl-HCl-H₂O 体系

(1)热力学数据及平衡方程

在 SnCl₄-NH₄Cl-HCl-H₂O 体系中存在如下物种:$SnCl_i^{4-i}$($i = 0,1,2,3,4,5,6$)、$Sn(OH)_j^{4-j}$($j = 1,2,3,4$)、NH_4OH、NH_4^+、$NH_4Cl_{(aq)}$、H^+、OH^-、$HCl_{(aq)}$ 和 Cl^-。

该体系中 Sn(Ⅳ)氯配合平衡和羟基配合平衡以及一般的化学平衡如下:

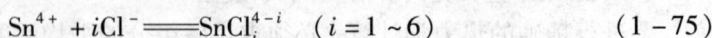

$$Sn^{4+} + iCl^- \Longleftrightarrow SnCl_i^{4-i} \quad (i = 1 \sim 6) \tag{1-75}$$

Sn(Ⅳ)-氯配合离子或物种浓度计算式见式(1-76):

$$[SnCl_i^{4-i}] = [Sn^{4+}] \cdot \beta_i \cdot [Cl^-]^i \tag{1-76}$$

式中:β_i 为 Sn^{4+} 的 i 级氯配合物的累积稳定常数。

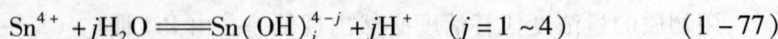

$$Sn^{4+} + jH_2O \Longleftrightarrow Sn(OH)_j^{4-j} + jH^+ \quad (j = 1 \sim 4) \tag{1-77}$$

Sn(Ⅳ)-羟基配合离子或物种浓度的计算见式(1-78):

$$\left[\text{Sn(OH)}_j^{4-j}\right] = \left[\text{Sn}^{4+}\right] \cdot \exp\left(\frac{-\Delta G_j^{\ominus}}{2.303RT} + j\text{pH}\right) \tag{1-78}$$

式中：$\Delta G_j^{\ominus}$ 为 Sn^{4+} 的 j 级羟基配合物标准生成自由能。

在高酸度条件下，以 $(\text{NH}_4)_2\text{SnCl}_{6(\text{s})}$ 与溶液的平衡为主：

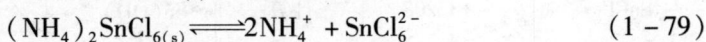

$$(\text{NH}_4)_2\text{SnCl}_{6(\text{s})} \Longrightarrow 2\text{NH}_4^+ + \text{SnCl}_6^{2-} \tag{1-79}$$

由溶度积常数 K_{sp} 确定游离 4 价锡离子的浓度：

$$\left[\text{Sn}^{4+}\right] = \frac{K_{\text{sp}}}{\beta_6 \cdot \left[\text{NH}_4^+\right]^2 \cdot \left[\text{Cl}^-\right]^6} \tag{1-80}$$

在弱酸度条件下，亦可以溶度积常数 K'_{sp} 确定 $\text{Sn(OH)}_{4(\text{s})}$ 与溶液的平衡关系：

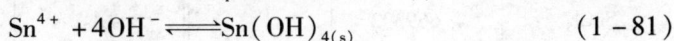

$$\text{Sn}^{4+} + 4\text{OH}^- \Longrightarrow \text{Sn(OH)}_{4(\text{s})} \tag{1-81}$$

由此确定游离 4 价锡离子的浓度：

$$\left[\text{Sn}^{4+}\right] = \frac{K'_{\text{sp}}}{\left[\text{OH}^-\right]^4} \tag{1-82}$$

还存在其他一些平衡：

$$\text{H}_2\text{O} \Longrightarrow \text{H}^+ + \text{OH}^- \tag{1-83}$$

$$\left[\text{OH}^-\right] = \frac{K''_{\text{sp}}}{\left[\text{H}^+\right]} = \exp(-32.37 + 2.303\text{pH}) \tag{1-84}$$

式中：K''_{sp} 为水的电离常数

$$\text{NH}_4\text{Cl}_{(\text{aq})} \Longrightarrow \text{NH}_4^+ + \text{Cl}^- \tag{1-85}$$

$$\left[\text{NH}_4\text{Cl}_{(\text{aq})}\right] \Longrightarrow \left[\text{NH}_4^+\right] \cdot \left[\text{Cl}^-\right] \tag{1-86}$$

有关 $\text{Sn}(\text{IV})$ 的配合累积稳定常数及体系中各物种的标准生成 Gibbs 自由能分别列于表 1-14 及表 1-15。

表 1-14 $\text{Sn}(\text{IV})$ 配合物累积稳定常数（$T = 298 \text{ K}$）

物种	$\lg\beta_i$	来源	物种	$\lg\beta_i$	来源
SnCl^{3+}	0.62	文献	Sn(OH)^{3+}	-0.49	文献
SnCl_2^{2+}	1.38	文献	Sn(OH)_2^{2+}	-0.3	文献
SnCl_3^+	2.09	文献	Sn(OH)_3^+	0.58	文献
SnCl_4	2.42	文献	$\text{Sn(OH)}_{4(\text{aq})}$	2.61	文献
SnCl_5^-	2.81	文献			
SnCl_6^{2-}	4	文献			

表 1 – 15　相关物种的标准生成 Gibbs 自由能/$(J \cdot mol^{-1})$

物种	$\Delta_f G^\ominus$	来源	物种	$\Delta_f G^\ominus$	来源
$SnCl^{3+}$	– 132208	计算	$Sn(OH)^{3+}$	– 152603	计算
$SnCl_2^{2+}$	– 267718	计算	$Sn(OH)_2^{2+}$	– 311586	计算
$SnCl_3^+$	402941	计算	$Sn(OH)_3^+$	– 474506	计算
$SnCl_4$	– 535995	计算	$Sn(OH)_{4(aq)}$	– 643989	计算
$SnCl_5^-$	– 669392	计算	Sn^{4+}	2500	文献
$SnCl_6^{2-}$	– 807355	计算	OH^-	– 157898	文献
H_2O	– 238098	文献	Cl^-	– 131170	文献
NH_4^+	– 79800	文献			

根据同时平衡原理,可建立锡量、氯量和氨量方程。

①锡量方程:

$$[Sn^{4+}]_T = [Sn^{4+}] + \sum_{i=1}^{6} [SnCl_i^{4-i}] + \sum_{j=1}^{4} [Sn(OH)_j^{4-j}] \qquad (1-87)$$

②氯量方程:

$$[Cl^-]_T = [Cl^-] + \sum_{i=1}^{6} i \cdot [SnCl_i^{4-i}] + [HCl_{(aq)}] + [NH_4Cl_{(aq)}]$$

$$(1-88)$$

③氨量方程:

$$[NH_4^+]_T = [NH_4^+] + [NH_4Cl_{(aq)}] \qquad (1-89)$$

式中:$[Sn^{4+}]_T$、$[Cl^-]_T$、$[NH_4^+]_T$ 及 $[Sn^{4+}]$、$[Cl^-]$、$[NH_4^+]$ 分别表示 4 价锡离子、氯离子及铵离子的总摩尔浓度及其游离离子的摩尔浓度。

根据电中性原理可建立电荷平衡方程:

$$4[Sn^{4+}]_T + [H^+] + [NH_4^+] = [Cl^-]_T + [OH]^- \qquad (1-90)$$

在高酸度条件下,游离锡离子浓度由 $(NH_4)_2SnCl_{6(s)}$ 与溶液的平衡式(1-80)决定;而在低酸度条件下,游离锡离子浓度则由 $Sn(OH)_{4(s)}$ 与溶液的平衡式(1-82)决定。以上 4 个方程中,存在 $[Sn^{4+}]_T$、$[Cl^-]$、pH、$[Cl^-]_T$ 及 $[NH_4^+]_T$ 5 个未知数,只要确定其中一个,即可通过解联立方程组,求得其他 4 个。

(2)$(NH_4)_2SnCl_6$ 的 K_{sp} 值计算

$(NH_4)_2SnCl_6$ 的 K_{sp} 值对方程组的求解很关键,但无法查到,$\Delta_f G_i^\ominus$ 及 $\Delta_f H_i^\ominus$ 等

热力学数据也查不到，故采用以下近似方法计算 $(NH_4)_2SnCl_6$ 的 K_{sp}。

将一定量的 $(NH_4)_2SnCl_6$ 加入到一定量的去离子水中，当达到平衡时，溶液中存在以下动态平衡：

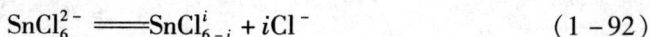

$$(NH_4)_2SnCl_6 \rightleftharpoons 2NH_4^+ + SnCl_6^{2-} \tag{1-91}$$

$$SnCl_6^{2-} \rightleftharpoons SnCl_{6-i}^i + iCl^- \tag{1-92}$$

$$[SnCl_{6-i}^i] = \frac{K_i' \cdot K_{i-1}' \cdots K' \cdot [SnCl_6^{2-}]}{[Cl^-]^i} \tag{1-93}$$

因此，

$$[Sn^{4+}] = \frac{K_6' \cdot K_5' \cdot K_4' \cdot K_3' \cdot K_2' \cdot K_1' \cdot [SnCl_6^{2-}]}{[Cl^-]^6} \tag{1-94}$$

$$K_{sp} = [SnCl_6^{2-}] \cdot [NH_4^+]^2 \tag{1-95}$$

从逐步离解平衡的定义出发，由文献知在 17.5 ℃ 条件下 100 份水中可溶解 33.3 份 $(NH_4)_2SnCl_6$，结合以上关系式，可得如下方程组：

$$[Sn^{4+}]_T = [SnCl_6^{2-}] \cdot \left(1 + \frac{K_1'}{[Cl^-]} + \frac{K_2' \cdot K_1'}{[Cl^-]^2} + \frac{K_3' \cdot K_2' \cdot K_1'}{[Cl^-]^3} + \frac{K_4' \cdot K_3' \cdot K_2' \cdot K_1'}{[Cl^-]^4} \right.$$
$$\left. + \frac{K_5' \cdot K_4' \cdot K_3' \cdot K_2' \cdot K_1'}{[Cl^-]^5} + \frac{K_6' \cdot K_5' \cdot K_4' \cdot K_3' \cdot K_2' \cdot K_1'}{[Cl^-]^6}\right) \tag{1-96}$$

$$[Cl^-]_T = [Cl^-] + [SnCl_6^{2-}] \cdot \left(6 + \frac{K_1'}{[Cl^-]} + \frac{2 \cdot K_2' \cdot K_1'}{[Cl^-]^2} + \frac{3 \cdot K_3' \cdot K_2' \cdot K_1'}{[Cl^-]^3} \right.$$
$$\left. + \frac{4 \cdot K_4' \cdot K_3' \cdot K_2' \cdot K_1'}{[Cl^-]^4} + \frac{5 \cdot K_5' \cdot K_4' \cdot K_3' \cdot K_2' \cdot K_1'}{[Cl^-]^5}\right) \tag{1-97}$$

由式 (1-96)、式 (1-97) 解得此时溶液中 $[SnCl_6^{2-}]$ 为：0.2884 mol/L，代入式 (1-95) 可估算得 K_{sp} 值。

(3) 结果与讨论

1) 高酸度条件下的热力学平衡图

在高酸度下，溶液与 $(NH_4)_2SnCl_{6(S)}$ 平衡，$[Sn^{4+}]$ 按式 (1-80) 计算。以 $[N]_T$ 表示总铵浓度 (mol/L，以下同)，确定 $[NH_4^+]_T$ 后，联立解式 (1-87) ~ 式 (1-90)，得图 1-17 ~ 图 1-19。

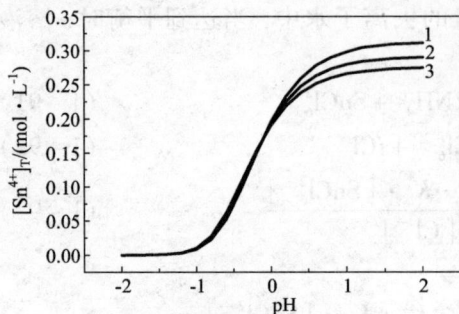

图 1 - 17 高酸度条件下 $[Sn^{4+}]_T$ 与 pH 的关系

1—$[N]_T = 3$ mol/L, 2—$[N]_T = 3.5$ mol/L,

3—$[N]_T = 4$ mol/L

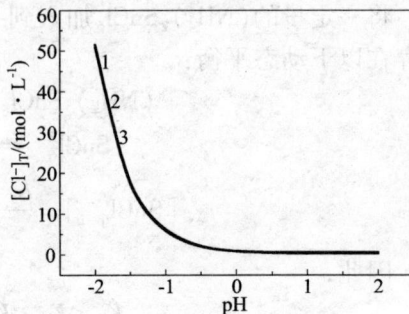

图 1 - 18 高酸度条件下 $[Cl^-]_T$ 与 pH 的关系

1—$[N]_T = 3$ mol/L, 2—$[N]_T = 3.5$ mol/L,

3—$[N]_T = 4$ mol/L

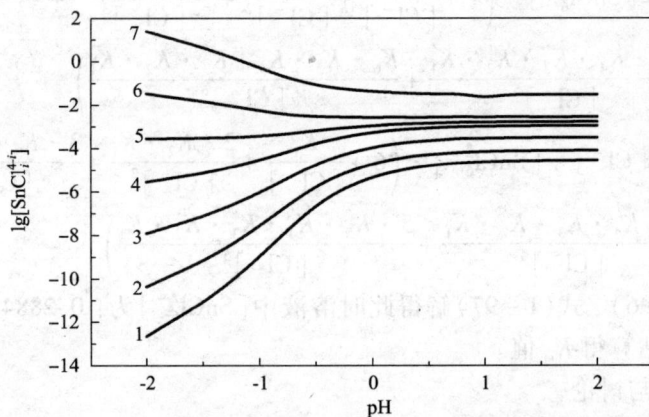

图 1 - 19 高酸度条件下锡物种浓度对数与 pH 的关系

Sn(Ⅳ)物种:1—Sn^{4+}, 2—$SnCl^{3+}$, 3—$SnCl_2^{2+}$, 4—$SnCl^{3+}$, 5—$SnCl_4$, 6—$SnCl_5^-$, 7—$SnCl_6^{2-}$

从图 1 - 17 ~ 图 1 - 19 中可以看出,体系中的 $[Sn^{4+}]_T$ 在高酸度条件下将趋于一较低值(零值),其原因是生成了难溶固相 $(NH_4)_2SnCl_6$。当控制体系中的总氨浓度从 3 ~ 4 mol/L 变化时,体系中相应的总氯浓度变化规律几乎一致。

2)低酸度条件下的热力学平衡图

在低酸度下,溶液与 $Sn(OH)_{4(s)}$ 平衡,$[Sn^{4+}]$ 按式(1 - 82)计算。确定 $[NH_4^+]_T$ 后,联立解式(1 - 87) ~ 式(1 - 90),得图 1 - 20 ~ 图 1 - 22。

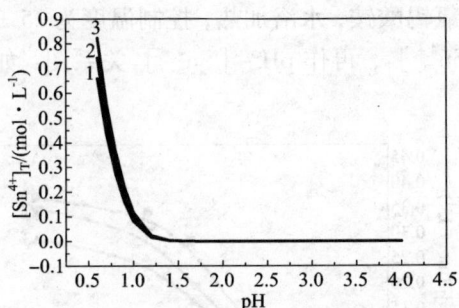

图 1 – 20 低酸度条件下[Sn⁴⁺]_T 与 pH 的关系

1—[N]_T = 3 mol/L, 2—[N]_T = 3.5 mol/L,

3—[N]_T = 4 mol/L

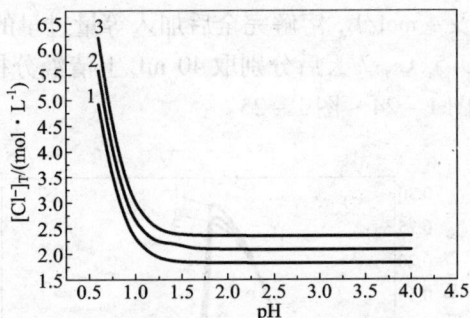

图 1 – 21 低酸度条件下[Cl⁻]_T 与 pH 的关系

1—[N]_T = 3 mol/L, 2—[N]_T = 3.5 mol/L,

3—[N]_T = 4 mol/L

从图 1 – 19 ~ 图 1 – 21 中可以看出，当 pH 约为 0.8 时，随着体系酸度的减小，体系中总锡浓度急剧减小，这是由于体系中出现了新的固相：$Sn(OH)_{4(s)}$，当 pH 约为 1.2 时，体系中的总锡浓度趋于零值；在此条件下当总氨浓度从 3 ~ 4 mol/L 变化时，溶液中[Cl⁻]_T 随体系 pH 出现一样的变化规律。

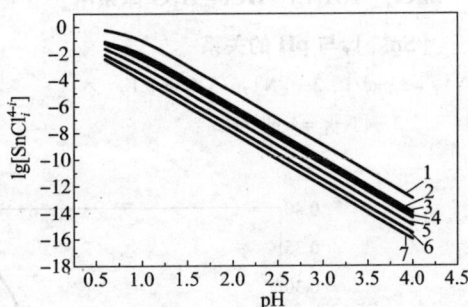

图 1 – 22 低酸度条件下锡物种浓度与 pH 的关系

[N]_T = 4 mol/L，Sn 物种浓度/(mol · L⁻¹)：

1—$\lg[Sn^{4+}]$；2—$\lg[SnCl^{3+}]$；3—$\lg[SnCl_2^{2+}]$；

4—$\lg[SnCl^{3+}]$；5—$\lg[SnCl_4]$；6—$\lg[SnCl_5^-]$；7—$\lg[SnCl_6^{2-}]$

3) 两种热力学图的重叠

在 $SnCl_4 – NH_4Cl – HCl – H_2O$ 体系中，随着体系 pH 的变化，溶液中将分别出现两种固体物种：$(NH_4)_2SnCl_6$ 和 $Sn(OH)_4$。溶液分别与之平衡曲线的交点，即为两种固相共存点，由此点提高 pH，取 $Sn(OH)_{4(s)}$ 的平衡曲线；反之，由此点降低 pH，取 $(NH_4)_2SnCl_{6(s)}$ 的平衡曲线，得综合平衡图 1 – 23。

从图 1 – 23 中也可看出在 $SnCl_4 – NH_4Cl – HCl – H_2O$ 体系中，[Sn⁴⁺]_T 在 pH =0.8 时存在最大值。在 pH < 0.8 时，由于体系中生成 $(NH_4)_2SnCl_6$ 固体沉淀而使[Sn⁴⁺]_T 急剧下降：$SnCl_i^{4-i} + 2NH_4Cl \Longrightarrow (NH_4)_2SnCl_6 \downarrow + (i-4)Cl^-$。在 pH >0.8 时，是由于体系中生成 $Sn(OH)_4$ 固体沉淀也使[Sn⁴⁺]_T 急剧下降。

4) 试验验证

首先配制好浓度分别为 10、6、4、1、0.5 及 0.1 mol/L 的盐酸溶液 100 mL，

分别加入 16.047、18.7125 及 21.396 g 的分析纯氯化铵,使氯化铵浓度为 3、3.5 及 4 mol/L,溶解完全后加入等量过量的纯氯锡酸铵,水浴加热,控制温度为 25 ± 0.5 ℃,7 天后分别取 40 mL 上清液分析 $[Sn^{4+}]_T$,再作 pH – $[Sn^{4+}]_T$ 关系图,如图 1 – 24 ~ 图 1 – 25。

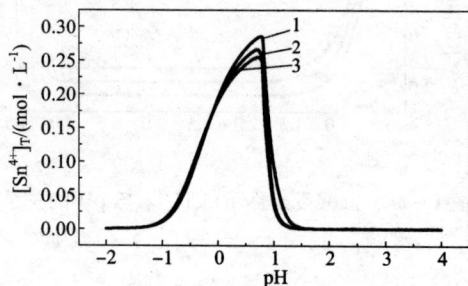

图 1 – 23　SnCl₄ – NH₄Cl – HCl – H₂O 体系中

$[Sn^{4+}]_T$ 与 pH 的关系

1—$[N]_T$ = 3 mol/L, 2—$[N]_T$ = 3.5 mol/L,

3—$[N]_T$ = 4 mol/L

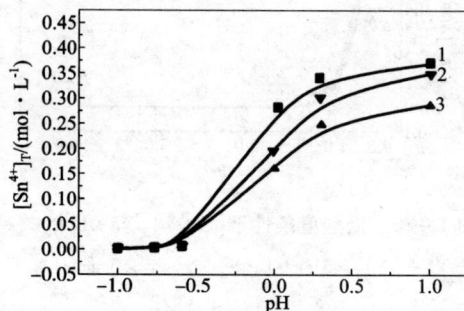

图 1 – 24　高酸度下 $[Sn^{4+}]_T$

与 pH 关系的试验结果

1—$[N]_T$ = 3 mol/L, 2—$[N]_T$ = 3.5 mol/L,

3—$[N]_T$ = 4 mol/L

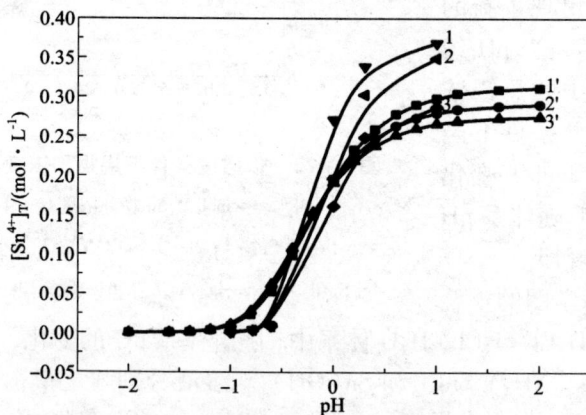

图 1 – 25　试验结果和理论计算值的对比

1、2、3—分别对应 $[N]_T$ = 3、3.5、4 mol/L 时的试验曲线;

1′、2′、3′—分别对应 $[N]_T$ = 3、3.5、4 mol/L 时的理论曲线

从图 1 – 24 中可以看出,体系 pH = 0.5 和 pH = – 0.8 左右曲线存在较明显的拐点。pH = 0.5 左右,体系中的 $[Sn^{4+}]_T$ 随着 pH 的降低而快速下降,当体系酸度增大到 pH = – 0.8 左右,体系中的 $[Sn^{4+}]_T$ 几乎为零。该图反映了和图 1 – 17 相

一致的变化趋势：即在该体系中，随着体系酸度的增大，体系中能溶解的氯锡酸铵逐渐减小，这从另一侧面证明：当体系酸度增大到一定阀值时，体系中 Sn^{4+} 将以氯锡酸铵的形式沉淀出来。

为更好地验证理论计算的正确性，将试验图 1 - 24 和理论图 1 - 17 合并如图 1 - 25。比较可以看出其中 pH - $[Sn^{4+}]_T$ 的变化趋势一致，这证明了前文理论计算的正确性。另外，试验证明，在 $pH > 0$ 时，随着体系中 $[N]_T$ 的增大，体系中 $[Sn^{4+}]_T$ 减小，在理论曲线中也反映出一样的规律。

值得说明的是，实验得到的 $[Sn^{4+}]_T$ 值比理论计算的结果偏大，一方面是试验误差或分析误差或两者综合作用所致，另一方面，在理论计算时认为体系中物种活度系数等于 1 也将导致理论计算和实际结果有偏差。

5）结论

①$SnCl_4$ - NH_4Cl - HCl - H_2O 体系中的总氨浓度和 pH 是影响 $[Sn^{4+}]_T$ 的重要因素；在 $pH = 0.8$ 时，$[Sn^{4+}]_T$ 存在最大值；当 pH 小于或大于 0.8 时，随着 pH 值的减小或提高，$[Sn^{4+}]_T$ 均急剧下降，原因是分别生成难溶固相 $(NH_4)_2SnCl_6$ 及 $Sn(OH)_4$。

②在总氨浓度为 3.0 ~ 4.0 mol/L 范围内时，对 $[Sn^{4+}]_T$ 的影响不显著，只是 $pH = 0.8$ 左右时，稍有影响；随着总氨浓度的提高，$[Sn^{4+}]_T$ 逐渐减小。

③总氯浓度与总氨浓度具有对应关系。

④$pH < -1$ 的区域是制取和提纯 $(NH_4)_2SnCl_6$ 的最佳区域；而 $pH \geq 1.5$ 的区域是沉淀 $Sn(OH)_4$ 的优势区。

1.2.2.4　Sn(Ⅳ) - Sb(Ⅲ) - NH₄Cl - HCl - H₂O 体系

一般认为共沉淀法制取 ATO 粉体的原理是 $SnCl_4$ 和 $SbCl_3$ 形成 $Sn(OH)_4$ 和 $Sb(OH)_3$ 共沉淀。但是作者认为：在 $pH < 7$ 的情况下，体系中的锑固相大部分是以 $Sb_4O_5Cl_2$ 存在。而且，由于 $Sn(OH)_4$ 和 $Sb_4O_5Cl_2$ 的溶度积不同，在相同的 pH 条件下，$Sb_4O_5Cl_2$ 先于锡的氢氧化物沉淀析出，故尽管锑是以一定的掺杂比例混合于锡的溶液中，但得到的实际上是 $Sn(OH)_4$ 和 $Sb_4O_5Cl_2$ 的不均匀混合物。因此，从理论上弄清这点是非常重要的。

下面对 Sn(Ⅳ) - Sb(Ⅲ) - NH₃ - NH₄Cl - H₂O 体系进行热力学分析，绘制热力学关系图，为在该体系中制备 ATO 粉提供理论依据。

（1）热力学数据和平衡方程

1）平衡物种

该体系中既存在 Sn(Ⅳ) 与 Sb(Ⅲ) 的氯配合物，又存在它们的羟基配合物，还有其他离子与化合物，具体情况如下：$SnCl_i^{4-i}$（$i = 0 \sim 6$）；$SbCl_j^{3-j}$（$j = 0 \sim 6$）；$Sn(OH)_m^{4-m}$（$m = 1 \sim 4$）、SbO^+、SbO_2^-、NH_4OH、NH_4^+、$NH_4Cl_{(aq)}$、H^+、OH^-、

$HCl_{(aq)}$、Cl^- 及 $HSbO_2$。

2)化学平衡

Sn(Ⅳ)-氯配合平衡式见式(1-75),Sn(Ⅳ)-氯配合离子或物种的浓度计算式如式(1-76)。

Sn(Ⅳ)-羟基配合平衡总方程式如式(1-77),Sn(Ⅳ)-羟基配合离子或物种的浓度计算式见式(1-78)。

Sb(Ⅲ)的氯配合平衡式见式(1-61)。

其他化学平衡与相应的物种浓度表达式见式(1-98)~式(1-104)。

$$NH_4^+ + OH^- \Longrightarrow NH_3 \cdot H_2O \tag{1-98}$$

$$[NH_3 \cdot H_2O] = 10^{4.69} \times 10^{-pH} \cdot [NH_4^+] \tag{1-99}$$

$$Sb^{3+} + H_2O \Longrightarrow SbO^+ + 2H^+ \tag{1-100}$$

$$[SbO^+] = 10^{1.49} \times 10^{2pH} \cdot [Sb^{3+}] \tag{1-101}$$

$$Sb^{3+} + 2H_2O \Longrightarrow SbO_2^- + 4H^+ \tag{1-102}$$

$$[SbO_2^-] = 10^{-11.66} \times 10^{2pH} \cdot [Sb^{3+}] \tag{1-103}$$

$$H^+ + Cl^- \Longrightarrow HCl_{(aq)} \tag{1-104}$$

3)质量平衡和电荷平衡

根据同时平衡原理由式(1-76)~式(1-104)可建立该体系的质量平衡方程,包括锡量、锑量、氨量及氯量4个平衡方程。

①锡量平衡方程:

$$[Sn^{4+}]_T = [Sn^{4+}] + [Sn_i^{4-i}] + [Sn(OH)_j^{4-j}] \quad (i=0,1,2,3,4,5,6;j=1,2,3,4) \tag{1-105}$$

②锑量平衡方程:

$$[Sb^{3+}]_T = [Sb^{3+}] + [SbCl_m^{3-m}] + [SbO^+] + [SbO_2^-] \quad (m=0,1,2,3,4,5,6) \tag{1-106}$$

③铵量平衡方程:

$$[NH_4^+]_T = [NH_{3(aq)}] + [NH_4^+] + [NH_4Cl_{(aq)}] \tag{1-107}$$

④氯量平衡方程:

$$[Cl^-]_T = [Cl^-] + i[SnCl_i^{4-i}] + m[SbCl_m^{3-m}] + [NH_4Cl_{(aq)}] \quad (i=0,1,2,3,4,5,6;m=0,1,2,3,4,5,6) \tag{1-108}$$

⑤电荷平衡,根据电中性原理可建立电荷平衡方程:

$$4[Sn^{4+}]_T + [NH_4^+] + 3[Sb^{3+}]_T + [H^+] = [Cl^-]_T + [OH^-] \tag{1-109}$$

由式(1-105)~式(1-109)确定的方程组中共有 $[Sn^{4+}]_T$、$[Sb^{3+}]_T$、

$[Cl^-]_T$、$[Cl^-]$、$[H^+]$、$[NH_4^+]_T$、$[NH_4^+]$ 7 个未知数，如果设定 $[H^+]$ 和 $[NH_4^+]$ 或 $[H^+]$ 和 $[Cl^-]_T$ 则可求解出该联立方程组，从而得出该体系中 $[Sn^{4+}]_T$、$[Sb^{3+}]_T$ 分别和 $[H^+]$ 之间的关系。

4）相关物种热力学数据

求解上述方程组有关锑的热力学数据与 1.2.2.1 节相同，指数方程系数见表 1-7，有关锡的热力学数据与 1.2.2.3 节相同，具体情况见表 1-14 及表 1-15。

（2）结果与讨论

1）计算结果

分别设定两个不同的未知量，解由式（1-105）~式（1-109）的联立方程组，并将计算结果绘成图 1-26。

2）讨论

从图 1-26 可以很清楚地看出：pH 的大小直接决定沉淀反应的可行性和反应进行的方向。假定当体系中金属离子的浓度小于 1×10^{-5} mol/L 时作为离子沉淀的依据，

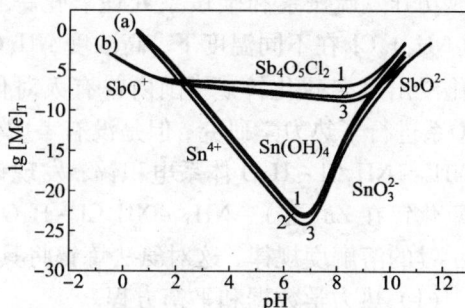

图 1-26　Sn(Ⅳ)-Sb(Ⅲ)-NH₃-NH₄Cl-
H₂O 体系中 $[Sn^{4+}]_T$、$[Sb^{3+}]_T$ 与 pH 的关系
(a)—$[Sn^{4+}]_T$；(b)—$[Sb^{3+}]_T$
$[NH_4^+]_T/(mol \cdot L^{-1})$：1—4；2—2.5；3—1

则从图 1-26 可看出在 pH 为 2.2~10 的范围内 $Sn(OH)_4$、$Sb_4O_5Cl_2$ 的溶解度都小于此值，可近似认为 4 价锡离子和 3 价锑离子基本完全沉淀。所以，制备 ATO 纳米粉的 pH 应选在这一范围内。

沉淀反应过程的 pH 较低时，生成胶态粒子并因其表面水化形成带正电（H^+）的水化膜而稳定存在，pH 升高时，$[OH^-]$ 浓度开始增加，破坏水化膜，对凝聚起催化作用，导致粒径长大；当 $[OH^-]$ 增大到一定程度，胶粒整体则带负电而达到稳定状态，晶粒难于凝聚并长大。同时，pH 过高，水解较完全，然而水解速度过快不利于粒子性能控制，粒子粒径分布宽，而 pH 偏低会造成水解不完全使产物收率降低。

（3）结论

Sn(Ⅳ)-Sb(Ⅲ)-NH₃-NH₄Cl-H₂O 体系的热力学分析表明，体系 pH 的大小直接决定沉淀反应的可行性和反应进行的方向，$Sn(OH)_4$ 和 $Sb_4O_5Cl_2$ 共沉淀的 pH 应为 2.2~10。

1.2.3 锌-氨-铵-水体系

1.2.3.1 Zn(Ⅱ)-NH₄Cl-NH₃-H₂O系

氨法锌冶金具有净化除杂容易，工艺简单的优点，因此国内外对氨法炼锌进行了广泛的研究，例如对 $Zn(Ⅱ)-NH_3-(NH_4)_2SO_4-H_2O$ 体系和 $Zn(Ⅱ)-NH_3-(NH_4)_2CO_3-H_2O$ 体系进行了热力学研究，全面揭示了锌的溶解度规律，并成功开发硫铵系和碳铵系处理氧化锌物料制取等级氧化锌的新工艺；国外对 $Zn(NH_3)_2Cl_2$ 在不同温度下，高浓度 NH_4Cl 溶液中的溶解度进行了研究，并用于氧化浸出复杂硫化锌矿，国内曾有人对低浓度的 $Zn(Ⅱ)-Cl^--NH_3-CO_3^{2-}-H_2O$ 系进行了热力学研究，但是没有考虑体系的电荷平衡。作者曾研究过 $Zn(Ⅱ)-NH_3-NH_4Cl-H_2O$ 体系电积锌，发现该体系比传统体系约节能20%。本文将对氧化锌在 $Zn(Ⅱ)-NH_3-NH_4Cl-H_2O$ 体系中的热力学平衡进行了分析，全面揭示锌的溶解度规律，这对氨法炼锌将具有重要意义。

（1）热力学数据和平衡方程

在 $Zn(Ⅱ)-NH_3-NH_4Cl-H_2O$ 体系中同时存在4种氨配合锌离子、4种锌羟基配合离子、4种氯配合锌离子以及 $NH_{3(aq)}$、NH_4^+、H^+、OH^-、Zn^{2+}、Cl^-、$HZnO_2^-$、ZnO_2^{2-} 等共20种物种。根据同时平衡原理，体系中只要存在 ZnO 时，则每种锌配合离子或物种都分别与之平衡：

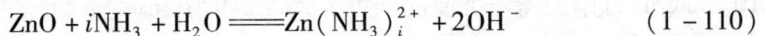

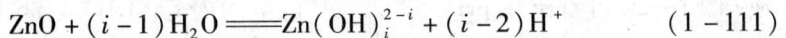

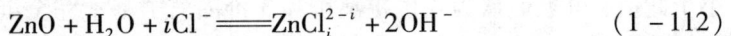

$$ZnO + iNH_3 + H_2O \Longrightarrow Zn(NH_3)_i^{2+} + 2OH^- \qquad (1-110)$$

$$ZnO + (i-1)H_2O \Longrightarrow Zn(OH)_i^{2-i} + (i-2)H^+ \qquad (1-111)$$

$$ZnO + H_2O + iCl^- \Longrightarrow ZnCl_i^{2-i} + 2OH^- \qquad (1-112)$$

按照双平衡方程法，这些离子或配合物的摩尔浓度可用式(1-41)表示，但没有氧化还原反应，指数式中第一项消失。

锌配合物的稳定常数取自文献，见表1-16，其他热力学数据摘自文献或自己计算，见表1-17。

表1-16 锌配合物稳定常数($T=298$ K)

物种	$\lg\beta_i$	物种	$\lg\beta_i$
$Zn(NH_3)^{2+}$	2.38	$ZnCl^+$	0.10
$Zn(NH_3)_2^{2+}$	4.88	$ZnCl_2$	0.06
$Zn(NH_3)_3^{2+}$	7.43	$ZnCl_3^-$	0.10
$Zn(NH_3)_4^{2+}$	9.65	$ZnCl_4^{2-}$	0.30

表 1 – 17 相关物种的标准自由能($T = 298$ K)/($J \cdot mol^{-1}$)

物种	$\Delta_f G^\ominus$	来源	物种	$\Delta_f G^\ominus$	来源
$ZnO_{(s)}$	– 323131	文献	$Zn(OH)_{2(aq)}$	– 537398	文献
$HZnO_2^-$	– 465780	文献	NH_4^+	– 79800	文献
H_2O	– 238098	文献	$Zn(NH_3)_3^{2+}$	– 270303	计算
$ZnCl_2$	– 410455	计算	$ZnOH^+$	– 330540	文献
$Zn(OH)_3^-$	– 702912	文献	ZnO_2^{2-}	– 390729	文献
Cl^-	– 131170	文献	$Zn(NH_3)^{2+}$	– 188065	计算
$Zn(NH_3)_4^{2+}$	– 309682	计算	$ZnCl_3^-$	– 541853	计算
Zn^{2+}	– 147773	文献	$Zn(OH)_4^{2-}$	– 868031	文献
$NH_{3(aq)}$	– 26712	文献	OH^-	– 157899	文献
$Zn(NH_3)_2^{2+}$	– 229042	计算	$ZnCl^+$	– 279513	计算
$ZnCl_4^{2-}$	– 674165	计算			

根据表 1 – 17 的数据，可以计算各物种浓度表达式中的 a、b、c_1、c_2、d 值。

表 1 – 18 各离子的电算指数常数

物种	d	$b\ln 10$	c_1	c_2	物种	d	$b\ln 10$	c_1	c_2
Zn^{2+}	25.324	– 4.606	0	0	$Zn(OH)_{2(aq)}$	– 9.619	0	0	0
$Zn(NH_3)^{2+}$	30.804	– 4.606	1	0	$Zn(OH)_3^-$	– 38.915	2.303	0	0
$Zn(NH_3)_2^{2+}$	36.562	– 4.606	2	0	$Zn(OH)_4^{2-}$	– 68.371	4.606	0	0
$Zn(NH_3)_3^{2+}$	42.434	– 4.606	3	0	$HZnO_2^-$	– 38.525	2.303	0	0
$Zn(NH_3)_4^{2+}$	47.547	– 4.606	4	0	ZnO_2^{2-}	– 68.819	4.606	0	0
$ZnCl^+$	25.554	– 4.606	0	1	NH_4^+	21.427	– 2.303	1	0
$ZnCl_2$	25.461	– 4.606	0	2	OH^-	– 32.370	2.303	0	0
$ZnCl_3^-$	25.554	– 4.606	0	3	Cl^-			0	1
$ZnCl_4^{2-}$	26.014	– 4.606	0	4	H^+	0	– 2.303	0	0
$Zn(OH)^+$	2.990	– 2.303	0	0					

根据质量守恒定律可建立锌量、氨量及氯量平衡方程：

$$[Zn^{2+}]_T = [Zn^{2+}] + \sum_{i=1}^{4} [Zn(NH_3)_i^{2+}] + \sum_{j=1}^{4} [ZnCl_j^{2-j}] + \sum_{k=1}^{4} [Zn(OH)_k^{2-k}]$$

$$+ [HZnO_2^-] + [ZnO_2^{2-}] \qquad\qquad (1-113)$$

$$[NH_4OH]_T = [NH_4^+] + [NH_{3(aq)}] + \sum_{i=1}^{4} i [Zn(NH_3)_i^{2+}] \qquad (1-114)$$

$$[Cl^-]_T = [Cl^-] + \sum_{j=1}^{4} j [ZnCl_j^{2-j}] + [NH_4Cl] \qquad (1-115)$$

根据溶液电中性原理,可建立电荷平衡方程:

$$2[Zn^{2+}]_T + [NH_4^+] + [H^+] = [Cl^-]_T + [OH^-] \qquad (1-116)$$

式中:$[Zn^{2+}]_T$、$[Zn^{2+}]$分别代表锌离子的总摩尔浓度及游离锌离子的摩尔浓度,$[NH_4OH]_T$为氨和铵的总摩尔浓度,$[NH_{3(aq)}]$表示游离氨的摩尔浓度,i、j及k分别表示氨、氯根和羟基等配位体的配位数。

(2)结果及讨论

这样4个方程共有$[NH_{3(aq)}]$、$[Zn^{2+}]_T$、pH、$[NH_4OH]_T$、$[Cl^-]_T$、$[Cl^-]$ 6个未知数,确定其中两个未知数后,则可联立求解。所得结果如图1-27~图1-30。

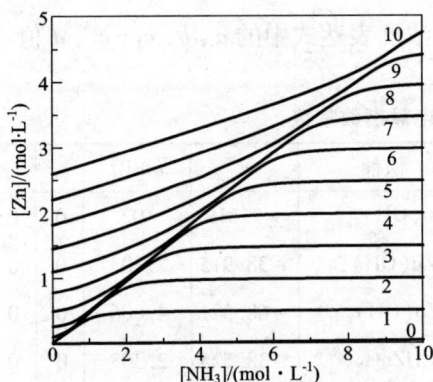

图1-27 不同$[NH_4Cl]$下氨浓度
对锌平衡浓度的影响

$[NH_4Cl]/(mol \cdot L^{-1})$:0—0;1—1.0;
2—2.0;3—3.0;4—4.0;5—5.0;
6—6.0;7—7.0;8—8.0;9—9.0;10—10.0

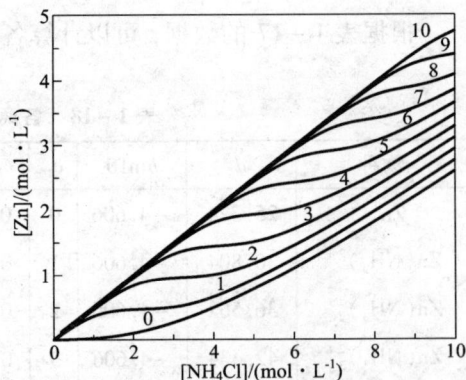

图1-28 不同氨浓度下$[NH_4Cl]$浓度
对锌平衡浓度的影响

$[NH_3]/(mol \cdot L^{-1})$:0—0;1—1.0;2—2.0;
3—3.0;4—4.0;5—5.0;6—6.0;
7—7.0;8—8.0;9—9.0;10—10.0

图1-27、图1-28表明:①纯氨水中锌的平衡浓度很低(图1-27中0线),而且随氨浓度提高上升很慢,但在纯NH_4Cl溶液中锌的平衡浓度(图1-28中的0线)要高得多,而且随NH_4Cl浓度的提高很快上升;②在$[NH_3]/[NH_4Cl]<1$时,锌平衡浓度随氨浓度的上升而迅速升高,但到$[NH_3]/[NH_4Cl]>1$后,几乎不再上升,形成水平线束(图1-27右下部);③在氨浓度一定的条件下,锌平衡浓度

开始随铵浓度的升高而急剧上升，然后缓慢增加，致使这些曲线的始端汇集成一条直线，即对角线。

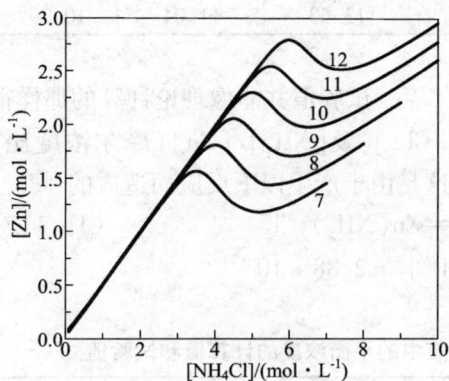

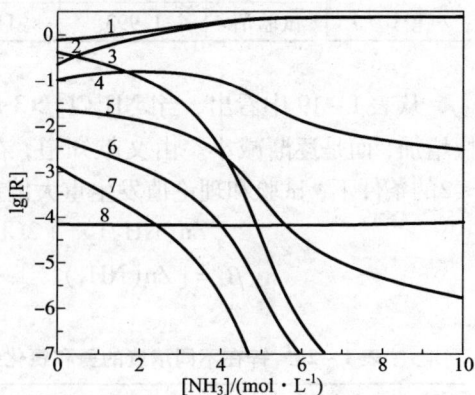

图1-29　氨和铵总浓度不变条件下铵浓度变化对锌平衡浓度的影响

$[NH_4OH]_T/(mol \cdot L^{-1})$：7—7.0；8—8.0；9—9.0；10—10.0；11—11.0；12—12.0

图1-30　$[Cl^-]_T = 5$ mol/L 时各离子摩尔浓度的对数

1—$[Zn^{2+}]$；2—$[Zn(NH_3)_4^{2+}]$；3—$[ZnCl_i^{2-i}]$；4—$[Zn(NH_3)_3^{2+}]$；5—$[Zn(NH_3)_2^{2+}]$；6—$[Zn(NH_3)^{2+}]$；7—$[Zn^{2+}]$；8—$[Zn(OH)_i^{2-i}]$

图1-29表明：在氨和铵总浓度一定的条件下，在一定的铵浓度范围内，随铵浓度的增加，锌浓度成直线上升，几乎和氨浓度无关。当氨和铵浓度比为1∶1时，锌离子浓度呈极大值。继续增加铵浓度，锌浓度反而减少，但变化不是特别大。到一定铵浓度后，锌浓度又呈上升趋势，这是氯离子和锌形成配合物的体现。

图1-30表明：在$[NH_4Cl] = 5$ mol/L 时，随着氨浓度的逐渐增加，锌的氯配合物 $[ZnCl_i^{2-i}]_T$ 浓度及大部分氨配合物 $[Zn(NH_3)^{2+}]$、$[Zn(NH_3)_2^{2+}]$ 和 $[Zn(NH_3)_3^{2+}]$ 的浓度急剧减少，锌的羟基配合物浓度很低且几乎不变，而 $[Zn(NH_3)_4^{2+}]$ 增加，这说明在氨浓度较高的情况下，锌几乎全部以 $Zn(NH_3)_4^{2+}$ 形式存在。但当氨浓度很低时，则以锌的氯配合物占优势。

（3）试验验证

将配好的相应浓度的 NH_3-NH_4Cl 水溶液和过量的分析纯 ZnO 混合在 25 ℃下搅拌 72 h，液固分离，分析溶液中的锌浓度。试验值与理论计算值见表1-19、表1-20。

表1-19 纯 NH_4Cl 溶液中锌的平衡浓度的试验值与计算值

$[NH_4Cl]/(mol \cdot L^{-1})$		1.0	2.0	3.0	4.0	5.0
锌平衡浓度 /(g·L⁻¹)	计算值	1.325	6.40	16.93	32.21	50.89
	试验值	1.993	11.23	13.63	11.04	10.29

从表1-19中看出,当 $[NH_4Cl]>3$ mol/L后,试验值并非像理论计算的那样很快增加,而是逐渐减小。由文献知道,在高 $[Cl^-]_T$ 及 $[NH_3]/[Zn]$（摩尔浓度比） $\leqslant 2$ 的条件下,试验和理论值发生重大偏差,这是由于产生以下反应而造成的:

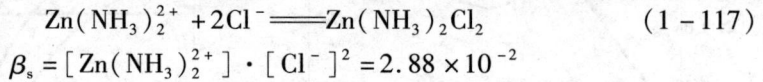

$$Zn(NH_3)_2^{2+} + 2Cl^- \Longrightarrow Zn(NH_3)_2Cl_2 \qquad (1-117)$$

$$\beta_s = [Zn(NH_3)_2^{2+}] \cdot [Cl^-]^2 = 2.88 \times 10^{-2}$$

表1-20 锌在不同浓度的氨和氯化铵溶液中的平衡浓度的计算值和试验值

$[NH_4Cl]/(mol \cdot L^{-1})$	5.0	5.0	5.0	5.0	5.0	4.0	4.0
$[NH_3]/(mol \cdot L^{-1})$	1.04	1.12	2.32	4.25	5.66	2.05	2.85
试验值/(g·L⁻¹)	43.44	46.17	95.06	158.19	163.14	79.71	106.82
计算值/(g·L⁻¹)	43.60	62.10	82.69	150.97	157.58	65.37	89.88
相对偏差/%	-0.37	-26.65	14.96	4.78	3.53	21.94	18.85
$[NH_4Cl]/(mol \cdot L^{-1})$	4.0	4.0	3.0	3.0	3.0	3.0	2.0
$[NH_3]/(mol \cdot L^{-1})$	3.80	4.9	2.22	3.03	4.09	4.81	0.84
试验值/(g·L⁻¹)	121.67	136.40	68.76	91.23	106.10	112.27	26.30
计算值/(g·L⁻¹)	115.05	126.50	68.96	87.61	94.85	96.01	25.72
相对偏差/%	5.75	7.80	-0.30	4.13	11.86	16.94	2.27
$[NH_4Cl]/(mol \cdot L^{-1})$	2.0	2.0	2.0	1.0	1.0	1.0	绝对
$[NH_3]/(mol \cdot L^{-1})$	1.45	2.51	3.96	0.52	1.03	1.54	平均值
试验值/(g·L⁻¹)	47.22	66.84	80.76	15.84	27.54	33.42	
计算值/(g·L⁻¹)	43.92	60.72	63.86	14.51	25.19	29.37	
相对偏差/%	7.51	10.08	26.47	9.17	9.33	13.79	10.77

从表1-20可以看出,氧化锌在不同的氨和铵浓度下的平衡浓度相对偏差的绝对平均值为10.77%,这说明该热力学模型是正确的,所选数据的准确性较好。

(4)结论

①纯氨水中锌的平衡浓度很低,而纯氯化铵溶液中锌的平衡浓度高得多,且理论上随氯化铵浓度的升高而增大,但实际上 $[NH_4Cl]>2$ mol/L后,随氯化铵浓度升高而降低。

②在 $[NH_3]/[NH_4Cl]<1$ 时,锌平衡浓度随氨浓度的上升而迅速升高,但到 $[NH_3]/[NH_4Cl]>1$ 后,几乎不再上升。

③在氨和铵总浓度一定的条件下，氨和铵的浓度比为1时，锌的平衡浓度呈极大值。

④在氯化铵浓度一定的条件下，随氨浓度的增加锌的配合物由 $ZnCl_i^{2-i}$ 占优势逐渐转变成几乎全部为 $Zn(NH_3)_4^{2+}$ 形式存在。

1.2.3.2　$Zn(II)-(NH_4)_2SO_4-NH_3-H_2O$ 系

本节根据同时平衡原理和电中性原理对 $Zn(II)-NH_3-(NH_4)_2SO_4-H_2O$ 系 $Zn(II)$-氨配合平衡进行了系统研究，无疑，所得结论对氨法锌冶金将具有重要意义。

（1）热力学数据和平衡方程

在 $Zn(II)-NH_3-(NH_4)_2SO_4-H_2O$ 系中存在有4种锌-氨配合离子和4种羟基配合物以及 $NH_{3(aq)}$、NH_4^+、H^+、OH^-、Zn^{2+}、$HZnO_2^-$、ZnO_2^{2-} 以及 SO_4^{2-} 等16个物种。根据同时平衡原理，体系中存在固态 ZnO 和 $Zn(OH)_2$ 时，则每种锌配合离子或物种都分别与之平衡，其中与 ZnO 平衡式如式（1-110）及式（1-111）。

与 $Zn(OH)_2$ 平衡式如下：

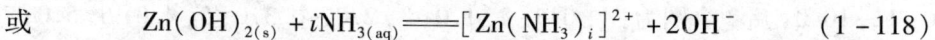

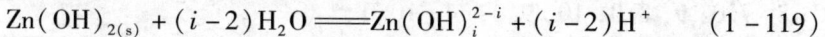

$$Zn(OH)_{2(s)}+iNH_{3(aq)}\Longrightarrow[Zn(NH_3)_i]^{2+}+2OH^- \qquad (1-118)$$

$$或 \qquad Zn(OH)_{2(s)}+(i-2)H_2O\Longrightarrow Zn(OH)_i^{2-i}+(i-2)H^+ \qquad (1-119)$$

按照双平衡法，这些离子或配合物的摩尔浓度可用式（1-41）计算，由于该体系中没有氧化还原平衡和第二种配位体，所以指数式中第一项及第四项不存在。

锌配合物的稳定常数及其他热力学常数见表1-16及表1-17，与 ZnO 平衡的指数方程常数值见表1-18，而与 $Zn(OH)_2$ 平衡的指数方程系数见表1-21。

表1-21　指数方程常数

物种	d	$b\ln10$	c_1
$[Zn(NH_3)]^{2+}$	31.315	-4.606	1
$[Zn(NH_3)_2]^{2+}$	37.073	-4.606	2
$[Zn(NH_3)_3]^{2+}$	42.945	-4.606	3
$[Zn(NH_3)_4]^{2+}$	48.075	-4.606	4
Zn^{2+}	25.833	-4.606	0
OH^-	-32.242	2.303	0
NH_4^+	21.317	-2.303	1
$Zn(OH)^+$	4.991	-2.303	0
$HZnO_2^-$	-37.798	2.303	0
ZnO_2^{2-}	-67.791	4.606	0
$Zn(OH)_{2(aq)}$	-9.329	0	0
$Zn(OH)_3^-$	-38.144	2.303	0
$Zn(OH)_4^{2-}$	-67.484	4.606	0
H^+	0	-2.303	0

锌量及氨量平衡方程与 Zn(Ⅱ) – NH$_3$ – NH$_4$Cl – H$_2$O 体系一样, 见式(1 – 113)及式(1 – 114), 而电荷平衡方程为:

$$2[Zn^{2+}]_T + [NH_4^+] + [H^+] = 2[SO_4^{2-}] + [OH^-] \qquad (1-120)$$

式中: $[Zn^{2+}]_T$ 及 $[Zn^{2+}]$ 分别表示 2 价锌离子总摩尔浓度及游离锌离子的摩尔浓度; $[NH_4OH]_T$ 为氨和铵的总浓度, mol/L; 而 $[NH_3]_T$ 表示氨的总浓度, mol/L, $[NH_{3(aq)}]$ 表示已溶的游离氨浓度, mol/L。

(2) 结果及讨论

式(1 – 113) ~ 式(1 – 114)及式(1 – 120)中, 关联了 $[NH_{3(aq)}]$, $[Zn^{2+}]_T$, pH, $[NH_4OH]_T$, $[SO_4^{2-}]$ 5 个变量。因此只须分别假定一个(A 体系)及两个(B 体系)变量, 即可采用电脑求解并绘图得图 1 – 31 ~ 图 1 – 36。图中数字都表示特定的浓度(mol/L), 对图 1 – 31、图 1 – 33 及图 1 – 36 为 1/2[(NH$_4$)$_2$SO$_4$], 对图 1 – 32、图 1 – 34 及图 1 – 35 为 $[NH_3]$; 前 4 个图数字与相对应的浓度为: 1, 0; 2, 0.5; 3, 1.0; 4, 2.0; 5, 3.0; 6, 4.0; 7, 5.0; 8, 6.0; 9, 7.0; 10, 8.0; 11, 9.0; 12, 10.0; 后 2 个图为: 1, 0.5; 2, 1.0; 3, 2.0; 4, 3.0; 5, 4.0; 6, 5.0; 7, 6.0; 8, 7.0; 9, 8.0; 10, 9.0; 11, 10.0。

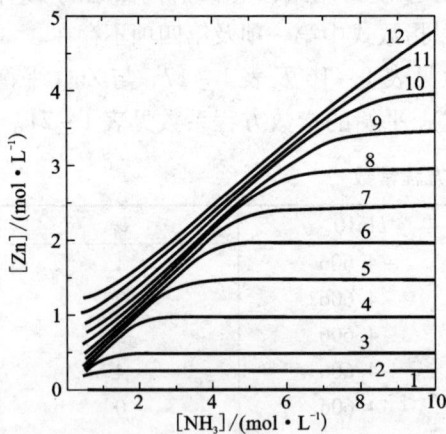

图 1 – 31　氨浓度对锌平衡浓度的影响　　　图 1 – 32　硫酸铵浓度对锌平衡浓度的影响

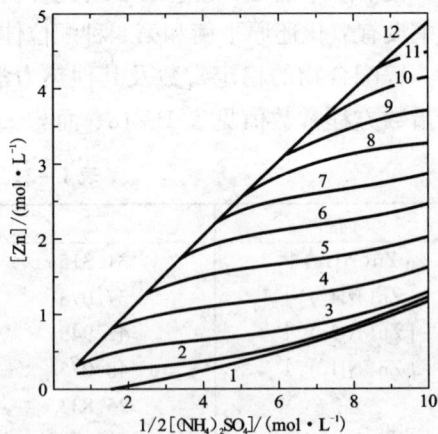

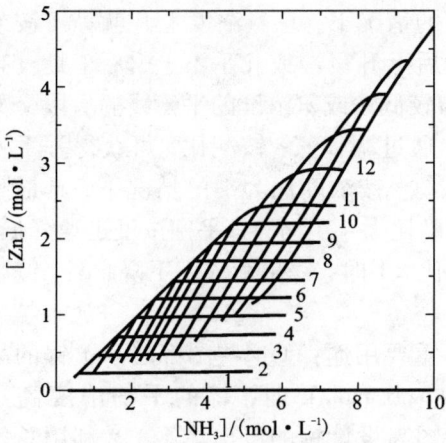

图 1-33   氨和铵总浓度
对锌平衡浓度的影响

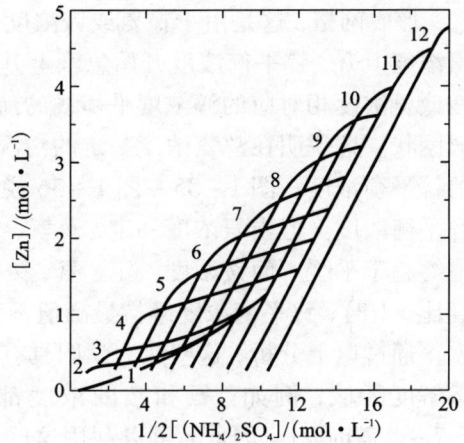

图 1-34   铵和氨总浓度
对锌平衡浓度的影响

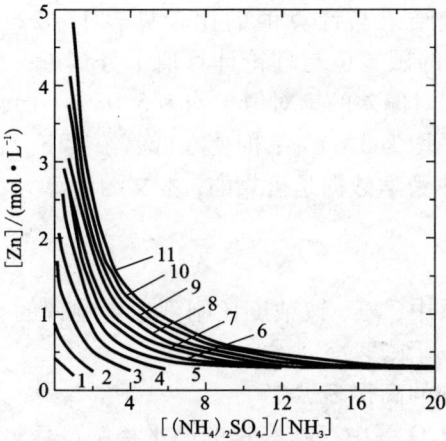

图 1-35   铵与氨浓度比
对锌平衡浓度的影响

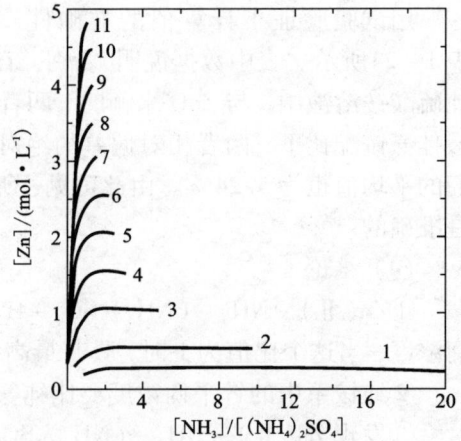

图 1-36   氨和铵浓度比
对锌平衡浓度的影响

　　图 1-31 和图 1-32 表明：①纯氨水中的锌平衡浓度很低（图 1-31 中的 1 线），而且随氨浓度的升高而上升得很慢；但纯硫酸铵溶液中的锌平衡浓度（图 1-32 中的 1 线）要高得多，而且随铵浓度的提高而较快地上升；②在铵浓度一定的情况下，锌平衡浓度开始随氨浓度的上升而迅速升高，但到达一定值后，就不再上升，形成水平线束（图 1-31 右下部）；③在氨浓度一定的情况下，锌平衡浓度开始随铵浓度的升高而急剧上升，然后缓慢增加，致使这些曲线的始端汇集成一条直线，即 0~5 对角线。图 1-33 及图 1-34 的一个明显特点是曲线多重交

叉，形成网格，这是由于在氨或铵浓度一定的情况下，总氨浓度上升就等于铵或氨浓度上升，锌平衡浓度开始急剧上升，然后上升缓慢或几乎不上升；于是较高铵或氨浓度相对应的锌浓度平衡线的前段与较低铵或氨浓度的平衡线的后段交叉成网状。这说明在总氨浓度一定的情况下，通过调整氨、铵配比，可获得一系列的锌平衡浓度。图 1 – 35 ~ 图 1 – 36 说明在氨、铵浓度比为 1 的情况下，具最高锌平衡浓度。但当氨浓度一定，及氨、铵浓度比大于 1 时，锌平衡浓度迅速降低，最终趋于平缓。而铵浓度一定，氨、铵浓度比 <1 时，锌平衡浓度下降、氨、铵浓度比 >1 时，锌平衡浓度维持最高值不变。

通过以上分析，这些热力学图具有以下重要用途：①这些图都展示了锌的高溶解度区域，例如：氨和铵的浓度都为 4 ~ 6 mol/L 时，锌的平衡浓度高达 1.7 ~ 2.7 mol/L，因此，可以利用这些平衡图来设计锌的浸出体系；②利用总氨浓度变化或在总氨浓度一定的情况下，氨、铵浓度变化引起锌平衡浓度急剧变化的特点，可用蒸氨法或酸中和法从锌溶液中沉淀锌。

（3）试验验证

用试验验证了计算值的准确性，试验结果与计算值的比较见表 1 – 22 ~ 表 1 – 24 所示。表中数据说明，锌平衡浓度的试验值与理论计算值十分接近：在纯硫酸铵溶液中，与 ZnO 平衡时，两者的相对偏差的绝对值平均为 5.03%；而在最佳氨铵配比下，两者相对偏差的绝对值平均为 3.71%；即使在低氨浓度下，它们的平均值也为 5.24%。由此可见，所选热力学数据是可靠的，本文的计算方法是准确的。

（4）结论

①Zn(Ⅱ) – NH_3 – (NH_4)_2SO_4 – H_2O 系中，氨、铵浓度比剧烈地影响锌的平衡浓度；当这个比值为 1 时，具有最高锌平衡浓度。

②纯铵系中的锌平衡浓度要比纯氨系中的高得多。

③发现 Zn(Ⅱ) – NH_3 – (NH_4)_2SO_4 – H_2O 系中存在有锌的高平衡浓度区域，这对氨法炼锌新工艺的开发具有十分重要的意义。

④试验证明，本文的研究方法及所选数据是准确可靠的；这种计算方法可用于 Ag(Ⅰ)、Cu(Ⅱ)、Ni(Ⅱ)、Co(Ⅱ) 氨配合的平衡计算。

1.2.3.3 Zn(Ⅱ) – (NH_4)_2CO_3 – NH_3 – H_2O 系

最近研究显示运用氨 – 碳铵(AAC)溶液处理含锌氧化物料有着很大的优越性。与此同时形成对照的是很少有人对这一体系的热力学平衡进行深入研究。周大利对 Zn(Ⅱ) – NH_3 – (NH_3)_2CO_3 – H_2O 系热力学平衡进行了计算，但是没有考虑电荷平衡。唐谟堂等对 Zn(Ⅱ) – NH_3 – (NH_3)_2SO_4 – H_2O 系热力学平衡进行了研究，本文运用双平衡法的原则及算法对 Zn(Ⅱ) – NH_3 – (NH_4)_2CO_3 – H_2O 系热力学平衡进行了计算。

表 1-22　纯 $(NH_4)_2SO_4$ 溶液中锌平衡浓度的试验值与计算值的比较

$1/2[(NH_4)_2SO_4]/(mol \cdot L^{-1})$		2.0	2.5	3.0	3.5	4.0	4.5	5.0	5.5	偏差
与 ZnO 平衡的锌浓度 $/(g \cdot L^{-1})$	试验值	2.82	4.31	6.08	8.21	10.40	12.93	15.68	18.65	绝对值平均为 5.03
	计算值	3.22	4.715	6.545	8.1	10.32	12.87	15.47	19.80	
相对偏差/%		14.18	9.40	7.65	-0.25	-0.81	-0.46	-1.34	6.17	

表 1-23　最佳氨、铵配比下锌平衡浓度的计算值与试验值的比较

$[NH_4^+]/(mol \cdot L^{-1})$		1.00	1.50	2.00	2.50	3.00	3.50	4.00	4.50	5.00	偏差
$[NH_3]_T/(mol \cdot L^{-1})$		1.42	1.89	2.36	2.36	2.83	3.308	3.78	4.25	4.723	
平衡固相 ZnO	试验值 $/(g \cdot L^{-1})$	28.29	42.82	61.57	70.55	91.52	106.49	121.47	133.95	—	绝对值平均为 3.71
	计算值 $/(g \cdot L^{-1})$	29.02	44.50	60.08	69.73	85.09	100.61	116.13	131.64	—	
	相对偏差/%	-2.52	-3.78	2.48	1.18	7.56	5.84	4.60	1.75	—	

表 1-24　低氨浓度下锌平衡浓度的试验值与计算值的比较

$[NH_4^+]/(mol \cdot L^{-1})$		2.00	2.50	3.00	4.00	5.00	6.00	6.965	7.494	偏差
$[NH_3]_T/(mol \cdot L^{-1})$		2.00	2.00	2.00	2.00	1.50	1.50	0.995	0.0368	
平衡固相 ZnO	试验值 $/(g \cdot L^{-1})$	57.68	61.29	63.01	73.77	61.57	59.35	50.84	53.62	绝对值平均为 3.71
	计算值 $/(g \cdot L^{-1})$	56.23	62.00	64.84	68.41	56.00	59.16	47.60	48.53	
	相对偏差/%	2.58	-1.15	-2.82	7.84	9.95	0.32	5.81	10.48	

（1）原理及平衡方程

在 $Zn(II)-NH_3-(NH_4)_2CO_3-H_2O$ 系中存在着 4 种锌氨配离子，4 种羟基配离子及 ZnO_2^{2-}、$HZnO_2^-$、$ZnHCO_2^+$、$NH_{3(aq)}$、NH_4^+、$(NH_4)_2CO_{3(aq)}$、$NH_4HCO_{3(aq)}$、$H_2CO_{3(aq)}$、HCO_3^-、H^+、OH^-、CO_3^{2-}、Zn^{2+} 等共 21 种有热力学数据可查的物种。据同时平衡原理，只要体系中存在固态的 $ZnCO_3$ 或 $Zn(OH)_2 \cdot H_2O$，则每种锌离子或物种都分别与上述固态物质平衡：

$$ZnCO_{3(s)} + iNH_{3(aq)} =\!=\!= Zn(NH_3)_i^{2+} + CO_3^{2-} \qquad (1-121)$$

$$ZnCO_{3(s)} + iH_2O =\!=\!= Zn(OH)_i^{2-i} + CO_3^{2-} + iH^+ \qquad (1-122)$$

$$ZnCO_3 \cdot 2Zn(OH)_2 \cdot H_2O_{(s)} + 3iNH_{3(aq)}$$
$$=\!=\!= 3Zn(NH_3)_i^{2+} + CO_3^{2-} + 4OH^- + H_2O \qquad (1-123)$$

$$ZnCO_3 \cdot 2Zn(OH)_2 \cdot H_2O_{(s)} + (3i-4)OH^- =\!=\!= 3Zn(OH)_i^{2-i} + H_2O + CO_3^{2-}$$
$$(1-124)$$

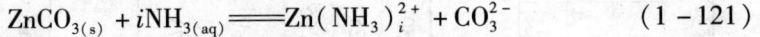

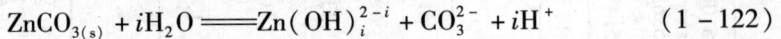

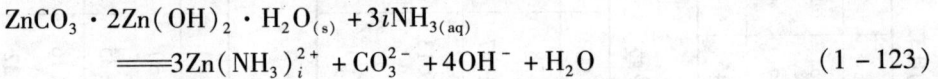

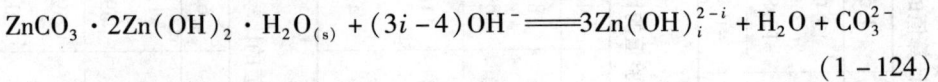

上述离子及溶液中所有物种的摩尔浓度均可用式（1-41）表示，但该体系中不产生氧化还原平衡，指数式中第一项消失。

锌氨配合物的稳定常数见表 1-25，前文尚未出现的有关物质的标准生成自由能见表 1-26。

因而，对于 $Zn(II)-NH_3-(NH_4)_2CO_3-H_2O$ 系，可以建立以下几个平衡方程：

$$[Zn^{2+}]_T = [Zn^{2+}] + \sum_{i=1}^{4}[Zn(NH_3)_i^{2+}] + \sum_{i=1}^{4}[Zn(OH)_i^{2-i}] + [HZnO_2^-]$$
$$+ [ZnO_2^{2-}] + [ZnHCO_3^+] \qquad (1-125)$$

$$[NH_3]_T = \sum_{i=1}^{4}i[Zn(NH_3)_i^{2+}] + [NH_4^+] + 2[(NH_4)_2CO_{3(aq)}]$$
$$+ [NH_4HCO_{3(aq)}] + [NH_{3(aq)}] \qquad (1-126)$$

$$[CO_3^{2-}]_T = [ZnHCO_3^+] + [(NH_4)_2CO_{3(aq)}] + [NH_4HCO_{3(aq)}] + [H_2CO_{3(aq)}]$$
$$+ [HCO_3^-] + [CO_3^{2-}] \qquad (1-127)$$

$$2[Zn^{2+}]_T + [NH_4^+] + [H^+] = 2[CO_3^{2-}] + [OH^+] \qquad (1-128)$$

表 1-25　锌（II）-氨配合离子稳定常数（$T=298$ K）

物种	lg$K$	来源	物种	lg$K$	来源	物种	lg$K$	来源
$Zn(NH_3)^{2+}$	2.32	文献	$Zn(NH_3)_2^{2+}$	4.5	文献	$Zn(NH_3)_3^{2+}$	7.11	文献
$Zn(NH_3)_4^{2+}$	9.32	文献	$ZnOH^+$	4.95	文献	$Zn(OH)_{2(aq)}$	12.89	文献
$Zn(OH)_3^-$	14.22	文献	$Zn(OH)_4^{2-}$	15.48	文献	$ZnHCO_3^+$	1.5	文献

表 1−26　相关物种的标准自由能($T = 298$ K)/($kJ \cdot mol^{-1}$)

物种	$\Delta G_r^{\ominus}$	来源	物种	$\Delta G_r^{\ominus}$	来源
$ZnCO_3$	−73416	文献	$(NH_4)_2CO_{3(aq)}$	−689262	计算
$H_2CO_{3(aq)}$	−625800	文献	$NH_4HCO_{3(aq)}$	−668640	计算
CO_3^{2-}	−530124	文献	$ZnCO_3 \cdot 2Zn(OH)_2$	−2095146	计算
HCO_3^-	−589302	文献	$ZnHCO_3^+$	−728484	计算

如果能够确定该体系的平衡固相，则据式(1−41)，计算出溶液中各物种浓度代入式(1−125)~式(1−128)，这样 4 个方程共 6 个未知数，确定其中两个未知数，即可联立求解。

（2）结果及讨论

利用上述热力学原理及数据，用牛顿迭代法求解四元非线性方程组，编制了 $Zn(II)−NH_3−(NH_4)_2CO_3−H_2O$ 系与 $ZnCO_3 \cdot 2Zn(OH)_2 \cdot H_2O$ 平衡的绘图程序，结果如图 1−37~图 1−40 所示，图中$[C]_T$ 及$[N]_T$ 分别表示总碳酸根和总氨和铵浓度。

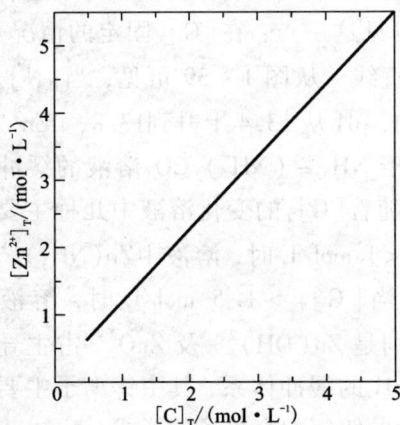

图 1−37　总碳酸根浓度对总锌浓度的影响
$[NH_3]_T = 1,2,3,4,5,6,7,8,9,10$ mol/L

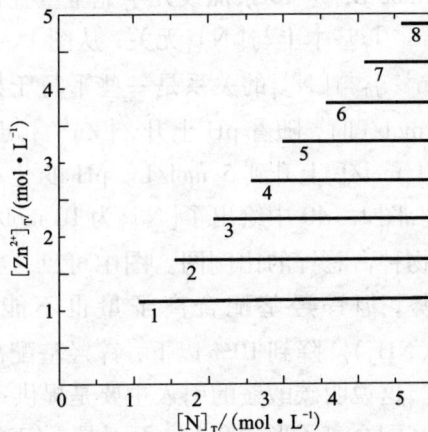

图 1−38　总氮浓度对总锌浓度的影响
$[C]_T$(mol/L)为 1—1.0; 2—1.5; 3—2.0; 4—2.5; 5—3.0; 6—3.5; 7—4.0; 8—4.5

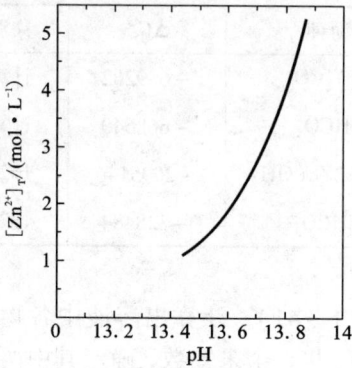

图 1 – 39　[N]$_T$ = 10 mol/L 时，
pH 对总锌浓度的影响

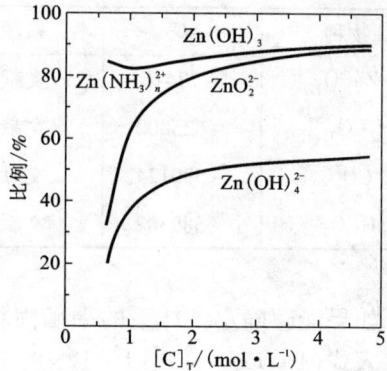

图 1 – 40　[N]$_T$ = 10 mol/L 时，
总碳酸根浓度对几种主要锌配离子
在总锌中所占比例的影响

从图 1 – 37 可见，[N]$_T$ 固定时，[Zn^{2+}]$_T$ 与 [C]$_T$ 成正比，其比值约为 1.15，这与 Wendlt 的试验值基本吻合。图 1 – 37 中 [NH$_3$]$_T$ = 1、2、3、4、5、6、7、8、9、10 mol/L，这 10 条曲线几乎完全重叠在一条直线上，无法将其分辨出来，这表明 [Zn^{2+}]$_T$ 基本上与 [N]$_T$ 无关，从图 1 – 38 亦可见这一点：在 [C]$_T$ 固定的情况下，[Zn^{2+}]$_T$ 与 [N]$_T$ 的关系是一些平行于横轴的直线。从图 1 – 39 可见，当 [N]$_T$ = 10 mol/L 时，随着 pH 上升，[Zn^{2+}]$_T$ 迅速增加，pH 从 13.4 上升到 13.8，[Zn^{2+}]$_T$ 从 1 mol/L 上升到 5 mol/L。pH 变化小是由于 NH$_3$ – (NH$_4$)$_2$CO$_3$ 溶液的缓冲作用。图 1 – 40 中绘出了 [N]$_T$ 为 10 mol/L 时，随着 [C]$_T$ 的变化溶液中几种主要含锌物种占总锌的比例图。图中可见，当 [C]$_T$ < 1 mol/L 时，溶液中 Zn(NH$_3$)$_i^{2+}$ 占优势，但锌羟基配合离子量也不能忽视；当 [C]$_T$ > 1.5 mol/L 时，溶液中 Zn(NH$_3$)$_i^{2+}$ 降到 10% 以下，锌羟基配离子特别是 Zn(OH)$_4^{2-}$ 及 ZnO$_2^{2-}$ 占主导地位。这说明碳酸铵的引入主要是提供一个高 pH 的缓冲体系，其中锌离子主要以羟基配合离子形式存在，而不是人们通常认为的锌氨配合离子的形式。

在碳酸根浓度范围内，[Zn^{2+}]$_T$ 计算值与 Wendlt 试验值报道的一致。但是在高碳酸根浓度情况下，计算值与试验值有很明显的偏差，这可能是由以下两个因素引起的。

第一，文献所用的热力学数据是在一定的离子强度下才符合实际的，但是，迄今为止难于找到系统、全面的热力学数据表，特别是对高离子强度的溶液而言。

第二，随着溶液组成的变化，平衡固相也可能改变。也许当溶液中碳酸根浓度增加到一定程度，一种在热力学上更为稳定的平衡固相就形成了。

（3）结论

①在 $Zn(II) - NH_3 - (NH_4)_2CO_3 - H_2O$ 系中存在着锌的高溶解度区域。

②在该体系中，溶液中锌的浓度与溶液中碳酸根浓度成正比。

③在该体系中，高 pH 的缓冲系统是形成锌的高溶解度区域的主要原因，在溶液中，锌主要以羟基配合离子形式而不是如人们通常认为的氨配合离子形式存在。

④在低碳酸根浓度下，$[Zn]_T$ 计算值与试验值基本相符。这表明所选用的计算方法和热力学数据是可靠的。

1.2.3.4　$Zn - Cu - NH_4Cl - NH_3 - H_2O$ 系

（1）数据和平衡方程

分别对 $Zn - NH_4Cl - NH_3 - H_2O$ 体系和 $Cu - NH_4Cl - NH_3 - H_2O$ 体系进行热力学分析。在 $Zn - NH_4Cl - NH_3 - H_2O$ 体系中，金属锌与之平衡的可能物种有四种氨配合锌离子、四种锌羟基配合离子、四种氯配合锌离子以及 Zn^{2+}、ZnO_2^{2-}、$HZnO_2^-$、Cl^-、$NH_{3(aq)}$、NH_4^+、H^+ 和 OH^- 等共 20 种。将其中稳定常数较大的配合离子的稳定常数列于表 1 - 16 中和体系中其他物种的吉布斯自由能见表 1 - 17。

Zn 将发生以下氧化反应：

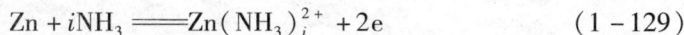

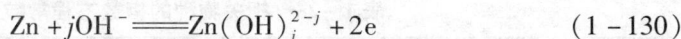

$$Zn + iNH_3 \Longrightarrow Zn(NH_3)_i^{2+} + 2e \qquad (1-129)$$

$$Zn + jOH^- \Longrightarrow Zn(OH)_j^{2-j} + 2e \qquad (1-130)$$

应用表 1 - 16 中的数据，可计算得到各 $Zn(II)$ 物种浓度计算式中的 a、$b\ln10$、c_1、c_2 和 d 的值列于表 1 - 20。

根据同时平衡原理，Zn 总浓度，NH_3 总浓度和 Cl^- 总浓度分别由式（1 - 113）、式（1 - 114）和式（1 - 115）表述。

其中 $[NH_{3(aq)}]_T$ 表示氨和铵的总浓度；$[NH_{3(aq)}]$ 表示体系中的游离氨浓度。

根据电中性原则，可建立电荷平衡方程见式（1 - 116）。

由此可以建立联立方程组（1 - 113）~（1 - 116），这也就是 $Zn - NH_4Cl - NH_3 - H_2O$ 体系的多元非线性热力学模型。

在 $Cu - NH_4Cl - NH_3 - H_2O$ 体系中，由于 Cu 氧化后有可能会生成 Cu^+、Cu^{2+}，溶液中可能存在更多的物种，对 $Cu(I)$ 有两种氨配合离子 $Cu(NH_3)^+$、$Cu(NH_3)_2^+$，三种氯配合离子 $CuCl^+$、$CuCl_{2(aq)}$、$CuCl_3^-$；对于 $Cu(II)$ 的配位化合物有：$Cu(NH_3)^{2+}$、$Cu(NH_3)_2^{2+}$、$Cu(NH_3)_3^{2+}$、$Cu(NH_3)_4^{2+}$、$Cu(NH_3)_5^{2+}$、$CuCl^+$、$CuCl_{2(aq)}$、$CuCl_3^-$、$CuCl_4^{2-}$、$Cu(OH)^+$、$Cu(OH)_{2(aq)}$、$Cu(OH)_3^-$、$Cu(OH)_4^{2-}$，以及 Cu^+、Cu^{2+}、CuO_2^{2-}、Cl^-、$NH_{3(aq)}$、NH_4^+、H^+、OH^- 等共 26 种之多。将其中稳定常数较大的配合离子的稳定常数列于表 1 - 28 中，体系中其他物种的吉布斯自

由能见表 1 – 17。

表 1 – 27　298 K 下主要 Cu 配合物的稳定常数

配合物	$\lg\beta_i$	配合物	$\lg\beta_i$
$CuCl_4^{3-}$	13.1	$Cu(NH_3)_2^{2+}$	7.63
$CuCl^+$	0.4	$Cu(NH_3)_3^{2+}$	10.51
$Cu(NH_3)_2^+$	10.58	$Cu(NH_3)_4^{2+}$	12.60
$Cu(NH_3)^{2+}$	4.12		

在高电位下，Cu 将发生以下氧化反应：

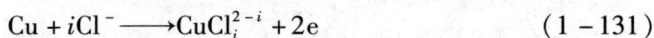

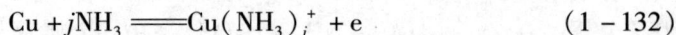

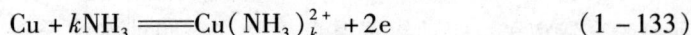

$$Cu + iCl^- \longrightarrow CuCl_i^{2-i} + 2e \qquad (1-131)$$

$$Cu + jNH_3 \Longrightarrow Cu(NH_3)_j^+ + e \qquad (1-132)$$

$$Cu + kNH_3 \Longrightarrow Cu(NH_3)_k^{2+} + 2e \qquad (1-133)$$

应用表 1 – 26 及表 1 – 27 中的有关数据，可计算得出 Cu(Ⅰ)及 Cu(Ⅱ)各物种的浓度指数方程系数 a、$b\ln10$、c_1、c_2 和 d 的值列于表 1 – 28，其他物种指数方程见表 1 – 18。

表 1 – 28　相关物种的指数方程常数

物种	a	$b\ln10$	c_1	c_2	d
Cu^+	1	0	0	0	– 20.2976
Cu^{2+}	2	0	0	0	– 26.4650
$Cu(NH_3)_2^+$	1	0	0	2	4.2937
$Cu(NH_3)^{2+}$	2	0	0	1	– 16.3565
$Cu(NH_3)_2^{2+}$	2	0	0	2	– 8.8637
$Cu(NH_3)_3^{2+}$	2	0	0	3	– 2.2285
$Cu(NH_3)_4^{2+}$	2	0	0	4	2.3420
$CuCl_4^{3-}$	1	0	4	0	9.9927

根据质量守恒定律，Cu 总浓度、NH_3 总浓度和 Cl^- 总浓度由式（1 – 134）、式（1 – 135）和式（1 – 136）表述。

$$\left[\mathrm{Cu}\right]_\mathrm{T}=\left[\mathrm{Cu}^+\right]+\left[\mathrm{Cu}^{2+}\right]+\left[\mathrm{Cu(NH_3)_2^+}\right]+\left[\mathrm{Cu(NH_3)_4^{2+}}\right]+\left[\mathrm{CuCl_4^{3-}}\right]$$
$$(1-134)$$

$$\left[\mathrm{NH_{3(aq)}}\right]_\mathrm{T}=\left[\mathrm{NH_4^+}\right]+\left[\mathrm{NH_{3(aq)}}\right]+2\left[\mathrm{Cu(NH_3)_2^+}\right]+4\left[\mathrm{Cu(NH_3)_4^{2+}}\right]$$
$$(1-135)$$

$$\left[\mathrm{Cl^-}\right]_\mathrm{T}=\left[\mathrm{Cl^-}\right]+4\left[\mathrm{CuCl_4^{3-}}\right] \qquad (1-136)$$

其中：$\left[\mathrm{NH_{3(aq)}}\right]_\mathrm{T}$ 表示氨和铵的总浓度；$\left[\mathrm{NH_{3(aq)}}\right]$ 表示体系中的游离氨浓度。

根据电中性原则，建立电荷平衡方程：

$$2\left[\mathrm{Cu(NH_3)_4^{2+}}\right]+2\left[\mathrm{Cu^{2+}}\right]+\left[\mathrm{Cu(NH_3)_2^+}\right]+\left[\mathrm{Cu^+}\right]-3\left[\mathrm{CuCl_4^{3-}}\right]+\left[\mathrm{NH_4^+}\right]$$
$$+\left[\mathrm{H^+}\right]=\left[\mathrm{Cl^-}\right]+\left[\mathrm{OH^-}\right] \qquad (1-137)$$

联立方程组$(1-134)\sim(1-137)$就是 $\mathrm{Cu-NH_4Cl-NH_3-H_2O}$ 体系的多元非线性热力学模型。

（2）模型求解及结果讨论

当浸出剂浓度$[\mathrm{NH_4Cl}]$和$[\mathrm{NH_4OH}]$在 $0\sim5$ mol/L 变化，设$[\mathrm{Zn^{2+}}]_\mathrm{T}$和$[\mathrm{Cu}]_\mathrm{T}$为$1.0\times10^{-2}$ mol/L 时，求解模型得出所需的电位值。并由此绘制了 $E-[\mathrm{NH_4Cl}]-[\mathrm{NH_4OH}]$图，并将它们与 $\mathrm{Au-NH_4Cl-NH_3-H_2O}$ 体系的相关曲面图叠加，如图 $1-41$ 所示。

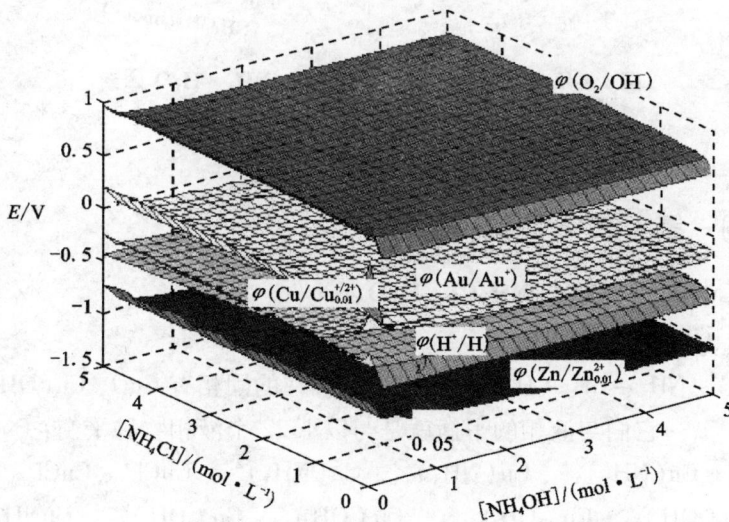

图 $1-41$　$\mathrm{Au-Cu-Zn-NH_4Cl-NH_3-H_2O}$ 体系
$E-[\mathrm{NH_4Cl}]-[\mathrm{NH_4OH}]$正视图

为清楚的表示上述电位值的数据范围，我们将图 $1-41$ 旋转到图 $1-42$ 位置：由图 1 - 41 和图 1 - 42 可知，在 $NH_4Cl - NH_3 - H_2O$ 体系中，$\varphi(Cu/Cu^+)$ 约为 -0.5 V，$\varphi(Zn/Zn^{2+})$ 约为 -1.0 V，$\varphi(O_2/OH^-)$ 约为 0.7 V，$\varphi(H_2/H^+)$ 约为 -0.5 V。由此可见，Cu 粉和 Zn 粉都可将 Au^+ 还原为单质金，并且 Zn 粉还原时还会析出氢气，而 Cu 粉还原则不会。另外，由于氧气的电位远高于金、铜和氢的电位，这意味着从此体系中还原提金最好先除氧。

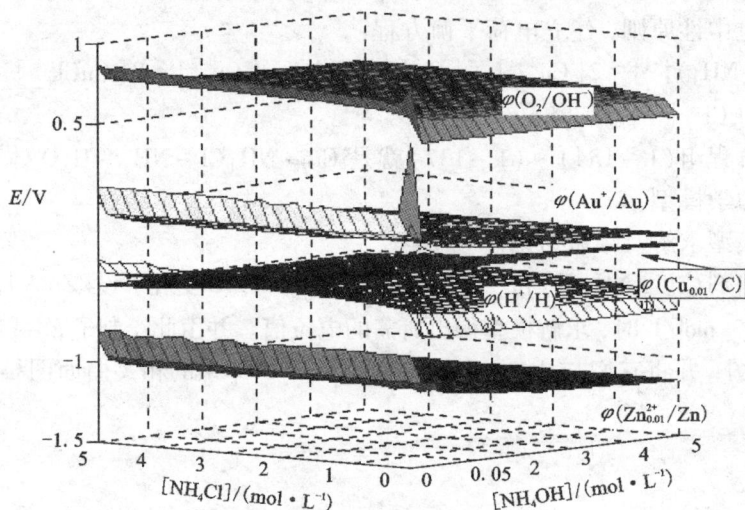

图 1 - 42 $Au - Cu - Zn - NH_4Cl - NH_3 - H_2O$ 体系
$E - [NH_4Cl] - [NH_4OH]$ 侧视图

1.2.4 铜 - 氨 - 铵 - 水体系

1.2.4.1 $Cu(II) - NH_3 - NH_4Cl - H_2O$ 系

（1）热力学分析

$Cu(II) - NH_3 - Cl^- - H_2O$ 体系中可能存在的固相有 CuO、$Cu(OH)_{1.5}Cl_{0.5(s)}$ 和 $Cu(OH)_{2(s)}$。它们与液相的平衡就是与以下 22 个液相物种平衡：$Cu(NH_3)^{2+}$、$Cu(NH_3)_2^{2+}$、$Cu(NH_3)_3^{2+}$、$Cu(NH_3)_4^{2+}$、$Cu(NH_3)_5^{2+}$、$CuCl^+$、$CuCl_{2(aq)}$、$CuCl_3^-$、$CuCl_4^{2-}$、$Cu(OH)^+$、$Cu(OH)_{2(aq)}$、$Cu(OH)_3^-$、$Cu(OH)_4^{2-}$、$CuNH_3(OH)^+$、$CuNH_3(OH)_3^-$、$Cu(NH_3)_2(OH)_{2(aq)}$、Cu^{2+}、Cl^-、$NH_{3(aq)}$、NH_4^+、H^+、OH^-。

通过查阅热力学手册等文献，$Cu(II)$ 的氨、氯配合物稳定常数见表 1 - 27，其他配合稳定常数列于表 1 - 29，前文尚未出现的其他物种的吉布斯自由能列于表 1 - 30。

表 1 – 29　298 K 下各种铜配合物的稳定常数

配合物	$\lg\beta_i$	配合物	$\lg\beta_i$
$Cu(NH_3)_5^{2+}$	12.43	$Cu(OH)_4^{2-}$	15.6
$Cu(OH)^+$	6.30	$Cu(NH_3)(OH)^+$	14.9
$Cu(OH)_{2(aq)}$	12.8	$Cu(NH_3)(OH)_3^-$	16.3
$Cu(OH)_3^-$	14.5	$Cu(NH_3)_2(OH)_{2(aq)}$	15.7

表 1 – 30　298 K 下体系中各物种的吉布斯自由能

物种	$\Delta G^{\ominus}/(J \cdot mol^{-1})$	物种	$\Delta G^{\ominus}/(J \cdot mol^{-1})$
Cu^{2+}	65490	$Cu(OH)_{2(s)}$	18.9
$CuO_{(s)}$	–129642	$Cu(OH)_{1.5}Cl_{0.5(s)}$	17.16

事实上，$Cu(OH)^+$、$Cu(OH)_{2(aq)}$、$Cu(OH)_3^-$、$Cu(OH)_4^{2-}$、$Cu(NH_3)$ $(OH)^+$、$Cu(NH_3)(OH)_3^-$ 和 $Cu(NH_3)_2(OH)_{2(aq)}$ 物种只有在 pH 很高、碱性很强的体系中才会产生。而在本体系中，溶液平衡 pH 保持在 6.0 ~ 12.5 的范围内，因此，在这次计算中没有将它们列入模型。

对三种固相与溶液的平衡的分析如下。

CuO 和 $Cu(OH)_{2(s)}$ 与 Cu^{2+} 的平衡浓度方程分别为：

$$[Cu^{2+}]_1 = \exp(16.9250 - 4.606pH) \tag{1–138}$$

$$[Cu^{2+}]_2 = \exp(20.9535 - 4.606pH) \tag{1–139}$$

由式(1 – 138)和(1 – 139)可知在相同的 pH 条件下，$[Cu^{2+}]_2$ 总是大于 $[Cu^{2+}]_1$。这也就是说：在整个氧化铜的浸出过程中，都不会有 $Cu(OH)_{2(s)}$ 出现。因此，在计算过程中没有考虑此固相。

而对于 $Cu(OH)_{1.5}Cl_{0.5(s)}$ 来说，其与 Cu^{2+} 的平衡浓度方程为：

$$[Cu^{2+}]_3 = \exp(8.8435 - 3.4545pH - 0.5\ln[Cl^-]) \tag{1–140}$$

由于 $y = \ln x$ 为单调递增函数，用下式来判断 $[Cu^{2+}]_1$ 和 $[Cu^{2+}]_3$ 的大小：

$$\ln[Cu^{2+}]_3 - \ln[Cu^{2+}]_1 = -8.0815 + 1.1515pH - 0.5\ln[Cl^-] \tag{1–141}$$

可知，当上述值为负时，$\ln[Cu^{2+}]_3 < \ln[Cu^{2+}]_1$，则会产生 $Cu(OH)_{1.5}Cl_{0.5(s)}$。求解以下不等式：

$$-8.0815 + 1.1515pH - 0.5\ln[Cl^-] < 0 \tag{1–142}$$

可知，当 pH 值 <7，且 $[Cl^-] > 2.817$ mol/L 时，体系中才会有 $Cu(OH)_{1.5}Cl_{0.5(s)}$ 固相存在。而在实际计算时发现只有当在浓度大于 3.0 mol/L 的纯 NH_4Cl 溶液中浸出 CuO，达到平衡时，溶液的 pH 才会小于 7。由此可见，$Cu(OH)_{1.5}Cl_{0.5(s)}$ 存在的区域非常小，因此在本计算过程中，忽略了 $Cu(OH)_{1.5}Cl_{0.5(s)}$ 固相的存在。

鉴于以上的分析，本节中建立的模型只考虑 MACA 体系中溶液仅与 CuO 一种固相平衡是适宜的。基于同时平衡原理，当体系中存在 CuO 固相，并接近平衡终点时，每一种铜配合物都与其达到平衡：

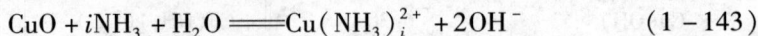

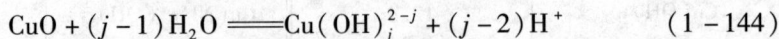

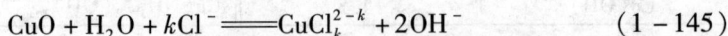

$$CuO + iNH_3 + H_2O \Longrightarrow Cu(NH_3)_i^{2+} + 2OH^- \tag{1-143}$$

$$CuO + (j-1)H_2O \Longrightarrow Cu(OH)_j^{2-j} + (j-2)H^+ \tag{1-144}$$

$$CuO + H_2O + kCl^- \Longrightarrow CuCl_k^{2-k} + 2OH^- \tag{1-145}$$

根据双平衡法，并指定体系中每一物种的活度等于其摩尔浓度，就可以将这些物种的浓度用式(1-41)表示，由于该体系中不产生氧化还原反应，指数式中的第一项消失。

根据以上表中的数据和化学反应式，可以计算出各物种浓度指数方程系数值列于表 1-31。

表 1-31 与 CuO 平衡的各离子浓度的电算指数常数

物种	d	$b\ln10$	c_1	c_2
Cu^{2+}	16.9250	-4.606	0	0
$CuCl^+$	17.846	-4.606	0	1
$Cu(NH_3)^{2+}$	26.4117	-4.606	1	0
$Cu(NH_3)_2^{2+}$	34.4937	-4.606	2	0
$Cu(NH_3)_3^{2+}$	41.1252	-4.606	3	0
$Cu(NH_3)_4^{2+}$	45.9376	-4.606	4	0
$Cu(NH_3)_5^{2+}$	45.5461	-4.606	5	0
NH_4^+	21.427	-2.303	1	0
H^+	-32.2348	2.303	0	0
OH^-	0	-2.303	0	0

(2) 热力学模型构建

根据质量不变定律可建立铜、氨及氯量的平衡方程：

$$[Cu^{2+}]_T = [Cu^{2+}] + \sum_{i=1}^{5} [Cu(NH_3)_i^{2+}] + \sum_{j=1}^{4} [Cu(OH)_j^{2-j}] + [CuCl^+]$$
$$+ [Cu(NH_3)OH^+] + [Cu(NH_3)(OH)_3^-] + [Cu(NH_3)_2(OH)_2] \tag{1-146}$$

$$[NH_4OH]_T = [NH_4^+] + [NH_{3(aq)}] + \sum_{i=1}^{5} i \cdot [Cu(NH_3)_i^{2+}] \tag{1-147}$$

$$[Cl^-]_T = [Cl^-] + [CuCl^+] + [NH_4Cl] \tag{1-148}$$

根据溶液电中性原理，可建立电荷平衡方程：

$$2[Cu^{2+}]_T + [NH_4^+] + [H^+] = [Cl^-]_T + [OH^-] \tag{1-149}$$

式中：$[Cu^{2+}]_T$ 和 $[Cl^-]_T$ 以及 $[Cu^{2+}]$ 和 $[Cl^-]$ 分别表示铜离子以及氯根的总摩尔浓度及游离铜离子以及游离氯离子的摩尔浓度，$[NH_4OH]_T$ 为氨和铵的总摩尔浓度，$[NH_{3(aq)}]$ 表示游离氨的摩尔浓度，i 和 j 分别表示氨和羟基等配体的配位数。

（3）模型求解及结果讨论

由以上模型可见，共有 pH、$[NH_{3(aq)}]$、$[NH_{3(aq)}]_T$、$[Cu^{2+}]_T$、$[Cl^-]_T$ 和 $[Cl^-]$ 6 个未知数，给定其中两个未知数，求解这个模型，便可以得到其他未知数的值。

在实际计算过程中，因为浸出剂的组成为 NH_4Cl 和 NH_4OH，所以在这个体系中，可以选择给定它们的初始浓度值。其中 $[NH_4OH] = [NH_4OH]_T - [Cl^-]_T$，$[NH_4Cl] = [Cl^-]_T$。

这样，模型中就共有 4 个未知数，4 个方程。将以上已知数据和方程组输入由 MATLAB 编写的程序，利用其函数 fsolve 自动求解，求出了 $[NH_4Cl]$ 和 $[NH_4OH]$ 分别在 0 ~ 5 mol/L 的变化范围内的其他未知数的浓度数值。计算时发现各个数据的精度均在 1×10^{-8} 左右。根据这些计算结果，利用 MATLAB 绘制出 Cu(II) – NH₃ – NH₄Cl – H₂O 体系中多种热力学平衡曲面图，见图 1 – 43 ~ 图 1 – 47。

图 1 – 43 表明：①在纯氨或纯氯化铵溶液中，Cu^{2+} 的平衡浓度都很低。②当 $[NH_4OH]/[NH_4Cl] < 1$ 时，Cu^{2+} 的平衡浓度随 NH_4OH 浓度的增加而迅速增加，而 NH_4Cl 浓度的增加却对其影响不大；当 $[NH_4OH]/[NH_4Cl] > 1$ 时，Cu^{2+} 的平衡浓度随 NH_4Cl 浓度的增加而迅速增加，而 NH_4OH 浓度的增加却对其影响不大。

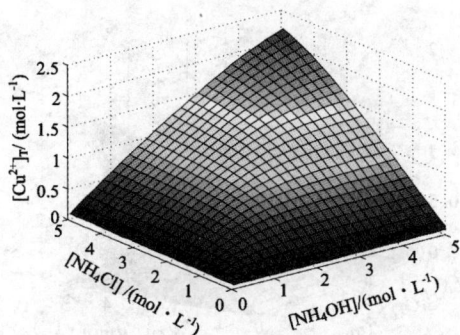

图 1 – 43　Cu(II) – NH₃ – NH₄Cl – H₂O
体系中 $[Cu^{2+}]_T$ 随 $[NH_4OH]$
和 $[NH_4Cl]$ 变化的平衡曲面

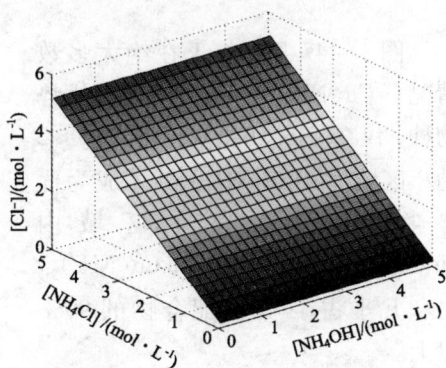

图 1 – 44　Cu(II) – NH₃ – NH₄Cl –
H₂O 中 $[Cl^-]$ 随 $[NH_4OH]$ 和
$[NH_4Cl]$ 变化的平衡曲面

从图 1 – 44 可以看出，游离 Cl^- 浓度随 NH_4Cl 浓度的增加而呈直线增加，而且 $[Cl^-]$ 几乎与 $[NH_4Cl]$ 相等，而 NH_4OH 浓度对其几乎不产生影响。这说明，在此体系中，Cu^{2+} 几乎不与 Cl^- 配位。

图 1-45 显示了当 $[NH_4OH]/[NH_4Cl] < 1$ 时，游离 NH_3 浓度 $[NH_3]$ 几乎等于 0，这说明此时，NH_3 都与 Cu^{2+} 或 H^+ 形成了配位；当 $[NH_4OH]/[NH_4Cl] > 1$ 时，$[NH_3]$ 逐渐增加，即未配位的 NH_3 逐渐增加。

图 1-46 显示平衡 pH 随 $[NH_4OH]$ 的增加而提高，而随 $[NH_4Cl]$ 的增加稍有降低。pH 的变化范围为 6~12.5，且只有在纯 NH_4Cl 的溶液中，平衡 pH 才会小于 7。

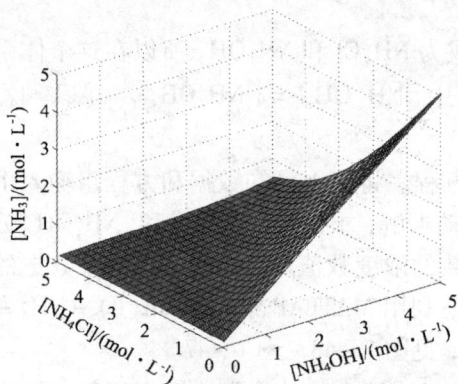

图 1-45 Cu(Ⅱ)-NH₃-NH₄Cl-
H₂O 体系中 $[NH_{3(aq)}]$ 随 $[NH_4OH]$
和 $[NH_4Cl]$ 变化的平衡曲面

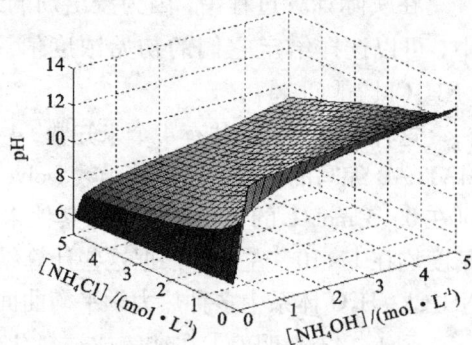

图 1-46 Cu(Ⅱ)-NH₃-NH₄Cl-
H₂O 体系中平衡 pH 随 $[NH_4OH]$
和 $[NH_4Cl]$ 变化曲面

图 1-47 显示：①在绝大多数情况下 $Cu(NH_3)_4^{2+}$ 是体系中的优势物种，仅在 $[NH_4OH]-[NH_4Cl] < 2$ 的小区域里，$Cu(NH_3)_5^{2+}$ 才成为优势物种。②在整个区域内 $Cu(NH_3)_3^{2+}$、$Cu(NH_3)_4^{2+}$ 和 $Cu(NH_3)_5^{2+}$ 之和几乎占了 Cu^{2+} 配合物的 99% 以上。

但是，这并不表示 Cl^- 对于 CuO 在此体系中的溶解度影响很小。我们通过图 1-43 发现在没有 Cl^- 时，Cu^{2+} 的平衡浓度几乎为 0 可以说明这一点。我们认为 Cl^- 的主要作用在于中和 Cu^{2+} 溶解所产

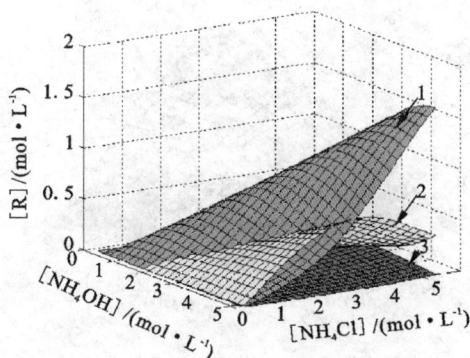

图 1-47 Cu(Ⅱ)-NH₃-NH₄Cl-H₂O
体系中主要 Cu(Ⅱ)配合物浓度与
$[NH_4OH]$ 和 $[NH_4Cl]$ 的平衡曲面

1—Cu(NH₃)₄²⁺；2—Cu(NH₃)₅²⁺；
3—Cu(NH₃)₃²⁺

生的正电位。从这个意义上来说，SO_4^{2-}、NO_3^- 或 CO_3^{2-} 也能起到中性化溶液电位的作用，可以用于浸出 CuO 矿物。但是，上述这几种阴离子都有各自的一些缺点：①SO_4^{2-} 会与矿物中的 CaO 和 MgO 反应生成沉淀而被消耗。②NO_3^- 则易于被还原，且 NH_4NO_3 的挥发性强，操作较危险。③CO_3^{2-} 与矿物中的 CaO 和 MgO 反应生成沉淀，且 NH_4HCO_3 的挥发性损失很大。与它们相比，Cl^- 则相对较稳定，不与 CaO 和 MgO 反应生成沉淀，挥发性较低。因此，在氨性体系中，NH_4Cl 可能是氧化铜矿物的浸出剂的最好的主成分。

（4）热力学计算结果的试验验证

在 25 ℃下，将过量的分析纯 CuO 加入装有 50 mL 已配好一定浓度的 NH_4OH 和 NH_4Cl 混合溶液的锥形瓶中，塞好瓶塞，在摇床上晃动 7 d(168 h)。最后，取下分析上清液中的 Cu^{2+} 浓度。再将实测浓度与相应浸出剂浓度下通过模型计算所得的 Cu^{2+} 平衡浓度比较，结果如图 1 - 48 ~ 图 1 - 50 所示。

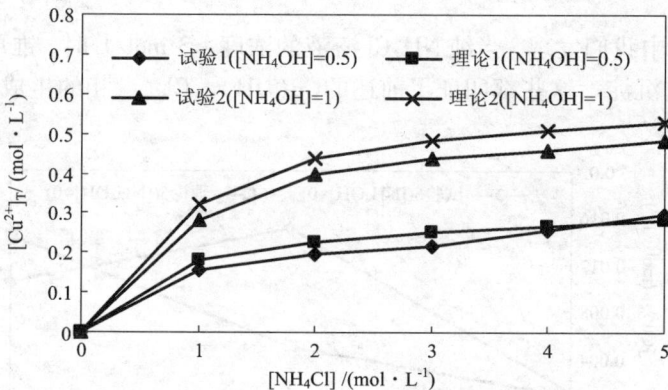

图 1 - 48　$Cu(\text{II}) - NH_3 - NH_4Cl - H_2O$ 体系中
$[Cu^{2+}]_T$ 的理论计算值和试验值的比较（第一组）

图 1 - 48 和图 1 - 49 显示了：①在相同浓度条件下，试验值与计算值很接近。它们之间的相对偏差为 9.63%。②绝大多数试验值小于理论计算值。这可能是由于在试验中氨不可避免的挥发而造成的。③在多数情况下，这些偏差随溶液中离子强度的增加而增大，这可能是随离子强度增加，离子的活度稍有减小所致，体系的离子强度与测定配合物的稳定常数所采用的离子强度相近时，偏差最小。

图 1 - 50 显示了当用浓度 ≥3 mol/L 的纯 NH_4Cl 溶液来溶解 CuO 时，试验值和理论计算值之间的误差很大。这是由于此时 $[Cl^-]$ 很大，并且 pH 在 6 ~ 7 之间变化，体系中生成了另一固相 $Cu(OH)_{1.5}Cl_{0.5(s)}$，而使溶液中的 $[Cu^{2+}]$ 减小。事

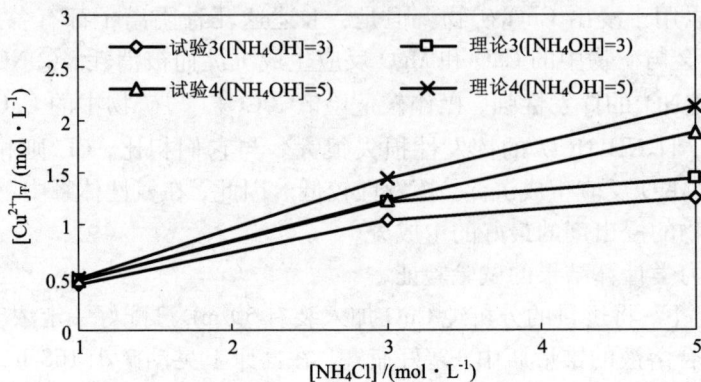

图 1-49 Cu(Ⅱ)-NH₃-NH₄Cl-H₂O 体系中
[Cu²⁺]_T 的理论计算值和试验值的比较(第二组)

实上,在试验中我们发现,当纯 NH_4Cl 溶液的浓度≥3 mol/L 时,锥形瓶中出现了一种浅绿色的沉淀。这些都印证了前述的 $Cu(OH)_{1.5}Cl_{0.5(s)}$ 相的生成区域和条件。

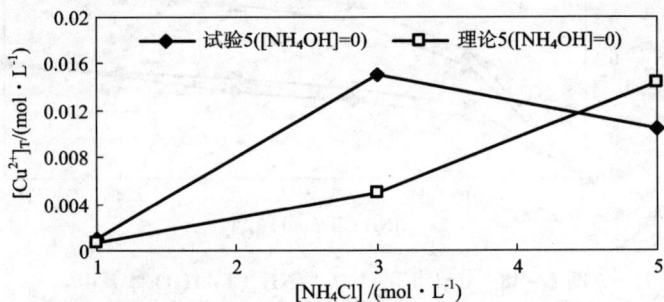

图 1-50 Cu(Ⅱ)-NH₃-NH₄Cl-H₂O 体系中
[Cu²⁺]_T 的理论计算值和试验值的比较(第三组)

1.2.4.2 Cu₅FeS₄-NH₄Cl-NH₃-H₂O 系

(1) 热力学分析

与 $Cu(Ⅱ)-NH_4Cl-NH_3-H_2O$ 体系相比较,Cu_5FeS_4 与 MACA 体系中可能存在的物种还有 1 价 Cu 配合物,Fe 的配合物,S 的各种价态相对应的物种如 SO_4^{2-}、S^0、SO_3^{2-}、$S_2O_3^{2-}$、H_2S、HS^-、S^{2-} 等。

通过查阅热力学手册等文献资料,得到各种铜 1 价配合物的稳定常数列于表 1-32,其他物种的吉布斯自由能或溶度积常数列于表 1-33。

表 1 - 32　298 K 下各种 1 价铜和铁的配合物的稳定常数

配合物	$\lg\beta_i$	配合物	$\lg\beta_i$
CuCl	5.5	$Fe(OH)_4^{2-}$	8.58
$CuCl_2^-$	5.7	$Fe(OH)^+$	11.87
$Cu(NH_3)^+$	5.93	$Fe(OH)_{2(aq)}$	21.17
$Cu(NH_3)_2^+$	10.86	$Fe(OH)_3^-$	29.67
$Fe(OH)^+$	5.56	$Fe(OH)_{2(aq)}$	9.77
$Fe(OH)_3^-$	9.67		

表 1 - 33　298 K 下体系中各物种的吉布斯自由能(J/mol)或 pK_{sp}

物种	$\Delta G^\ominus$	物种	$\Delta G^\ominus$	物种	pK_{sp}
Cu_5FeS_4	-488360	SO_4^{2-}	-744270	$CuOH_{(s)}$	14.0
$CuCl_{(s)}$	-119814	HS^-	12044	$Fe(OH)_{3(s)}$	17.16
$Fe(OH)_{3(s)}$	-166500	S^{2-}	85731		
SO_3^{2-}	-486134	$S_2O_3^{2-}$	-522082		

　　其中,2 价和 3 价 Fe 与 OH^- 的配合物只有在高 pH 值即强碱性的体系中才会生成。而在本体系中,溶液平衡 pH 保持在 6.0 ~ 12.5,在此范围内,Fe(Ⅱ)和 Fe(Ⅲ)均以沉淀的形式存在。而 H_2S 也只有在酸性较强的情况下才会产生。因此,在这次计算中没有将这些配合物物种列入模型。

　　体系中可能存在多种固相:CuO、$Cu(OH)_{2(s)}$、$Cu(OH)_{1.5}Cl_{0.5(s)}$、$CuCl_{(s)}$、$CuOH_{(s)}$、S 和 Cu_5FeS_4。

　　其中前三种固相之间存在的可能性的比较已经在 Cu(Ⅱ) - NH_4Cl - NH_3 - H_2O 体系计算中说明,而对于 CuCl、$CuOH_{(s)}$ 来说,在氨性体系中是很难存在的。再者,CuO 在 MACA 体系中的溶解度很大,而 Cu_5FeS_4 只有在被氧化后才会溶解。在弱酸性和碱性环境下,S 都很容易被氧化而以更高的价态存在,所以在本模型中,将 Cu_5FeS_4 作为唯一固相来计算。

　　而对于体系中的液相,由前述说明的分析可知,存在的 Cu^{2+} 的配合物主要为 $Cu(NH_3)_4^{2+}$,再加上稳定常数较大的铜(Ⅰ)的配合物 $CuCl_4^{3-}$、$Cu(NH_3)_2^+$,为了简化计算,其他的物种都忽略了。

　　固相 Cu_5FeS_4 与 MACA 液相平衡的主要反应方程式及反应吉布斯自由能如下:

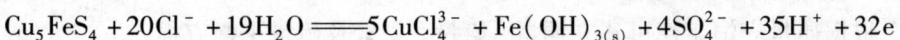

$$Cu_5FeS_4 + 20Cl^- + 19H_2O \Longrightarrow 5CuCl_4^{3-} + Fe(OH)_{3(s)} + 4SO_4^{2-} + 35H^+ + 32e$$

$$\Delta_r G_{298,m}^{\ominus} = 208556 \text{ J/mol} \tag{1-150}$$

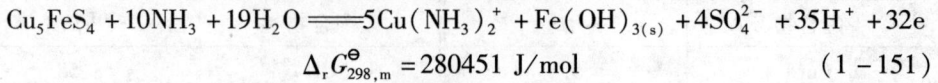

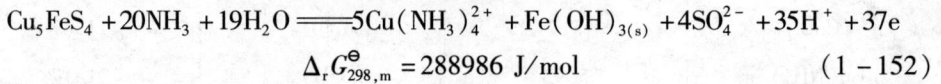

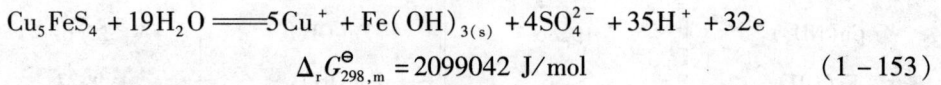

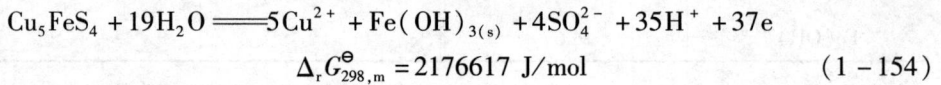

$$Cu_5FeS_4 + 10NH_3 + 19H_2O = 5Cu(NH_3)_2^+ + Fe(OH)_{3(s)} + 4SO_4^{2-} + 35H^+ + 32e$$

$$\Delta_r G_{298,m}^{\ominus} = 280451 \text{ J/mol} \tag{1-151}$$

$$Cu_5FeS_4 + 20NH_3 + 19H_2O = 5Cu(NH_3)_4^{2+} + Fe(OH)_{3(s)} + 4SO_4^{2-} + 35H^+ + 37e$$

$$\Delta_r G_{298,m}^{\ominus} = 288986 \text{ J/mol} \tag{1-152}$$

$$Cu_5FeS_4 + 19H_2O = 5Cu^+ + Fe(OH)_{3(s)} + 4SO_4^{2-} + 35H^+ + 32e$$

$$\Delta_r G_{298,m}^{\ominus} = 2099042 \text{ J/mol} \tag{1-153}$$

$$Cu_5FeS_4 + 19H_2O = 5Cu^{2+} + Fe(OH)_{3(s)} + 4SO_4^{2-} + 35H^+ + 37e$$

$$\Delta_r G_{298,m}^{\ominus} = 2176617 \text{ J/mol} \tag{1-154}$$

含硫物种的平衡反应及其吉布斯自由能如前所述。根据电算指数方程法，各物种的浓度可用指数方程式(1-41)来表示。由此，可以计算出各物种浓度指数方程常数值列于表1-34。

表 1-34 与 Cu_5FeS_4 平衡的各离子的电算指数常数

物种	a	b	c_1	c_2	d
Cu^+	6.4	7	0	0	-33.8887
Cu^{2+}	7.4	7	0	0	-35.1411
$Cu(NH_3)_2^+$	6.4	7	0	2	-29.0155
$Cu(NH_3)_4^{2+}$	7.4	7	0	4	-29.1533
$CuCl_4^{2-}$	7.4	7	4	0	-27.8548
S^{2-}	-8	-8	0	0	-47.6675
HS^-	-8	-9	0	0	-77.5764
$S_2O_3^{2-}$	-8	-10	0	0	88.3561
SO_3^{2-}	-2	-2	0	0	8.4976
NH_4^+	0	1	0	1	21.427
H^+	0	1	0	0	0
OH^-	0	-1	0	0	-32.2348

(2) 热力学模型构建

根据质量守恒定律可建立铜量、氨量、氯量及硫量平衡方程：

$$[Cu^{2+}]_T = [Cu^{2+}] + [Cu^+] + [Cu(NH_3)_2^+] + [CuCl_4^{3+}] + [Cu(NH_3)_4^{2+}]$$
$$(1-155)$$

$$[NH_4OH]_T = [NH_4^+] + [NH_{3(aq)}] + 2[Cu(NH_3)_2^+] + 4[Cu(NH_3)_4^{2+}]$$
$$(1-156)$$

$$[Cl^-]_T = [Cl^-] + [CuCl^+] + [NH_4Cl] \qquad (1-157)$$

$$[S]_T = [SO_4^{2-}] + [S^{2-}] + [SO_3^{2-}] + [HS^-] + 2[S_2O_3^{2-}] \qquad (1-158)$$

根据溶液电中性原理,可建立电荷平衡方程:

$$2[Cu^{2+}]_T + [NH_4^+] + [H^+] = [Cl^-] + [OH^-] + 2[SO_4^{2-}] \qquad (1-159)$$

其中,$[S]_T$ 是 $[Cu^{2+}]_T$ 的 0.8 倍。

式中:$[Cu^{2+}]_T$ 和 $[Cu^{2+}]$ 以及 $[Cl^-]$ 和 $[OH^-]$ 分别表示铜离子以及氯根的总摩尔浓度及游离铜离子以及游离氯离子的摩尔浓度,$[NH_4OH]_T$ 为氨和铵的总摩尔浓度,$[NH_{3(aq)}]$ 表示游离氨的摩尔浓度。

(3)模型求解及结果讨论

上述模型中共有 5 个平衡方程,共有 E、pH、$[NH_{3(aq)}]$、$[SO_4^{2-}]$、$[NH_{3(aq)}]_T$、$[Cu^{2+}]_T$、$[Cl^-]_T$ 和 $[Cl^-]$ 8 个未知数,只要给定其中 3 个未知数,进行求解便可以得到其他未知数的值。

在实际计算过程中,因为浸出剂的组成为 NH_4Cl 和 NH_4OH;而浸出液中总含铜量 $[Cu^{2+}]_T$ 在平衡时可测出,所以在这个体系中,可以选择给定它们的浓度值。其中 $[NH_4OH] = [NH_4OH]_T - [Cl^-]_T$,$[NH_4Cl] = [Cl^-]_T$。

将以上已知数据和方程组输入由 MATLAB 编写的程序中,利用其函数 fsolve 自动求解,求出了 $[NH_4Cl]$ 和 $[NH_4OH]$ 分别在 0~5 mol/L 的变化范围内,浸出液中 $[Cu^{2+}]_T = 0.1$ mol/L 时其他未知数的浓度数值。记录计算时各个数据的精度发现均在 1×10^{-8} 左右。根据这些计算结果,利用 MATLAB 绘制出体系平衡,$[Cu^{2+}]_T = 0.1$ mol/L 时,各未知数随 $[NH_4OH]$ 和 $[NH_4Cl]$ 的变化情况如图 1-51~图 1-54 所示。

由图 1-51 可以看出,在没有 NH_4OH 时,溶液电位最高。在 NH_4OH 浓度很低(0.2 mol/L)时,要想浸出液中总 Cu 离子浓度达到 0.1 mol/L,需要 0.15 V 以上的电位,而当溶液中存在 NH_4Cl 和 NH_4OH 时,要想使铜达到相同的平衡浓度,则只需要 -0.1 V 左右的电位,且随着 NH_4OH 浓度增加,该电位值略有减小。

由图 1-52 可以看出,游离 $NH_{3(aq)}$ 浓度随 NH_4OH 浓度的增加而直线增加,大约有 5 mol/L 的 $NH_{3(aq)}$ 与 H^+、Cu^{2+} 或 Cu^+ 进行了配位。

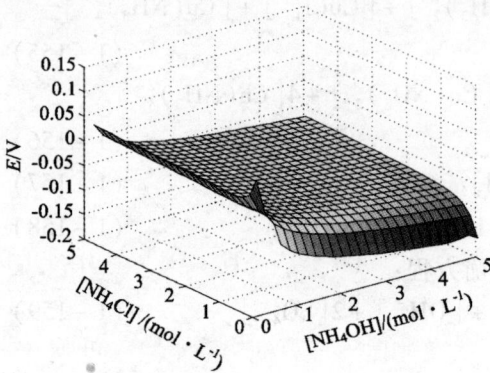

图 1 – 51 $Cu_5FeS_4 - NH_4Cl - NH_3 -$
H_2O 体系中电位 E 随[NH_4Cl]和
[NH_4OH]而变化的平衡曲面

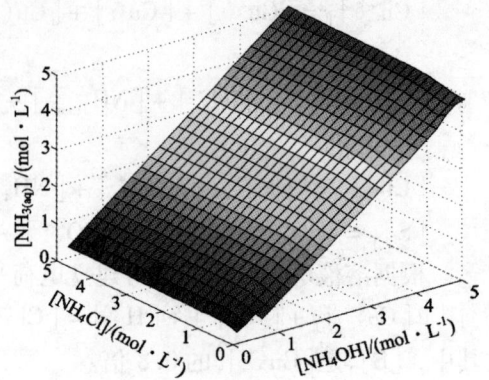

图 1 – 52 $Cu_5FeS_4 - NH_4Cl - NH_3 -$
H_2O 体系中[$NH_{3(aq)}$]随[NH_4Cl]和
[NH_4OH]而变化的平衡曲面

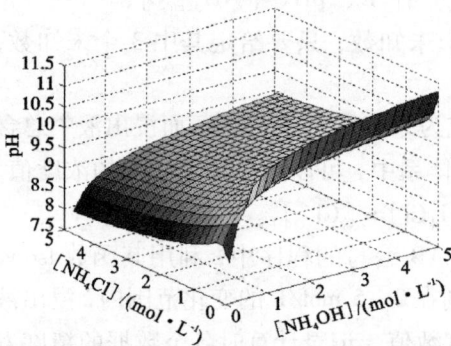

图 1 – 53 $Cu_5FeS_4 - NH_4Cl -$
$NH_3 - H_2O$ 体系中 pH 随[NH_4Cl]和
[NH_4OH]而变化的平衡曲面

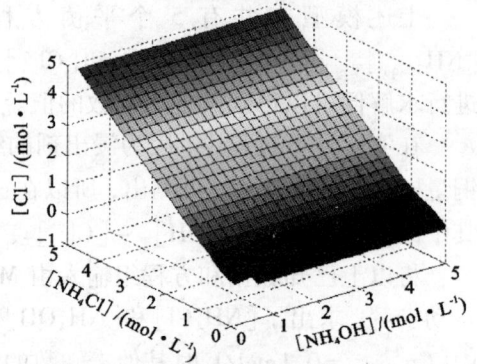

图 1 – 54 $Cu_5FeS_4 - NH_4Cl - NH_3 -$
H_2O 体系中[Cl^-]随[NH_4Cl]和
[NH_4OH]而变化的平衡曲面

图 1 – 53 显示了平衡 pH 随[NH_4OH]增加而增加，而随[NH_4Cl]增加而稍有减小的情况，pH 的变化范围为 7.5 ~ 11.5。

从图 1 – 54 可以看出，游离 Cl^- 浓度随 NH_4Cl 浓度的增加而直线增加，而且[Cl^-]几乎与[NH_4Cl]相等，而 NH_4OH 浓度对其几乎不产生影响。这说明，在此体系中，Cu^{2+} 几乎不与 Cl^- 配位。

而[SO_4^{2-}]随[NH_4OH]和[NH_4Cl]的变化很小，其数值保持在 0.08 mol/L 左右，说明，其他价态硫的物种的浓度极低。

1.2.5 镍–氨–铵–水体系

1.2.5.1 Ni(Ⅱ)–NH$_4$Cl–NH$_3$–H$_2$O 系

（1）体系中的物种及基本热力学数据

MACA 体系中可能存在的液相物种有 17 个：Ni(NH$_3$)$^{2+}$、Ni(NH$_3$)$_2^{2+}$、Ni(NH$_3$)$_3^{2+}$、Ni(NH$_3$)$_4^{2+}$、Ni(NH$_3$)$_5^{2+}$、Ni(NH$_3$)$_6^{2+}$、NiCl$_{2(aq)}$、Ni(OH)$^+$、Ni(OH)$_{2(aq)}$、Ni(OH)$_3^-$、Ni(OH)$_{2(s)}$、Ni^{2+}、Cl$^-$、NH$_{3(aq)}$、NH$_4^+$、H$^+$、OH$^-$；固体物 2 个：NiO 和 Ni(OH)$_{2(s)}$。

查有关热力学手册等文献得各种镍配合物的稳定常数列于表 1–35，前文尚未述及的其他物种的吉布斯自由能或溶度积常数列于表 1–36。

表 1–35　298 K 下各种镍配合物的稳定常数

配合物	lgβ_i	配合物	lgβ_i
Ni(NH$_3$)$^{2+}$	2.80	Ni(NH$_3$)$_6^{2+}$	8.74
Ni(NH$_3$)$_2^{2+}$	5.04	Ni(OH)$^+$	4.97
Ni(NH$_3$)$_3^{2+}$	6.77	Ni(OH)$_{2(aq)}$	8.55
Ni(NH$_3$)$_4^{2+}$	7.96	Ni(OH)$_3^-$	11.33
Ni(NH$_3$)$_5^{2+}$	8.71		

表 1–36　298 K 下体系中相关物种的吉布斯自由能或 pK_{sp} 值

物种	$\Delta G^\ominus/(\text{J}\cdot\text{mol}^{-1})$	物种	$\Delta G^\ominus/(\text{J}\cdot\text{mol}^{-1})$
Ni^{2+}	65490	NiCl$_{2(aq)}$	−307795
NiO$_{(s)}$	−211609	NiS	−79458
Ni(OH)$_{2(s)}$	−443080	Ni(OH)$_{2(s)}$	14.70(pK_{sp})

事实上，物种 Ni(OH)$^+$、Ni(OH)$_{2(aq)}$ 和 Ni(OH)$_3^-$ 只有在高 pH 值、强碱性的体系中才会产生。而在本体系中，溶液平衡 pH 保持在 6.0～12.0 的范围内，因此在这次计算中没有将它们列入模型。

固相 NiO 和 Ni(OH)$_{2(s)}$ 与 Ni^{2+} 平衡时其浓度方程分别表示为：

$$[\text{Ni}^{2+}]_1 = \exp(28.6544 - 4.606\text{pH}) \tag{1-160}$$

$$[\text{Ni}^{2+}]_2 = \exp(29.2712 - 4.606\text{pH}) \tag{1-161}$$

可见在相同的 pH 条件下，后者总是大于前者。这也就是说：在整个氧化镍的浸出过程中，都不会有 $Ni(OH)_{2(s)}$ 固相出现。因此，在计算过程中不予考虑。

基于同时平衡原理，当只要有 NiO 固相存在，每种镍配合物都与之平衡。

$$NiO + iNH_3 + H_2O \Longrightarrow Ni(NH_3)_i^{2+} + 2OH^- \qquad (1-162)$$

$i = 1, 2, \cdots, 6$ 为 Ni^{2+} 与 NH_3 的配位数。

$$NiO + (j-1)H_2O \Longrightarrow Ni(OH)_j^{2-j} + (i-2)H^+ \qquad (1-163)$$

$j = 1, 2, 3$ 为 Ni^{2+} 与 OH^- 的配位数。

$$NiO + H_2O + kCl^- \Longrightarrow NiCl_k^{2-k} + 2OH^- \qquad (1-164)$$

$k = 1, 2$ 为 Ni^{2+} 与 Cl^- 的配位数。

由双平衡法可知，体系中每一物种的浓度用式（1-41）的指数方程来表示，由于该体系不存在氧化还原反应，指数式中第一项消失。

在模型计算中，只选择了其中配合物稳定常数较大的 4 个配合物，计算结果见表 1-37。

表 1-37　各离子浓度的电算指数方程常数

物种	d	$b\ln10$	c_1	c_2
Ni^{2+}	28.6730	-4.606	0	0
$NiCl_{2(aq)}$	39.6446	-4.606	0	2
$Ni(NH_3)^{2+}$	35.1202	-4.606	1	0
$Ni(NH_3)_2^{2+}$	40.2780	-4.606	2	0
$Ni(NH_3)_3^{2+}$	44.2615	-4.606	3	0
$Ni(NH_3)_4^{2+}$	47.0016	-4.606	4	0
$Ni(NH_3)_5^{2+}$	48.7385	-4.606	5	0
$Ni(NH_3)_6^{2+}$	48.7976	-4.606	6	0
NH_4^+	21.427	-2.303	1	0
H^+	-32.2348	2.303	0	0
OH^-	0	-2.303	0	0

（2）热力学模型构建

根据质量不变定律可建立铜量、氨量及氯量平衡方程：

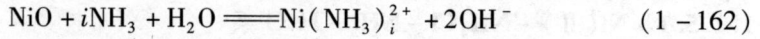

$$[Ni^{2+}]_T = [Ni^{2+}] + \sum_{i=4}^{6} [Ni(NH_3)_i^{2+}] + [NiCl_{2(aq)}] \qquad (1-165)$$

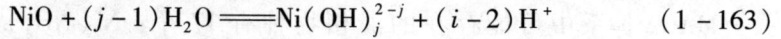

$$[NH_4OH]_T = [NH_4^+] + [NH_{3(aq)}] + \sum_{i=4}^{6} i[Ni(NH_3)_i^{2+}] \qquad (1-166)$$

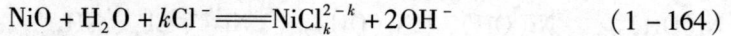

$$[Cl^-]_T = [Cl^-] + 2[NiCl_{2(aq)}] + [NH_4Cl] \qquad (1-167)$$

根据溶液电中性原理,可建立电荷平衡方程:

$$2[Ni^{2+}]_T + [NH_4^+] + [H^+] = [Cl^-] + [OH^-] \qquad (1-168)$$

式中:$[Ni^{2+}]_T$ 和 $[Cl^-]_T$ 以及 $[Ni^{2+}]$ 和 $[Cl^-]$ 分别表示镍离子以及氯根的总摩尔浓度及游离镍离子以及游离氯离子的摩尔浓度,$[NH_4OH]_T$ 为氨和铵的总摩尔浓度,$[NH_{3(aq)}]$ 表示游离氨的摩尔浓度。

(3)模型求解及结果讨论

由以上模型可见,共有 pH、$[NH_4OH]$、$[NH_{3(aq)}]_T$、$[Ni^{2+}]_T$、$[Cl^-]_T$ 和 $[Cl^-]$ 6 个未知数,给定其中两个未知数,求解这个模型,便可以得到其他未知数。

在实际计算过程中,因为浸出剂的组成为 NH_4Cl 和 NH_4OH,所以在这个体系中,可以选择给定它们的初始浓度值。其中 $[NH_4OH] = [NH_4OH]_T - [Cl^-]_T$,$[NH_4Cl] = [Cl^-]_T$。

这样,模型中就共有 4 个未知数,4 个方程。将以上已知数据和方程组输入由 MATLAB 编写的程序,利用其函数 fsolve 自动求解,求出了 $[NH_4Cl]$ 和 $[NH_4OH]$ 分别在 0 ~ 5 mol/L 的变化范围里的其他未知数的浓度数值。记录计算时各个数据的精度发现均在 1×10^{-8} 左右。根据这些计算结果,利用 MATLAB 绘制出 $Ni(II)$ - NH_4Cl - NH_3 - H_2O 体系中多种热力学平衡曲面图,如图 1-55 ~ 图 1-58。

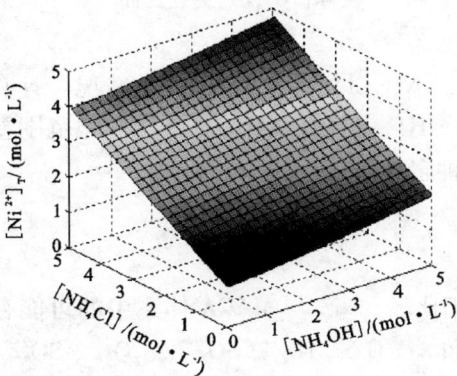

图 1-55　$Ni(II)$ - NH_4Cl - NH_3 - H_2O 体系中 $[Ni^{2+}]_T$ 与 $[NH_4OH]$ 和 $[NH_4Cl]$ 平衡曲面

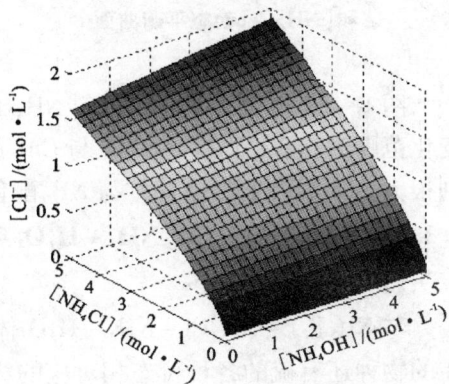

图 1-56　$Ni(II)$ - NH_4Cl - NH_3 - H_2O 体系中 $[Cl^-]$ 与 $[NH_4OH]$ 和 $[NH_4Cl]$ 平衡曲面

通过仔细分析图 1-55,显示出:①在没有 NH_4OH 或 NH_4Cl 存在时,NiO 都有一定的溶解度;②$[Ni^{2+}]_T$ 随 $[NH_4OH]$ 和 $[NH_4Cl]$ 变化曲面几乎为一个三维平面;③Ni^{2+} 的平衡浓度随 $[NH_4OH]$ 与 $[NH_4Cl]$ 的增加而增加,其中 $[NH_4Cl]$ 对

Ni^{2+} 的平衡浓度的影响更大。

从图 1 - 56 可以看出,体系中游离 Cl^- 浓度随 NH_4Cl 浓度的增加而呈抛物线增加,随 NH_4OH 浓度的增加而稍有增加。这说明,在此体系中,Ni^{2+} 与部分 Cl^- 配位。

图 1 - 57 显示出在整个体系中,游离 NH_3 浓度 $[NH_3]$ 几乎等于 0,这说明此时 NH_3 都与 Ni^{2+} 或 H^+ 形成配位。

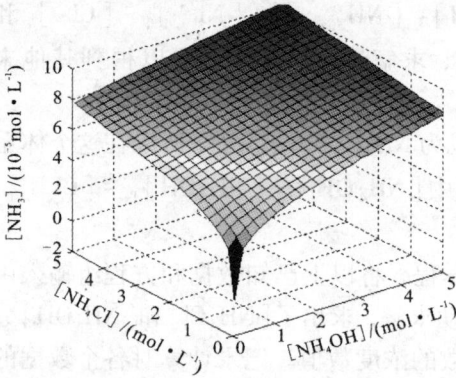 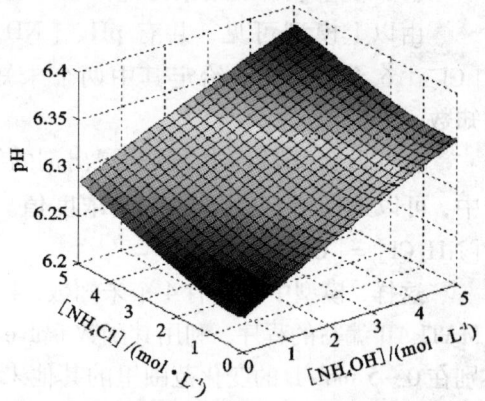

图 1 - 57　Ni(Ⅱ) - NH_3 - NH_4Cl -
H_2O 体系中游离 $[NH_{3(aq)}]$ 与 $[NH_4OH]$
和 $[NH_4Cl]$ 动态平衡曲面

图 1 - 58　Ni(Ⅱ) - NH_3 - NH_4Cl -
H_2O 体系中平衡 pH 随 $[NH_4OH]$
和 $[NH_4Cl]$ 变化曲面

图 1 - 58 显示了平衡 pH 随 $[NH_4OH]$ 或 $[NH_4Cl]$ 的增加而增加的情况。且其变化范围为 6.2 ~ 6.4。这一点与 Cu(Ⅱ) - NH_3 - NH_4Cl - H_2O 的 pH 变化范围差别很大。其原因主要是 Ni^{2+} 与 NH_3 配位物种多且溶解度较高。

1.2.5.2　NiS - NH_4Cl - NH_3 - H_2O 系

(1) 热力学分析

与 Ni(Ⅱ) - NH_4Cl - NH_3 - H_2O 体系相比较,NiS 与 MACA 体系中的可能存在的物种还有硫的各种价态相对应的物种如 S^0、H_2S、HS^-、SO_4^{2+}、$S_2O_3^{2-}$、SO_3^{2-}、S^{2-} 等。

通过查阅热力学手册等文献资料,得到各物种的稳定常数列于表 1 - 36,其他物种的吉布斯自由能或溶度积常数列于表 1 - 37。

体系中可能存在 4 种固相:NiO、Ni(OH)$_{2(s)}$、Ni_2O_3 和 NiS。其中,$Ni_2O_{3(s)}$ 的 $\Delta H_f^{\ominus}$ 为 - 489498 J/mol。它是一种强氧化剂,只有在强碱性溶液中才会存在,在弱碱性或酸性溶液中,很容易分解产出氧气。所以在体系中未考虑。

NiO 和 Ni(OH)$_{2(s)}$ 在 MACA 体系中的溶解度很大,而 NiS 只有在被氧化后才会溶解。而在弱酸性和碱性环境下,S 都很容易被氧化而以更高的价态存在,所以在本模型中，将 NiS 作为唯一固相来计算。

而对于体系中的液相，由前述说明的分析可知，存在的 Ni^{2+} 的配合物主要为 $Ni(OH)_3^-$、$Ni(NH_3)_4^{2+}$、$Ni(NH_3)_5^{2+}$ 和 $Ni(NH_3)_6^{2+}$，为简化计算，其他的物种在计算中都被忽略了。

固相 NiS 与 MACA 液相平衡的主要反应方程式及反应吉布斯自由能如下：

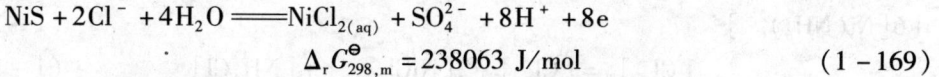

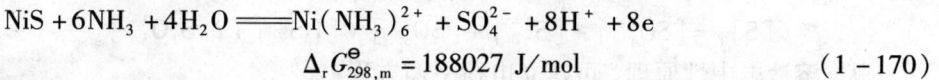

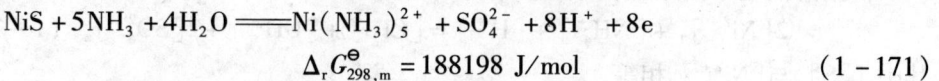

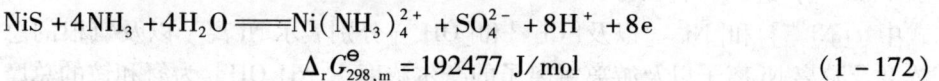

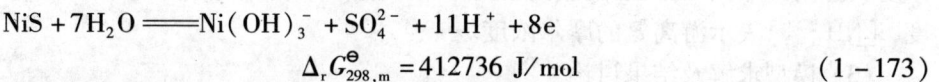

$$NiS + 2Cl^- + 4H_2O \rule[0.5ex]{1.5em}{0.4pt} NiCl_{2(aq)} + SO_4^{2-} + 8H^+ + 8e$$

$$\Delta_r G_{298,m}^{\ominus} = 238063 \text{ J/mol} \tag{1-169}$$

$$NiS + 6NH_3 + 4H_2O \rule[0.5ex]{1.5em}{0.4pt} Ni(NH_3)_6^{2+} + SO_4^{2-} + 8H^+ + 8e$$

$$\Delta_r G_{298,m}^{\ominus} = 188027 \text{ J/mol} \tag{1-170}$$

$$NiS + 5NH_3 + 4H_2O \rule[0.5ex]{1.5em}{0.4pt} Ni(NH_3)_5^{2+} + SO_4^{2-} + 8H^+ + 8e$$

$$\Delta_r G_{298,m}^{\ominus} = 188198 \text{ J/mol} \tag{1-171}$$

$$NiS + 4NH_3 + 4H_2O \rule[0.5ex]{1.5em}{0.4pt} Ni(NH_3)_4^{2+} + SO_4^{2-} + 8H^+ + 8e$$

$$\Delta_r G_{298,m}^{\ominus} = 192477 \text{ J/mol} \tag{1-172}$$

$$NiS + 7H_2O \rule[0.5ex]{1.5em}{0.4pt} Ni(OH)_3^- + SO_4^{2-} + 11H^+ + 8e$$

$$\Delta_r G_{298,m}^{\ominus} = 412736 \text{ J/mol} \tag{1-173}$$

S 元素的平衡讨论及方程式见前一小节所述。

根据双平衡法，可求出各物种浓度表达式（1-41）中的指数方程系数值列于表 1-38。

表 1-38　各离子的对应于指数方程（1-41）的常数

物种	a	b	c_1	c_2	d
Ni^{2+}	8	8	0	0	-96.0198
$Ni(NH_3)_4^+$	8	8	0	4	-76.6878
$Ni(NH_3)_5^{2+}$	8	8	0	5	-75.9607
$Ni(NH_3)_6^{2+}$	8	8	0	6	-75.8941
$Ni(OH)_3^-$	8	11	0	0	-166.5889
$NiCl_{2(aq)}$	8	8	2	0	-96.0872
S^{2-}	-8	-8	0	0	-47.6675
SO_3^{2-}	-2	-2	0	0	8.4976
HS^-	-8	-9	0	0	-77.5764
$S_2O_3^{2-}$	-8	-10	0	0	88.3561
NH_4^+	0	1	0	1	21.427
H^+	0	1	0	0	0
OH^-	0	-1	0	0	-32.2348

（2）热力学模型构建

根据质量守恒定律可建立镍量、氨量、氯量及硫量平衡方程：

$$[Ni^{2+}]_T = [Ni^{2+}] + [Ni(NH_3)_4^{2+}] + [Ni(NH_3)_5^{2+}] + [Ni(NH_3)_6^{2+}]$$
$$+ [NiCl_{2(aq)}] + [Ni(OH)_3^-] \qquad (1-174)$$

$$[NH_4OH]_T = [NH_4^+] + [NH_{3(aq)}] + 4[Ni(NH_3)_4^{2+}] + 5[Ni(NH_3)_5^{2+}]$$
$$+ 6[Ni(NH_6)_6^{2+}] \qquad (1-175)$$

$$[Cl^-]_T = [Cl^-] + 2[NiCl_{2(aq)}] + [NH_4Cl] \qquad (1-176)$$

$$[S]_T = [SO_4^{2-}] + [S^{2-}] + [SO_3^{2-}] + [HS^-] + 2[S_2O_3^{2-}] \qquad (1-177)$$

根据溶液电中性原理，可建立电荷平衡方程：

$$2[Ni^{2+}]_T + [NH_4^+] + [H^+] = [Cl^-] + [OH^-] + 2[SO_4^{2-}] \qquad (1-178)$$

其中，$[S]_T$ 与 $[Ni^{2+}]_T$ 相等。

式中：$[Ni^{2+}]_T$ 和 $[Ni^{2+}]$ 以及 $[Cl^-]$ 和 $[OH^-]$ 分别表示 Ni 离子以及氯根的总摩尔浓度及游离 Ni 离子以及游离氯离子的摩尔浓度，$[NH_4OH]_T$ 为氨和铵的总摩尔浓度，$[NH_{3(aq)}]$ 表示游离氨的摩尔浓度。

（3）模型求解及结果讨论

上述模型中共有 5 个平衡方程，共有 E、pH、$[NH_4OH]$、$[SO_4^{2-}]$、$[NH_4OH]_T$、$[Cu^{2+}]_T$、$[Cl^-]_T$ 和 $[Cl^-]$ 8 个未知数，只要给定其中 3 个未知数，进行求解便可以得到其他未知数的值。

在实际计算过程中，因为浸出剂的组成为 NH_4Cl 和 NH_4OH；而浸出液中总含镍量 $[Ni^{2+}]_T$ 在平衡时可测出，所以在这个体系中，可以选择给定它们的浓度值。其中 $[NH_4OH] = [NH_4OH]_T - [Cl^-]_T$，$[NH_4Cl] = [Cl^-]_T$。

这样，模型中就共有 4 个未知数，4 个方程。将以上已知数据和方程组输入由 MATLAB 编写的程序，利用其函数 fsolve 自动求解，求出了 $[NH_4Cl]$ 和 $[NH_4OH]$ 分别在 0 ~ 5 mol/L 的变化范围内，浸出液中 $[Ni^{2+}]_T = 0.1$ mol/L，$[S]_T = 0.1$ mol/L 时其他未知数的平衡值。记录计算时各个数据的精度发现，均在 1×10^{-8} 左右。根据这些计算结果，利用 MATLAB 绘制出体系平衡时各未知数随 $[NH_4OH]$ 和 $[NH_4Cl]$ 的变化情况如图 1-59 ~ 图 1-62 所示。

由图 1-59 可以看出，①在没有 NH_4OH 的情况下，溶液电位最高；②在 NH_4OH 浓度很低（0.2 mol/L）时，无论 NH_4Cl 浓度增加到多大，要想浸出液中总 Ni 离子浓度达到 0.1 mol/L，都需要 0.0 V 的电位；③而当溶液中 NH_4OH 浓度逐渐增加时，平衡电位先急剧下降，在 NH_4OH 浓度大于 1 mol/L 时，平衡电位变化减缓，其电位值在 -0.3 V 左右；④没有 NH_4Cl 存在的情况下，氨水体系中硫化镍矿的平衡电位最低，仅有 -0.40 ~ -0.45 V。考虑到其氨水的挥发性太强，因此，在堆浸过程中，还是需添加一些 NH_4Cl。

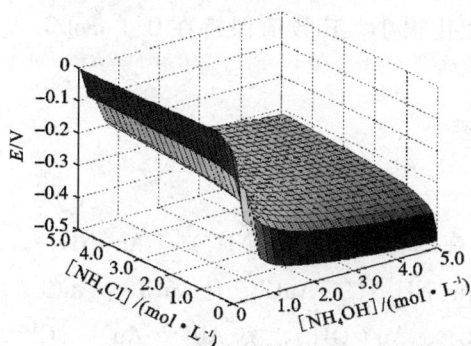

图 1-59　NiS-NH₄Cl-NH₃-H₂O
体系的电位 E 随[NH₄Cl]和
[NH₄OH]而变化的平衡曲面

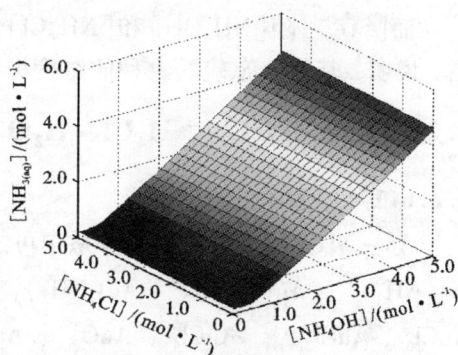

图 1-60　NiS-NH₄Cl-NH₃-H₂O
体系中[NH₃(aq)]随[NH₄Cl]和
[NH₄OH]而变化的平衡曲面

由图 1-60 可以看出，游离 $NH_{3(aq)}$ 浓度随 NH_4OH 浓度的增加而直线增加，大约有 5 mol/L 的 $NH_{3(aq)}$ 与 H^+ 和 Ni^{2+} 进行了配位。

图 1-61 显示了平衡 pH 值随[NH_4OH]增加而增加，而随[NH_4Cl]增加而减小的情况。pH 的变化范围为 6.0~12.0。

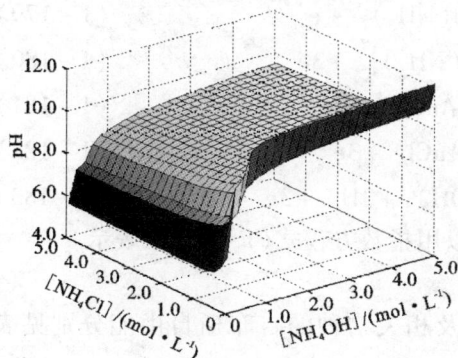

图 1-61　NiS-NH₄Cl-NH₃-H₂O
体系中 pH 随[NH₄Cl]和[NH₄OH]
而变化的平衡曲面

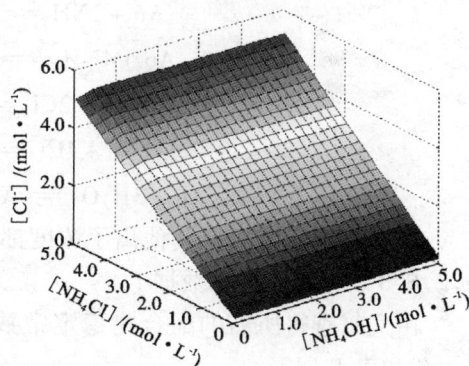

图 1-62　NiS-NH₄Cl-NH₃-H₂O
体系中[Cl⁻]随[NH₄Cl]和
[NH₄OH]而变化的平衡曲面

从图 1-62 可以看出，游离 Cl^- 浓度随 NH_4Cl 浓度的增加而直线增加，而且[Cl^-]几乎与[NH_4Cl]相等，而 NH_4OH 浓度对其几乎不产生影响。这说明，在此体系中，Ni^{2+} 几乎不与 Cl^- 配位。

而 $[SO_4^{2-}]$ 随 $[NH_4OH]$ 和 $[NH_4Cl]$ 的变化很小，其数值保持在 0.1 mol/L 左右，说明，其他价态硫的物种的浓度极低。

1.2.6 Au – NH₃ – NH₄Cl – H₂O 体系

1.2.6.1 体系中的物种

Au – NH₄Cl – NH₃ – H₂O 体系中可能存在的物种有：$Au(NH_3)^+$、$Au(NH_3)_2^+$、$Au(NH_3)^{3+}$、$Au(NH_3)_2^{3+}$、$Au(NH_3)_3^{3+}$、$Au(NH_3)_4^{3+}$、$AuCl_{(aq)}$、$AuCl_2^-$、$AuCl^{2+}$、$AuCl_2^+$、$AuCl_{3(aq)}$、$AuCl_4^-$、AuO_3^{3-}、$AuOH_{(s)}$、$Au(OH)_{3(s)}$、Au^+、Au^{3+}、Cl^-、$NH_{3(aq)}$、NH_4^+、H^+ 和 OH^- 共 22 种。

其中，$AuOH_{(s)}$、$Au(OH)_{3(s)}$ 只有在 pH 值高且没有其他配位离子时才会生成，因此，在此体系中不予考虑。

对于 Au 的配合物来说，配合物稳定常数较大的只有 $Au(NH_3)_2^+$、$Au(NH_3)_4^{3+}$、$AuCl_2^-$、$AuCl_4^-$，所以在本体系中主要考虑这几种配合物，而忽略其他配合离子。另外，由于在水溶液中，Au^+ 和 Au^{3+} 很难单独稳定存在，因此也忽略了它们对反应的影响。

1.2.6.2 平衡方程

基于同时平衡原理，每一种 Au 的配合物都与单质 Au 建立平衡。

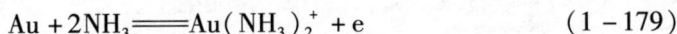

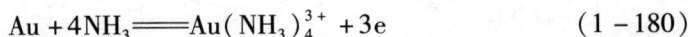

$$Au + 2NH_3 \rightleftharpoons Au(NH_3)_2^+ + e \tag{1-179}$$

$$Au + 4NH_3 \rightleftharpoons Au(NH_3)_4^{3+} + 3e \tag{1-180}$$

$$Au + 2Cl^- \rightleftharpoons AuCl_2^- + e \tag{1-181}$$

$$Au + 4Cl^- \rightleftharpoons AuCl_4^- + 3e \tag{1-182}$$

$$Au + 3H_2O \rightleftharpoons Au(OH)_3 + 3H^+ + 3e \tag{1-183}$$

体系中配合物以及其他离子浓度都可以用指数方程式（1-41）来表示。

1.2.6.3 基本热力学数据

由文献查得所需的配合物稳定常数以及相关物种的吉布斯自由能分别见表 1-39 和表 1-17。

表 1-39 298 K 下相关金配合物的稳定常数

配合物	$\lg\beta_i$	配合物	$\lg\beta_i$
$AuCl_2^-$	9.71	$Au(NH_3)_2^+$	26.50
$AuCl_4^-$	25.3	$Au(NH_3)_4^{3+}$	46.00

由有关数据可计算得到公式(1-41)中的指数方程系数值列于表1-40。

表1-40　各离子的电算指数方程常数

物种	a	b	c_1	c_2	d
$AuCl_2^+$	1	0	2	0	-45.2793
$Au(NH_3)_2^+$	1	0	0	2	-4.6841
$Au(NH_3)_4^{3+}$	3	0	0	4	-37.4725
$AuCl_4^-$	3	6	4	0	-277.7998
AuO_3^{3-}	3	3	0	0	-116.3616
NH_4^+	0	1	0	1	21.427
H^+	0	1	0	0	0
OH^-	0	-1	0	0	-32.2348

1.2.6.4　热力学模型构建

根据物质守恒定律，Au 总浓度，氨和铵的总浓度和 Cl^- 总浓度由式 (1-184)、(1-185)和(1-186)表述。

$$[Au]_T = [Au(NH_3)_2^+] + [Au(NH_3)_4^{3+}] + [AuCl_2^-] + [AuCl_4^-] + [AuO_3^{3-}]$$

$$(1-184)$$

$$[NH_4OH]_T = [NH_4^+] + [NH_{3(aq)}] + 2[Au(NH_3)_2^+] + 4[Au(NH_3)_4^{3+}]$$

$$(1-185)$$

$$[Cl^-]_T = [Cl^-] + 2[AuCl_2^-] + 4[AuCl_4^-] \qquad (1-186)$$

其中：$[NH_4OH]_T$表示氨和铵的总浓度；$[NH_{3(aq)}]$表示体系中的游离氨浓度。根据电中性原则，溶液中各物种总电荷平衡方程可以表示为：

$$[Au(NH_3)_2^+] + 3[Au(NH_3)_4^{3+}] + [NH_4^+] + [H^+] = [Cl^-]_T + [OH^-] + [AuCl_2^-] + [AuCl_4^-] + 3[AuO_3^{3-}]$$

$$(1-187)$$

由此可以建立联立方程组(1-181) ~ (1-187)，这也就是该体系的多元非线性热力学模型。

1.2.6.5　模型求解及结果讨论

体系中的 7 个变量为 E、pH、$[Au]_T$、$[Cl^-]_T$、$[NH_4OH]_T$、$[Cl^-]$ 和 $[NH_{3(aq)}]$，它们之间的相互关系由前文的热力学模型确定。如果指定其中的三个变量，则其余的变量都可以通过编程求解以上联立方程组得到。

在实际得计算过程中，$[Cl^-]_T$和$[NH_4OH]_T$可以由浸出剂的浓度来确定。

$$[Cl^-]_T = [NH_4Cl] \qquad\qquad (1-188)$$
$$[NH_4OH]_T = [NH_4Cl] + [NH_4OH] \qquad\qquad (1-189)$$

我们另外指定溶液中的总 Au 浓度，就可以计算出，在一定的浸出剂组成下，当电位达到多少时，浸出液中的 Au 浓度就达到预定值。也可以指定溶液电位 E 值来求出在一定的浸出剂组成下，浸出液中的 Au 总浓度。

根据上述的原理，我们计算了当浸出剂组成 $[NH_4Cl]$ 和 $[NH_4OH]$ 在 0 ~ 5 mol/L 变化，以及 $[Au]_T$ 分别为 5.0×10^{-5} 和 0.5 mol/L 时，所需的电位值。

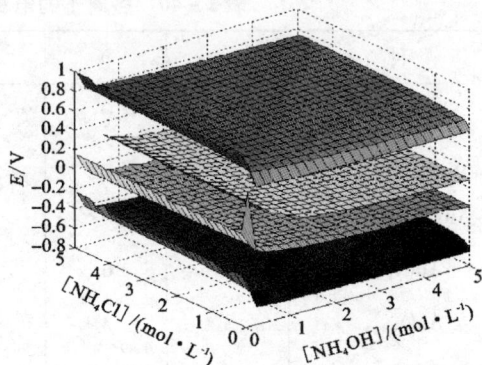

图 1 – 63　Au – NH₄Cl – NH₃ – H₂O 体系中
E – $[NH_4Cl]$ – $[NH_4OH]$ 正视曲面图

并由此绘制了 E – $[NH_4Cl]$ – $[NH_4OH]$ 关系曲面图，如图 1 – 63 所示。

为清楚的表示上述电位值的数据范围，我们将图 1 – 63 旋转到图 1 – 64 位置。由图 1 – 63 和图 1 – 64 可以看出：①在没有 NH₄Cl 和 NH₄OH 的情况下，要想浸出液中总 Au 离子浓度达到 5×10^{-5} mol/L，需要 0.5 V 以上的电位，而当溶

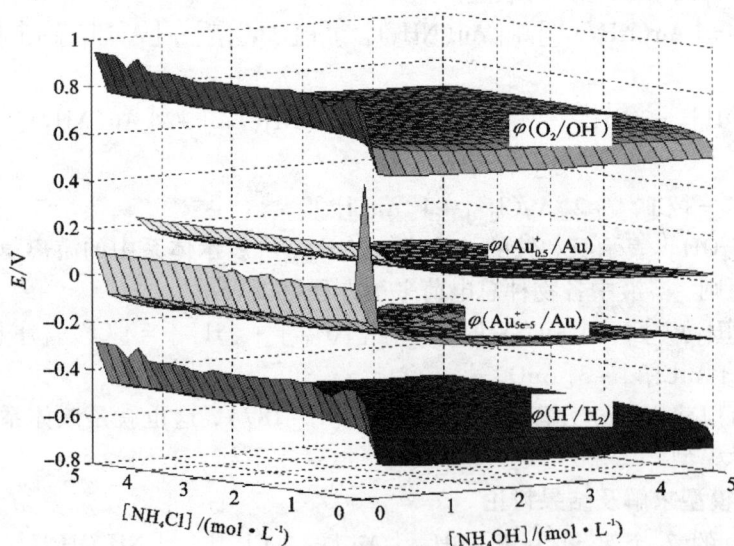

图 1 – 64　Au – NH₄Cl – NH₃ – H₂O 体系中
E – $[NH_4Cl]$ – $[NH_4OH]$ 侧视曲面图

液中存在 NH_4Cl 和 NH_4OH 时，要想使金达到相同的平衡浓度，则只需要 $-0.2\ V$ 左右的电位，且随着 NH_4OH 浓度增加，该电位值略有减小；②在 NH_4OH 浓度小于 0.6 mol/L 时，无论 NH_4Cl 浓度有多高，也不能使金在溶液中的总浓度达到 0.5 mol/L，而当 NH_4OH 浓度大于或等于 0.6 mol/L 时，欲使溶液中 Au 总浓度为 0.5 mol/L，则浸出金时的电位值在 0.0 ~ 0.2 V 之间，且随着 NH_4OH 浓度的增加，该电位值减小；③本体系中 $\varphi(O_2/OH^-)$ 约为 0.7 V，$\varphi(H_2/H^+)$ 约为 -0.5 V，由此可推断 O_2 可将 Au 氧化而使其溶解到 $NH_4Cl - NH_3 - H_2O$ 体系中。

1.2.7　Cd(Ⅱ) – NH₃ – NH₄Cl – H₂O 体系

1.2.7.1　热力学数据

Cd(Ⅱ) – NH_3 – Cl^- – H_2O 体系是一个十分复杂的体系，体系中存在的物种有 Cd^{2+}、$Cd(NH_3)^{2+}$、$Cd(NH_3)_2^{2+}$、$Cd(NH_3)_3^{2+}$、$Cd(NH_3)_4^{2+}$、$Cd(NH_3)_5^{2+}$、$Cd(NH_3)_6^{2+}$、$CdCl^+$、$CdCl_{2(aq)}$、$CdCl_3^-$、$CdCl_4^{2-}$、$Cd(OH)^+$、$Cd(OH)_{2(aq)}$、$Cd(OH)_3^-$、$Cd(OH)_4^{2-}$、$Cd_2(OH)^{3+}$、$NH_{3(aq)}$、NH_4^+、H^+、OH^- 共 20 种，镉配合物的稳定常数及其他相关化合物的标准自由能见文献。

1.2.7.2　热力学分析和模型建立

（1）平衡固相分析

在 Cd(Ⅱ) – NH_3 – Cl^- – H_2O 体系中可能存在有 $CdO_{(s)}$、$Cd(OH)_{2(s)}$ 两种固相，它们与 Cd^{2+} 平衡的浓度方程分别为：

$$[Cd^{2+}]_1 = \exp(34.8991 - 4.606\text{pH}) \tag{1-190}$$

$$[Cd^{2+}]_2 = \exp(31.7625 - 4.606\text{pH}) \tag{1-191}$$

比较两式可知，在相同的 pH 下，与 $CdO_{(s)}$ 平衡的 Cd^{2+} 浓度总是大于与 $Cd(OH)_{2(s)}$ 平衡的 Cd^{2+} 浓度。这说明在存有 $Cd(OH)_{2(s)}$ 的 NH_3 – NH_4Cl – H_2O 体系中，不会有 $CdO_{(s)}$ 固相出现。因此，在 Cd(Ⅱ) – NH_3 – Cl^- – H_2O 体系中存在的唯一固相物质为 $Cd(OH)_{2(s)}$，根据同时平衡原理，每种镉配合离子或物种均与 $Cd(OH)_{2(s)}$ 平衡：

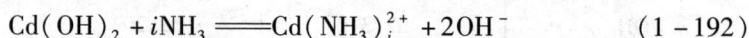

$$Cd(OH)_2 + iNH_3 \Longrightarrow Cd(NH_3)_i^{2+} + 2OH^- \tag{1-192}$$

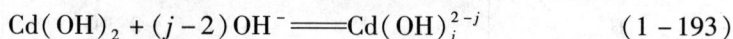

$$Cd(OH)_2 + (j-2)OH^- \Longrightarrow Cd(OH)_j^{2-j} \tag{1-193}$$

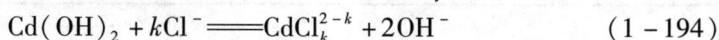

$$Cd(OH)_2 + kCl^- \Longrightarrow CdCl_k^{2-k} + 2OH^- \tag{1-194}$$

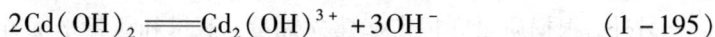

$$2Cd(OH)_2 \Longrightarrow Cd_2(OH)^{3+} + 3OH^- \tag{1-195}$$

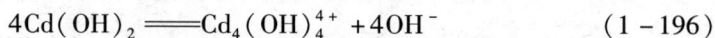

$$4Cd(OH)_2 \Longrightarrow Cd_4(OH)_4^{4+} + 4OH^- \tag{1-196}$$

（2）模型建立

根据双平衡电算指数法，Cd(Ⅱ) – NH_3 – Cl^- – H_2O 体系中的离子或配合物的摩尔浓度可用式(1-41)表示，但该体系不产生氧化还原反应，故指数式中的第一项消失。

根据文献数据和化学反应方程式，可以计算出各物种浓度表达式中的指数方程常数列于表 1 - 41。

表 1 - 41　各离子的电算指数常数

离子种类	d	$b\ln10$	c_1	c_2
Cd^{2+}	31.7625	-4.606	0	0
$Cd(NH_3)^{2+}$	38.0267	-4.606	1	0
$Cd(NH_3)_2^{2+}$	43.0472	-4.606	2	0
$Cd(NH_3)_3^{2+}$	46.3175	-4.606	3	0
$Cd(NH_3)_4^{2+}$	48.7586	-4.606	4	0
$Cd(NH_3)_5^{2+}$	51.0662	-4.606	5	0
$Cd(NH_3)_6^{2+}$	44.2217	-4.606	6	0
$CdOH^+$	8.9628	-2.303	0	0
$Cd(OH)_{2(aq)}$	-14.9884	0	0	0
$Cd(OH)_3^-$	-41.2426	2.303	0	0
$Cd(OH)_4^{2-}$	-69.5695	4.606	0	0
$Cd_2(OH)^{3-}$	42.9822	-6.909	0	0
$Cd_4(OH)_4^{4-}$	55.4267	-9.212	0	0
$CdCl^+$	36.3224	-4.606	0	1
$CdCl_{2(aq)}$	37.7503	-4.606	0	2
$CdCl_3^-$	38.2109	-4.606	0	3
$CdCl_4^{2-}$	35.6776	-4.606	0	4
$NH_{3(aq)}$	0	0	1	0
NH_4^+	21.427	-2.303	1	0
OH^-	-32.370	2.303	0	0
H^+	0	-2.303	0	0

另外，根据质量守恒定律建立镉量、氨量和氯量平衡方程：

$$[Cd^{2+}]_T = [Cd^{2+}] + \sum_{i=1}^{6}[Cd(NH_3)_i^{2+}] + \sum_{j=1}^{4}[Cd(OH)_j^{2-j}] + \sum_{k=1}^{4}[CdCl_k^{2-k}]$$

$$+2[Cd_2(OH)^{3+}] + 4[Cd_4(OH)_4^{4+}] \tag{1-197}$$

$$\left[\mathrm{NH_4OH}\right]_T = \left[\mathrm{NH_4^+}\right] + \left[\mathrm{NH_{3(aq)}}\right] + \sum_{i=1}^{6} i\left[\mathrm{Cd(NH_3)_i^{2+}}\right] \qquad (1-198)$$

$$\left[\mathrm{Cl^-}\right]_T = \left[\mathrm{Cl_{(aq)}^-}\right] + \sum_{k=1}^{4} k\left[\mathrm{CdCl_k^{2-k}}\right] \qquad (1-199)$$

根据溶液电中性原理,建立电荷平衡方程:

$$2\left[\mathrm{Cd^{2+}}\right]_T + \left[\mathrm{NH_4^+}\right] + \left[\mathrm{H^+}\right] = \left[\mathrm{Cl^-}\right]_T + \left[\mathrm{OH^-}\right] \qquad (1-200)$$

模型中,$\left[\mathrm{Cd^{2+}}\right]_T$ 和 $\left[\mathrm{Cd^{2+}}\right]$ 以及 $\left[\mathrm{Cl^-}\right]_T$ 和 $\left[\mathrm{Cl^-}\right]$ 分别表示镉离子和氯根的总摩尔浓度以及游离镉离子和游离氯离子的摩尔浓度,$\left[\mathrm{NH_3}\right]_T$ 为溶液中氨和铵的总摩尔浓度,$\left[\mathrm{NH_{3(aq)}}\right]$ 表示游离氨的摩尔浓度,i、j 和 k 分别表示氨、羟基、氯根等配体的配位数。在以上模型中,有 $(1-197)\sim(1-200)$ 4 个平衡方程,共有 pH、$\left[\mathrm{NH_{3(aq)}}\right]$、$\left[\mathrm{NH_3}\right]_T$、$\left[\mathrm{Cd^{2+}}\right]_T$、$\left[\mathrm{Cl^-}\right]_T$ 和 $\left[\mathrm{Cl^-}\right]$ 6 个未知数,因此模型求解时,实际未知数的数量为 6 个,给定其中 2 个未知数,求解这个模型,便可以得到其他未知数的值。在实际计算过程中,因为浸出剂的组成为 $\mathrm{NH_4Cl}$ 和 $\mathrm{NH_4OH}$(氨水),所以在这个体系中,可以选择给定它们的初始浓度值。其中 $\left[\mathrm{NH_4OH}\right] = \left[\mathrm{NH_4OH}\right]_T - \left[\mathrm{Cl^-}\right]_T$,$\left[\mathrm{NH_4Cl}\right] = \left[\mathrm{Cl^-}\right]_T$。这样,模型中就只有 4 个未知数,4 个方程。将以上已知数据和方程组输入由 MATLAB 编写的程序,可求出 $\left[\mathrm{NH_4Cl}\right]$ 和 $\left[\mathrm{NH_4OH}\right]$ 分别在 $0\sim5\ \mathrm{mol/L}$ 范围内的其他未知的浓度数值和 pH。

1.2.7.3　结果与讨论

（1）pH 变化规律

利用 MATLAB 绘制出体系平衡时 pH 随 $\left[\mathrm{NH_4OH}\right]$ 和 $\left[\mathrm{NH_4Cl}\right]$ 的变化情况如图 1-65 所示。由图 1-65 可以看出,pH 随 $\left[\mathrm{NH_4OH}\right]$ 的增加总体呈上升趋势,当 $\left[\mathrm{NH_4OH}\right]/\left[\mathrm{NH_4Cl}\right] < 1$ 时,随着 $\left[\mathrm{NH_4OH}\right]$ 的增加,pH 上升缓慢,随着 $\left[\mathrm{NH_4OH}\right]$ 的进一步增加,pH 迅速升高,最大达到 12.93。pH 随 $\left[\mathrm{NH_4Cl}\right]$ 的增大呈下降趋势,最小达到 8.86,说明 $\mathrm{NH_4Cl}$ 具有提供氢离子的能力。

（2）游离氯离子浓度变化

游离氯离子浓度 $\left[\mathrm{Cl^-}\right]$ 随 $\left[\mathrm{NH_4OH}\right]$ 和 $\left[\mathrm{NH_4Cl}\right]$ 的变化情况如图 1-66 所示。由图 1-66 可看出,当氨浓度较低时,游离氯离子浓度随氯化铵浓度增加而增大的速度趋缓,主要是因为氯离子与镉离子有较强的配位能力,氨浓度低,氯离子相对浓度较高,大量氯离子与镉离子配位,生成了镉与氯的配合物 $\mathrm{CdCl_k^{2-k}}$,这一点可由图 1-67 清楚地看出,在低氨浓度和高氯化铵浓度区域,有大量 $\mathrm{CdCl_k^{2-k}}$ 生成。当氨浓度较高时,游离氯离子浓度随氯化铵浓度增加而接近直线增大。主要是 $\mathrm{NH_3}$ 与镉的配位能力强,同时氨浓度相对与氯离子浓度处于优势地位,和镉优先配位,溶液中绝大多数 $\mathrm{Cd^{2+}}$ 与 $\mathrm{NH_3}$ 形成配合物,因而游离氯离子浓度直线升高。

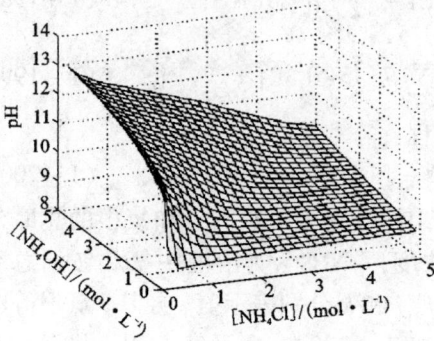

图 1 - 65　pH 与 [NH$_4$OH]
和 [NH$_4$Cl] 的曲面关系

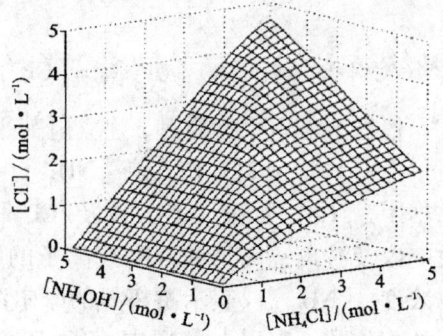

图 1 - 66　[Cl$^-$] 与 [NH$_4$OH]
和 [NH$_4$Cl] 的曲面关系

(3) 游离氨浓度变化

游离 [NH$_{3(aq)}$] 浓度随 [NH$_4$OH] 和 [NH$_4$Cl] 的变化情况如图 1 - 68 所示。由图 1 - 68 可看出,当 [NH$_4$OH]/[NH$_4$Cl] < 1 时,游离氨浓度几乎为 0,当 [NH$_4$OH]/[NH$_4$Cl] > 1 时,游离氨浓度快速增加,这是因为当 [NH$_4$OH]/[NH$_4$Cl] < 1 时,几乎所有的 NH$_3$ 都与 Cd^{2+} 配位,形成了 Cd(NH$_3$)$_i^{2+}$ 配合物。

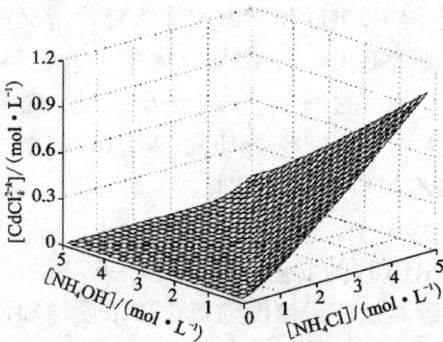

图 1 - 67　[CdCl$_k^{2-k}$] 与 [NH$_4$OH]
和 [NH$_4$Cl] 的曲面关系

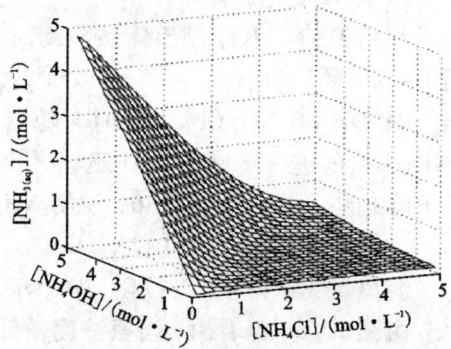

图 1 - 68　[NH$_{3(aq)}$] 与 [NH$_4$OH]
和 [NH$_4$Cl] 的曲面关系

(4) 总镉浓度与氯化铵及氨浓度的关系

[Cd^{2+}]$_T$ 浓度随 [NH$_4$OH] 和 [NH$_4$Cl] 的变化情况如图 1 - 69 所示。由图 1 - 69 可以看出,当 [NH$_4$OH] 一定,[Cd^{2+}]$_T$ 随着 [NH$_4$Cl] 的增加而直线增大,当 [NH$_4$Cl] 一定,[Cd^{2+}]$_T$ 随着 [NH$_4$OH] 的增加而略有增大,但增大十分有限,最大增幅仅为

0.11 mol/L。当[NH₄Cl]为零时，即单纯采用氨水作为浸出剂，Cd^{2+}浓度几乎为零，最大仅 0.0371 mol/L；当单独采用氯化铵作为浸出剂时，在浸出剂浓度 0~5 mol/L 时，Cd^{2+}浓度随[NH₄Cl]的增加而直线增大，最大接近 2.5 mol/L。

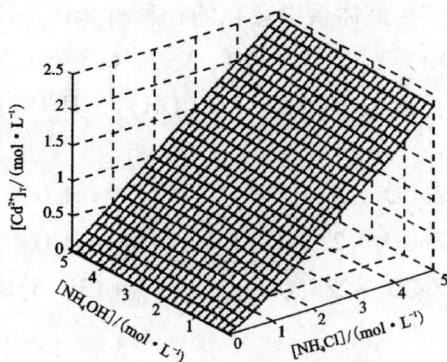

图 1-69 $[Cd^{2+}]_T$ 与 $[NH_4OH]$ 和 $[NH_4Cl]$ 的曲面关系

1.2.7.4　试验验证

将配好的相应浓度的 NH_3 + NH_4Cl 的水溶液和过量的分析纯 $Cd(OH)_2$ 混合，在 25 ℃ 搅拌 72 h，液固分离，分析溶液中的镉浓度。大量实验结果表明，在不同的氨和铵浓度下，镉平衡浓度相对偏差的绝对平均值约为 12%，这说明该热力学模型是正确的，所选数据的准确性较好，产生大于 5% 误差的主要原因是用质量摩尔浓度代替活度，其次是试验和分析误差，另外体系中可能还存在有未被确认的物种。所构建的热力学图可用来确定浸出剂的成分，优化浸出剂结构，单独采用氯化铵作为浸出剂，在较高的氯化铵浓度下，可以获得较高的镉平衡浓度，而添加氨水对镉的平衡浓度影响不大。如果单独采用氨水作为浸出剂，则镉平衡浓度很低。

1.2.7.5　结论

(1)根据双平衡法建立了较精确的 $Cd(II)-NH_3-Cl^--H_2O$ 体系的热力学模型，通过对模型求解，绘制了各种重要的热力学关系图，反映了体系的热力学规律。

(2)理论计算结果与试验数据符合较好，镉平衡浓度相对偏差的绝对平均值为 12.04%。

(3)在较高的氯化铵浓度下，不添加氨水，同样可以获得较高的镉平衡浓度，从而可以避免氨法提镉过程中的氨挥发损失。

1.2.8　双配位体多阴离子体系

1.2.8.1　$Zn(II)-Fe(II)-Mn(II)-NH_3-CO_3^{2-}-SO_4^{2-}-H_2O$ 体系

(1)热力学数据与平衡方程组的建立

共沉淀法是制备高档锰锌铁氧体软磁粉料前躯体的重要手段。用双平衡法分析了 $Zn(II)-Fe(II)-Mn(II)-NH_3-CO_3^{2-}-SO_4^{2-}-H_2O$ 体系的液-固平衡，以便为 Zn^{2+}、Fe^{2+} 和 Mn^{2+} 的共沉淀打下理论基础。

锌在该体系中存在的物种有 Zn^{2+}、ZnO_2^{2-}、$ZnHCO_3^+$、$HZnO_2^-$、$Zn(NH_3)_i^{2+}$、$Zn(OH)_j^{2-j}$，其中 i 为 1, 2, 3, 4；j 为 1, 2, 3, 4。根据同时平衡原理，体系中只要存在固态 $ZnCO_3 \cdot 2Zn(OH)_2 \cdot H_2O$ 时，每种锌配合离子或物种都分别与之平衡：

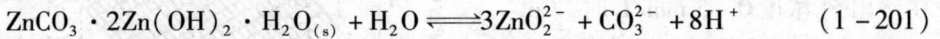

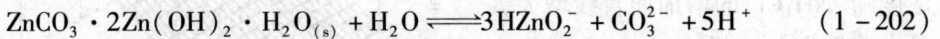

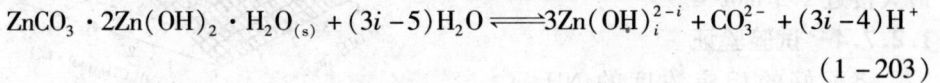

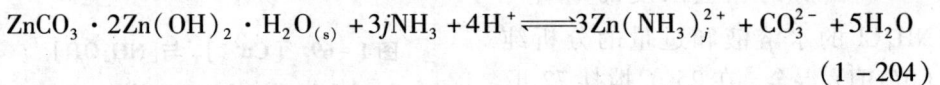

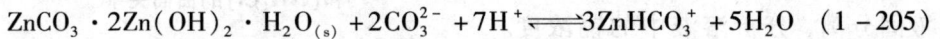

$$ZnCO_3 \cdot 2Zn(OH)_{2} \cdot H_2O_{(s)} + H_2O \Longrightarrow 3ZnO_2^{2-} + CO_3^{2-} + 8H^+ \qquad (1-201)$$

$$ZnCO_3 \cdot 2Zn(OH)_{2} \cdot H_2O_{(s)} + H_2O \Longrightarrow 3HZnO_2^- + CO_3^{2-} + 5H^+ \qquad (1-202)$$

$$ZnCO_3 \cdot 2Zn(OH)_{2} \cdot H_2O_{(s)} + (3i-5)H_2O \Longrightarrow 3Zn(OH)_i^{2-i} + CO_3^{2-} + (3i-4)H^+ \qquad (1-203)$$

$$ZnCO_3 \cdot 2Zn(OH)_{2} \cdot H_2O_{(s)} + 3jNH_3 + 4H^+ \Longrightarrow 3Zn(NH_3)_j^{2+} + CO_3^{2-} + 5H_2O \qquad (1-204)$$

$$ZnCO_3 \cdot 2Zn(OH)_{2} \cdot H_2O_{(s)} + 2CO_3^{2-} + 7H^+ \Longrightarrow 3ZnHCO_3^+ + 5H_2O \qquad (1-205)$$

亚铁在共沉体系中存在的物种有 Fe^{2+}、$Fe(OH)^+$、$Fe(OH)_{2(aq)}$、$Fe(OH)_3^-$、$Fe(OH)_4^{2-}$，根据同时平衡原理，体系中只要存在固态 $FeCO_3$ 时，每种亚铁配合离子或物种都分别与之平衡：

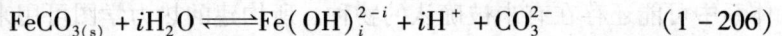

$$FeCO_{3(s)} + iH_2O \Longrightarrow Fe(OH)_i^{2-i} + iH^+ + CO_3^{2-} \qquad (1-206)$$

式中：i 为 1, 2, 3, 4。

同样，锰在共沉体系中存在的物种有 Mn^{2+}、$Mn(OH)^+$、$Mn_2(OH)^{3+}$、$Mn(OH)_3^{2+}$、$Mn_2(OH)_3^+$、$Mn(NH_3)^{2+}$、$Mn(NH_3)_2^{2+}$、$Mn(NH_3)_3^{2+}$、$Mn(NH_3)_4^{2+}$、$MnHCO_3^+$、$Mn(OH)_4^{2-}$，根据同时平衡原理，体系中只要存在固态 $MnCO_3$ 时，每种锰配合离子或物种都分别与之平衡：

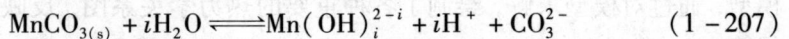

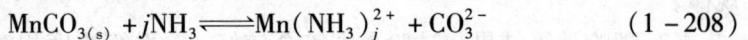

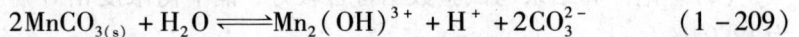

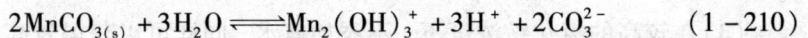

$$MnCO_{3(s)} + iH_2O \Longrightarrow Mn(OH)_i^{2-i} + iH^+ + CO_3^{2-} \qquad (1-207)$$

$$MnCO_{3(s)} + jNH_3 \Longrightarrow Mn(NH_3)_j^{2+} + CO_3^{2-} \qquad (1-208)$$

$$2MnCO_{3(s)} + H_2O \Longrightarrow Mn_2(OH)^{3+} + H^+ + 2CO_3^{2-} \qquad (1-209)$$

$$2MnCO_{3(s)} + 3H_2O \Longrightarrow Mn_2(OH)_3^+ + 3H^+ + 2CO_3^{2-} \qquad (1-210)$$

式中：i 为 1, 3, 4；j 为 1, 2, 3, 4。另外，还有其他的一些有关的平衡反应如前所述。

按照双平衡法，这些离子或配合物的摩尔浓度可用式(1-41)表示，但本体系不产生氧化还原反应，指数式中第一项消失。

锌配合物的稳定常数见表1-25，亚铁配合物的稳定常数取自相关文献，分别见表1-42及表1-43，前文尚未出现的其他热力学数据取自文献或自己计算，见表1-44。

表 1 - 42　亚铁配合物稳定常数($T = 298$ K)

配合物	$\lg\beta_i$	配合物	$\lg\beta_i$
$Fe(OH)^+$	4.5	$Fe(OH)_3^-$	10.0
$Fe(OH)_{2(aq)}$	7.4	$Fe(OH)_4^{2-}$	9.6

表 1 - 43　锰配合物稳定常数($T = 298$ K)

配合物	$\lg\beta_i$	配合物	$\lg\beta_i$
$MnOH^+$	3.4	$Mg(NH_3)^{2+}$	1.00
$Mn(OH)_4^{2-}$	7.7	$Mg(NH_3)_2^{2+}$	1.54
$Mn_2(OH)^{3+}$	3.4	$Mg(NH_3)_3^{2+}$	1.7
$Mn_2(OH)_3^+$	18.1	$Mg(NH_3)_4^{2+}$	1.3

表 1 - 44　$T = 298$ K 下,相关物种的标准自由能/($J \cdot mol^{-1}$)

物种	$\Delta_f G_m^\ominus$	来源	物种	$\Delta_f G_m^\ominus$	来源
$Fe(OH)_{2(aq)}$	-435632	计算	$MnHCO_3^+$	-820000	
$FeCO_{3(aq)}$	-666670		$Mn(NH_3)^{2+}$	-260309	计算
$Mn(OH)_4^{2-}$	-901033	计算	$Mn(NH_3)_4^{2+}$	-341521	计算
$Mn_2(OH)_3^+$	-1031260	计算	$Fe(OH)^+$	-277400	计算
$Mn(NH_3)_3^{2+}$	-317305	计算	$Fe(OH)_4^{2-}$	-769700	
Mn^{2+}	-228100		$Mn(OH)_3^-$	-744200	
Fe^{2+}	-78900		$Mn_2(OH)^{3+}$	-632853	计算
$Fe(OH)_3^-$	-614900		$Mn(NH_3)_2^{2+}$	-289891	计算
$Mn(OH)^+$	-405000		$MnCO_{3(s)}$	-809086	计算

根据表 1 - 44 的数据,反应达到平衡时,体系可认为是稀溶液,因此由 $\Delta_r G_{298,m}^\ominus = -RT\ln K^\ominus$ 可计算各种物种浓度表达式中的指数方程常数值列于表1 - 45。

表 1-45　各离子或物种的电算指数常数

物种	d	$b\ln10$	c_1	c_2
OH^-	-32.230	2.303	0	0
NH_4^+	21.304	-2.303	1	0
$NH_4HCO_{3(aq)}$	46.090	-4.606	1	1
$(NH_4)_2CO_{3(aq)}$	43.720	-4.606	2	1
$H_2CO_{3(aq)}$	38.430	-4.606	0	1
HCO_3^-	23.780	-2.303	0	1
H^+	0	-2.303	0	0
Zn^{2+}	8.031	-3.07	0	-1/3
$Zn(OH)^+$	-13.805	-0.768	0	-1/3
$Zn(OH)_{2(aq)}$	-31.761	1.535	0	-1/3
$Zn(OH)_3^-$	-58.241	3.840	0	-1/3
$Zn(OH)_4^{2-}$	-87.622	6.140	0	-1/3
$Zn(NH_3)^{2+}$	12.929	-3.070	1	-1/3
$Zn(NH_3)_2^{2+}$	18.092	-3.070	2	-1/3
$Zn(NH_3)_3^{2+}$	23.256	-3.070	3	-1/3
$Zn(NH_3)_4^{2+}$	-27.735	-3.070	4	-1/3
$HZnO_2^-$	-58.245	3.840	0	-1/3
ZnO_2^{2-}	-87.630	6.142	0	-1/3
$ZnHCO_3^+$	29.606	-5.374	0	2/3
Fe^{2+}	-24.155	0	0	-1
$Fe(OH)^+$	-39.738	2.303	0	-1
$Fe(OH)_{2(aq)}$	-71.567	4.606	0	-1
$Fe(OH)_3^-$	-94.909	6.909	0	-1
$Fe(OH)_4^{2-}$	-128.122	9.212	0	-1

续上表

物种	d	$b\ln10$	c_1	c_2
Mn^{2+}	-21.418	0	0	-1
$Mn(OH)^+$	-45.715	2.303	0	-1
$Mn(OH)_3^-$	-100.200	6.909	0	-1
$Mn(OH)_4^{2-}$	-132.593	9.212	0	-1
$MnHCO_3^+$	4.418	-2.303	0	0
$Mn_2(OH)^{3+}$	-67.233	2.303	0	-2
$Mn_2(OH)_3^+$	-97.833	6.909	0	-2
$Mn(NH_3)^{2+}$	-19.115	0	1	-1
$Mn(NH_3)_2^{2+}$	-17.871	0	2	-1
$Mn(NH_3)_3^{2+}$	-17.503	0	3	-1
$Mn(NH_3)_4^{2+}$	18.424	0	4	-1

根据质量守恒原理可建立锌量、铁量、锰量、氨量及碳量平衡方程：

$$[Zn^{2+}]_T = [Zn^{2+}] + \sum_{i=1}^{4}[Zn(OH)_i^{2-i}] + \sum_{j=1}^{4}[Zn(NH_3)_j^{2+}]$$
$$+ [HZnO_2^-] + [ZnO_2^{2-}] + ZnHCO_3^+ \qquad (1-211)$$

$$[Fe^{2+}]_T = [Fe^{2+}] + \sum_{i=1}^{4}[Fe(OH)_i^{2-i}] \qquad (1-212)$$

$$[Mn^{2+}]_T = [Mn^{2+}] + \sum_{i=1,3}^{4}[Mn(OH)_i^{2-i}] + \sum_{j=1}^{4}[Mn(NH_3)_j^{2+}]$$
$$+ [Mn_2(OH)^{3+}] + [MnHCO_3^+] + [Mn_2(OH)_3^+] \qquad (1-213)$$

$$[NH_4OH]_T = [NH_{3(aq)}] + [NH_4^+] + 2[(NH_4)_2CO_{3(aq)}] + [NH_4HCO_{3(aq)}]$$
$$+ \sum_{j=1}^{4}j[Me(NH_3)_j^{2+}] \qquad (1-214)$$

$$[CO_3^{2-}]_T = [CO_3^{2-}] + [HCO_3^-] + [H_2CO_{3(aq)}] + [(NH_4)_2CO_{3(aq)}]$$
$$+ [NH_4HCO_{3(aq)}] + [MeHCO_3^+] \qquad (1-215)$$

根据溶液电中性原理，可建立电荷平衡方程：

$$2[Me^{2+}]_T + [NH_4^+] + [H^+] = 2[CO_3^{2-}]_T + [OH^-] + 2[SO_4^{2-}] \qquad (1-216)$$

式中：$[Zn^{2+}]_T$、$[Zn^{2+}]$分别代表锌离子的总摩尔浓度及游离锌离子的摩尔浓度，

$[Mn^{2+}]_T$、$[Mn^{2+}]$分别代表2价锰离子的总摩尔浓度及游离2价锰离子的摩尔浓度，$[Fe^{2+}]_T$、$[Fe^{2+}]$分别代表亚铁离子的总摩尔浓度及游离亚铁离子的摩尔浓度，$[NH_4OH]_T$代表氨与铵的总摩尔浓度、$[NH_{3(aq)}]$代表游离氨的摩尔浓度，i、j分别代表羟基、氨配位体的配位数。

（2）热力学分析结果及讨论

1）$Zn(II)-NH_3-CO_3^{2-}-SO_4^{2-}-H_2O$体系

该体系共有4个平衡方程，即式（1-211）及式（1-214）~（1-216），含有$[NH_{3(aq)}]$、$[Zn^{2+}]_T$、$[Zn^{2+}]$、$[CO_3^{2-}]_T$、pH、$[SO_4^{2-}]$、$[CO_3^{2-}]$7个变量，在假定其中3个变量的情况下，即可用电脑求解并绘图，所得结果如图1-70~图1-74所示，图中数字均表示特定的浓度（mol/L）。其中AT表示总氨浓度即氨和铵的总浓度和，也表示为$[NH_4OH]_T$，CT表示总碳酸根浓度即$[CO_3^{2-}]_T$，以下同。

①由图1-70可以看出，在$[SO_4^{2-}]=1.2$ mol/L的情况下，当总氨和铵浓度和总碳酸根浓度均很低时，随着总氨和铵浓度的增大总锌浓度也增大，但只有当总氨和铵浓度小于3 mol/L时，$[Zn^{2+}]_T$才很低，这就是锌的沉淀区域，而总氨和铵浓度或总碳酸根浓度较高时总锌浓度则不随总氨和铵浓度发生变化。

②由图1-71可以看出，在AT=10.0 mol/L的情况下，在总碳酸根浓度>0.1 mol/L时，总锌浓度随硫酸根浓度的增加而直线上升，在0.1 mol/L时则随硫酸根浓度的增加先增加后减小。

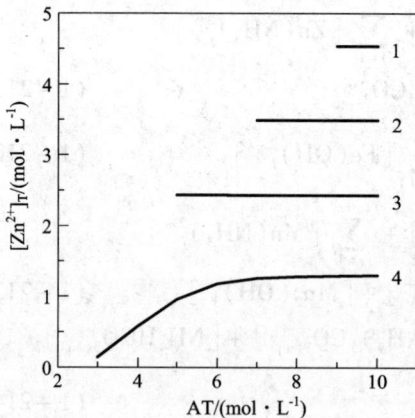

图1-70 $Zn(II)-NH_3-CO_3^{2-}-SO_4^{2-}-H_2O$体系中AT对$[Zn^{2+}]_T$的影响
$[SO_4^{2-}]=1.2$ mol/L；CT/(mol·L^{-1})：
1—3.0；2—2.0；3—1.0；4—0.1

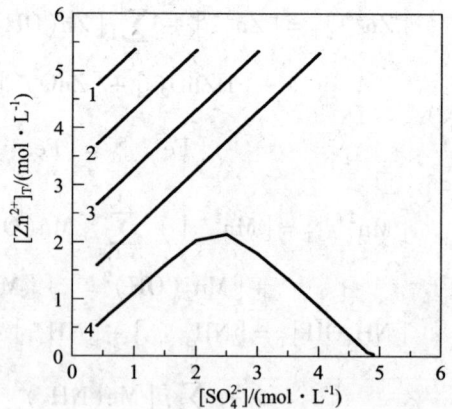

图1-71 $Zn(II)-NH_3-CO_3^{2-}-SO_4^{2-}-H_2O$体系中$[SO_4^{2-}]$对$[Zn^{2+}]_T$的影响
AT=10.0 mol/L；CT/(mol·L^{-1})：
1—3.0，2—2.0，3—1.0，4—0.1

③从图 1-72 可以看出，当 AT = 10 mol/L 及[SO_4^{2-}] = 1.2 mol/L 时，体系中的 物 种 主要 为 Zn（OH）$_4^{2-}$、ZnO_2^{2-}、Zn（OH）$_3^-$、$HZnO_2^+$、Zn（NH_3）$_4^{2+}$、Zn（OH）$_{2(aq)}$，其他物种浓度对总锌浓度的贡献很小。

④由图 1-73 可以看出，当 AT = 10 mol/L 时，只有在 pH 小于 7 的情况下，锌的沉淀才是完全的，高 pH 下容易形成锌氨和锌羟基配合物，所以总锌浓度随 pH 的增大而增大，在 pH = 10 时有一个最大值，而后又减小。

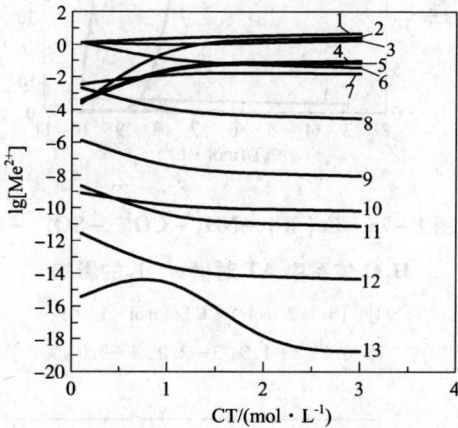

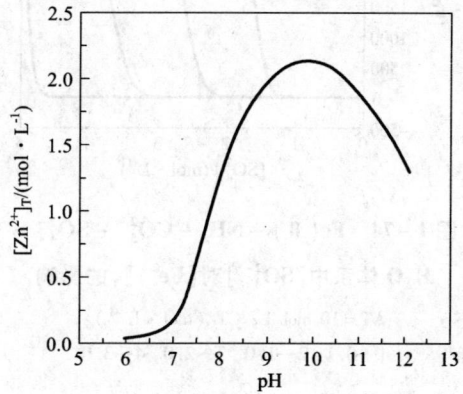

图 1-73　Zn（Ⅱ）- NH_3 - CO_3^{2-} -

SO_4^{2-} - H_2O 体系中 pH 对[Zn^{2+}]$_T$ 的影响

AT = 10 mol/L；CT = 0.1 mol/L

图 1-72　Zn（Ⅱ）- NH_3 - CO_3^{2-} - SO_4^{2-} -

H_2O 体系中 CT 对各物种浓度的影响

[SO_4^{2-}] = 1.2 mol/L；AT = 10 mol/L

1—[Zn^{2+}]$_T$，2—Zn（OH）$_4^{2-}$，3—ZnO_2^{2-}，

4—Zn（OH）$_3^-$，5—$HZnO_2^+$，6—Zn（NH_3）$_4^{2+}$，

7—Zn（OH）$_{2(aq)}$，8—Zn（NH_3）$_3^{2+}$，9—Zn（NH_3）$_2^{2+}$，

10—Zn（OH）$^+$，11—Zn（NH_3）$^{2+}$，

12—Zn^{2+}，13—$ZnHCO_3^+$

2）Fe（Ⅱ）- NH_3 - CO_3^{2-} - SO_4^{2-} - H_2O 体系

该体系共有 4 个平衡方程，即式（1-212）及式（1-214）~式（1-216），含有 [$NH_{3(aq)}$]、[Fe^{2+}]$_T$、[Fe^{2+}]、[CO_3^{2-}]$_T$、pH、[SO_4^{2-}]、[CO_3^{2-}] 7 个变量，在假定其中 3 个变量的情况下，即可用电脑求解并绘图，所得结果如图 1-74 ~ 图 1-77 所示。

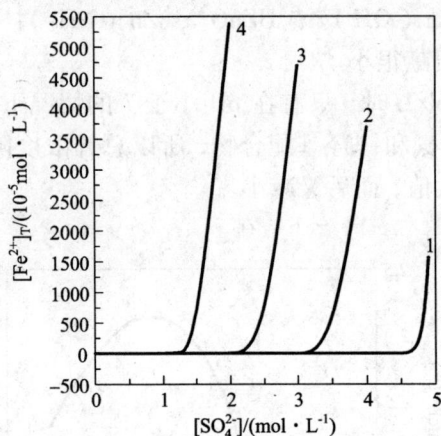

图 1 - 74　Fe(Ⅱ) - NH₃ - CO₃²⁻ - SO₄²⁻ -

H₂O 体系中[SO₄²⁻]对[Fe²⁺]_T的影响

AT = 10 mol/L; CT/(mol · L⁻¹):

1—0.1, 2—1.0, 3—2.0, 4—3.0

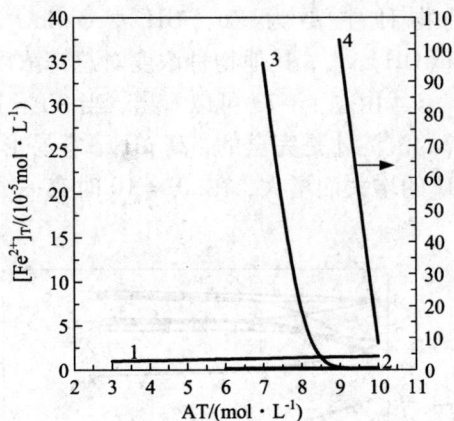

图 1 - 75　Fe(Ⅱ) - NH₃ - CO₃²⁻ - SO₄²⁻ -

H₂O 体系中 AT 对[Fe²⁺]_T的影响

[SO₄²⁻] = 1.2 mol/L; CT/(mol · L⁻¹):

1—0.1, 2—1.0, 3—2.0, 4—3.0

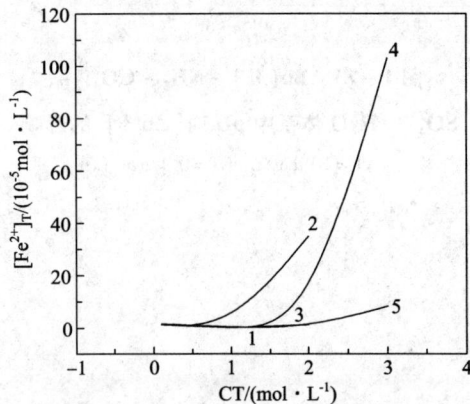

图 1 - 76　Fe(Ⅱ) - NH₃ - CO₃²⁻ - SO₄²

H₂O 体系中 CT 对[Fe²⁺]_T的影响

[SO₄²⁻] = 1.2 mol/L; AT/(mol · L⁻¹):

1—6, 2—7, 3—8, 4—9, 5—10

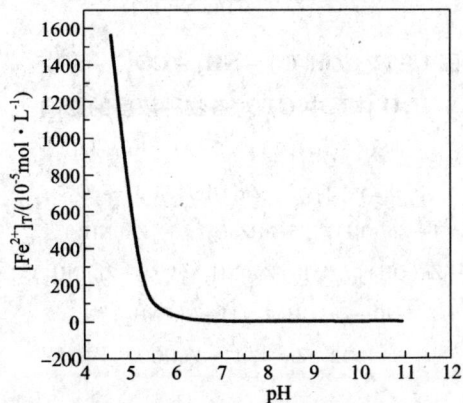

图 1 - 77　Fe(Ⅱ) - NH₃ - CO₃²⁻ - SO₄²⁻ -

H₂O 体系中 pH 对[Fe²⁺]_T的影响

CT = 0.1 mol/L; AT = 10 mol/L

①由图 1 - 74 可以看出，在总氨和铵浓度为 10 mol/L 的情况下，亚铁总浓度随着硫酸根浓度的增大先不变后上升，随着总碳酸根浓度的增大而快速增大。

②由图 1 – 75 可以看出，在 $[SO_4^{2-}] = 1.2$ mol/L 的情况下，当总碳酸根浓度很小时（≤2.0 mol/L），亚铁总浓度几乎不随总氨和铵浓度发生变化，但总碳酸根浓度较大时（>2.0 mol/L）亚铁总浓度随其增大反而快速下降。

③由图 1 – 76 可以看出，在 $[SO_4^{2-}] = 1.2$ mol/L 的情况下，亚铁总浓度随总碳酸根浓度的增大而增大，这与图 1 – 74 吻合，随总氨和铵浓度的增大而减小，这也与图 1 – 75 吻合。

④由图 1 – 77 可以看出，在 AT = 10 mol/L 的情况下，在 pH 小于 6.5 时，随着 pH 的增大亚铁总浓度随之下降较快，但在 pH 大于 6.5 时则几乎不随之变化，所以，Fe^{2+} 沉淀 pH 值应≥6.5。

3）$Mn(II) – NH_3 – CO_3^{2-} – SO_4^{2-} – H_2O$ 体系

该体系共有 4 个平衡方程，即式（1 – 213）~（1 – 216），含有 $[NH_{3(aq)}]$、$[Mn^{2+}]_T$、$[Mn^{2+}]$、$[CO_3^{2-}]_T$、pH、$[SO_4^{2-}]$、$[CO_3^{2-}]$ 7 个变量，在假定其中 3 个变量的情况下，即可用微电脑求解并绘图，所得结果如图 1 – 78 ~ 图 1 – 81 所示。

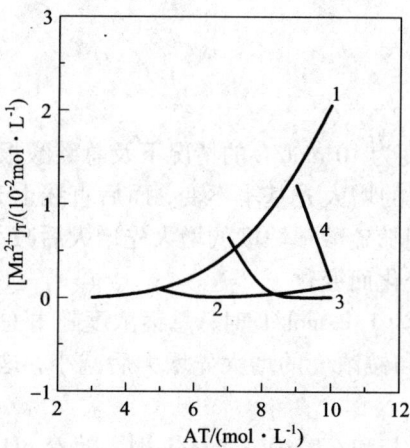

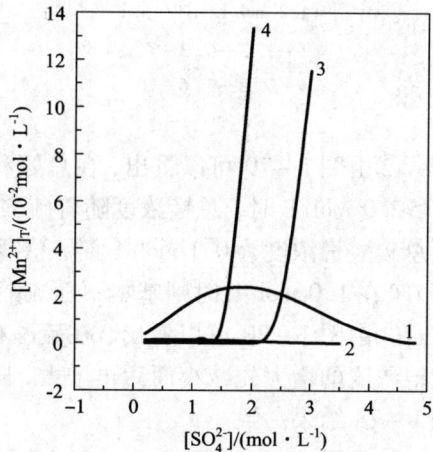

图 1 – 78　$Mn(II) – NH_3 – CO_3^{2-} – SO_4^{2-} –$
H_2O 体系中 AT 对 $[Mn^{2+}]_T$ 的影响
$[SO_4^{2-}] = 1.2$ mol/L；CT/(mol · L^{-1})：
1—0.1, 2—1.0, 3—2.0, 4—3.0

图 1 – 79　$Mn(II) – NH_3 – CO_3^{2-} – SO_4^{2-} –$
H_2O 体系中 $[SO_4^{2-}]$ 对 $[Mn^{2+}]_T$ 的影响
AT = 10 mol/L；CT/(mol · L^{-1})：
1—0.1, 2—1.0, 3—2.0, 4—3.0

①从图 1 – 78 可以看出，在硫酸根浓度为 1.2 mol/L 的情况下，总锰浓度随着总氨和铵浓度的增加先减小后增大，在总碳酸根浓度≤1.0 mol/L 时随着总氨和铵浓度的增大而增大，但在总碳酸根浓度 >2.0 mol/L 时则随着总氨和铵浓度的增大而减小。

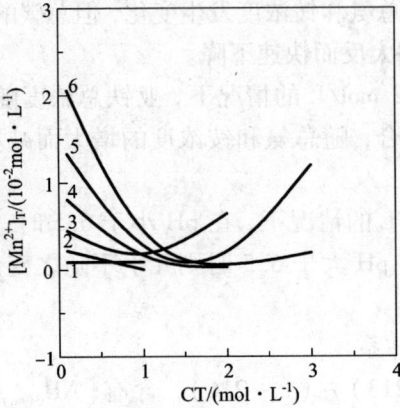

图 1 – 80 Mn(Ⅱ) – NH₃ – CO₃²⁻ – SO₄²⁻ –
H₂O 体系中 CT 对[Mn²⁺]_T 的影响

$[SO_4^{2-}] = 1.2$ mol/L; CT/(mol · L⁻¹):
1—5, 2—6, 3—7,
4—8, 5—9, 6—10

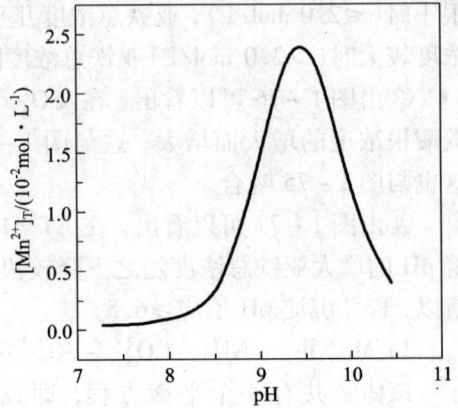

图 1 – 81 Mn(Ⅱ) – NH₃ – CO₃²⁻ – SO₄²⁻ –
H₂O 体系中 pH 对[Mn²⁺]_T 的影响

CT = 0.1 mol/L; AT = 10 mol/L

②由图 1 – 79 可以看出，在总氨和铵浓度为 10 mol/L 的情况下及总碳酸根浓度≥2.0 mol/L 时，总锰浓度随着硫酸根浓度的增大先基本不变，而后直线上升。在总碳酸根浓度为 0.1 mol/L 时，总锰浓度则随硫酸根浓度的增大先增大后减小，而 CT 在 1.0 mol/L 时则基本不随硫酸根的变化而变化。

③由图 1 – 80 可以看出，在硫酸根浓度为 1.2 mol/L 时，总锰浓度随着总碳酸根浓度的增大先减小而后再增大，随总氨和铵浓度的增大先增大后减小，这与图 1 – 78 结果一致。

④从图 1 – 81 可以看出，在 AT = 10 mol/L 和 CT = 0.1 mol/L 时，随着 pH 的增大，总锰浓度先增大后减小，在 pH = 9.4 时达到最高值，高溶解度的 pH 范围为 9.0 ~ 10.0，Mn²⁺ 沉淀完全的 pH 必须≤7.5，这与前面的分析结果是一致的。

通过以上分析，为在共沉过程选择锰、锌、亚铁的共沉淀条件提供了理论依据，pH 是影响三者共沉淀的主要因素，保证三者共沉淀的下限是由亚铁离子沉淀完全的 pH 所控制，而上限则是由锌离子沉淀完全的 pH 所控制，在 AT = 10 mol/L 和 CT = 0.1 mol/L 时，pH 控制在 6.5 ~ 7.0 之间可以保证三者的完全共沉淀。

这些热力学图还具有以下重要用途：对制备锌和锰的化合物具有重要意义：这些体系的热力学图的碱性区域均有锌、锰的高溶解度区域，这可指导选择直接浸出锌矿和锰矿原料的浸出体系；而低溶解度区域可指导锌、锰和亚铁碳酸盐的完全沉淀。

1.2.8.2　$Mg(II) - Ca(II) - NH_3 - CO_3^{2-} - SO_4^{2-} - H_2O$ 体系

（1）物种及物种平衡

钙在共沉体系中存在的物种主要有 Ca^{2+}、$CaHCO_3^+$、$CaCO_{3(aq)}$、$Ca(NH_3)_j^{2+}$、$CaSO_{4(aq)}$、$Ca(OH)_i^{2-i}$，其中 i 和 j 均为 1、2。根据同时平衡原理，体系中只要存在固态 $CaCO_3$ 时，每种钙配合离子或物种都分别与之平衡：

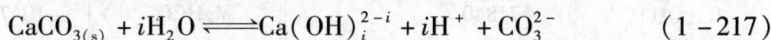

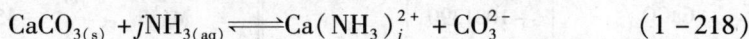

$$CaCO_{3(s)} + iH_2O \rightleftharpoons Ca(OH)_i^{2-i} + iH^+ + CO_3^{2-} \qquad (1-217)$$

$$CaCO_{3(s)} + jNH_{3(aq)} \rightleftharpoons Ca(NH_3)_j^{2+} + CO_3^{2-} \qquad (1-218)$$

同样，镁在共沉体系中存在的物种主要有 Mg^{2+}、$MgHCO_3^+$、$MgCO_{3(aq)}$、$Mg(NH_3)_j^{2+}$、$Mg_4(OH)_4^{4+}$、$Mg(OH)_i^{2-i}$，其中 i 为 1、2，j 为 1，2，3，4，5，6。根据同时平衡原理，体系中只要存在固态 $MgCO_3$ 时，每种镁配合离子或物种都分别与之平衡：

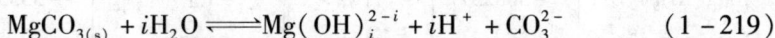

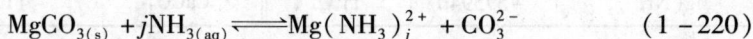

$$MgCO_{3(s)} + iH_2O \rightleftharpoons Mg(OH)_i^{2-i} + iH^+ + CO_3^{2-} \qquad (1-219)$$

$$MgCO_{3(s)} + jNH_{3(aq)} \rightleftharpoons Mg(NH_3)_j^{2+} + CO_3^{2-} \qquad (1-220)$$

按照双平衡法，这些离子或配合物的摩尔浓度可用式（1-41）表示，但该体系中不产生氧化还原反应，指数式中第一项消失。

（2）热力学数据

钙配合物及镁配合物的稳定常数取自有关文献，分别见表1-46及表1-47，前文尚未出现的其他热力学数据摘自有关文献或自己计算，见表1-48。

表1-46　钙配合物稳定常数（$T = 298\ K$）

配合物	$\lg\beta_i$	配合物	$\lg\beta_i$
$Ca(OH)^+$	1.4	$Ca(NH_3)^{2+}$	-0.2
$Ca(OH)_{2(aq)}$	3.83	$Ca(NH_3)_2^{2+}$	-0.8

表1-47　镁配合物稳定常数（$T = 298\ K$）

配合物	$\lg\beta_i$	配合物	$\lg\beta_i$
$Mg(OH)^+$	2.58	$Mg(NH_3)_3^{2+}$	-0.34
$Mg(OH)_{2(aq)}$	1.00	$Mg(NH_3)_4^{2+}$	-1.04
$Mg_4(OH)_4^{4+}$	16.2	$Mg(NH_3)_5^{2+}$	-1.99
$Mg(NH_3)^{2+}$	0.23	$Mg(NH_3)_6^{2+}$	-3.29
$Mg(NH_3)_2^{2+}$	0.08		

表 1 - 48　$T = 298$ K 下相关物种的标准自由能/$(J \cdot mol^{-1})$

物种	$\Delta_f G_{298,m}^{\ominus}$	来源	物种	$\Delta_f G_{298,m}^{\ominus}$	来源
$MgCO_{3(aq)}$	-999136		$Mg_4(OH)_4^{4+}$	-2230908	计算
$Mg(NH_3)^{2+}$	-482613	计算	$CaHCO_3^+$	-1146137	计算
$Mg(NH_3)_4^{2+}$	-560057	计算	$Ca(OH)_{2(aq)}$	-868070	
$MgCO_{3(s)}$	-1012100		$Ca(NH_3)_2^{2+}$	-602015	计算
$Ca(OH)^+$	-71840		$MgHCO_3^+$	-1047200	
$CaCO_{3(aq)}$	-1081390		Mg^{2+}	-454800	
$Ca(NH_3)^{2+}$	-578938	计算	$Mg(NH_3)_3^{2+}$	-532359	计算
$Mg(OH)^+$	-626700		$Mg(NH_3)_6^{2+}$	-595018	计算
$Mg(OH)_{2(aq)}$	-769900	计算	$CaSO_{4(aq)}$	-1298100	
$Mg(NH_3)_2^{2+}$	-508257	计算	Ca^{2+}	-553580	
$Mg(NH_3)_5^{2+}$	-575940	计算	$CaCO_{3(s)}$	-1128790	

（3）非配合反应平衡方程

根据表 1 - 48 的数据，反应达到平衡时，可认为体系为稀溶液，因此可由 $\Delta_r G_{298,m}^{\ominus} = -RT\ln K^{\ominus}$ 计算各种物种浓度表达式中的指数方程常数值。Ca(Ⅱ)的各种非配合物物种分别与 $CaCO_{3(s)}$ 平衡及相应的反应式如下：

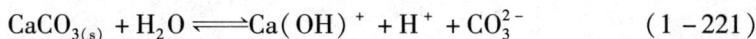

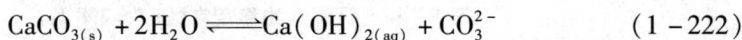

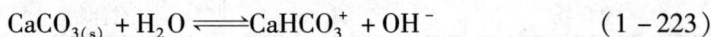

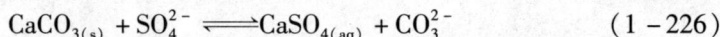

$$CaCO_{3(s)} + H_2O \rightleftharpoons Ca(OH)^+ + H^+ + CO_3^{2-} \qquad (1-221)$$

$$CaCO_{3(s)} + 2H_2O \rightleftharpoons Ca(OH)_{2(aq)} + CO_3^{2-} \qquad (1-222)$$

$$CaCO_{3(s)} + H_2O \rightleftharpoons CaHCO_3^+ + OH^- \qquad (1-223)$$

$$CaCO_{3(s)} \rightleftharpoons CaCO_{3(aq)} \qquad (1-224)$$

$$CaCO_{3(s)} \rightleftharpoons Ca^{2+} + CO_3^{2-} \qquad (1-225)$$

$$CaCO_{3(s)} + SO_4^{2-} \rightleftharpoons CaSO_{4(aq)} + CO_3^{2-} \qquad (1-226)$$

Mg(Ⅱ)的各种非配合物物种分别与 $MgCO_{3(s)}$ 平衡及相应的反应式如下：

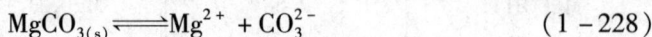

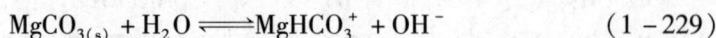

$$MgCO_{3(s)} \rightleftharpoons MgCO_{3(aq)} \qquad (1-227)$$

$$MgCO_{3(s)} \rightleftharpoons Mg^{2+} + CO_3^{2-} \qquad (1-228)$$

$$MgCO_{3(s)} + H_2O \rightleftharpoons MgHCO_3^+ + OH^- \qquad (1-229)$$

所有物种的指数方程常数值例于表 1 - 49。

表 1-49　各离子或物种的电算指数常数

物种	d	$b\ln10$	c_1	c_2
$CaOH^+$	-48.258	2.303	0	-1
$Ca(OH)_{2(aq)}$	-83.540	4.606	0	-1
$Ca(NH_3)^{2+}$	-19.550	0	1	-1
$Ca(NH_3)_2^{2+}$	-20.930	0	2	-1
$CaHCO_3^+$	7.013	-2.303	0	0
$CaCO_{3(aq)}$	-19.122	0	0	0
Ca^{2+}	-19.090	0	0	-1
OH^-	-32.230	2.303	0	0
NH_4^+	21.304	-2.303	1	0
$NH_4HCO_{3(aq)}$	46.090	-4.606	1	1
$(NH_4)_2CO_{3(aq)}$	43.720	-4.606	2	1
$H_2CO_{3(aq)}$	38.430	-4.606	0	1
HCO_3^-	23.780	-2.303	0	1
H^+	0	-2.303	0	0
$CaSO_{4(aq)}$	-96.390	0	0	-1
$Mg(OH)^+$	-38.177	2.303	0	-1
$Mg(OH)_{2(aq)}$	-76.271	4.606	0	-1
$Mg(NH_3)^{2+}$	-11.333	0	1	-1
$Mg(NH_3)_2^{2+}$	-11.678	0	2	-1
$Mg(NH_3)_3^{2+}$	-12.646	0	3	-1
$Mg(NH_3)_4^{2+}$	-12.162	0	4	-1
$Mg(NH_3)_5^{2+}$	-16.445	0	5	-1
$Mg(NH_3)_6^{2+}$	-19.439	0	6	-1
$Mg_4(OH)_4^{4+}$	-246.906	9.212	0	-4
$MgHCO_3^+$	-14.175	-2.303	0	0
$MgCO_{3(aq)}$	-5.23	0	0	0
Mg^{2+}	-11.863	0	0	-1

根据质量守恒原理可建立钙量、镁量、氨量及碳量平衡方程：

$$\left[Ca^{2+}\right]_T = \left[Ca^{2+}\right] + \sum_{i=1}^{2}\left[Ca(OH)_i^{2-i}\right] + \sum_{j=1}^{2}\left[Ca(NH_3)_j^{2+}\right] + \left[CaCO_{3(aq)}\right]$$
$$+ \left[CaHCO_3^+\right] + \left[CaSO_{4(aq)}\right] \tag{1-230}$$

$$\left[Mg^{2+}\right]_T = \left[Mg^{2+}\right] + \sum_{i=1}^{2}\left[Mg(OH)_i^{2-i}\right] + \sum_{j=1}^{6}\left[Mg(NH_3)_j^{2+}\right]$$
$$+ \left[MgCO_{3(aq)}\right] + \left[MgHCO_3^+\right] + 4\left[Mg_4(OH)_4^{4+}\right] \tag{1-231}$$

$$\left[NH_4OH\right]_T = \left[NH_{3(aq)}\right] + \left[NH_4^+\right] + 2\left[(NH_4)_2CO_{3(aq)}\right] + \left[NH_4HCO_{3(aq)}\right]$$
$$+ \sum_{j=1}^{2}j\left[Ca(NH_3)_j^{2+}\right] + \sum_{j=1}^{6}j\left[Mg(NH_3)_j^{2+}\right] \tag{1-232}$$

$$\left[CO_3^{2-}\right]_T = \left[CO_3^{2-}\right] + \left[HCO_3^-\right] + \left[H_2CO_{3(aq)}\right] + \left[(NH_4)_2CO_{3(aq)}\right]$$
$$+ \left[NH_4HCO_{3(aq)}\right] + \left[CaCO_{3(aq)}\right] + \left[CaHCO_{3(aq)}^+\right] + \left[MgCO_{3(aq)}\right] + \left[MgHCO_{3(aq)}^+\right] \tag{1-233}$$

根据溶液电中性原理，可建立电荷平衡方程：
$$2\left[Ca^{2+}\right]_T + 2\left[Mg^{2+}\right]_T + \left[NH_4^+\right] + \left[H^+\right] = 2\left[CO_3^{2-}\right]_T + \left[OH^-\right] + 2\left[SO_4^{2-}\right] \tag{1-234}$$

式中：$\left[Ca^{2+}\right]_T$、$\left[Ca^{2+}\right]$分别代表钙离子的总摩尔浓度及游离钙离子的摩尔浓度，$\left[Mg^{2+}\right]_T$、$\left[Mg^{2+}\right]$分别代表镁离子的总摩尔浓度及游离镁离子的摩尔浓度，$\left[NH_4OH\right]_T$代表氨与铵的总摩尔浓度、$\left[NH_{3(aq)}\right]$代表游离氨的摩尔浓度，i、j分别代表羟基、氨配位体的配位数。

（3）共沉体系热力学分析结果及讨论

1）结果分析

式（1-230）~式（1-234）这5个方程中，共有$\left[NH_{3(aq)}\right]$、$\left[Ca^{2+}\right]_T$、$\left[Ca^{2+}\right]$、$\left[Mg^{2+}\right]_T$、$\left[Mg^{2+}\right]$、$\left[CO_3^{2-}\right]_T$、pH、$\left[SO_4^{2-}\right]$、$\left[CO_3^{2-}\right]$9个变量，由于碳酸钙的溶解度很小，先求解$Ca(II)-NH_3-CO_3^{2-}-SO_4^{2-}-H_2O$系的方程组，得出$\left[Ca^{2+}\right]_T$和$Ca(II)$各物种的浓度，这样式（1-230）~式（1-234）只关联7个变量，在假定其中3个变量与求解$Ca(II)-NH_3-CO_3^{2-}-SO_4^{2-}-H_2O$系方程组条件完全相同的情况下，并以相应的$\left[Ca^{2+}\right]_T$代入式（1-234），则可采用计算机求解并绘图，所得结果如图1-81~图1-84，图1-90~图1-95所示，图中数字均表示特定的浓度（mol/L）。其中AT表示$\left[NH_4OH\right]_T$，CT表示$\left[CO_3^{2-}\right]_T$。

2）共沉体系中钙溶解度变化规律

①由图1-82可以看出，在$\left[SO_4^{2-}\right]=1.2$ mol/L时，钙的溶解度随着碳酸根总浓度的增加而增加，当碳酸根总浓度大于0.1 mol/L时则随着$\left[SO_4^{2-}\right]$的增加而增加，即在碳酸根总浓度很小时$\left[SO_4^{2-}\right]$对钙溶解度几乎没有影响。

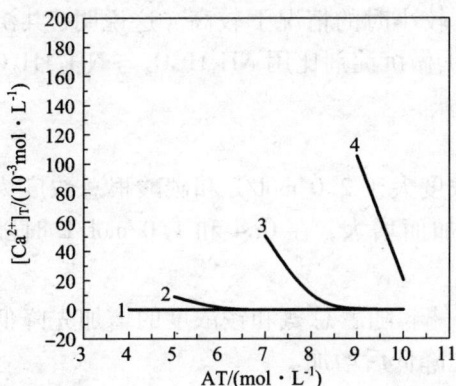

图 1-82　Ca(Ⅱ)-Mg(Ⅱ)-NH₃-CO₃²⁻-SO₄²⁻-H₂O 体系中 AT 对[Ca²⁺]ₜ的影响

[SO₄²⁻] = 1.2 mol/L; CT/(mol·L⁻¹):
1—0.1, 2—1.0, 3—2.0, 4—3.0

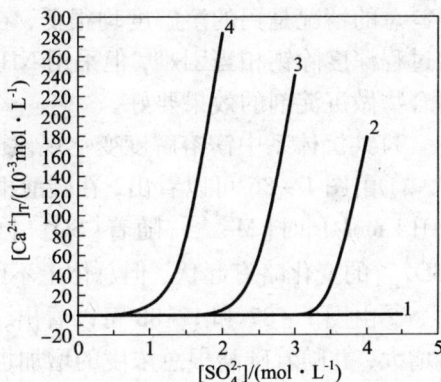

图 1-83　Ca(Ⅱ)-Mg(Ⅱ)-NH₃-CO₃²⁻-SO₄²⁻-H₂O 体系中 [SO₄²⁻]对[Ca²⁺]ₜ的影响

AT = 10 mol/L; CT/(mol·L⁻¹):
1—0.1, 2—1.0, 3—2.0, 4—3.0

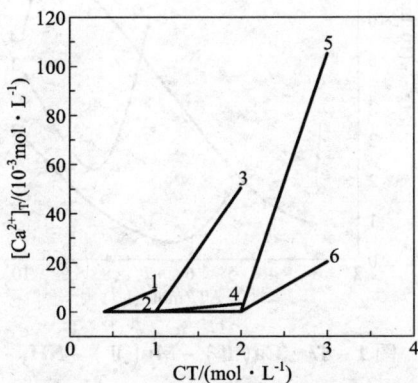

图 1-84　Ca(Ⅱ)-Mg(Ⅱ)-NH₃-CO₃²⁻-SO₄²⁻-H₂O 体系中 CT 对[Ca²⁺]ₜ的影响

AT = 10 mol/L; CT/(mol·L⁻¹):
1—5, 2—6, 3—7, 4—8, 5—9, 6—10

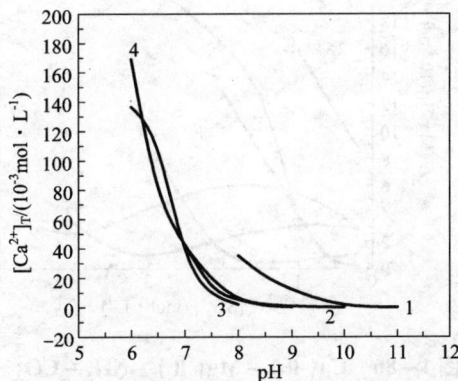

图 1-85　Ca(Ⅱ)-Mg(Ⅱ)-NH₃-CO₃²⁻-SO₄²⁻-H₂O 体系中 pH 对[Ca²⁺]ₜ的影响

AT = 10 mol/L; CT/(mol·L⁻¹):
1—0.1, 2—1.0, 3—2.0, 4—3.0

②由图 1-83 和图 1-84 也可以看出，钙的溶解度随着碳酸根总浓度的增加而增大，这与图 1-84 吻合，在碳酸根总浓度一定的条件下，钙总浓度随着总氨和铵浓度的增加而减小。

③由图 1-85 可以看出，在 AT = 10 mol/L 时，$[Ca^{2+}]_T$ 随着 pH 的增大而降低。

总的情况是钙的溶解度均很低，在 pH 较小时的情况下较高。这说明，共沉淀过程深度除钙相当困难，但采用 NH_4HCO_3 做沉淀剂比用 NH_4HCO_3 与 $NH_3 \cdot H_2O$ 混合物做沉淀剂的效果要好。

3）共沉体系中镁溶解度变化规律

①由图 1-86 可以看出，在碳酸根总浓度大于 2.0 mol/L 和碳酸根总浓度为 0.014 mol/L 时 $[Me^{2+}]_T$ 随着 $[SO_4^{2-}]$ 的增加而增大，在 0.4 和 1.0 mol/L 时随 $[SO_4^{2-}]$ 的变化略有起伏，但总体上不明显。

②由图 1-87 和 1-88 可以看出，$[Me^{2+}]_T$ 随着总氨和铵浓度的增加先降低后增大，并随着碳酸根总浓度的增加也是先降低后增加。

③由图 1-89 可以看出，$[Mg^{2+}]_T$ 随着 pH 的增大先减小后增大，进一步从图中可以看出，在 pH < 8.0 时随 pH 的增大而减小。

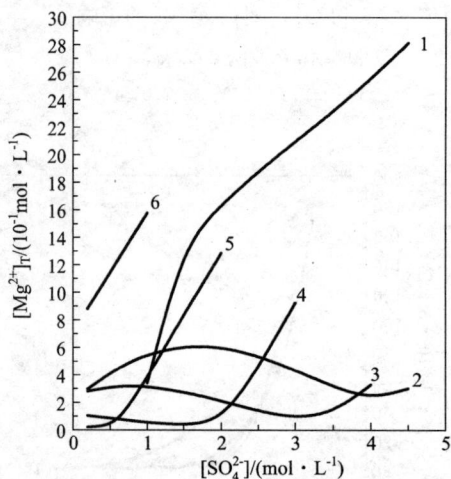

图 1-86 Ca(Ⅱ)-Mg(Ⅱ)-NH₃-CO₃²⁻-SO₄²⁻-H₂O 体系中 $[SO_4^{2-}]$ 对 $[Mg^{2+}]_T$ 的影响

AT = 10 mol/L；CT/(mol·L⁻¹)：
1—0.012，2—0.4，3—1.0，4—2.0，5—3.0，6—4.0

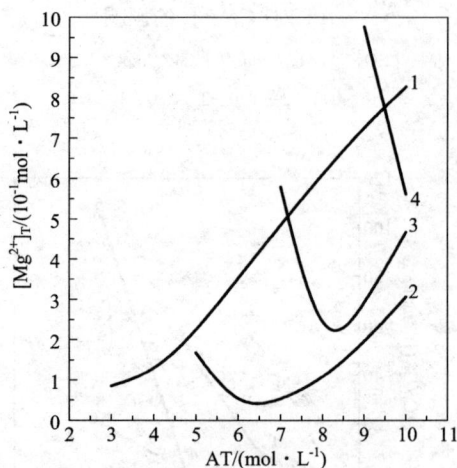

图 1-87 Ca(Ⅱ)-Mg(Ⅱ)-NH₃-CO₃²⁻-SO₄²⁻-H₂O 体系中 AT 对 $[Mg^{2+}]_T$ 的影响

$[SO_4^{2-}]$ = 1.2 mol/L；CT/(mol·L⁻¹)：
1—0.1，2—1.0，3—2.0，4—3.0

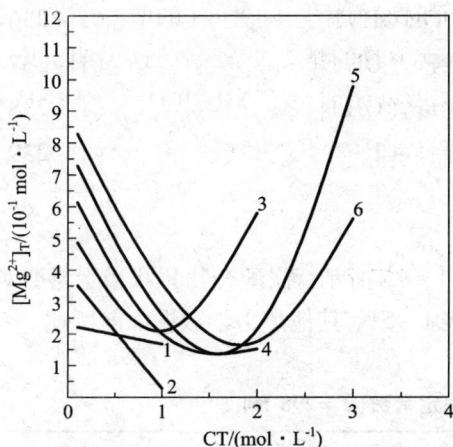

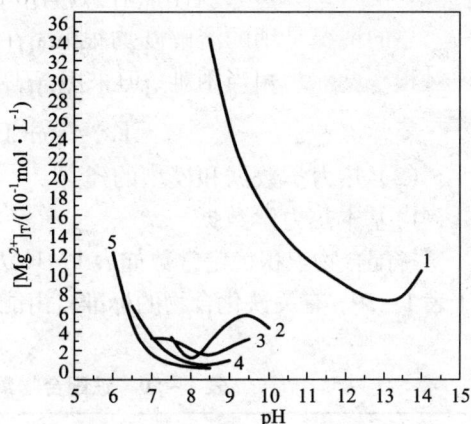

图 1 – 88 $Ca(II) - Mg(II) - NH_3 - CO_3^{2-} -$
$SO_4^{2-} - H_2O$ 体系中 CT 对 $[Mg^{2+}]_T$ 的影响

$[SO_4^{2-}] = 1.2$ mol/L; AT/(mol · L^{-1}):
1—5.0, 2—6.0, 3—7.0, 4—8.0, 5—9.0, 6—10.0

图 1 – 89 $Ca(II) - Mg(II) - NH_3 - CO_3^{2-} -$
$SO_4^{2-} - H_2O$ 体系中 pH 对 $[Mg^{2+}]_T$ 的影响

AT = 10 mol/L; CT/(mol · L^{-1}):
1—0.012, 2—0.4, 3—1.0, 4—2.0, 5—3.0

4)小结

以上分析,为在共沉过程中深度除钙镁提供了理论依据,若提高总氨和铵浓度或总碳酸根浓度,则会出现高 $[Mg^{2+}]_T$ 区域,在总氨和铵浓度固定的情况下,pH 降低也会提升 $[Mg^{2+}]_T$ 和 $[Ca^{2+}]_T$。因此,采用 NH_4HCO_3 作沉淀剂更能脱钙镁。

这些热力学图还具有以下重要用途:①对碳酸钙、碳酸镁和氧化镁的制备具有重要意义:该体系热力学图中镁的高溶解度区域可指导选择直接浸出镁矿的浸出体系;而低溶解度区域可指导钙镁碳酸盐的完全沉淀。②制备其他高纯碳酸盐产品,特别是对钙镁要求严格的碳酸盐产品,应在钙镁的高溶解区域进行沉淀,使钙镁尽可能地存留于母液中以降低沉淀产品的钙镁含量。

1.2.8.3 $Zn(II) - Fe(III) - NH_3 - CO_3^{2-} - Cl^- - H_2O$ 体系

(1)物种及其平衡

该体系中存在的锌物种有 Zn^{2+}、ZnO_2^{2-}、$ZnHCO_3^+$、$HZnO_2^-$、$Zn(NH_3)_i^{2+}$、$Zn(OH)_j^{2-j}$、$Zn_2(OH)^{3+}$、$ZnCl_k^{2-k}$,其中 i、j 和 k 分别为 1、2、3、4;铁物种有 Fe^{3+}、$FeCl_m^{3-m}$、$Fe(OH)_n^{3-n}$、$Fe_2(OH)_4^{4+}$、$Fe_3(OH)_4^{5+}$,其中 m 为 1、2、3,n 为 1、2、4。

该体系中存在的锌(II)、氨、碳酸根形成各物种的平衡反应如前所述,有关 $Fe(III)$ 形成各物种的平衡反应如下:

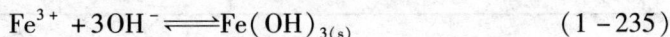

$$Fe^{3+} + 3OH^- \rightleftharpoons Fe(OH)_{3(s)} \qquad (1-235)$$

$$Fe^{3+} + nOH^- \Longrightarrow Fe(OH)_n^{3-n} \qquad (1-236)$$

$$2Fe^{3+} + 2OH^- \Longrightarrow Fe_2(OH)_2^{4+} \qquad (1-237)$$

$$3Fe^{3+} + 4OH^- \Longrightarrow Fe_3(OH)_4^{5+} \qquad (1-238)$$

$$Fe^{3+} + mCl^- \Longrightarrow FeCl_m^{3-m} \qquad (1-239)$$

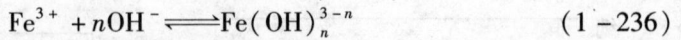

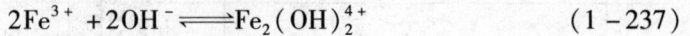

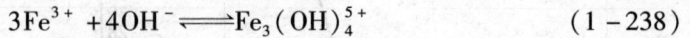

（2）热力学数据和模型的建立

1）基本热力学数据

锌配合物累积稳定常数如表 1-16 及表 1-25 所示，铁配合物累积稳定常数列于表 1-50，有关铁化合物的标准自由能见表 1-51，其他热力学数据如前所述。

表 1-50　铁配合物累积稳定常数（$T = 298$ K）

物种	$\lg\beta_i$	物种	$\lg\beta_i$	物种	$\lg\beta_i$
$Fe(OH)^{2+}$	11.81	$Fe(OH)_2^+$	22.3	$Fe(OH)_4^-$	34.4
$Fe_2(OH)_2^{4+}$	25.1	$Fe_3(OH)_4^{5+}$	49.7	$FeCl^{2+}$	1.48
$FeCl_2^+$	2.13	$FeCl_{3(aq)}$	-0.01		

表 1-51　$T = 298$ K 下，体系中铁（Ⅲ）物种的标准自由能/（J·mol^{-1}）

物种	$\Delta_f G_m^\ominus$	物种	$\Delta_f G_m^\ominus$
Fe^{3+}	-4602	$Fe(OH)_{3(s)}$	-696636
$FeCl_{3(aq)}$	-398317		

根据双平衡法，这些离子或配合物的摩尔浓度可用式（1-41）表示，但该体系中不产生氧化还原反应，指数式第一项消失。该体系存在第三种配位体，所以增加第五项，系数为 c_3。根据表中的数据和化学反应方程式，计算出各物种浓度的指数方程常数列于表 1-52。

表 1-52　各离子或物种的指数常数

物种	d	$b\ln10$	c_1	c_2	c_3
OH^-	-32.24	2.303	0	0	0
NH_4^+	21.29	-2.303	1	0	0
$NH_4HCO_{3(aq)}$	46.09	-4.606	1	1	0
$(NH_4)_2CO_{3(aq)}$	43.69	-4.606	2	1	0
$H_2CO_{3(aq)}$	38.42	-4.606	0	1	0

续上表

物种	d	$b\ln10$	c_1	c_2	c_3
HCO_3^-	23.79	-2.303	0	1	0
H^+	0	-2.303	0	0	0
Zn^{2+}	-24.99	0	0	-1	0
$Zn(OH)^+$	-45.717	2.303	0	-1	0
$Zn(OH)_{2(aq)}$	-63.91	4.606	0	-1	0
$Zn(OH)_3^-$	-90.4	6.909	0	-1	0
$Zn(OH)_4^{2-}$	-119.87	9.212	0	-1	0
$Zn_2(OH)^{3+}$	-70.707	2.303	0	-2	0
ZnO_2^{2-}	-120.73	9.212	0	-1	0
$HZnO_2^-$	-123.24	6.909	0	-1	0
$Zn(NH_3)^{2+}$	-19.9	0	1	-1	0
$Zn(NH_3)_2^{2+}$	-14.63	0	2	-1	0
$Zn(NH_3)_3^{2+}$	-9.19	0	3	-1	0
$Zn(NH_3)_4^{2+}$	-4.52	0	4	-1	0
$Zn(Cl)^+$	-24.0	0	0	-1	1
$Zn(Cl)_2$	-23.59	0	0	-1	2
$Zn(Cl)_3^-$	-23.84	0	0	-1	3
$Zn(Cl)_4^{2-}$	-24.53	0	0	-1	4
$ZnHCO_3^+$	-3.39	-2.303	0	0	0
Fe^{3+}	7.37	-6.909	0	0	0
$Fe(OH)^{2+}$	2.33	-4.606	0	0	0
$Fe(OH)_2^+$	-5.76	-2.303	0	0	0
$Fe(OH)_4^-$	-42.37	2.303	0	0	0
$Fe_2(OH)_2^{4+}$	8.06	-9.212	0	0	0
$Fe_3(OH)_4^{5+}$	7.6	-11.515	0	0	0
$FeCl^{2+}$	10.78	-6.909	0	0	1
$FeCl_2^+$	12.28	-6.909	0	0	2
$FeCl_{3(aq)}$	7.35	-6.909	0	0	3

2）热力学平衡方程

①Zn(Ⅱ) – NH$_3$ – CO$_3^{2-}$ – Cl$^-$ – H$_2$O 系

根据质量守恒原理可建立锌量、氨量、碳量及氯量平衡方程分别如式(1-240)~式(1-243)；根据溶液电中性原理，可建立电荷平衡方程如式1-244。

$$[Zn^{2+}]_T = [Zn^{2+}] + \sum_{i=1}^{4}[Zn(NH_3)_i^{2+}] + \sum_{j=1}^{4}[Zn(OH)_j^{2-j}]$$

$$+ \sum_{k=1}^{4}[ZnCl_k^{2-k}] + 2[Zn_2(OH)^{3+}] + [ZnO_2^{2-}] + [HZnO_2^-] + [ZnHCO_3^+]$$

$$(1-240)$$

$$[NH_4OH]_T = [NH_{3(aq)}] + [NH_4^+] + 2[(NH_4)_2CO_{3(aq)}] + [NH_4HCO_{3(aq)}]$$

$$+ \sum_{i=1}^{4}i[Zn(NH_3)_i^{2+}] \qquad (1-241)$$

$$[CO_3^{2-}]_T = [CO_3^{2-}] + [HCO_3^-] + [H_2CO_{3(aq)}] + [(NH_4)_2CO_{3(aq)}]$$

$$+ [NH_4HCO_{3(aq)}] + [ZnHCO_3^+] \qquad (1-242)$$

$$[Cl^-]_T = [Cl^-] + \sum_{k=1}^{4}k[ZnCl_k^{2-k}] \qquad (1-243)$$

$$2[Zn^{2+}]_T + [NH_4^+] + [H^+] = 2[CO_3^{2-}]_T + [Cl^-]_T + [OH^-]_T$$

$$(1-244)$$

式中：$[Zn^{2+}]_T$、$[CO_3^{2-}]_T$ 和 $[Cl^-]_T$ 分别表示锌离子、碳酸根离子和氯离子的总浓度；$[Zn^{2+}]$、$[NH_4^+]$、$[CO_3^{2-}]$ 和 $[Cl^-]$ 分别表示溶液中游离锌离子、铵根离子、碳酸根离子和氯离子的浓度；$[NH_4OH]_T$ 表示溶液中氨和铵的总浓度；$[NH_{3(aq)}]$ 表示游离氨的浓度；i、j 及 k 分别代表锌与氨、羟基和氯配位体的配位数。

②Fe(Ⅲ) – NH$_3$ – CO$_3^{2-}$ – Cl$^-$ – H$_2$O 系

根据质量守恒原理可建立铁量、氨量、碳量及氯量平衡方程分别如式(1-245)~式(1-248)；根据溶液电中性原理，可建立电荷平衡方程如式(1-249)。

$$[Fe^{3+}]_T = [Fe^{3+}] + \sum_{n=1,n\neq3}^{4}[Fe(OH)_n^{3-n}] + \sum_{m=1}^{3}[FeCl_m^{3-m}] + 2[Fe_2(OH)_2^{4+}]$$

$$+ 3[Fe_3(OH)_4^{5+}] \qquad (1-245)$$

$$[NH_4OH]_T = [NH_{3(aq)}] + [NH_4^+] + 2[(NH_4)_2CO_{3(aq)}] + [NH_4HCO_{3(aq)}]$$

$$(1-246)$$

$$[CO_3^{2-}]_T = [CO_3^{2-}] + [HCO_3^-] + [H_2CO_{3(aq)}] + [(NH_4)_2CO_{3(aq)}]$$

$$+ [NH_4HCO_{3(aq)}] \qquad (1-247)$$

$$[Cl^-]_T = [Cl^-] + \sum_{m=1}^{3}m[FeCl_m^{3-m}] \qquad (1-248)$$

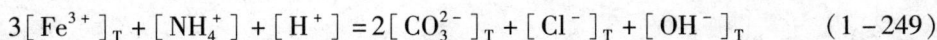

$$3[Fe^{3+}]_T + [NH_4^+] + [H^+] = 2[CO_3^{2-}]_T + [Cl^-]_T + [OH^-]_T \qquad (1-249)$$

式中：$[Fe^{3+}]_T$、$[CO_3^{2-}]_T$ 和 $[Cl^-]_T$ 分别表示铁离子、碳酸根离子和氯离子的总浓度；$[Fe^{3+}]$、$[NH_4^+]$、$[CO_3^{2-}]$ 和 $[Cl^-]$ 分别表示溶液中游离铁离子、铵根离子、碳酸根离子和氯离子的浓度；$[NH_4OH]_T$ 表示溶液中氨和铵的总浓度；$[NH_{3(aq)}]$ 表示游离氨的浓度；m，n 分别代表铁（Ⅲ）与氯和羟基的配位数。

③Zn(Ⅱ)–Fe(Ⅲ)–NH_3–CO_3^{2-}–Cl^-–H_2O 系

根据质量守恒原理可建立氯量平衡方程式(1-250)；根据溶液电中性原理，可建立电荷平衡方程式(1-267)。

$$[Cl^-]_T = [Cl^-] + \sum_{k=1}^{4} k[ZnCl_k^{2-k}] + \sum_{m=1}^{3} m[FeCl_m^{3-m}] \qquad (1-250)$$

$$2[Zn^{2+}]_T + 3[Fe^{3+}]_T + [NH_4^+] + [H^+] = 2[CO_3^{2-}]_T + [Cl^-]_T + [OH^-]_T$$
$$(1-251)$$

3) 热力学分析结果及讨论

①Zn(Ⅱ)–NH_3–CO_3^{2-}–Cl^-–H_2O 体系

该体系共有 5 个平衡方程，即式(1-240)～式(1-244)，含有 pH、$[NH_{3(aq)}]$、$[NH_4OH]_T$、$[Zn^{2+}]_T$、$[Cl^-]_T$、$[Cl^-]$、$[CO_3^{2-}]_T$ 和 $[CO_3^{2-}]$ 8 个未知数，给定其中 3 个未知数，求解模型，便可以得到其他未知数的值。

将以上数据和方程输入由 MATLAB 编写的程序，利用其函数 fsolve 自动求解。固定体系中 $[Cl^-]_T = 1$，求出 $[NH_4OH]_T$ 在 0～4 mol/L、$[CO_3^{2-}]_T$ 在 0～2 mol/L 变化范围内其他未知数的浓度，计算精度均为 $1×10^{-8}$ 左右。

根据计算结果，利用 MATLAB 绘制出体系平衡时 pH、$[Zn^{2+}]$、$[NH_{3(aq)}]$、$[CO_3^{2-}]$ 和 $[Cl^-]$ 随 $[NH_4OH]_T$ 和 $[CO_3^{2-}]_T$ 的变化情况，结果如图 1-90～图 1-93 所示。图中 AT 及 CT 分别表示溶液中 $[NH_4OH]_T$ 和 $[CO_3^{2-}]_T$。

由图 1-90 可以看出，体系平衡 pH 随 $[NH_3]_T$ 的增加而呈上升的趋势，而随 $[CO_3^{2-}]_T$ 的增加变化甚微，略呈下降的趋势。

由图 1-91 可以看出，锌有两个高溶解区域和一个低溶解区域，当 AT 小于 1.2 mol/L 的区域为第一高溶解区域，当 AT 与 CT 之差大于 1.5 mol/L 的区域为第二高溶解区域；在第二高溶解区域，当 AT 一定时，溶液中的 $[Zn^{2+}]_T$ 随 CT 浓度的增加而下降，说明 CT 浓度的增加有利于沉淀的生成；在锌的低溶解区域，即锌离子沉淀区域，随着 CT 的增加，即使当 AT 很大时，锌的总平衡浓度依然很低，这说明提升 CT 能够扩大沉淀区域；该区域对应于图 1-90 中的 pH 范围为 6.3～7.3。

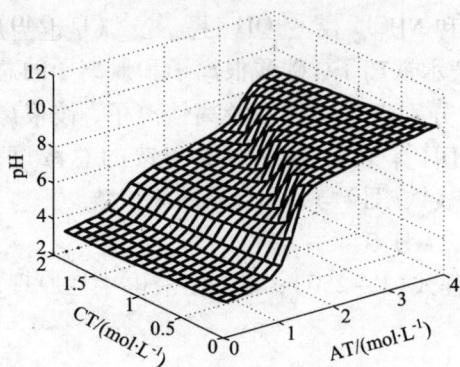

图 1-90 Zn(Ⅱ)-NH₃-CO₃²⁻-Cl⁻-
H₂O 体系中 pH 和[NH₄OH]_T 及
[CO₃²⁻]_T 的关系

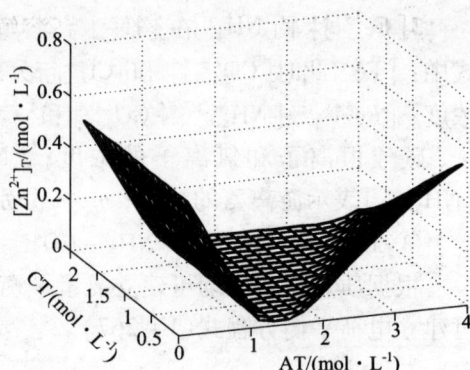

图 1-91 Zn(Ⅱ)-NH₃-CO₃²⁻-Cl⁻-
H₂O 体系中[Zn²⁺]_T 和[NH₄OH]_T
及[CO₃²⁻]_T 的关系

由图 1-92 可以看出，当[NH₄OH]_T 与[CO₃²⁻]_T 之差大于 1.5 mol/L 的区域，游离[CO₃²⁻]逐渐增大，对应图 1-90 中高 pH 区域；在较高 pH 下，HCO₃⁻水解生成游离 CO₃²⁻。

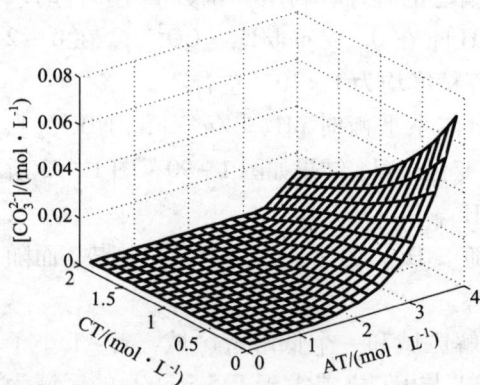

图 1-92 Zn(Ⅱ)-NH₃-CO₃²⁻-Cl⁻-
H₂O 体系中[CO₃²⁻]和[NH₄OH]_T 及
[CO₃²⁻]_T 的关系

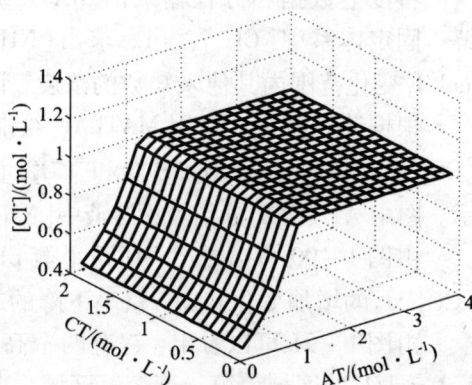

图 1-93 Zn(Ⅱ)-NH₃-CO₃²⁻-Cl⁻-
H₂O 体系中[Cl⁻]和[NH₄OH]_T 及
[CO₃²⁻]_T 的关系

由图 1-93 可以看出，当[NH₄OH]_T 小于 1.2 mol/L 时，游离[Cl⁻]小于最大值，说明 Cl⁻和 Zn²⁺进行了配位，随着[NH₄OH]_T 的增大，游离[Cl⁻]逐渐增大；当[NH₄OH]_T 大于 1.2 mol/L 时，结合图 1-91 和图 1-92，在锌的低溶解区域，游离[Cl⁻]达最大值，在锌第二高溶解区和 $NH_{3(aq)}$ 高浓度区，游离[Cl⁻]也为最大值，说明此时 $NH_{3(aq)}$ 与 Zn^{2+} 进行了配位，而 Cl⁻ 不与之配位。再结合图 1 – 90 来看，在低 pH 下，Zn^{2+} 与 Cl⁻ 配位；而在高 pH 下，Zn^{2+} 与 $NH_{3(aq)}$ 配位。

　　将配好的相应浓度的 NH_3 – NH_4Cl 水溶液和过量的分析纯 $ZnCO_3 \cdot 2Zn(OH)_2 \cdot H_2O$ 混合，在 25 ℃下搅拌 72 h，液固分离，分析溶液中的锌浓度。试验值与理论计算值见表 1 – 53。

表 1 – 53　不同[NH_4Cl]和[NH_4OH]下，溶液中平衡[Zn^{2+}]$_T$ 的试验值和计算值比较

[NH_3]$_T$ /(mol·L^{-1})	[NH_4Cl] /(mol·L^{-1})	[NH_4OH] /(mol·L^{-1})	试验值 /(g·L^{-1})	计算值 /(g·L^{-1})	相对偏差 /%
5.2	5.0	0.2	45.78	48.78	6.14
5.4	5.0	0.4	55.88	50.88	− 9.83
5.6	5.0	0.6	48.65	53.34	8.79
5.8	5.0	0.8	50.13	56.03	10.54
6.0	5.0	1.0	50.71	58.91	13.92
4.2	4.0	0.2	30.25	32.48	6.85
4.4	4.0	0.4	32.47	34.62	6.22
4.6	4.0	0.6	40.25	37.24	− 8.09
4.8	4.0	0.8	44.30	40.15	− 10.35
5.0	4.0	1.0	38.36	43.27	11.34
4.0	3.0	1.0	32.69	31.37	− 4.22
5.0	3.0	2.0	48.15	51.47	6.46
6.0	3.0	3.0	62.10	72.89	14.81
7.0	3.0	4.0	100.75	94.56	− 6.54
8.0	3.0	5.0	107.22	115.49	7.16
3.0	2.0	1.0	24.39	25.05	2.64
4.0	2.0	2.0	45.13	47.23	4.44
5.0	2.0	3.0	62.17	68.73	9.55
6.0	2.0	4.0	78.48	86.37	9.13
7.0	2.0	5.0	82.14	93.52	12.17
2.0	1.0	1.0	22.52	22.41	− 0.47
3.0	1.0	2.0	42.56	40.68	− 4.61
4.0	1.0	3.0	44.97	46.75	3.81
5.0	1.0	4.0	47.94	49.14	2.44
6.0	1.0	5.0	48.65	51.96	6.36
相对平均误差/%				7.47	

从表 1 - 53 可以看出，在不同的氨和铵浓度下，锌平衡浓度相对误差的绝对平均值为 7.47% ，这说明该热力学模型是正确的，所选数据的准确性较好，产生大于 5% 误差的主要原因是用摩尔浓度代替活度，其次是试验和分析误差。所构建的热力学图可用来确定浸出剂的成分，优化浸出剂结构，在较高的氯化铵浓度下，大幅降低氨水浓度，同样可以获得较高的锌平衡浓度，可以有效减少氨水挥发，对低品位氧化锌矿的氨法冶炼具有重要的理论指导意义和学术价值。

②Fe(Ⅲ) - NH₃ - CO₃²⁻ - Cl⁻ - H₂O 体系

该体系共有 5 个平衡方程，即式 (1 - 245) ~ 式 (1 - 249)，含有 pH、$[NH_{3(aq)}]$、$[NH_4OH]_T$、$[Fe^{3+}]_T$、$[Cl^-]_T$、$[Cl^-]$、$[CO_3^{2-}]$ 和 $[CO_3^{2-}]_T$ 8 个未知数，给定其中 3 个未知数，求解模型，便可以得到其他未知数的值。

将以上数据和方程输入由 MATLAB 编写的程序，利用其函数 fsolve 自动求解。固定体系中 $[Cl^-]_T = 1$ ，求出 $[NH_4OH]_T$ 在 0 ~ 4 mol/L、$[CO_3^{2-}]_T$ 在 0 ~ 2 mol/L 变化范围内其他未知数的浓度，计算精度均为 1×10^{-8} 左右。根据计算结果，利用 MATLAB 绘制出体系平衡时 pH 值、$[Fe^{3+}]_T$、$[NH_{3(aq)}]$、$[CO_3^{2-}]$ 和 $[Cl^-]$ 随 $[NH_4OH]_T$ 和 $[CO_3^{2-}]_T$ 的变化情况，结果如图 1 - 94 ~ 图 1 - 97 所示。图中 AT 及 CT 分别表示溶液中 $[NH_4OH]_T$ 和 $[CO_3^{2-}]_T$。

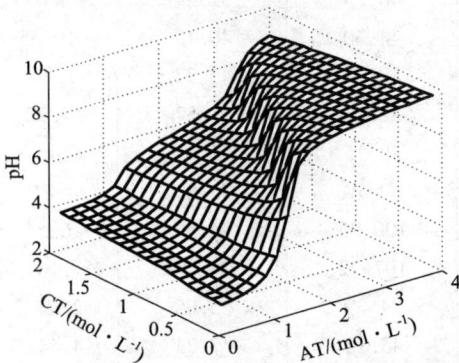

图 1 - 94 Fe(Ⅲ) - NH₃ - CO₃²⁻ - Cl⁻ - H₂O 体系中 pH 和 $[NH_4OH]_T$ 及 $[CO_3^{2-}]_T$ 的关系

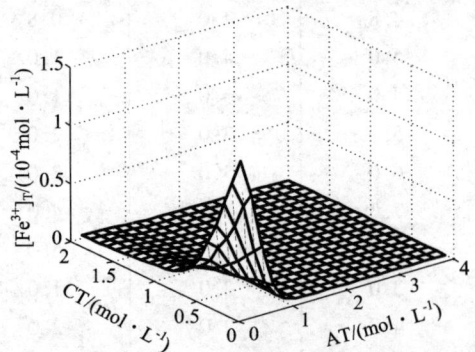

图 1 - 95 Fe(Ⅲ) - NH₃ - CO₃²⁻ - Cl⁻ - H₂O 体系中 $[Fe^{3+}]_T$ 和 $[NH_4OH]_T$ 及 $[CO_3^{2-}]_T$ 的关系

由图 1 - 94 可以看出，体系平衡 pH 值随 $[NH_4OH]_T$ 的增加而呈上升的趋势，随 $[CO_3^{2-}]_T$ 的增加变化甚微，略呈上升的趋势。

由图 1 - 95 可以看出，在整个区域，铁的溶解度均较小，为 10^{-4} 数量级。但在 $[NH_4OH]_T$ 小于 1 mol/L 且 $[CO_3^{2-}]_T$ 小于 0.75 mol/L 的区域，铁溶解度相对较高，其他区域 Fe^{3+} 浓度均在 10^{-7} 以下，可以说 Fe^{3+} 已经沉淀完全，在图 1-94 中对应的 pH 值为 4.0 以上。

由图 1-96 可以看出，当 $[NH_4OH]_T$ 与 $[CO_3^{2-}]_T$ 之差大于 1.5 mol/L 的区域，游离 $[CO_3^{2-}]$ 逐渐增大，对应图 1-94 中高 pH 区域，这是因为在较高 pH 下，HCO_3^- 水解生成游离 CO_3^{2-}。

由图 1-97 可以看出，当 $[NH_4OH]_T$ 小于 1.2 mol/L 时，游离 $[Cl^-]$ 小于最大值，随着 $[NH_4OH]_T$ 的增大，游离 $[Cl^-]$ 逐渐增大；当 $[NH_3]_T$ 大于 1.2 mol/L 时，游离 $[Cl^-]$ 达最大值。

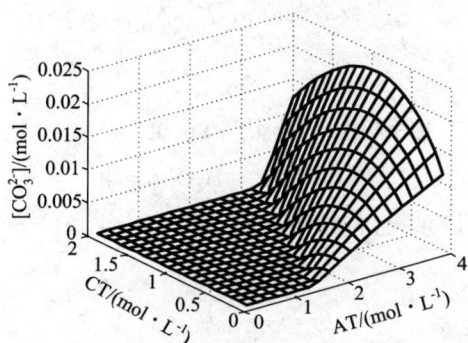

图 1-96　$Fe(Ⅲ)-NH_3-CO_3^{2-}-Cl^-$ - H_2O 体系中 $[CO_3^{2-}]$ 和 $[NH_4OH]_T$ 及 $[CO_3^{2-}]_T$ 的关系

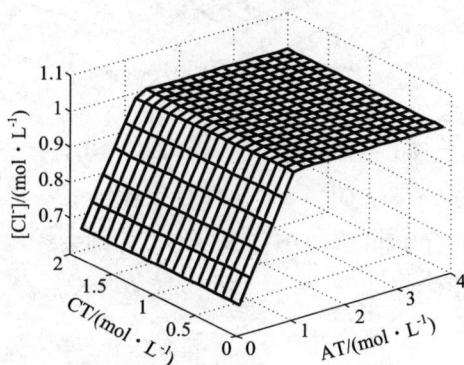

图 1-97　$Fe(Ⅲ)-NH_3-CO_3^{2-}-Cl^-$ - H_2O 体系中 $[Cl^-]$ 和 $[NH_4OH]_T$ 及 $[CO_3^{2-}]_T$ 的关系

③$Zn(Ⅱ)-Fe(Ⅲ)-NH_3-CO_3^{2-}-Cl^--H_2O$ 体系

该体系共有 6 个平衡方程，即式(1-240)～式(1-242)和式(1-245)以及式(1-250)～式(1-251)，含有 pH、$[NH_{3(aq)}]$、$[NH_4OH]_T$、$[Zn^{2+}]_T$、$[Fe^{3+}]_T$、$[Cl^-]_T$、$[Cl^-]$、$[CO_3^{2-}]_T$ 和 $[CO_3^{2-}]$ 9 个未知数，给定其中 3 个未知数，求解模型，便可以得到其他未知数的值。

将以上数据和方程输入由 MATLAB 编写的程序，利用其函数 fsolve 自动求解。固定体系中 $[Cl^-]_T=1$，求出 $[NH_4OH]_T$ 在 0～4 mol/L、$[CO_3^{2-}]_T$ 在 0～2 mol/L 变化范围内其他未知数的浓度，计算精度均为 $1×10^{-8}$ 左右。

根据计算结果，利用 MATLAB 绘制出体系平衡时 pH、$[Zn^{2+}]_T$、$[Fe^{3+}]_T$、$[NH_{3(aq)}]$、$[CO_3^{2-}]$ 和 $[Cl^-]$ 随 $[NH_4OH]_T$ 和 $[CO_3^{2-}]_T$ 的变化情况，结果如图 1-98～图 1-103 所示。图中 AT 及 CT 分别表示溶液中 $[NH_4OH]_T$ 和 $[CO_3^{2-}]_T$。

由图 1-98 可以看出，体系平衡 pH 随 $[NH_4OH]_T$ 的增加而呈上升的趋势，而随$[CO_3^{2-}]_T$的增加变化甚微，略呈下降的趋势。

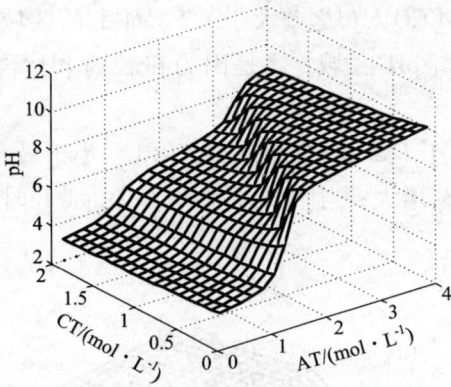

图 1-98　Zn(Ⅱ)-Fe(Ⅲ)-NH_3-
CO_3^{2-}-Cl^--H_2O 体系中
pH 和$[NH_4OH]_T$及$[CO_3^{2-}]_T$的关系

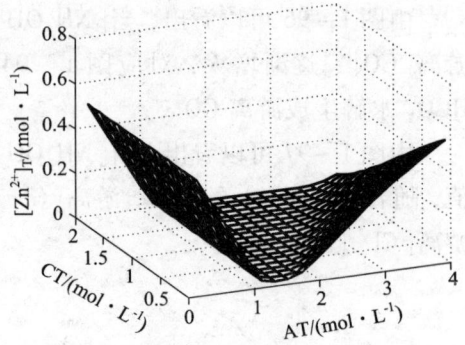

图 1-99　Zn(Ⅱ)-Fe(Ⅲ)-NH_3-
CO_3^{2-}-Cl^--H_2O 体系中
$[Zn^{2+}]_T$和$[NH_4OH]_T$及$[CO_3^{2-}]_T$的关系

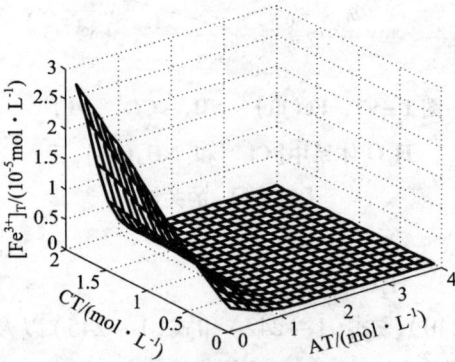

图 1-100　Zn(Ⅱ)-Fe(Ⅲ)-NH_3-
CO_3^{2-}-Cl^--H_2O 体系中$[Fe^{3+}]_T$和
$[NH_4OH]_T$及$[CO_3^{2-}]_T$的关系

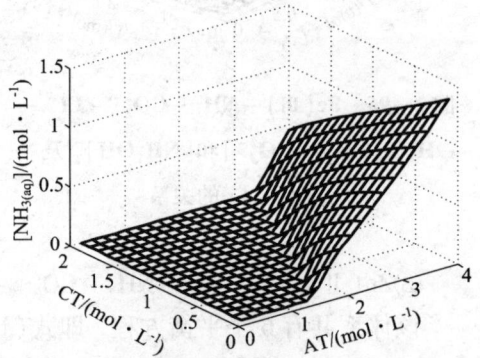

图 1-101　Zn(Ⅱ)-Fe(Ⅲ)-NH_3-
CO_3^{2-}-Cl^--H_2O 体系中$[NH_{3(aq)}]$和
$[NH_4OH]_T$及$[CO_3^{2-}]_T$的关系

由图 1-99 可以看出，锌的变化趋势与 Zn(Ⅱ)-NH_3-CO_3^{2-}-Cl^--H_2O 体系一样。由图 1-100 可以看出，在整个区域内，铁的溶解度均较小，数量级为 10^{-5}。当$[NH_4OH]_T$小于 1 mol/L 时，Fe^{3+} 有一个相对较高的溶解度区域，$[Fe^{3+}]_T$随$[CO_3^{2-}]_T$的增大而增大，且随着$[NH_4OH]_T$的增大而减小。其他区域 Fe^{3+} 浓度均在 10^{-8} 以下，可以说 Fe^{3+} 已经沉淀完全，在图 1-98 中对应的 pH 为

4.0 以上。

由图 1-101 可以看出，在 $[NH_4OH]_T$ 与 $[CO_3^{2-}]_T$ 之差大于 1.5 mol/L 的区域，$[NH_{3(aq)}]$ 呈直线上升，此区域对应图 1-98 中高 pH 区域，说明 pH 越高，游离 $NH_{3(aq)}$ 浓度越大；在另外一区域，$[NH_{3(aq)}]$ 几乎等于零，对应图 1-98 中低 pH 区域。

由图 1-102 可以看出，当 $[NH_4OH]_T$ 与 $[CO_3^{2-}]_T$ 之差大于 1.5 mol/L 的区域，游离 $[CO_3^{2-}]$ 逐渐增大，对应图 1-98 中高 pH 区域；在较高 pH 下，HCO_3^- 水解生成游离 CO_3^{2-}。

由图 1-103 可以看出，当 $[NH_4OH]_T$ 小于 1.2 mol/L 时，游离 $[Cl^-]$ 小于最大值，说明在此区域 Cl^- 和 Zn^{2+}、Fe^{3+} 进行了配位；随着 $[NH_4OH]_T$ 的增大，游离 $[Cl^-]$ 逐渐增大，说明配位能力逐渐减弱；当 $[NH_4OH]_T$ 大于 1.2 mol/L 时，结合图 1-99 ~ 图 1-101，在锌和铁的低溶解区域，游离 $[Cl^-]$ 达最大值，在锌第二高溶解区、铁低溶解区和 $NH_{3(aq)}$ 高浓度区，游离 $[Cl^-]$ 也为最大值，说明此时 NH_3 与 Zn^{2+} 进行了配位，而 Cl^- 不与之配位，Fe^{3+} 浓度很低，与之不配位。再结合图 1-98 来看，在低 pH 下，Zn^{2+}、Fe^{3+} 与 Cl^- 配位；而在高 pH 值下，Zn^{2+} 与 NH_3 配位，而 Fe^{3+} 浓度很低。

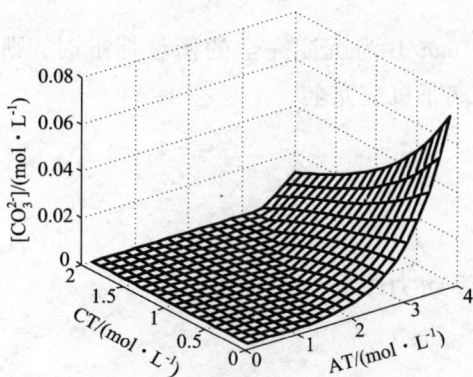

图 1-102　$Zn(II)-Fe(III)-NH_3-$
$CO_3^{2-}-Cl^--H_2O$ 体系中 $[CO_3^{2-}]$ 和
$[NH_4OH]_T$ 及 $[CO_3^{2-}]_T$ 的关系

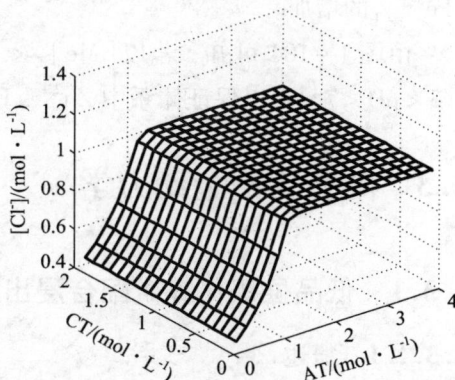

图 1-103　$Zn(II)-Fe(III)-NH_3-$
$CO_3^{2-}-Cl^--H_2O$ 体系中 $[Cl^-]$ 和
$[NH_4OH]_T$ 及 $[CO_3^{2-}]_T$ 的关系

为了更清楚地说明 Zn^{2+}、Fe^{3+} 在该体系的共沉淀区域，特作了 $lg[Me]_T-pH$ 二维曲线图，如图 1-104 所示，图中固定 $[Cl^-]_T$ 为 1 mol/L，$[CO_3^{2-}]_T = 0.1$、0.5、1.0、1.5 和 2.0 mol/L，且 $[NH_3]_T$ 在 0 ~ 4 mol/L 范围内变化。

由图 1-104 可知，在相同 pH 下，随着平衡体系溶液中 $[CO_3^{2-}]_T$ 的增大，

$\left[Zn^{2+}\right]_T$ 越来越低，说明 $\left[CO_3^{2-}\right]_T$ 增大时有利于 Zn^{2+} 的沉淀；而 Fe^{3+} 浓度随 $\left[CO_3^{2-}\right]_T$ 的变化很小。

当 $\left[CO_3^{2-}\right]_T = 0.5$ mol/L，随着 pH 升高，$\left[Zn^{2+}\right]$ 相应减小，当 $6.50 < pH < 9$ 时，$\left[Zn^{2+}\right]_T$ 随着 pH 值的升高而变大，这是因为溶液中 $\left[NH_{3(aq)}\right]$ 随 pH 的升高而增加较快，Zn^{2+} 与 $NH_{3(aq)}$ 形成配合离子的浓度相应增加。

Fe^{3+} 的沉淀规律与 Zn^{2+} 类似，当体系 pH 小于 8.0 时，

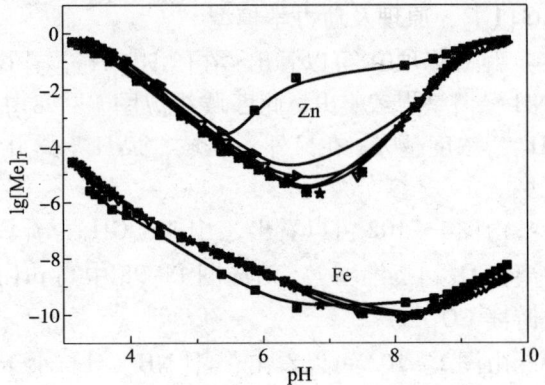

图 1-104 Zn(Ⅱ)-Fe(Ⅲ)-NH₃-CO₃²⁻-
Cl⁻-H₂O 体系 lg[Me]_T 与 pH 的关系
$\left[Cl^-\right]_T = 1$ mol/L, $\left[CO_3^{2-}\right]_T/(mol \cdot L^{-1})$:
-■- 0.1, -▶- 0.5, -▽- 1.0, -▲- 1.5, -●- 2.0

$\left[Fe^{3+}\right]_T$ 随着 pH 的升高而减小，但当 $8.0 < pH < 9$ 时，$\left[Fe^{3+}\right]_T$ 又随着 pH 的升高而增加，这主要是因为在 $pH > 8.0$ 以后，Fe^{3+} 将与 OH^- 形成配合离子，导致 $\left[Fe^{3+}\right]_T$ 的增加。

由图 1-104 可知，若以 $\left[Me\right]_T < 10^{-5}$ mol/L 为沉淀完全的衡量标准时，则 $6.3 < pH < 7.3$ 可以保证体系中 Zn^{2+}、Fe^{3+} 离子沉淀完全。

1.3 配合物冶金动力学

1.3.1 低品位氧化锌矿配合浸出过程动力学

1.3.1.1 概述

随着锌需求的增长，低品位氧化锌矿的开发利用越来越重要，因此人们越来越重视研究新的湿法冶金方法，特别是在碱性体系中从低品位氧化锌矿中提取锌。但目前对于氨性体系处理氧化锌矿的动力学研究较少，有学者研究了 NH₃ · H₂O 体系浸出氧化锌矿的动力学，巨少华等研究了 NH₄Cl 溶液浸出碳酸锌矿的动力学，在 NH₄Cl 体系中浸出碳酸锌矿过程中，形成锌氨配合物所需要的氨由 NH_4^+ 离解提供，反应速度较慢。刘晓丹等学者亦研究了 NH₃-NH₄Cl-H₂O 体系中氧化锌矿的非搅拌浸出过程动力学。因此本文研究了 NH₃-NH₄Cl-H₂O 体系中浸出低品位氧化锌矿的动力学，这对充实氧化锌矿氨法冶金的基础理论具有重要作用。

1.3.1.2　原理及动力学模型

（1）原理

浸出过程主要由以下步骤组成：①反应物 NH_3 从溶液主体扩散到残矿颗粒表面；②NH_3 从残矿颗粒表面通过已反应的固体膜扩散到未反应核表面；③在未反应核表面（反应界面）发生以下反应，生成锌氨配合物：

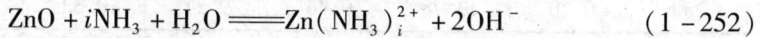

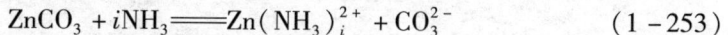

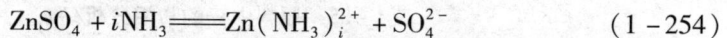

$$ZnO + iNH_3 + H_2O \Longrightarrow Zn(NH_3)_i^{2+} + 2OH^- \qquad (1-252)$$

$$ZnCO_3 + iNH_3 \Longrightarrow Zn(NH_3)_i^{2+} + CO_3^{2-} \qquad (1-253)$$

$$ZnSO_4 + iNH_3 \Longrightarrow Zn(NH_3)_i^{2+} + SO_4^{2-} \qquad (1-254)$$

式中：$i = 1, 2, 3, 4$；④反应产物由反应界面扩散到残矿颗粒表面；⑤反应产物由残矿颗粒表面扩散到溶液主体。通过固体膜层的扩散步骤②及④最有可能成为控制步骤。

（2）动力学模型

在浸出过程中，如果固体颗粒含有大量的杂质，那么在反应过程中其尺寸几乎不发生变化，而是生成一层不脱落的固体膜层，随着反应的进行，固体膜层的厚度随之增加，而内部未反应核的尺寸相应减小。这样导致反应表面积的不断减小和反应物扩散所通过的路径不断变长。通过对矿样和浸出渣的扫描电镜分析发现，它们的尺寸差别很小，这说明浸出过程动力学遵循未反应收缩核模型，根据该模型，反应首先在固体颗粒外表面发生，随着反应的进行，反应表面不断向内收缩，留下固体膜层包围在未反应核周围。如果通过固体膜层的扩散是整个反应速率的控制步骤，那么反应速率遵循以下方程：

$$1 - 2/3\alpha - (1-\alpha)^{2/3} = K_D t \qquad (1-255)$$

式中：α 为锌的浸出分数；K_D 为扩散速度常数；t 为反应时间。

如果反应速率受化学反应控制，那么反应速率遵循下面的方程：

$$1 - (1-\alpha)^{1/3} = K_C t \qquad (1-256)$$

式中：α 为锌的浸出分数；K_C 为表面化学反应速度常数，t 为反应时间。

1.3.1.3　试验

（1）试料及试剂

试验用低品位氧化锌矿取自云南某矿，矿样经过磨矿－筛分得到不同粒度矿样备用。矿样的化学成分和物相分析分别如表 1-54 和表 1-55 所示。由表 1-54 可知该矿样含锌 19.51%，主要杂质为 SiO_2、Fe、Al_2O_3、MgO 和 CaO。物相分析表明原料所含锌矿物主要为水锌矿。

试验采用广东汕头西陇化工厂生产纯度 99.2% 的工业氯化铵和 98% 的分析纯氨水。

表1-54 原料的化学成分分析/%

元素	Zn	Pb	Cu	Fe	S	Cd	As
含量	19.51	2.32	0.022	13.51	2.10	0.23	0.098
元素	Sb	SiO₂	Al₂O₃	CaO	MgO	MnO	
含量	0.20	13.78	0.46	9.31	0.33	0.93	

表1-55 原料中锌的物相分析/%

物质	ZnO	ZnSO$_4$	ZnSiO$_4$	ZnS	ZnFe$_2$O$_4$	Zn$_T$
锌含量	17.27	0.05	0.66	1.08	0.45	19.51

（2）试验及分析方法

试验在1 L的圆底三口烧瓶中进行，采用恒温磁力搅拌器保持恒定的反应温度，控制温度误差±1 ℃，搅拌速度为450 r/min。每次实验加100 mL NH$_3$ - NH$_4$Cl浸出液到反应烧瓶，当反应温度达到要求温度时，加入10 g所需粒度的矿样，在规定的时间间隔内取样1 mL，用EDTA滴定法分析浸出液中锌的浓度，计算锌的浸出率。

1.3.1.4 结果与讨论

（1）粒度对氧化锌矿浸出率的影响

在总氨浓度7.5 mol/L、[NH$_4^+$]/[NH$_3$] = 2∶1、浸出温度40 ℃、液固比为1∶10的条件下，考察粒度对锌浸出率的影响，结果如图1-105所示。当矿样粒度为69 μm时，经过60 min浸出，锌的浸出率为88.9%；随着矿样粒度增大到98 μm，锌的浸出率降低到76.72%。说明锌的浸出速度随着氧化锌矿粒度的减小而增大，粒度越小浸出越快，浸出率也越高。这是由于每次试验加入的矿样总量一定，粒度越小，颗粒数就越多，反应总表面积就越大，而浸出速度与反应表面积成正比，因此粒度减小浸出速度增大，浸出率也越高。

将试验数据分别代入式（1-255）和式（1-256）并绘制图1-106，发现1 - 2/3α - (1 - α)$^{2/3}$与反应时间呈良好的直线关系，由此推断通过固体膜层的扩散过程是浸出过程的控制步骤。即浸出过程动力学可用扩散控制模型表述。

（2）总氨浓度对锌浸出率的影响

在粒度为69 μm，浸出温度40 ℃、液固比为1∶10、[NH$_4^+$]/[NH$_3$] = 2∶1的条件下考察总氨浓度对锌浸出率的影响，结果如图1-107所示。总氨浓度对锌的浸出率的影响非常显著，锌的浸出速度和浸出率均随着总氨浓度的增加而增大，在总氨浓度7.5 mol/L和4.5 mol/L的条件下，锌的浸出率随着浸出时间的延长快速增长,经过 60 min 浸出,锌的浸出率分别达到 88.9% 和 84.31%。而当总氨浓度降低到 1.5 mol/L 时,锌的浸出率随浸出时间的延长变化缓慢,同样的时间内,锌的浸出率只有 59.4%。

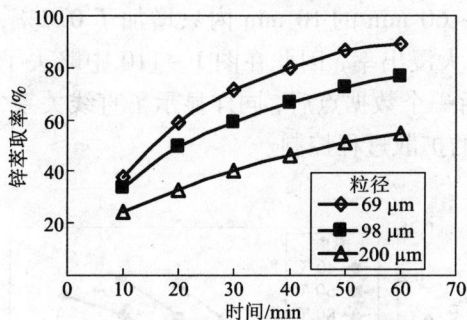

图 1 - 105　粒径和锌浸出率的关系

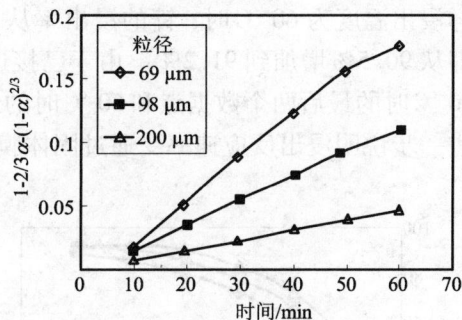

图 1 - 106　锌浸出数据符合扩散控制模型

图 1 - 107 所示总氨浓度对锌浸出率的影响数据代入式(1 - 255)并绘制图 1 - 108,扩散模型分数与浸出时间之间同样呈现线性关系,这再一次证明浸出过程动力学可用扩散控制模型描述。

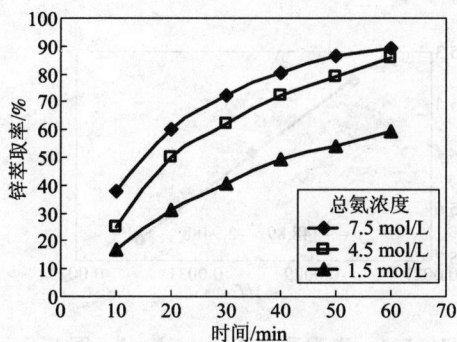

图 1 - 107　总氨浓度和锌浸出率的关系

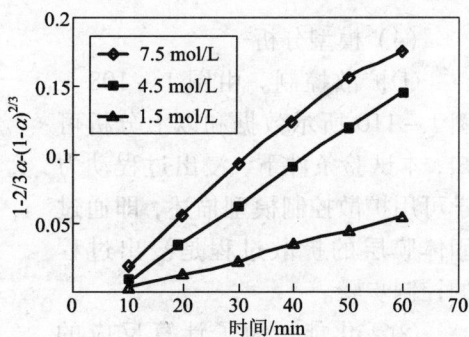

图 1 - 108　锌浸出数据符合扩散控制模型

（3）反应温度对锌浸出率的影响

在粒度为 69 μm,总氨浓度 7.5 mol/L、液固比为 1∶10 g/mL、$[NH_4^+]$/$[NH_3]$ = 2∶1 的条件下,考察温度对浸出过程的影响,结果如图 1 - 109 所示。从图可以看出,温度对锌的浸出率的影响并不明显。当浸出温度从 40 ℃ 上升到 80 ℃ 时,在 60 min 时间内浸出率从 88.9% 升到 92.1%,仅升高 3.1%。考虑到随着温度的升高氨的挥发速度加快,因此从减少浸出剂消耗保护环境角度出发,也不适宜采用较高的浸出温度。

再将锌浸出率的数据代入式 $1 - 2/3\alpha - (1-\alpha)^{2/3}$ 对时间作图得图 1 – 110。由图 1 – 110 可知,当浸出温度为 80 ℃ 时,经过 40 min 浸出,锌的浸出率达到 90.6%,40 min 之后,浸出率增加缓慢,20 min 内只增加 1.5%,达到 92.1%。同样浸出温度为 60 ℃ 时,锌的浸出率从 50~60 min 的 10 min 内只增加了 0.7%,即从 90.5% 增加到 91.2%。由于已接近最大浸出率,因此在图 1 – 110 中略去了 80 ℃ 时的最后两个数据点和 60 ℃ 时的最后一个数据点后,同样显示了直线关系,进一步说明浸出反应速率受通过固体膜层的扩散过程控制。

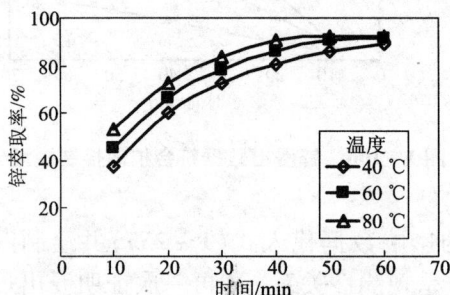

图 1 – 109　温度和锌浸出率的关系

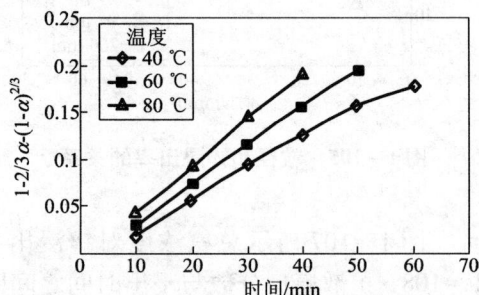

图 1 – 110　锌浸出数据符合扩散控制模型

(4)模型分析

①扩散控制。由图 1 – 108 ~ 图 1 – 110 所示数据和以上分析可知,本试验条件下,浸出过程动力学可用扩散控制模型描述,即通过固体膜层的扩散过程是浸出过程的控制步骤。

②活化能。为了计算反应的活化能,由图 1 – 110 数据,将

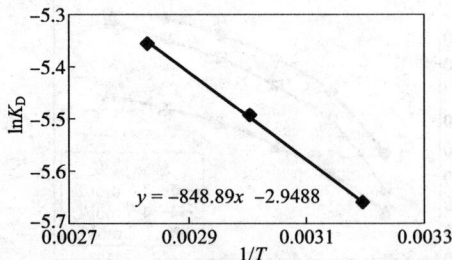

图 1 – 111　表观活化能的 Arrhenius 图

$\ln K_{\mathrm{D}}$ 对 $1/T$ 作图得图 1 – 111。浸出反应的表观活化能 $E = 7.057$ kJ/mol,证明了前面所述的浸出速率控制步骤。

1.3.1.5　结论

(1)在 $NH_3 - NH_4Cl - H_2O$ 体系中可有效地浸出低品位氧化锌矿中的锌,在矿样粒度 69 μm、浸出温度 80 ℃、总氨浓度 7.5 mol/L、$[NH_4^+]/[NH_3] = 2:1$、液固比等于 1:10 的条件下,经过 60 min 浸出,锌的浸出率可以达到 92.1%。

(2)浸出过程受通过固体膜层扩散过程控制,浸出速率可用收缩核模型描述,

浸出反应的表观活化能为 7.057 kJ/mol。

1.3.2　Zn(Ⅱ) – NH$_3$ – NH$_4$Cl – H$_2$O 体系电积锌电极过程机理

1.3.2.1　阳极反应动力学

（1）参与阳极反应离子的确定

改变溶液离子种类，得到的阳极 I – E 曲线如图 1 – 112。

在图 1 – 112 中，线 1 是无 NH$_3$、NH$_4^+$ 和 Zn(NH$_3$)$_i^{2+}$ 存在的 NaCl 溶液中测得的 I – E 曲线，由于在涂钌钛阳极上析氧过电位远大于析氯过电位，因此其电流只能是由于反应

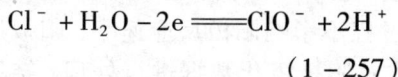

$$Cl^- + H_2O - 2e \rightleftharpoons ClO^- + 2H^+ \qquad (1-257)$$

而产生的，且电流的大小应该表示反

图 1 – 112　不同离子条件下的阳极 I – E 曲线
1—NaCl；2—Zn(Ⅱ) – NH$_3$ – NH$_4$NO$_3$；
3—NH$_3$ – NH$_4$Cl；4—Zn(Ⅱ) – NH$_3$ – NH$_4$Cl

应的速率。从图 1 – 112 可以看出，在电位(vs SCE) < 1.10 V 的情况下，NaCl 体系基本没有发生反应，而电位(vs SCE) > 1.13 V 时，电流急剧上升。因此可以认为，在电位(vs SCE) > 1.13 V 的情况下，阳极上 Cl$^-$ 大量参与反应，此电位正处在 ClO$^-$ 的理论析出电位附近。

线 2 是有 NH$_3$、OH$^-$ 和 NH$_4^+$ 离子存在的 NH$_4$NO$_3$ 溶液条件下中测得的 I – E 曲线，由于 NO$_3^-$ 不能再被氧化而参与反应，同时也不可能是析氧反应，因为如果是析氧反应，那么线 1 在电位(vs SCE) < 1.15 V 时，也会和它一样析出氧气。因此其电流只能是由于反应：

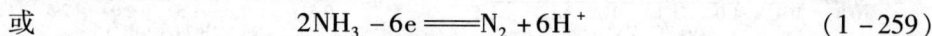

$$2NH_4^+ - 6e \rightleftharpoons N_2 + 8H^+ \qquad (1-258)$$

或
$$2NH_3 - 6e \rightleftharpoons N_2 + 6H^+ \qquad (1-259)$$

而产生的，从线 2 可以看出，电位(vs SCE) > 0.7 V 时，NH$_3$、NH$_4^+$ 离子就开始反应，但是随着阳极电位的增加，反应速率慢慢增加。

线 3 是有 NH$_3$、NH$_4^+$ 和 Cl$^-$ 离子存在的 NH$_3$ – NH$_4$Cl 溶液条件下中测得的 I – E 曲线，NH$_3$、NH$_4^+$ 和 Cl$^-$ 均发生反应，但在电位(vs SCE) < 1.10 V 的情况下，线 3 表示的阳极电流值远大于在一定阳极电位条件下，线 1 与线 2 表示的阳极反应电流之和，说明 NH$_3$、NH$_4^+$ 和 Cl$^-$ 之间的反应存在相互促进作用，可能是存在以下反应过程：

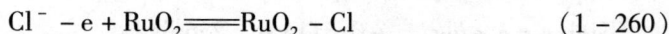

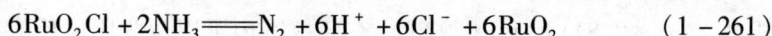

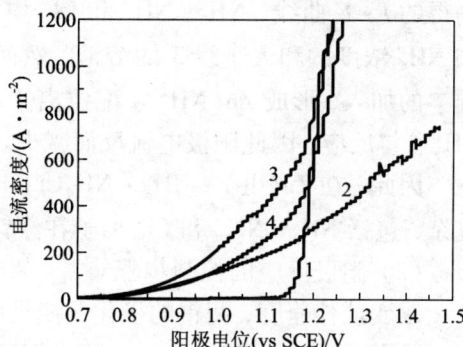

$$Cl^- - e + RuO_2 \rightleftharpoons RuO_2 - Cl \qquad (1-260)$$

$$6RuO_2Cl + 2NH_3 \rightleftharpoons N_2 + 6H^+ + 6Cl^- + 6RuO_2 \qquad (1-261)$$

由于新析出的氯氧化性很强，加快了 NH_3 和 NH_4^+ 析氮反应的速率，因此阳极电流大大提高。

线 4 是有 NH_3、NH_4^+ 和 Cl^- 离子存在的 $Zn(II)-NH_3-NH_4Cl$ 溶液条件下中测得的 $I-E$ 曲线，NH_3、NH_4^+ 和 Cl^- 均发生反应，从溶液来说，线 4 的溶液 NH_3 和 NH_4^+ 浓度的和大于线 3 的溶液，然而反应的阳极电流反而降低，主要是由于 Zn^{2+} 的加入，形成 $Zn(NH_3)_4^{2+}$ 配位离子，使溶液中的 NH_3 传递速度减慢，阻碍了 NH_3 参与反应，因此阳极电流反而减少。

因此，在 $Zn(II)-NH_3-NH_4Cl-H_2O$ 溶液体系电积过程中，阳极反应比较复杂，包括 NH_3、NH_4^+ 和 Cl^- 离子在涂钌钛阳极上的反应及相互间促进反应。

(2) 阳极反应的控制步骤

改变搅拌速度，测得的极化曲线见图 1-113。

从图 1-113 可以看出，改变电解液的搅拌速率对阳极反应速率几乎没有影响，这说明参与反应的离子在溶液中的扩散过程不影响阳极反应速率，阳极反应由电极表面的电化学反应控制。用 Tafel 公式对阳极极化数据进行处理，结果如图 1-114。

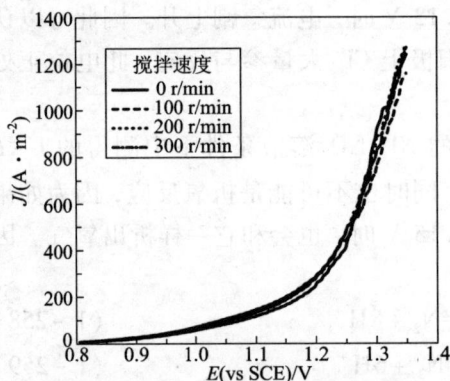

图 1-113　不同搅拌速度下
测得的极化曲线

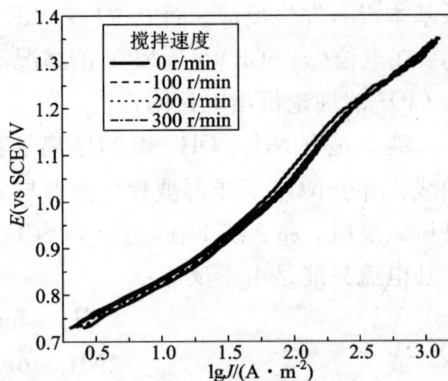

图 1-114　不同搅拌速度下
得到的 Tafel 曲线

在 E 0.7~1.30 V 时对没有搅拌条件下测得的数据进行线性回归，求得 Tafel 方程为：

$$E = 0.6095 + 0.2366 \lg J \tag{1-262}$$

在 pH = 9.22 时，$E_{ClO^-/Cl^-} = 1.1695$ V；$E_{SCE}^{\ominus} = 0.2514$ V。

因此 $\eta = a + b\lg J = -0.8114 + 0.2366\lg J$。

式中：$a = -0.8114$，$b = 0.2366$，在此范围内可以认为阳极反应符合电化学控制。

根据 $\lg i_0 = \dfrac{-a}{b} = \dfrac{0.8114}{0.2366} = 3.4294$ 得: $i_0 = 2687.9\,(\mathrm{A/m^2})$。

（3）Cl^- 浓度对阳极反应速率的影响

氯化铵浓度分别为 2、3、4、5 mol/L 时的极化曲线见图 1-115。

由图 1-115 可以看出，在纯 NH_4Cl 溶液中，随着 NH_4Cl 浓度增大，反应速率增大。其他条件不变时，电流密度 J 是 $[Cl^-]$ 的函数，用 $J = k[Cl^-]^m$ 表示，以 $\lg[Cl^-]$ 对 $\lg J$ 作图，见图 1-117。

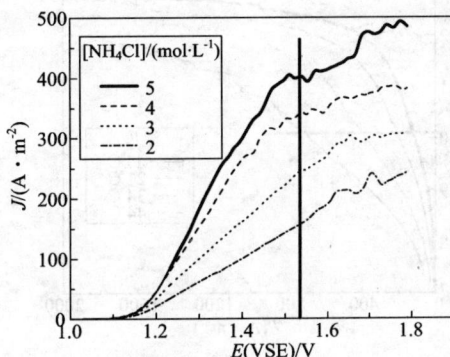

图 1-115 不同氯化铵浓度下测得的极化曲线

经线性回归（$r = 0.998$）得到：

$$\lg J = 1.878 + 1.056\lg[NH_4Cl] \tag{1-263}$$

其直线斜率 $m = 1.056$，即反应级数为 1.056。

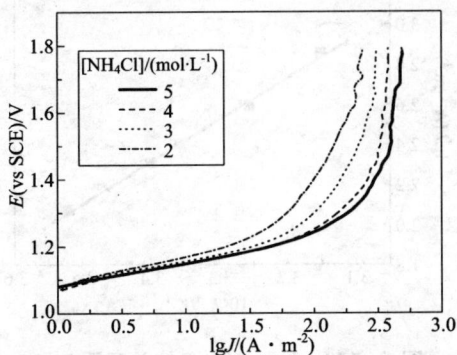

图 1-116 不同氯化铵浓度下
得到的 Tafel 曲线

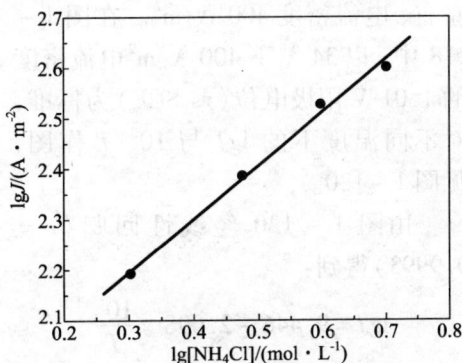

图 1-117 $\lg J - \lg[Cl^-]$ 的关系图

（4）温度对阳极反应速率的影响

改变电积温度，测定阳极电位（vs SCE）与电流密度的关系见图 1-118，Tafel 曲线见图 1-119。

从图 1-119 可以看出，不同温度下的阳极 Tafel 曲线几乎为平行曲线。根据文献，在一定的过电位下，电流密度与温度、表观活化能之间的关系可以用下式表示：

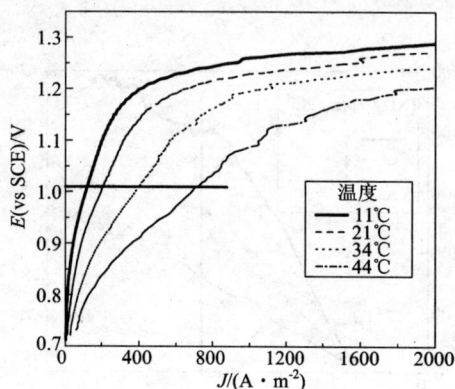

图 1 - 118 不同温度下阳极极化曲线

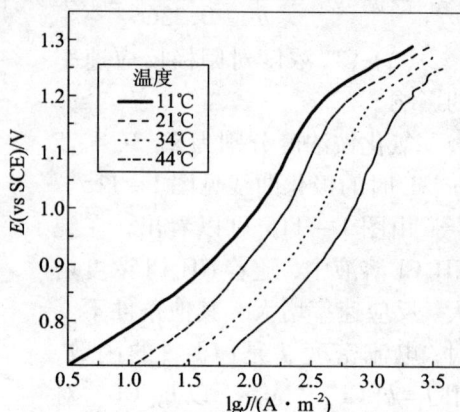

图 1 - 119 不同温度下阳极 Tafel 曲线

$$\lg J = B - \frac{E_a}{2.303RT} \tag{1-264}$$

根据实际电积过程中，温度 37 ℃ 左右、电流密度 400 A/m² 。在图 1 - 118 中，以 34 ℃ 下 400 A/m² 电流密度的 1.01 V 阳极电位(vs SCE)为标准，对不同温度下的 $\lg J$ 与 $10^3/T$ 作图，见图 1 - 120。

由图 1 - 120 经线性回归($r = 0.9993$)得到：

$$\lg J = 9.446 - 2.098 \times \frac{10^3}{T} \tag{1-265}$$

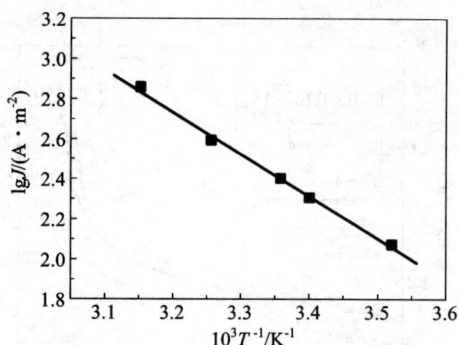

图 1 - 120 $\lg J - 10^3/T$ 的关系图

由式(1 - 264)与式(1 - 265)可以推出：$2.098 \times \dfrac{10^3}{T} = \dfrac{E_a}{2.303RT}$

得表观活化能为 40.171 kJ/mol。

(5) 阳极反应动力学方程的确定

根据试验条件下，各参数对阳极反应速率的影响，阳极反应速率方程可用下列动力学方程描述：

$$i = nFk_0 [\,Cl^-\,]^m \exp\left(-\frac{E_a}{RT}\right) \tag{1-266}$$

式中：n 为得失电子数；F 为法拉第常数；E_a 为表观活化能；m 为[Cl^-]的反应级数；k_0 为表观反应速率常数。

根据试验已得出的阳极反应活化能 $E_a = 40.171$ kJ/mol，反应级数 $m = 1.056$，$i_0 = 2687.9$ A/m^2，以 $[Cl^-] = 1$ mol/L 代入计算出：

$$k_0 = 3.066 \times 10^5$$

因此总的阳极反应的动力学方程可以表示为：

$$i_{阳} = 3.066 \times 10^5 \times F[Cl^-]^{1.056} \exp\left(-\frac{40171}{RT}\right) \qquad (1-267)$$

1.3.2.2　阴极反应动力学

（1）搅拌速度对阴极极化曲线的影响

不同搅拌速度下的阴极极化曲线见图 1-121，用 Tafel 公式对阴极极化数据进行处理，Tafel 曲线见图 1-122。

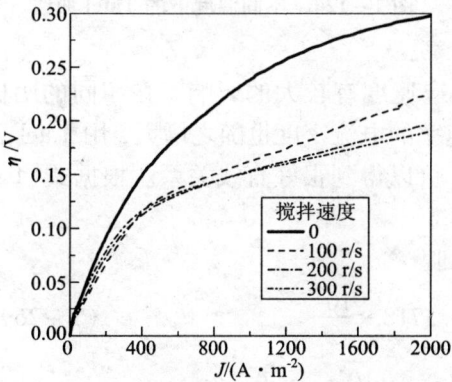

图 1-121　不同搅拌速度下的阴极极化曲线　　图 1-122　不同搅拌速度下的 Tafel 曲线

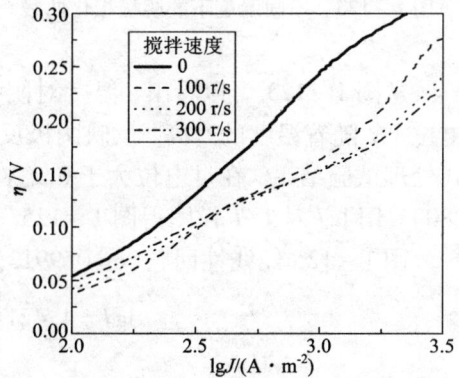

从图 1-121 看出，改变搅拌速度可以提高反应速率。从图 1-122 看出，在没有搅拌的条件下，η 在 $0.09 \sim 0.3$ V 时，成比较好的直线关系，直线经线性回归 $(r = 0.999)$ 求得 Tafel 方程为：

$$\eta = a + b\lg J = -0.396 + 0.211\lg J \qquad (1-268)$$

其中 $a = -0.396$，$b = 0.211$，则：

$$\lg i_0 = -\frac{a}{b} = \frac{-0.396}{0.211} = 1.877; \quad i_0 = 75.34 \text{ A/m}^2$$

（2）温度对阴极反应速率的影响

改变电解液温度，测定其阴极极化曲线如图 1-123，用 Tafel 公式对阴极极化数据进行处理，Tafel 曲线见图 1-124。

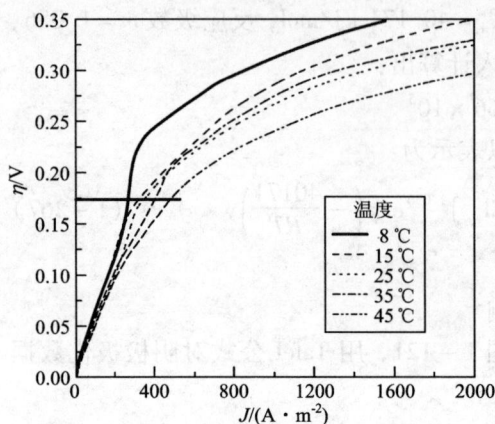

图1－123　不同温度下的阴极极化曲线

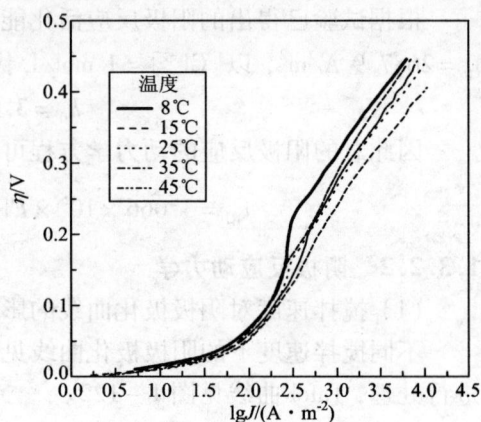

图1－124　不同温度下的 Tafel 曲线

从图1－123可以看出，温度对阴极反应速度有较大的影响。在相同的阴极电位下，随着温度的升高，反映阴极反应速率的电流密度也随之增大，用 Tafel 公式处理试验结果，在过电位大于0.2 V时，可以得到很好直线关系。根据式(1－280)，用 $\lg J$ 对 $1/T$ 作图得图1－125。

图1－125经线性回归($r = 0.9913$)得到：

$$\lg J = 4.4714 - 0.5718 \times \frac{10^3}{T} \tag{1－269}$$

由(1－264)与(1－269)可以推出：$0.5718 \times \dfrac{10^3}{T} = \dfrac{E_a}{2.303RT}$

所以表观活化能为10.95 kJ/mol。

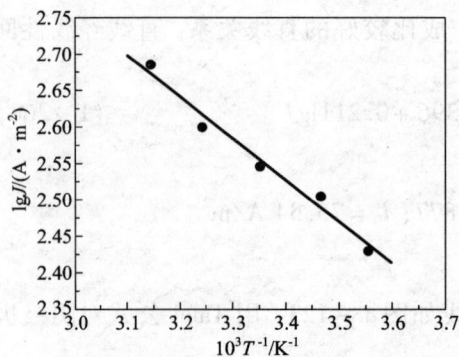

图1－125　$\lg J$ 与 $10^3/T$ 的关系

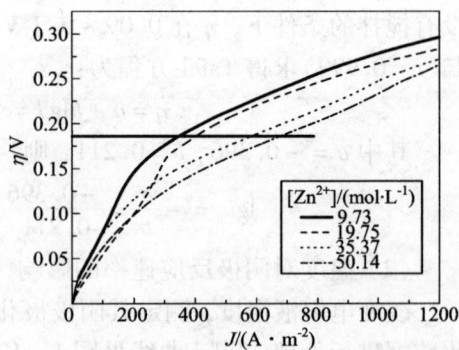

图1－126　不同[Zn^{2+}]下测得的极化曲线

（3）Zn^{2+} 浓度对阴极反应速率的影响

为方便起见，在此以 $[Zn^{2+}]$ 表示锌离子总浓度。在电积温度 25 ℃，考察 $[Zn^{2+}]$ 对电积反应速率的影响，见图 1 – 126，用 Tafel 公式进行处理，结果见图1 – 127。

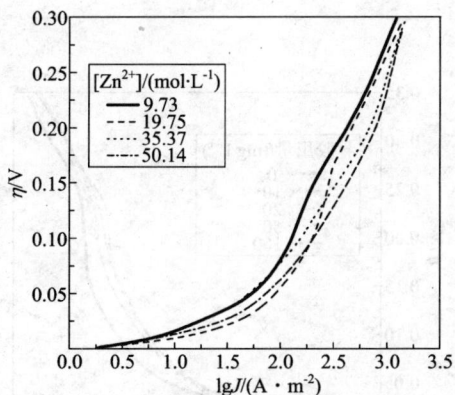

图 1 – 127　不同 $[Zn^{2+}]$ 下得到的 Tafel 曲线　　图 1 – 128　lgJ 与 $lg[Zn^{2+}]$ 的关系图

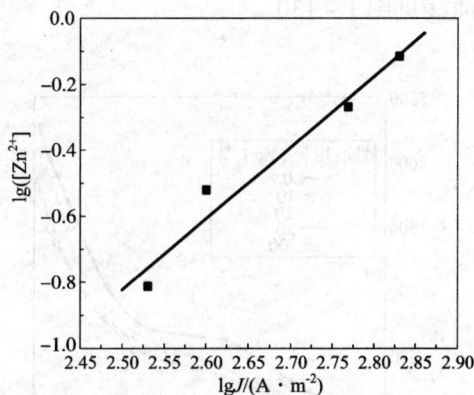

由图 1 – 126 可以看出，在 $\eta > 0.13$ V 条件下，随着锌离子浓度增大，反应速率增大。其他条件不变时，电流密度 J 是 $[Zn^{2+}]$ 的函数，用 $J = k[Zn^{2+}]^m$ 表示，以 $lg[Zn^{2+}]$ 对 lgJ 作图，如图 1 – 128。

经过线性回归($r = 0.982$)计算得到：

$$lg[Zn^{2+}] = -6.215 + 2.157lgJ \qquad (1-270)$$

其直线斜率 $m = 2.157$，即反应级数为 2.157。

（4）阴极反应动力学方程的确定

根据试验条件下，各参数对阴极反应速率的影响，阴极反应速率方程可用下列动力学方程描述：

$$i = nFk_0[Zn^{2+}]^m \exp\left(-\frac{E_a}{RT}\right)$$

式中：n 为得失电子数；F 为法拉第常数；E_a 为表观活化能；m 为 $[Zn^{2+}]$ 的反应级数；k_0 为表观反应速率常数。

根据试验已得出的阴极反应活化能 $E_a = 10.95$ kJ/mol，反应级数 $m = 2.157$，$i_0 = 75.34$ A/m^2，以 $[Zn^{2+}] = 1$ mol/L 代入计算出：

$$k_0 = 0.0324$$

因此总的阴极反应动力学方程可以表示为：

$$i_{阴} = 0.065 \times F[Zn^{2+}]^{2.157}\exp\left(-\frac{10950}{RT}\right) \qquad (1-271)$$

（5）添加剂对阴极稳态极化曲线和循环伏安曲线的影响

1）骨胶的影响

在不同骨胶加入量情况下，测得阴极的极化曲线见图1-129，得到的Tafel曲线见图1-130。

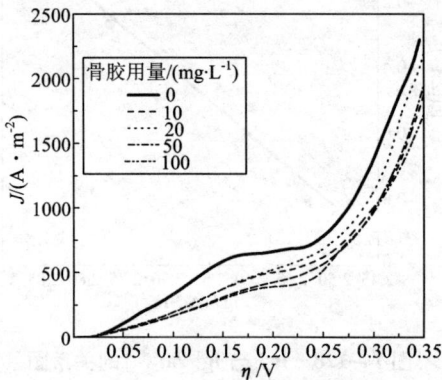

图1-129　不同骨胶加入
量下的阴极的极化曲线

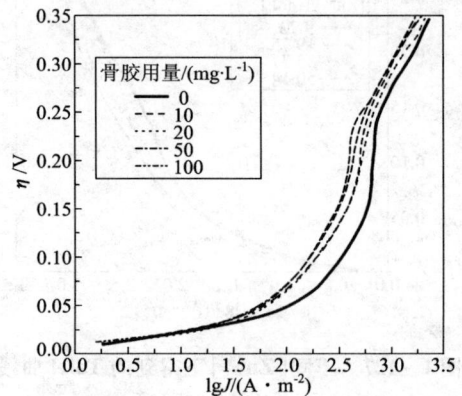

图1-130　不同骨胶加入量下
得到的Tafel曲线

从图1-129、图1-130可以看出，随着骨胶加入，过电位升高，但是添加剂量从10 mg/L到100 mg/L，过电位升高不多。

为了进一步研究其作用机理，进行循环伏安测试，其结果如图1-131所示。

从图1-131可以看出，在有搅拌的条件下进行循环伏安法测试结果与极化曲线相似，说明骨胶不影响传质速度，其影响作用与传质速度没有交互作用，而是阻化化学反应，其原理是：由于骨胶能在阴极表面形成紧密吸附层，对电流的通过起到一定的阻化作用，减缓了锌离子的迁移速度和放电速度。

2）T-B的影响

在添加剂T-B不同加入量的情况下，测得的阴极的极化曲线如图1-132，得到的Tafel曲线如图1-133。

从图1-132，图1-133可以看出，加入添加剂后过电位增加，在同样电极电位下，电流减少，但在不同的电位下，变化量并不成比例。添加剂T-B加入量从10 mg/L变到150 mg/L，对电极反应速率几乎没有变化。

为了考察其作用机理与骨胶是否相似，进一步进行循环伏安测试，其结果如图1-134。

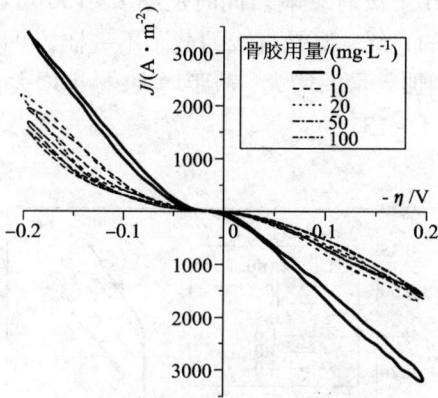

图 1-131 不同骨胶加入
量下的循环伏安曲线

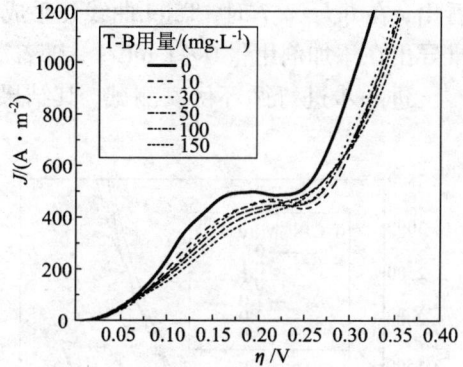

图 1-132 不同 T-B 加入量下
测得的阴极的极化曲线

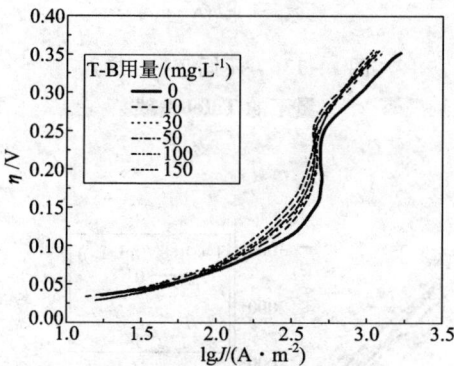

图 1-133 不同骨胶加入
量下的 Tafel 曲线

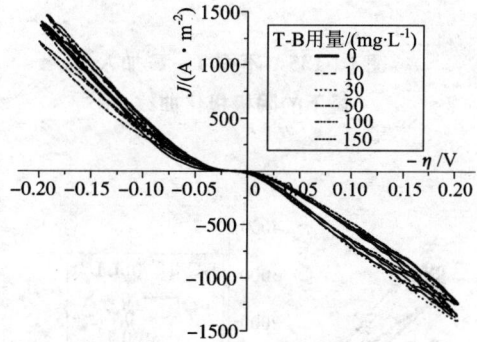

图 1-134 不同 T-B 加入
量下的循环伏安曲线

由图 1-134 可以看出, 在有搅拌的条件下进行循环伏安测试结果与极化曲线不同, 说明 T-B 的加入并不是形成紧密吸附层, 阻碍化学反应的进行, 而是阻碍溶液的传质速度, 这是因为 T-B 为一种强电解质有机物, 在溶液中形成阳离子, 在电积过程中, 在电场的作用和 $Zn(NH_3)_4^{2+}$ 一起向阴极迁移, 阻碍 Zn^{2+} 的迁移。

3) T-C 的影响

不同 T-C 加入量情况下, 测得的阴极极化曲线如图 1-135, 得到的 Tafel 曲线见图 1-136。

从图 1-135 可以看出, 开始随着添加剂 T-C 加入量的增大, 过电位急剧减少, 在同样电极电位下, 电流急剧增大。当添加剂 T-C 用量达到 1.0 mL/L 以后，继续增大添加剂用量，对电极反应速率几乎没有影响。同时从图 1-136 可以看出，在 lg$J$ > 2.7 时，Tafel 曲线几乎成平行的直线，但是直线的截距不一样，可以推导出在添加剂用量 0~1 mL/L，随着添加剂加入量的增大，截距增大，i_0 也增大。

进一步进行循环伏安测试，其结果见图 1-137。

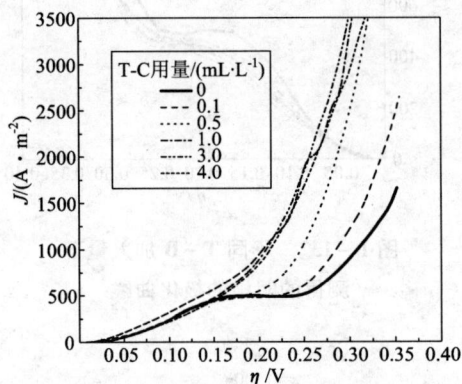

图 1-135　不同 T-C 加入量下的阴极极化曲线

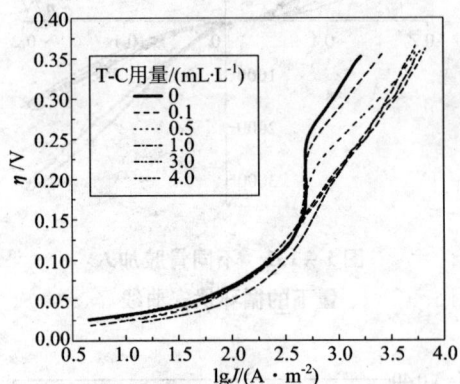

图 1-136　不同 T-C 加入量下的 Tafel 曲线

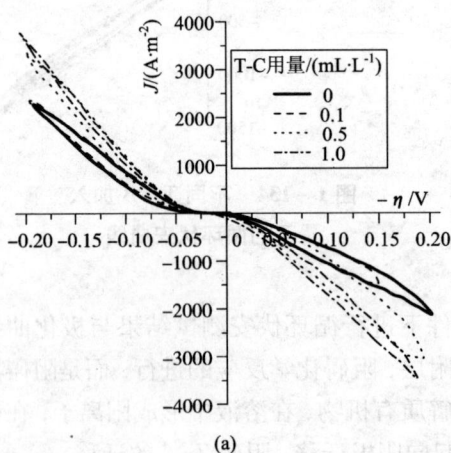

(a)

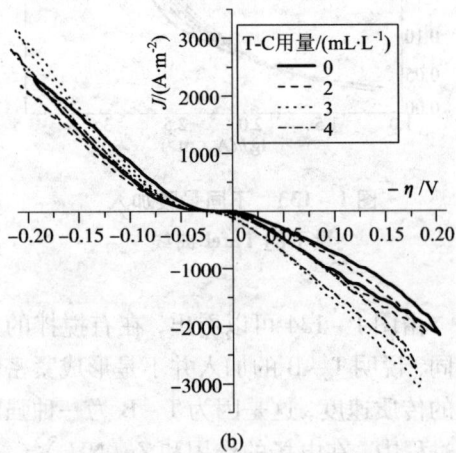

(b)

图 1-137　不同 T-C 加入量下的循环伏安曲线

从图 1-137 可以看出，开始随着添加剂 T-C 加入量的增加，在一定的电流密度下，过电位降低，但添加剂加入量达到 2 mL/L 后，几乎没有什么影响，这可能是由于添加剂 T-C 是一种配合剂，$Zn(T-C)^{2+}$ 的 $pK_{不稳}=1.54$，小于 $Zn(NH_3)_4^{2+}$ 的 $pK_{不稳}=9.65$，因此能先于 NH_3 而与 Zn^{2+} 形成配合物，该配合物的形成，能够大大提高传质速率。而在 T-C 加入量较少的情况下，不足以和大量 NH_3 竞争形成 $Zn(T-C)^{2+}$ 配合物，但仍然能提高反应速度，这是由于 T-C 有催化反应的作用。

4）骨胶用量 100 mg/L，不同 T-B 加入量的影响

固定骨胶用量 100 mg/L，不同 T-B 加入量情况下，测得的阴极极化曲线见图 1-138，得到的 Tafel 曲线见图 1-139。

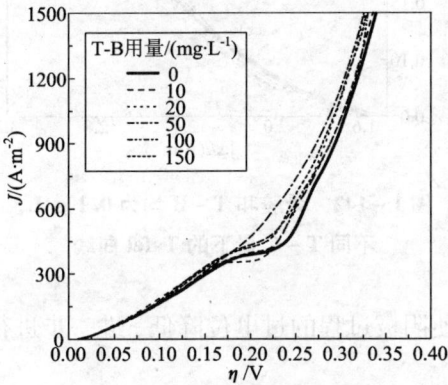

图 1-138　骨胶 0.1 g/L 下
不同 T-B 量的阴极的极化曲线

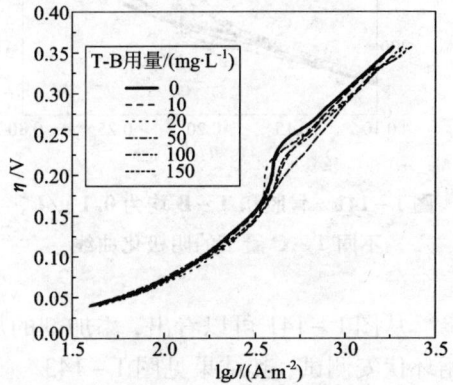

图 1-139　骨胶 0.1 g/L 下
不同 T-B 量的 Tafel 曲线

从图 1-138 可以看出，在骨胶用量为 0.1 mg/L 的条件下，改变 T-B 的加入量对过电位很小的影响。其中 T-B 为 50 mg/L 是过电位最大，Tafel 曲线见图 1-139，成直线关系，符合电化学控制。

进一步进行循环伏安测试，其结果见图 1-140。图 1-140 表明，在有骨胶存在的条件下，T-B 对阴极过电位的影响与 T-B 单独作用的影响相似，更进一步证明了 T-B 对溶液传质速度的阻碍作用。

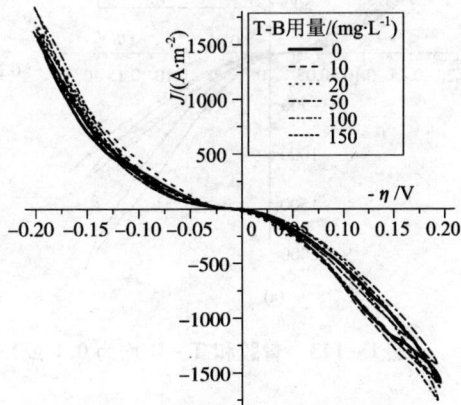

图 1-140　骨胶 100 mg/L 下
不同 T-B 量的循环伏安曲线

5）骨胶和 T－B 均为 0.1 g/L，不同 T－C 加入量的影响

固定骨胶和 T－B 用量均为 0.1 g/L，不同 T－C 加入量情况下，测得的阴极的极化曲线见图 1－141，得到的 Tafel 曲线见图 1－142。

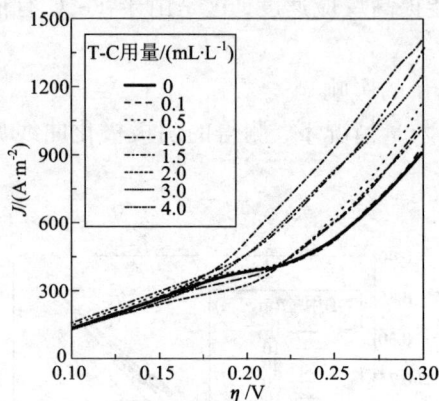

图 1－141　骨胶和 T－B 均为 0.1 g/L，
不同 T－C 量下的阴极化曲线

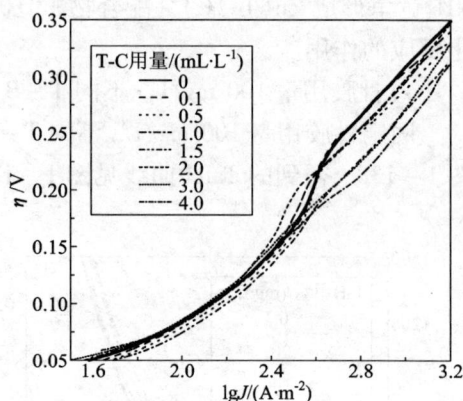

图 1－142　骨胶和 T－B 均为 0.1 g/L，
不同 T－C 量下的 Tafel 曲线

从图 1－141 可以看出，添加剂的加入使阴极过程的过电位降低，进一步进行循环伏安测试，其结果见图 1－143。

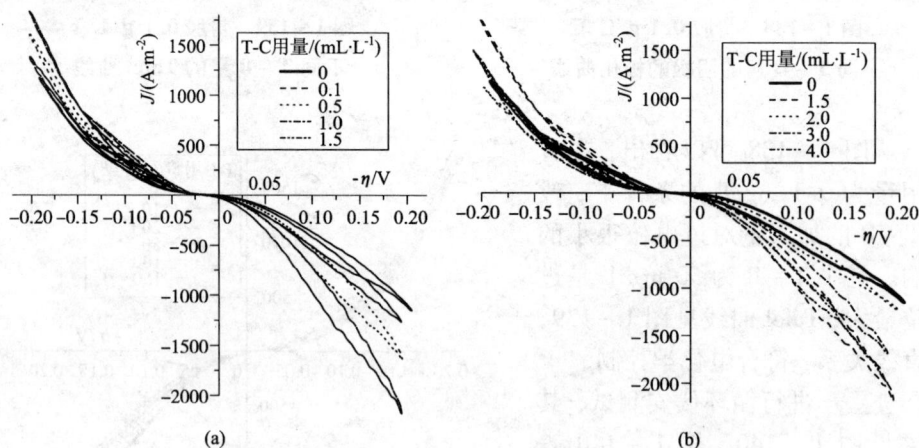

(a)

(b)

图 1－143　骨胶和 T－B 均为 0.1 g/L 时，不同 T－C 量的循环伏安曲线

从图 1－143 可以看出，骨胶和 T－B 用量均为 0.1 g/L，不同 T－C 加入量的循环伏安曲线与单独的 T－C 存在时的曲线相似。

参考文献

[1] 张祥麟, 康衡. 配位化学[M]. 长沙: 中南工业大学出版社, 1986

[2] 游效曾. 配位化合物的结构和性质[M]. 北京: 科学出版社, 1992

[3] Latmer W M. Oxidation Potentials[M]. New York: Preztice Hall, 1952

[4] 博崇说, 郊蒂基. 关于 Cu – NH$_3$ – H$_2$O 系热力学分析及电位 – pH 图. 中南矿冶学院学报[J]. 1979(1): 27

[5] 傅崇说, 郑蒂基. 关于 Cu – Cl – H$_2$O 系热力学分析及电位 – pH 图. 中南矿冶学院学报[J], 1980(3): 12

[6] 钟竹前, 梅光贵. 电位 pH 图在湿法冶金中的应用. 有色金属(冶炼部分)[J]. 1979: (3), (4): 28 – 29

[7] 钟竹前, 梅光贵. 电位 pH 图在湿法冶金中的应用(续)[J]. 有色金属, 1979, (4): 29 – 35

[8] 钟竹前, 梅光贵, 蔡传算. Ag – Cl – H$_2$O 系的热力学分析. 有色冶炼[J], 1982(9): 33

[9] 钟竹前, 梅光贵. 化学位图在湿法冶金和废水净化中的应用[M]. 长沙: 中南工业大学出版社, 1996.

[10] Mellor J W. A comprehensive treatise on inorganic and theoretical chemistry[M], Vol. As, Sb, V, Nb, Ta, London: New Imprehensive, 1957

[11] Pourbaix M, Atlas D. Equibres electrochimiques at 25 ℃[M]. Pairs: Publication du Centre Beige dÉtude de la Corrosion Cebelcor, 1963: 407 – 408, 525 – 526, 565 – 596

[12] Sillen L. Stability constants of metal-ion complexes[M]. London: The Chemical Society, Burlington house, W.I, 1964: 22 – 222

[13] 黄子卿. 电解质溶液理论导论[M]. 科学出版社, 北京: 1964, 47 – 53

[14] Barin I, Knacke O. Thermochemical properties of inorganic substance[M]. Berlin: Springer, 1973; Supplement 1997

[15] Robert M. Cristical stability constants Volume 4: Inorganic Complexes[M]. New York and London: Plenum Press, 1976: 111

[16] J·A·迪安. 兰氏化学手册(第十三版中文版)[M]. 北京: 科学出版社, 1991

[17] Allen J Bard, Roger Parsons, Joseph Jordan. Standard potentials in aqueous solution[M]. New York and Bessel, 1985: 787 – 802

[18] Сажин Е Н, Сущков К В, Луганов В А. Термодинамический Анализ Окисления Медно-Свинцовой Щлейзы[J]. Неместия Высциях Учебных Заведений, 1977: 37 – 42

[19] Агенков В Г, Михии Я Я. Металлургический Расчеты[J]. М. Металлургиздат, 1962

[20] 唐谟堂. 广西大厂脆硫锑铅矿新处理工艺及其基础理论的研究[D]. 中南矿冶学院, 1981

[21] Tang Motang, Zhao Tiancong. Thermodynamics research of SbCl$_3$ hydrolyzing[J]. J. Cent. South. Inst. Min. Metall, 1987, 18(5): 522 – 528

[22] 唐谟堂. 氯化 – 干馏法的研究——理论基础及实际应用[D]. 中南工业大学, 1986

[23] 赵天从. 锑[M]. 北京: 冶金工业出版社, 1987: 345 – 443

[24] Tang Motang, Zhao Tiancong. The study on thermodynamics of hydrolysis of antimony trichloride[C]. Proceedings of the First International Conference on the Metallurgy and Materials Science of W, Ti, Re and Sb, Changsha: CSUT Press, 1988, 3: 1452

[25] 唐谟堂, 赵天从. 关于 Sb – S – H$_2$O 系碱性负电位区的热力学研究[J]. 中南矿冶学院学报, 1988, 19(1): 43

[26] Tang Motang, Zhao Tiancong. A thermodynamic study on the basic and negative potential fields of the systems of Sb – S – H_2O and Sb – Na – S – H_2O[J]. J. Cent – South Inst Min Metall, 1988, 19 (1): 35 –43

[27] Tang Motang, Zhao Tiancong, et al, Principle and application of the new chlorination-hydrolization process[J]. J. Cent South Inst Min Metall. , 1992, 23(4): 405 –411

[28] 唐谟堂. 三氯化铋水解体系的热力学研究[J]. 中南矿冶学院学报, 1993, (1): 45 –51

[29] 欧阳民. 兰坪氧化锌矿冶金化工新工艺研究[D]. 中南工业大学, 1994

[30] 唐谟堂, 鲁君乐, 袁延胜, 曼德生, 贺青蒲. Zn(II) – $(NH_3)_2SO_4$ – H_2O 系氨络合平衡, 中南矿冶学院学报, 1994, (6): 701 –705

[31] 欧阳民, 唐谟堂, 等. Zn(II) – NH_3 – $(NH_4)_2CO_3$ – H_2O 系热力学平衡研究[C]. 第六届全国铅锌冶炼学术年会论文集, 银川, 1996

[32] 柯家骏, 陈劲松. 湿法冶金中金属 – 氨络台物体系乎衡的研究[J]. 有色金属(冶炼部分), 1983(4): 40

[33] 杨声海. Zn(II) – NH_3 – NH_4Cl – H_2O 体系电积锌工艺及其理论研究[D]. 中南工业大学, 1998

[34] Yang shenghai, Tang Motang. Thermodynamics of Zn(II) – NH_3 – NH_4Cl – H_2O system[J]. Trans. Nonferrous Met. Soc. China, 2000, 10 (6): 830 –833

[35] 程华月. 氧化锌矿氨法直接制取磷酸锌[D]. 中南大学, 2000

[36] 张保平. 氨法处理氧化锌矿制电锌新工艺及基础理论研究[D]. 中南大学, 2001

[37] 赵廷凯. 氨法处理湿法炼锌净化钴渣制取锌粉和回收钴[D]. 中南大学, 2001

[38] 杨声海. Zn(II) – NH_3 – NH_4Cl – H_2O 体系制备高纯锌理论及应用[D]. 中南大学, 2003

[39] Limpo J, Luis A. Solubility of zinc chloride in ammoniacal ammonium chloride solution[J]. Hydrometallurgy, 1993, 32: 247 –260

[40] 张保平, 唐谟堂, 杨声海. 共沉淀法制备锰锌软磁铁氧体前躯体共沉过程中钙、镁深度脱除的热力学分析[J]. 湿法冶金, 2003, 22(4): 200 –207

[41] 张保平. 锰锌软磁铁氧体用前驱体碳酸盐共沉过程基础理论及工艺研究[D]. 中南大学, 2004

[42] 杨建广, 唐谟堂, 唐朝波, 杨声海. $SnCl_4$ – NH_4Cl – HCl – H_2O 体系热力学分析[J]. 湿法冶金, 2004, (2): 85 –91

[43] 唐谟堂, 杨建广, 杨声海, 唐朝波. Thermodynamic calculation of Sn(IV) – NH_4^+ – Cl^- – H_2O system[J]. Transactions of Nonferrous Metals Society of China, 2004, 14(4): 802 –806

[44] 杨建广. 锡阳极泥制取纯$(NH_4)_2SnCl_6$、$Sb_4O_5Cl_2$ 及纳米 ATO 的新工艺和理论研究[D]. 中南大学, 2005

[45] 张保平, 唐朝波, 唐谟堂, 杨声海. Mg(II) – Ca(II) – NH_3 – CO_3^{2-} – SO_4^{2-} – H_2O 体系钙镁溶解热力学分析[J]. 湿法冶金, 2005, 24(1): 26 –32

[46] 杨建广, 唐谟堂, 杨声海, 唐朝波, 陈永明. Sn(IV) – Sb(III) – NH_3 – NH_4Cl – H_2O 体系热力学分析及其应用[J]. 中南大学学报(自然科学版), 2005, 36(4): 582 –586

[47] 巨少华, 唐谟堂, 杨声海, 用 MATLAB 编程求解 Zn(II) – NH_3 – NH_4Cl – H_2O 体系热力

学模型[J]. 中南大学学报, 2005, 36(5): 821-827

[48] 童沈阳, 李克安. 可编程序计算据在溶液平衡处理中的应用[J]. 化学通报, 1982, (3): 31

[49] 闻新, 周露, 张鸿. MATLAB 科学图形构建基础与应用(6. X)[M]. 北京: 科学出版社, 2002

[50] Ju S H, Tang M T, Yang S H, et al. Thermodynamics of Cu(II) - NH$_3$ - NH$_4$Cl - H$_2$O system[J]. Transactions of Nonferrous Metals Society of China, 2005, 15(6): 1414-1419

[51] Ju S H, Tang M T, Yang S H. Fundamental thermodynamic and technologic study for extracting gold from low-grade gold ore in system of NH$_4$Cl - NH$_3$ - H$_2$O[J]. Transactions of Nonferrous metals society of China, 2006, 16(1): 203-208

[52] 李诚国. 高铟锌焙砂的硫酸浸渣在盐酸体系中提铟及制取铁酸锌新工艺研究[D]. 中南大学, 2006

[53] 巨少华. MACA 体系中铜、镍和金的冶金热力学及低品位矿物在其中的堆浸工艺研究[D]. 中南大学, 2006

[54] 张鹏. 高氟氯氧化锌烟尘制备电锌新工艺研究[D]. 中南大学, 2007

[55] 王瑞祥, 唐谟堂, 杨建广, 等. Zn(II) - NH$_3$ - Cl$^-$ - CO$_3^{2-}$ - H$_2$O 体系中 Zn(II)配合平衡[J]. 中国有色金属学报, 2008, 18(s1): 192-198

[56] 王瑞祥, 唐谟堂, 巨少华, 等. Ni(II) - NH$_3$ - Cl$^-$ - H$_2$O 体系中 Ni(II)配合平衡热力学研究[J]. 中南工业大学学报(自然科学版), 2008, 39(5): 891-896

[57] 王瑞祥. MACA 体系中处理低品位氧化锌矿制取电锌的理论与工艺研究[D]. 中南大学, 2009

[58] 陈永明. 盐酸体系炼锌渣提铟及铁资源有效利用的工艺与理论研究[D]. 中南大学, 2009

[59] 刘维. MACA 体系中处理低品位氧化铜矿的基础理论和工艺研究[D]. 中南大学, 2010

[60] Liu Wei, Tang Motang, Tang Chaobo, et al. Thermodynamic research of leaching copper oxide materials with ammonia-ammonium chloride-water solution[J]. Canadian Metallurgical Quarterly, 2010, 49(2): 131-146

[61] Liu Wei, Tang Motang, Tang Chaobo, et al. Thermodynamic research of the solubility of Cu$_2$(OH)$_2$CO$_3$ in the ammonia-ammonium chloride-ethylenediamine (En)-water system[J]. Trans. Nonferrous Met. Soc. China, 2010(2), 20: 336-343

[62] Liu Wei, Tang Motang, Tang Chaobo, et al. Thermodynamic research of the dissolving of chrysocolla (CuSiO$_3$ · H$_2$O) in the ammonia-ammonium chloride-water system. Proceedings of the TMS 139nd Annual Meeting & Exhibition, February14-18, 2010 Washington, USA

[63] 王瑞祥, 武岩鹏, 唐谟堂. Cd(II) - NH$_3$ - Cl$^-$ - H$_2$O 体系配合平衡[J]. 有色金属(冶炼部分), 2010, (04): 2-5

[64] 张家靓. MACA 法循环浸出低品位氧化锌矿制取电锌新工艺研究[D]. 中南大学硕士学位论文, 2010

第2章 铜镍钴配合物冶金

2.1 铜氨配合物冶金

2.1.1 概述

我国是一个铜资源紧缺的国家，2009 年全国铜的消费量已达到 5200 kt。我国铜金属保有储量约为 69170 kt，但大部分为难处理资源，主要分布在云南、湖北、广东、新疆、内蒙古、四川和黑龙江等地。以云南储量最大，分布有多个大型高碱性脉石氧化铜矿，例如东川铜矿、羊拉铜矿和景谷铜矿等，其中汤丹铜矿是这类矿物中规模最大的非常典型的高钙镁低品位难处理氧化铜矿，其保有储量有 1150 kt 铜金属。随着铜消费的迅速增长，铜矿石开采量大幅增加，开采品位逐年下降，难处理矿石逐年增加，铜价亦大幅提升，使低品位铜矿的"（细菌）浸出 – 萃取 – 电积"湿法炼铜工艺日益受到人们的重视。全世界采用这项技术生产的电铜已超过原生铜的 25%，在国内，这项技术近几年也取得了较大进展。但"（细菌）浸出—萃取—电积"湿法炼铜工艺只适于容易酸浸的含硅酸盐的氧化铜矿和表外矿，对我国大量的碱性脉石含量较高的低品位氧化铜矿的开发利用，该工艺无能为力。这些难处理的低品位氧化铜矿的共同特点是碱性脉石含量高（w_{CaO} + $w_{MgO} \geqslant 20\%$，有的高达 40%），用硫酸浸出不仅不经济（硫酸消耗量高达 20 ~ 50 t/t 铜），而且更严重的是碱性脉石含量高而导致堆浸失败。如新疆某地的砂岩铜矿，铜含量约 3%，w_{CaO} + w_{MgO} 含量约 10%，小试搅拌浸出耗酸约 7 t/t 铜，铜浸出率 98%。但由于碱性脉石的大量存在，在采用酸喷淋堆浸时，矿物中的钙质碳酸盐方解石将优先与酸反应而分解，致使表层矿石松散且粉碎，产生泥化。细颗粒泥矿和生成的不溶泥状物硫酸钙不仅在矿堆中形成板结层，不利于溶液的渗透，而且在块矿的外表层产生硫酸钙的包裹层，阻隔溶液向矿石内层的渗透，同时浸出液沟流严重，溶液在矿堆中的分布极不均匀，致使矿石中的铜很难溶出；而酸耗又大幅增加，高达 50 ~ 60 t/t 铜。由于表层矿石的粉碎泥化和不溶的泥状物硫酸钙的产出，整个矿堆板结在一起，最终导致硫酸堆浸工艺失败。

在氨性水溶液中，铜镍等金属化合物可形成氨配合物而溶解，而碱性脉石不溶解，从而可以消除高碱性脉石对浸出过程的影响，达到有效提取的目的。氨性水溶液体系包括碳酸铵－氨－水体系、硫酸铵－氨－水体系和氯化铵－氨－水体系(简称 MACA 体系)。氧化铜矿可在氨性水溶液体系中直接浸出,而对自然铜矿和硫化铜矿,氨浸过程中必须加入氧化剂,以使自然铜矿中的金属氧化和氨结合生成氨配离子,硫化矿中的硫氧化成元素硫或硫酸根。氨浸法具有选择性好,原料适应性强,浸出液中杂质元素含量低,浸出剂消耗少等特点。

从氨浸出液中回收铜可采用蒸氨法、萃取－电积法、氢还原法等,还可在浸出时加入硫化剂生成硫化铜矿物,新生成的硫化铜矿物具有与自然硫化铜矿物一样的可浮选特征,结合常规的选冶炼铜工艺可取得良好的技术经济指标。

2.1.2　基本原理

2.1.2.1　浸出过程原理

（1）基本反应

矿石浸出时,自由氧化铜、结合氧化铜、原生硫化铜和次生硫化铜矿的浸出过程有所不同。

以各种碳酸盐和简单氧化物为代表的自由氧化铜浸出过程没有价态变化发生,同时由于含铜矿物主要存在于颗粒表面或以单体矿物出现,其浸出过程不论热力学和动力学都很容易实现;以硅酸铜矿为代表的结合氧化铜矿,浸出过程热力学是可以发生的,但由于含铜矿物镶嵌在脉石成分的晶格之中,浸出剂很难与含铜矿物接触而发生反应,往往需要通过强化手段增加浸出剂与含铜矿物的接触机会;原生硫化铜和次生硫化铜浸出需要有氧化剂存在才能发生浸出反应,氧化剂可以是空气中的氧气,也可以是加入的其他氧化剂。浸出过程主要反应如下。

氨配合反应:

$$CuO + H_2O + iNH_3 \Longrightarrow Cu(NH_3)_i^{2+} + 2OH^- \tag{2-1}$$

$$Cu_2(OH)_2CO_3 + 2iNH_3 \Longrightarrow 2Cu(NH_3)_i^{2+} + 2OH^- + CO_3^{2-} \tag{2-2}$$

$$CuSiO_3 \cdot H_2O + iNH_3 \Longrightarrow Cu(NH_3)_i^{2+} + 2OH^- + SiO_2 \tag{2-3}$$

$$Cu_5FeS_4 + 5iNH_3 + 35OH^- \Longrightarrow 5Cu(NH_3)_i^{2+} + Fe(OH)_{3(s)} + 4SO_4^{2-} + 16H_2O$$
$$+ 37e \tag{2-4}$$

$$CuS + iNH_3 + 8OH^- \Longrightarrow Cu(NH_3)_i^{2+} + SO_4^{2-} + 4H_2O + 8e \tag{2-5}$$

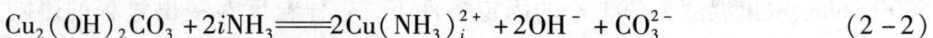

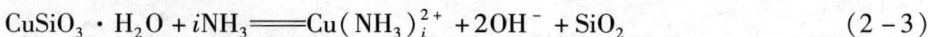

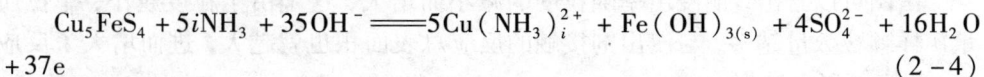

羟基配合反应:

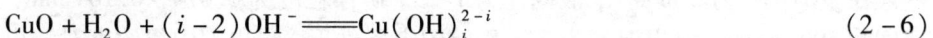

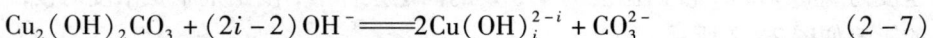

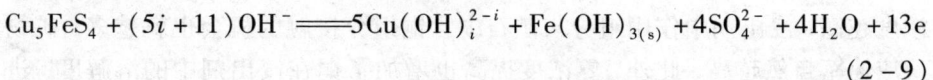

$$CuO + H_2O + (i-2)OH^- \Longrightarrow Cu(OH)_i^{2-i} \tag{2-6}$$

$$Cu_2(OH)_2CO_3 + (2i-2)OH^- \Longrightarrow 2Cu(OH)_i^{2-i} + CO_3^{2-} \tag{2-7}$$

$$CuSiO_3 \cdot H_2O + (i-2)OH^- \Longrightarrow Cu(OH)_i^{2-i} + SiO_2 \tag{2-8}$$

$$Cu_5FeS_4 + (5i+11)OH^- \Longrightarrow 5Cu(OH)_i^{2-i} + Fe(OH)_{3(s)} + 4SO_4^{2-} + 4H_2O + 13e$$

$$\tag{2-9}$$

$$CuS + (i+8)OH^- \rightleftharpoons Cu(OH)_i^{2-i} + SO_4^{2-} + 4H_2O + 8e \tag{2-10}$$

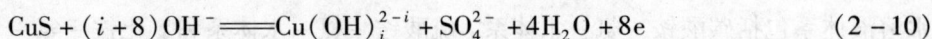

溶液中的铜离子还可以跟氨和羟基形成混合配体配合物：

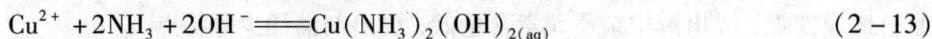

$$Cu^{2+} + NH_3 + OH^- \rightleftharpoons CuNH_3(OH)^+ \tag{2-11}$$

$$Cu^{2+} + NH_3 + 3OH^- \rightleftharpoons CuNH_3(OH)_3^- \tag{2-12}$$

$$Cu^{2+} + 2NH_3 + 2OH^- \rightleftharpoons Cu(NH_3)_2(OH)_{2(aq)} \tag{2-13}$$

在氯化铵体系中，还有氯配合反应：

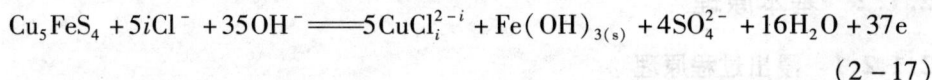

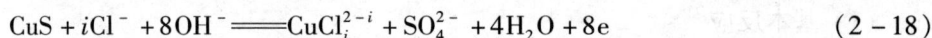

$$CuO + H_2O + iCl^- \rightleftharpoons CuCl_i^{2-i} + 2OH^- \tag{2-14}$$

$$Cu_2(OH)_2CO_3 + 2iCl^- \rightleftharpoons 2CuCl_i^{2-i} + 2OH^- + CO_3^{2-} \tag{2-15}$$

$$CuSiO_3 \cdot H_2O + iCl^- \rightleftharpoons CuCl_i^{2-i} + 2OH^- + SiO_2 \tag{2-16}$$

$$Cu_5FeS_4 + 5iCl^- + 35OH^- \rightleftharpoons 5CuCl_i^{2-i} + Fe(OH)_{3(s)} + 4SO_4^{2-} + 16H_2O + 37e \tag{2-17}$$

$$CuS + iCl^- + 8OH^- \rightleftharpoons CuCl_i^{2-i} + SO_4^{2-} + 4H_2O + 8e \tag{2-18}$$

（2）浸出过程动力学

1）氧化铜矿浸出动力学

以化学成分如表 2-1 所示的高碱性脉石型低品位氧化铜矿为试料，系统研究了在 MACA 体系中的浸出过程动力学，具体情况如下。

表 2-1　氧化铜矿成分/%

成分	Cu	CaO	MgO	SiO$_2$	Al$_2$O$_3$	Fe$_2$O$_3$	K$_2$O	ZnO	Na$_2$O
含量	1.15	24.64	8.75	26.10	4.51	3.80	1.53	0.07	0.07

①粒度的影响

在[NH$_3$]为 0.5 mol/L，[NH$_4$Cl]为 2 mol/L，液固比为 10:250，搅拌速度为 500 r/min，浸出温度为 293 K 的固定条件下，矿样粒度对浸出过程的影响如图 2-1 所示。

由图可以看出，铜浸出率随粒度的减小而增大，这是由于粒度越小，单位质量矿样颗粒数量越多，与浸出剂接触的反应总表面积也就越大，进而增大了反应点，提高了浸出速率。

②氨浓度的影响

在[NH$_4$Cl]为 2 mol/L，液固比为 1:25，矿样粒度为 0.074~0.104 mm，搅拌速度为 500 r/min，浸出温度为 293 K 的固定条件下，浸出剂中氨浓度对浸出效果的影响如图 2-2 所示。

氨浓度提高对浸出速率的提高是有利的。根据质量作用原理，作为反应物氨浓度越高，浸出剂中作用组分与矿石中含铜组分接触的机会也就越多，矿物溶解反应速率自然越高，此外，氨浓度提高也增加了铜在浸出剂中的溶解度，进而最终提高了总平衡浸出率。当氨浓度为 0 mol/L 时，铜浸出率非常低，这是由于与铜形成配离子的是游离氨，当溶液中不含氨时，尽管其中含有氯化铵，但此时浸出剂的 pH 相对较低，NH_4^+ 不能与 OH^- 生成游离氨，也就使得铜浸出率很低。

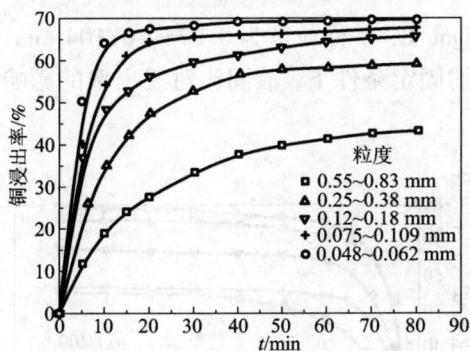

图 2 - 1　粒度对铜浸出率的影响

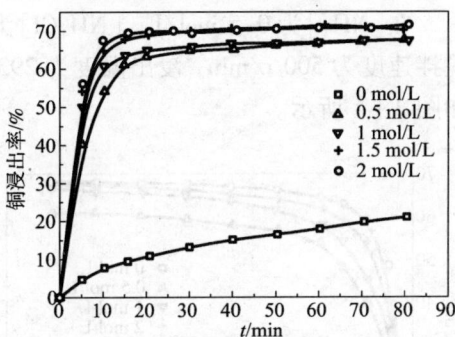

图 2 - 2　氨水浓度对铜浸出率的影响

③氯化铵浓度的影响

在 $[NH_3]$ 为 0.5 mol/L，液固比为 1 : 25，矿样粒度为 0.074 ~ 0.104 mm，搅拌速度为 500 r/min 及浸出温度为 293 K 的固定条件下，氯化铵浓度对浸出率的影响如图 2 - 3 所示。由图可知，氯化铵浓度提高对提高浸出速率是有利的。矿样中含量最多的氧化铜物相孔雀石和硅孔雀石在浸出剂的总溶解反应方程可分别表示为式（2 - 19）和式（2 - 20）。

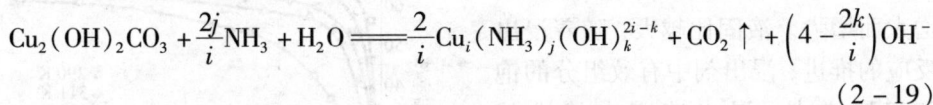

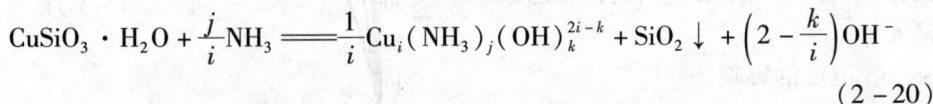

$$Cu_2(OH)_2CO_3 + \frac{2j}{i}NH_3 + H_2O \Longrightarrow \frac{2}{i}Cu_i(NH_3)_j(OH)_k^{2i-k} + CO_2 \uparrow + \left(4 - \frac{2k}{i}\right)OH^-$$
$$(2 - 19)$$

$$CuSiO_3 \cdot H_2O + \frac{j}{i}NH_3 \Longrightarrow \frac{1}{i}Cu_i(NH_3)_j(OH)_k^{2i-k} + SiO_2 \downarrow + \left(2 - \frac{k}{i}\right)OH^-$$
$$(2 - 20)$$

式中：i 为配合离子中 Cu^{2+} 数量，即核个数；j 和 k 分别为配合离子中配体 NH_3 和 OH^- 数量、配位数。$i = 1, 2$；$j = 0, 1, 2, 3, 4, 5$；$k = 0, 1, 2, 3, 4$。

随着浸出反应的不断进行，浸出剂中游离氨不断与溶解于溶液中的铜离子形成配合离子，其浓度也就不断减小，与此同时，反应释放的 OH^- 浓度不断增加，使得浸出反应向不利于浸出的方向移动。当氯化铵加入后，离解产生的 NH_4^+ 与 OH^- 发生如式（2 - 21）所示的反应。

$$NH_4^+ + OH^- \Longrightarrow NH_3 + H_2O \qquad (2 - 21)$$

这不仅补充了溶液中的游离氨，并且消耗了溶液中的 OH^-，使溶液 pH 不至于升得太高,在浸出剂中形成了缓冲对。游离氨浓度增加和 OH⁻ 的降低都有利于浸出速率的提高。与此相反,当氯化铵浓度为 0 mol/L,浸出剂中缓冲对不能形成,也就使得浸出速率和平衡铜浓度明显比有氯化铵时要低。

④液固比的影响

在[NH₃]为 0.5 mol/L,[NH₄Cl]为 2 mol/L,矿样粒度为 0.074 ~ 0.104 mm,搅拌速度为 500 r/min,浸出温度为 293 K 的固定条件下,液固比对浸出率的影响如图 2 - 4 所示。

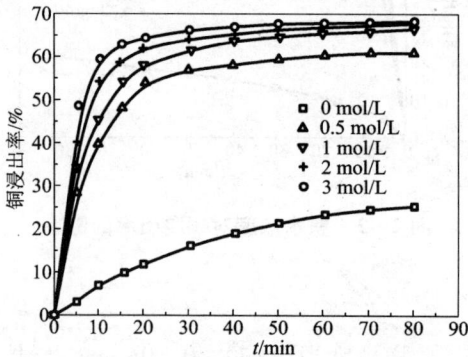

图 2 - 3   氯化铵浓度对铜浸出率的影响

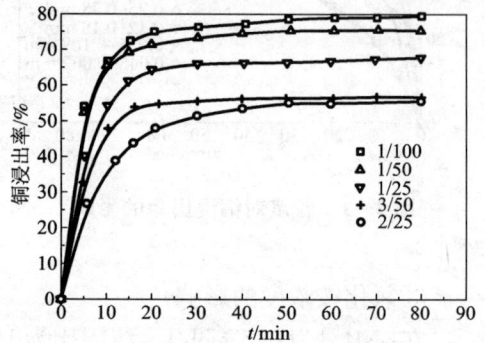

图 2 - 4   液固比对铜浸出率的影响

由图 2 - 4 可以看出,矿样铜浸出率和最终平衡浸出率随液固比的增大而增大。液固比越大,随着浸出反应的推进,浸出剂中有效组分的饱和容量增大,浸出速率自然也就越大。

⑤温度的影响

在[NH₃]为 0.5 mol/L,[NH₄Cl]为 2 mol/L,液固比为 1∶25,矿样粒度为 0.074 ~ 0.104 mm 及搅拌速度为 500 r/min 的固定条件下,浸出温度对浸出率的影响如图 2 - 5 所示。

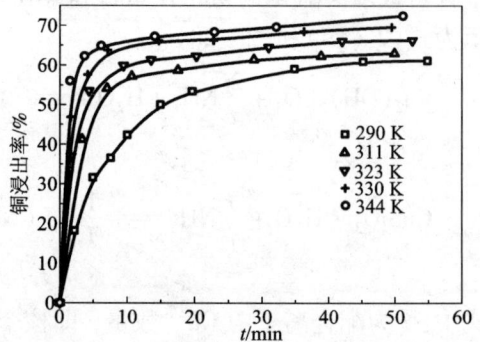

图 2 - 5   浸出温度对铜浸出率的影响

度对浸出率的影响如图 2 - 5 所示。由图可以看出,温度提高,有利于浸出速度和最终平衡浸出率的提高。

通过对浸出速率数据进行动力学分析发现,浸出过程符合未反应核周围灰分层扩散控制模型,浸出反应表观活化能为 23.279 kJ/mol,属典型的扩散过程控制,铜浸出率与浸出时间以及参数之间遵循如下半经验方程:

$$1 - 3\left(1 - x\right)^{\frac{2}{3}} + 2\left(1 - x\right) = 181.38\left[NH_3\right]^{0.47105}\left[NH_4Cl\right]^{0.39274}\left(\frac{S}{L}\right)^{0.69258}$$

$$\left(d_p\right)^{-0.9766}e^{\frac{-2800}{T}}t \tag{2-22}$$

式中：x 为反应分数；$\left[NH_3\right]$ 及 $\left[NH_4Cl\right]$ 分别为氨及氯化铵的浓度(mol/L)；$\dfrac{S}{L}$ 为固液质量体积比，d_p 为矿粉粒度(mm)；T 为绝对温度(K)；t 为反应时间(min)。

2) 高结合氧化铜矿氟化强化浸出动力学

氟离子在酸性条件下是消解含硅、含铁矿样的很好药剂，在碱性条件下利用氟离子腐蚀部分脉石成分，可以达到提高矿物浸出性能的目的。为了考察浸出剂中不同氟化氢铵浓度对高结合氧化铜浸出过程动力学的影响，在氯化铵浓度为 2 mol/L、氨浓度为 1 mol/L、液固比为 200∶8、氟化氢铵浓度分别为 0 mol/L、0.1 mol/L、0.3 mol/L、0.5 mol/L 的条件下，采用经过脱除自由氧化铜处理后粒度在 45 ~ 58 μm(-250 ~ +325 目)范围内的预处理样品进行动力学试验，其不同浸出温度下浸出率随浸出时间变化曲线分别如图 2 - 6 所示。

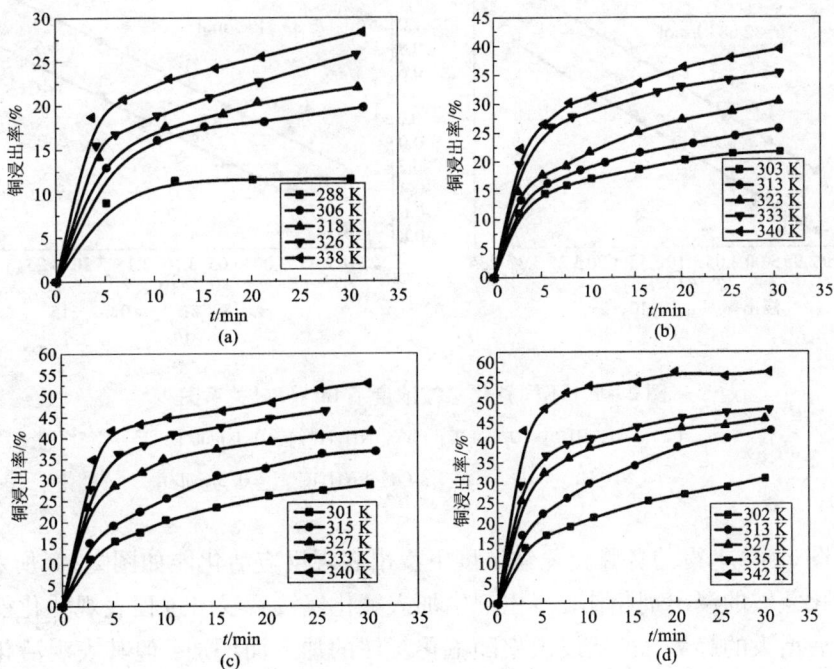

图 2 - 6 不同氟化氢铵浓度浸出剂中浸出动力学曲线

(a) $\left[NH_4HF_2\right] = 0$ mol/L；(b) $\left[NH_4HF_2\right] = 0.1$ mol/L；

(c) $\left[NH_4HF_2\right] = 0.3$ mol/L；(d) $\left[NH_4HF_2\right] = 0.5$ mol/L

采用等浸出率法对浸出过程速率曲线进行处理，分别求取不同氟化氢铵浓度下浸出的表观反应活化能，其结果如图 2 − 7 所示。

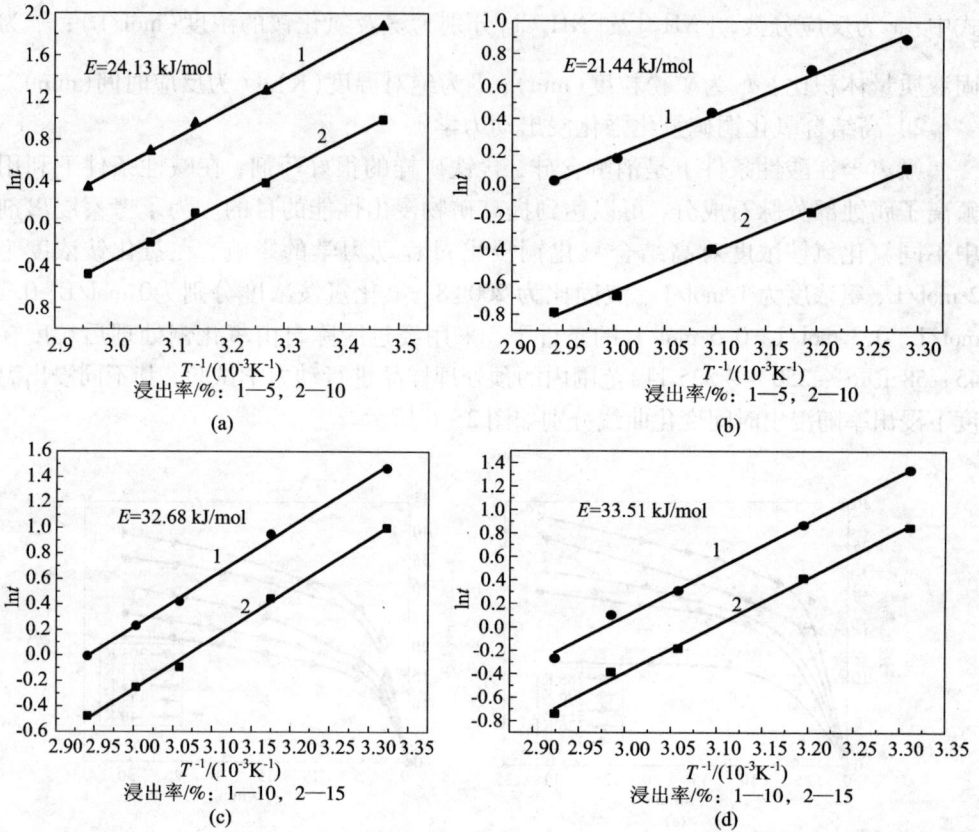

图 2 − 7　不同氟化氢铵浓度下 $\ln t − T^{-1}$ 关系图

（a）$[NH_4HF_2] = 0$ mol/L；（b）$[NH_4HF_2] = 0.1$ mol/L；
（c）$[NH_4HF_2] = 0.3$ mol/L；（d）$[NH_4HF_2] = 0.5$ mol/L

由图 2 −7 求得的各氟化氢铵浓度下浸出表观反应活化能如图 2 − 8 所示，与未加氟化氢铵的浸出剂相比，浸出剂中加入氟化氢铵后浸出过程表观活化能呈现先减小后增大的趋势，虽然浸出率随氟化氢铵的加入而增加，但其表观活化能没有随氟化氢铵浓度增加而降低，这是由于氟化氢铵的加入，浸出过程发生了本质上的改变，浸出剂对脉石成分的腐蚀速度成了影响浸出速率的关键因素，尽管最终浸出率和浸出速率都随氟化氢铵浓度增加而增大，但浸出过程表观活化能反而随氟化氢铵增大而有所增大。不论有没有加入氟化氢铵，表观活化能都显示浸出过程由扩散过程控制。

2.1.2.2　净化过程原理

　　在浸出过程与铜一起浸出的金属有银、锌、镍、钴、镉、汞等，视原料不同浸出液中这些金属元素的含量区别很大。由于浸出液中铜浓度不高，还没有直接从铜氨浸出液直接电积铜的工业实践，往往需要采用萃取的办法将浸出液中的铜富集并将其转

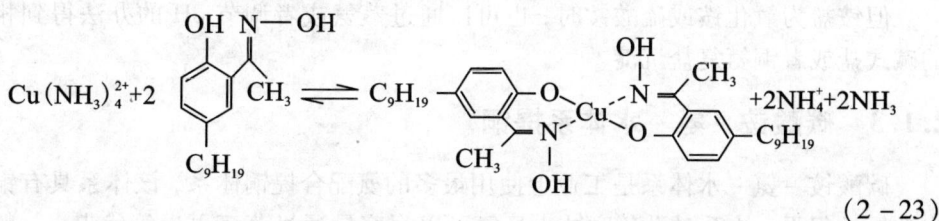

图 2-8　氟化氢铵浓度对浸出过程表观活化能影响

化为利于电积的硫酸铜溶液，这个过程同时也是浸出液中铜与杂质的分离过程，铜的选择性萃取实现了含铜溶液的净化。

　　氨浸-萃取-电积工艺常用的萃取剂为 LIX54 和 LIX84-1。LIX54 为 β-二酮类萃取剂，在氨性体系中萃取铜具有饱和容量较高、共萃氨量较低的优点，但 1995 年智利依斯康迪达（Escondida）公司采用 LIX54 在氨性溶液中萃取铜，因 LIX54 变质而导致投产后出现反萃困难和两相互相夹带十分严重的问题，于 1998 年被迫停产。LIX84-1 为羟肟类铜特效萃取剂，但在氨性体系中萃取铜存在较为严重的共萃氨问题。用电解废液反萃负载有机相时，氨与硫酸反应生成硫酸铵，电解残液不断循环反萃，从而导致硫酸铵积累，以致在电解槽中结晶析出。因此，负载铜的有机相在反萃铜以前必须洗氨。LIX84-1 是一种羟基苯烷基酮肟化合物，具有如下结构：

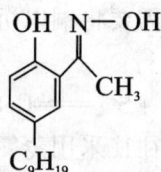

　　其给体官能团是一个—OH 和一个肟基—NOH，与浸出液中的铜氨配合离子发生如式 2-23 所示的螯合反应，而将水相中的铜离子萃取到有机相中。

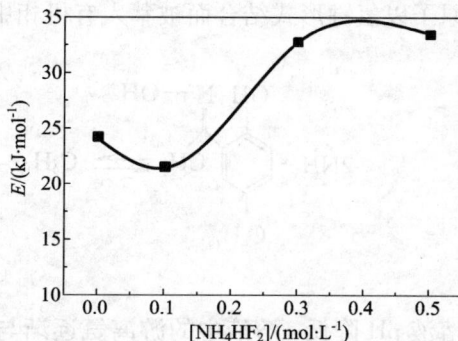

$$(2-23)$$

与此同时，由于浸出液中的游离氨具有未配对电子对，会与萃取剂中羟基上裸露氢原子以氢键形式结合而被萃入有机相中，其反应如式(2-24)所示。

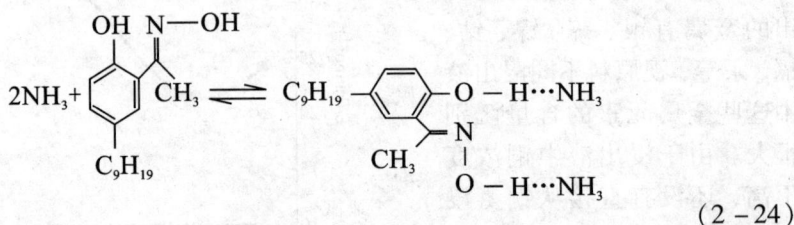

$$(2-24)$$

当溶液 pH 降低，溶液中的游离氨逐渐与氢离子结合转化为铵离子，使得氮原子周围被 4 个氢原子包围，氮原子周围未配对电子对消失，其与羟基中裸露氢原子形成氢键的能力也就相应消失，被萃入到有机相中的游离氨就会重新回到水相中，这就是利用酸性介质洗涤有机相脱除共萃氨的原理所在。

萃取所得负载有机相经洗涤脱氨后采用硫酸反萃，铜离子与萃取剂生成的螯合物被破坏，铜离子重新回到水相，萃取剂同时得到再生，其反应见式(2-25)。

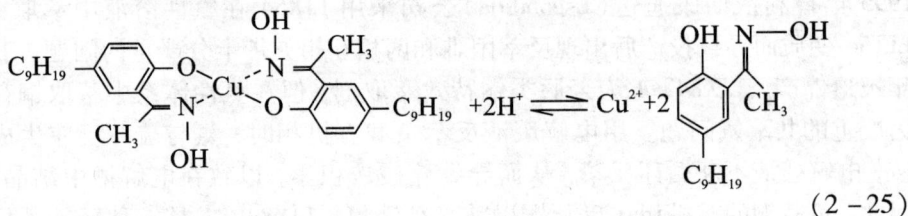

$$(2-25)$$

2.1.2.3 沉淀过程原理

为了从浸出液中回收铜，往往需要将铜以沉淀形式从溶液中分离，所有含铜氨浸液都可以采用硫化沉淀方式进行。

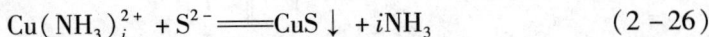

$$Cu(NH_3)_i^{2+} + S^{2-} = CuS \downarrow + iNH_3 \tag{2-26}$$

当浸出液中铵盐为碳酸铵时，往往采用蒸氨的形式使铜转变为碱式碳酸铜沉淀，并最终煅烧得到氧化铜。

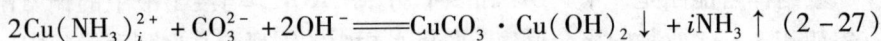

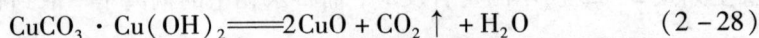

$$2Cu(NH_3)_i^{2+} + CO_3^{2-} + 2OH^- = CuCO_3 \cdot Cu(OH)_2 \downarrow + iNH_3 \uparrow \tag{2-27}$$
$$CuCO_3 \cdot Cu(OH)_2 = 2CuO + CO_2 \uparrow + H_2O \tag{2-28}$$

但铵盐为氯化铵或硫酸铵时，也可以通过蒸氨或者调节 pH 的办法得到相应的碱式盐或者铜氨复盐沉淀。

2.1.3 碳酸铵-氨-水体系提铜

碳酸铵-氨-水体系是工业上使用最多的氨配合提铜体系，该体系具有铜浸出选择性很强、体系对设备腐蚀小且氨可以很容易通过蒸氨再生等优点，一般通过蒸氨得到中间产品碱式碳酸铜或者氧化铜。工业上使用的有常压浸出和加压浸出两种工艺形式。下面分别就非洲刚果(金)氧化铜矿常压氨浸工艺和汤丹铜矿加压氨浸工艺作简单介绍。

2.1.3.1　常压浸出工艺

(1)原料及流程

原料为非洲刚果(金)氧化铜矿粉,粒度小于 0.300 mm(−50 目),铜矿元素分析及物相分析结果分别见表 2−2 和表 2−3。工艺流程见图 2−9。

表 2−2　刚果(金)氧化铜矿元素分析/%

元素	Cu	S	Zn	Fe	Ni	Co	SiO_2	MgO	CaO
含量	10.36	0.070	0.011	5.51	0.0089	0.051	38.77	13.64	6.40

表 2−3　刚果(金)氧化铜矿物相分析/%

物相	游离氧化铜	硅孔雀石	结合氧化铜	次生硫化铜	原生硫化铜	总量
含量	9.48	0.56	0.17	0.15	0.0010	10.36

(2)浸出体系的选择

不同类型浸出剂浸出效果和氨回收率分别如表 2−4 所示。

表 2−4　传统氨浸体系对浸出效果的影响

氨浸体系	浸出剂	铜浸出率/%	氨回收率/%	温度/℃
$NH_3 - H_2O$	氨水	42.4	77.1	60
$NH_3 - (NH_4)_2CO_3 - H_2O$	氨水加碳酸铵	90.5	81.2	60
$(NH_4)_2CO_3 - H_2O$	碳酸铵	92.2	96.7	60
$NH_4HCO_3 - H_2O$	碳酸氢铵	86.3	84.8	60

由表 2−4 可知,单独采用氨水作浸出剂时,浸出效果不理想,而且 NH_3 很容易逸出,造成氨的损失,降低铜浸出率并造成环境污染;而在 $NH_3 - (NH_4)_2CO_3 - H_2O$ 体系中铜浸出率明显提高。但也存在氨易挥发损失及其回收率偏低的问题。另外,鉴于非洲交通不便,氨水运输困难,因此不适合作浸出剂。在碳酸铵或碳酸氢铵浸出体系中加热反应时,铜浸出率、氨回收率都比较理想,其中碳酸铵体系浸出效果更佳。

氧化铜矿
↓
磨矿
↓
循环 → 氨浸 ← 循环
↓
过滤
↓
浸出渣   浸出液   回收与配液
↓   ↓
回收其他金属   蒸氨
↓
蒸氨后液   沉淀物   NH₃、CO₂、H₂O
↓
烘干和煅烧
↓
氧化铜粉

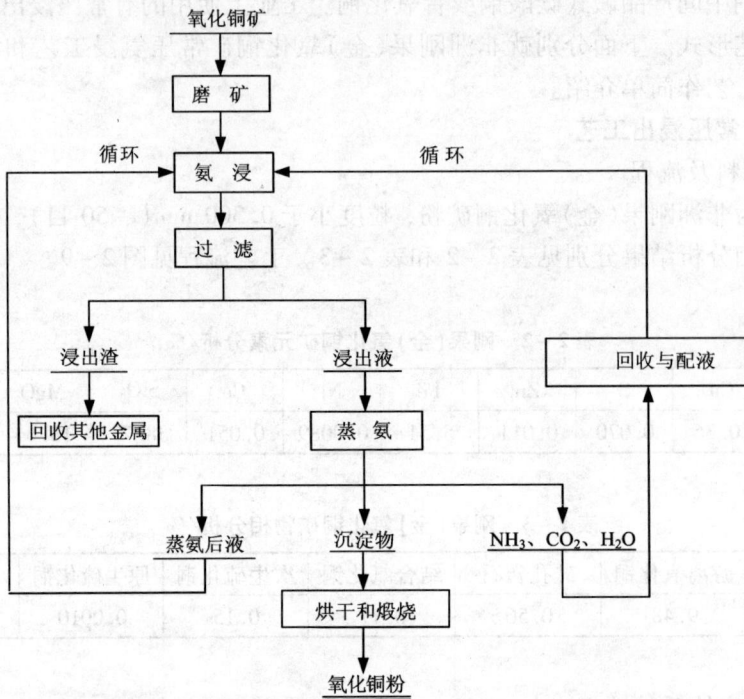

图 2 - 9 刚果(金)氧化铜矿湿法冶金处理工艺流程图

(3)浸出条件试验

主要考察了矿石粒度、碳酸铵浓度、液固比、反应温度、反应时间、搅拌速度及洗涤方式等对浸出效果的影响。

1)矿石粒度的影响

在碳酸铵浓度为 1.55 mol/L、液固比为 4∶1、浸出温度为 60 ℃、时间为 2 h、搅拌速度为 300 r/min、冷水洗涤的条件下，矿石粒度对浸出效果的影响见图2 - 10。

当矿石平均粒度在 0.060 ~ 0.300 mm 变化时，铜浸出率有一最佳值；而氨回收率随矿石粒度增大，由89.4%上升至95.7%。综合考虑两方面因素，铜矿石平均粒度选择 0.150 mm 比较合适。

2)碳酸铵浓度的影响

在平均粒度为 0.150 mm、液固比为 4∶1、反应温度为 60 ℃、浸出时间 2 h、搅拌速度 300 r/min、冷水洗涤的条件下，碳酸铵浓度对浸出效果的影响见图 2 - 11。

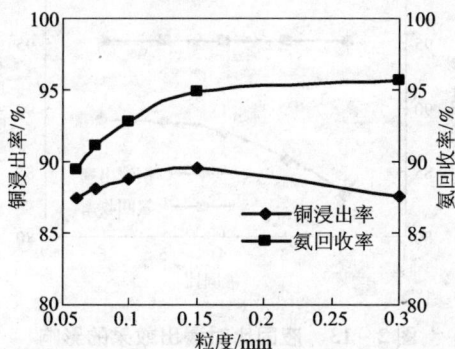

图 2 – 10 矿石粒度对浸出效果的影响

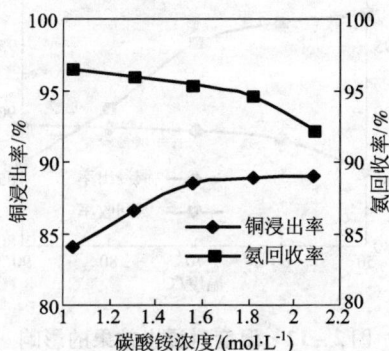

图 2 – 11 碳酸铵浓度对浸出效果的影响

铜浸出率随碳酸铵浓度增大而增加, 氨的回收率随碳酸铵浓度增大而减小, 综合考虑浸出率和氨损失, 认为碳酸铵浓度也不宜过高, 达到 1.55 mol/L 即可。

3）反应温度的影响

在平均粒度为 0.150 mm、碳酸铵浓度为 1.55 mol/L、液固比为 4∶1、搅拌速度 300 r/min、浸出时间 2 h、冷水洗涤的条件下, 温度对浸出效果的影响如图 2 – 12所示。

铜浸出率和氨损失率都随反应温度升高而增大, 温度高于 60 ℃时, 铜浸出率增长幅度变缓。综合考虑铜浸出率和氨回收率两方面因素, 温度选择在 60 ℃较合适。

4）液固比的影响

在平均粒度为 0.150 mm、碳酸铵浓度为 1.55 mol/L、搅拌速度300 r/min、反应温度 60 ℃、浸出时间 2 h、冷水洗涤的条件下, 液固比对浸出效果的影响如图 2 – 13所示。

随着液固比的增加, 铜浸出率逐渐增加。当液固比由 2∶1 增至 4∶1 时, 铜浸出率增长尤为显著, 由 83.3% 增加至 88.3%。氨回收率受液固比的影响较小, 基本保持在 95% 左右。综合考虑, 液固比选择 4∶1 比较合适。

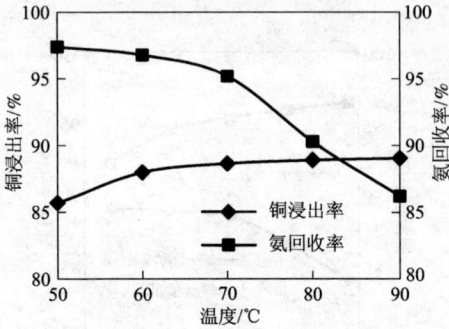

图 2 - 12　温度对浸出效果的影响

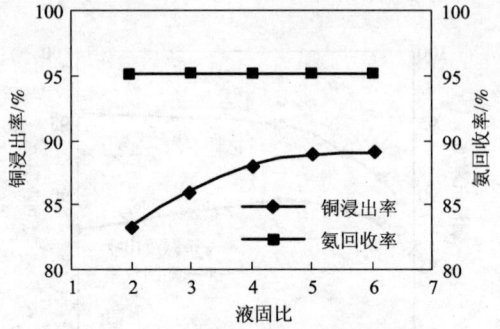

图 2 - 13　液固比对浸出效果的影响

5）搅拌速度的影响

在平均粒度为 0.150 mm、碳酸铵浓度为 1.55 mol/L、液固比为 4∶1、反应温度为 60 ℃、浸出时间 2 h、冷水洗涤的条件下，搅拌速度对浸出效果的影响如图 2 - 14所示。

随着搅拌速度的增大，铜浸出率有比较明显的提高，但当搅拌速度大于 350 r/min时，搅拌速度对铜浸出率的影响变小。同时，搅拌速度增大会加快溶液中氨的外泄挥发，氨回收率随之不断降低。结合工业生产的可操作性，搅拌速度选择 350 r/min 比较合适。

6）浸出时间的影响

在平均粒度为 0.150 mm、碳酸铵浓度为 1.55 mol/L、液固比为 4∶1、反应温度为 60 ℃、搅拌速度为 300 r/min、冷水洗涤的条件下，时间对浸出效果的影响情况见图 2 - 15。

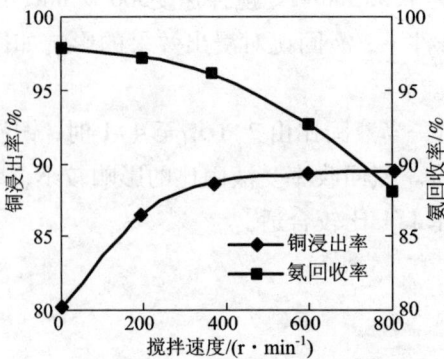

图 2 - 14　搅拌速度对浸出效果的影响

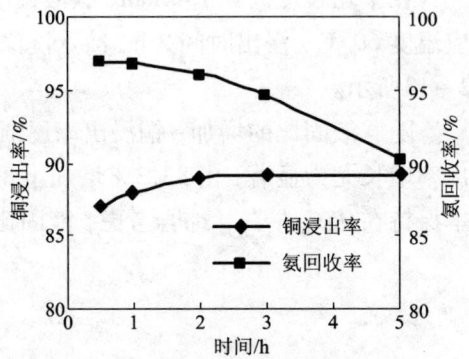

图 2 - 15 浸出时间对浸出效果的影响

在反应前期，铜浸出率随着时间的延长有比较明显的提高，在浸出时间为 2 h 时，铜浸出率已经达到了 88.6%；再增加反应时间对铜浸出率影响不大。浸出时间过长会增大氨的损失，导致氨回收率降低，并使投资费用和运行成本增加。因此，浸出时间选择 2 h 比较合适。

7）洗涤方式对浸出效果的影响

在平均粒度为 0.150 mm、碳酸铵浓度为 1.55 mol/L、液固比为 4∶1、反应温度为 60 ℃、浸出时间为 2 h、搅拌速度为 300 r/min 的条件下，洗涤方式对浸出效果的影响如表 2 - 5 所示。

表 2 - 5　洗涤方式对浸出效果的影响

洗涤方式	铜浸出率/%	氨回收率/%	备　　注
冷水洗涤	88.9	94.8	冷水温度为室温
热水洗涤	89.8	95.7	热水温度为 60 ℃
冷氨液洗涤	91.0	94.6	氨液为氨水、碳酸铵等的稀溶液，温度为室温
热氨液洗涤	91.6	95.5	氨液为氨水、碳酸铵等的稀溶液，温度为 60 ℃

对比发现各种洗液加热后再用于洗涤，可使铜浸出率和氨回收率都略有提高；氨液洗涤效果明显优于纯水洗涤，铜浸出率由此升高 2% 左右，且对氨回收率影响较小。氨液洗涤既洗去了浸出渣中夹杂的铜氨配合离子，使之进入浸出液得以回收；又能提供 NH_3 与铜渣中的铜继续进行配合反应，进一步提高铜浸出率。因此，滤渣可采用稀氨液直接洗涤，并不对其温度做特殊要求。

8）最佳浸出条件的确定

条件试验确定刚果（金）氧化铜矿的最佳浸出条件为：矿石平均粒度 0.150 mm、碳酸铵浓度 1.55 mol/L、液固比 4∶1、温度 60 ℃、搅拌速度 350 r/min、时间 2 h、滤渣采用稀氨液洗涤。在最佳条件下，该氧化铜矿取得了理想的浸出效果，铜浸出率达到 92.4%，氨回收率达到 95.5%。

（4）浸出工序氨损失规律

根据浸出工序氨的流向，具体研究了碳酸铵溶解配液过程、浸出反应过程及浸出液放置过程中氨的损失情况。

1）碳酸铵溶解配液过程氨损失

碳酸铵溶解配液过程中，影响氨损失的主要因素是温度。对于 1.55 mol/L 的碳酸铵反应配液，研究了固定时间 30 min 内温度对氨损失率的影响，结果见图 2 - 16。

从图 2 – 16 可以看出，碳酸铵在敞口环境中溶解配液时，温度对氨的挥发损失率有较大影响。在 60 ℃ 之前氨损失率几乎为 0，但在温度由 60 ℃ 升至 90 ℃ 过程中，氨损失率由 0.5% 快速增加到 38.7%，这和碳酸铵理论分解规律是一致的。所以为减少配液过程的氨损失，要选择较低的配液温度，选择在 60 ℃ 以下为宜。

2）浸出反应过程氨损失

浸出过程中各因素对氨损失的影响已在前文详细介绍了，在兼顾铜浸出率的情况下，矿石平均粒度为 0.150 mm、碳酸铵浓度为 1.55 mol/L、液固比为4:1、温度为 60 ℃、时间为 2 h 及搅拌速度为 350 r/min 时，氨损失率最低。

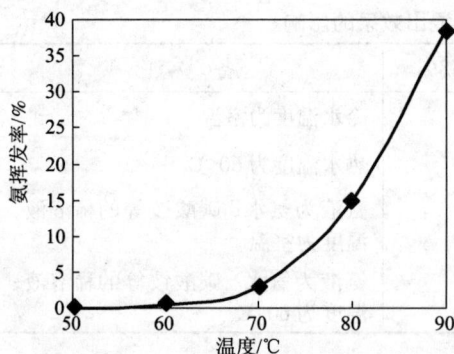

图 2 – 16　配液过程温度对氨损失影响　　　　图 2 – 17　浸出液静置时间对氨损失的影响

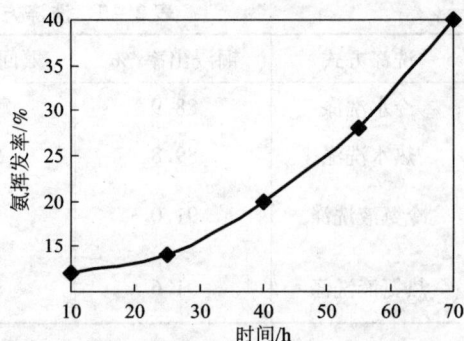

3）浸出液静置过程氨损失

常温下，浸出液在静置过程中，影响氨损失的主要因素是时间。静置时间延长，氨挥发情况如图 2 – 17 所示。

从图 2 – 17 可以看出，浸出液在敞口环境中放置时间越久，氨的挥发损失越严重，放置 10 h 时氨挥发率已达到 10% 以上，放置 70 h 后氨挥发率竟达到 40%，所以浸出液要尽可能减少存放时间，最好做密封储存。

（5）浸出液蒸氨

蒸氨是指在加热作用下，氨和二氧化碳从浸出液中挥发出来并被吸收液收集重新生成碳酸铵的过程，在这个过程中铜从溶液中沉淀析出生成碱式碳酸铜。通常采用负压操作，负压操作相对于常压操作具有操作温度低、蒸汽单耗量较少的优点。

影响铜沉淀、氨挥发效果的因素主要包括：蒸氨温度、真空度以及浸出液铜浓度。

1）温度的影响

取用浸出液 300 mL，其中铜浓度 10.0 g/L，在真空度为 – 0.010 MPa 条件下温度对蒸氨效果的影响如表 2 – 6 所示。

表 2-6　温度对蒸氨效果的影响

温度/℃	85	88	92	95	98
氨挥发率/%	90.1	92.4	95.6	99.5	100
铜沉淀率/%	94.5	95.1	97.8	99.9	100
蒸氨时间/min	90	70	55	40	30

注：在溶液蓝色完全消失后停止蒸氨。

由表 2-6 可见，铜沉淀率和氨挥发率都随蒸氨温度升高而增加。在 95 ℃下蒸氨 40 min，蒸氨过程即已完成。

2）真空度的影响

300 mL 含铜 10.0 g/L 的浸出液在 95 ℃下真空度对蒸氨效果的影响如表 2-7所示。

表 2-7　真空度对蒸氨效果的影响

真空度/MPa	0(即常压)	-0.010	-0.060
氨挥发率/%	99.0	99.6	99.9
铜沉淀率/%	100	100	100
蒸氨时间/min	60	40	35

注：在溶液蓝色完全消失后停止蒸氨。

负压蒸氨有利于铜氨配合物的充分分解，但当达到 -0.060 MPa 的超负压时，蒸氨设备要求很高，产业化难度增大；-0.010 MPa 的微负压即可满足蒸氨的需要。

3）浸出液铜浓度的影响

不同浓度浸出液蒸氨效果如表 2-8 所示。

表 2-8　铜浓度对蒸氨效果的影响

浸出液铜浓度/(g·L^{-1})	6.67	10.0	20.0
氨挥发率/%	99.1	99.3	99.7
铜沉淀率/%	99.8	99.8	99.9
蒸氨时间/min	38	40	45

注：在溶液蓝色完全消失后停止蒸氨。

由表 2-8 可见，蒸氨时间随着铜浓度的升高有所延长，但变化不大。

4)氨吸收

采用与浸出液体积比为 1:1 的水 4 级吸收蒸氨产生的气体,并对吸收液降温,使其维持在 30 ~ 60 ℃,即可将 98.0% 以上的氨充分吸收。

(6)碱式碳酸铜分解

蒸氨过滤后得到的滤饼,主要为碱式碳酸铜,经过烘干和煅烧工序,可得到高纯度的黑色氧化铜粉末。

蒸氨所得碱式碳酸铜渣含铜在 71% 左右,其热重曲线如图 2 - 18 所示。

可以看出,碱式碳酸铜热分解分两个阶段,低于 492.5 ℃ 时主要为水合氧化物或碱式盐的分解,释放出水和二氧化碳生成氧化铜粉,失重率约 6.07%;高于 492.5 ℃ 时主要为氧化铜的分解,释放出氧气生成氧化亚铜,失重率约 9.98%,与氧化铜分解的化学反应相对应(理论失重:10.0%)。为保证铜的水合氧化物或碱式盐充分分解为氧化铜,并避免氧化铜进一步

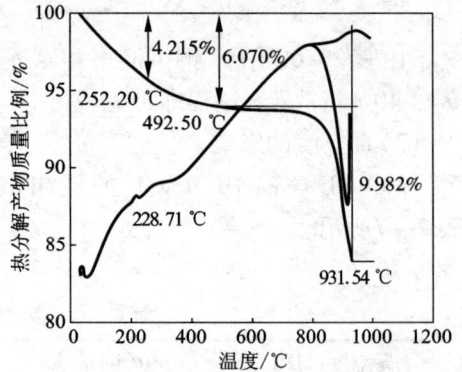

图 2 - 18 碱式碳酸铜渣热重曲线

分解生成氧化亚铜,确定煅烧最高温度为 492.5 ℃。经过煅烧后,得到的黑色氧化铜粉末铜含量高于 78.50%,杂质含量很低,纯度高于 98.5%,可直接作为氧化铜产品出售。氧化铜粉末成分见表 2 - 9。

表 2 - 9 氧化铜的化学成分/%

Cu	As	Zn	Sb	Bi	Ni	Fe	Pb	Sn
≥78.50	≤0.0015	≤0.002	≤0.0015	≤0.0006	≤0.02	≤0.015	≤0.006	≤0.001

可以看出,常压氨浸对于处理浸出性能较好、自由氧化铜含量较高且铜含量较高的氧化矿是非常具有优势的,可以非常方便地实现氨的再生与循环,但其对处理我国大量存在的高结合率矿石就存在浸出率偏低的缺点,需要采用加压来强化浸出过程。

2.1.3.2 加压浸出工艺

由于东川汤丹氧化铜矿矿石具有碱性脉石含量高的特点,极大地限制了其加工方法的选择,例如国外比较流行、国内有的矿山也在积极推广的"酸浸 - 萃取 - 电积"以及"生物冶金"等方法在这里都不适用。如果用这些方法来处理汤丹矿石,则酸耗太高,经济性差,所以只能采用氨浸法。从 20 世纪 50 年代中期开始,用

湿法冶金流程和选冶联合流程处理汤丹氧化铜矿石的研究不断深入。对汤丹难处理氧化铜矿湿法冶金及选冶联合流程研究较多的单位是中国科学院化工冶金研究所、北京有色金属设计研究总院和北京矿冶研究总院等。中国科学院化工冶金研究所于 1958 年便开始了对汤丹难处理氧化铜矿湿法冶金的研究,其研究主要集中在"尾矿加压氨浸流程"和"原矿加压氨浸流程";北京矿冶研究总院主要是开发了原矿"加压氨浸 – 萃取 – 电积"新工艺。

(1)浮选尾矿加压氨浸工艺

1958 年,中国科学院化工冶金研究所开始了对汤丹难处理氧化铜矿湿法冶金流程的研究,最先考虑的湿法冶金方案是从浮选尾矿中浸取铜。从 1958—1964 年,先后对这一方案进行过多方面的研究,进行过浮选中间试验及日处理 10 t 浮选尾矿的氨浸中间工厂试验,浮选尾矿含铜 0.346%,铜的总回收率为 86.4%,其中浮选回收率为 45.2%,尾矿氨浸的回收率为 41.2%。

(2)原矿加压氨浸工艺

原矿加压氨浸提铜工艺系将原矿破碎后与固液分离所得的含铜、NH_3、CO_2 的稀液一起磨至 55% 小于 74 μm,矿浆液固比 1∶1,经吸收塔吸收 NH_3 和 CO_2,并在高压釜内于 120 ℃ 和 980 kPa 条件下把氧化铜和少量硫化铜转化为铜氨配合物,然后固液分离得到铜氨溶液,再把铜氨溶液在 140 ℃ 条件下蒸馏,回收 NH_3 和 CO_2,同时获得氧化铜粉产品。从 1964—1980 年,曾进行过 10 t/d 和 100 t/d 的中间工厂试验,取得过 88% 铜总回收率的较好指标。

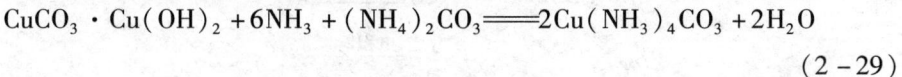

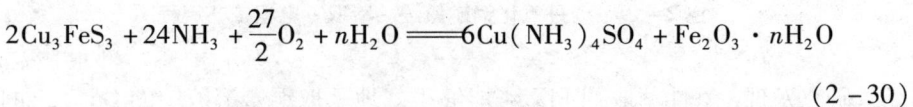

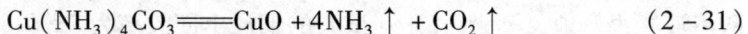

$$CuCO_3 \cdot Cu(OH)_2 + 6NH_3 + (NH_4)_2CO_3 = 2Cu(NH_3)_4CO_3 + 2H_2O$$

$$(2-29)$$

$$2Cu_3FeS_3 + 24NH_3 + \frac{27}{2}O_2 + nH_2O = 6Cu(NH_3)_4SO_4 + Fe_2O_3 \cdot nH_2O$$

$$(2-30)$$

$$Cu(NH_3)_4CO_3 = CuO + 4NH_3 \uparrow + CO_2 \uparrow \qquad (2-31)$$

尽管该工艺取得了较好的试验指标,但仍存在着许多工艺和设备上的问题:首先蒸氨工序中析出的氧化铜结疤,堵塞设备;其次是固液分离及洗涤系统庞大复杂,效率低下,致使有价成分跑、冒、挥发较大;铜的实际回收率比理论回收率要低得多。再次是设备磨蚀严重,能耗与试剂消耗大,难于实现工业化。特别是对于低品位氧化铜矿,全氨浸流程在经济上更是难以承受。

(3)氨浸 – 萃取 – 电积工艺

为了解决氨浸工艺中铜铵溶液蒸氨时蒸馏塔的结疤问题,20 世纪 90 年代对汤丹难处理氧化铜矿提出了氨浸 – 萃取 – 电积工艺。该工艺是将原矿氨浸得到的固液分离后的铜氨溶液通过萃取方法将 Cu^{2+} 转换到有机相中,再用硫酸反萃,最后电积得到电解铜。其工艺流程如图 2 – 19 所示。

```
                    汤丹氧化铜矿
                        │
                    ┌───────┐
                    │ 碎磨  │
                    └───────┘
                        │
          ┌──────→ ┌─────────┐ ←──── NH₃、CO₂
          │        │ 加压氨浸 │
          │        └─────────┘
          │            │
          │        ┌─────────┐ ──→ 底流 ──→ ┌──────┐
          │        │ 固液分离 │             │ 过滤 │
          │        └─────────┘             └──────┘
          │            │                       │
          │          溢流  ←──────── 滤液 ──────┘
          │            │
          │        ┌───────┐ ←───────────────────┐
          │        │ 萃取  │                      │
          │        └───────┘                      │
          │        │       │                      │
          │      萃余液   负载有机相               │
          │        │       │                      │
          └──── 水 ┤   ┌───────┐ ←── 水            │
                      │ 洗涤  │                    │
                      └───────┘                    │
                          │                        │
                      ┌───────┐ ──→ 再生有机相 ─────┘
                      │ 反萃  │
                      └───────┘
                          │
                       富铜液
                          │
          电积残液 ←── ┌───────┐
                      │ 电积  │
                      └───────┘
                          │
                       电积铜
```

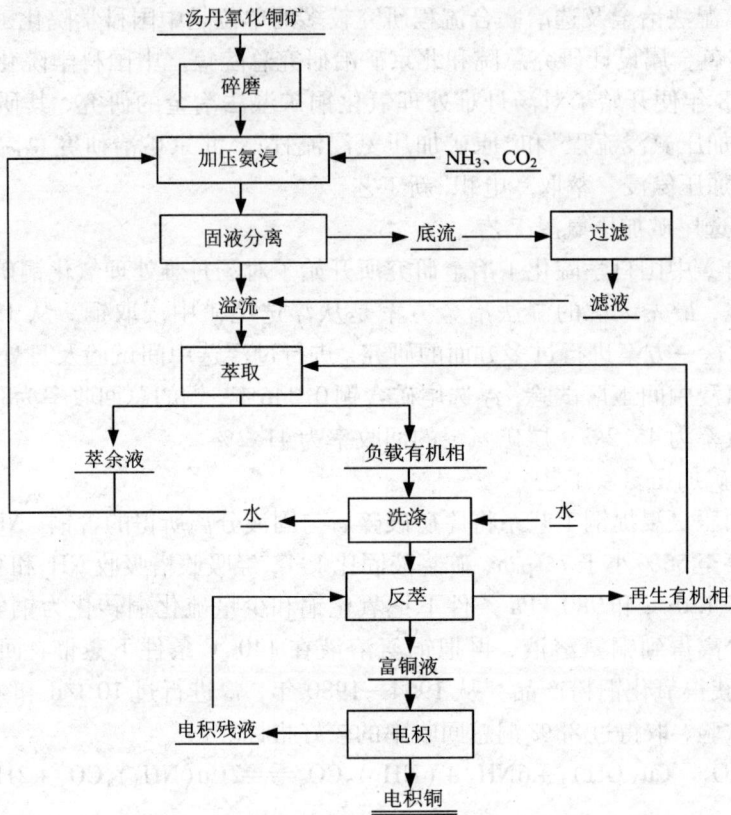

图 2 - 19　汤丹氧化铜矿氨浸 - 萃取 - 电积工艺流程图

　　研究发现，氨性萃取剂 LIX54 能够很好地萃取铜氨溶液中的 Cu^{2+}，而且用硫酸溶液能很好地反萃铜。5 t/d 试验的铜浸出回收率为 85.64%，铜萃取回收率可达到 98.5%，反萃富铜液进行电积，获电积铜纯度 >99.95%，全流程总回收率 81.01%。并于 1997 年在东川建成了一座 500 t/a 电铜的氨浸 - 萃取 - 电积湿法冶金示范工厂。

　　可以说，氨浸 - 萃取 - 电积工艺的研究是汤丹氧化铜矿湿法冶金研究史上的重大技术进步。该工艺由以往湿法冶金或联合流程产出氧化铜粉产品改进为产出电铜产品，避免了铜氨溶液蒸馏，氧化铜结垢的问题。但该工艺仍然没有解决加压氨浸所带来的能耗高及设备等方面的问题。因此，对低品位原矿的处理，很难获得良好的经济效益，因而没有实现大规模的工业生产。

　　后来昆明理工大学与金沙矿业有限公司联合开发了常温常压下氨浸 - 浸渣浮选新技术，用以处理含结合氧化铜比较低的铜矿石，该技术彻底抛弃以往使用的高温高压路线，在常温常压下浸出氧化铜矿，并将浸出渣采用浮选回收其中的硫化铜矿物，浸出液采用 LIX84 - 1 萃取铜，硫酸反萃后直接生产电解铜，铜的总回收率超过 80%。

2.1.4　氯化铵 - 氨 - 水体系提铜

2.1.4.1　概述

氯化铵 - 氨 - 水体系是一个很有前途的高碱性脉石难处理铜矿的湿法提铜体系，该体系可以增强氨配合浸出剂的活性和稳定性。其原因是氯离子比碳酸根离子及硫酸根离子的半径都要小，在溶液中扩散速度快，动力学性能非常优异，这样可以最大可能地提高浸出率，此外氯离子具有较强的配合能力，有助于提高铜的溶解能力。

王成彦等针对新疆砂岩型氧化铜矿矿石类型较复杂、含碳酸盐和钙镁较高，铜矿物有氯铜矿存在的特点，首次提出在氯化铵 - 氨 - 水体系中处理这类低品位含氯氧化铜矿，并进行了系统研究，开发了基于低浓度氨堆浸的"氨浸 - 萃取 - 电积"新工艺，小型试验和 200 kg/次规模的柱浸模拟堆浸扩大试验均取得了很好的浸出效果。

云南汤丹难处理氧化铜矿有相当大的比例，不仅钙镁含量高，而且具有高氧化率、高结合率的特点。经过国内很多科研工作者的半个多世纪的不懈努力，基本解决了汤丹难处理氧化铜矿中低氧化率矿（直接浮选或硫化浮选回收）、高氧化率低结合率矿（常温常压浸出 - 浮选回收）的冶炼回收难题，但是对高氧化率（>90%）、高结合率（30%）的氧化铜矿的有效处理一直是一个世界难题。针对这种情况，作者采用氯化铵 - 氨 - 水体系作为汤丹高结合率（30%）的氧化铜矿的浸出体系，这样既可以避免氨 - 碳氨体系的碳氨易分解挥发问题，又可以增强氨配合浸出体系的活性和稳定性。下面将对氯化铵 - 氨 - 水体系提铜的有关研究成果进行详细介绍。

2.1.4.2　氯化铵 - 氨 - 水体系中浸出高结合率低品位铜矿

（1）原料

1）化学成分

云南汤丹氧化铜矿综合样的化学成分如表 2 - 1 所示，可以看出，该矿物含铜 1.15%，氧化钙和氧化镁总含量超过 30%，属于典型的高碱性脉石矿物。如图 2 - 20 所示为该铜矿石的 XRD 衍射图谱，由于铜含量太低，该图谱上没有含铜矿物的衍射峰出现，根据 XRD 衍射峰强弱可以估计脉石中含白云石 50%、石英 25%、方解石 15% 左右，此外还含有一定量的伊利云母和长石。

2）物相组成

为了简化复杂铜矿的评价标准，根据矿物的浸出性能不同，在铜矿石物相分析时国内外通常将常见的铜矿物分为自由氧化铜、结合氧化铜、原生硫化铜和次生硫化铜 4 种类型。

汤丹铜矿中结合氧化铜含量大于 30%，硫化铜含量小于 10%，这种高结合率的铜矿石现有工艺无法处理。下面重点研究这类铜矿的新处理工艺和方法，所取矿物物相组成如表 2 - 10 所示。可以看出，该试料结合氧化铜含量占总铜量的 33.91%，硫化铜含量不到 9%，因此，硫化铜只做一大类考察。

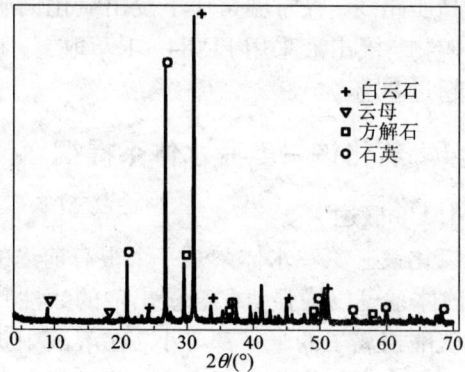

图 2 - 20　试料 XRD 衍射图谱

表 2 - 10　试料物相组成/%

组分	自由氧化铜	结合氧化铜	原生硫化铜	次生氧化铜	总铜
含量	0.66	0.39	0.009	0.091	1.15
比例	57.39	33.91	0.78	7.91	100

国内外测定矿石中结合氧化铜的含量时，一直以氰化物浸出法为标准。该法的依据是氰化物的扩散能力较其他离子(如铵离子或氢离子)弱，不能沿脉石缝隙向内部渗透，因而不能溶解被脉石包裹的结合铜，只能溶解具有自由表面的"游离铜"。所以，在氰化钾分析中，氧化铜矿物中能溶解于氰化钾的部分就称为"游离氧化铜"，不被溶解的部分称为"结合氧化铜"。结合氧化铜在矿石中主要是指与含硅、铝以及铁等的脉石成分紧密结合的氧化铜以及部分单体硅孔雀石。

其中硅孔雀石是结合氧化铜的主要部分。硅孔雀石是一大类含水硅酸铜矿物的总称，包括：土矽铜石($mCuO \cdot nSiO_2 \cdot H_2O$)、矽孔雀石($CuO \cdot SiO_2 \cdot nH_2O$)等。土矽铜石常搀混于褐铁矿中，矽孔雀石也常常分散于铝硅酸盐中。

矿石中的氢氧化铁中常常包裹有氧化残余显微粒级(一般为 5 ~ 15 μm，最小 2 μm)的硫化铜矿和掺杂状的氧化铜矿物，原矿中氢氧化铁的含量为 1% ~ 1.5%，其中含铜 0.0287% ~ 0.05%。

孔雀石和硅孔雀石有 87% 以上溶于氰化钾而进入自由氧化铜相，只有 12% 左右不溶于氰化钾而进入结合氧化铜相，但当孔雀石和硅孔雀石呈显微网脉状，即"色染"状嵌布于脉石中时，却有 80% 左右不溶于氰化钾而进入结合氧化铜相。汤丹铜矿中的孔雀石、硅孔雀石即属这种情况，其溶出性能大为降低，从而增加了冶炼难度，要想回收这部分铜，必须破坏铜矿物外面的包裹才能实现。

（2）结合氧化铜机械活化强化浸出

前期大量研究表明，自由氧化铜在氨性浸出剂中的浸出率大于 85%，并且浸出速度很快，属于易浸出矿相；硫化铜在氨性浸出剂中有氧化剂存在时也很容易被氧化浸出，或者采用浮选的办法亦可将其回收；导致铜回收率不高的关键原因是结合氧化铜的回收率不高，采用活化浮选的办法最高只能回收 45% 左右的结合氧化铜，而常温常压下氨浸出结合氧化铜的浸出不到 10%，前期研究发现在 90 ℃高温下常压浸出，结合氧化铜的浸出率也只有 25% 左右，由此可以看出，提高结合氧化铜的浸出是非常关键而又非常困难的事。为了提高结合氧化铜的浸出率，原中科院化冶所和东川矿物局中心试验室进行了加压氨浸工艺研究，经过努力将结合氧化铜的浸出率和总浸出率提高到近 90%，但由于加压浸出对设备要求非常苛刻，能耗也很高，该技术终究没有得到工业应用；尹才娇、蒋训雄等用 $NH_3 - NH_4HF_2$ 活化浸出这种铜矿石，将结合氧化铜的浸出率提高到 85% 左右，但没有继续深入研究。机械活化作为一种强化浸出的方法被广泛研究应用于冶金流程。作者通过采用机械活化的方式提高结合氧化铜的浸出率，以期寻找一种绿色低耗的方式来解决汤丹高结合氧化铜回收率低的难题。

1）预处理

为了突出考察氧化铜矿中结合组分的机械活化浸出效果，在进行机械活化前对原样品进行了去自由氧化铜处理。原样品化学成分和物相组成如表 2 - 1 和表 2 - 10 所示。参照自由氧化铜的溶浸方法，采用含 3% 乙二胺、50 g/L 氯化铵及 50 g/L 的亚硫酸钠溶液，在液固比为 100∶1、室温及 2 h 的条件下进行预处理，以脱浸除自由氧化铜，预处理样的物相组成如表 2 - 11 所示。

表 2 - 11　脱除自由氧化铜后矿样物相组成/%

物相	结合氧化铜	硫化铜	总铜
含量	0.421	0.052	0.473
比例	89.01	10.99	100

将上述脱除自由氧化铜后的矿料筛分后取 45 ~ 58 μm（ - 250 ~ + 325 目）部分进行后续试验。

2）活化时间对浸出率影响

图 2 - 21 为未经过活化、活化 15 min 和活化 30 min 的物料在不同温度下浸出率与时间的关系曲线。

由图 2 - 21 可以看出，机械活化对提高物料中铜的浸出率效果显著，活化

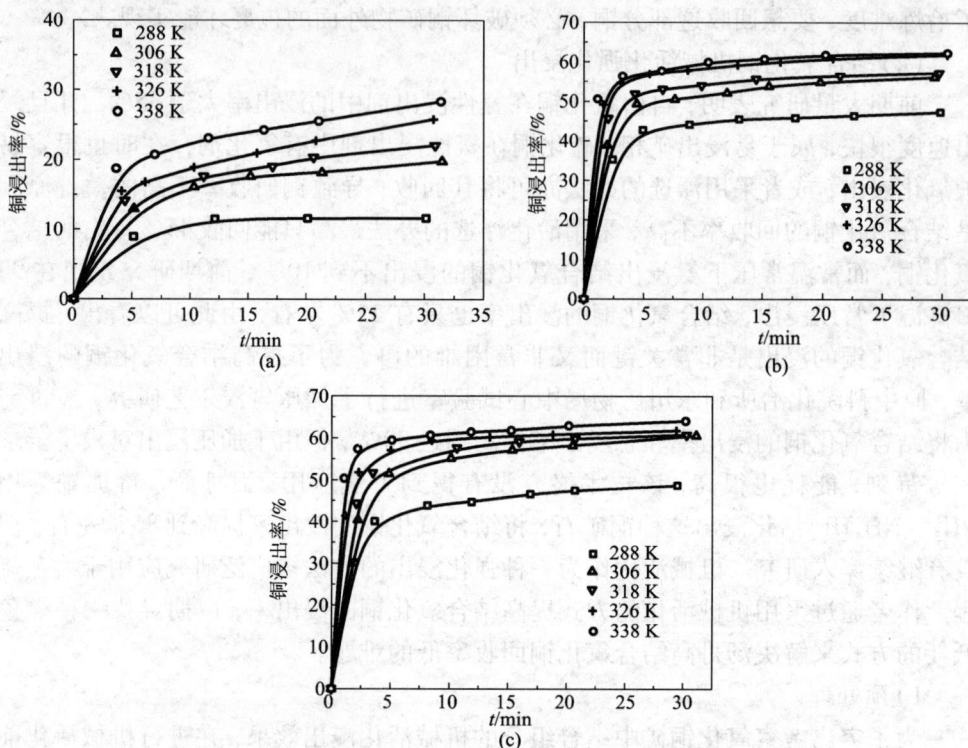

图 2-21 活化时间对浸出率的影响

(a) 未活化；(b) 活化 15 min；(c) 活化 30 min

15 min 与 30 min 后 65 ℃下浸出 30 min 铜的浸出率由未活化时的 26.32% 分别提高到 62.30% 和 63.04%，机械活化后物料中铜的浸出率在 5 min 后基本稳定，而未活化物料浸出 30 min 后都没有稳定。

采用等浸出率法求浸出过程的反应活化能。未活化、活化 15 min 与活化 30 min 的物料浸出过程活化能分别为 24.13 kJ/mol、15.40 kJ/mol 和 14.76 kJ/mol，活化前后反应都为扩散过程控制。与未活化时相比，活化 15 min 和活化 30 min 后反应表观活化能分别降低 8.73 kJ/mol 和 9.37 kJ/mol，这表明机械活化后，物料的活性增强，浸出过程可

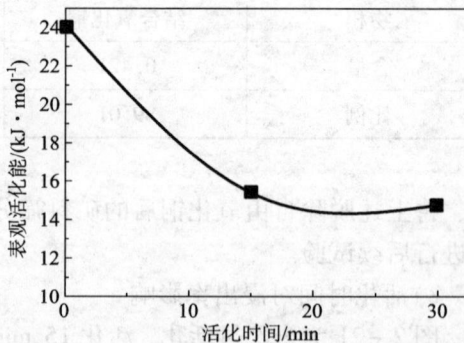

图 2-22 活化时间对表观活化能的影响

以在较低的温度下得到较高的浸出率；另一方面，随着活化时间的延长，表观活化能逐渐降低，但是这种趋势随活化时间的延长而减弱，如图 2 - 22 所示。

3）活化时间对粒径的影响

机械活化对矿样最显著影响首先是导致矿样粒径减小、表面积增加，活化前后的矿粒粒度分别如图 2 - 23 所示。活化前矿粒体积平均粒径为 113. 58 μm，活化 15 min 与 30 min 后矿粒体积平均粒径降至 23. 52 μm 和 15. 48 μm。活化 15 min 与 30 min 比表面积分别由活化前的 0. 258 m^2/g 增大到活化后的 10. 1 m^2/g、11. 9 m^2/g。

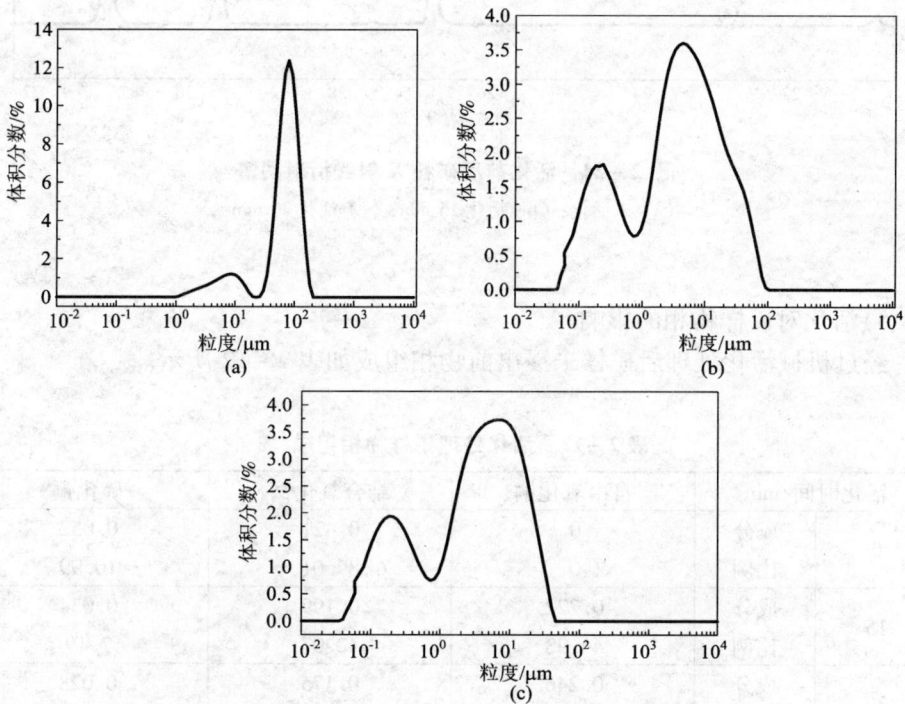

图 2 - 23　不同活化时间的物料粒度分布曲线

（a）未活化；（b）活化 15 min；（c）活化 30 min

4）机械活化对矿样晶体结构的影响

为了进一步研究矿物机械活化内在的规律，采用 X 射线衍射研究了活化前后矿粒的晶面间距的变化。图 2 - 24 为活化前后矿粒的 X 射线衍射图谱，由于矿石中铜含量非常少，X 射线衍射图谱上没有含铜矿物的特征衍射峰，只有主要脉石成分的衍射峰，而且宽化很明显，也就是说机械活化导致了明显的晶格畸变。在活化过程中，部分机械能被转化为化学能而以各种各样的缺陷形式储存在矿物中。矿物在获得额外能量后反应活性增强，在热力学上变得相对不稳定，转化为活性中间体所需的能量也就减小，也就是说活化能降低了。活化时间越长，晶格中的缺陷会逐渐达到饱和，机械能转化为化学能的效率也就逐渐降低，活化能的降低也逐渐减缓。

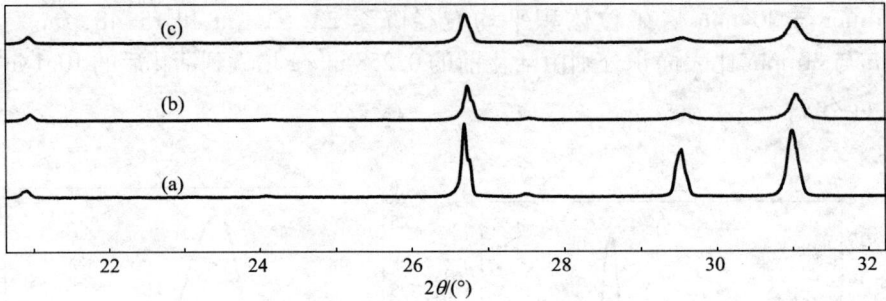

图 2 - 24　活化前后矿粒 X 射线衍射图谱

（a）未活化；（b）活化 15 min；（c）活化 30 min

5）活化对矿样物相的影响

经过机械活化处理后矿样未浸出前物相组成如表 2 - 12 所示。

表 2 - 12　活化处理矿样物相组成/%

活化时间/min		自由氧化铜	结合氧化铜	硫化铜
0	成分	0	0.421	0.052
	比例	0	89.01	10.99
15	成分	0.222	0.199	0.034
	比例	46.93	42.07	7.19
30	成分	0.246	0.175	0.028
	比例	52.01	37.00	5.92

由表 2 - 12 可以看出，矿样经过机械活化处理后，物相组成发生了显著变化，活化前矿样经过预处理，不再含有自由氧化铜，但这种矿样经过机械活化处理后重新出现了含量不低的自由氧化铜，结合氧化铜量明显减少，即结合氧化铜被自由化。当采用机械活化后，矿石发生了两方面的变化，一是矿粒粒径大大减小，比表面积大大增加；二是矿粒晶格缺陷大大增加。矿粒表面积增大，即增加了暴露在颗粒表面的氧化铜量，缺陷增加增大了浸出剂在矿粒中的渗透可能性，使得浸出剂跟含铜矿物接触机会增多，从而导致浸出率的提高，也就显示结合氧化铜

量降低、自由氧化铜增加。此外，经活化处理后矿样中的硫化铜含量也有较大程度的减少，这是由于机械能的加入，矿样温度显著升高，加之球磨罐中有空气存在，矿样中的硫化铜被空气氧化为氧化铜。

不同活化时间处理矿样不同温度浸出渣的物相组成如表 2-13 所示。由表 2-13 可以看出，浸出温度提高，对结合氧化铜和硫化铜的浸出都是有利的。经过机械活化处理后，矿样中的结合氧化铜被自由化的程度很大，浸出渣中结合氧化铜的含量比未经活化处理矿样的浸出渣更低。尽管溶液中加入了 20 g/L 的 Na_2SO_3，硫化物依然被部分浸出，特别在浸出温度较高时更明显，这种现象与巨少华的研究结果是一致的，含铜硫化物很容易被溶解于氨性浸出液中的氧所氧化，从而被浸出。

表 2-13　经不同活化时间活化的铜矿在不同温度下浸出的浸出渣物相组成/%

浸出温度/℃	未活化			活化 15 min			活化 30 min		
	结合氧化铜	硫化铜	Cu_T	结合氧化铜	硫化铜	Cu_T	结合氧化铜	硫化铜	Cu_T
15	0.347	0.043	0.390	0.197	0.0304	0.227	0.167	0.022	0.189
33	0.276	0.037	0.313	0.179	0.0242	0.203	0.162	0.0163	0.178
45	0.253	0.039	0.292	0.152	0.0235	0.176	0.163	0.0127	0.176
53	0.221	0.035	0.256	0.143	0.0210	0.164	0.150	0.0102	0.160
65	0.178	0.032	0.210	0.141	0.0209	0.162	0.134	0.0108	0.145

6）机械活化对矿粒形貌影响

不同活化时间处理后所得矿样浸出前后 SEM 图如图 2-25 所示，可以看出，矿样经过活化处理后，颗粒粒径大幅减小，呈泥化外形，浸出后矿样进一步泥化。

7）常规磨浸强化浸出

经过前面研究发现，矿样经行星磨活化处理后浸出性能得到非常显著的改善，但还是由于装备水平和能耗的限制，现阶段很难经济可行地实现行星磨强化浸出高结合型低品位铜矿的工业应用，当前较为现实的机械强化浸出方式是边磨边浸的办法，本小节详细研究了当浸出剂组成固定为 NH_3 1 mol/L、NH_4Cl 2 mol/L 时常温下磨浸过程工艺参数对强化浸出的影响，所用矿样的粒径为 -58 μm，球磨固定条件为：球料比 10，料浆浓度 30%，球磨机转速 20 r/min，浸出时间 2 h。

①球料比的影响。球料比对铜浸出率的影响如图 2-26 所示，铜浸出率随球料比的提高而提高，这是由于球料比增加，球对矿样的碰撞概率也随之增加，浸出率也就随之增加，当球料比大于 8 后浸出率提高趋势减缓，考虑到球料比越大，球磨产能效率越低，选取最佳球料比为 10。

②料浆浓度的影响。料浆浓度对铜浸出率的影响如图 2-27 所示，可以看

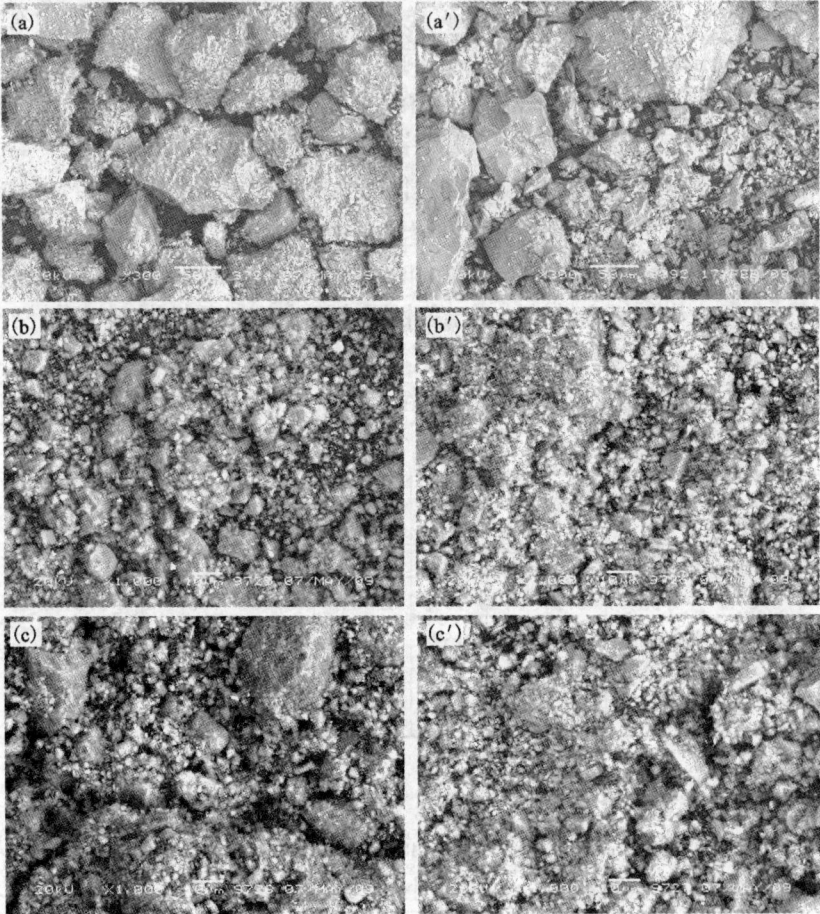

图 2 - 25   不同活化时间处理后矿样浸出前后 SEM 图

(a)、(a′)：未活化；(b)、(b′)：活化 15 min；(c)、(c′)：活化 30 min
a，b，c 为浸出前矿样；a′，b′，c′为浸出渣样

出，铜浸出率随料浆浓度增加先增加后减小，在 40% 左右出现最大值，这是由于料浆浓度过小时，浸出剂对矿样量比例过小，浸出不充分，当料浆浓度过大时，矿样在料浆中分散，磨球与矿粒之间相互碰撞和摩擦的机会降低，进而影响了磨浸的效果。

③球磨机转速的影响。球磨机转速对铜浸出率的影响如图 2 - 28 所示，随着转速提高，矿石中铜浸出率先增大后减小，在 30 r/min 左右最好，当球磨转速较小时，磨球运动不充分，作用给矿样的能量自然低，浸出率很难提高，而当转速过大时，接近临界转速，球磨效果也会降低。

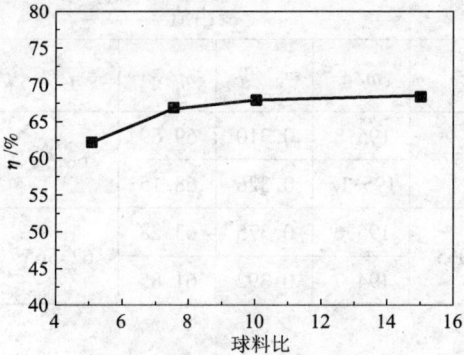

图 2 - 26　球料比对浸出率影响

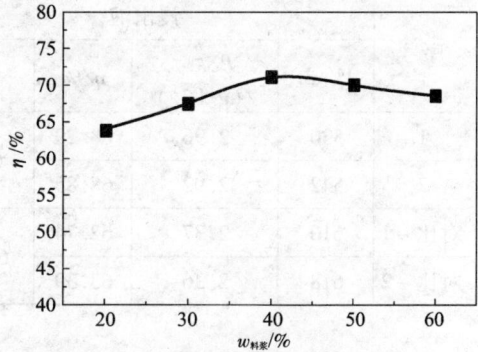

图 2 - 27　料浆浓度对浸出率影响

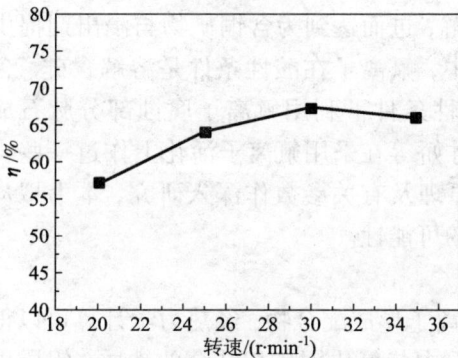

图 2 - 28　球磨机转速对浸出率影响

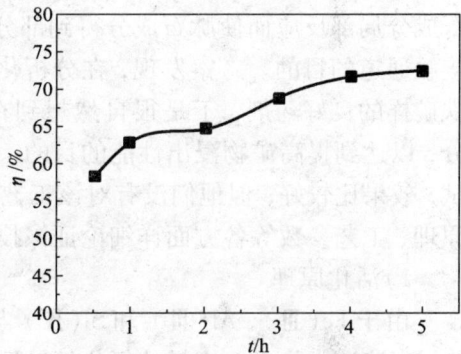

图 2 - 29　球磨时间对浸出率影响

④球磨时间的影响。球磨时间对浸出过程的影响如图 2 - 29 所示，可以看出，随着浸出时间的延长，铜的浸出率也相应提高，但球磨时间过长，需要消耗大量能量，因此选取最佳球磨时间 3 h。

⑤综合条件试验结果。根据条件试验，选定磨浸优化条件为：球料比 10、料浆浓度 40%、球磨机转速 30 r/min、浸出时间 3 h。在浸出剂组成为 NH_3 1 mol/L，NH_4Cl 2 mol/L 时进行 200 g/次规模的综合条件试验，并采用搅拌浸出与之对照。结果如表 2 - 14 所示。

由表 2 - 14 可以看出，磨浸工艺的渣计铜浸出率为 68.92%，而搅拌浸出工艺仅为 62.565%，前者比后者高 6.35%，但与高能球磨活化相比，普通磨浸工艺对提高铜浸出率非常有限。

表 2 – 14　综合条件试验结果

序号	浸出液				浸出渣			
	V/mL	$\rho_{Cu^{2+}}/(\mathrm{g\cdot L^{-1}})$	$\eta/\%$	$\bar{\eta}/\%$	m/g	$w_{Cu}/\%$	$\eta/\%$	$\bar{\eta}/\%$
1	530	2.96	68.29	68.57	195.8	0.310	69.69	68.92
2	542	2.92	68.85		195.15	0.326	68.15	
对比 – 1	610	2.37	62.74	63.065	195.6	0.375	63.28	62.565
对比 – 2	618	2.36	63.39		194.7	0.392	61.85	

(3)结合氧化铜氟化氢氨活化强化浸出

机械活化使结合铜的浸出效果得到强化,较大提高了铜的浸出率,但在现阶段工业应用还存在难度。能否采用一种化学药剂,能够与包裹于含铜矿物外的脉石成分局部反应而使脉石成分得到部分溶解,进而达到为含铜矿物与浸出剂提供接触通道的目的。考察发现,在分析化学中,氟离子在酸性条件是溶解含硅、含铁矿样的良好药剂,于是很自然想到在碱性条件下利用氟离子腐蚀部分脉石成分,以达到提高矿物浸出性能的目的。尹才娇等在采用氟离子活化上作过一些尝试,效果比较好,但他们没有对该工艺的原理及有关参数作深入研究,本书拟从原理、工艺参数等各方面详细论证该技术的可能性。

1)活化原理

由于 Fe(Ⅲ)、Al(Ⅲ)和 Si(Ⅳ)与氟离子形成配合物,经热力学计算可以得出,当溶液中加入一定量的氟化氢铵后矿石中与氧化铜矿相结合的铁质、铝质以及硅质脉石成分都会有一定的溶解,这就为被结合氧化铜释放提供了可能。但是,矿石中大量存在的钙、镁会与氟离子形成沉淀而使溶液中的氟离子浓度降低并最终消耗,因而需要试验探讨氟的消耗是否在可以接受的范围内。

2)氟化氢铵活化浸出正交条件试验

为了查清氟化氢铵活化浸出各工艺参数对浸出效果的影响,用正交试验法考察了氯化铵浓度、氟化氢铵浓度、氨浓度、液固比、温度以及反应时间对铜浸出率的影响,结果如表 2 – 15 所示。

各因子对铜浸出率(η)的影响极差分析见表 2 – 16。

极差分析表明,液固比和氟化氢铵浓度对铜浸出率的影响显著。

各因子对氟化氢铵耗量 $S_{\mathrm{NH_4HF_2}}$ 的影响极差分析见表 2 – 17。

表 2 – 15　各正交试验条件下浸出率与氟化氢铵耗量

No	$[NH_4Cl]$ /(mol·L^{-1})	$[NH_4HF_2]$ /(mol·L^{-1})	$[NH_3]$ /(mol·L^{-1})	液固比	温度 /℃	时间 /h	η/%	$S_{NH_4HF_2}$ /(g·g^{-1}矿)
1	0.5	0.1	0.5	1	30	0.5	39.58	0.0057
2	0.5	0.3	1	2	40	1	52.5	0.0335
3	0.5	0.5	1.5	3	50	1.5	62.27	0.0494
4	0.5	0.7	2	4	60	2	78.41	0.0567
5	0.5	1	2.5	5	70	3	81.93	0.0430
6	1	0.1	1	3	60	3	60.05	0.0170
7	1	0.3	1.5	4	70	0.5	64.54	0.0443
8	1	0.5	2	5	30	1	64.61	0.0501
9	1	0.7	2.5	1	40	1.5	63.71	0.0384
10	1	1	0.5	2	50	2	62.5	0.0729
11	1.5	0.1	1.5	5	40	2	62.29	0.0194
12	1.5	0.3	2	1	50	3	59.38	0.0171
13	1.5	0.5	2.5	2	60	0.5	69.1	0.0245
14	1.5	0.7	0.5	3	70	1	62.31	0.0709
15	1.5	1	1	4	30	1.5	63.18	0.0745
16	2	0.1	2	2	70	1.5	61.1	0.0113
17	2	0.3	2.5	3	30	2	63.85	0.0289
18	2	0.5	0.5	4	40	3	67.9	0.0781
19	2	0.7	1	5	50	0.5	79.56	0.0605
20	2	1	1.5	1	60	1.5	65.07	0.0354
21	3	0.1	2.5	4	50	1	64.55	0.0228
22	3	0.3	0.5	5	60	1.5	75.66	0.0795
23	3	0.5	1	1	70	2	64.66	0.0285
24	3	0.7	1.5	2	30	3	68.25	0.0456
25	3	1	2	3	40	0.5	72.58	0.0422

表 2 – 16　各正交试验条件下浸出率极差分析

	$[NH_4Cl]$	$[NH_4HF_2]$	$[NH_3]$	液固比	温度	时间
Ave. 1	62.938	57.514	61.59	58.48	59.894	65.072
Ave. 2	63.082	63.186	63.99	62.69	63.796	60.993
Ave. 3	63.252	65.708	64.484	64.212	65.652	65.165
Ave. 4	67.496	70.448	67.216	67.716	69.658	66.342
Ave. 5	69.14	69.052	68.628	72.81	66.908	67.502
极差	6.202	12.934	7.038	14.33	9.764	6.509

表 2 - 17　各正交试验条件下氟消耗极差分析

	[NH₄Cl]	[NH₄HF₂]	[NH₃]	液固比	温度	时间
Ave. 1	0.038	0.015	0.061	0.025	0.041	0.035
Ave. 2	0.045	0.041	0.043	0.038	0.042	0.044
Ave. 3	0.041	0.046	0.039	0.042	0.045	0.048
Ave. 4	0.043	0.054	0.035	0.055	0.043	0.041
Ave. 5	0.044	0.054	0.032	0.050	0.040	0.040
极差	0.007	0.039	0.029	0.030	0.005	0.013

通过极差分析可以看出，氟化氢铵浓度、氨水浓度和液固比对氟的消耗具有显著影响。氟化氢铵浓度和液固比提高会增大耗氟量，相反氨浓度增加会降低耗氟量。

通过上述分析，在氯化铵浓度为 3 mol/L、氨浓度为 2.5 mol/L、浸出温度为 60 ℃、浸出时间为 3 h、氟化氢铵大于 0.7 mol/L、液固比大于 5 的条件下可以获得较好的浸出效果，为了更仔细地考察氟消耗情况，分别就氟化氢铵浓度为 0.7 mol/L 与 1 mol/L，液固比为 5:1 与 10:1 做对比试验，其结果如表 2 - 18 所示。

由表 2 - 18 可以看出，在优化条件下，铜的浸出率都比较高，当氟化氢铵浓度在 1 mol/L、液固比为 10:1 时，按渣计算，铜浸出率达到 89.85%；氟化氢铵消耗量为 32.7～42.5 kg/t 矿石。

表 2 - 18　优选条件对比试验

No	$[NH_4HF_2]$ /(mol·L⁻¹)	液固比	浸出液					浸出渣		
			V/mL	ρ_{Cu} /(g·L⁻¹)	η/%	$[F^-]$ /(mol·L⁻¹)	$S_{NH_4HF_2}$ /(g·g⁻¹ 矿)	m/g	w_{Cu} /%	η/%
1	0.7	5	630	1.26	72.69	0.93	0.0327	95.8	0.301	73.59
2	0.7	10	1130	0.791	81.85	1.13	0.0357	95.15	0.234	79.61
3	1	5	650	1.39	82.74	1.34	0.0354	95.6	0.191	83.28
4	1	10	1068	0.914	89.39	1.73	0.0425	94.7	0.117	89.85

表 2 - 19 所示为优化条件下浸出液的杂质浓度，与没有氟化活化浸出的浸出液比较后可以看出，氟化活化浸出液中铁、铝、硅等的含量明显增高，这是由于氟离子腐蚀了脉石成分的缘故。

表 2-19　浸出液成分/(μg·g⁻¹)

No	S	Zn	P	Mn	Fe	Mg	Si	Na	Al	Ca	K
1	39	26	6	8	1	4	465	215	40	100	12
2	31	23	9	20	7	11	692	457	57	108	10
3	66	30	21	11	4	11	720	420	53	96	12
4	59	30	5	30	8	4	1060	585	135	225	16
未活化	16	13	1	7	0.21	9	30	22	—	51	2

注：浸出剂成分(mol/L)：氯化铵浓度3、氨浓度2.5，温度60℃，液固比10:1，浸出3 h。

表 2-20 所示为浸出前后矿样的物相组成，由表可看出，采用氟化氢铵活化浸出后自由氧化铜和结合氧化铜的浸出率都达到了90%以上，影响整体浸出率的因素由原来的结合氧化铜转移到硫化铜，根据巨少华以前的研究，在浸出过程中添加一定量的氧化剂可以很大程度提高硫化铜物相的浸出率。

表 2-20　浸出渣物相成分/%

No	自由氧化铜		结合氧化铜		硫化铜		Cu_T	
	含量	浸出率	含量	浸出率	含量	浸出率	含量	浸出率
原料	0.27	—	0.505	—	0.317	—	1.092	—
1	0.013	95.39	0.048	90.89	0.240	27.47	0.301	73.59
2	0.013	95.42	0.032	93.97	0.189	43.27	0.234	79.61
3	0.011	96.11	0.017	96.78	0.162	51.14	0.191	83.28
4	0.011	96.14	0.011	97.94	0.095	71.62	0.117	89.85

3）不同浸出方案对比

为了综合对比各种浸出方案的优越性，本书就各种常用的浸出方式浸出矿样结果进行了对比。各浸出方案所采用浸出条件如表 2-21 所示。

表 2-21　各浸出方案的条件

No	浸出剂组成/(mol·L⁻¹)	液固比	温度/℃	时间/h	其他
1	NH_4Cl 3、NH_3 2.5	10	60	3	—
2	NH_4Cl 3、NH_3 2.5	10	60	3	$Ca(ClO)_2$：5 g
3	NH_4Cl 3、NH_3 2.5	10	60	3	球料比：10，转速：30 r/min，球磨时间：3 h
4	$(NH_4)_2SO_4$ 1.5、NH_3 2.5	10	60	3	
5	NH_4HCO_3 1.5、NH_3 4	10	60	3	
6	NH_4Cl 3、NH_4HF_2 1、NH_3 2.5	10	60	3	

表 2–22 所示为各浸出方案的试验结果, 可以看出, 氟化活化浸出渣计铜浸出率达到 89.85%, 最具优势; 添加次氯酸钙氧化剂时的浸出率比不加时高 3.16%, 表 2–23 所示浸出渣物相组成也表明, 加入次氯酸钙的浸出渣中的硫化铜物相明显减少, 也可以用空气做氧化剂; 磨浸工艺与常规搅拌浸出相比, 浸出率具有一定优势; 硫酸铵或碳酸氢铵–氨–水体系的浸出率比氯化铵–氨–水体系要低。

表 2–22 各浸出方案的浸出率比较

No	浸出液			浸出渣		
	V/mL	$\rho_{\text{Cu}^{2+}}/(\text{g}\cdot\text{L}^{-1})$	$\eta/\%$	m/g	$w_{\text{Cu}}/\%$	$\eta/\%$
1	560	0.646	65.73	48.1	0.401	64.93
2	580	0.642	67.66	48.75	0.36	68.09
3	610	0.594	65.85	48.2	0.392	65.65
4	605	0.559	61.48	48.15	0.44	61.48
5	620	0.557	62.75	48.3	0.432	62.06
6	534	0.914	89.39	47.35	0.117	89.85

表 2–23 各浸出方案浸出渣物相组成/%

No	自由氧化铜		结合氧化铜		硫化铜		Cu_T	
	含量	浸出率	含量	浸出率	含量	浸出率	含量	浸出率
原矿	0.42	—	0.478	—	0.202	—	1.1	—
1	0.009	97.86	0.342	28.45	0.05	75.25	0.401	64.93
2	0.009	97.86	0.345	27.82	0.006	97.03	0.36	68.09
3	0.004	99.05	0.338	29.29	0.05	75.25	0.392	65.65
4	0.05	88.10	0.35	26.78	0.04	80.20	0.44	61.48
5	0.034	91.90	0.353	26.15	0.045	77.72	0.432	62.06
6	0.011	96.14	0.011	97.94	0.095	71.62	0.117	89.85

表 2–24 所示为各种浸出方案的浸出液中杂质元素含量, 除氟化活化浸出对各种脉石成分浸出效果明显外, 其余浸出方法对脉石成分的浸出没有很大区别, 都很少。

表 2 - 24　各种浸出方案浸出液杂质元素含量/(μg·g⁻¹)

No	S	Zn	P	Mn	Fe	Mg	Si	Na	Al	Ca	K
1	16	13	1	7	0.21	9	30	22	—	51	2
2	15	10	—	11	1	27	90	25	—	3392	4
3	15	11	9	9	1.2	26	55	23	—	63	3
4	46017	17	2	11		25	33	20	—	220	9
5	346	15	9	4	2	4	49	16	—	3	—
6	59	30	5	30	8	4	1060	585	135	225	16

2.1.4.3　氯化铵 - 氨 - 水体系中低品位氧化铜矿的摇瓶浸出和连续柱浸

对于结合氧化铜含量较低的汤丹低品位铜矿,直接用氨性体系堆浸的办法应该是一种经济可行的铜提取方案,本节对低品位氧化铜矿进行了摇瓶浸出和连续柱浸研究,为堆浸低品位氧化铜矿提供指导。

(1)试料

试验原料取自汤丹铜矿。这种矿物的矿物学特性非常复杂,元素含量检测结果示于表 2 - 25,而该矿中铜的物相分析结果显示于表 2 - 26。

表 2 - 25　汤丹低结合型氧化铜矿中的元素含量/%

成分	Cu	Zn	SiO_2	Fe_2O_3	Al_2O_3	$CaCO_3$	$MgCO_3$	MnO	S	共计
含量	1.27	0.7	17.62	2.97	1.08	43.55	32.29	0.30	0.11	99.89

表 2 - 26　汤丹低结合型氧化铜矿的铜物相/%

物相	$Cu_2(OH)_2CO_3$	$CuSiO_3 \cdot 2H_2O$	Cu_5FeS_4	$CuFeS_2$	CuS	Cu_T
含量	0.51	0.23	0.49	0.02	0.02	1.27

表 2 - 26 说明,结合氧化铜占总铜比例不到 20%。

(2)试验方法

用正交设计法进行瓶浸试验,根据正交表设计原则,拟采用 $L_{18}(3^7)$ 正交表安排试验。考察温度、拌速速度、时间、$NH_3 \cdot H_2O$ 的浓度、NH_4Cl 的浓度及氧化剂的种类和用量的影响。试验在 2 L 的四孔烧瓶中进行,每次先将所需质量的 NH_4Cl 晶体颗粒加入盛有 800 mL 水的烧瓶中,再在搅拌的状态下将 <0.075 mm

的汤丹铜矿 100 g 加入到烧瓶中，最后加入所需质量的氨水，并加入蒸馏水将溶液体积稀释至 1 L。搅拌浸出 12 h 后，过滤并洗涤滤渣 3 次，分析滤渣和滤液中的铜含量，作平衡计算。瓶浸试验用了三种氧化剂：空气、氯化铜和漂白粉。其中氯化铜和漂白粉是先通过计算得到所需要物质的量，然后在反应开始后将其加入到浸出矿浆中去的；而空气的加入方式为：向烧瓶的四孔中各插入一支玻璃管，其中中间一支不插到溶液中，其余的都插入溶液中，烧瓶内体系保持密封，用小型真空泵将空气从中间的玻璃管抽出，造成负压，则空气从周围的三个玻璃管中被吸入溶液，其中的氧气参与反应。

在瓶浸试验的基础上，用几个 $\phi 125$ mm × 1000 mm 的有机玻璃柱进行柱浸试验。每个柱中装有 10 kg 未经磨细的汤丹铜矿原矿，其粒度为 0.1 ~ 1.0 mm。用配好浓度的 $NH_4Cl - NH_3 - H_2O$ 溶液在室温（25 ℃左右）下循环浸出矿柱 100 d 左右。每隔三天将柱中溶液的铜含量分析一次，忽略浸出液体积的变化，计算柱浸的浸出率。在汤丹铜矿的柱浸试验中也用到了两种氧化剂。一种是浸出过程中生成的 Cu^{2+}，由于其浓度可达到 7 ~ 8 g/L，可以作为浸出硫化矿的氧化剂；另一种氧化剂是漂白粉，将其均匀地混入铜矿原矿中再装柱。

（3）试验结果

1）瓶浸试验

瓶浸正交试验的铜浸出率和锌浸出率分析结果见表 2 - 27。对上述试验数据分元素进行极差分析和方差分析见表 2 - 28 ~ 表 2 - 31。

在瓶浸探索试验中发现，不加氧化剂时，铜的浸出率很低，最大为 40.7%。因此，对于铜浸出率的显著性影响因子除了粒度以外，还有氧化剂。从表 2 - 28 和表 2 - 29 可以看出：①随温度的增加，铜浸出率先增加后减少，这是因为温度在合适范围内（15 ~ 35 ℃）增加时，反应的速度加快，铜浸出率增加；而当温度继续增加时，MACA 体系中的氨挥发加剧，铜浸出率因此而减少。②随粒度的减小，铜浸出率增加，当粒度减小到低于 0.075 mm 的粒子质量 > 80% 时，粒度的影响趋缓。③随搅拌速度的增加，浸出率减小，这是因为当搅拌速度太大时，加剧了氨的挥发。④浸出率随时间的变化不显著。⑤铜浸出率随氨水和氯化铵浓度的增加而增加。⑥在所用到的三种氧化剂中，都有一定效果，其中漂白粉的氧化效果最好，2 价铜的氧化效果次之，空气由于会带走浸出液中的氨而使氧化效果较弱。

表 2 – 27　MACA 体系中汤丹铜矿瓶浸试验结果

No	温度 (A) /°C	粒度/mm (B) (>80%)	搅拌速度 (C) /(r·min⁻¹)	时间 (D) /h	[NH$_3$·H$_2$O] (E) /(mol·L^{-1})	[NH$_4$Cl] (F) /(mol·L^{-1})	氧化剂及其用量 (G)	铜浸出率 /%	锌浸出率 /%
1	15	<0.150	300	12	0.2	1.0	Cu^{2+} 0.1 mol/L	54.5	36.5
2	15	<0.075	400	24	0.5	2.0	漂白粉 5 g	73.3	57.3
3	15	<0.046	500	36	0.8	3.0	空气 1 L/min	67.9	50.5
4	35	<0.150	300	24	0.5	3.0	空气 1 L/min	60.5	43.1
5	35	<0.075	400	36	0.8	1.0	Cu^{2+} 0.1 mol/L	71.4	57.6
6	35	<0.046	500	12	0.2	2.0	漂白粉 5 g	71.0	51.5
7	55	<0.150	400	12	0.8	2.0	空气 1 L/min	56.1	44.3
8	55	<0.075	500	24	0.2	3.0	Cu^{2+} 0.1 mol/L	68.7	53.2
9	55	<0.046	300	36	0.5	1.0	漂白粉 5 g	77.9	60.9
10	15	<0.150	500	36	0.5	2.0	Cu^{2+} 0.1 mol/L	55.3	39.6
11	15	<0.075	300	12	0.8	3.0	漂白粉 5 g	79.8	64.3
12	15	<0.046	400	24	0.2	1.0	空气 1 L/min	68.1	54.8
13	35	<0.150	400	36	0.2	3.0	漂白粉 5 g	58.7	44.6
14	35	<0.075	500	12	0.5	1.0	空气 1 L/min	67.2	52.2
15	35	<0.046	300	24	0.8	2.0	Cu^{2+} 0.1 mol/L	78.2	64.3
16	55	<0.150	500	24	0.8	1.0	漂白粉 5 g	51.0	37.2
17	55	<0.075	300	36	0.2	2.0	空气 1 L/min	65.4	48.6
18	55	<0.046	400	12	0.5	3.0	Cu^{2+} 0.1 mol/L	68.9	52.5

表 2 - 28 铜浸出率的极差分析

	液计铜浸出率/%						
$\overline{K}_1$	68.00	57.80	70.88	67.88	66.32	66.77	67.68
$\overline{K}_2$	69.80	72.87	68.37	68.58	68.83	68.60	70.68
$\overline{K}_3$	66.62	73.75	65.17	67.95	69.27	69.05	66.05
R	3.18	15.95	5.72	0.7	2.95	2.83	4.63

表 2 - 29 铜浸出率的方差分析

方差来源	偏差平方和	自由度	均方	F	显著性	备注
A	30.57	2	15.29	1.00		
B	964.37	2	482.19	31.67	*	$F_{0.05}(7,3) = 19.00$
C	98.51	2	49.26	3.24		
D	1.79	2	0.90	0.06		
E	30.45	2	15.23	1.00		
F	17.55	2	8.78	0.58		
G	66.27	2	33.14	2.18		
随机误差	30.45	2	15.23			
和	1239.96	16				

由表 2 - 30 和表 2 - 31 可见,锌浸出率的显著性影响因子有粒度、搅拌速度、NH_3 浓度和氧化剂。其他影响因子与铜浸出率的情况十分相似,在此不再赘述。

通过对试验数据中极差的大小及因素的显著性的比较来确定因素的主次顺序。

对铜浸出率来说:B > C > G > E > F > A > D;对锌浸出率来说:B > C > E > G > A > F > D。根据一般情况下多数选取的原则及综合回收各种有价元素的考虑,确定因素的主次顺序为:B > C > G > E > F > A > D。而其对应的最优水平为:3、2、1、3、3、2、2。但考虑到各因素的实际能耗及成本等的综合影响,确定最优水平为:2、1、2、2、2、2、2。影响因素的主次及其最优条件如表 2 - 32 所示。

表 2 - 30 锌浸出率的极差分析

	液计锌浸出率/%						
$\overline{K}_1$	52.22	42.48	54.62	51.98	50.10	51.62	52.30
$\overline{K}_2$	54.18	57.28	53.70	53.38	52.70	52.87	54.87
$\overline{K}_3$	51.15	57.78	49.23	52.18	54.75	53.07	50.38
R	3.03	15.30	5.38	1.40	4.65	1.45	4.48

表 2 - 31　锌浸出率的方差分析

方差来源	偏差平方和	自由度	均方	F	显著性	备注
A	28.41	2	14.21	3.977		$F_{0.05}(7,2) = 6.94$
B	906.76	2	453.38	126.91	*	
C	99.54	2	49.77	13.93	*	
D	6.88	2	3.44	0.96		
E	65.17	2	32.59	9.12	*	
F	7.41	2	3.71	1.04		
G	60.72	2	30.36	8.499	*	
随机误差	14.29	4	3.57			
和	1189.18	18				

表 2 - 32　影响因子顺序及其最优条件

影响因子	粒度 /mm	漂白粉氧化剂/g	搅拌速度 /(r·min^{-1})	[NH$_3$·H$_2$O] /(mol·L^{-1})	[NH$_4$Cl] /(mol·L^{-1})	温度 /℃	时间 /h
最优水平	<0.075	5	300	0.5	2	35	24

对选取的最优浸出条件进行试验,试验结果如表 2 - 33 所示。其中水洗渣三次,最终浸出液体积为 1220 mL。

表 2 - 33　最优条件下的试验结果

元　　素	Cu	Zn
金属浓度/(g·L^{-1})	0.86	0.37
液计浸出率/%	83.1	65.3
渣计浸出率/%	81.7	62.9
平均浸出率/%	82.4	64.1

从表 2 - 33 可以看出,综合条件试验取得了很好的结果。

2) 柱浸试验

进行了两个柱浸试验,一个柱浸试验没有加氧化剂,因为考虑到浸出的 2 价铜离子也可以作为氧化剂;另一个柱浸试验应用漂白粉(次氯酸钙 30%)作氧化剂。浸出结果如图 2 - 30 所示。

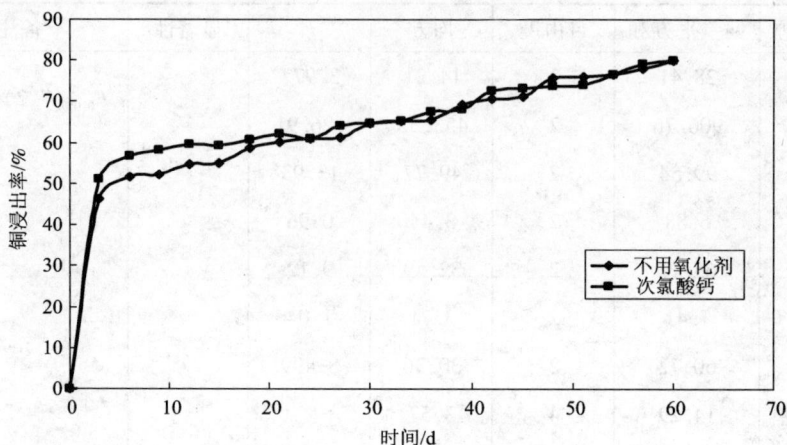

图 2-30 用氧化剂和不用氧化剂的铜浸出率比较

图 2-30 显示：①该体系中铜的浸出速度非常快，前 3 d 的浸出率就达到 50%；②在柱浸的前些天里，加了氧化剂的铜浸出率比不加的高一些，但柱浸 27 d 以后，两个柱子的铜浸出率越来越接近。其原因是在浸出过程中，浸出液中的 Cu^{2+} 和 Cu^{+} 之和高达 8 g/L，并且通过化验分析得知浸出液中 95% 以上都是 Cu^{2+}，而 $\varphi[Cu(NH_3)_2^{+}/Cu(NH_3)_4^{2+}]$ 高达 0.2 V，Cu^{2+} 可以氧化斑铜矿，自身被还原为 Cu^{+}，而 Cu^{+} 在空气的作用下又被氧化为 Cu^{2+}，从而形成有益的循环，因此使氧化作用的时间持续在整个柱浸过程中。而采用漂白粉作为氧化剂则只能在最初的一段时间内起作用，这是因为没有有效的循环机制。③随着时间的延长，铜浸出率缓慢增加，三个月浸出率达到 80.05%。

浸铜结束后，对 1#和 2#浸出柱分别进行了三次淋洗，其中 1#柱得到混合浸出液 21.35 L（包括柱中的 5.12 L），2#柱得到混合浸出液 22.15 L（包括柱中的 5.12 L）。1#和 2#柱锌的浸出率分别为 63.14% 和 53.37%。

最终分析浸出液和浸出渣的成分分别列于表 2-34 和表 2-35。

表 2-34 浸出液中元素含量

含量/$(mg \cdot L^{-1})$	①Cu^{2+}	①Zn^{2+}	Pb^{2+}	Fe^{3+}	Ag^{+}	Mn^{2+}	Cd^{2+}	Co^{2+}	①Ca^{2+}	①Mg^{2+}
1#柱	4.79	2.07	4.04	0	0.43	13.01	1.08	30.03	1.92	0.98
2#柱	4.62	1.69	5.12	0	0.51	5.62	2.33	24.85	1.55	1.26

注：①单位为 g/L。

按柱浸渣率 100% 计，1#和 2#柱的渣计铜浸出率分别达到 82.68% 和 81.10%，与液计铜浸出率十分接近。

表 2－35　浸出渣中元素含量

含量 $w/\%$	Cu	Zn	SiO$_2$	Fe$_2$O$_3$	Al$_2$O$_3$	MnO	S	CaO	MgO
1#柱	0.24	0.23	16.54	2.59	1.05	0.31	0.05	21.03	12.54
2#柱	0.22	0.20	15.33	2.61	1.04	0.26	0.10	25.34	11.28

总之，无论是用漂白粉作氧化剂，还是不加氧化剂，在该体系中浸铜速度很快，前三天的浸出率达到了 50%。柱浸 27 d 以后，两个柱子的铜浸出率越来越接近。证明了 Cu^{2+} 对斑铜矿具有氧化作用。堆浸 60 d 后两柱的浸出率基本相同，液计铜浸出率达到 80.05%，而渣计铜浸出率与此十分接近，平均为 81.89%。从而从实践上证明了用此体系堆浸低品位混合铜矿的可行性。

2.1.4.4　氯化铵－氨－水体系浸出液萃取铜

根据王成彦等的研究，采用 LIX84－1 从氨－氯化铵溶液中萃取铜效果很好，共萃上去的氨可以在反萃前用水洗除，有机相洗涤后再反萃，其反萃后液可以满足电积铜的要求。但王成彦等没有对萃取－洗涤－反萃各阶段的影响因素做深入的研究，尤其没有深入研究氨共萃与洗涤的影响条件，作者就氨－氯化铵系统中铜萃取的各个环节做比较系统的研究，为实际使用提供指导。

（1）萃取平衡时间

水相中氨浓度 2.5 mol/L，氯化铵浓度 3 mol/L，有机相含 LIX84－1 10% 时铜萃取率与时间的关系如图 2－31 所示，由图可以看出，铜萃取平衡时间约为 2.5 min，在本书中，萃取试验的混合时间均为 5 min。

（2）萃取等温线

1）不同氨浓度萃取等温线

氯化铵浓度固定为 3 mol/L、有机相中 LIX84－1 浓度固定为 10% 时，不同氨浓度下的萃取等温线如图 2－32 所示。由图可以看出，当水相中铜离子浓度相等时，溶液中氨浓度越小，有机相中铜浓度越大。也就是说氨浓度降低有利于铜的萃取，溶液中铜离子绝大部分以 $Cu(NH_3)_4^{2+}$ 存在，在式（2－23）所示萃取反应中，当铜离子浓度一定时，$[Cu(NH_3)_4^{2+}]$ 也一定，氨浓度增加，使得平衡反应朝不利于铜萃取的方向移动。由图 2－32 还可以测得氨浓度分别为 1、2.5、3 mol/L 时有机相的铜萃取饱和容量分别为 5.38 g/L、4.89 g/L 和 4.64 g/L。

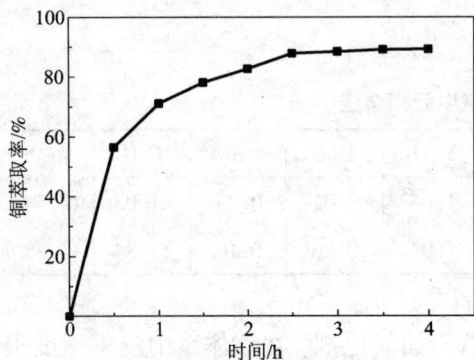

图 2 – 31　平衡时间曲线

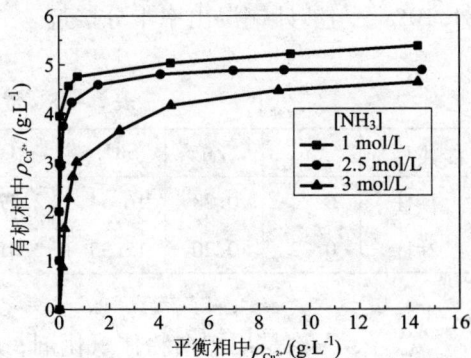

图 2 – 32　不同氨浓度下的萃取等温线

2）不同氯化铵浓度萃取等温线

氨浓度固定为 2.5 mol/L、有机相中 LIX84 – 1 浓度固定为 10% 时，不同氯化铵浓度下的萃取等温线如图 2 – 33 所示。由图可以看出，当水相中铜离子浓度相等时，溶液中氯化铵浓度越小，有机相中铜浓度越大。也就是说氯化铵浓度降低有利于铜的萃取，如氨浓度对萃取过程的影响相似，如式（2 – 23）所示，NH_4^+ 浓度增加同样会使萃取反应朝不利于铜萃取的方向移动。氯化铵浓度分别为 3、4、5 mol/L 时有机相铜萃取饱和容量分别为 4.89 g/L、4.81 g/L 和 4.53 g/L。

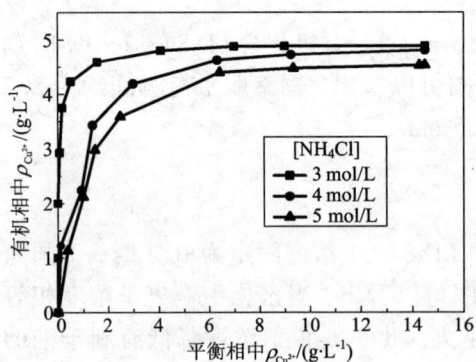

图 2 – 33　不同氯化铵浓度
下的萃取等温线

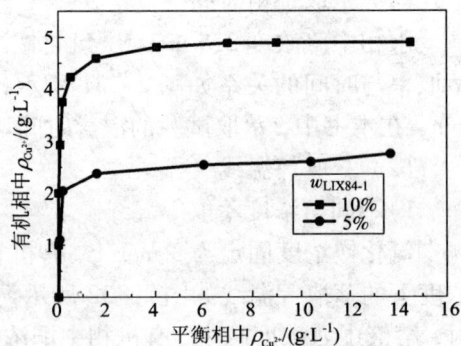

图 2 – 34　有机相中不同萃取剂
浓度下的萃取等温线

3）不同萃取剂浓度萃取等温线

水相中氨浓度 2.5 mol/L，氯化铵浓度 3 mol/L，有机相中 LIX84 - 1 浓度分别为 5% 和 10% 时的铜萃取等温线如图 2 - 34 所示，由图可以得出 LIX84 - 1 浓度分别为 5% 和 10% 时铜萃取饱和容量分别为 5.5 g/L 和 4.89 g/L。这是由于在有机相中，LIX84 - 1 浓度越低，其活度越接近其浓度；而高浓度时活度小于其浓度，单位萃取剂所萃取的铜量也就越小。

（3）铜氨共萃平衡

1）铜离子浓度对铜氨共萃平衡影响

水相总氨浓度 5 mol/L，pH 为 9 的铜氨溶液，有机相中 LIX84 - 1 浓度为 20%，相比（O/A）为 1∶1，两相在室温下振荡 30 min。水相中铜离子浓度对氨共萃平衡的影响如图 2 - 35 所示，可以看出，共萃氨量随被萃水相中铜浓度增加而显著降低。当有机相中 LIX84 - 1 浓度固定，随被萃水相铜离子浓度升高，与铜离子形成萃合物的 LIX84 - 1 的量也就增加，LIX84 - 1 消耗的增加导致有机相中 LIX84 - 1 浓度下降，进而使得其与氨形成萃合物的量减小，最终导致共萃氨量下降。

2）总氨浓度对铜氨共萃平衡影响

被萃水相为铜离子浓度 5 g/L，pH 为 9 的铜氨溶液，有机相中 LIX84 - 1 浓度为 20%，相比（O/A）为 1∶1，两相在室温下振荡 30 min。总氨浓度对共萃氨量的影响如图 2 - 36 所示。

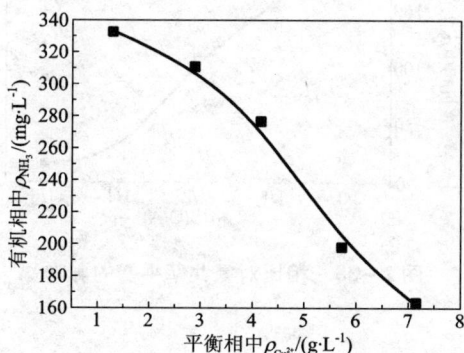

图 2 - 35　水相中铜离子浓度
对氨共萃平衡的影响

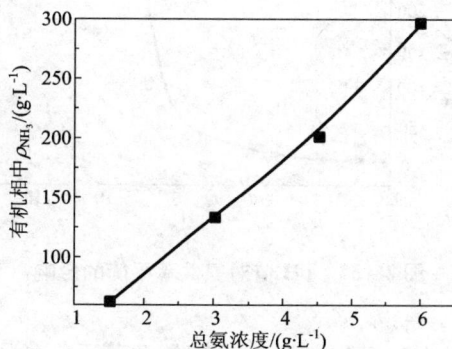

图 2 - 36　水相中总氨浓度
对氨共萃平衡的影响

由图 2 - 36 可知，负载有机相的共萃氨量随被萃水相中总氨浓度升高而明显升高。根据式（2 - 24）所示氨共萃反应可知，随被萃水相总氨浓度升高，反应平衡向右移动，进而使共萃氨量明显升高。

3）pH 对铜氨共萃平衡的影响

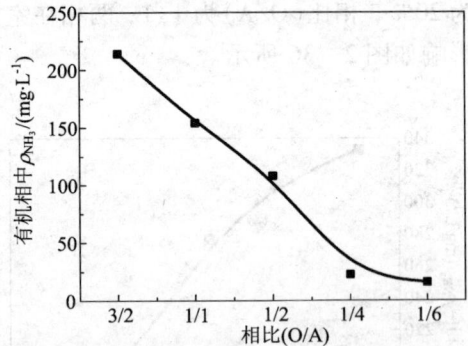

被萃水相为铜离子浓度 5 g/L、总氨浓度 5 mol/L 的铜氨溶液，有机相中萃取剂 LIX84 - 1 浓度为 20%，相比（O/A）为 1∶1，两相在室温下振荡 30 min。被萃水相 pH 对共萃氨量的影响如图 2 - 37 所示。

由图 2 - 37 可知，负载有机相的共萃氨量随着被萃水相 pH 增大而明显升高，当 pH 达到 8.5 时，负载有机相中的共萃氨量增加极为显著。当被萃水相中 pH 升高时，在被萃水相总氨浓度一定的情况下，游离的 NH_3 浓度将升高，式（2 - 24）所示氨共萃反应平衡向右移动，从而导致共萃氨量升高。

4）相比对铜氨共萃平衡影响

被萃水相为铜离子浓度 5 g/L、总氨浓度 5 mol/L 及 pH 为 9 的铜氨溶液，有机相中萃取剂 LIX84 - 1 浓度 20%，在室温下振荡 30 min。相比（O/A）对共萃氨量的影响如图 2 - 38 所示。

由图 2 - 38 可知，随相比（O/A）的降低，负载有机相的共萃氨量明显降低。这是由于相比降低，负载有机相中铜离子浓度大为升高，相当于铜萃取反应式（2 - 23）的平衡往右移，有机相中剩余 LIX84 - 1 减少，使氨共萃反应（2 - 24）平衡向左移，导致共萃氨量降低。

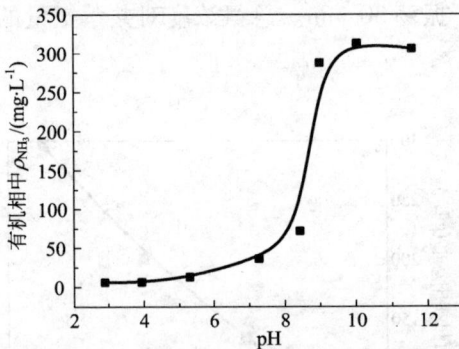

图 2 - 37　pH 值对氨共萃平衡的影响　　　　图 2 - 38　相比对氨共萃平衡的影响

5）萃取剂浓度对铜氨共萃平衡的影响

被萃水相为铜离子浓度 5 g/L、总氨浓度 5 mol/L 及 pH 为 9 的铜氨溶液，稀释剂为 260#溶剂油，相比（O/A）为 1∶1，室温下振荡 30 min。有机相中 LIX84 - 1 浓度对共萃氨量的影响如图 2 - 39 所示。

由图 2 - 39 可以看出，随 LIX84 - 1 浓度升高，负载有机相的共萃氨量明显升高。由于被萃水相中铜离子浓度一定，即有机相中萃铜时消耗的 LIX84 - 1 一定，随着有机相中初始 LIX84 - 1 浓度升高，有机相中剩余的 LIX84 - 1 浓度也升高，导致氨共萃反应(2-24)平衡向右移动,使共萃氨量升高。

(4) 反萃等温线

1)不同硫酸酸度反萃等温线

有机相中 LIX84-1 含量为 10%,反萃时间 5 min,温度为 10 ℃下,用硫酸反萃的反萃等温线如图 2-40 所示。很显然,反萃剂酸度越高,与相同有机相铜浓度平衡的水相铜浓度越高,也就是说酸度越高,越容易获得高浓度的反萃液,即提高酸度有利于反萃进行。在如式(2-25)所示的反萃反应中,反萃剂中 H^+ 增加,有利于反萃正向进行。

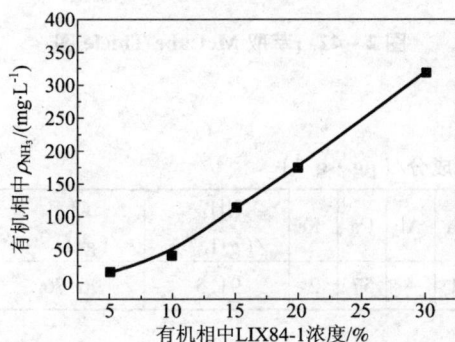

图 2-39　萃取剂浓度对氨共萃平衡的影响　　图 2-40　不同酸度下的反萃等温线

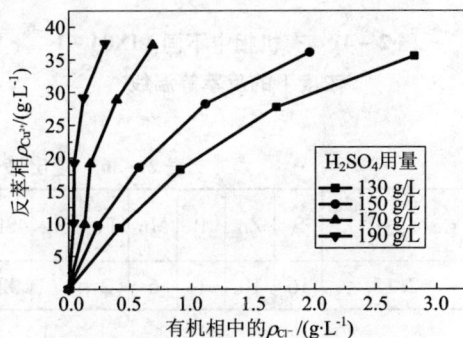

2)不同萃取剂浓度反萃等温线

反萃剂硫酸含量为 170 g/L,反萃时间为 5 min 时,温度为 10 ℃时,有机相中不同 LIX84-1 含量的反萃等温线如图 2-41 所示。由图可以看出,有机相中 LIX84-1 含量越低,反萃后有机相含铜浓度也越低,反萃越完全。

(5) 铜萃取及负载有机相洗涤和反萃

1)工艺条件选择

采用含 NH_4Cl 3 mol/L、NH_3 2.5 mol/L 浸出剂在液固比为 4∶1 及常温下浸出铜矿石 3 h 后所得浸出液成分如表 2-36 所示,为了操作方便,选取相比(A/O,以下同)为 1∶1,有机相含 LIX84-1 5%,采用 McCabe-Thiele 图解法求取萃取级数如图 2-42 所示,可以看出,采用一级萃取即可将萃余液中 Cu^{2+} 含量降到 0.05 g/L 左右,考虑级效率,选取萃取级数为 2 级。

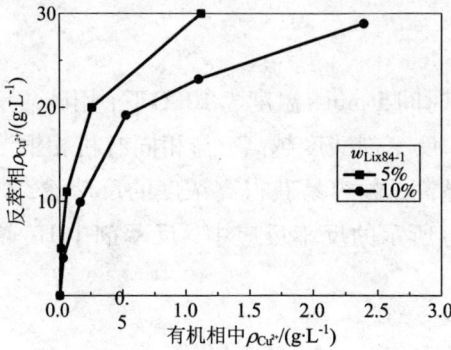

图 2 - 41 有机相中不同 LIX84 - 1
浓度下的反萃等温线

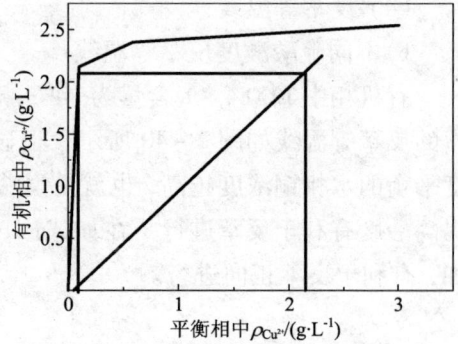

图 2 - 42 萃取 McCabe-Thiele 图

表 2 - 36 浸出液化学成分/(μg · g⁻¹)

Cu/(g·L⁻¹)	S	Zn	P	Mn	Fe	Mg	Si	Na	Al	Ca	K	NH₄⁺/(g·L⁻¹)	Cl⁻/(g·L⁻¹)
2.15	16	10	1	6	2	7	33	21	—	57	2	91.5	96.76

根据前面研究可知，萃取过程中肯定会有部分氨共萃到有机相中，后续电积工艺要求反萃前将有机相进行洗涤，在洗涤过程中共萃到有机相的氨会进入到洗水中，为了方便从洗水中回收氨，需要将氨富集到一定浓度。根据图 2 - 37 所示 pH 对洗涤的影响研究可知，在 pH 为 4 左右时，即使洗水中总氨浓度达到 3 mol/L，与之平衡的有机相中氨浓度也会非

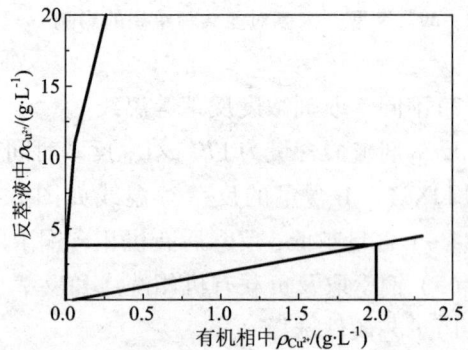

图 2 - 43 反萃 McCabe-Thiele 图

常低，因此在洗涤操作时采用 pH 值为 4 左右的 2 mol/L 的氯化铵溶液作为洗涤液。洗涤相比选为 5，级数选为 1 级。

负载有机相含铜 2 g/L 左右，采用 170 g/L H₂SO₄ 对其进行反萃，反萃液含 Cu²⁺ 35 g/L，反萃相比确定为 0.5，用图 2 - 43 所示反萃 McCabe-Thiele 图求取反萃级数。可以看出，1 级反萃即可获得很好的反萃效果，考虑到反萃级效率，选取反萃级数为 2 级。

2）铜萃取、洗涤及反萃效果

根据上述讨论，选取萃取－洗涤－反萃过程工艺参数分别为：①萃取：有机相含 5% LIX84－1、相比为 1、级数为 2；②洗涤：洗涤剂为 2 mol/L 的氯化铵溶液，其 pH 为 4、相比为 5、级数为 1；③反萃：反萃剂为 170 g/L 硫酸，含铜 35 g/L、相比为 0.5、级数为 2。在上述工艺参数下进行串级试验，试验结果如表 2－37 和表 2－38 所示。

表 2－37　串级试验结果/(g·L^{-1})

溶液	Cu^{2+}	NH$_4^+$	Cl$^-$
原液	2.15	91.5	96.76
萃余液	0.002	91.37	96.72
负载有机相	2.15	0.126	0.041
洗涤后液	<0.001	36.77	71.33
洗后有机相	2.15	痕	痕
反萃后液	39.3	痕	痕

表 2－38　反萃后液化学成分/(μg·g^{-1})

Cu /(g·L^{-1})	Zn	P	Mn	Fe	Mg	Si	Na	Al	Ca	K	NH$_4^+$ /(g·L^{-1})	Cl$^-$ /(g·L^{-1})
39.3	1	—	2	1	2	13	1	—	5	2	—	—

由表 2－37 和表 2－38 可以看出，采用 LIX84－1 为萃取剂，弱酸性氯化铵溶液作洗涤剂，硫酸作反萃剂可以获得很好的反萃效果，铜萃取率和反萃率均 >99%，反萃后液符合铜电积对电解液的要求，洗涤液含氯化铵浓度很高，当其继续富集后可以将部分开路返回浸出过程，并在原洗涤液中补加水维持洗涤液量。

2.1.4.5　氯化铵－氨－水体系中浸出低品位氯铜矿

北京矿冶研究总院王成彦等针对新疆砂岩型氧化铜矿矿石类型较复杂，含碳酸盐和钙镁较高，铜矿物有氯铜矿存在的特点，首次提出在氯化铵－氨－水体系中处理这类低品位含氯氧化铜矿，并进行了系统研究，本节对此工艺进行简要介绍。

（1）原料

矿样取自新疆大山口铜矿，其化学组成见表 2－39。

矿石的主要脉石矿物为石英、斜长石、白云石和方解石；次之有正长石、绿泥石、石膏，此外还有微量的金红石、钛铁矿、榍石、重晶石等。主要铜矿物有氯铜矿、赤铜矿、孔雀石、硅孔雀石、蓝铜矿、自然铜、水胆矾等。碎屑矿物粒度一般为 30～70 μm，少量大者约 100 μm，多呈次棱角状；胶结矿物粒度由碎屑矿物堆积空间间隙决定，粒度一般在 1～50 μm 变化。

表 2 – 39 矿样化学组成/%

成分	Cu	Fe	CaO	MgO	Al$_2$O$_3$	SiO$_2$	Mn
含量	2.52	1.64	7.13	1.10	9.65	67.58	0.063
成分	Cl	S	C	Pb	P	Au/(g·t^{-1})	Ag/(g·t^{-1})
含量	0.17	0.12	1.49	0.014	0.044	0.04	2.7

铜主要以碱式氯化铜和氧化亚铜,即以氯铜矿(Cu$_2$Cl(OH)$_3$)和赤铜矿(Cu$_2$O)形式存在,两者共生并常伴有自然铜和硅孔雀石等,与硅酸盐一起构成砂岩中石英等碎屑矿物的胶结物;此外矿石中有分布不均的孔雀石、蓝铜矿和胆矾等。

(2)试验结果

1)浸出体系的选择

不同氨性体系下铜的浸出结果见表 2 – 40,此表说明,采用氨 – 氯化铵体系浸出具有明显优势,还考虑到铜矿含氯。因此,选定氨 – 氯化铵 – 水体系作为浸出体系。

表 2 – 40 不同体系下铜浸出结果/%

浸出体系	渣含铜	铜浸出率	
		液计	渣计
氨 – 碳酸铵 – 水	0.66	61.88	62.29
氨 – 硫酸铵 – 水	0.78	56.25	56.36
氨 – 氯化铵 – 水	0.62	64.29	64.94

2)氨浸模拟喷淋堆浸小型试验研究

在小型试验和综合条件试验的基础上,为了进一步验证大块矿物氨浸的可行性,考察常温、长时间浸出情况,进行了 2 kg/次规模的模拟喷淋堆浸小试,结果见图 2 – 44。此图表明,氨浸模拟喷淋堆浸浸出效果较好,铜的浸出速度较快,6 d 的浸出率即可达60%,20 天的浸出率达76%,达到了同样条件下的小型搅拌浸出的结果,说明在常温下浸出是可行的。常温浸出对降低氨的挥发很有利。

3)氨浸模拟堆浸扩大试验研究

为了进一步验证大块矿物氨浸的可行性,考察常温及长时间浸出对游离氨损耗的影响,在 300 mm ×2500 mm 的有机玻璃模拟堆浸柱中进行了 200 kg/次规模的模拟堆浸扩大试验。粒度 – 30 mm,矿石装入量185 kg(含铜2.62%),浸出时间34 d,浸出渣重168 kg(含铜0.31%)。浸出过程中游离氨消耗以渣计为0.20 t/t 铜,以液计为0.32 t/t 铜;铜浸出率以渣计为88.62%,以液计为81.25%。模拟堆浸扩大试验的结果见图 2 – 45。

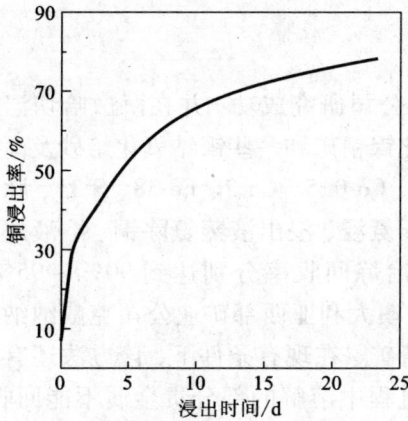

图 2 - 44　氯化铵 - 氨 - 水体系中
模拟喷淋堆浸试验结果

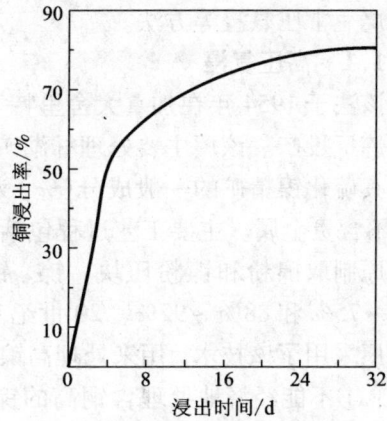

图 2 - 45　氯化铵 - 氨 - 水体系中
模拟堆浸扩大试验结果

　　和模拟喷淋堆浸的结果相似，柱浸铜的浸出速度也较快，6 d 的浸出率也达60% 左右，说明在氯化铵 - 氨 - 水体系中用低浓度氨堆浸的方法处理高碱性脉石低品位铜矿是可行的。该研究很好地解决了氨的挥发问题，氨的耗量大幅降低，且铜的浸出速度快。由于矿石不粉化和无硫酸钙产出，因此也不存在矿堆的板结问题，所得浸出液中杂质的含量也较低，这对后续的萃取过程极其有利。从经济上分析，采用氯化铵 - 氨 - 水体系中低浓度氨堆浸的方法较之于原矿的酸堆浸和其他氨性体系堆浸及氯化铵体系的搅拌浸出都有较大的优势。

2.2　镍钴氨配合物冶金

2.2.1　概述

　　我国镍消费量居世界第一位，然而，我国镍资源自给率不断下降，据 2002 年底的统计，我国镍资源储量约 8280 kt，其中难处理镍资源为 6380 kt，国内镍的供需矛盾已十分突出。与低品位氧化铜矿一样，这些难处理的低品位镍矿的特点是碱性脉石含量高（$w_{CaO} + w_{MgO} \geqslant 20\%$），用硫酸浸出不仅不经济（硫酸耗量高），而且更严重的是因碱性脉石含量高而导致板结，使堆浸不能进行。其低品位镍矿的硫酸（细菌）喷淋堆浸的半工业试验的失败即证明了这一点。

　　因此，采用氨性水溶液体系处理难处理低品位镍矿将是很有发展和应用前景的研究领域。用氨配合法从镍、钴精矿或镍、钴矿石及镍、钴中间物料中提取镍和钴已经是成熟而又应用较广的方法。包括高压氨浸、氧化焙烧-还原氨浸及还原焙烧-常压氨浸等方法。

2.2.1.1　高压氨浸

该法于1954年在加拿大舍里特-高尔顿公司研究成功,并在萨散哈切温堡镍精炼厂投产。该厂主要处理林湖矿区的硫化镍精矿和一些镍钴氧化焙砂及高镍锍。其硫化镍精矿的一般成分(%)为:Ni 10、Co 0.5、Cu 2、Fe 38、S 31、脉石14,不含贵金属。主要工艺过程包括两段加压氨浸、浸出液蒸氨除铜、溶液加压氢还原制取镍粉和镍粉压块。镍、钴、铜的冶炼回收率分别达到90%～95%、50%～75%和88%～92%。20世纪70年代,澳大利亚西部矿业公司克威纳纳镍精炼厂采用了该技术,用来处理高镍锍和镍精矿。在现有条件下,该方法还有些缺点:①不能经济地处理含铜高的镍矿;②过程中溶解的部分贵金属不能回收;③氢是一种较贵的还原剂,在反应过程中不能充分利用;④过程反应速度慢,溶液中的金属离子浓度低,设备庞大。

2.2.1.2　氧化焙烧-还原氨浸法

加拿大国际镍公司铜崖矿回收厂采用氧化焙烧氨浸法,处理含镍低的磁黄铁矿精矿。其过程是将精矿先在流态化焙烧炉内于760℃条件下氧化焙烧,然后将焙砂加入回转窑内,在870℃用$CO_2/CO=1/3$的气体选择性还原。还原后的焙砂在机械搅拌槽内用含NH_3-CO_2溶液进行五段逆流浸出。浸出渣经磁选、洗涤、干燥后在1330℃条件下烧结成球团矿;浸出液用硫氢化钠除铜后,加入碳酸钠进行蒸氨,沉淀出纯碳酸镍。纯碳酸镍经干燥、煅烧后得到高品位氧化镍。但在70年代中期,该厂由于经济原因而关闭。

2.2.1.3　还原焙烧-常压氨浸法

古巴尼加罗镍厂于1943年将常压氨浸法首次用于工业生产,20世纪70年代以来,澳大利亚的雅布罗镍厂、菲律宾苏里高镍厂、印度苏金达厂等都先后采用了该法处理含镍红土矿。尼加罗厂的主要生产过程是将矿石处理到90%小于75 μm后在多膛炉内进行选择性还原焙烧,将矿石中的镍还原,而3价铁大部分还原成磁性氧化铁,少量还原成金属铁。焙砂用$NH_3-(NH_4)_2CO_3$溶液进行三段逆流浸出。第一段浸出浓密机的溢流为富液,经净化、蒸氨后产出一种碳酸镍浆料,送往回转窑干燥和煅烧,产出含76.5% Ni、0.6% Co的氧化镍粉,并还原成金属镍,以便更适合于工业应用。还原焙烧-常压氨浸法在工业上应用已有40余年,说明该法能成功地从镍红土矿中提取镍。现在氨浸法已有了一些改进,如用H_2S沉淀产出一种镍钴硫化物,以利钴的回收。在昆士兰镍公司采用高硫的重油作还原剂,提高了浸出率。在菲律宾将碱式碳酸镍进一步精炼,最后氢还原产出金属镍粉。

下面就$NH_3-(NH_4)_2SO_4-H_2O$和$NH_3-NH_4Cl-H_2O$体系浸出镍的基本原理及$Ni-NH_3-NH_4Cl-H_2O$体系镍的电积行为进行介绍。

2.2.2　基本原理

2.2.2.1　主要化学反应

在氨液中氧浸镍和钴的硫化物时按下式反应：

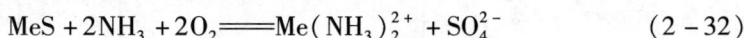

$$MeS + 2NH_3 + 2O_2 \Longrightarrow Me(NH_3)_2^{2+} + SO_4^{2-} \qquad (2-32)$$

而铁转变为氧化物进入渣中：

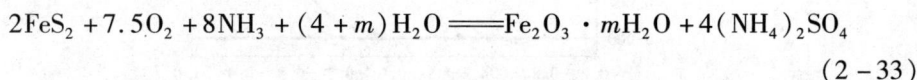

$$2FeS_2 + 7.5O_2 + 8NH_3 + (4+m)H_2O \Longrightarrow Fe_2O_3 \cdot mH_2O + 4(NH_4)_2SO_4$$

$$\qquad (2-33)$$

硫化物中的硫经过 $S^{2-} \rightarrow S_2O_3^{2-} \rightarrow (S_2O_3^{2-})_n \rightarrow SO_3NH_2^- \rightarrow SO_4^{2-}$ 等过程氧化成 SO_4^{2-}。研究证实，在 120 ℃ 和 1 MPa(10 atm)，在 NH_3 为 1 mol/L，$(NH_4)_2SO_4$ 为 0.5 mol/L 的溶液中，硫化物的氧化次序为：

$$Cu_2S > CuS > Cu_5FeS_4 > CuFeS_2 > PbS > FeS > FeS_2 > ZnS$$

关于高镍锍高压氨浸的机理，还可用电化腐蚀来解释。以 NiS 浸出为例，其阴极反应为：

$$0.5O_2 + H_2O + 2e \Longrightarrow 2OH^- \qquad (2-34)$$

阳极反应为：

$$NiS \Longrightarrow Ni^{2+} + S + 2e \qquad (2-35)$$

$$Ni^{2+} + nNH_3 \Longrightarrow Ni(NH_3)_n^{2+} \qquad (2-36)$$

$$2S + O_2 + 2OH^- \Longrightarrow S_2O_3^{2-} + H_2O \qquad (2-37)$$

$$S_2O_3^{2-} + 2O_2 + 2OH^- \Longrightarrow 2SO_4^{2-} + H_2O \qquad (2-38)$$

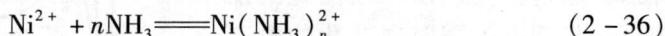

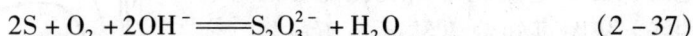

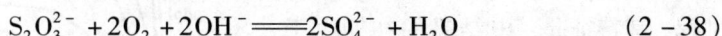

硫化物也可以在空气中氧化焙烧成氧化物 MeO，然后采用焦炭将氧化物 MeO 还原为金属 Me，在有氧存在的条件下，金属在常压下即可发生如下的反应而溶解进入溶液中：

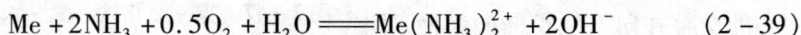

$$Me + 2NH_3 + 0.5O_2 + H_2O \Longrightarrow Me(NH_3)_2^{2+} + 2OH^- \qquad (2-39)$$

氧化物不需要氧化焙烧，直接还原焙烧就可将其中铜、镍、钴等的氧化物还原为金属，在有氨和氧存在条件下就可将其浸出到溶液中。

进入到溶液中的铜、镍、钴等可采用硫化沉淀、氢还原或者萃取分离等手段回收。

2.2.2.2　氯化铵－氨－水体系中镍电积电化学

（1）循环伏安曲线

图 2-46 为氯化铵－氨－水体系中玻璃碳电极上镍还原的循环伏安曲线。

该图表明在玻璃碳电极上能发生镍的电沉积，但没有观察到欠电位沉积（UPD）现象。在电位低于 -0.725 V(vs. SCE) 时电极上开始有阴极电流流过，表明有镍的放电反应发生，随着电位的负移，阴极电流逐渐增大。电位扫描到 -0.95 V 后，反向扫描至 -0.78 V 处，发现阳极方向上的阳极电流高于阴极扫描方向的阴极电流，并发生相交，即在阴极出现明显的"感抗性的电流环"，表明镍的电沉积过程经历了晶核形成过程。

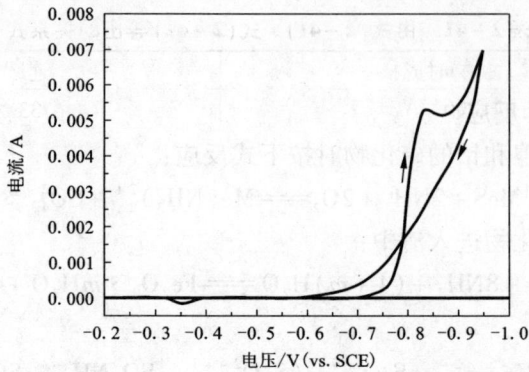

图 2-46　镍-氯化铵-氨-水体系中玻璃碳电极上镍还原的循环伏安曲线

试液成分/(mol·L⁻¹)：NiCl₂：1，NH₃：2，NH₄Cl：0.5；温度：40 ℃；

扫描速度：5 mV/s；扫描范围：-0.2 ~ -0.95 V

（2）镍电结晶成核过程机理

图 2-47 为镍-氯化铵-氨-水体系中通过恒电位阶跃法测定的镍电沉积初期电流随时间变化的暂态曲线。从图可知镍电结晶经历成核过程，其特征是：电结晶的初期由于晶核的形成和新相的生成，电流逐渐上升，在电流达到最大值后出现电流衰减，此时镍电结晶过程经历了生长中心的交叠并向外生长伸向溶液，同时伴随生长中心的消失和新生长中心的再生。当生长中心为半球状，而微晶的生长速度受溶液中电活性离子的扩散控制时，不同成核机理的暂态电流公式分别为：

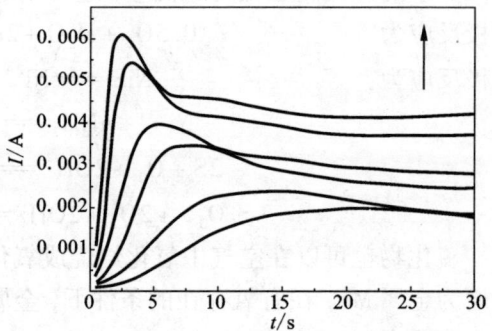

图 2-47　镍-氯化铵-氨-水体系中玻璃碳电极上镍电沉积的电流-时间暂态曲线

试液成分/(mol·L⁻¹)：NiCl₂ 1，NH₃ 2，NH₄Cl 1；
温度：30 ℃；初始 E：-0.2 V

$$I = \frac{zFD^{1/2}C}{\pi^{1/2}t^{1/2}}[1 - \exp(-N_0\pi kDt)]；k = (8\pi CM/\rho)^{1/2}（瞬时成核）\qquad(2-40)$$

$$I = \frac{zFD^{1/2}C}{\pi^{1/2}t^{1/2}}[1 - \exp(-A\pi k' Dt^2/2)]；k' = 4/3(8\pi CM/\rho)^{1/2}（连续成核）\quad(2-41)$$

式中：zF 为沉积离子的摩尔电荷；D 和 C 是该离子的扩散系数和浓度，mol/(cm²·s)和mol/L；M 和 ρ 分别是沉积相的摩尔质量和密度；N_0 为晶核密度，cm⁻²；A 为成核速度常数，cm⁻²·s⁻¹。通过对式(2-40)、式(2-41)进行微分变换，可分别得到 t_m、I_m、$I_m^2 t_m$、I^2/I_m^2 的表达式，如表 2-41。

表 2 - 41　由式(2 - 41)、式(2 - 42)导出的关系式

	瞬时成核	连续成核
t_m	$1.2564/N_0 \pi k D$	$(4.6733/A\pi k' D)^{1/2}$
I_m	$0.6382zFDC(kN_0)^{1/2}$	$0.4615zFD^{3/4}C(k'A)^{1/4}$
$I_m^2 t_m$	$0.1629(zFC)^2 D$	$0.2590(zFC)^2 D$
I^2/I_m^2	$1.9542\{1-\exp[-1.2564(t/t_m)]\}^2$ $/(t/t_m)$	$1.2254\{1-\exp[-2.3367(t/t_m)]\}^2$ $/(t/t_m)$

由图可知，两种成核机理的 I^2/I_m^2 的关系曲线的形状是不同的，连续成核曲线呈现一个较尖锐的峰，而瞬时成核是一个较宽的峰，变化较为平缓。图 4 - 28 中的曲线 1 和 2 分别为连续成核和瞬时成核的 $I^2/I_m^2 - t/t_m$ 理论曲线，其他曲线系不同外加电位的 $I - t$ 数据按 $I^2/I_m^2 - t/t_m$ 处理而得，结果发现，在试验的过电位区内，其数据点基本与连续成核曲线相吻合，由此认为镍的电结晶是按连续成核进行的。

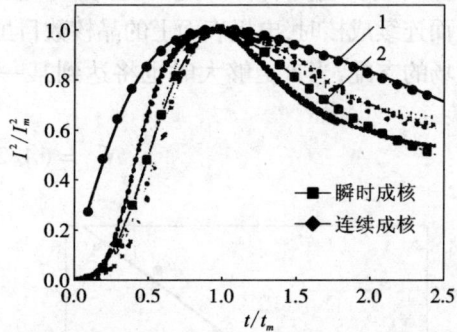

图 2 - 48　镍(Ⅱ) - 氯化铵 - 氨 - 水体系中玻璃碳电极上镍电沉积的电流 - 时间暂态无因次曲线

对各电位下暂态曲线的电流最大值和达到最大值的时间进行分析所得结果列于表 2 - 42。由表 2 - 42 可知各电位下暂态曲线的电流最大值的平方和达到最大值的时间之乘积在实验误差范围内基本不随阶跃电位变化，表明镍电结晶经历三维生长。试验结果表明，镍 - 氯化铵 - 氨 - 水体系中镍电结晶按连续成核的三维生长机理进行，与氯化镍体系、Watts 体系镍电结晶的电化学成核机理相类似，而与硫酸镍体系的成核机理有所区别。

表 2 - 42　图 2 - 48 中最大暂态电流和达到此值所需时间的关系

E/V (vs. SCE)	$10^3 I_m$ /(A·cm^{-2})	t_m /s	$10^4 I_m^2 t_m$ /(A^2·s·cm^{-4})	$10^8 k$ /(mol·cm^{-2}·s^{-1})
-0.77 V	15.68	22.4	55.08	8.13
-0.79 V	18.95	15.2	54.55	9.82
-0.81 V	27.70	7.2	55.25	14.36
-0.83 V	31.44	5.6	55.36	16.29
-0.85 V	43.38	3.2	60.22	22.48
-0.87 V	48.72	2.4	56.96	25.25

根据暂态电流最大值可求出垂直于基体表面方向的晶体生长速率(向外生长速率)k' ($I_m = zFk'$),以 k' 的对数对外加电位作图得图 2 - 49。

从该图可知,k' 的对数值与电位基本呈线性,晶体的生长速率随外加电位的负移而增大,表明外加电位对晶体生长有显著影响。

确定成核机理之后,将不同外加电位时的 $I_m^2 t_m$ 值逐次代入式 $I_m^2 t_m = 0.2590(zFC)^2 D$,求得沉积的镍离子的扩散系数 D 为 $(5.9 \pm 0.3) \times 10^{-7} \, \text{mol}/(\text{cm}^2 \cdot \text{s})$。在连续成核的情况下,由 $t_m = (4.6733/A\pi k'D)^{1/2}$ 和 $I_m = 0.4615 zFD^{3/4} C(k'A)^{1/4}$ 可计算出成核速度常数 A,这可视为在扩散控制生长条件下研究成核机理的一个优点。而连续成核时,电极表面上的晶核数目虽然随着时间的推移而不断增多,但由于受浓度场的支配,当 t 足够大时也将达到某一饱和值。饱和晶核数密度 N_{sat} 可由下式计算:

$$N_{\text{sat}} = (A/2k'D)^{1/2} \tag{2-42}$$

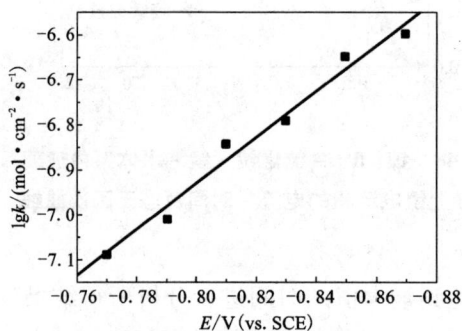

图 2 - 49 镍电结晶的晶体生长速率的对数与外加阶跃电位的关系

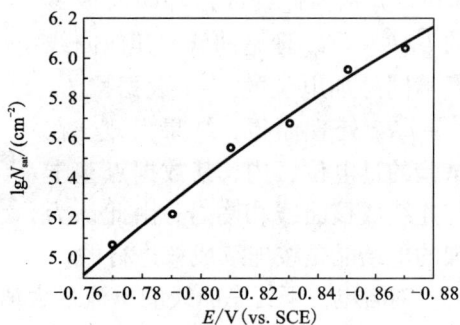

图 2 - 50 镍 - 氯化铵 - 氨 - 水体系中的 $\lg N_{\text{sat}} - E$ 关系图

取 $M = 58.7$,$\rho = 8.9 \, \text{g/cm}^3$ 和 $C = 1 \times 10^{-3} \, \text{mol/cm}^3$,由 I_m 和 t_m 数据算出 N_{sat} 用圆圈示于图 2 - 50 中,由该图可知,只有当外加电位超过某一临界值时,晶核才能形成,且虽然 N_{sat} 随着外加电位的负移而增大,但是当外加电位足够大时,N_{sat} 实际上趋于某一饱和值。不难理解,基体表面上可供晶核形成的点位是有限的,外加电位的负移固然会使活性点位数目增多,可是当外加电位负移到某一特定值时,基体表面上真正可用的点位将全部被占用,因此外加电位继续负移将达不到增大 N_{sat} 值的目的。

(3)黑镍形成过程机理

郑国渠等采用 X 射线衍射技术对黑镍物种进行表征,并用循环伏安法、恒电流还原法研究了镍 - 氯化铵 - 氨 - 水体系中阳极黑镍的形成机理,这对该体系中电积金属镍具有重要意义。

1)阳极黑镍形成的循环伏安研究

图 2-51 为钌钛阳极在镍-氯化铵-氨-水体系中测得的循环伏安曲线。从 0.6 V 开始以 5 mV/s 的速率向阳极(正)方向扫描,在第一周期内除析氮电流峰 A2 外并未发现其他明显的氧化电流峰,但电位在 1.0 V 返回负向扫描时,在 0.85 V 电位下观察到阴极峰 C1,这是由于镍氨配合物体系中存在如下平衡:

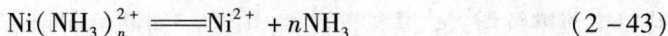

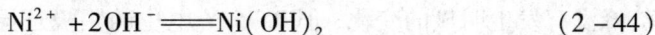

$$Ni(NH_3)_n^{2+} \Longrightarrow Ni^{2+} + nNH_3 \qquad (2-43)$$

$$Ni^{2+} + 2OH^- \Longrightarrow Ni(OH)_2 \qquad (2-44)$$

当负向扫描时,电极上通过的阴极电流促使 Ni^{2+} 与溶液中的 OH^- 反应生成 $Ni(OH)_2$ 颗粒沉积在电极表面所致,这一过程与阴极电沉积制备 $Ni(OH)_2$ 薄膜相类似。当第二周期进行正向扫描时,在 0.89 V 的电位下观察到一个较宽的氧化电流峰 A1,表明工作电极表面上发生如下反应,使沉积在电极表面的 $Ni(OH)_2$ 颗粒转变为 NiOOH:

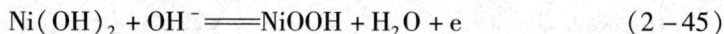

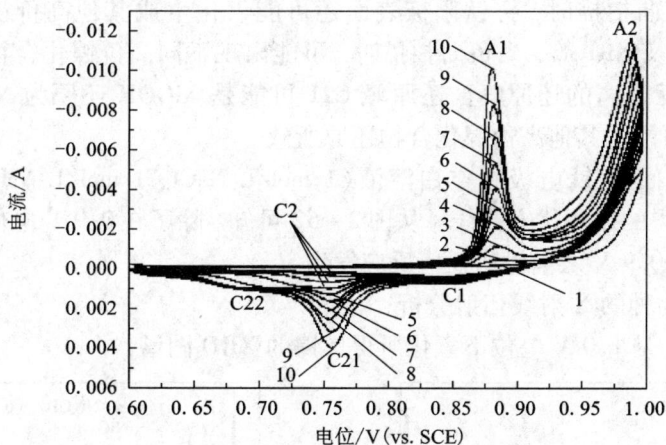

$$Ni(OH)_2 + OH^- \Longrightarrow NiOOH + H_2O + e \qquad (2-45)$$

图 2-51 钌钛阳极反应的循环伏安曲线

试液成分/(mol·L^{-1}):NiCl$_2$ 1,NH$_3$ 2,NH$_4$Cl 1;温度 30 ℃;

扫描速度 5 mV/s;扫描范围 0.6~-1.0 V;电极面积 1.0 cm^2

在第二周期负向扫描时,除有新的 $Ni(OH)_2$ 颗粒沉积在电极表面上而引起的电流峰 C1 外,在 0.75 V 电位下又出现一个较宽的还原峰 C2,这是由于高价镍化合物 NiOOH 还原为 $Ni(OH)_2$。随着进一步的阳极扫描,沉积在电极表面的 $Ni(OH)_2$ 颗粒不断被氧化,原先还原的产物 $Ni(OH)_2$ 也进一步被氧化,因此出现随扫描次数的增加氧化峰电流增强的现象,而反之,还原峰电流也呈增强的趋势;另外由于氨配合物体系中各物种之间存在平衡,因此由 Ni^{2+} 与 OH^- 反应生成 $Ni(OH)_2$ 颗粒所引起的电流峰 C1 随扫描次数的增加没有发生明显变化。

试验中发现，当以 1 mV/s 的速率进行阳极扫描时，第一周期阳极方向扫描曲线在 0.89 V 左右的电位下可出现一个明显的氧化峰。与 5 mV/s 扫描速率的曲线相比，当扫描速率降低时，由氨配合物离解出的 Ni^{2+} 有充足的时间与 OH^- 结合反应生成 $Ni(OH)_2$ 颗粒进而在电极表面发生氧化反应。

值得注意的是，图 2-51 中在第五周期正向扫描时，阳极氧化峰变窄，且氧化峰电流继续增大，黑镍量增多，在同一周期负向扫描时，0.85 V 电位的阴极电流峰没有发生明显的变化；但 0.75 V 电位的阴极还原峰逐渐分离为两个较为明显的电流峰 C21、C22，C22 的峰电流随扫描次数的增加而明显增大，但 C21 的峰电流变化不是十分明显。这可能是正向扫描后，电极表面生成产物 NiOOH 具有多晶型性，NiOOH 和 $Ni(OH)_2$ 各晶型之间发生转变，如下列反应：

$$\gamma - NiOOH + H_2O + e \longrightarrow \alpha - Ni(OH)_2 + OH^- \qquad (2-46)$$

$$\beta - NiOOH + H_2O + e \longrightarrow \beta - Ni(OH)_2 + OH^- \qquad (2-47)$$

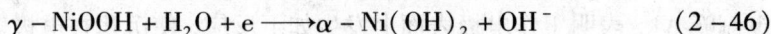

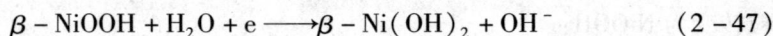

还原峰 C21 对应于反应式(2-46)，C22 对应于式(2-47)。随着循环次数的增加，当正向扫描时，钌钛阳极表面还可能氧化生成其他高价镍化合物，如 Ni_3O_4、Ni_2O_3 及 NiO_2 等，当负向扫描时，可能出现不同高价镍化合物被还原而引起的两个相互分离的还原峰。还原峰 C21 可能是 NiOOH 还原为 $Ni(OH)_2$ 的体现；而 C22 可能是其他高价镍化合物还原所致。

图 2-52 是钌钛电极在空白溶液(1 mol/L NaCl、1 mol/L NH_4Cl、2 mol/L NH_3)中所测得的循环伏安曲线。从图 2-52 可知，除了在 0.9 V 电位之后发生析氮反应之外，0.9 V 之前没有任何反应发生。

2)黑镍物种的 X 射线衍射分析

图 2-53 是 1.0 V 电位下氧化所得黑镍的 XRD 图谱。

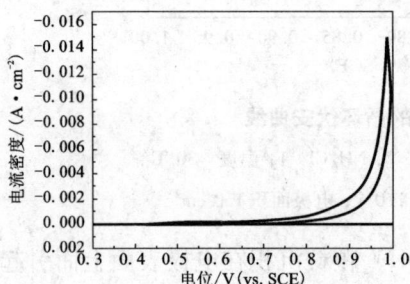

图 2-52 空白溶液的
第 10 周期循环伏安曲线
试液成分/(mol·L^{-1})：NaCl 1，NH_3 2，
NH_4Cl 1；温度 30 ℃；
扫描速度：5 mV/s；扫描范围：0.6 ~ -1.0 V

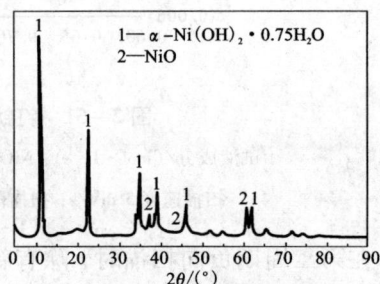

图 2-53 恒电位氧化后
所得黑镍的 XRD 图谱
试液成分/(mol·L^{-1})：$NiCl_2$ 1，NH_3 2，
NH_4Cl 0.5；温度 50 ℃

结果表明，所得衍射峰与 α - Ni(OH)$_2$ · 0.75H$_2$O 及 NiO 的标准衍射图谱比较吻合，未观测到镍高价化合物的衍射峰，这可能是由于所得黑镍产物部分在空气中被还原成 2 价镍化合物，而剩余的高价镍化合物结晶度较差所致。取部分样品放置在稀盐酸溶液中，析出大量带有强烈刺激性的气体，随后稀盐酸溶液变成淡绿色。这表明，恒电位阳极极化所得的黑镍产物虽然在空气或溶液中被还原，但仍含有大量非结晶态强氧化性的镍高价化合物。

(4) 阳极析氮过程机理

与析氯、析氧相比，阳极析氮过程主要集中于金属电极上，如 Ru、Rh、Pd、Ir、Pt 及 Ir 均呈现出优越的析氮电催化性能。Zheng 等人用气相色谱法对氯盐镍氨配合物体系中 Ti/RuO$_2$ 阳极上产生的气体进行了表征，发现气体主要成分为氮气。郑国渠等用线性扫描技术对 Ti 基 RuO$_2$ 涂层阳极、Ti 基 RuO$_2$ 涂层阳极在氯盐氨配合物体系中的析氮过程进行了系统研究，对三种含有不同氧化物组分的 Ti 基 IrO$_2$ 涂层电极的表面形貌及析氮电催化性能进行了比较，探讨了 Ti 基 IrO$_2$、RuO$_2$ 涂层阳极的析氮电催化活性。

1）氯盐氨配合物体系中 Ti 基 RuO$_2$ 涂层阳极的析氮机理

图 2 - 54 是 Ti/RuO$_2$ 阳极上不同溶液体系的析气极化曲线。实线为 Ti/RuO$_2$ 电极在 NiCl$_2$ - NaCl - H$_2$O 体系中的析氯极化曲线。

Ti/RuO$_2$ 电极上析氯电位为 1.1 V（vs. SCE）左右。虚线为 Ti/RuO$_2$ 电极在 NiCl$_2$ - NH$_4$Cl - NH$_3$ - H$_2$O 体系中的极化曲线。该曲线在 0.88 V 电位下出现一个微弱的氧化峰 A1，随后阳极电流随极化电位的升高而迅速增大，析气明显。此前，发现镍 - 氯 - 氨配合物体系中 Ti/RuO$_2$ 阳极表面析出的气体主要为氮气。

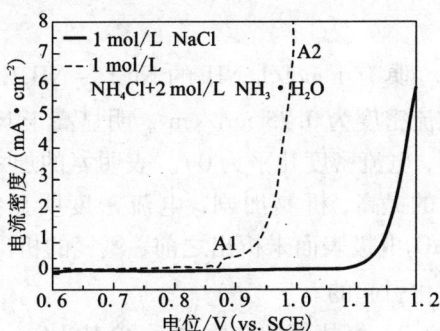

图 2 - 54　Ti/RuO$_2$ 阳极在不同溶液中的极化曲线

$t = 28$ ℃；扫描速率：5 mV/s；NiCl$_2$ 1 mol/L

进一步研究发现，当阳极极化电位低于 1.1 V 时，阳极反应主要为析氮反应及 Ni(OH)$_2$ 氧化成高价镍化合物的反应，当阳极极化电位高于 1.1 V 时，阳极反应除上述两种反应之外，也包含析氯析氧反应，新生的氯原子及氧原子具有很强的氧化活性，来不及复合脱附即氧化氨析出氮气，而本身被还原成离子。

图 2 - 55 为 Ti/RuO$_2$ 阳极上在没有氨存在时不同 NH$_4^+$ 浓度下的析气极化曲线。

从图 2 - 55 可知，对不同的 NH$_4^+$ 浓度，析气电位均为 1.1 V 左右，与析氯电位相吻合。表明在没有氨存在时，不管 NH_4^+ 浓度怎么变化，析气反应均为析氯反应。图 2 - 56 为 Ti/RuO_2 阳极在不同 NH_3 浓度下的极化曲线。

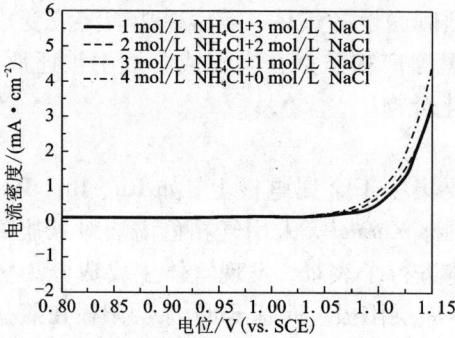

图 2 -55 Ti/RuO_2 阳极上

不同 NH_4^+ 浓度的析气极化曲线

$t = 28$ ℃；扫描速率 5 mV/s，

$NiCl_2$ 1 mol/L

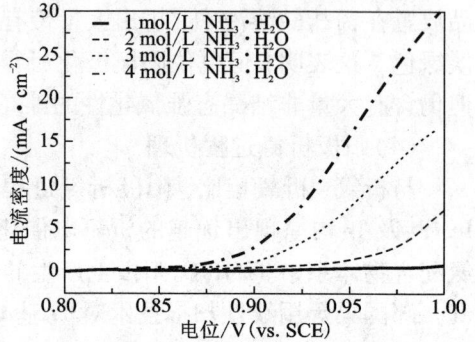

图 2 -56   Ti/RuO_2 阳极上

不同 NH_3 浓度下的极化曲线

$t = 28$ ℃；扫描速率 5 mV/s

$NiCl_2$ 1 mol/L，NH_4Cl 1 mol/L

具有 1 mol/L NH_3 的 $NiCl_2$ - NH_4Cl - H_2O 体系中，1.0 V 电位下的析气反应电流密度为 0.75 mA/cm^2，明显高于 $NiCl_2$ - NH_4Cl - H_2O 体系（无电化学反应产生，电流密度几乎为 0）。表明氨的加入使电极表面发生析氮反应，并且随着氨浓度的提高，析氮加剧，电流密度明显提高。由此可知，氯原子或氧原子在 Ti/RuO_2电极表面未析出之前，氮气的析出主要是由于氨在 Ti/RuO_2电极表面的直接氧化引起的。

2）氯盐氨配合物体系 Ti 基 IrO_2涂层阳极的析氮机理

①Ti 基 IrO_2涂层阳极析氮过程

图 2 - 57 是 Ti 基含 PdRuTi 的 IrO_2涂层阳极在不同溶液体系中的析气极化曲线。实线为该阳极在 $NiCl_2$ - NaCl - H_2O 体系中的析氯析氧极化曲线。该曲线表明，阳极上析氯析氧电位在 1.1 V（vs. SCE）左右。虚线为 Ti 基含 PdRuTi 的 IrO_2涂层阳极在 $NiCl_2$ - NH_4Cl - NH_3 - H_2O 体系中的极化曲线。该曲线表明，当电

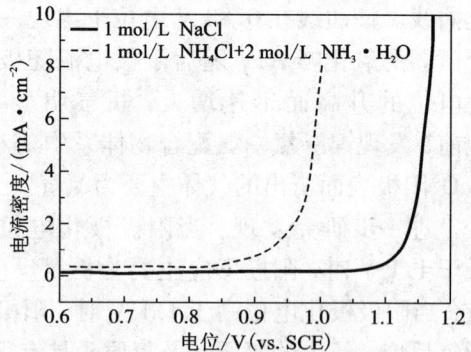

图 2 -57 IrO_2/Ti 阳极在

不同溶液中的析气极化曲线

$t = 28$ ℃；扫描速率：5 mV/s

$NiCl_2$ 1 mol/L

极电位大于 0.95 V 时阳极电流迅速增大，出现明显的析气现象，曲线特征类似于 Ti 基 RuO$_2$ 涂层阳极的析气极化曲线。该现象表明，当电极电位低于 1.1 V 时，Ti 基 IrO$_2$ 涂层阳极上同样产生析氯反应，不同的是 Ti 基 IrO$_2$ 涂层阳极析氯电流密度明显大于 Ti 基 RuO$_2$ 涂层阳极。

图 2 – 58 为 Ti 基含 PdRuTi 的 IrO$_2$ 涂层阳极在没有氨存在时不同 NH$_4^+$ 浓度体系中的析气极化曲线。从图 2 – 58 可知，对不同的 NH$_4^+$ 浓度，析气电位均为 1.1 V 左右，与析氯电位相吻合。表明在没有氨存在时，不管 NH$_4^+$ 浓度怎么变化，析气反应均为析氯反应。图 2 – 59 中 Ti 基含 PdRuTi 的 IrO$_2$ 涂层阳极在不同 NH$_3$ 浓度下的极化曲线。具有 1 mol/L NH$_3$ 的 NiCl$_2$ – NH$_4$Cl – H$_2$O 体系中，1.0 V 电位下的析气反应电流密度为 1.5 mA/cm^2，明显高于 NiCl$_2$ – NH$_4$Cl – H$_2$O 体系（无电化学反应产生，电流密度几乎为 0）。表明氨的加入使电极表面发生析氮反应，并且随着氨浓度的提高，析氮加剧，电流密度明显提高。由此可知，氯原子或氧原子在 Ti 基含 PdRuTi 的 IrO$_2$ 涂层阳极表面未析出之前，氮气的析出主要是由于氨在 Ti 基 IrO$_2$ 涂层阳极表面的电化学氧化引起的。

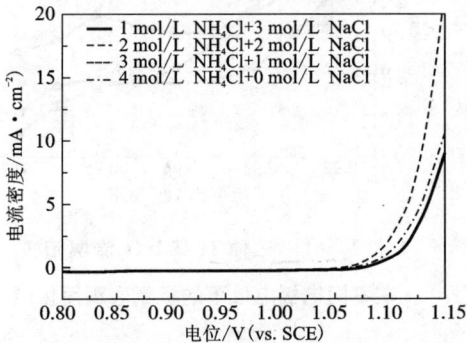

图 2 – 58　IrO$_2$/Ti 阳极上

不同 NH$_4^+$ 浓度的析气极化曲线

$t = 28$ ℃，扫描速率 5 mV/s，

NiCl$_2$ 1 mol/L

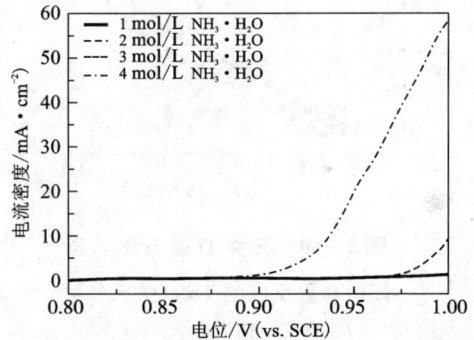

图 2 – 59　IrO$_2$/Ti 阳极上

不同 NH$_3$ · H$_2$O 浓度的极化曲线

$t = 28$ ℃，扫描速率 5 mV/s，

NiCl$_2$ 1 mol/L，NH$_4$Cl 1 mol/L

②不同氧化物组分 Ti 基 IrO$_2$ 涂层阳极的析氮机理

图 2 – 60 为三种不同氧化物组分的 Ti 基 IrO$_2$ 涂层阳极在氯盐氨配合物体系中析氮反应的塔菲尔曲线。

从图 2 – 60 可知，三种电极的塔菲尔关系曲线均呈现两段直线，第一段直线的斜率为 0.032 ~ 0.035 V/dec，第二段直线的斜率为 0.085 ~ 0.099 V/dec，表明在不同电极电位范围内，析氮反应机理发生了改变。在试验温度（33 ℃）下 Ti 基含 PdRuTi 的 IrO$_2$涂层阳极的电流最大，表明该电极具有最佳的析氮电催化活性，其余两种电极的析氮电催化活性相近。另外发现，当温度为 47 ℃时，Ti 基含 Ru-Ti 的 IrO$_2$涂层阳极的析氮电流密度明显大于 Ti 基含 Ta 的 IrO$_2$涂层阳极，与 Ti 基含 PdRuTi 的 IrO$_2$涂层阳极相近。表 2 - 43 列出了三种不同氧化物组分 Ti 基 IrO$_2$涂层阳极在 33 ℃时的析氮动力学参数。

表 2 - 43   三种含有不同氧化物组分 Ti 基 IrO$_2$ 涂层阳极的析氮动力学参数

氧化物组分	一次塔菲尔斜率			二次塔菲尔斜率		
	a	b	η/V	a	b	η/V
含 PdRuTi	0.879	0.0321	0.905	0.816	0.0849	0.926
含 RuTi	0.883	0.323	0.909	0.804	0.0991	0.933
含 Ta	0.881	0.349	0.909	0.815	0.0923	0.935

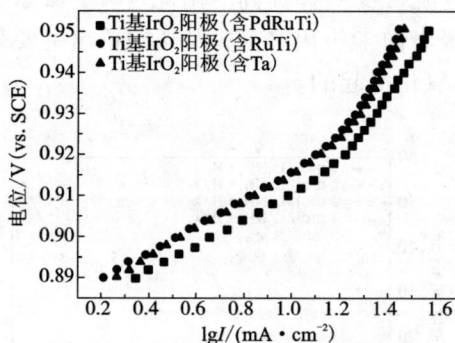

图 2 - 60   三种 Ti 基 IrO$_2$涂层
阳极析氮反应的 Tafel 关系曲线
$t = 33$ ℃；扫描速率 1 mV/s

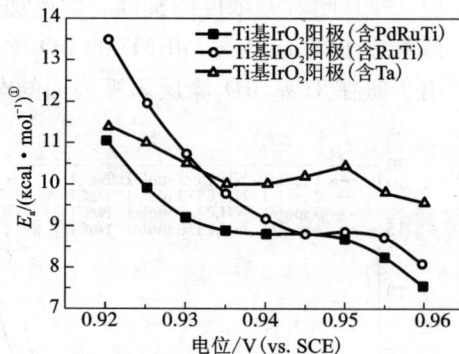

图 2 - 61   三种 Ti 基 IrO$_2$涂层阳极
在不同电极电位下的析氮表观活化能

从表 2 - 43 可知，Ti 基含 PdRuTi 的 IrO$_2$涂层阳极析氮反应具有最小的塔菲尔斜率及最低的析氮过电位，表现出良好的析氮电催化活性。当温度升高时，Ti 基含 RuTi 的 IrO$_2$涂层阳极表现出较高的析氮电催化活性。Ti 基含 Ta 的 IrO$_2$涂层阳极电催化性并不高。

三种 Ti 基 IrO$_2$涂层阳极的析氮表观活化能如图 2 - 61。

从图 2 - 61 可知，在 0.92 ~ 0.96 V(vs. SCE)电位范围内 Ti 基含 PdRuTi 的 IrO$_2$涂层阳极的析氮表观活化能最低，表现出较高的析氮电催化活性。Ti 基含 Ta 的 IrO$_2$涂层阳极具有较高的析氮表观活化能，催化活性较低。

注：① 1 cal = 4.18 J。

2.2.3　硫酸铵－氨－水体系中提取镍钴

当含镍、钴硫化物直接浸出时，通常采用 $NH_3 - (NH_4)_2SO_4$ 溶液作为浸出剂，物料中的硫在氧压的条件下依次氧化为 SO_4^{2-}，并最终以 $(NH_4)_2SO_4$ 回收。

2.2.3.1　试验原料

以成分如表 2 - 44 所示的镍锍为浸出原料。其粒度分布为 $-100 \sim +63$ μm 占 25.9%，$-63 \sim +25$ μm 占 66.9%，-25 μm 占 7.2%，比表面积为 0.694 m^2/g。

表 2 - 44　原料成分/%

元素	Cu	Ni	Co	Fe	S
含量	24.9	35.1	4.05	11.5	24.5

原料的 XRD 谱如图 2 - 62 所示，可以看出，原料中主要为 $CuFeS_2$、CuS_2、$(FeNi)_9S_8$、$(FeNi)S_2$、Ni_9S_8、Ni_3S_2、$(CoFeNi)_9S_8$ 和金属 Co 等。

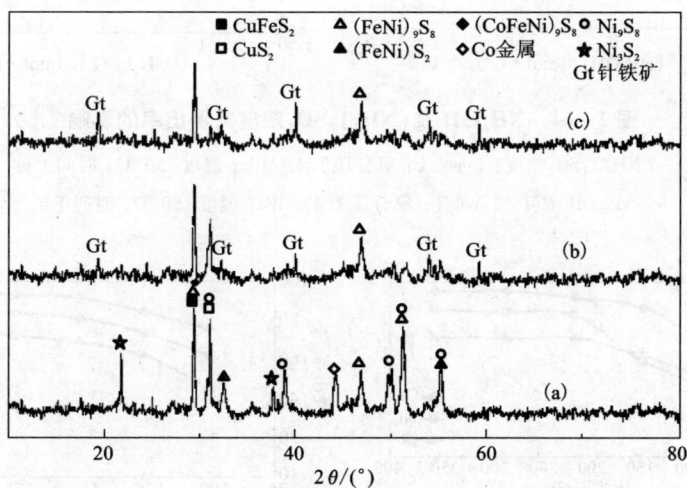

图 2 - 62　浸出前后样品 XRD 图谱

(a)浸出前；(b)浸出 30 min；(c)浸出 1 h

浸出剂成分/(mol·L⁻¹)：NH_3 2，$(NH_4)_2SO_4$ 2；氧分压 2.13 MPa；温度 200 ℃

2.2.3.2　浸出结果

在相应的固定条件下，考察了各因素对镍钴浸出的影响，浸出时间、浸出剂浓度、氧分压和浸出温度对氨配合浸出过程的影响，结果如图 2 - 63 ~ 图 2 - 66 所示。

由以上结果，确定最佳浸出条件为浸出时间 1 h、浸出温度 200 ℃、氧分压 1.47 MPa、NH₄OH 和 (NH₄)₂SO₄ 浓度都为 2 mol/L，在此条件下 Cu、Ni、Co 浸出率分别为 93.8%、85.3% 和 6.5%，可见，在硫酸铵 - 氨 - 水体系中钴很难浸出。

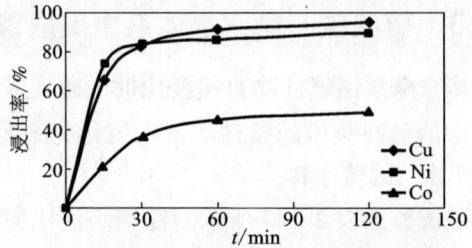

图 2 - 63　浸出时间对 Cu、Ni、Co 浸出率的影响

浸出剂成分/(mol·L⁻¹)：NH₄OH 2；
(NH₄)₂SO₄ 1；氧分压 1.47 MPa；温度 150 ℃

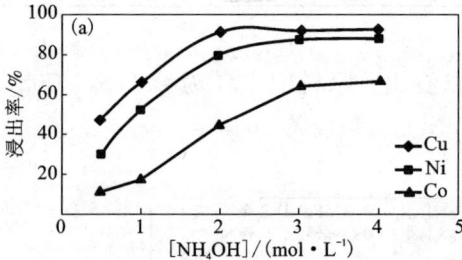
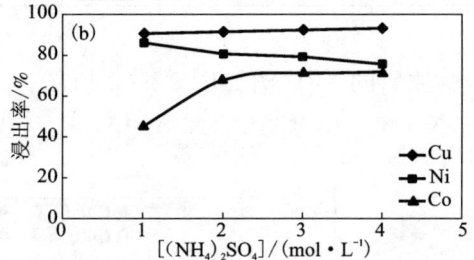

图 2 - 64　NH₄OH 及 (NH₄)₂SO₄ 浓度对浸出率的影响

a—(NH₄)₂SO₄ 浓度：1 mol/L；氧分压 1.47 MPa；温度 150 ℃；时间 1 h

b—NH₄OH 浓度：2 mol/L；氧分压 1.47 MPa；温度 150 ℃；时间 1 h

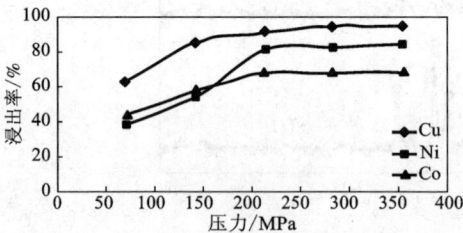
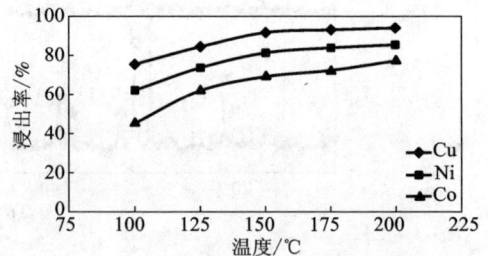

图 2 - 65　氧分压对浸出率的影响

NH₄OH 和 (NH₄)₂SO₄ 浓度都为 2 mol/L；
浸出时间 1 h；温度 150 ℃

图 2 - 66　温度对浸出率的影响

NH₄OH 和 (NH₄)₂SO₄ 浓度都为 2 mol/L；
氧分压 1.47 MPa；浸出时间 1 h

浸出前后矿样形貌如图 2 - 67 所示，结合图 2 - 62 所示，浸出前后矿样的

XRD 谱可以看出，Ni_3S_2、$(FeNi)S_2$ 和金属 Co 在 30 min 之内即可被浸出，Ni_9S_8 需要 1 h 左右才能溶解完全，而 $CuFeS_2$ 属于较难溶解物相，即使浸出时间达到 1 h 也难将其完全浸出，$(FeNi)_9S_8$ 和 $(CoFeNi)_9S_8$ 浸出性能与 $CuFeS_2$ 比较相似，也属于较难浸出物种。

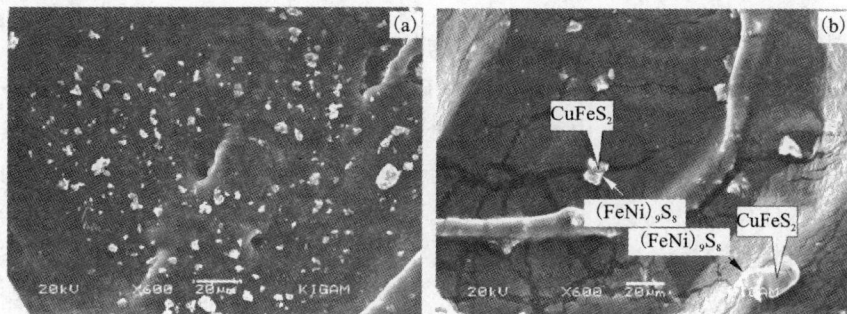

图 2 -67　浸出前后矿物形貌

(a)浸出前；(b) 浸出后

浸出条件：NH_4OH 和 $(NH_4)_2SO_4$ 浓度都为 2 mol/L；

氧分压 1.47 MPa；时间 1 h；温度 200 ℃

2.2.4　氯化铵 – 氨 – 水体系中提取镍钴

2.2.4.1　试验原料

试验中所用的矿物来自我国金川镍矿。这种矿物的矿物学特性非常复杂，准确取矿样 100 g 磨细到 80% 小于 75 μm，送长沙矿冶院分析中心检测。元素含量检测结果显示于表 2 – 45，而该矿中镍和铜的物相分析结果显示于表 2 – 46 和 2 – 47。

表 2 –45　金川低品位镍矿中的元素含量/%

元素	Ni	Cu	SiO_2	Fe_2O_3	Al_2O_3	$CaCO_3$	$MgCO_3$	S	总量
含量	0.27	0.30	25.00	16.3	2.53	6.21	5.32	1.30	57.23

表 2 –46　金川低品位镍矿中镍的物相/%

物种	NiS	$NiSiO_3 \cdot 2H_2O$	NiO	Ni_T
镍含量	0.16	0.08	0.03	0.27

表 2 – 47　金川低品位镍矿中铜的物相/%

物种	CuFeS$_2$	CuO	Cu$_T$
铜含量	0.22	0.08	0.30

由表 2 – 45 ~ 表 2 – 47 可见这种矿物的含镍、铜量及其氧化率都很低，而且 SiO$_2$、Ca 和 Mg 的含量较高，显然，这种矿物的处理是相当困难的。在该公司进行的细菌浸出试验中发现，由于金川地处西北高原，昼夜温差大，细菌很难在矿堆中存活，因此这一流程已暂停。其中硫化矿占 90% 以上，用槽浸或选矿的方法显然都是不合算的。

2.2.4.2　试验方法

瓶浸试验反应器的容积为 2000 mL；控温器控温误差约 ±1 ℃。借鉴铜浸出试验的正交设计采用 $L_{18}(3^7)$ 正交表安排瓶浸试验，试验条件与操作步骤与铜矿浸出试验相同。

用几根 ϕ125 mm × 1000 mm 的有机玻璃柱中进行柱浸试验，每个柱中装有 10 kg 经磨细的金川镍矿，其粒度为 0.1 ~ 1.0 mm。用配好浓度的 NH$_4$Cl – NH$_3$ – H$_2$O 溶液在室温（25 ℃左右）下循环浸出矿柱 100 d 左右。每三天将柱中溶液的铜、镍含量分析一次，忽略浸出液体积的变化，计算柱浸的浸出率。柱浸试验中也用到了上述三种氧化剂。但其添加方式略有不同。其中氯化铜是直接添加到浸出液中去的；次氯酸钙是均匀地混入金川原矿中后再装柱的；而空气则是由压缩空气机产生，从柱底部吹入到柱中的。

2.2.4.3　试验结果

（1）瓶浸试验

瓶浸正交试验中不同条件下 Ni 和 Cu 渣计浸出率如表 2 – 48 所示。

铜与镍浸出率的极差分析和方差分析见表 2 – 49 和表 2 – 50。

其实，我们在瓶浸探索试验中发现，在不加氧化剂时，镍和铜的浸出率都很低，最大分别为 10.5% 和 14.2%。因此，对于浸出此矿中的镍和铜的显著性影响因子除了粒度以外，应该还有氧化剂。

另外，根据极差 R 的大小反映了试验中各因素作用的大小，方差数值的大小也可反映试验因素的显著性，可以通过对试验数据中极差的大小及因素的显著性的比较来确定因素的主次顺序。由表 2 – 49 中液计浸镍和铜的试验数据来确定因素的主次顺序，对镍浸出率：B > A > D > E > G > F > C。

表 2 - 48　正交试验结果

No.	温度 (A) /℃	粒度/mm (B) (>80%)	搅拌速度 (C) /(r·min⁻¹)	时间 (D) /h	[NH₃·H₂O] (E) /(mol·L⁻¹)	[NH₄Cl] (F) /(mol·L⁻¹)	氧化剂用量 (G)	镍浸出率 /%	铜浸出率 /%
1	15	<0.150	300	12	0.2	1.0	Cu²⁺ 0.1 mol/L	19.1	30.4
2	15	<0.075	400	24	0.5	2.0	漂白粉 5 g	38.8	38.3
3	15	<0.046	500	36	0.8	3.0	空气 1 L/min	45.2	40.6
4	35	<0.150	300	24	0.5	3.0	空气 1 L/min	26.4	37.1
5	35	<0.075	400	36	0.8	1.0	Cu²⁺ 0.1 mol/L	44.3	50.9
6	35	<0.046	500	12	0.2	2.0	漂白粉 5 g	47.1	43.5
7	55	<0.150	400	12	0.8	2.0	空气 1 L/min	28.5	40.5
8	55	<0.075	500	24	0.2	3.0	Cu²⁺ 0.1 mol/L	40.6	39.1
9	55	<0.046	300	36	0.5	1.0	漂白粉 5 g	51.2	50.9
10	15	<0.150	500	36	0.5	2.0	Cu²⁺ 0.1 mol/L	22.4	32.7
11	15	<0.075	300	12	0.8	3.0	漂白粉 5 g	34.6	43.2
12	15	<0.046	400	24	0.2	1.0	空气 1 L/min	48.2	47.6
13	35	<0.150	400	36	0.5	3.0	漂白粉 5 g	27.6	43.5
14	35	<0.075	500	12	0.8	1.0	空气 1 L/min	53.1	48.0
15	35	<0.046	300	24	0.2	2.0	Cu²⁺ 0.1 mol/L	63.7	53.2
16	55	<0.150	500	24	0.5	2.0	漂白粉 5 g	33.2	37.5
17	55	<0.075	300	36	0.2	3.0	空气 1 L/min	40.8	37.4
18	55	<0.046	400	12	0.5	3.0	Cu²⁺ 0.1 mol/L	52.1	41.6

表 2-49　镍浸出率的极差分析

	液计镍浸出率/%						
$\overline{K}_1$	36.55	27.20	40.38	38.85	38.62	41.03	41.78
$\overline{K}_2$	43.17	41.65	41.35	42.70	40.88	41.68	39.40
$\overline{K}_3$	42.05	52.92	40.03	40.22	42.27	39.05	40.58
R	6.62	25.72	1.317	3.85	3.65	2.63	2.38

表 2-50　镍浸出率的方差分析

方差来源	偏差平方和	自由度	均方	F	显著性	备注
A	150.55	2	75.275	6.50		
B	1994.17	2	997.085	86.09	*	$F_{0.05}(7,2)=6.94$
C	5.581	2	2.7905	0.24		
D	45.714	2	22.857	1.97		
E	40.75	2	20.375	1.76		
F	22.58	2	11.29	0.98		
G	17.04	2	8.52	0.74		
随机误差	46.33	4	11.58			
和	2322.72	18				

根据优化条件下的选取原则及综合回收各有价元素的要求,再考虑氧化剂的重要影响,确定因素的主次顺序为:B > G > A > D > E > F > C。而其对应的最优水平为:3、1、3、2、3、2、2。但考虑到各因素的实际能耗及成本等综合影响,确定最优水平为:2、2、3、2、2、2、2。具体描述最优条件按影响因素的主次如表 2-51 所示。

表 2-51　影响因子顺序及其最优条件

影响因子	粒度 /mm	氧化剂、漂白粉/g	温度 /℃	时间 /h	$[NH_3]$ /(mol·L⁻¹)	$[NH_4Cl]$ /(mol·L⁻¹)	搅拌速度 /(r·min⁻¹)
最优水平	<0.075	5	35	24	0.5	2	300

对选取的最优浸出条件进行试验,试验结果如表 2-52 所示。其中水洗渣三次,最终浸出液体积为 1150 mL。

从表 2-52 可以看出,综合条件试验取得了很好结果,镍和铜的平均浸出率分别为 54.33% 和 52.94%,较无氧化剂提高 43.83% 和 38.72%。

表2-52　最优条件下的瓶浸试验结果

元　素	Ni	Cu
金属浓度/$(g \cdot L^{-1})$	0.13	0.14
液计浸出率/%	55.37	53.74
渣计浸出率/%	53.30	52.13
平均浸出率/%	54.33	52.94

（2）柱浸试验

将从金川取来的低品位镍铜矿破碎至1 mm以下，进行了两个柱浸试验。一个柱浸试验没有加氧化剂；第二个柱浸试验中，采用漂白粉作为氧化剂，其用量为矿量的5%，其中浸出剂的组成为2 mol/L NH_4Cl，0.5 mol/L NH_4OH，液固比为1:1。

用漂白粉代替Cu^{2+}作为氧化剂是因为0.1 mol/L的Cu^{2+}在空气中很容易发生结晶沉淀，造成氧化剂损失。而漂白粉是与矿物均匀地混合在一起再装入柱中，再用浸出剂进行淋浸。两个柱子浸镍率与时间的关系如图2-68所示。

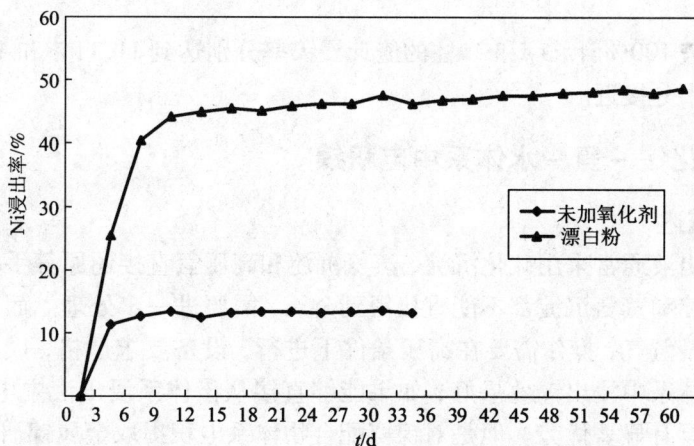

图2-68　金川贫镍矿用漂白粉氧化剂和不用氧化剂柱浸镍的浸出率比较

条件：$NH_4Cl = 2$ mol/L，$NH_4OH = 0.5$ mol/L；50% < 1 mm；次氯酸钙（30%）50 g/kg矿

图2-68显示：①不加氧化剂时，体系浸镍率很低，只有13%左右；②加入漂白粉作氧化剂时，镍浸出的速度很快，前6 d的浸出率就达到了40%；③随着时间的延长，浸镍率缓慢增加，最终稳定在50.33%左右。浸出率较低的原因主要是由于矿物成分复杂，硅酸镍和复合硫化镍矿较多。

浸镍结束后,对 1#和 2#浸出柱分别进行了三次淋洗,其中 1#柱得到混合浸出液 20.76 L(包括柱中的 4.23 L),2#柱得到混合浸出液 17.63 L(包括柱中的 4.23 L)。1#和 2#柱铜的浸出率分别为 33.14% 和 43.33%。

最终分析浸出液的成分列于表 2−53,柱浸渣的元素成分列于表 2−54。

表 2−53 柱浸液元素含量

含量 /(mg·L^{-1})	①Ni^{2+}	①Cu^{2+}	Zn^{2+}	Pb^{2+}	Fe^{3+}	Ag$^+$	Mn^{2+}	Cd^{2+}	Co^{2+}	①Ca^{2+}	①Mg^{2+}
1#柱	0.17	0.48	29.34	1.33	0	0.29	0	0.67	30.01	0.93	0.85
2#柱	0.77	0.74	22.65	1.24	0	0.43	0	0.21	27.56	1.35	1.26

注: ①单位为 g/L。

表 2−54 浸出渣中元素含量/%

含量	Ni	Cu	SiO$_2$	Fe$_2$O$_3$	Al$_2$O$_3$	CaO	MgO
1#柱	0.24	0.20	25.31	16.15	2.44	3.32	1.69
2#柱	0.14	0.17	24.86	16.02	2.53	3.14	1.64

按柱浸渣 100% 计,1#和 2#柱的渣计浸镍率分别达到 11.11% 和 48.14%,与液计浸镍率十分接近。

2.2.5 氯化铵−氨−水体系中电积镍

2.2.5.1 概述

含镍浸出液通常采用硫化沉淀、蒸氨沉淀和高压氢直接还原等手段从中回收镍。硫化沉淀和蒸氨沉淀都不能直接得到金属,需要进一步处理。而高压氢还原需要消耗大量氢气,操作需要在高压条件下进行,设备要求严格,成本高。氯化铵−氨−水体系中浸出镍效果好,如果能够直接从该体系浸出液中电解回收镍,该工艺将会具有显著优势。但是对镍氨配合物体系电积提取金属镍研究很少,本节将探索电积镍工艺技术条件,为镍−氯化铵−氨−水体系中电积金属镍在工业上的应用提供参考。

2.2.5.2 电积镍技术条件

图 2−69、图 2−70 及图 2−71 分别表示温度、电流密度、镍浓度对阴极电流效率的影响。从这三个图上可知,在试验条件范围内,阴极电流效率均大于90%。温度的逐渐升高,阴极电流效率起先是升高,然后降低,其原因有待进一步研究。而电流密度的增加,阴极电流效率则是逐渐降低的。镍浓度从 100 g/L

降到 40 g/L，电流效率都一直很高，这正好满足起始电解液和废电解液有较大的镍浓度差的工业生产要求。

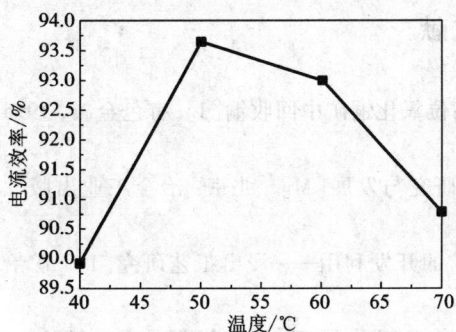

图 2 - 69　温度对电流效率的影响

试液成分/(mol·L^{-1})：NiCl$_2$ 1，NH$_3$ 3；

NH$_4$Cl 3；i = 400 A/m^2

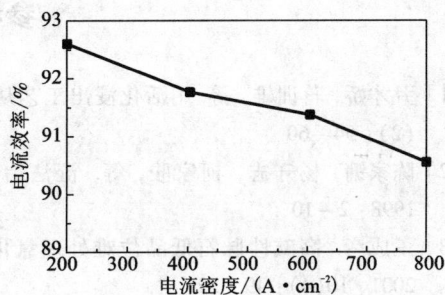

图 2 - 70　电流密度对电流效率的影响

试液成分/(mol·L^{-1})：NiCl$_2$ 1，

NH$_3$ 3，NH$_4$Cl 3；t = 50 ℃

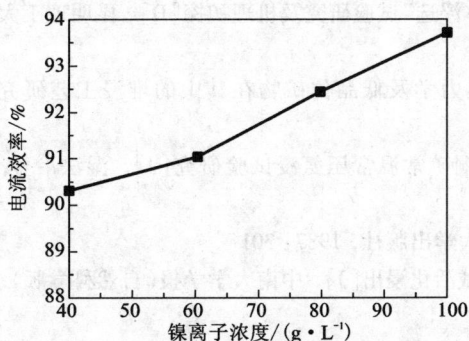

图 2 - 71　镍浓度对电流效率的影响

试液成分/(mol·L^{-1})：NH$_3$ 3；

NH$_4$Cl 3；t = 50 ℃；i = 400 A/m^2

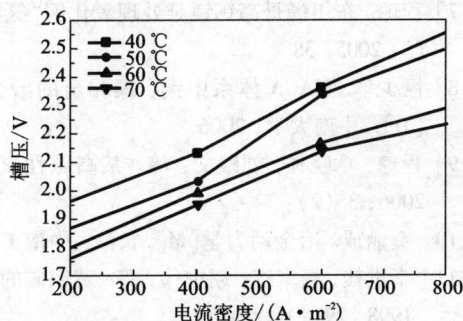

图 2 - 72　温度、电流密度对电积镍槽电压的影响

试液成分/(mol·L^{-1})：NiCl$_2$ 1，NH$_3$ 3；

NH$_4$Cl 3

图 2 - 72 表示温度、电流密度对槽电压的影响。从图 2 - 72 可知，电流密度的增加、温度的升高。槽电压均有所升高。从试验结果来看，氯化铵－氨－镍配合物体系中电沉积金属镍的槽电压比传统镍电沉积的电沉积要低得多。

根据高电流效率，低电能消耗的原则，镍氨配合物氯盐体系电沉积金属镍的最佳工艺：电解温度为 50 ℃、镍离子浓度为 60 g/L、最佳电流密度为 400 A/m^2。在最佳条件下，电沉积金属镍的电流效率可以达到 95%，甚至更高；沉积速度快，电解过程中不放出腐蚀性极强的 Cl_2；电解液体系内溶液的电阻小，槽压低，能量利用率高，可以大大降低直流电能消耗。

参考文献

[1] 尹才娇，蒋训雄，等.用活化浸出工艺从低品位氧化铜矿中回收铜[J].有色金属，1996，(2)：54-60

[2] 陈家镛，杨守志，柯家骏，等. 湿法冶金的研究与发展[M]. 北京：冶金工业出版社，1998：2-10

[3] 王成彦. 高碱性脉石低品位难处理氧化铜矿的开发利用——浸出工艺研究[J]. 矿冶，2001，10(4)：49-52

[4] 王成彦，崔学仲. 新疆砂岩型氧化铜矿浸出工艺研究[J]. 新疆地质，2001，19(1)：70-73

[5] Ju Shaohua, Tang Motang, Yang Shenghai, et al. Thermodynamics of Cu(Ⅱ)-NH$_3$-NH$_4$Cl-H$_2$O system[J]. Transactions of Nonferrous Metals Society of China, 2005, 15(6)：1414-1419

[6] 吴金明，鲁相林. 汤丹铜矿选矿试验研究与实践[J]. 云南冶金，2005，35(5)：14-16

[7] 程琼. 东川汤丹高钙镁难处理氧化铜"氨浸-浮选"试验研究及机理初探[D]，昆明理工大学，2005：38

[8] 巨少华. MACA 体系中铜、镍和金的冶金热力学及低品位矿物在其中的堆浸工艺研究[D]. 中南大学，2006

[9] 程琼，章晓林，刘殿文，等. 某高碱性氧化铜矿常温常压氨浸试验研究[J]. 湿法冶金. 2006，35(2)：74-77

[10] 莫鼎成. 冶金动力学[M].长沙：中南工业大学出版社，1987：301

[11] 李洪桂，杨家红，赵中伟，等. 黄铜矿的机械活化浸出[J]. 中南大学学报(自然科学版). 1998，29(1)：28-31

[12] 宋志鹏. 刚果(金)氧化铜矿碳酸铵浸出-负压蒸氨的工艺研究[D]. 中南大学，2008

[13] 刘维. MACA 体系中处理低品位氧化铜矿的基础理论和工艺研究[D]. 中南大学，2010

[14] Liu Wei, Tang Motang, Tang Chaobo, et al. Thermodynamic research of leaching copper oxide materials with ammonia-ammonium chloride-water solution[J]. Canadian Metallurgical Quarterly, 2010, 49(2)：131-146

[15] Liu Wei, Tang Motang, Tang Chaobo, et al. Thermodynamic research of the solubility of Cu$_2$(OH)$_2$CO$_3$ in the ammonia-ammonium chloride-ethylenediamine(E_n)-water system[J]. Trans. Nonferrous Met. Soc. China, 2010, 20(2)：336-343

[16] Liu Wei, Tang Motang, Tang Chaobo, et al. Dissolution kinetics of low grade complex copper ore in ammonia-ammonium chloride solution[J]. Trans. Nonferrous Met. Soc. China, 2010, 20(5)：910-917

[17] Liu Wei, Tang Motang, Tang Chaobo, et al. Thermodynamic research of the dissolving of chrysocolla (CuSiO$_3$·H$_2$O) in the ammonia-ammonium chloride-water system[C]. Proceedings of

the TMS 139nd Annual Meeting & Exhibition, Washington, USA, 2010

[18] Amatatunge L, Tackaberry P, Lakshmanan V I, et al. Nickel extraction potential using biological techniques on agglomerated material in a heap or vat leach process[C]. Proceedings of the international Biohydrometallurgy Symposium. Warrendale: 1993: 47

[19] Agatzini Leonardou S, Dimaki D. Heap leaching of poor nickel laterites by sulphuric acid at ambient temperature [C]. Proc Int Symp Hydrometall 94, 1994: 193

[20] 何焕华, 蔡乔方. 中国镍钴冶金[M]. 冶金工业出版社, 北京: 2000

[21] 王成彦. 氨性溶液中铜镍钴的萃取分离[J]. 有色金属, 2002, 52(1): 23 – 26

[22] 汪胜东, 尹才桥, 蒋开喜, 等. 多金属结核氨浸液中镍钴铜的萃取分离[J]. 有色金属(冶炼部分), 2002, (6): 7 – 9

[23] 陈永强, 邱定蕃, 王成彦, 等. 从氨性溶液中萃取分离铜、钴的研究[J]. 矿冶, 2003, 12 (3): 61 – 63, 45

[24] 郑国渠, 高志峰, 曹华珍, 等. 氨络合物体系电积金属镍的阳极过程[J]. 有色金属, 2003, 55(2): 31 – 32, 57

[25] 高志峰. 镍氨络合物电积金属镍研究[D]. 浙江工业大学, 2003

[26] 郑国渠, 郑利峰, 张昭, 等. 氨络合物体系电积镍的机理研究[J]. 有色金属, 2004, 56 (3): 45 – 48

[27] 郑利峰. 氨络合物体系电积镍的阴阳极机理研究[D]. 浙江工业大学, 2004

[28] Stamboliadis E, Alevizos G, et al. Leaching residue of nickeliferous laterites as a source of iron concentrate [J]. Minerals Engineering, 2004, 17(2): 245 – 252

[30] Kyung Ho Park, Debasish Mohapatra. A study on the oxidative ammonia/ammonium sulphate leaching of a complex (Cu – Ni – Co – Fe) matte[J]. Hydrometallurgy, 2007, 86.

第 3 章　锌铅镉配合物冶金

3.1　锌氨配合物冶金

3.1.1　概述

2004 年以来，我国成为世界第一大锌生产国和消费国，但随着国民经济的快速发展，锌消费将继续增长，供需缺口将继续扩大，锌的自给率已由 2002 年的 96.83% 降低至 2006 年的 63.0%，我国成为世界最大的锌精矿进口国，锌资源的静态保障年限仅为 8 年。

我国锌资源大部分为难处理资源，其中主要是氧化矿，具有碱性脉石含量高、矿物组成复杂及多金属共生的特点。已探明的锌金属储量在 4000 万 t 以上，为目前技术实际可利用资源量的 300% 以上。另外，次氧化锌也是一种重要的锌二次资源，数量多，可利用价值高，主要来自钢铁厂烟灰、炼铅厂烟灰、二次锌烟灰以及挥发法处理氧化矿获得的次氧化锌。

由于其复杂性，绝大部分氧化锌矿和次氧化锌均不能用硫酸法制取电锌，目前只是利用其很小的一部分作为制取锌化工产品的原料。锌氨配合物冶金的宗旨在于有效地利用氧化锌矿和次氧化锌资源，制取金属锌和锌化工产品，缓解我国锌资源供需矛盾。

锌氨配合物冶金体系包括 $Zn(II) - NH_3 - (NH_4)_2CO_3 - H_2O$（简称碳酸铵体系）、$Zn(II) - NH_3 - (NH_4)_2SO_4 - H_2O$（简称硫酸铵体系）及 $Zn(II) - NH_3 - NH_4Cl - H_2O$（简称氯化铵体系）3 个体系，碳铵体系适于制取氧化锌，特别是活性氧化锌，已产业化应用；硫酸铵体系适于制取高品质氧化锌和锌粉；氯化铵体系适于制取高纯锌和电锌。

锌氨配合冶金与其他炼锌工艺相比，有如下优点：

（1）原料适应性强，可以处理含铁高和 F、Cl、As、Sb 高的氧化锌物料，浸出液含铁低，不需要单独的 F、Cl 脱除过程，而且可以补偿流程中氯的损失。

（2）流程闭路循环，污染少，环境友好。

（3）净化负担轻，过程简单，设备防腐要求低，投资少。

（4）槽电压比传统工艺降低 0.3 ~ 0.5 V，节电 20%，且过程均在常温下进行，能耗低。

（5）产品质量高，电锌完全满足制取无汞锌粉的要求。

3.1.2　锌氨配合物冶金原理

3.1.2.1　浸出过程

在浸出过程中，锌的氧化物或碳酸盐形成 $Zn(II)-NH_3$ 配合离子而溶解，铜、镉、钴、镍等均进入溶液，少量的 Sb、As、Pb 也与 Cl^- 形成配合物而进入浸出液，绝大部分铁、锰、铅等元素不溶解留在渣中。

氨配合反应：

$$ZnO + iNH_3 + H_2O \rule[0.5ex]{2em}{0.4pt} Zn(NH_3)_i^{2+} + 2OH^- \qquad (3-1)$$

$$ZnCO_3 + iNH_3 \rule[0.5ex]{2em}{0.4pt} Zn(NH_3)_i^{2+} + CO_3^{2-} \qquad (3-2)$$

$$Zn(OH)_2 + 2NH_4^+ + (i-2)NH_3 \rule[0.5ex]{2em}{0.4pt} Zn(NH_3)_i^{2+} + 2H_2O \qquad (3-3)$$

$$ZnSO_4 + iNH_3 \rule[0.5ex]{2em}{0.4pt} Zn(NH_3)_i^{2+} + SO_4^{2-} \qquad (3-4)$$

$$MeO + 2NH_4^+ + (j-2)NH_3 \rule[0.5ex]{2em}{0.4pt} Me(NH_3)_j^{2+} + H_2O \qquad (3-5)$$

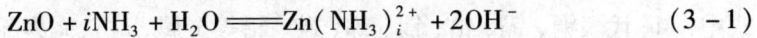

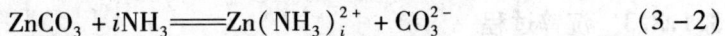

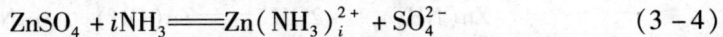

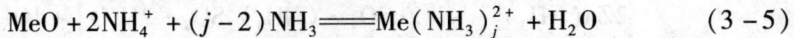

式中：Me 表示 Cu、Cd、Ni、Co，i、j 为配位数，以下同。

羟基配合反应：

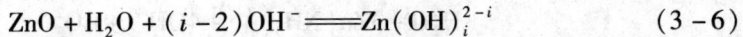

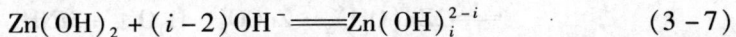

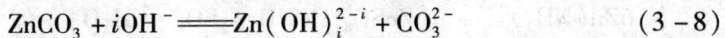

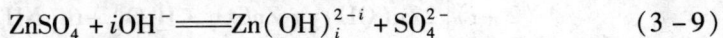

$$ZnO + H_2O + (i-2)OH^- \rule[0.5ex]{2em}{0.4pt} Zn(OH)_i^{2-i} \qquad (3-6)$$

$$Zn(OH)_2 + (i-2)OH^- \rule[0.5ex]{2em}{0.4pt} Zn(OH)_i^{2-i} \qquad (3-7)$$

$$ZnCO_3 + iOH^- \rule[0.5ex]{2em}{0.4pt} Zn(OH)_i^{2-i} + CO_3^{2-} \qquad (3-8)$$

$$ZnSO_4 + iOH^- \rule[0.5ex]{2em}{0.4pt} Zn(OH)_i^{2-i} + SO_4^{2-} \qquad (3-9)$$

在氯化铵体系中，还有氯配合反应：

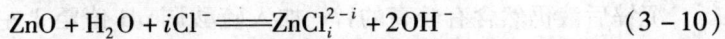

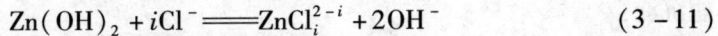

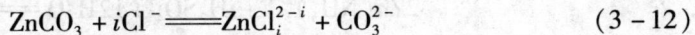

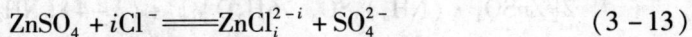

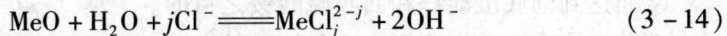

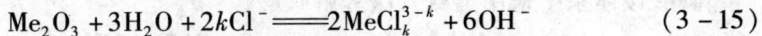

$$ZnO + H_2O + iCl^- \rule[0.5ex]{2em}{0.4pt} ZnCl_i^{2-i} + 2OH^- \qquad (3-10)$$

$$Zn(OH)_2 + iCl^- \rule[0.5ex]{2em}{0.4pt} ZnCl_i^{2-i} + 2OH^- \qquad (3-11)$$

$$ZnCO_3 + iCl^- \rule[0.5ex]{2em}{0.4pt} ZnCl_i^{2-i} + CO_3^{2-} \qquad (3-12)$$

$$ZnSO_4 + iCl^- \rule[0.5ex]{2em}{0.4pt} ZnCl_i^{2-i} + SO_4^{2-} \qquad (3-13)$$

$$MeO + H_2O + jCl^- \rule[0.5ex]{2em}{0.4pt} MeCl_j^{2-j} + 2OH^- \qquad (3-14)$$

$$Me_2O_3 + 3H_2O + 2kCl^- \rule[0.5ex]{2em}{0.4pt} 2MeCl_k^{3-k} + 6OH^- \qquad (3-15)$$

若要电解沉积金属锌，则在浸出过程中，用 $BaCl_2$ 和 $CaCl_2$ 除去 CO_3^{2-} 和 SO_4^{2-}：

$$Ca^{2+} + CO_3^{2-} \rule[0.5ex]{2em}{0.4pt} CaCO_3 \downarrow \qquad (3-16)$$

$$Ca^{2+} + SO_4^{2-} \rule[0.5ex]{2em}{0.4pt} CaSO_4 \downarrow \qquad (3-17)$$

$$Ba^{2+} + CO_3^{2-} \rule[0.5ex]{2em}{0.4pt} BaCO_3 \downarrow \qquad (3-18)$$

$$Ba^{2+} + SO_4^{2-} \rule[0.5ex]{2em}{0.4pt} BaSO_4 \downarrow \qquad (3-19)$$

3.1.2.2 净化过程

在净化过程中，杂质元素铜、钴、镍、镉、铅等形成硫化物或被锌粉置换而除去：

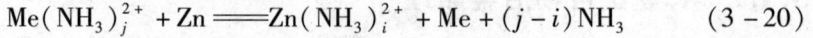

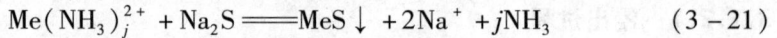

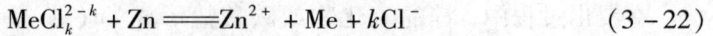

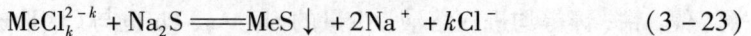

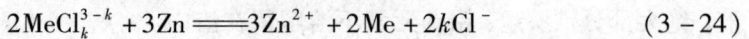

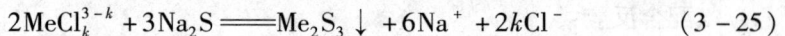

$$Me(NH_3)_j^{2+} + Zn = Zn(NH_3)_i^{2+} + Me + (j-i)NH_3 \qquad (3-20)$$

$$Me(NH_3)_j^{2+} + Na_2S = MeS \downarrow + 2Na^+ + jNH_3 \qquad (3-21)$$

$$MeCl_k^{2-k} + Zn = Zn^{2+} + Me + kCl^- \qquad (3-22)$$

$$MeCl_k^{2-k} + Na_2S = MeS \downarrow + 2Na^+ + kCl^- \qquad (3-23)$$

$$2MeCl_k^{3-k} + 3Zn = 3Zn^{2+} + 2Me + 2kCl^- \qquad (3-24)$$

$$2MeCl_k^{3-k} + 3Na_2S = Me_2S_3 \downarrow + 6Na^+ + 2kCl^- \qquad (3-25)$$

式中：Me 代表铜、镉、钴、镍、锑、砷、铅等金属，i、j、k 为配位数。

3.1.2.3 沉锌过程

硫酸铵体系中采用蒸氨和复盐中和相结合的方法沉淀锌的基本反应为：

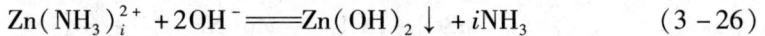

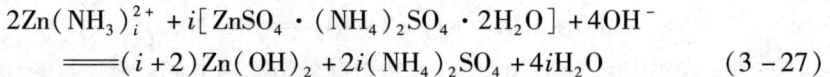

$$Zn(NH_3)_i^{2+} + 2OH^- = Zn(OH)_2 \downarrow + iNH_3 \qquad (3-26)$$

$$2Zn(NH_3)_i^{2+} + i[ZnSO_4 \cdot (NH_4)_2SO_4 \cdot 2H_2O] + 4OH^-$$
$$= (i+2)Zn(OH)_2 + 2i(NH_4)_2SO_4 + 4iH_2O \qquad (3-27)$$

在有 CO_3^{2-} 存在的情况下，生成碱式碳酸锌：

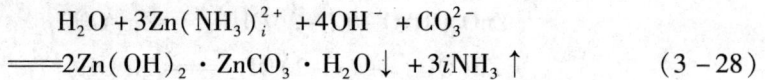

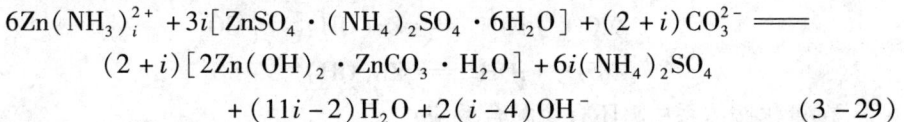

$$H_2O + 3Zn(NH_3)_i^{2+} + 4OH^- + CO_3^{2-}$$
$$= 2Zn(OH)_2 \cdot ZnCO_3 \cdot H_2O \downarrow + 3iNH_3 \uparrow \qquad (3-28)$$

$$6Zn(NH_3)_i^{2+} + 3i[ZnSO_4 \cdot (NH_4)_2SO_4 \cdot 6H_2O] + (2+i)CO_3^{2-} =$$
$$(2+i)[2Zn(OH)_2 \cdot ZnCO_3 \cdot H_2O] + 6i(NH_4)_2SO_4$$
$$+ (11i-2)H_2O + 2(i-4)OH^- \qquad (3-29)$$

沉锌后液仍然含有较高的锌，加入硫酸调 pH 值至 3 左右，形成硫酸锌铵复盐沉淀：

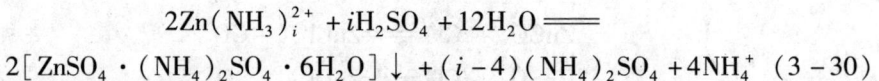

$$2Zn(NH_3)_i^{2+} + iH_2SO_4 + 12H_2O =$$
$$2[ZnSO_4 \cdot (NH_4)_2SO_4 \cdot 6H_2O] \downarrow + (i-4)(NH_4)_2SO_4 + 4NH_4^+ \qquad (3-30)$$

从而达到彻底沉淀锌和回收硫酸铵之目的。

碳酸铵体系中采用蒸氨方法分解碳酸铵：

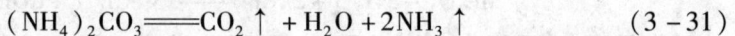

$$(NH_4)_2CO_3 = CO_2 \uparrow + H_2O + 2NH_3 \uparrow \qquad (3-31)$$

并按式(3-28)沉淀碱式碳酸锌。根据化学平衡理论和反应动力学原理，锌氨配合物的分解反应是一个吸热反应，一般在 80~90℃ 开始快速分解成碱式碳酸锌、二氧化碳和氨气。

3.1.2.4 电积过程

氯化铵体系电积过程中阳极产生的气体为氮气，阳极反应为：

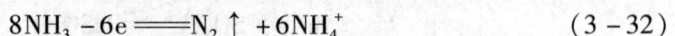

$$8NH_3 - 6e = N_2 \uparrow + 6NH_4^+ \qquad (3-32)$$

主要阴极反应为：

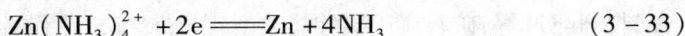

$$Zn(NH_3)_4^{2+} + 2e === Zn + 4NH_3 \qquad (3-33)$$

同时还存在影响电流效率的副反应：

$$2H_2O + 2e === H_2\uparrow + 2OH^- \qquad (3-34)$$

总电极反应为：

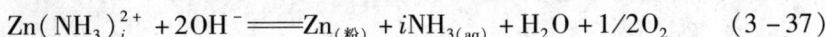

$$3Zn(NH_3)_i^{2+} === 3Zn + N_2\uparrow + 6NH_4^+ + (3i-8)NH_3 \qquad (3-35)$$

而在硫酸铵体系中阴极反应与上同，阳极反应为：

$$2OH^- - 2e === H_2O + 1/2O_2 \qquad (3-36)$$

总电极反应为：

$$Zn(NH_3)_i^{2+} + 2OH^- === Zn_{(粉)} + iNH_{3(aq)} + H_2O + 1/2O_2 \qquad (3-37)$$

3.1.2.5　氨吸收过程

锌氨配合物分解过程产生的二氧化碳和氨进入冷凝器液化并进行循环吸收，得到一定碳化度的回收氨水。主要反应式如下：

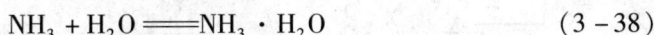

$$NH_3 + H_2O === NH_3 \cdot H_2O \qquad (3-38)$$
$$CO_2 + H_2O === H_2CO_3 \qquad (3-39)$$
$$NH_3 \cdot H_2O + H_2CO_3 === NH_4HCO_3 + H_2O \qquad (3-40)$$

3.1.2.6　干燥及煅烧过程

碱式碳酸锌在250℃左右开始分解，400℃以上完全分解，一般控制煅烧温度为500~600℃。分解反应如下：

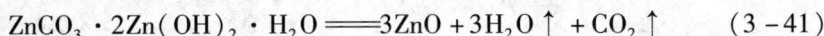

$$ZnCO_3 \cdot 2Zn(OH)_2 \cdot H_2O === 3ZnO + 3H_2O\uparrow + CO_2\uparrow \qquad (3-41)$$

3.1.3　碳酸铵体系中制氧化锌

碳酸铵体系中制取氧化锌是研究较早，近十多年来已获得工业应用的工艺方法，其主要特点是碳酸铵再生容易，可实现循环利用；但存在多种金属离子能形成 $Me(II)-CO_3^{2-}$ 配合物。因此，净化困难，不易获得高品质的产品。

3.1.3.1　氧化锌矿制氧化锌

20世纪90年代初，作者以云南兰坪氧化锌矿为原料，对碳酸铵体系中制取氧化锌产品进行了系统研究，取得良好结果。

（1）原料和流程

氧化锌矿样取自云南兰坪铅锌矿，矿样粒度为125 μm，其化学成分见表3-1。

表3-1　兰坪锌氧化矿矿样成分分析/%

Zn	Pb	Mg	Cd	Mn	Fe	SiO₂	CaO	S	Co	Ni	Cu
21.88	1.74	0.33	0.29	0.32	13.53	13.25	5.48	1.89	0.038	0.004	0.01

从表 3 - 1 可以看出,该矿石含有较多的 SiO_2 和 Fe,主要有价金属为 Zn,可以综合回收 Pb、Cd 等,矿石属于碳酸盐类型,在选择工艺流程时,必须考虑到这一点。

对矿物进行 X 射线衍射分析和物相分析可以知道,矿物原料中锌大多数以碳酸锌形式存在,也有一部分以 ZnS、Zn_2SiO_4、$ZnO \cdot Fe_2O_3$ 形式存在,要达到较高的锌浸出率,不仅要有效地浸出碳酸锌,而且也还要使尽量多的 ZnS、Zn_2SiO_4、$ZnO \cdot Fe_2O_3$ 中的锌进入溶液,而硅酸锌的存在,就要求在溶液中防止凝胶的产生,保持良好的过滤性能。

综上所述,兰坪锌氧化矿矿物组成复杂,各种矿物呈包裹或嵌镶状,矿物处理难度大。试验的工艺流程见图 3 - 1。

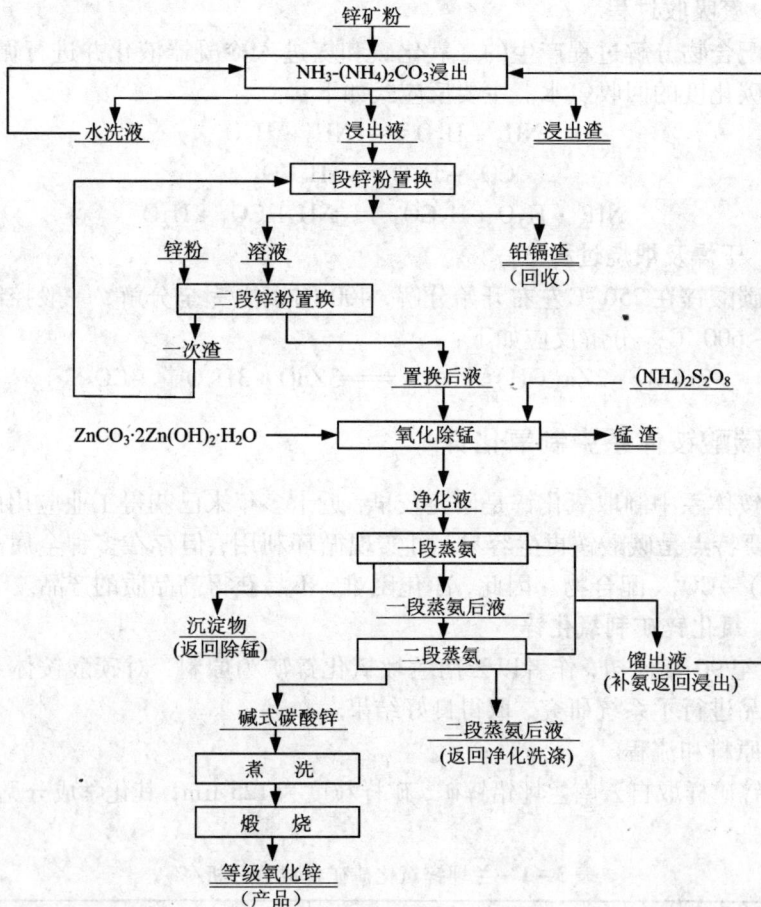

图 3 -1 原则工艺流程

（2）氨配合浸出

经过探讨及文献资料的收集，我们认为温度、浸出剂的组成（NH_3/NH_4^+）、氧化剂添加量、液固比（L/S）、时间、总氨浓度 6 个因素对浸出率有影响，进行了单因素条件实验，固定条件为：$n_{NH_3}:n_{NH_4^+}=1$，温度：25 ℃，L/S=3:1，时间：2 h，总氨浓度：7 mol/L。

1）$n_{NH_3}/n_{NH_4^+}$ 对锌浸出率的影响

试验结果见表 3-2 及图 3-2。

表 3-2　$n_{NH_3}/n_{NH_4^+}$ 对锌浸出率的影响

$n_{NH_3}/n_{NH_4^+}$	0	1:4	1:2	1:1.5	1:1	1.5:1	2.0:1	2.25:1	2.5:1
液计浸出率/%	47.3	47.1	47.7	71.1	81.3	73.6	84.4	72.0	58.1
渣率/%	80.1	78.2	76.8	72.4	67.5	70.4	60.24	63.1	65.0

从图表中我们可以看出，$n_{NH_3}/n_{NH_4^+}$ 对锌浸出率的影响非常显著，纯碳酸铵或纯氨水浸出效果均不理想，当 $n_{NH_3}/n_{NH_4^+}$ 分别为 1:1 和 2:1 时，浸出率有两个极大值，数值也相近。因 NH_4^+ 是以 $(NH_4)_2CO_3$ 形式加入，$n_{NH_3}/n_{NH_4^+}$ 反映的是浸出剂中 CO_3^{2-} 的量，文献指出 CO_3^{2-} 的引入能够促进异极矿及氧化锌矿的浸出，但对菱锌矿的浸出不利，从矿物原料一节我们知道，试验所处理的云

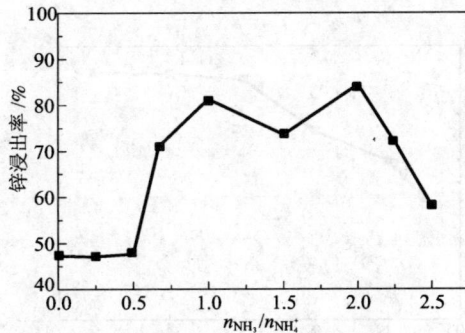

图 3-2　$n_{NH_3}/n_{NH_4^+}$ 对浸出率的影响

条件：$t=25$ ℃，$\tau=2$ h，液固比=3:1，
$[NH_3]_T=7$ mol/L，粒度 125 μm

南兰坪氧化锌矿锌的存在形态以菱锌矿为主，同时也存在着异极矿、铁酸锌矿和硫化锌矿，由于 CO_3^{2-} 的引入对各种矿物不同的作用，造成了浸出率出现两个极大值点，从试验结果可以看出，渣率的变化并不是总与浸出率变化一致，含 CO_3^{2-} 高的浸出剂浸出得到渣率要高一些，这可能是因为含 CO_3^{2-} 高的浸出剂对异极矿的浸出更为有效，异极矿中的硅以 SiO_2 形式入渣，而菱锌矿经氨水分解后全部进入溶液的缘故。

2）时间对浸出率的影响

时间对浸出率的影响列于表 3-3 及图 3-3。

表 3-3 时间对浸出率的影响

时间/h	0.5	1	2	3	4	5
液计浸出率/%	66.7	74.7	81.3	92.6	94.0	94.2

从图 3-3 与表 3-3 我们看到,时间对浸出率的影响十分显著,当浸出时间小于 3 h,随着时间的增加,浸出率显著提高,超过 3 h,浸出率的增长趋于平缓。

3) 液固比对浸出率的影响

试验结果见表 3-4 及图 3-4。

表 3-4 液固比对浸出率的影响

液固比	1:1	2:1	3:1	4:1	5:1
液计浸出率/%	41.0	71.7	81.3	89.6	91.0

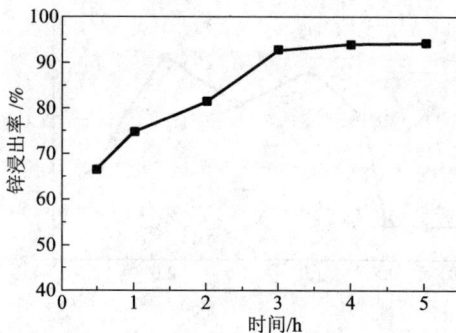

图 3-3 浸出时间对浸出率的影响

条件: $t = 25$ ℃, 液固比 $= 3:1$, $n_{NH_3}/n_{NH_4^+} = 1$,

$[NH_3]_T = 7$ mol/L, 粒度 125 μm

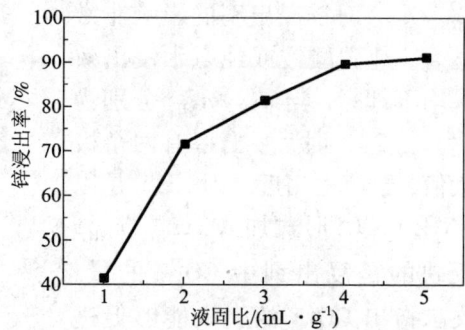

图 3-4 液固比对浸出率的影响

条件: $t = 25$ ℃, $\tau = 2$ h, $n_{NH_3}/n_{NH_4^+} = 1$,

$[NH_3]_T = 7$ mol/L, 粒度 125 μm

从图 3-4 与表 3-4 中我们看到,液固比对浸出率影响十分显著,随着液固比的增大,浸出率开始增长很快,直到液固比大于 4 以后才趋于平缓,这是因为锌氨配合离子在溶液中有一定的溶解度,液固比过小会限制锌的浸出程度,在其他条件一定的情况下,锌的浸出在一定液固比下已达到它的极限,这时,液固比再增大,浸出率的提高就十分有限了。

4) 氧化剂添加量对浸出率的影响

由于兰坪氧化矿中有一部分锌以 ZnS 形式存在,为了提高锌浸出率,就必须考虑回收这一部分锌，希望能氧化 ZnS 使锌离子进入溶液，为此试用了 H_2O_2，$(NH_4)_2S_2O_8$ 等作为氧化剂，加入量按矿量的百分数计，后者的试验结果见表 3 - 5 及图 3 - 5。

表 3 - 5　氧化剂的加入量对浸出率的影响

$(NH_4)_2S_2O_8$ 加入量/%	0	0.5	1	1.5	2
液计浸出率/%	81.3	81.8	81.2	81.6	81.4

从试验结果可以看到，$(NH_4)_2S_2O_8$ 的加入对浸出率没有影响，用 H_2O_2 作氧化剂结果也一样。这有两种可能的解释：一种是矿物原料中含还原性物质较多，其他物种优先与氧化剂发生氧化—还原反应，使氧化剂不能有效地作用于 ZnS；再一种可能就是氧化剂 $[H_2O_2，(NH_4)_2S_2O_8]$ 在常温下（25 ℃）试验介质中氧化速度很慢，但是由于 NH_3 的挥发性及 $(NH_4)_2CO_3$ 容易分解，不可能将温度升得太高（< 70 ℃），氧化剂不能发挥作用。

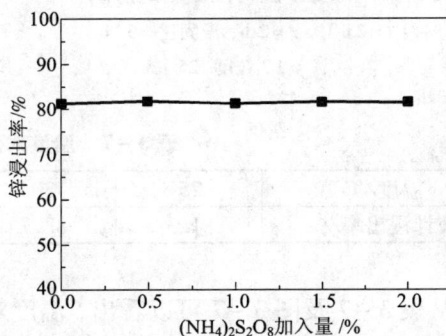

图 3 - 5　$(NH_4)_2S_2O_8$ 加入量对浸出率的影响
条件：$t = 25$ ℃，$\tau = 2$ h，液固比 = 3 : 1，$n_{NH_3}/n_{NH_4^+} = 1$，$[NH_3]_T = 7$ mol/L，粒度 125 μm

5）总氨浓度对浸出率的影响

试验结果见表 3 - 6 及图 3 - 6。

表 3 - 6　总氨浓度对浸出率的影响

总氨浓度/(mol · L^{-1})	4	5	6	7	8	9
液计浸出率/%	47.9	68.3	79.7	81.4	82.7	81.6

从表 3 - 6 及图 3 - 6 可以看出，总氨浓度对浸出率的影响十分显著，随着总氨浓度的提高，浸出率显著提高，但总氨浓度大于 7 mol/L 后，浸出率趋于平稳。

6）温度对浸出率的影响

试验结果见表 3 - 7 及图 3 - 7。

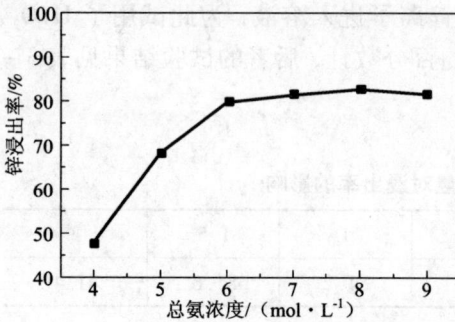

图 3-6　总氨浓度对浸出率的影响

条件: $t = 25\ ℃$, $\tau = 2\ h$, 液固比 $= 3:1$, $n_{NH_3}/n_{NH_4^+} = 1$, 粒度 $125\ \mu m$

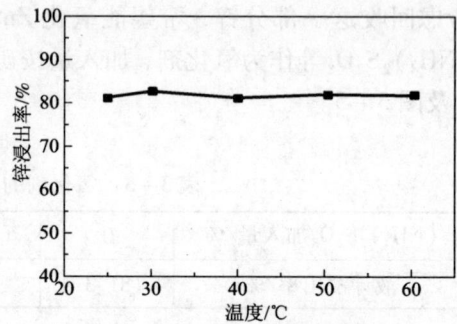

图 3-7　温度对浸出率的影响

条件: $t = 2\ h$, 液固比 $= 3:1$, $[NH_3]_T = 7\ mol/L$, $n_{NH_3}/n_{NH_4^+} = 1$, 粒度 $125\ \mu m$

表 3-7　温度对浸出率的影响

温度/℃	25	30	40	50	60
液计浸出率/%	81.3	82.7	81.2	82.0	81.8

从表 3-7 及图 3-7 可以看出, 温度对浸出率的影响不显著, 这可能因为矿物原料主要以菱锌矿为主, 温度的升高, 一方面使 NH_3 挥发加剧, 浓度减少而使锌溶解度有下降趋势; 另一方面使 $(NH_4)_2CO_3$ 分解而减少 CO_3^{2-} 浓度, 使锌溶解度有上升趋势, 上升与减少的趋势相互抵消, 使温度对浸出率的影响不显著。

7) 浸出综合条件试验

从上面的单因素试验结果可以看到, $n_{NH_3}/n_{NH_4^+}$、液固比(L/S)、浸出时间、总氨浓度几个因素影响较为显著, 而温度、氧化剂加入量影响不大, 确定优化条件为: 浸出时间 4 h, 液固比 $= 4:1$, 总氨浓度 7 mol/L, 温度 30 ℃, 氧化剂加入量为 0。由于 $n_{NH_3}/n_{NH_4^+}$ 这个因素有两个极限, 浸出率相差不大, 但是 $n_{NH_3}/n_{NH_4^+}$ 为 2:1 时, 渣率要小一些, 从这一点出发, 我们选定 $n_{NH_3}/n_{NH_4^+}$ 为 2:1; 其他试验条件为: 粒度 125 μm, 机械搅拌 750 r/min。综合条件试验结果见表 3-8。

表 3-8　综合条件试验结果

No	浸出液成分/(mg·L⁻¹)						渣含锌 /%	浸出率/%	
	$Zn/(g·L^{-1})$	Pb	Cd	Cu	Mg	Mn		液计	渣计
Z-1-1	45.7	16.0	430	12	20.6	14.2	3.59	93.3	91.2
Z-1-2	44.7	14.8	360	8.8	15.2	13.0	3.42	94.2	91.4
Z-1-3	46.8	15.1	380	9.0	15.1	14	3.58	93.8	91.6
Z-1-4	41.4	14.2	360	8.5	14.7	12	3.00	92.7	90.8
Z-1-5	43.5	17.2	370	6.0	14.2	9.8	3.66	93.7	91.1

从表 3-8 可以看到，在 $NH_3 - (NH_4)_2CO_3 - H_2O$ 体系中浸出兰坪氧化锌矿是非常有效的，渣计锌浸出率在 91% 左右，而且浸出液中杂质含量低，减轻了后续净化工艺的负担；但是由于矿物原料中有一部分铅锌以硫化物形式存在，至今尚未寻找到合适的氧化剂将其浸出回收，所以，浸出率难以进一步提高，浸出渣中的铅含量在 2.3% 左右，比较低，回收困难，铅大部分以 $PbCO_3$ 形式存在，溶解度小，对环境污染小；若渣含铅高的话，可以考虑用酒石酸铵二次浸出回收，文献报道了这一结果，所得的浸出渣可再送选矿回收。

（3）浸出液的净化

净化试验用浸出液成分如表 3-9 所示。

表 3-9　浸出液的组成/($mg \cdot L^{-1}$)

Zn/($g \cdot L^{-1}$)	Cd	Pb	Cu	Mn	Fe	Mg
41.5	340	23.6	9.2	6.5	21.4	13.5

1）硫化沉淀除杂

①反应时间对除杂的影响

试验条件为常温、常压、Na_2S 用量为理论量的 5 倍，结果如表 3-10 所示。

表 3-10　时间对硫化除杂效果的影响/($mg \cdot L^{-1}$)

时间/h	Mn	Cu	Pb	Cd
0.5	1.02	1.77	11.1	81.3
1	1.05	1.99	11.8	65.6
1.5	1.02	1.77	11.1	71.9
2	1.08	4.29	10.9	141
3	1.14	4.01	11.3	147
4	1.17	4.5	11.6	156

从表 3-10 可以看出，反应时间对 Mn、Pb 等杂质元素的脱除效果影响不大，但是随着反应时间的增加，Cu、Cd 有明显的复溶现象，所以硫化沉淀时间不宜太长，以 0.5~1 h 为好。

②Na_2S 用量对除杂率的影响

固定条件：常温常压，时间为 0.5 h，结果见表 3-11。

表 3 - 11　Na₂S 用量对除杂效果的影响

理论量倍数	锌入渣率/%	净化后液成分/(mg·L⁻¹)			
		Cu	Cd	Pb	Mn
2	1.7	3.90	166.3	15.0	3.80
3	2.1	1.92	130.0	14.0	3.48
4	3.6	1.98	110.1	14.25	3.35
5	4.3	1.90	80.0	14.6	3.58
6	6.8	0.73	52.5	13.8	3.28
7	9.6	1.15	16.25	12.5	3.40
8	10.7	1.1	10.2	12	2.98

从表 3 - 11 可以看出，随着 Na₂S 用量的增加，锌损失明显增加，Cd 含量下降明显，而 Cu、Pb、Mn 含量降到 10 mg/L 以下后，再增加 Na₂S 用量就没什么效果，所以 Na₂S 用量为理论量的 5~6 倍为宜。

2）锌粉置换除杂

①锌粉用量对除杂的影响

固定条件：常温常压，机械搅拌，转速 300 r/min，试验结果见表 3 - 12。

表 3 - 12　锌粉用量对除杂效果的影响/(mg·L⁻¹)

理论量倍数	Zn/(g·L⁻¹)	Cu	Mn	Cd	Pb
5	33.8	0.43	0.71	12.0	0.77
6	33.4	0.24	0.79	11.2	0.75
7	33.2	0.28	0.71	1.7	0.24
8	33.6	0.21	0.71	1.5	0.23
9	32.6	0.21	0.57	1.5	0.38
10	33.2	0.21	0.58	1.4	0.54

比照硫化沉淀的结果，我可以看到锌粉除杂效果优于硫化除杂，随着锌粉用量的增加，杂质含量开始下降得很快，但到了一定程度后趋于平缓，因此锌粉用量以 7 倍理论量为宜。

②两段逆流锌粉净化结果

固定条件：常温常压，锌粉用量为理论量 7 倍，搅拌速率 300 r/min。结果如表 3 - 13 所示。

表 3 - 13　两段逆流锌粉置换除杂效果/(mg·L^{-1})

试验	No	Zn/(g·L^{-1})	Cu	Mn	Cd	Pb
一段	L - 1A	40.2	0.34	0.72	2.5	0.71
	L - 2A	39.8	0.31	0.68	2.4	0.65
二段	L - 1B	40.1	0.04	0.32	1.1	0.19
	L - 2B	40.0	0.04	0.28	1.0	0.20

从表 3 - 13 可以看出，两段逆流锌粉净化十分有效，Cu/Zn 下降到 0.0001%、Mn/Zn 为 0.0007% ~0.0008%。

3）氧化除锰

氧化除锰所用料液为两段逆流锌粉除杂后液，试验结果如表 3 - 14 所示。

表 3 - 14　(NH$_4$)$_2$S$_2$O$_8$除锰试验结果

试验	除锰前液		除锰后液		
	Zn/(g·L^{-1})	Mn/(mg·L^{-1})	Zn/(g·L^{-1})	Mn/(mg·L^{-1})	$[Mn^{2+}]/[Zn^{2+}]$ /(10^{-4}%)
M - 1	41.2	0.32	62.3	0.08	1.28
M - 2	39.8	0.30	61.1	0.07	1.15
M - 3	40.6	0.28	62.4	0.07	1.12
M - 4	40.8	0.32	61.8	0.09	1.45

从表 3 - 14 可以看出，经过(NH$_4$)$_2$S$_2$O$_8$深度除锰，锰锌比达到 0.0001% ~ 0.0002%，基本达到 ZnO 产品对 Mn 的要求，但是若要使锰锌比稳定到 0.0001% 以下，在溶液净化阶段难以达到。

4）小结

从前面的试验结果可以看出，溶液的深度净化非常困难，这主要是因为等级氧化锌杂质含量要求严格，经过试验，我们认为净化阶段应采取两段逆流锌粉除杂接(NH$_4$)$_2$S$_2$O$_8$氧化除锰为宜。

（4）沉碱式碳酸锌和碳铵再生

蒸氨过程主要考察了溶液馏出率与沉锌率及得到的氧化锌纯度的关系，试验用料液及结果分别如表 3 - 15、表 3 - 16 所示。

表 3 – 15　蒸氨过程用料液成分/(mg · L⁻¹)

Zn/(g·L⁻¹)	Cu	Mn	Cd	Pb
41.2	0.04	0.32	1.2	0.2

表 3 – 16　蒸氨过程溶液馏出率与沉锌率及氧化锌纯度之间的关系

馏出率/%	沉锌率/%	产品氧化锌纯度/%			
		ZnO	Mn	Cu	Pb
5	41.6	97.23	0.0012	0.0001	0.00039
12	88.23	98.36	0.00072	0.00007	0.00041
15	91.87	98.52	0.00061	0.00009	0.00039
19	99.88	98.61	0.00054	0.00008	0.00038
21	99.60	98.60	0.00055	0.00008	0.0004
25	99.89	98.67	0.00050	0.00008	0.0004

　　从表 3 – 16 可以看出，随着馏出率的提高，沉锌率迅速增加，当馏出率达到 19% 时，沉锌率可达 99.88%，因此馏出率控制在 15% ~ 20% 即可，同时随着沉锌率的增加，氧化锌产品纯度有所提高，杂质锰的含量下降，这说明在蒸氨过程中大多数杂质如 Mn、Ca、Mg 比 Zn 沉淀得更快。

　　(5) 产品等级的提高

　　1) 氧化锌煮洗

　　氧化锌煮洗是用蒸馏水作为煮洗液，试验结果见表 3 – 17。

表 3 – 17　氧化锌煮洗液固比对纯度的影响

项目	煮洗前	液固比/(mL·g⁻¹)				
		3:1	4:1	5:1	8:1	10:1
纯度	98.61	98.72	98.78	98.84	98.91	98.90

　　从表 3 – 17 可以看出，氧化锌煮洗确实对氧化锌品位的提高有一定的效果，当液固比 = 8 ~ 9 时，能提高 0.3%，但继续提高液固比没有效果。

　　2) 碱式碳酸锌煮洗

　　在碱式碳酸锌的煮洗试验中，我们考察了用蒸馏水、0.78% 的乙酸溶液以及 1% 的草酸溶液作为煮洗液的比较，结果见表 3 – 18。

表 3 – 18　不同的煮洗液的提纯效果

溶液	煅烧时间	液固比	氧化锌含量/%	煮洗后液成分/(g·L^{-1})			煮洗后液中(Ca + Mg)/Zn
				Zn	Ca	Mg	
蒸馏水	4	10	99.19	0.00077	0.0033	0.0026	7.66
乙酸溶液	4	10	98.69	1.66	0.0066	0.0057	7.2 × 10^{-3}
草酸溶液	4	10	98.75	0.013	0.0013	0.0026	0.3

从试验结果可以看出，用弱酸性溶液煮洗虽然使 Ca、Mg 离子进入溶液量有所增加，但是主体金属锌进入溶液量更多，从煮洗后液中(Ca + Mg)/Zn 的值可以看到，蒸馏水煮洗的效果远远大于弱酸性溶液，从煅烧后得到的氧化锌的纯度也可以看出这一点。

蒸馏水煮洗的液固比对产品纯度的影响见表 3 – 19。

表 3 – 19　碱式碳酸锌煮洗液固比对产品纯度的影响

液固比/(mL·g^{-1})	3:1	4:1	6:1	8:1	10:1
氧化锌纯度/%	98.81	98.88	99.12	99.20	99.19
煅烧时间/h	4	4	4	4	4

从表 3 – 19 可以看出，碱式碳酸锌煮洗效果明显好于氧化锌煮洗，液固比为 8 比较合适，这时氧化锌含量达 99.20%。

3）二段蒸氨提高产品质量

试验所用料液如表 3 – 15 所示，试验结果见表 3 – 20。二段蒸氨过程中，锌的直收率为 89.2%。

表 3 – 20　二段蒸氨产得氧化锌的质量

一段蒸氨得到的氧化锌/%				二段蒸氨得到的氧化锌/%			
ZnO	Mn	Cu	Pb	ZnO	Mn	Cu	Pb
98.56	0.0017	0.00008	0.0004	99.76	0.00001	0.00008	0.0004

从表 3 – 20 可见，二段蒸氨过程对提高氧化锌品位和降低杂质锰含量效果都非常明显，结合碱式碳酸锌煮洗工序，氧化锌品位及杂质含量均可达 GB 3185—82 B201 间接法氧化锌一级品的要求。

4）小结

由于溶液净化的极限和产品要求的严格，本研究专门采取了提高产品等级的措施，主要手段是成品或半成品的煮洗及二段蒸氨，根据以上试验结果，得出最佳工艺条件，综合试验结果如表 3 – 21 所示。

表 3 – 21 综合试验等级氧化锌化学成分/%

No	ZnO	Mn	Cu	Pb	Cd
CP – 1	99.75	0.00001	0.00007	0.00051	0.0018
CP – 2	99.82	0.00008	0.00008	0.00047	0.0019
CP – 3	99.79	0.00001	0.00008	0.00042	0.0029
CP – 4	99.80	0.00001	0.00008	0.00045	0.0019

产品颜色纯白，其他物理、化学性能也达到了 GB 3185—82B201 间接法一级氧化锌的要求。

（6）技术经济指标

本工艺全流程锌直收率为 80.26%，回收率为 90.2%。

由于受到试验设备、条件限制，无法精确地估计出生产过程中试剂消耗，能量消耗，使生产成本估计有困难，但是因为原料价格比间接法一级氧化锌的低，经济效益将相当可观。

3.1.3.2 碳酸铵法制取活性氧化锌的工业实践

碳酸铵法制取活性氧化锌 20 世纪 90 年代末即获得工业应用，国内有近十家工厂以次氧化锌或锌烟灰为原料，采用该方法生产活性或纳米氧化锌，规模一般为 5000 t/a。

（1）原料

氨法制氧化锌的最大优点是对原料的适应性广，对硫酸法很有害的杂质元素的含量，如 Fe、F、Cl、As、Sb、Ca 和 Mg 等，限制很少，各种复杂的次氧化锌，如钢铁厂烟灰、炼铅厂烟灰、二次锌烟灰以及挥发法处理氧化矿获得的次氧化锌，氧化锌矿和氧化锌物料均可作为碳氨法制取活性氧化锌的原料。原料中的锌含量没有限制，但杂质种类复杂或含量太高会增加生产成本，一般要求 ZnO 含量≥45%。

辅助材料：碳酸氢铵符合 GB 6275—86 的工业级标准，也可选用农用碳酸氢铵；氨水为工业级氨水或采用符合 GB/T 536—1988 的液体无水氨。

（2）工艺流程

碳酸铵法生产活性氧化锌原则工艺流程见图 3 – 8，主要工艺过程包括浸出、除杂、蒸氨、水洗、干燥、煅烧和包装 7 个工序。

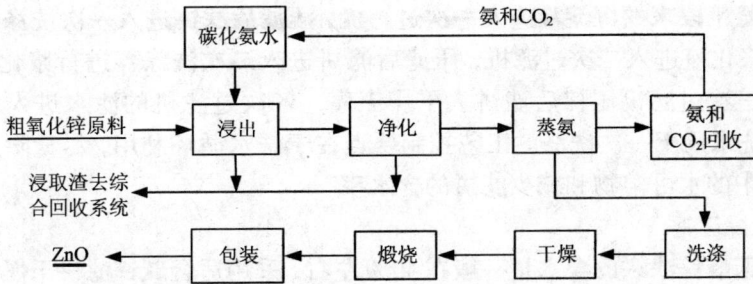

```
                    碳化氨水 ◄────────── 氨和CO₂ ──────────────┐
                       │                                      │
粗氧化锌原料 ──────► 浸出 ──► 净化 ──► 蒸氨 ──► 氨和CO₂回收
                       │
浸取渣去综
合回收系统 ◄────────┘

ZnO ◄── 包装 ◄── 煅烧 ◄── 干燥 ◄── 洗涤
```

图 3 – 8　碳酸铵法生产活性氧化锌原则工艺流程

（3）生产过程控制

1）浸出工序

对于 Zn 含量为 60% ~ 80% 次氧化锌原料时，最佳浸出条件为：①NH_3浓度 100 ~ 150 g/L；②液固比 = (6 ~ 9):1；③温度 40 ℃；④时间 2 h。采用菱锌矿为原料时，最佳浸出条件为：①NH_3浓度为 143 g/L；②液固比 = 3.5:1；③温度 50 ~ 60 ℃；④时间 2 h。在最佳条件下，锌的浸出率均可达 97% 以上。

间歇生产，原料在浸出釜浸出后用泵打到澄清槽，沉渣从澄清槽底部用泵打入过滤机过滤后进入综合回收系统，澄清液进氧化釜氧化除铁、锰等，氧化液进沉降槽，上清液入置换釜置换除杂，置换液入沉降槽，上清液经过滤器过滤后入净化液槽。工艺控制要点在于保证高浸锌率的同时除杂达标和防止氨泄漏。

2）净化工序

净化条件与采用粗氧化锌原料的质量密切相关。一般在 60 ℃ 以下进行搅拌反应 1 h 左右。高锰酸钾和锌粉加入量需要根据使用原料的杂质情况进行调整。高锰酸钾加入量应在理论需要量的 120% 以上，同时需要采用粒径 150 μm 以下的锌粉。净化液为无色透明溶液，要求含量：Pb≤5 mg/L，Mn≤0.5 mg/L，Fe≤1.0 mg/L，Cd≤5 mg/L。

3）蒸氨沉锌工序

采用两步法蒸氨——预蒸氨塔串蒸氨釜工艺。锌氨配合物分解一般在 95 ~ 100 ℃ 完成，此前，温度不会超过 100 ℃，但需要控制加热蒸汽速度，防止产生太多泡沫。以母液中 Zn^{2+} 含量≤0.5 g/L 为控制反应终点。具体操作是：将净化液从蒸氨塔上部打入塔内进行游离氨蒸出，蒸浓液从塔底流入蒸氨釜进行配合氨和二氧化碳蒸出；蒸汽从热力系统进入蒸氨釜，蒸出气体从釜顶进蒸氨塔，蒸出的氨和二氧化碳从预蒸氨塔顶部进入氨水碳化回收系统，沉淀液进入洗涤工段。工艺控制要点在于蒸氨沉淀过程调控氧化锌前驱体粒径和高效蒸氨。

4）水洗工序

从蒸氨工段来的沉淀液进入一次过滤机，压滤后滤饼进入一次洗涤器进行浆化洗涤；浆化液进入二次过滤机，压滤后滤饼进入二次洗涤器进行浆化洗涤；浆化液进入三次过滤机压榨后滤饼去干燥工序。各次过滤机的滤水进入水处理系统，二次洗水用于一次洗涤。工艺控制要点在于洗水循环利用，尽量除去碱式碳酸锌沉淀中的水可溶物和减少滤饼的含水率。

5）干燥工序

碱式碳酸锌滤饼的含水量一般在40%左右，采用适合碱锌滤饼干燥的旋转闪蒸干燥工艺，包括热风系统、干燥、干法和湿法收集过程。加热空气的热源可以采用煤或电等，热风温度一般为 150~250 ℃，控制干燥产品含水 <2.5%。从上工序来的滤饼经输送系统进入闪蒸干燥机进料斗进行干燥，干燥粉经旋风分离器和脉冲收集器两级收集入干燥粉贮罐进入煅烧工序，尾气进湿法收集器收集后排空。工艺控制要点在于瞬间干燥和粉体密封输送，确保干粉回收率大于99%。

6）煅烧工序

生产活性氧化锌时，碱式碳酸锌煅烧温度一般控制在 500~600 ℃；生产高纯度氧化锌时，煅烧温度在 850 ℃以上。应严格控制煅烧温度，煅烧温度过高，不仅增加能耗，而且会降低产品比表面积。

从干燥工段来的碱式碳酸锌干粉通过螺旋输送进入煅烧炉进行悬浮煅烧；烧后 ZnO 粉经旋风分离器和高温收集器收集混合后进包装工段；煅烧尾气进干燥工段。工艺控制要点在于实现粉体的均匀煅烧，保持 ZnO 粉粒径的一致性。

7）碳铵回收工序

来自蒸氨系统的氨气、水蒸气、CO_2 混合蒸汽从蒸氨塔顶部进入分凝器分凝水分后的气体经吸收塔吸收 CO_2，再进入冷凝器进行高浓氨水回收，合成碳铵－氨溶液。工艺控制要点在于防止氨泄漏，保证氨和碳的高回收效率。

（4）关键设备

碳酸铵法生产氧化锌由于采用的原料粗氧化锌来源复杂，经常需要根据原料的变化调整工艺参数，所以浸出、氧化、净化及分离工序多采用间歇式生产设备，而氨回收、干燥和煅烧设备基本实现了连续化生产。主要设备包括：浸出槽、氧化槽、净化槽、板框过滤机、热分解(蒸氨)设备、氨回收设备、干燥机、焙烧炉等。

1）浸出工序

浸出工序的关键设备是浸出釜、氧化釜和置换釜。采用不锈钢材质，机械搅拌，浸出釜夹套加热，氧化釜和置换釜盘管加热。设备关键是轴封和加料口密封，采用锁斗进料，避免氨气散出。附属设备是多层立式带机械刮泥澄清槽、锥形底立式沉降槽和暗流密闭板框过滤机。

2）蒸氨工序

蒸氨工序的关键设备是预蒸氨塔、蒸氨釜、填料吸收塔、喷射吸收装置、净化液储槽和泵设备等，材料一般用不锈钢。预蒸氨塔的作用是预热母液回收热量并进行预蒸游离氨，该塔上部为填料段，下部为泡罩段，机械搅拌。

3）水洗工序

水洗工序的关键设备是不锈钢敞口洗涤器和具有压榨功能的暗流自动卸料板框压滤机，滤材采用高强超细滤料。

4）干燥工序

干燥工序的关键设备是改进型旋转闪蒸干燥机和 125 型高效旋转闪蒸干燥机（图 3 – 9）以及中温塑烧板袋滤器和热风炉，热风炉燃烧室和热风接触部位采用耐火材料和不锈钢材料。

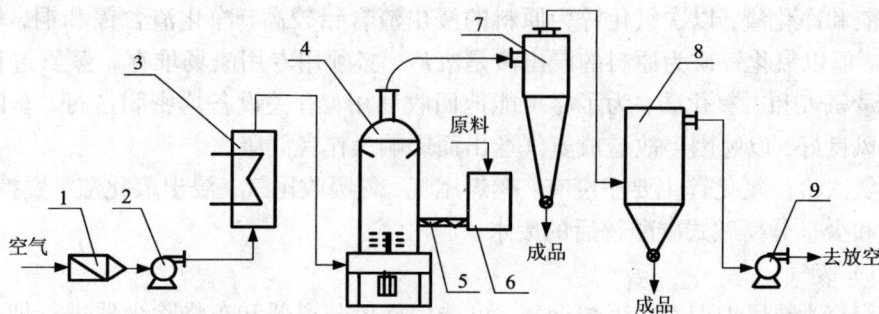

图 3 – 9　旋转闪蒸干燥流程图

1—空气净化器；2—鼓风机；3—换热器；4—干燥主机；5—螺旋加料器；
6—原料仓；7—旋风收尘器；8—袋式收尘器；9—引风机

5）煅烧工序

煅烧工序的关键设备是旋流动态煅烧炉或回转窑、袋滤器、煤气直燃热风炉、高温过滤器和换热冷却器等。回转窑长度和直径应根据氧化锌产量进行设计，长度一般在 10 ~ 20 m，旋转速度 10 ~ 15 r/min。为了及时进行氧化锌产品包装，煅烧窑出料端需设置冷却筒。加热方式可以采用电、煤或天然气等，一般采用筒外加热的间接加热方式，采用天然气或煤气直接加热时需要对燃料进行净化。煅烧炉或回转窑采用 06Cr25Ni20 型耐热不锈钢，袋滤器采用耐高温高强布袋材料，热风炉由燃烧器和燃烧室组成，高温过滤器为耐 400 ℃以上高温的陶瓷过滤器或不锈钢丝网过滤器，换热冷却器为翅片式冷却器。

6）碳铵回收工序

碳铵回收系统的主要设备是填料吸收塔、分凝器、冷凝器、真空系统、氨水贮槽和碳化氨水贮槽。

（5）主要原材料与动力消耗

碳氨法生产氧化锌的主要原材料与动力消耗见表 3 – 22。

表 3 – 22　碳氨法生产氧化锌的主要原材料与动力消耗

名称	次氧化锌	碳酸氢铵	液氨	锌粉	水	电/[（kW·h）·t^{-1}]	烟煤
规格/%	85.34	98	99	99.8	—	—	>25120.8 kg
消耗/（t·t^{-1}）	1.25	1.10	0.08	0.026	10.0	500	5.00

（6）三废处理

碳酸铵法生产氧化锌过程中基本不产生废水，但产生废渣和废气。废渣包括浸出渣和净化渣，以次氧化锌为原料的浸出渣含铅较高，净化渣含镉和铜，均可出售，但以氧化锌矿为原料的浸出渣是废渣，必须用专用渣场堆存。蒸氨过程产生大量氨气和二氧化碳，为了尽可能地回收利用，有关设备均密闭运行，车间必须通风良好，以勉因事故造成氨气逸出而影响操作者健康。

氨法生产氧化锌主要三废有：燃煤尾气、氨吸收尾气、浸出氧化渣、置换渣、煤渣和少量分离碱式碳酸锌后的废水。

1）废气

废气为热风炉烟气和锅炉烟气，可选用旋风分离器和布袋除尘器进行烟气除尘，使尾气含尘量降至 125 mg/m^3 以下，根据烟气中二氧化硫含量选用合适的脱硫装置进行烟气脱硫，净化后的尾气经引风机由烟囱达标排放。氨吸收装置采用吸收塔结合喷射吸收，排放尾气达到恶臭污染物国家排放标准（GB 14554—93）要求。

2）废渣

以次氧化锌为原料的浸出渣含铅较高，置换渣主要含有镉、铜和少量未反应的锌粉，这两类渣均可出售，用作冶金原料。若浸出渣和氧化渣含有价金属很低，其主成分是不溶性硅铝铁等化合物，则在洗涤回收少量可溶性锌后与煤渣混合用作建材基料。

3）废水

氨法生产氧化锌生产过程中的废水主要是分离碱式碳酸锌的滤液与洗水，生产 1 t 氧化锌产生废水 1～3 t，主要污染物及含量（g/L）为：$NH_3^+ \leqslant 5.0$，$Zn^{2+} \leqslant 0.5$。由于氨法生产氧化锌产生废水量少，工业化推广时间短，尚缺乏对生产过程中产生废水的专门研究，处理方法可以借鉴电镀等其他行业含锌氨氮废水的处理方法。处理后废水必须符合污水综合排放国家标准（GB 8978—1996）和地方标准。

分离碱式碳酸锌的滤液与洗水应尽量返回浸出工序，用于碳酸氢铵的溶解或液氨的稀释，这样，既可以减少废水排放，又可以回收利用锌和氨，但以不影响产品质量为原则。

处理含锌氨氮废水的方法主要有以下两种：

①化学处理法。加入少量石灰，将氨释放出来并回收，同时加入粉煤灰等吸附残留的锌，沉淀分离出渣，清液达标排放。

②其他方法。如催化氧化法是处理氨氮废水的有效方法，离子交换和电化学等方法也是除去低浓度锌离子的传统方法。

3.1.4　硫酸铵体系中制锌粉、磷酸锌和等级氧化锌

与碳酸铵体系比较，硫酸铵体系中可实现深度净化，制得高品质的产品，但为了将母液中的锌沉淀干净，必须增加复盐沉淀过程，这样，需消耗硫酸，产出硫酸铵副产品。电积时，只能产出锌粉，且电耗大。

3.1.4.1　铜－镉－钴渣制锌粉

（1）原料和流程

原料采用某锌厂净化渣铜－镉－钴渣，其成分见表 3－23。可见，这种渣成分组成复杂，杂质元素多，用酸法处理难度大。采用氨－硫酸铵法（简称 AAS 法）处理，以制取活性锌粉和回收钴和铜，其工艺流程如图 3－10 所示。

表 3－23　原料成分/%

Zn	Cu	Cd	Co	Ni	Fe	Pb	As	Sb
49.42	0.76	8.65	0.45	0.33	0.43	3.52	0.04	0.32

新鲜铜－镉－钴渣须先在 100 ℃左右的温度下于空气中烘烤一段时间，以便其金属态的成分都得以氧化。

（2）氨配合浸出

1）浸出剂成分对浸出率的影响

在液固比为 10:1，浸出时间为 2 h，$[SO_4^{2-}] = 2.5$ mol/L 的固定条件下，考察浸出剂中的总氨浓度对金属浸出率的影响，试验结果见图 3－11。

从图 3－11 可以看出，浸出剂的总氨浓度为 7.5 ~ 10.0 mol/L 时对锌的浸出率影响不太显著，锌浸出率都在 90% 以上；但对钴的影响较大，随着总氨浓度的递增，钴的浸出率明显增大，且渣率减少；对镉也有一定的影响，随着总氨浓度的增加，其浸出率也有所提高。经综合考虑，最佳浸剂总氨浓度 $[NH_3]_T$ 取 10 mol/L，$[SO_4^{2-}] = 2.5$ mol/L。

2）液固比对浸出率的影响

钴渣

↓

烘烤

↓

NH₃＋(NH₄)₂SO₄ → 氨浸 ← 氧化剂

液氨   浸出液   铅渣

配氨

一段净化 ← 锌粉

铅镉渣

二段净化

净化渣   二净液

除钴 ← 锌粉

除钴后液   富钴渣

电解

废电解液

活性锌粉

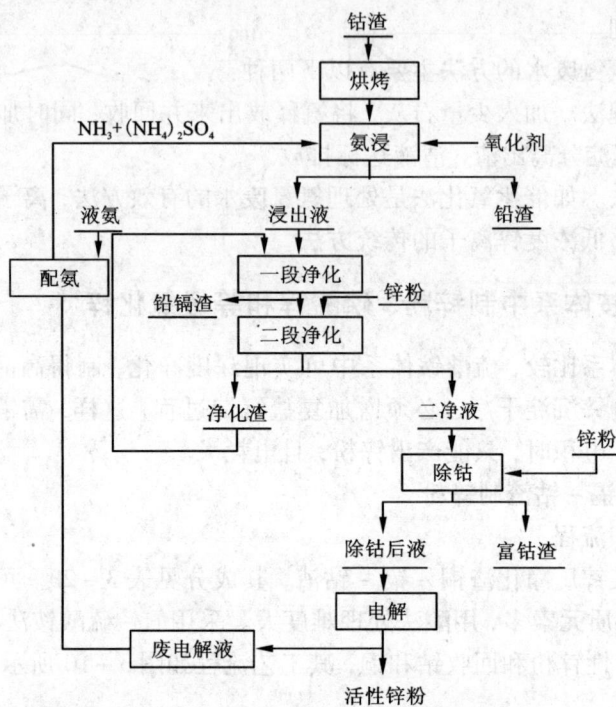

图 3 – 10　氨 – 硫酸铵法处理净化钴渣工艺流程

在 $[NH_3]_T = 10$ mol/L，$[SO_4^{2-}] = 2.5$ mol/L，浸出时间为 2 h 的固定条件下，考察液固比对浸出率的影响，试验结果见图3 – 12。

从图 3 – 12 可以看出，液固比对锌的浸出率的影响不明显；而钴、镉浸出率则随着液固比的增大而提高，尤其钴的浸出率提高幅度更大。经综合考虑，最佳液固比取 10∶1。

图 3 – 11　总氨浓度对浸出率的影响
1—Cd；2—Zn；3—Co

3) 时间对浸出率的影响

在$[NH_3]_T = 10$ mol/L，$[SO_4^{2-}] = 2.5$ mol/L，液固比为 10∶1 的固定条件下，考察浸出时间对金属浸出率的影响，试验结果见图 3 – 13。

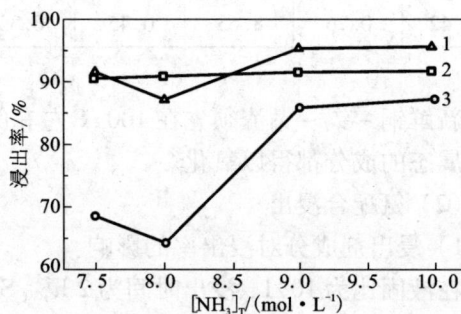

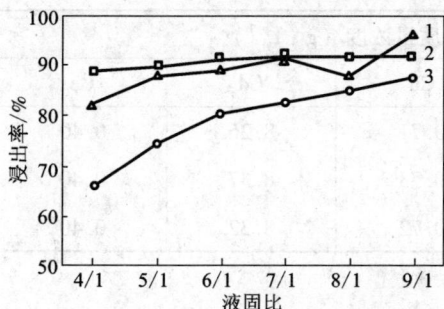

图 3 – 12　液固比对金属浸出率的影响
1—Cd；2—Zn；3—Co

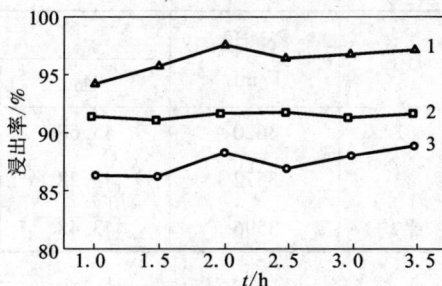

图 3 – 13　浸出时间 t 对浸出率的影响
1—Cd；2—Zn；3—Co

从图 3 – 13 可以看出：当浸出时间在 1 h 以上时对锌浸出率的影响不明显；在 2 h 以内时，对镉的影响比较明显，对钴有一定影响；浸出时间超过 2 h 时，对镉和钴的影响不明显。经综合考虑，最佳浸出时间取为 2 h。

4）氧化剂加入量对浸出率的影响

在 $[NH_3]_T = 10$ mol/L，$[SO_4^{2-}] = 2.5$ mol/L，液固比为 10:1，浸出时间为 2 h 的固定条件下，考察过硫酸铵氧化剂的质量分数对金属浸出率的影响，试验结果见图 3 – 14。

从图 3 – 14 可以看出，随着氧化剂质量分数的增加，锌、镉的浸出率变化不大；但

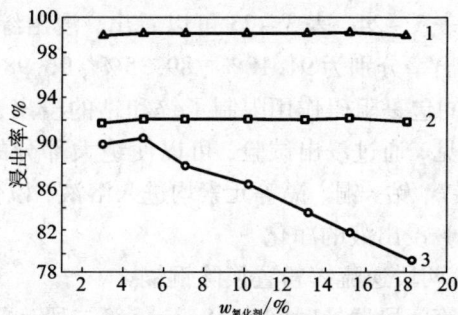

图 3 – 14　氧化剂的质量分数对浸出率的影响
1—Cd；2—Zn；3—Co

对钴的浸出率影响非常显著。最佳氧化剂的质量分数为渣质量的 5%。

5）综合条件试验

在浸出剂成分为：$[NH_3]_T = 10$ mol/L，$[SO_4^{2-}] = 2.5$ mol/L；温度为常温；浸出时间为 2 h；液固比为 10:1；以过硫酸铵为氧化剂，其加入量为 5%，并在结束时加碱性絮凝剂的优化条件下进行浸出过程的综合条件试验。试验结果见表 3 – 24 与表 3 – 25。

表 3-24　浸出综合条件试验的浸液量和质量浓度

序号	浸液量 V/mL	质量浓度/$(g \cdot L^{-1})$			
		Zn	Cu	Cd	Co
1	3620	43.68	0.71	8.26	0.40
2	3572	43.28	0.73	8.37	0.40
平均	3596	43.48	0.72	8.32	0.40

表 3-25　浸出综合试验金属浸出率/%

序号	Zn	Cu	Cd	Co
1	91.44	97.46	99.59	89.94
2	90.92	96.50	99.16	88.75
平均	91.18	96.98	99.38	89.35

从表 3-24、表 3-25 可以看出，浸出综合条件试验结果较好，锌、钴、铜、镉的浸出率分别为 91.18%、89.35%、96.98% 和 99.38%。由于原料中铅含量较高，铅的包裹阻碍作用限制了锌和钴的浸出，因此，锌和钴的浸出率比铜、镉的低。可见，通过浸出试验，可以使绝大部分的铅、砷、锑、铁等杂质元素随渣除去，而锌、钴、铜、镉等元素均进入溶液，以便随后工序的回收。

（3）浸出液的净化

1）两段逆流锌粉置换除铜镉

在第一段置换时间为 18 min，第二段为 35 min 的固定条件下，考察锌粉加入量对除铜、镉脱除率的影响，试验结果见图 3-15。其中，n 为实际加入的锌粉量与其理论量之比。

从图 3-15 可以看出：对铜而言，采用 $n = 0.6$ 就可使铜除尽；但对镉来说，即使 $n = 1.1$ 也未能将镉除尽；随着锌粉用量增加，有一部分钴被置换而进入铜镉渣；为了不使钴分散，保留部分镉在置换后液中。经综合考虑，选取 2 段逆流置换的锌粉用量为理论量的 0.9 倍即可。

2）锌粉-锑盐除钴

在净化时间为 60 min，锑盐质量浓度为 5 mg/L 的固定条件下，考察锌粉加入量对除钴率的影响，试验结果见图 3-16。

从图 3-16 可以看出，当锌粉用量为其理论值的 4 倍时，钴已基本除尽，除钴后溶液中钴的质量浓度为 0.33 mg/L，已达到电解要求。所以，选取除钴的锌粉加入量为其理论量的 4 倍。

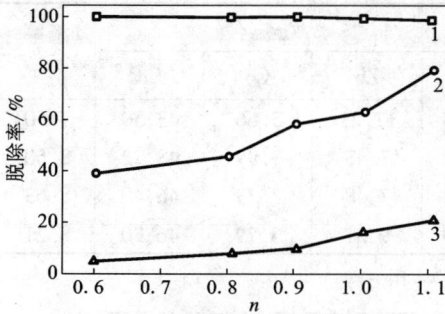

图 3 – 15　两段逆流置换试验中
锌粉量对金属脱除率的影响
1—Cu；2—Cd；3—Co

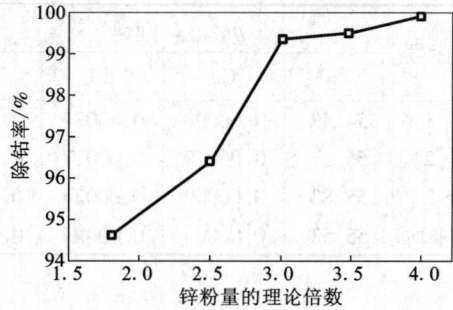

图 3 – 16　锌粉量对除钴率的影响

3）净化综合条件试验

两段逆流循环除铜、镉的优化条件为：锌粉量为理论量的 0.9 倍；第一段时间为 18 min；第二段时间为 35 min；除钴的优化条件为：锌粉量为其理论量的 4 倍，并有微量锑盐和硫酸铜添加剂，时间为 60 min。在以上最佳条件下，进行净化综合试验，试验结果见表 3 – 26 ~ 表 3 – 30。

表 3 – 26　两段逆流置换综合试验中二净液及铜镉渣成分

序号	$\rho_{\text{二净液}}/(\text{g}\cdot\text{L}^{-1})$				$w_{\text{铜镉渣}}/\%$				渣率 /%
	Zn	Co	Cd	Cu	Zn	Cu	Cd	Co	
1	43.94	0.35	3.38	0.00010	1.46	37.05	44.72	0.090	9.50
2	44.82	0.37	4.19	0.00030	1.37	44.34	41.43	0.064	9.00
3	45.32	0.36	4.25	0.00005	2.91	34.03	40.21	0.079	8.75
平均	44.69	0.36	3.94	0.00015	1.91	38.47	42.12	0.078	9.08

表 3 – 27　两段逆流置换综合试验中铜、镉的脱除率及锌、钴的回收率/%

序号	Cu	Cd	Zn	Co
1	99.99	59.38	98.22	90.06
2	99.98	49.64	98.40	95.78
3	99.98	48.92	99.24	93.19
平均	99.98	52.65	98.62	93.19

表 3 – 28   除钴后液及富钴渣成分

序号	$\rho_{除钴后液}/(g \cdot L^{-1})$				$w_{富钴渣}/\%$			渣率
	Zn	Cu	Cd	Co	Zn	Co	Cd	/%
1	54.49	0.00008	0.00031	0.00080	11.21	3.66	43.50	7.50
2	56.27	0.00010	0.00017	0.00001	7.48	3.99	48.72	8.50
3	55.83	0.00009	0.00024	0.00030	7.48	3.73	46.40	8.63
平均	55.53	0.00009	0.00024	0.00040	9.31	3.79	46.20	8.21

表 3 – 29   除钴综合试验中锌、钴的回收率和镉脱除率及镉在钴渣中的分配/%

序号	Zn	Co	Cd	$Cd_{分配}$
1	99.79	99.88	99.99	40.62
2	99.99	99.99	99.99	50.36
3	99.21	99.92	99.99	51.08
平均	99.66	99.93	99.99	47.35

表 3 – 30   铜、镉和钴的总脱除率及锌、钴的总回收率/%

序号	总脱除率			总回收率	
	Cu	Cd	Co	Zn	Co
1	99.99	99.99	99.99	98.01	89.95
2	99.98	99.99	99.92	98.39	95.786
3	99.98	99.99	99.80	98.42	93.18
平均	99.98	99.99	99.91	98.27	92.97

由表 3 – 26 ~ 表 3 – 30 可以看出,通过净化综合条件试验,获得了良好结果,体现在:①除杂率高,铜、镉和钴的脱除率分别为 99.98%、99.99% 及 99.91%;②金属回收率高,锌和钴的回收率分别为 98.27%、92.97%;③产物质量高,锌净化液符合电解要求,富钴渣中的钴含量是原料中的 8.4 倍,品位高达 3.79%;铜镉渣含铜 38.47%;④锌粉消耗少。

(4) 锌电积和氨的再生

1) 电解前液

用于电解的试液是除钴后液,其成分见表 3 – 31。这种电解前液成分组成单一,杂质很低,符合电积要求。试料量为条件试验 500 mL/次,综合试验 2000 mL/次。

表 3 - 31　电解前液成分/$(g \cdot L^{-1})$

Zn	Cu	Cd	Co	Fe	Pb	As	Sb
20	0.0016	<0.003	<0.0008	<0.008	<0.18	<0.0001	<0.0001

2）电解条件优化

在固定温度为自然温度，阴极材料为纯铝板，阳极材料为铅锑合金（其中锑占 10% 左右），异极距 60 mm 的情况下，考察了电流密度、电解液中锌浓度对电解制锌粉的影响。

电流密度为 600 A/m² 时锌的质量浓度对电解过程的影响情况如图 3 - 17 和图 3 - 18 所示。

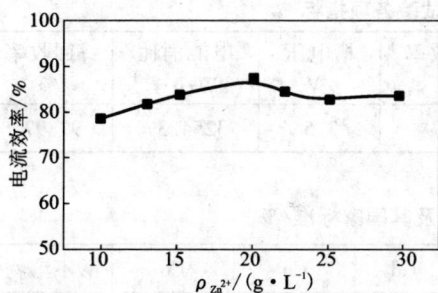

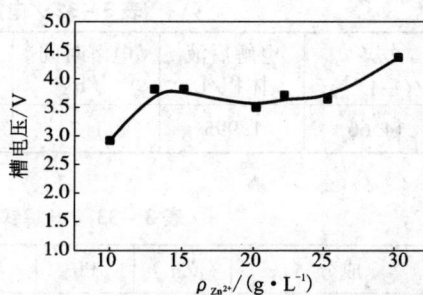

图 3 - 17　锌质量浓度对电流效率的影响　　图 3 - 18　锌质量浓度对槽电压的影响

由图 3 - 17 和图 3 - 18 可以看出：锌浓度 $\rho_{Zn^{2+}}$ 对电流效率的影响较明显，随着锌浓度的增加电流效率开始上升，当锌质量浓度达到 20 g/L 时，电流效率最高，然后随锌浓度的升高电流效率下降；相应的锌浓度对槽电压的影响不太明显。综合考虑选取锌质量浓度最佳值为 20 g/L。

锌质量浓度为 15 g/L 时，电流密度对电流效率和槽电压的影响，试验结果如图 3 - 19 和 3 - 20 所示。

由图 3 - 19 和 3 - 20 可以看出：电流密度对电流效率的影响较明显，随着电流密度的增加电流效率开始上升，达到 800 A/m² 附近时，电流效率达到最高值，随后略有下降；对槽电压的影响也较明显，随电流密度的增加槽电压增加。综合考虑选取电流密度最佳值为 800 A/m²。

3）最佳条件下电解

在温度为常温，锌起始质量浓度为 20 g/L，电解液体积 2000 mL，电流密度 800 A/m² 的最佳条件下，电解试验结果见表 3 - 32 和表 3 - 33。

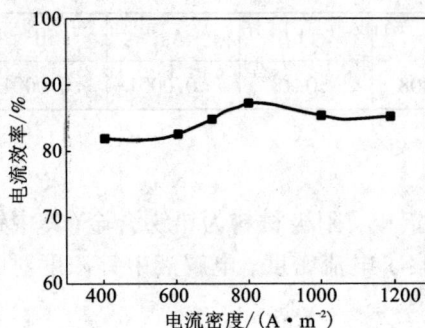

图 3 - 19　电流密度对电流效率的影响

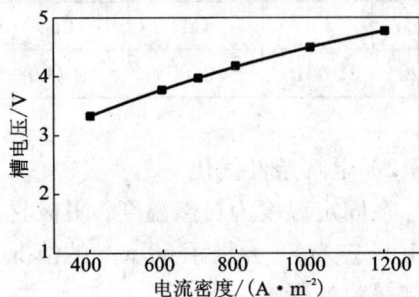

图 3 - 20　电流密度对槽电压的影响

表 3 - 32　电解综合试验各项指标

$\rho_{Zn^{2+}}$ /(g·L^{-1})	电解后液 体积/L	电解时间 /h	电流效率 /%	槽电压 /V	电能消耗 /(kW·h·t^{-1})	锌回收率 /%
14.66	1.995	1.2	88.19	3.5	3254.37	97.97

表 3 - 33　电解锌粉质量及其国家标准/%

成分	Zn	Pb	Fe	Cd	Cu	Co	酸不溶物
锌粉	98.78	0.16	0.007	0.002	0.0014	0.0001	无
GB 6890—86 一级	98.00	<0.20	<0.200	<0.200	<0.2000	<0.2000	<0.2

从表 3 - 32 和表 3 - 33 可以看出，在硫酸铵体系中电解制取锌粉的电流效率较高，达 88.19%，每吨产品能耗为 3254.37 kW·h。锌粉的结构呈树枝状或片状，含锌 98.78%，杂质含量低，其化学成分已达到或超过 GB 6890—86 标准中的一级标准，也达 ISO 34591976 国际标准；与以金属锌为原料的蒸馏法、雾化法比较，成本大幅度降低，具有广阔的应用前景。

3.1.4.2　氧化锌矿制磷酸锌

（1）概述

磷酸锌是一种重要的无毒防锈颜料，它正在逐步替代传统有毒的含铅、铬的防锈颜料。另外，磷酸锌作为一种性能优良的多功能化工产品，已越来越多地受到人们重视。目前，除了用于生产各类防腐防锈颜料、涂料、钢铁等金属表面的磷化剂及医药、牙科用黏合剂外，还被用来生产氯化橡胶、阻燃剂、灭火剂、磷光体等。最近，国外又把它应用于电子功能材料和荧光材料等的制造上，所有这些都为磷酸锌的研制、生产、应用和发展提供了广阔的空间。但目前磷酸锌生产方法，不论是直接法还是间接法，都存在着成本高和价格贵的问题。国产微细级磷酸锌的价格远高于同类产品如红丹、铅酸钙、铬酸锌的价格，这严重制约磷酸锌及其后续产品的推广应用和发展。只是在高档、重点、大型设备上才用含有磷酸锌的通用底漆。因此，如何降低磷酸锌的生产成本，是目前发展磷酸锌工业急需解决的问题。硫酸铵法由氧化锌矿直接制取磷酸锌新工艺的开发成功可解决这一问题，该工艺的特点是溶液闭路循环，不存在环境污染问题及用锌矿作原料，成本大幅度降低。另外，反应多在常温下进行，操作简单，能耗低。下面将较详细地介绍硫酸铵－氨－水体系中氨配合法处理氧化锌矿直接制取磷酸锌的新工艺。

（2）原料和流程

试料取自湖南花桓氧化锌矿，其化学成分及锌物相组成分别如表 3 - 34 和表 3 - 35 所示。

表 3 - 34　湖南花桓氧化锌矿化学成分/%

Zn	Pb	Cd	C	S	H$_2$O
30.12	3.61	0.38	2.52	1.48	1.88

表 3 - 35　湖南花桓氧化锌矿物相组成/%

锌物相	ZnO + ZnCO$_3$	ZnSO$_4$	ZnSiO$_3$	ZnS	ZnFe$_2$O$_4$	ΣZn
锌含量	21.78	0.069	7.51	0.14	0.62	30.12

表 3 - 34 和表 3 - 35 说明，该矿锌品位较低，为 30.12%，其中氨不溶性硅酸锌、硫化锌和铁酸锌中的锌占总矿锌质量的 8.27%，氨可溶性锌占总矿锌质量的 21.85%，占锌总质量的 72.54%。

硫酸铵法由氧化锌矿直接制取磷酸锌的原则工艺流程见图 3 - 21。

（3）主要过程原理

氨配合浸出及净化过程原理前已述及，在此只介绍沉锌和脱铵过程原理。

用磷酸或可溶性磷酸盐、酸式磷酸盐沉锌，主要产物为磷酸锌铵（$ZnNH_4PO_4 \cdot nH_2O$，$n = 0 \sim 4$）：

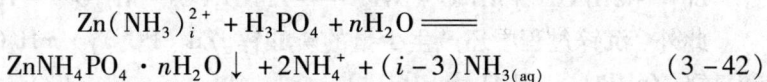

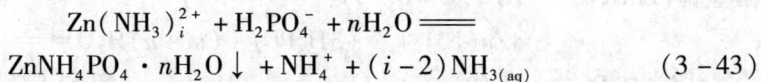

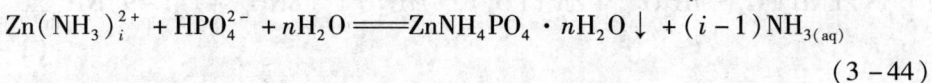

$$Zn(NH_3)_i^{2+} + H_3PO_4 + nH_2O =\!=\!=$$
$$ZnNH_4PO_4 \cdot nH_2O \downarrow + 2NH_4^+ + (i-3)NH_{3(aq)} \qquad (3-42)$$
$$Zn(NH_3)_i^{2+} + H_2PO_4^- + nH_2O =\!=\!=$$
$$ZnNH_4PO_4 \cdot nH_2O \downarrow + NH_4^+ + (i-2)NH_{3(aq)} \qquad (3-43)$$
$$Zn(NH_3)_i^{2+} + HPO_4^{2-} + nH_2O =\!=\!=ZnNH_4PO_4 \cdot nH_2O \downarrow + (i-1)NH_{3(aq)}$$
$$(3-44)$$

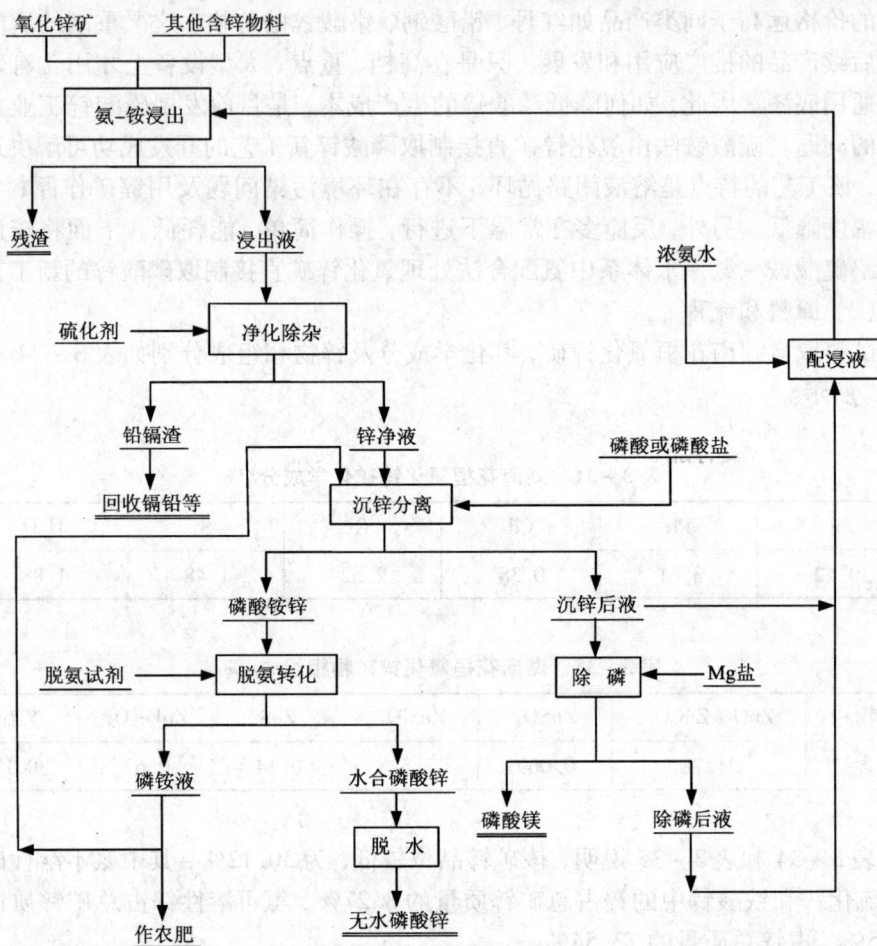

图 3 – 21 硫酸铵 – 氨 – 水体系中氨配合法由氧化锌矿制取磷酸锌原则工艺流程

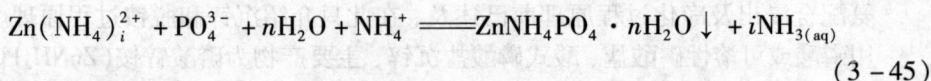

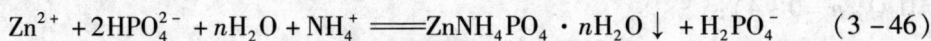

$$\text{Zn}(\text{NH}_4)_i^{2+} + \text{PO}_4^{3-} + n\text{H}_2\text{O} + \text{NH}_4^+ \Longrightarrow \text{ZnNH}_4\text{PO}_4 \cdot n\text{H}_2\text{O} \downarrow + i\text{NH}_{3(\text{aq})}$$

$$(3-45)$$

$$\text{Zn}^{2+} + 2\text{HPO}_4^{2-} + n\text{H}_2\text{O} + \text{NH}_4^+ \Longrightarrow \text{ZnNH}_4\text{PO}_4 \cdot n\text{H}_2\text{O} \downarrow + \text{H}_2\text{PO}_4^- \quad (3-46)$$

此外, 沉锌过程中还产生少量的磷酸锌 $[\text{Zn}_3(\text{PO}_4)_2 \cdot m\text{H}_2\text{O}, \ m = 0 \sim 4]$ 和磷酸氢锌 $(\text{ZnHPO}_4 \cdot x\text{H}_2\text{O}, \ x = 0 \sim 3)$:

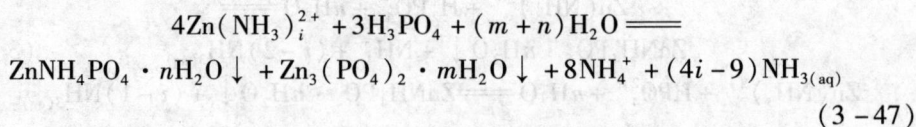

$$4\text{Zn}(\text{NH}_3)_i^{2+} + 3\text{H}_3\text{PO}_4 + (m+n)\text{H}_2\text{O} \Longrightarrow$$

$$\text{ZnNH}_4\text{PO}_4 \cdot n\text{H}_2\text{O} \downarrow + \text{Zn}_3(\text{PO}_4)_2 \cdot m\text{H}_2\text{O} \downarrow + 8\text{NH}_4^+ + (4i-9)\text{NH}_{3(\text{aq})}$$

$$(3-47)$$

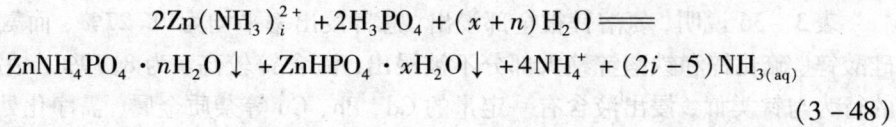

$$2Zn(NH_3)_i^{2+} + 2H_3PO_4 + (x+n)H_2O ===$$

$$ZnNH_4PO_4 \cdot nH_2O \downarrow + ZnHPO_4 \cdot xH_2O \downarrow + 4NH_4^+ + (2i-5)NH_{3(aq)}$$

$$(3-48)$$

事实上，沉锌反应十分复杂，有时甚至有聚磷酸盐生成，这应该尽量避免。

用磷酸作为脱氨剂，脱氨反应如下：

$$3(ZnNH_4PO_4 \cdot nH_2O) === Zn_3(PO_4)_2 \cdot mH_2O + (NH_4)_3PO_4 + (3n-m)H_2O$$

$$(3-49)$$

$$6(ZnNH_4PO_4 \cdot nH_2O) + H_3PO_4 ===$$

$$2[Zn_3(PO_4)_2 \cdot mH_2O] + 3(NH_4)_2HPO_4 + 2(3n-m)H_2O \quad (3-50)$$

$$3(ZnNH_4PO_4 \cdot nH_2O) + 2H_3PO_4 ===$$

$$Zn_3(PO_4)_2 \cdot mH_2O + 3(NH_4)H_2PO_4 + (3n-m)H_2O \quad (3-51)$$

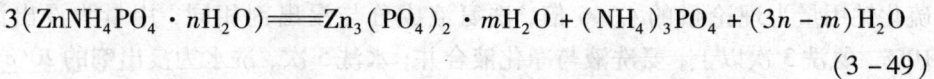

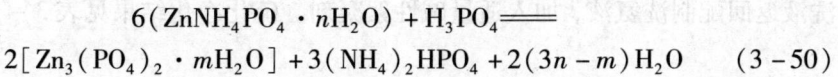

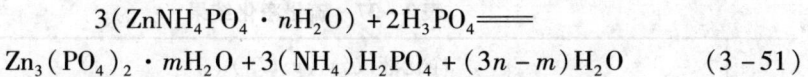

式(3-49)没有加磷酸，是水煮方式，另外，夹带的少量磷酸氢锌，脱氨时转化为二氢物进入溶液：

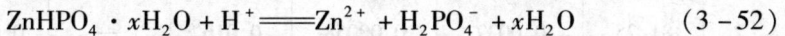

$$ZnHPO_4 \cdot xH_2O + H^+ === Zn^{2+} + H_2PO_4^- + xH_2O \quad (3-52)$$

（4）氨配合浸出

氨配合浸出条件：时间为 4 h，液固比为 3，温度为 35～45 ℃。第一次浸出剂新配，后 6 次由返回的沉锌后液配制，其平均组成为 $(NH_4)_2SO_4$ 2 mol/L，NH_3 4.5 mol/L，Zn 3.05 g/L；洗氨液成分与浸出剂相同，用量为其10%，氨洗3次以上，氨洗液与浸出液合并；水洗5次，洗水为浸出剂的20%；浸出规模为 5.0 kg 氧化锌矿粉/次；碱性絮凝剂加入量为 12 mL/g 矿粉，浸出结果见表 3-36。

表 3-36 氨配合浸出结果

No	浸出液成分/(g·L^{-1})					浸出渣/%			渣计浸出率/%	
	Zn	Cd	Pb	Cu	Mn	渣率	Zn	Cd	Zn	Cd
1	67.23	0.12	0.025	0.0038	0.0003	72.00	7.77	0.12	80.03	77.26
2	83.52	0.48	0.065	0.0056	0.0004	71.24	8.73	0.035	77.81	34.38
3	87.50	0.12	—	0.0056	0.0004	68.40	8.46	0.23	79.36	—
4	80.00	0.78	0.065	0.0029	0.00025	70.88	9.32	0.12	76.43	77.62
5	80.31	0.65	0.065	0.0044	0.00052	68.10	9.16	0.13	77.71	76.67
6	85.00	0.67	—	0.0048	0.00045	67.96	9.93	0.13	75.92	76.75
7	80.00	0.45	—	0.0044	0.0006	66.50	8.17	0.028	80.62	95.07
平均	80.51	0.47	—	0.0045	0.00042	69.30	8.79	0.113	78.27	72.96

表3-36 说明，氨溶锌被全部浸出，总锌浸出率平均为 78.27%，而氨不溶性硅酸锌、硫化锌和铁酸锌绝大部分不被浸出，渣含锌较高，为 8.79%。另外，镉的行为与锌类似，浸出液含有一定量的 Cd、Pb、Cu 等杂质金属，需净化处理。

（5）净化

采用硫化沉淀法净化浸出液，其条件为：温度为常温（5～35 ℃），时间 2 h，硫化钠用量为理论量的 4～6 倍，洗氨液成分与浸出剂相同，用量为浸出液的 10%，氨洗 3 次以上，氨洗液与净化液合并；水洗 5 次，洗水为浸出剂的 20%；水洗液返回配制洗氨液，加入适量碱性絮凝剂。硫化净化结果见表3-37。

表3-37 硫化净化结果

No	净化液成分/(g·L^{-1})						洗水锌 /(g·L^{-1})
	Zn	Fe	Cu	Cd	Pb	Mn	
1	65.0	0.0006	0.00009	0.031	0.0011	0.0007	7.18
2	81.25	0.0037	0.00058	0.016	—	0.0006	1.05
3	86.25	0.0051	0.00076	0.068	0.0013	—	3.37
4		0.0005	0.0001	0.0069	0.0008		3.75
5	76.88	—	0.00022	0.0021		0.0007	3.84
6	79.92		0.00039	0.0096		0.001	3.97
7	77.56	—	0.00053	0.011		0.0006	0.63
平均	77.81	0.00248	0.00038	0.0192	0.0011	0.0007	3.40

No	净化渣成分/%			除杂率/%			锌回收率 /%
	Zn	Cd	Pb	Cu	Cd	Pb	
1	40.78	1.65	0.15	59.66	77.64	95.99	96.21
2	4.49	48.94	0.15	89.33	96.54	—	99.00
3	15.20	44.85	0.68	86.58	—	—	99.92
4	30.95	35.12	—	96.61	99.13	98.79	99.79
5	36.03	14.42	—	—	99.67	—	99.79
6	27.88	23.60	—	—	98.52	—	98.97
7	13.73	55.97	—	88.01	—	—	99.84
平均	24.15	32.08	0.33	84.04	94.30	97.38	99.05

表3-37 说明，硫化沉淀法能较好地除去浸出液中的杂质元素，净化液完全符合制磷酸锌的要求，净化渣含镉高达 32.08%，便于回收利用，净化过程中，锌回收率为 99.05%。

（6）沉锌

1）工艺条件优化

采用正交设计法对沉锌条件进行优化，试液为混合净化液，成分（g/L）为：Zn 76.30，Pb 0.086，Cd 0.012，Fe 0.0014，Cu 0.0020，Mn 0.00032，Ca 0.33，S 53.30。对正交试验数据进行方差和极差分析发现，时间和原液锌浓度影响不大，温度只对沉锌率有点影响，高度显著影响因素是反应体系的 n_{Zn}/n_P，其次是搅拌速度，对沉淀物的 n_{Zn}/n_P 有影响。确定最佳沉锌工艺条件为：反应体系的 n_{Zn}/n_P =1.0~1.1，常温(5~35 ℃)，沉淀时间为 2 h，净化液不稀释(含 Zn 70~120 g/L)，搅拌速度为 150~200 r/min。

2）沉锌结果

在上述最佳沉锌条件下进行了多次沉锌操作，其结果见表 3-38。

表 3-38　沉锌综合试验结果

No	产物组成/%		产物中 n_{Zn}/n_P	沉锌液/(g·L^{-1})		固计沉淀率/%		液计沉淀率/%	
	Zn	P		Zn	P	Zn	P	Zn	P
1	36.21	16.99	1.01	2.10	0.037	90.95	100.04	90.16	99.89
2	35.78	17.23	0.98	3.43	0.032	89.85	101.21	88.93	99.92
3	35.88	17.14	0.99	3.05	0.27	90.08	101.36	89.26	98.65
4	36.34	16.66	1.03	2.21	0.38	91.25	99.13	92.06	98.42
平均	36.05	17.00	1.00	2.70	0.18	90.53	100.44	90.10	99.22

表 3-38 说明，沉锌结果良好，产品质量较高且稳定，沉淀物中 n_{Zn}/n_P 比接近 1.0，锌和磷的沉淀率分别在 90% 和 99% 以上，体系内锌循环量少于 10%，沉锌后液中磷含量很低，小于 0.2 g/L，无须除磷可直接返回配制浸出剂。

（7）脱铵

1）工艺条件优化

采用正交设计法对磷酸脱铵条件进行优化，对正交试验数据进行方差和极差分析发现，温度、时间、液固比及因素间的交互作用对磷酸脱铵的影响都不显著，只有磷酸用量高度显著，磷酸加入越多，脱铵就越彻底，但锌直收率降低，因为磷酸过量时，多余的磷酸与脱铵产物作用生成 $ZnHPO_4 \cdot xH_2O$ 或 $Zn(H_2PO_4)_2$ 而使锌进入溶液。综合考虑，确定最佳脱铵条件为：磷酸用量为 0.27~0.30 mL/g 磷酸锌铵，常温(5~35 ℃)，脱铵时间为 4 h，液固比 =4:1，搅拌速度为 150~200 r/min。

2）脱铵结果

在上述最佳脱铵条件下进行了多次脱铵操作，其结果见表 3-39。

表 3-39　脱铵综合试验结果

No	脱铵产物成分/%		产物 n_{Zn}/n_P	转化率/%	锌直收率/%	灼烧失重/%	磷酸锌产品/%		
	Zn	P					Zn	PO_4^{3-}	吸油量
1	45.57	14.39	1.50	100.14	94.83	9.67	50.42	48.82	28.70
2	45.43	14.37	1.50	99.89	96.47	10.04	50.51	48.92	27.60
3	45.22	14.29	1.50	100.04	94.63	10.21	50.27	48.87	27.90
平均	45.41	14.35	1.50	100.02	95.31	9.97	50.40	48.87	28.07

表 3-39 说明，脱铵结果良好，产品质量高而稳定，脱铵产物主要为二水合磷酸锌，它的 n_{Zn}/n_P 比接近 1.5，各项技术指标均较好：磷酸锌转化率 100%，锌直收率大于 95%，磷酸锌产品含 Zn 50%~51%，PO_4^{3-} 48.8%~48.92%，吸油量 27.60%~28.70%，产品纯度要比直接法好得多。

（8）全流程连动运行结果

在优化条件及 5.0 kg 氧化锌矿粉/次的规模下，进行全流程连动运行试验，结果重现性好，锌浸出率 79.50%，在净化过程中锌的回收率为 99.64%，沉锌率 87.25%~87.62%，脱铵过程中锌的直收率为 95.08%，锌的总回收率为 76.95%；产品质量优良，达到和超过相应标准要求（见表 3-40）。生产 1.0 t 无水磷酸锌的原材料消耗见表 3-41，按 2000 年物价与直接法的生产成本比较见表 3-42。

表 3-40　全流程连动运行试验产品质量/%

项目	油漆厂标准	沪 Q /HG11-26048	津 Q /HG1-1691-81	德 55791	本工艺产品
Zn	45~50	45~49	45~52	50.5~52	50~51
PO_4^{3-}	45~50	—	45~52	47~50	48.5~49.5
灼烧失重	8~16	—	8~16	—	9~11
吸油量	25~40	15~25	25~40	—	25~30
水溶性硫酸盐（以 SO_4^{2-} 计）	—	—	≤0.10	—	0.005~0.02
水溶性氯化物（以 Cl^- 计）	—	—	≤0.05	—	0.01~0.03
水溶物	—	—	≤1.00	—	<0.5
水浸反应 pH	—	—	6~8	—	6~8
外观			乳白色粉末		乳白色粉末

表 3 – 41　硫铵法生产无水磷酸锌的原材料单耗

名称	氧化锌矿	农用氨水	工业硫酸	工业磷酸	硫化钠
含量/%	$w_{Zn} \geqslant 28.03$	21.91	98.00	85.00	$\geqslant 65$
消耗/$(t \cdot t^{-1})$	2.494	1.225	0.036	0.645	0.016

表 3 – 42　按 2000 年物价硫酸铵法与直接法的生产成本比较/$(元 \cdot t^{-1})$

项目	原料	磷酸	其他试剂	其他费用	生产成本	销售价	利税
直接法	3900	2204	15	1100	7219	10000	2781
硫酸铵法	1398	2275	497	700	4870	10000	5130

表 3 – 42 说明，硫酸铵法处理氧化锌矿或氧化锌物料制取无水磷酸锌是很有竞争力和发展前景的。

3.1.4.3　制等级氧化锌

（1）原料和流程

试验过的锌原料包括氧化锌矿、沸腾炉烟灰、锌焙砂和次氧化锌等，其成分变化大，杂质元素多，组成复杂。氧化锌矿的化学成分见表 3 – 1；2#氧锌矿见表 3 – 34，锌物相见表 3 – 35，其他锌原料的化学成分见表 3 – 43。

表 3 – 43　硫铵法制等级氧化锌用原料成分/%

名称	Zn	Pb	Cd	Cu	Fe	Mn	Ag	S	H_2O
1#锌烟灰	47.97	13.15	3.32	0.18	1.40	—	0.006	3.01	
2#锌烟灰	65.56	11.96	0.97	0.029	0.55	0.39	—	—	
1#次氧化锌	61.97	24.56	0.38				—		
2#次氧化锌	57.13	5.88	—	0.79	0.33				
锌焙砂	49.00	—	—						

硫酸铵法处理氧化锌原料制取等级氧化锌的原则工艺流程见图 3 – 22。

（2）氨配合浸出

根据不同的试样和理论分析，确定浸出剂成分和液固比，在常温及反应 2 h 的条件下，进行了系统试验（包括小试和扩大试验）或小型试验或探索试验，结果列于表 3 – 44 和表 3 – 45。

氧化锌矿或
氧化锌物料

破碎及磨矿 ← 铵+氨

浸出 ← 氨+铵

浸渣　　浸液

净化

镉渣等　　净化液

沉锌 ←

碱式碳酸锌　　沉锌后液　　氨馏出液

H₂SO₄

煅烧　　沉复盐　　返回

等级氧化锌

硫酸铵母液　　锌铵复盐

硫酸铵开路

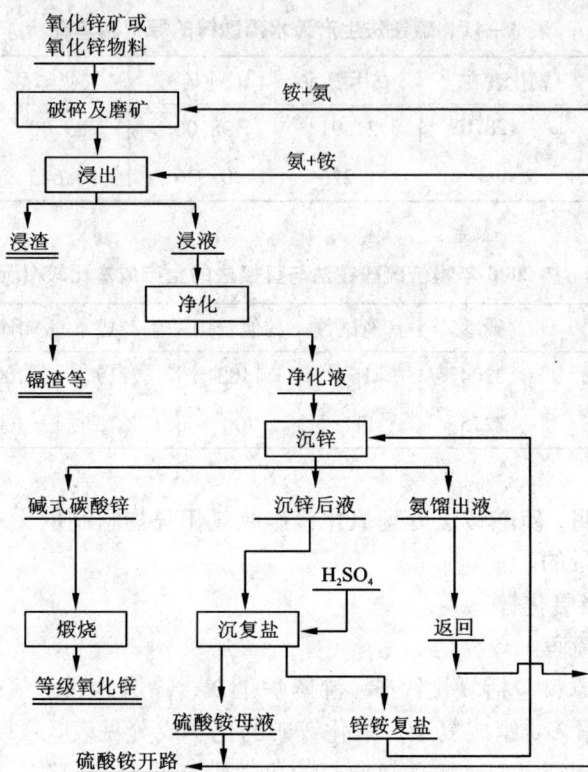

图 3 – 22　硫酸铵法制取等级氧化锌原则流程

表 3 – 44　浸出试验结果

试料	氧化锌矿			含锌烟尘		焙砂	次氧化锌	瓦斯泥
	1#	2#	3#	1#	2#			
规模	5 kg/次	小试	小试	扩试	扩试	小试	小试	探试
浸出率/%	80.62	89.23	85.21	95.00	93.94	88.54	92.83	78.25

注：扩试为扩大试验，探试为探索试验，后文同。

表 3 – 45　浸出液的代表成分/(g · L⁻¹)

试料	Zn	Cd	Pb	Cu	Mn	备注
1#氧化锌矿	82.72	0.47	0.065	0.0037	0.0018	5 kg/次扩试
1#含锌烟尘	91.37	—	—	—	<0.0005	扩试
2#含锌烟尘	61.39	0.615	0.108	0.0042	—	小试

从表 3-44 可以看出，锌浸出率比较高，但它随原料的组成变化比较大。氧化锌矿原料中的菱锌矿容易浸出，但硅锌矿、硫化锌矿不被浸出。因此，氧化锌矿中硅、硫含量高时，会降低锌的浸出率。对于含锌烟尘、焙砂、次氧化锌等次生原料，铅含量太高时，则会降低锌浸出率，这可能是铅的包裹阻碍作用从动力学上限制了锌的浸出。当然，硫化锌仍然是不被浸出的。对于锌焙砂，浸出效果与酸法一样，可溶锌被全部浸入溶液。表 3-45 说明，浸液中除了镉以外，其他杂质元素的含量很低，这意味着净化负担小。

（3）浸出液的净化

除锰过程与浸出结合进行，即在浸出过程加入一种氧化剂，使进入浸液的 2 价锰离子氧化成二氧化锰沉淀，其结果见表 3-46。

表 3-46 锌烟尘浸锌除锰效果

($m_{氧化剂}/m_{锌烟灰}$) /%	组成/(g·L^{-1})		(m_{Mn}/m_{Zn})/10^{-6}
	Zn	Mn	
0.25	88.47	0.0012	13.56
1.26	97.34	0.0068	69.86
2.0	93.46	0.0029	31.03
2.5	84.86	0.000075	0.88
3.0	101.14	<0.0002	<1.98
5.0	99.28	0.00007	0.705

由表 3-46 可见，只要氧化剂的量为锌物料的 2.5% 以上时，浸锌液中锰锌比即达到间接法一级氧化锌的要求。采用硫化沉淀法除镉，即加入 Na$_2$S 后在常温下搅 0.5 h，结果如表 3-47。

表 3-47 锌烟尘浸液硫化净化试验结果

硫化剂的理论倍数	净化液成分/(g·L^{-1})				净化率/%			锌回收率/%
	Zn	Cd	Pb	Cu	Cd	Pb	Cu	
4	—	0.002	0.0007	—	99.67	99.18	—	—
3	59.68	0.0046	0.0015	0.00008	99.29	98.87	98.70	98.06
2.5	66.74	0.015	0.001	0.00007	97.48	99.84	93.15	98.27

表 3-47 说明，当硫化剂为理论量的 3 倍时，即可达到净化要求。试验还证

明，时间延长到 1 h 时，除镉率下降。花桓矿浸液净化扩试时，按理论量（以镉为依据）的 6.5 倍加入 Na_2S 量，除杂效果良好，镉、铅、铜的去除率分别达到 98.29%、97.54% 及 91.16%，锌回收率大于 99%。

（4）沉碱式碳酸锌

沉锌优化条件为：蒸去 1/3 净化液后乘热加入复盐。有代表性的沉锌试验数据如表 3-48。

表 3-48   氧化锌矿净化液沉锌扩试数据

No.	1	2	3	4	5	6	7	平均
沉锌后液锌 /($g \cdot L^{-1}$)	41.25	56.43	36.41	39.94	62.95	43.75	46.88	46.80
沉锌率/%	63.18	57.38	60.72	65.08	54.34	56.14	57.96	59.20
蒸氨率/%	74.27	63.26	71.60	68.77	61.73	—	66.23	67.64

此表说明，一步沉锌率为 60%，氨回收约 2/3。

（5）沉复盐

在常温下用浓硫酸将沉锌后液的 pH 调至 3.5 左右，沉淀锌铵复盐。在扩试中，花桓矿沉降锌后液的沉复盐母液中 Zn 的含量可降到 1 g/L 以下，沉锌率高达 98.27%，这是从浸液到氧化锌获得很高锌回收率的关键所在。

（6）煅烧及产品质量

沉锌过程产得的氢氧化锌或碱式碳酸锌在 900 ℃ 以上的温度下煅烧 3~6 h，所得等级氧化锌的质量如表 3-49 所示。

表 3-49   硫酸铵法产得的等级氧化锌质量/%

原料来源	ZnO	Mn	Cu	Pb	Cd
1#氧化锌矿	99.60	0.0001	0.0003	0.00195	0.0058
2#氧化锌矿	99.50	—	—	—	—
3#氧化锌矿	99.54	—	—	—	—
1#含锌烟尘	99.83	<0.0001	—	—	—
2#含锌烟尘	99.62	0.00029	0.0028	微	0.03
瓦斯泥	99.78	—	—	—	—

表 3-49 说明，硫酸铵法无论处理哪种锌原料，所得氧化锌均能达到直接法（橡胶系列）一级的要求，通过努力，有希望达到间接法（橡胶系列）一级要求。

（7）主要化工材料消耗

由花桓氧化锌矿硫酸铵法扩试数据估算出生产 1 t 等级氧化锌的主要化工材料消耗为：氨水（18%）1.60 t，工业硫酸 0.80 t，硫化钠 0.046 t，氧化剂 0.06 t。

3.1.5　氯化铵体系中制电锌

3.1.5.1　概述

炼铅炉渣烟化炉氧化锌烟灰的成分复杂，含有较高的 Sb、As、F、Cl，如直接进入酸法炼锌流程，势必会引起"烧板"和杂质元素含量超标，因此只能用来生产低档锌化工产品。而在 $Zn(Ⅱ) - NH_3 - NH_4Cl - H_2O$ 体系中，复杂氧化锌烟灰可制备高档次的电锌，该体系具有 Fe、Si、Al 等杂质几乎不进入浸出液，可大大减轻净化负担；在室温条件下采用两段逆流净化，就可彻底除去 Cu、Cd、Pb、Ni、Co 等杂质。具有碱性脉石含量高、矿物组成复杂的氧化锌矿更适

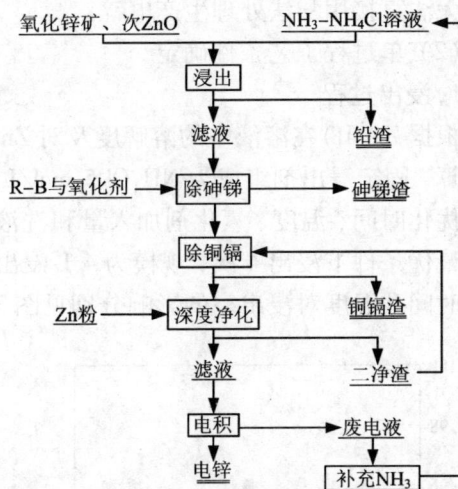

图 3 - 23　由锌资源制备高纯锌的原则工艺流程

合氯化铵体系中制取电锌。另外氯化铵体系还具有槽电压低、电流效率高等优点。正因为如此，1997 年作者首次提出在氯化铵 - 氨 - 水体系中（简称 MACA 法）制备电锌的思想，1999 年申请了"一种高纯锌金属的制备方法"（专利号：ZL99115463.0）发明专利，接着作者与四川会东铅锌矿合作，于 2002 年 7 月完成了 100 t（高纯锌）/a 规模的半工业试验，生产高纯锌 744.2 kg，产品质量完全符合制备无汞合金锌粉的要求。近几年来 MACA 法制备电锌技术发展较快，第一条以次氧化锌为原料、规模为电锌 5000 t/a 的生产线 2008 年在湖南衡阳市投产，目前中南大学与有关单位合作正在江西南城县建设年处理 30000 t 二次锌物料的示范工厂。而且 MACA 法处理高碱性脉石型氧化锌矿制取电锌于 2007 年被列为国家"973"项目（2007CB6136）的重要内容。MACA 法制电锌的原则工艺流程见图 3 - 23 所示。

3.1.5.2　氧化锌烟尘制电锌

（1）原料

试验原料取自某厂炼铅炉渣烟化炉氧化锌烟灰，其化学成分见表 3 - 50。

表 3 – 50　某厂炼铅炉渣烟化炉锌烟灰化学成分/%

分析单位	Zn	Cu	Cd	Pb	As	Sb	F	Cl
测试中心	62.05	0.025	<0.001	10.73	1.02	0.34	0.016	0.060
自己分析	62.61	—	—	10.77	—	—	—	0.064

由表 3 – 50 可以看出，锌烟灰成分复杂，含有较高的 As、Sb、F、Cl。因此该原料无法直接用酸法处理生产电锌。

（2）单过程工艺条件确定

1）浸出过程

根据 Zn(II) 在溶液中的溶解度及对 Zn(II) – NH_3 – NH_4Cl – H_2O 体系的热力学计算，固定浸出剂组成为 NH_4Cl 5 mol/L、NH_3 2.5 mol/L，液固比 L/S = 20∶3。分别优化时间、温度、氧化剂加入量和洗液量等工艺条件，规模 200 mL 浸出剂/次。最优条件下浸出 4 次，规模为 4 L 浸出剂/次和 600 g 烟尘/次。

时间和温度对浸出率的影响分别见图 3 – 24 和图 3 – 25。

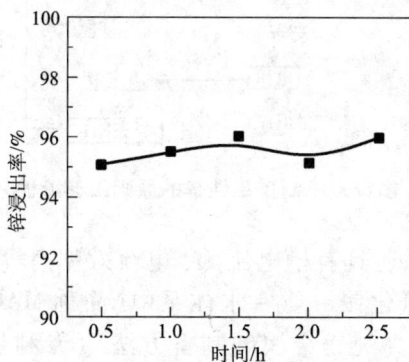

图 3 – 24　浸出时间对锌浸出率的影响

浸出剂/(mol·L^{-1})：NH_3 2.5，NH_4Cl 5；常温

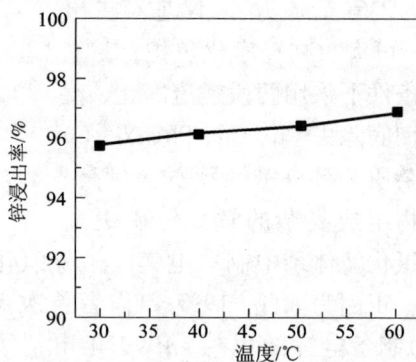

图 3 – 25　温度对锌浸出率的影响

浸出剂/(mol·L^{-1})：NH_3 2.5，NH_4Cl 5；时间 0.5 h

图 3 – 24 说明，时间对锌的浸出率几乎没有影响，只要 0.5 h 即足够，说明锌(II) – 氨配合反应进行很快。

图 3 – 25 说明，随着浸出温度的升高浸出率有所提高，但影响不是很大，此外由于温度高增大氨的挥发和 Pb^{2+} 在溶液中的溶解度急剧升高，采用浸出过程的自然温度 35 ~ 42 ℃即可。

在常温和浸出时间 0.5 h 的情况下，改变洗液用量，洗液成分与浸出剂相同，所得结果见图 3 – 26。

图 3 - 26 说明，洗液用量对锌浸出率几乎没有影响。

确定浸出优化条件为：时间 0.5 h，温度为自然温度。在优化条件下，进行综合条件试验，分别加入不同量氧化剂，并在浸出结束时加入 5 g/L 的碱性絮凝剂 2 mL，此外还进行了两次体积为 12 L 没有加氧化剂的综合试验，其结果见表 3 - 51。

由表 3 - 51 可以看出，锌的平均浸出率为 96.36%，不加氧化剂浸出液 $\rho_{Fe} \leqslant 0.13$ mg/L，加入氧化剂后 ρ_{Fe}

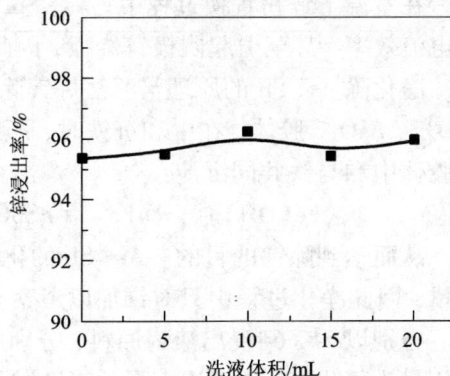

图 3 - 26　不同洗液量对锌浸出率的影响

<0.06 mg/L。浸出渣含 $w_{Pb} > 45\%$，w_{Zn} 10% ~ 15%，可以返回铅冶炼。

表 3 - 51　浸出综合条件试验

No	1	2	3	4	5	6	平均
体积/L	4	4	4	4	12	12	—
氧化剂量/mL	10	20	30	40	0	0	—
Zn 浸出率/%	96.34	96.42	96.31	96.39	96.44	96.30	96.36
$\rho_{Fe}/(\text{mg} \cdot \text{L}^{-1})$	0.058	0.056	0.059	0.059	0.11	0.13	

2）净化过程

净化用试液是以上浸出试验所得的混合浸出液，其杂质元素含量见表 3 - 52。

表 3 - 52　浸出液中杂质元素含量/（mg·L⁻¹）

No	Cu	Cd	Fe	Co	Ni	Bi	Pb	Sb	As	Sn
1①	4.3	2.1	0.12	<1	<1	<1	560	15	2.0	2.9
5	4.0	2.6	0.11	<1	<1	<1	781	30.5	2.8	3.2
6	4.6	1.9	0.13	<1	<1	<1	472	51	1.9	2.6

注：①为条件试验与浸出综合条件前 4 次混合液。

从表 3 - 54 可以看出，由于原料 As、Sb 含量较高，少量的 As^{3+}、Sb^{3+} 与 Cl^- 形成配合物 $AsCl_5^{2-}$、$SbCl_5^{2-}$ 进入溶液，Pb^{2+} 也有部分以氯配合物的形式进入溶液，而溶液含 Cu、Ni、Cd、Co 等较低。

①净化除 Sb

在室温下锌粉置换过程中，As、Sb 置换不彻底。但 As、Sb 的存在不但会降低电流效率，甚至引起阴极锌烧板，因此必须首先除 As、Sb。

净化除 As、Sb 的原理与酸法炼锌除锑相似，先将 As^{3+}、Sb^{3+} 氧化成带负电的 SbO_4^{3-}、AsO_4^{3-} 胶体，在中和沉铁时，形成带正电的 $Fe(OH)_3$ 胶体，这样，正、负电胶体中和与铁共同沉淀：

$$[Fe(OH)_3]_m \cdot nFe^{3+} + nSbO_4^{3-} =\!=\!= mFe(OH)_3 \cdot nFeSbO_4 \qquad (3-53)$$

从而达到除锑的目的。As、Sb 的化学性质基本相似，浸出液中锑远远高于砷含量，因此净化过程中只对锑加以考察。

分别以 5#、6# 浸出液为原料，分别用不同量的 R－A、R－B 和氧化剂（氧化剂用量为氧化 R－B 理论用量的 1.2 倍）及 R－C 进行除锑探索试验。试验结果分别见图 3－27 ~ 图 3－29。

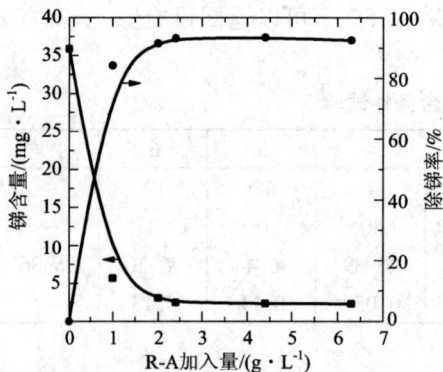

图 3－27　R－A 加入量对除锑的影响

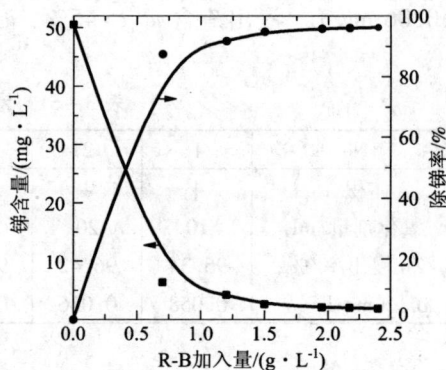

图 3－28　R－B 加入量对除锑的影响

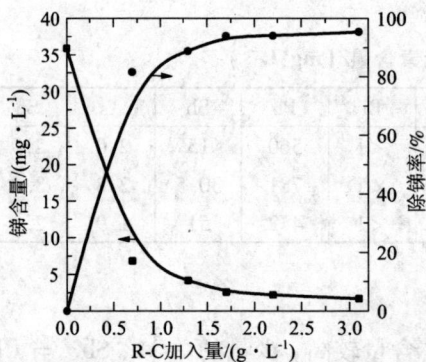

图 3－29　R－C 加入量对除锑的影响

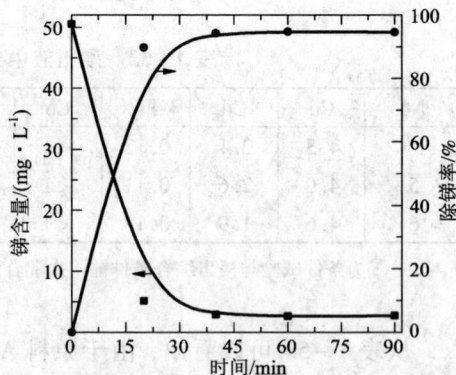

图 3－30　时间对除锑的影响

从图 3-27~图 3-29 看出，R-A、R-B 与氧化剂及 R-C 均有净化效果，但同等加入量的情况下，R-B 比 R-A、R-C 效果更好，此外 R-C 价格较高，很容易过量或不足，引起溶液含 R-C，且生成的沉淀过滤时很容易穿滤，因此选用 R-B 与氧化剂来净化，R-B 加入量 2 g/L（渣含 Zn 5.73%~10.06%，加入量太大会增加锌的损失）。

在 R-B 加入量 2 g/L，氧化剂用量为 1.2 倍的条件下，以 6#浸出液为原料，考察加入氧化剂后搅拌时间对除锑的影响，其结果见图 3-30。

由图 3-30 可以看出，搅拌40 min 后，基本上达到除锑要求。

在 R-B 加入量 2 g/L，搅拌时间 1 h，分别对 1#、5#、6#浸出液进行综合试验，净化液 Sb 含量（mg/L）为：0.38、0.96、2.64，这说明在净化前液 Sb 含量在小于

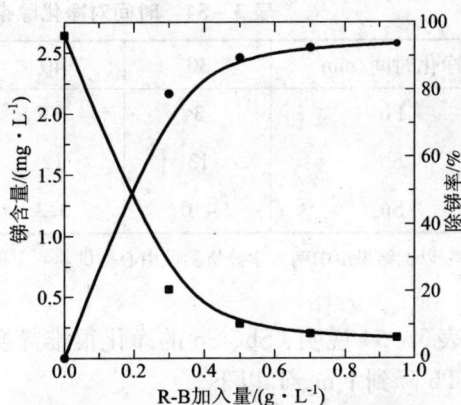

图 3-31　R-B 加入量对深度除锑的影响

15 mg/L 的情况下，通过一步净化就可以达到目的，相反在前液 Sb 含量较高时，很难一次净化达到要求，因此进行了第二步深度净化。

在搅拌时间为 1 h 及氧化剂用量为氧化 R-B 理论用量的 1.2 倍的情况下，对深度除 Sb 中 R-B 加入量进行优化，结果见图 3-31。

图 3-31 说明，R-B 加入量大于 0.9 g/L 时，可以使 Sb 含量降到0.22 mg/L，除锑效率可以达到 99%，完全符合净化要求。

②Zn 粉置换除杂

以 1#混合浸出液为原料，优化锌粉加入量，结果见表 3-53。

表 3-53　锌粉加入量(g/L)对净化效果的影响/(mg·L⁻¹)

锌粉用量	0.2	0.4	0.6	0.8	1.0	1.2	1.4	1.6	1.8	2.0
Cu	3	<1	<1	<1	<1	<1	<1	—	—	—
Cd	1.2	<1	<1	<1	<1	<1	<1	—	—	—
Ni	<1	<1	<1	<1	<1	<1	<1	—	—	—
Sb	9.6	9	9	7	4	6	18	17	16	14
Pb	280	110	85	43	14	3.8	1.2	0.3	0.3	0.3

注：以上结果由中南大学分析测试中心提供。

表 3 - 53 说明,锌粉除 Sb 的效果很不理想,但除 Cd、Ni、Cu 的效果较好,在锌粉用量 0.4 g/L 即可将它们降到 1 mg/L 以下。随着锌粉用量的加大,溶液中杂质 Pb 含量降低,当锌粉用量 1.6 g/L,Pb 降到 0.3 mg/L。

仍以 1#混合浸出液为原料,优化搅拌时间,结果见表 3 - 54。

表 3 - 54   时间对净化除杂的影响/(mg · L⁻¹)

净化时间/min	30	40	50	60	70
Pb	3	1.7	0.83	0.3	0.5
Sb	13	12	10	11	7.8
Sn	4.0	3.2	4.0	3.0	3.6

注:以上结果由中南大学分析测试中心提供。

表 3 - 54 说明,Sb、Sn 的净化很难置换除去,而铅可以置换除去,50 min 即可将 Pb 降到 1 mg/L 以下。

确定 Zn 粉置换除杂的优化条件为:时间 1 h,锌粉加入量为 1.6 g/L 浸出液,常温。在此优化条件下,进行了规模为 4 L 浸出液/次的两次综合试验,混合净化液杂质元素含量见表 3 - 55。

表 3 - 55   一段净化综合条件试验混合净化后液杂质元素含量/(mg · L⁻¹)

Cu	Cd	Fe	Co	Ni	Bi	Pb	Sb	As	Sn	Mn
<0.1	<0.1	<0.1	<0.1	<0.1	<0.1	11	12	3	6	0.3

由表 3 - 55 可见,Sb、Sn、As、Pb 等元素的净化效果不好。

为了减少锌粉用量和提高除杂效果,须进行两段逆流净化。以 1 L 1#混合液为试液,先除锑,然后进行两段逆流净化,结果见表 3 - 56。

采用两段逆流净化后液的杂质元素 Cu、Cd、Ni、Co、Pb 很低,尤其是 Cd 可以 <0.05 mg/L。

3)电积过程

取两段逆流净化液的混合液 900 mL/次,在 10 cm × 7 cm × 14 cm 的有机玻璃槽内自然温度下进行电积。阴极铝板面积 9 cm × 12 cm,阳极为石墨 8.5 cm × 13 cm,异极距 3.5 cm,电流 4 A。电锌杂质元素含量见表 3 - 57。

表 3 -56　两段逆流净化液的杂质元素/(mg·L^{-1})

No	Cu	Cd	Co	Ni	Pb	Fe
1	0.08	0.04	0.14	0.07	0.1	0.17
2	0.05	0.02	0.08	0.04	0.4	0.05
3	0.06	0.04	0.2	0.1	0.6	0.18
4	0.07	0.02	0.14	0.2	0.4	0.2
5	0.03	0.03	0.31	0.09	0.45	0.17
6	0.08	0.03	0.32	0.09	0.26	0.16
平均	0.06	0.03	0.20	0.10	0.37	0.16

注：从表 3 - 56 开始，本章以下分析结果由长沙矿冶研究院物相分析室提供。

表 3 -57　电锌杂质元素含量/(×10^{-4}%)

No	Cu	Cd	Co	Ni	Fe	Pb	As	Sb
1	0.60	0.15	0.17	0.21	0.6	1.8	0.58	0.71
2	0.50	0.11	0.16	0.15	0.11	1.6	0.49	0.53
3	0.89	0.09	0.21	0.63	0.20	1.8	0.66	0.96
4	0.78	0.27	0.19	0.22	0.16	2.2	0.47	0.64
平均	0.69	0.16	0.18	0.30	0.27	1.85	0.55	0.71

表 3 - 57 数据说明电锌杂质元素 Cu、Cd、Co、Ni、Fe、As、Sb 均小于 0.0001%，杂质元素含量之和 < 0.001%，尤其是 Cu、Fe 均 < 0.0001%、Pb < 0.0003%，更是酸法炼锌所不能达到的。

3#样的其他相关元素分析结果为：Cr 0.000023%，Hg < 0.00001%，Bi、Sn 均 < 0.0001%。

净化液中 As、Sb 含量对电积过程的影响见表 3 -58。发现 As、Sb 含量过高时，不仅会引起电流效率的降低，甚至会引起阴极锌"烧板"。

表 3 -58　Sb、As 含量与电流效率的关系

No	V/L	ρ_{Sb}/(mg·L^{-1})	ρ_{As}/(mg·L^{-1})	J/(A·m^{-2})	η_{Zn}/%
1	0.91	1.3	1.3	450	97.0
2	0.90	2.1	1.8	500	95.66
3	0.90	6.3	1.9	500	93.69
4	0.90	6.3	2.3	500	91.18
5	0.91	12	3	500	80.1

4）全流程运行结果

采用各过程的优化条件，进行了5次规模为1 L/次的全流程循环试验。

①浸出过程

浸出剂由返回的电解废液和氨水及 NH_4Cl 配制，以实现循环浸出。电解废液的配入量以补加氨水和 NH_4Cl 固体后，维持体积1 L，NH_4Cl 5 mol/L，游离 NH_3 2.5 mol/L；常温下浸出1 h。结果见表3-59。

表3-59　全流程联动运行浸出结果

No	返回废电解液		加　入			锌浸出率/%
	V/mL	ρ_{Zn}/(g·L^{-1})	m_{NH_4Cl}/g	$V_{氨水}$/mL	$m_{试料}$/g	
63	/	/	268	210	150	96.53
64	720	11.02	70	180	135	95.50
65	710	15.45	80	180	135	96.25
66	820	14.39	70	170	135	95.52
67	750	12.41	70	145	135	97.67

从表3-59可以看出，锌平均浸出率均>96%，说明电解废液的循环并不影响浸出过程。

②净化过程

先加入少量氧化剂把溶液中的 As^{3+}、Sb^{3+} 氧化成 SbO_4^{3+}、AsO_4^{3+}，5 min 后再加入 R-B 2 g/L，搅拌 10~15 min 后，加入氧化剂，再搅拌 45~50 min 后澄清过滤。滤液采用两段逆流净化，第二段加入 3 g 锌粉/L，第二段净化的滤渣返回第一段净化。结果见表3-60。

表3-60　全流程联动运行净化结果/(mg·L^{-1})

No	Cu	Cd	Co	Ni	Fe	Pb
63	0.08	0.05	0.14	0.7	0.13	0.01
64	0.03	0.04	0.14	0.1	0.19	0.01
65	0.01	0.02	0.83	0.01	0.17	0.28
66	0.03	0.03	0.31	0.09	0.17	0.45
67	0.12	0.03	0.03	0.014	0.11	2.1
平均	0.05	0.03	0.29	0.18	0.15	0.57

全流程试验净化结果说明，锌粉净化除杂效果很好。

③电积过程

规模为 900 mL 净化后液/次，阴极铝板面积 9 cm × 12 cm，电流密度约 500 A/m², 阳极为石墨板，自然温度下电积 10 ~ 13 h，使电解液中 Zn^{2+} 浓度从约 80 g/L 降低到约 10 g/L，起始温度 28 ℃，最后温度慢慢上升到 36 ~ 42 ℃。槽电压一般为 3.2 V，但随着电积进行槽温升高，槽电压下降，约 2.95 V。电积技术经济指标见表 3 - 61 ~ 表 3 - 63。

表 3 - 61　全流程联动运行电积电流效率

No	63	64	65	66	67	平均
电流效率/%	95.82	96.07	93.23	94.67	92.00	94.36

表 3 - 62　全流程联动运行电锌杂质含量/(×10⁻⁴%)

No	Cu	Cd	Co	Ni	Fe	Pb	As	Sb
63	0.94	0.39	0.17	0.15	0.70	2.7	0.56	0.20
64	0.18	0.069	0.16	0.36	0.11	0.3	0.48	0.19
65	0.33	0.08	0.14	0.36	0.11	0.23	0.36	0.42
66	0.50	0.11	0.06	0.15	0.11	1.6	0.49	0.39
67	0.60	0.05	0.11	0.21	0.20	0.29	0.61	0.78
平均	0.51	0.14	0.13	0.25	0.25	1.02	0.48	0.40

表 3 - 63　全流程联动运行电解废液成分

No	63	64	65	66	67	平均
体积/mL	827	830	840	821	829	829
$\rho_{Zn^{2+}}$/(g · L⁻¹)	11.02	15.45	14.39	12.41	16.25	13.9
$[NH_3]_T$/(mol · L⁻¹)	1.151	1.348	1.375	1.136	1.467	1.289
$[NH_3]$/(mol · L⁻¹)	0.814	0.875	0.936	0.756	0.970	0.87

表 3 - 61、表 3 - 62 说明，电流效率较高，平均为 94.36%，电能消耗 2560 ~ 2700 kW · h/t (电锌)，产出的电锌为 Cu、Cd、Co、Ni、Fe、As、Sb 含量均 <0.0001% 及 Pb <0.0003% 的高纯锌。从表 3 - 63 看出，电解废液体积减少，因此可以通液氨再生返回浸出。

3.1.5.3 锌焙砂制电锌

（1）试验室研究

1）原料

试验原料为会东铅锌矿的锌焙砂和焙烧烟尘，粒度为 150 μm，化学成分和锌物相见表 3-64、表 3-65。

表 3-64 锌焙砂和烟尘的化学成分/%

元素	Zn	Cd	Pb	Cu	Ni	Co	Ga
焙砂	67.66	0.95	0.91	0.10	0.0014	0.0012	0.0018
烟尘	62.92	0.93	1.16	—	—	—	0.0031
元素	Ge	Fe	Ag	S	Cl	SiO$_2$	
焙砂	0.0092	2.43	0.0148	1.73	0.007	4.25	
烟尘	0.0067	2.71	0.0027	1.09			

表 3-65 锌焙砂和烟尘的锌在各物相中的含量/%

物相	ZnO 中 Zn	ZnSO$_4$中 Zn	ZnS 中 Zn	ZnO·Fe$_2$O$_3$ 中 Zn	ZnO·SiO$_2$ 中 Zn	Zn$_T$
焙砂	63.20	0.62	1.46	1.94	0.41	67.66
烟尘	55.87	4.33	0.58	1.69	0.45	62.92

表 3-64 说明，原料中含有较高的 Ge 和 Ag。表 3-65 说明，原料中以 ZnO·SiO$_2$ 和 ZnO·Fe$_2$O$_3$ 形式存在的 ZnO 较少。锌焙砂和烟尘按 3∶2 的比例，均匀混合，作为本次试验的原料，取二者的加权平均成分为混合料成分。

2）浸出过程

按 3.1.5.2 节的方法，确定浸出剂组成为 NH$_4$Cl 5 mol/L、NH$_3$ 2.5 mol/L，液固比 L/S = 7∶1，浸出规模为 1000 mL 浸出剂/次，浸出温度为自然温度，时间对浸出率的影响见图 3-32。

图 3-32 说明，浸出时间对锌的浸出率影响不明显，这与炼铅炉渣烟化炉氧化锌烟灰的浸出一样。

在浸出时间为 1 h 的条件下，温度对浸出率的影响见图 3-33，30 ℃下浸出时 NH$_4$Cl 还没有溶解完全，就加入焙砂浸出。

图 3-33 说明，浸出温度对浸出率有一定的影响，但由于温度高氨的挥发增大和 Pb^{2+} 在溶液中的溶解增加，因此，温度不宜过高。

选取浸出过程为浸出时间 1 h，浸出温度自然温度（约 40 ℃），进行了 4 次规模为 5 L 浸出剂/次的综合试验,锌的浸出率分别为 94.31%、91.84%、92.67%、93.18%。混合浸渣的成分见表 3 – 66。

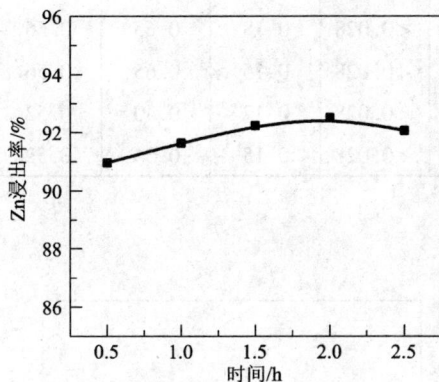

图 3 – 32 浸出时间对浸出率的影响

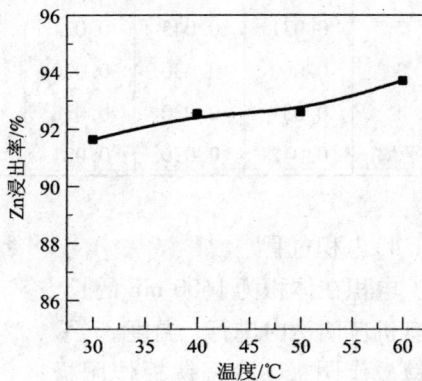

图 3 – 33 温度对浸出率的影响

表 3 – 66 混合浸渣成分/%

Zn	Pb	Fe	Ag	Ge
28.43	2.96	11.85	0.0779	0.0223

表 3 – 66 说明,几乎所有的银留在渣中,而约 40% 的锗浸入溶液。

3)净化过程

以混合浸出液作为净化试液,其成分见表 3 – 67。

表 3 – 67 混合浸出液中杂质元素含量/(mg·L⁻¹)

Cu	Cd	Fe	Co	Ni	Pb	Sb	As	Ge	Zn/(g·L⁻¹)
110	710	0.02	1.0	0.45	360	0.95	2.1	3.5	75.9

根据混合浸出液中 Cu、Cd、Pb 的含量,确定锌粉加入量为 3 g/L 浸出液,锌粉粒度为 38 μm,采用两段逆流净化,第二段加入锌粉。在室温下搅拌置换 50 min,规模为 5 L 浸出液/次。净化液杂质元素含量见表 3 – 68。

表 3 – 68 说明,采用两段逆流净化后液,杂质元素 Cu、Cd、Ni、Co、Pb 净化得很彻底,As、Sb 含量有一定的降低,基本上不需要单独净化。

表 3 – 68 两段逆流净化液的杂质元素含量/(mg · L⁻¹)

No	Cu	Cd	Fe	Co	Ni	Pb	Sb	As
1	0.045	0.038	0.023	<0.02	<0.028	0.15	0.50	0.43
2	0.031	0.045	0.021	<0.02	<0.028	0.18	0.65	0.56
3	0.060	0.030	0.020	<0.02	<0.028	0.15	0.65	0.56
4	0.031	0.030	0.018	<0.02	<0.028	0.12	0.40	0.52
平均	0.042	0.036	0.021	<0.02	<0.028	0.15	0.54	0.52

4)电积过程

电积在体积为 1600 mL 的长方体有机玻璃槽内进行，温度 37 ℃，用钛板作阴极，涂钌钛板作阳极，异极距 35 mm，并加入影响阴极锌结构和形貌的有机添加剂。为考察电流密度对电流效率的影响，第一个周期的净化后液用 5 mol/L 的 NH₄Cl 溶液稀释到 20 g/L，在不同的电流密度下电积到 15 g/L，通过称量电锌质量计算电流效率。其余电积试验电流密度为 300 A/m²，电解液中锌含量从约 76 g/L 降到约 15 g/L。37 ℃下电流密度与电流效率的关系见图 3 – 34。

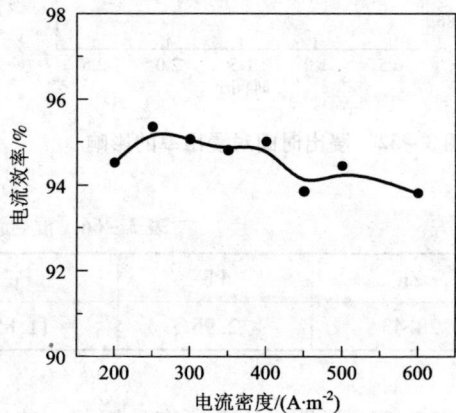

图 3 – 34 37 ℃下电流密度与电流效率的关系

图 3 – 34 说明，在不同电流密度下的电流效率均比酸性硫酸锌溶液电积锌高。但是电流密度越高，越难得到平整的电锌。选择 300 A/m² 做了 3 次试验，电流效率分别为 94.67%、95.82%、93.2%，平均 94.57%，槽电压约 3.0 V，电能消耗 2550 ~ 2650 kW · h/t 锌。电锌杂质元素含量见表 3 – 69。

表 3 – 69 电锌杂质元素含量/(×10⁻⁴%)

No	Cu	Cd	Co	Ni	Fe	Pb	As	Sb
1	0.50	0.66	0.12	0.27	0.30	2.4	0.51	0.92
2	0.84	0.42	0.21	0.36	0.51	2.2	0.48	0.91
3	0.52	0.40	0.22	0.35	0.18	1.8	0.37	0.50
平均	0.63	0.49	0.18	0.33	0.33	2.13	0.45	0.78

表 3 – 69 说明，电锌含 Zn > 99.999%，杂质元素 Cu、Cd、Co、Ni、Fe、As、Sb 均 < 0.0001%，Pb < 0.0003%。

(2)半工业试验

1)原料

用会东铅锌矿的自产矿焙砂和外购锌精矿焙砂作原料。前者未与烟尘混合且未进行球磨，是粗焙砂；后者与烟尘混合且经过球磨，是细焙砂。其成分见表 3 – 70。

表 3 – 70　半工业试验用的锌焙砂成分/%

元素	Zn	Cu	Pb	Cd	Co	Ni	Sb
自产	62.53	0.35	1.56	0.67	0.0075	0.005	0.015
外购	59.47	0.16	1.72	0.34	0.0048	—	0.017
元素	As	Ag	Fe	Ge	S	SO_4^{2-}	H_2O
自产	0.17	0.0124	2.33	0.008	2.24	1.50	1.835
外购	—	0.0068	4.02	0.009	3.02	2.28	

从表 3 – 70 可以看出，自产矿焙砂含铁较低，两种焙砂所含镍钴均比较低，但 Ag、Ge 含量较高。

2)设备

半工业试验所需设备规格及材质等要求见表 3 – 71。

表 3 – 71　半工业试验设备一览表

No	名称	规格	材质	数量	备注
1	浸出槽	2.0 m^3	搪瓷釜	1	
2	浸出液计量槽	0.98 m × 1.0 m × 2.0 m	聚丙烯	1	设标尺
3	一次净化槽	1.0 m^3	搪瓷釜	1	
4	二次净化槽	1.0 m^3	搪瓷釜	1	
5	二次净化计量槽	0.98 m × 1.0 m × 2.0 m	聚丙烯	1	设标尺
6	阴极板	1.02 × 0.74 m × 0.02 m	钛板	12	
7	阳极板	1.0 m × 0.72 m × 0.02 m	涂钉钛网	12	
8	硅整流	3000 A/30 V	柳州产	1	
9	电解液循环槽	0.98 m × 1.0 m × 2.0 m	聚丙烯	1	设标尺

续上表

No	名称	规格	材质	数量	备注
10	废电解液泵	0.1 m³/min	氟塑	1	
11	电解槽	700 m×850 m×1080 m	聚丙烯	4	
12	二次净化液泵	0.1 m³/min	氟塑	1	
13	二次净化过滤槽	0.5 m²	聚丙烯	1	
14	一次净化液泵	0.1 m³/min	氟塑	1	
15	一次净化过滤槽	0.5 m²	聚丙烯	1	
16	浸出液泵	0.1 m³/min	氟塑	1	
17	浸出过滤槽	1.0 m²	聚丙烯	1	
18	真空泵	—	铸铁	1	
19	汇流排	1.2 m	铜板	2	

3）工业试验结果

①浸出过程

在确定浸出剂成分为 NH_4Cl 5 mol/L 及 NH_3 2.0 ~ 2.5 mol/L 以及锌浸出率为 90% 和浸出液中 $\rho_{Zn^{2+}} = 80$ g/L 的前提下确定液固比，计算焙砂用量。

在 2 m³ 的反应釜内进行浸出，第 1、2 槽浸出为造液过程，第 3 ~ 8 槽为循环浸出过程。浸出过程的工艺技术参数见表 3 – 72。

浸出液体积及其杂质成分含量见表 3 – 73，浸出渣量及其成分见表 3 – 74。

表 3 – 72　浸出过程的工艺技术参数

No	焙砂质量/kg	NH_4Cl质量/kg	氨水质量/kg	废电解液/(g·L⁻¹)				氧化剂体积/L	R – B质量/kg	t/℃
				V/m³	$\rho_{Zn^{2+}}$	$\rho_{(NH_3)_T}$	ρ_{Cl^-}			
1	251	486	353	—	—	—	—	2.0	3.26	35
2	256	490	348	—	—	—	—	2.2	3.26	41
3	200	65	242	1.14	24.25	26.74	179.6	2.4	3.26	44
4	200	50	270	1.58	22.7	24.36	186.6	2.0	2.06	45
5	200	60	303	1.81	21.22	23.32	191.9	2.05	2.06	48
6	200	50	305	1.6	18.25	22.51	185.8	2.0	2.06	42
7	210	50	309	1.50	21.09	27.09	182.5	2.0	2.06	42
8	210	50	260	1.88	21.09	26.54	181.4	2.0	2.06	46

表 3 –73　浸出液体积及其杂质成分含量/(mg·L⁻¹)

No	V/m^3	$\rho_{Zn^{2+}}/(g·L^{-1})$	Cu	Pb	Cd	Co	Ni	Sb	As	Fe	$\eta_{Zn}/\%$
1	1.605	77.61	84	670	650	—	—	1.3	8.2	3.0	79.36
2	1.728	76.50						0.1	6.8	2.2	82.58
3	1.436	91.84	78	410	510			3.3	5.6	1.7	83.35
4	1.745	74.18	55	380	520	0.22	0.23	0.23	—	1.1	74.83
5	2.112	71.68	58	380	470	0.34	0.25	0.20	2.8	1.6	90.23
6	1.875	66.14	58	310	420	0.22	0.16	0.14		2.9	75.81
7	1.80	77.24	100	320	240	0.21	0.33	0.28	—	1.4	90.79
8	2.160	69.35	88	500	210	0.19	0.43	0.64	0.84	1.6	90.83
平均			74	424	431	0.24	0.28	0.88	4.85	1.94	83.47

表 3 –74　浸出渣量及其成分

No	渣重/kg			干渣成分/%				渣计 η_{Zn} /%
	湿重	干重	含水/%	Zn	Ge	Ag	Cl	
1			32.68	27.28	—	—	—	—
2	43.0			25.90	0.038	0.0304		—
3								
4	63.2	28.34	55.16	26.62				93.97
5	148.0	108.4	27.0	28.78				75.05
6	85.3			26.56				
7	105.7	78.2	26.02	22.38	0.021	0.019	7.64	85.89
8	83.0	67.15	19.1	22.98	0.026	0.026		87.56
平均	88.0	—	31.99	25.79	0.028	0.025	7.54	85.62

从表 3 –73、表 3 –74 可以看出,前 6 槽液计浸出率和渣计浸出率差别较大,这是由于焙砂没有球磨,很难浸出颗粒内部的 ZnO,且过滤时渣存在分层现象,取样很难均匀。后两槽的浸出率比前 6 槽有所提高,为 88% ~90%,说明铁酸锌不被浸出,影响了锌的浸出率,但有价金属 Ge、Ag 几乎全部集中在浸出渣中。

②净化过程

一次净化和二次净化都在 1 m³ 的搪瓷釜内进行。前 5 槽所用锌粉为现有酸法炼锌净化所用的锌粉，过筛使粒径小于 425 μm，从第 6 槽开始，对锌粉过筛使粒径小于 125 μm，二次净化也同样，锌粉用量为 3 g/L 浸出液。一次净化液及渣量与成分见表 3 - 75 及表 3 - 76。

表 3 - 75　第一次净化液量及成分

No	V/L	$\rho_{Zn^{2+}}/(g \cdot L^{-1})$	成分/(mg·L⁻¹)						
			Cu	Pb	Cd	Co	Ni	Sb	Fe
3 - 1	970	89.29	0.12	12	0.22	0.01	0.077	—	—
3 - 2	900	86.76	0.086	5.8	0.30	<0.01	0.33	—	1.2
4 - 1	1000	75.5	0.57	9.6	2.9	0.13	0.20	—	—
5 - 1	1012	72.38	0.26	6.2	0.94	0.15	0.18	0.24	0.31
5 - 2	810	72.07	—	2.0	0.46	0.34	0.39	—	0.86
6 - 1	900	64.74	0.25	1.1	0.53	0.01	0.23	—	3.3
7 - 1	900	79.64	0.25	7.1	0.58	<0.01	0.12	0.35	1.4
7 - 2	860	78.58	0.52	8.9	1.2	0.27	0.29	—	0.95
8 - 1	965	69.99	0.32	0.80	0.43	<0.01	0.63	0.40	1.5
8 - 2	1194	68.64	0.36	3.4	0.39	<0.01	0.23	0.43	2.8
平均	—	75.76	0.30	5.69	0.79	0.09	0.26	0.28	1.54

表 3 - 76　第一次净化渣量及成分

No		4 - 1	4 - 2	5 - 1	5 - 2	6 - 1	6 - 2	7 - 1	7 - 2	8 - 1	38 - 2	平均
Zn 粉加入量/kg		3.5	3.2	3.5	3.22	—	—	3.5	3.5	3.0	3.5	3.36
净化渣	湿重/kg	5.3	4.2	4.5	3.9	3.5	2.8	4.0	4.0	3.5	3.8	3.95
	干重/kg	4.22	4.04	3.97	3.2	3.01	2.41	3.77	3.64	3.28	3.55	3.51
	$w_{Zn}/\%$	59.45	62.48	55.94	59.23	67.67	60.77	36.68	73.45	75.45	62.85	61.40
	$w_{Cd}/\%$	15.39	13.99	16.22	13.49	13.14	18.35	19.13	6.10	5.68	8.72	13.02

从上表中可以看出，镉在 $Zn(\mathrm{II}) - NH_3 - NH_4Cl - H_2O$ 体系中比较容易除去，而铅相对来说难以除去。比较表 3 - 73 与表 3 - 75 发现，有些槽的一次净化液的 $\rho_{Zn^{2+}}$ 反而比浸出液低，这是由于抽滤过程中净化液被稀释的缘故。

一次净化液直接泵入二次净化反应釜内进行二次净化，其结果见表 3 - 77。

表 3 - 77　二次净化液量及成分/(mg · L^{-1})

No	V/L	$\rho_{Zn^{2+}}$/(g·L^{-1})	成分/(mg · L^{-1})							
			Cu	Pb	Cd	Ni	Co	Sb	As	Fe
1 - 1	1000	58.38	<0.10	0.79	<0.10	1.0	<0.10	0.27	0.18	1.0
2 - 2	1003	78.44	<0.10	1.9	<0.10	0.29	<0.10	—		1.4
3 - 1	905	81.96	—	4.4	0.092	0.44	—			—
3 - 2	900	86.38	0.062	1.7	0.042	0.21	—			—
4 - 1	1000	76.13	0.13	5.2	0.53	0.16	0.076	0.20	2.4	0.95
4 - 2	745	75.35	0.055	4.2	0.12	0.16	0.076	0.27	1.7	0.85
5 - 1	1100	70.98	—	0.49	0.084	0.32	0.36			0.77
5 - 2	810	72.22	0.23	1.5	0.15	0.33	<0.10	0.30		
6	1875	66.07	0.20	1.3	0.019	0.75	0.056	—	0.94	3.0
7	1760	77.99	0.27	6.2	0.48	0.15	<0.10	0.40		0.82
8 - 2	1166	65.43	0.32	0.83	0.63	0.24	<0.10	0.44		1.5
平均			0.18	2.59	0.12	0.37	0.12	0.31	1.31	1.66

表 3 - 77 说明，放大规模后，铜、镉的除去效果仍较好，但铁、钴、镍、铅除去效果较差，但不影响电积过程。从电锌杂质含量与对应的净化液的杂质成分比较，两者矛盾较多，二次净化液的分析方法不成熟，其结果只供参考。

③电积过程

电积过程在尺寸完全与工业电解槽一样(760 mm × 800 mm × 1080 mm)的 4 个塑料电解槽内进行，槽之间为串联，涂钌钛网阳极的有效面积为 950 mm × 720 mm，阴极钛板的有效面积为 970 mm × 740 mm，每个电解槽各有阴、阳极 3 块，同极距为 12 ~ 14 cm(由于阳极涂钌钛网不平整，易引起阴、阳极接触)。循环中间槽 2 m³，从第五槽开始用通水塑料管间接冷却电解液。出槽时间一般为 24 h，阴极电流密度 200 A/m²。

用第 1 ~ 2 槽的二次净化后液与 1.5 m³ 的 5 mol/L 的氯化铵溶液配成 $\rho_{Zn^{2+}}$ 为 52.17 g/L 的新液进行第一次电解。以后各槽电解均为二次净化液与上一槽废电解液的混合液，混合液成分见表 3 - 78。电解后液成分见表 3 - 79，电锌杂质元素含量见表 3 - 80，电积锌的电流效率、槽电压及计算的电能消耗见表 3 - 81，电解过程中添加剂消耗情况见表 3 - 82。

表 3 - 78　电解液成分分析

No	V/L	主成分/(g·L⁻¹)				
		Zn^{2+}	$(NH_3)_T$	Cl^-	Cu	Pb
1 - 2	4908	52. 17	54. 08	167. 12	<0. 10	8. 9
3	—	48. 2	49. 05	176. 10	0. 11	3. 8
4	—	48. 28	—	—	0. 092	6. 2
5	—	46. 41	—	—	0. 10	7. 7
6	—	43. 84	47. 84	178. 73	0. 20	5. 5
7	3953	45. 61	50. 05	176. 98	0. 40	3. 4
8	3930	47. 93	50. 26	176. 98	0. 27	7. 0
平均		47. 49	50. 27	175. 16	0. 18	6. 07

No	杂质元素含量/(mg·L⁻¹)					
	Cd	Co	Ni	Sb	As	Fe
1 - 2	<0. 10	<0. 10	0. 10	0. 27	—	1. 5
3	0. 089	0. 016	0. 15	0. 16	—	2. 9
4	0. 12	<0. 10	0. 12	0. 26	0. 33	0. 42
5	0. 42	—	<0. 10	0. 25	—	0. 15
6	0. 35	<0. 10	0. 047	0. 26	0. 94	0. 78
7	0. 35	<0. 10	0. 022	0. 21	—	0. 64
8	0. 30	<0. 10	0. 46	0. 38	0. 40	1. 0
平均	0. 25	0. 09	0. 14	0. 26	0. 56	1. 06

表 3 - 79　电解后液成分/(g·L⁻¹)

No	1 - 2	3	4	5	6	7	8	平均
Zn^{2+}	24. 25	21. 2	21. 22	18. 25	21. 09	21. 09	19. 74	20. 98
$(NH_3)_T$	26. 74	25. 33	23. 32	22. 51	27. 09	26. 54	24. 53	25. 15
Cl^-	179. 61	187. 50	191. 88	185. 8	182. 5	181. 36	183. 34	184. 57
V/m^3	—	—	—	—	3. 773	3. 806	3. 73	—

表 3 – 80　电锌杂质元素含量/(×10⁻⁴%)

编号	槽次	Cu	Pb	Cd	Co	Ni	Sb	As	Fe
EZ1	1－2	1.3	72	—	—	—			3.3
EZ1①	1－2	1.6	—	—	1.0	—	0.40	0.50	3.0
EZ2	1－2	—							2.7
EZ2①	1－2	1.9	27	3.6	0.69	0.77	0.40	0.20	3.3
EZ3	1—2	2.8	78	1.8	3.2	0.8	1.2	6.9	4.6
EZ31	1－2	1.3	27	2.8	0.56	1.3	0.5	0.20	2.6
EZ4	3	1.3	48	2.7	3.2	2.2	1.2		2.5
EZ4①	3	0.93	34	2.6	11	4.2	0.6	0.20	1.8
EZ5	3	0.65	28	0.76	2.5	0.92	1.3	—	3.0
EZ5①	3	0.58	11	0.59	4.3	4.4	0.6	0.24	1.7
EZ6	4	1.9	28	8.2	2.9	2.5	0.68	—	2.9
EZ7	4	0.34	8.1	1.4	0.12	0.19	0.47	—	2.4
EZ8	5	0.96	21	3.3	0.12	1.4	0.84	—	2.0
EZ9	5	0.84	10	1.2	0.15	2.1	0.61	1.2	1.5
EZ10	5	0.84	4.4	0.57	0.19	2.3	0.4	—	1.2
EZ10②	5	0.9	10	5	2	2	<1	<1	1
EZ11	6	1.4	3.4	0.37	0.20	4.6	0.84	—	1.8
EZ12	6	1.4	1.3	0.47	0.20	2.0	0.70	—	1.9
EZ13	7	0.67	2.0	0.72	0.24	2.4	1.0	—	1.8
EZ14	7	0.58	1.3	4.4	0.17	2.5	1.6	—	1.4
EZ15	8	1.7	1.1	2.6	0.17	4.8	1.7	—	1.9
EZ16	8	0.91	0.54	0.1	0.092	2.1	2.1	—	1.9
EZ17	8	0.65	0.82	<0.1	0.32	4.4	2.8	—	2.4
平均③	—	1.32	22.89	2.33	1.24	2.69	1.36	—	2.57

注：①为长沙冶金矿山研究院分析结果；②为四川峨眉山半导体材料厂分析结果；③为四川会东铅锌矿分析结果计加权平均值。

　　表 3 – 80 说明，由于分析单位不同，产品质量分析结果差别很大，按四川峨嵋半导体材料厂分析，电锌产品质量很高，其中 Fe、Sb 和 As 都小于 0.0001%，这是酸法炼锌工艺无法做到的。Cd 含量偶尔有异常现象，这主要是净化过滤槽设计不合理，容易引起净化渣暴露于空气中，产生 Cd 反溶所致。前 4 槽的 Fe 比后 4 槽要高，这是由于在清理中间槽时，有一段锯片遗留在其中，少量被腐蚀进入溶液所致。

从第6槽开始，由于采用了125 μm的细锌粉，对铅的置换效果明显提高，由前5槽的0.0010%~0.0078%降低到0.00034%以下，说明锌粉粒度影响Pb的净化效果。

表3-81　锌电积的电流效率、槽电压及电耗

槽次	编号	最高 I/A	最高 t/℃	m/kg	槽电压/V	η_{Zn}/%	电耗/(kW·h·t^{-1})
1-2	EZ1	600	40	32	3.25	98.49	2709
	EZ2	600	50	38	3.0	56.55	4544
	EZ3	900	56	42	3.25		
3	EZ4	600	41	43	3.1	72.69	3501
	EZ5	600	46	76	3.12	72.46	3535
4	EZ6	700	50	52	3.2	59.89	4387
	EZ7	700	52	59	3.1	56.25	4525
5	EZ8	400	33	24.2	3.03	93.60	2657
	EZ9	400	35	25	3.0	74.06	3326
	EZ10	700	38	51	3.0	92.52	2662
6	EZ11	500	38	44.8	3.0	80.29	3067
	EZ12	500	39	44.0	3.0	75.84	3248
7	EZ13	500	38	47	3.06	76.62	3279
	EZ14	500	39	52.4	3.0	78.80	3126
	EZ15	500	39	41.8	3.0	89.92	2739
8	EZ16	500	39	36.2	3.06	79.16	3174
	EZ17	500	39.5	35.8	3.1	79.17	3214
平均	—	—	—	744.2[①]	3.07	81.95[②]	2993

注：①为电解锌总质量；②为5~8槽平均值。

从表3-81可以看出，提高电流强度引起槽温的急剧上升和电流效率的急剧下降，而温度上升对槽电压的降低影响不大，此外温度过高引起H_2O和NH_3的挥发，恶化操作环境。从第5槽开始使用冷却水在中间槽降低电解液温度和控制电流，使电解液温度小于40℃，可以看出电流效率比在较高温度下电积的前4槽明显提高，但波动大(74.06%~98.49%)，引起这种变化的原因主要是由于涂钌钛网阳极不平整，很容易跷角，电解一段时间后发生短路，使阴极锌反溶。

表 3 - 82　电解过程中添加剂消耗情况

No	1 - 2	3	4	5	6	7	8
骨胶/$(g \cdot t^{-1})$	250	200	190	270	275	270	220
T - B/$(g \cdot t^{-1})$	500	480	360	430	432	432	370
T - C/$(kg \cdot t^{-1})$	20	4	4	4	4	4	4

从表 3 - 82 可以看出，电解添加剂 T - C 用量较大，需 40 kg/t 锌。电解过程中尝试过减少添加剂 T - C 的用量，发现电锌表面很容易长毛刺，影响电锌表面物理性能，如果不加添加剂就不能得到致密状的平整锌片。

④主要技术经济指标

A. 金属平衡

由于前 6 槽试验着重在于培养操作工人及分析人员，对过程操作与参数不可能严格控制和记录。因此以第 7、8 槽试验数据为代表，得出以下主要的技术经济指标。

金属平衡情况见表 3 - 83。

表 3 - 83　第 7、8 槽的锌平衡/kg

No	加　入				产　出					误差
	焙砂	锌粉	废液	小计	浸出渣	置换渣	废液	电锌	小计	
7	124.89	6.65	79.57	211.11	17.50	4.06	80.27	99.4	201.23	- 9.88
8	124.89	6.18	80.27	211.34	15.42	4.71	73.63	113.8	209.47	- 1.87
共计	249.78	12.83	159.84	422.45	32.92	8.77	153.9	213.2	410.70	- 11.75
比例/%	59.13	3.04	37.84	100	7.79	2.08	36.43	50.47	97.22	- 2.78

从表 3 - 83 中可以看出，产出的锌与加入的锌存在差异，这主要是由于抽滤过程中损失锌 11.79 kg，损失率为 2.79%。金属直收率 85.35%，改进过滤设备后可提高到 86.97%。浸出渣含锌 >22%，一次净化渣锌更高，均可进一步处理回收锌。因此，锌的总回收率可接近 100%。

B. 氯平衡

氯平衡情况见表 3 - 84。

表 3 – 84　第 7、8 槽的 Cl⁻ 平衡/kg

No	加　入			产　出				
	NH₄Cl	废液	小计	浸出渣	废液	抽滤损失	小计	雾化损失
7	34.00	688.57	722.57	5.97	690.41	10.01	706.39	16.18
8	34.00	690.41	724.41	5.00	683.86	19.03	707.89	16.52
共计	68.00	1379.0	1447.0	10.97	1374.3	29.04	1414.3	32.70
比例/%	4.70	95.30	100	0.76	94.97	2.01	97.74	2.26

从表 3 – 84 可以看出，加入的 Cl⁻ 进入浸出渣中的量为 0.76%，电解过程中的雾化损失约为 2.26%，流失 2.01%，总回收率为 94.97%。

氨平衡情况见表 3 –85。

表 3 –85　第 7、8 槽的 NH₃ 平衡/kg

No	加　入			产　出				
	氨水	废液	小计	废液	中和 R – B	抽滤损失	小计	电解消耗
7	61.98	60.82	122.8	59.17	0.81	2.40	62.38	60.42
8	52.15	59.17	111.32	53.19	0.81	4.56	58.56	52.76
共计	114.13	119.99	234.12	112.36	1.62	6.96	120.94	113.18
比例/%	48.75	51.25	100	47.99	0.69	2.97	51.66	48.34

由于氨水挥发损失较大，因此，超过消耗理论量较多。

C. 电锌质量

生产电锌 700 多千克，经权威检测机构四川峨眉山半导体材料厂分析，Cu、As、Sb、Fe 均可 ≤0.0001%，Co、Ni 0.0002%，Cd 0.0005%，Pb < 0.0010%，达到 Sogem 牌 004/68 型无汞无铅合金锌粉的要求。

D. 原辅材料消耗

生产 1 t 高纯锌的原辅材料消耗及成本估算情况见表 3 –86。

采取冷却及氨气回收措施后，液氨与氯化铵的消耗起码会降低 1/3，同时改进阳极板的形状后直流电耗也将降到 2600 kW·h/t 左右，直接成本可低于 7300 元/t 锌。

总之，半工业试验基本达到预期目的，获取了工业生产设计中要求的基本数据，经过 8 次循环试验证明，废电解液返回不影响浸出率、电解过程及电锌质量。

表 3 - 86　高纯锌的原辅材料消耗及成本估算

名称	焙砂 Zn	R - B	锌粉	氧化剂	液氨	NH_4Cl
消耗/t	1.0	0.019	0.060	0.019	0.53	0.153
价格/(元·t^{-1})	3800	1000	7800	1800	2000	680
金额/元	3800	19	468	34	1060	104
名称	骨胶	T - C	T - C	电能/kW·h	共计	
消耗/t	0.0023	0.0038	0.0375	3107		
价格/(元·t^{-1})	10000	45000	25000	0.4 元		
金额/元	23	171	937	1243	7859	

3.1.5.4　湖南花桓氧化锌矿制电锌

（1）原料

试料取自湖南花桓氧化锌矿，其化学成分及锌物相组成见 3.1.4.2 节，该矿锌品位较低，为 30.12%，其中氨不溶性硅酸锌、硫化锌和铁酸锌中的锌占总矿质量的 8.27%，氨可溶性锌占总矿质量的 21.85%，占锌总质量的 72.58%。

（2）浸出

条件优化试验规模为 30 g/次，综合试验规模为 800 g/次，浸出剂按 [NH_4Cl] = 5.0 mol/L，[$NH_3 \cdot H_2O$] = 2.5 mol/L 配制，浸出后期加入净化剂，滤渣经多次洗涤，洗涤液成分与浸出剂相同，体积约为浸出剂体积的 20%。

1）浸出条件优化

在 25 ℃，液固比为 4 时浸出时间对锌浸出率的影响如图 3 - 35 所示。

由图 3 - 35 可见，浸出时间对锌浸出率的影响十分显著，当浸出时间少于 3 h 时，随着时间的延长，浸出率显著提高，但当浸出时间超过 3 h 后，浸出率随浸出时间的延长趋于平缓，因此确定最佳浸出时间为 3 h。

在浸出时间为 3 h 及液固比为 4 时，温度对锌浸出率的影响如图 3 - 36 所示。由图 3 - 36 可以看出，温度对锌浸出率的影响不大。因此，确定最佳温度为 25 ℃。

在温度为 25 ℃，浸出时间为 3 h 时，液固比对浸出过程的影响如图 3 - 37 所示。

从图 3 - 37 可以看出，液固比对锌浸出率的影响十分显著，当液固比小于 4 时，随着液固比的增大，锌浸出率提高很快，但当液固比大于 4 后，锌浸出率变化不大。因此，确定最佳液固比为 4。

在 25 ℃，液固比为 4，浸出时间为 3 h 时，每克矿样中加入的成胶剂质量对砷和锑净化效果的影响结果如图 3 - 38 所示。

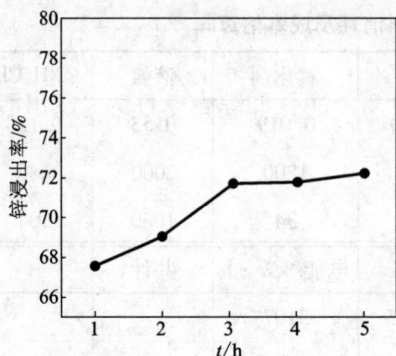

图 3-35   时间对锌浸出率的影响

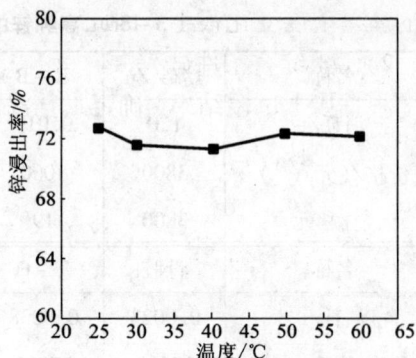

图 3-36   温度对锌浸出率的影响

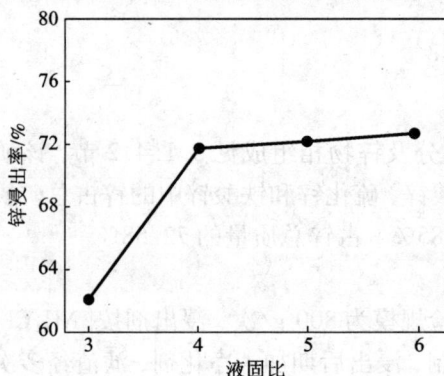

图 3-37   液固比对锌浸出率的影响

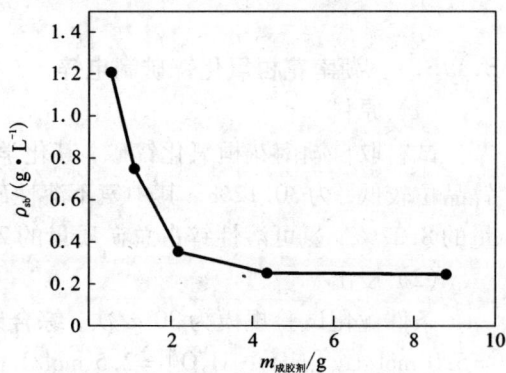

图 3-38   成胶剂加入量
对锑净化的影响

由图 3-38 可以看出，当每克矿样中加入的成胶剂质量少于 2.2 g 时，随着成胶剂质量的增大，浸出液中锑的含量下降较快，但当成胶剂质量大于 2.2 g 时，浸出液中锑的含量下降平缓。因此确定每克矿样中加入成胶剂的最合适质量为 2.2 g。

在 25 ℃，液固比为 4，浸出时间为 3 h，每克矿样中加入的成胶剂质量为 2.2 g 时，每克矿样中加入氧化剂的体积对铁净化效果的影响如图 3-39 所示。

由图 3-39 可以看出，当氧化剂体积大于 0.42 mL 时，溶液中铁的质量浓度小于 0.10 mg/L；而随着氧化剂体积继续加大，浸出液中

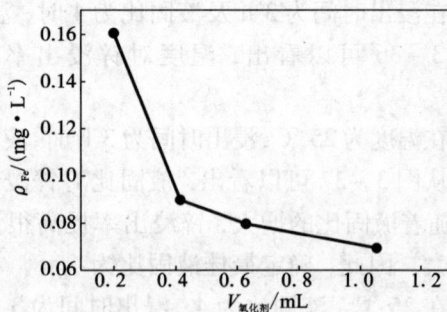

图 3-39   氧化剂加入量对铁净化的影响

铁的质量浓度变化很小。因此,确定每克矿样中氧化剂的最佳体积为 0.42 mL。

2)浸出综合条件试验

根据以上试验结果,确定最佳浸出和同时部分净化的综合条件为:浸出时间为 3 h,液固比为 4,温度为 25 ℃,每克矿样中加入成胶剂的质量为 2.2 g 和氧化剂的体积为 0.42 mL。在以上最佳条件下进行综合试验,结果如表 3 – 87 所示。

表 3 – 87　浸出综合条件试验结果

| No | 锌浸出率 /% | 浸出渣 | | 浸出液/(mg·L^{-1}) | | | | | | | | | | |
		w_{Zn} /%	渣率 /%	Zn[1]	Cu	Co	As	Fe	Cd	Ni	Pb	Sb	CO_3^{2-}	SO_4^{2-}
1	68.10	9.68	75.14	43.50	4.58	0.65	0.25	0.15	261	1.29	129	0.36	0	0
2	68.61	10.84	72.20	46.37	4.63	0.72	0.23	0.13	267	1.25	132	0.35	0	0
3	69.72	8.07	76.18	45.62	4.94	0.81	0.20	0.09	275	1.26	138	0.25	0	0
平均	68.81	9.53	74.51	45.16	4.72	0.73	0.23	0.12	268	1.27	133	0.32	0	0

注:[1]单位为 g/L。

由表 3 – 87 可以看出,锌浸出率大约为 68%。可溶性锌浸出率 > 93.74%。造成锌浸出率低的主要原因是氧化锌矿中氨不溶性硅酸锌、硫化锌和铁酸锌含量较高,占锌总量的 27.46%。此外,浸出液中杂质如砷、锑、铁、钴、镍的含量都很低,特别是铁质量浓度低于 0.15 mg/L,这对生产高纯阴极锌具有重要意义。

(3)净化

条件优化与综合试验规模分别为 200 及 5000 mL 浸出液/次,锌粉粒度为 175 μm,缓慢加入。

1)净化条件优化

在 25 ℃、净化时间为 50 min 时,锌粉质量浓度分别为 1.05、2.10、3.15 和 4.20 g/L 浸出液时,除铅率分别为 97.59%、99.35%、99.44% 和 99.44%,即当锌粉质量浓度低于 2.1 g/L 浸出液时,除铅率随着锌粉加入量的增加而迅速下降;但当锌粉质量浓度高于 2.1 g/L 浸出液时,除铅率随着锌粉质量浓度的增加变化不大。因此,确定最佳锌粉质量浓度为 2.1 g/L 浸出液。

在锌粉质量浓度为 2.1 g/L 浸出液,温度为 25 ℃ 时,净化时间分别为 30、40、50、60 min 时,除铅率分别为 98.87%、99.32%、99.44% 和 99.47%。即当净化时间少于 50 min 时,除铅率随着净化时间的延长而明显下降;但当净化时间超过 50 min 时,除铅率的变化随着时间的延长不明显,同时考虑到净化时间太长会造成镉的返溶,经综合考虑,确定最佳净化时间为 50 min。

2)净化综合条件试验

确定最佳净化条件为：温度为 25 ℃，锌粉质量浓度为 2.1 g/L 浸出液，时间为 50 min。在以上条件下进行综合试验，结果如表 3 - 88 所示。

表 3 - 88   净化综合条件试验结果

元素	Cu	Cd	Pb	Zn[①]
浓度/(mg·L⁻¹)	0.08	0.24	0.50	46.70
除杂率/%	98.31	99.91	99.62	—

注：①单位为 g/L。

从表 3 - 88 可以看出，在 Zn（Ⅱ）- NH₃ - NH₄Cl - H₂O 体系中，用锌粉净化除杂效果好，具有锌粉用量少，净化时间短，不需加热，易操作，浸出液经 1 次净化即达电积要求等特点。

（4）电积

1）条件优化

电积条件优化试验规模为 800 mL 净化液/次，异极距为 2.5 cm。电锌经洗涤、烘干后称重，根据电锌质量换算电流效率。

在电流密度为 400 A/m² 时，温度对槽电压及电流效率的影响如图 3 - 40 所示。

由图 3 - 40 可以看出，随着电解液温度的升高，电解液扩散速度加快，槽电压下降，而电流效率出现轻微波动现象。为了降低槽电压，降低能耗，应尽可能地升高电解温度；但当温度超过 60 ℃时，氨挥发增大，恶化操作环境，所以电解温度宜控制在 40 ~ 60 ℃。由于电解时本身放出

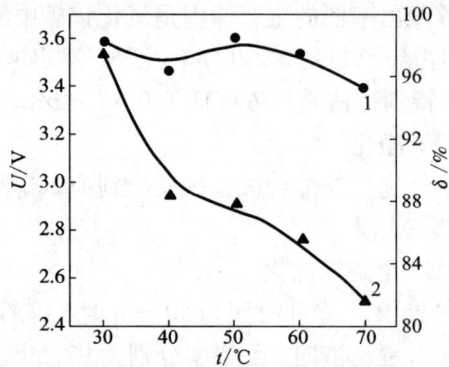

图 3 - 40   温度 t 对槽电压 U 和电流效率 δ 的影响
1—电流效率；2—槽电压

热量，且放出的热量足以维持所需温度，因此，电解时不必另外加热。

在 25 ℃时，电流密度对槽电压及电流效率的影响如图 3 - 41 所示。

由图 3 - 41 可以看出，当电流密度低于 400 A/m² 时，随着电流密度的增大，槽电压显著增大；当电流密度为 400 ~ 600 A/m² 时，电流效率变化不大；当电流密度为 600 A/m² 时，槽电压开始呈下降趋势。考虑到槽电压不宜太高，故确定最佳电流密度为 400 A/m²。

为保证电流效率不下降, 在电积温度为 50 ℃、电流密度为 400 A/m^2 时, 考察锌质量浓度对电流效率的影响, 其结果如图 3 – 42 所示。

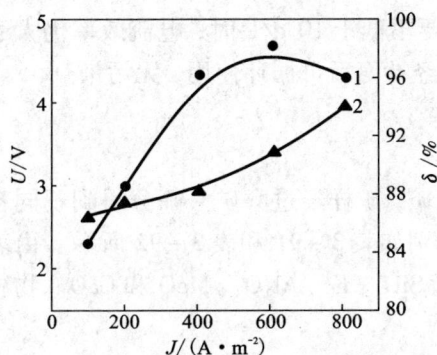

图 3 – 41　电流密度 J 对槽电压 U
和电流效率 δ 的影响
1—电流效率; 2—槽电压

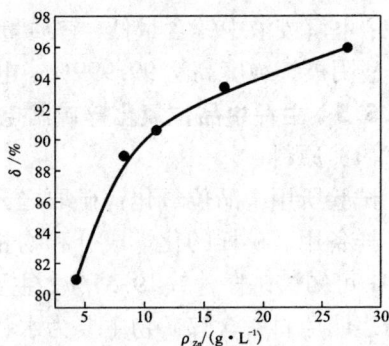

图 3 – 42　锌质量浓度 ρ_{Zn}
对电流效率 δ 的影响

由图 3 – 42 可以看出, 只要锌质量浓度不低于 10 g/L, 电流效率仍大于 90%。若进一步降低锌质量浓度, 则阴极析氢反应加剧, 从而导致电流效率下降, 且电锌表面不平整。

2) 电积综合条件试验

确定最佳电积工艺条件为: 温度为 40 ~ 60 ℃, 阴极电流密度为 400 A/m^2, 电解废液中锌质量浓度高于 10 g/L。在上述条件下进行电积综合条件试验, 其结果如表 3 – 89 及表 3 – 90 所示。

表 3 – 89　综合电积试验结果

名称	ρ_{Zn} /(g·L^{-1})	c_{NH_3} /(mol·L^{-1})	体积 /mL	平均槽电压 /V	电流效率 /%
起始液	46.25	1.70	500	2.94	96.35
电解废液	13.00	1.09	495		

表 3 – 90　电锌成分/(×10^{-4}%)

No	Zn[①]	Pb	Fe	Cd	Ni	Mn	Cu	Co	Sb	As
电锌 1	>99.999	3.9	0.45	0.78	0.56	0.56	1.1	0.19	0.40	0.56
电锌 2	>99.999	3.9	0.48	0.30	0.58	0.19	1.1	0.37	0.45	0.70

注: ①单位为%。

根据表 3 - 89 和表 3 - 90 的数据计算得电锌直收率为 68.55%，能耗为 2502 kW·h/t，每吨电锌耗氨 0.206 t。由表 3 - 89 和表 3 - 90 可知，在 Zn(Ⅱ) - NH_3 - NH_4Cl - H_2O 体系中电积锌，槽电压低，电流效率高，能耗低，锌没有复溶现象；电解废液中锌含量低，锌质量浓度只要不低于 10 g/L 时，电流效率仍大于 90%；阴极锌纯度高达 99.999%；电解废液经补氨后可循环使用，无污染。

3.1.5.5 兰坪中品位氧化锌矿制电锌

（1）原料

试验所用中品位氧化锌矿取之云南兰坪矿，矿样经过磨矿 - 筛分得到不同粒度矿样备用。矿样的化学成分和物相分析分别如表 3 - 91 和表 3 - 92 所示。由表 3 - 91 可知该矿样含锌 19.51%，主要杂质为 SiO_2、Fe、Al_2O_3、MgO 和 CaO。物相分析表明原料所含锌矿物主要为水锌矿。

表 3 - 91　矿样化学成分/%

Zn	Pb	Cu	Fe	S	Cd	As
19.51	2.32	0.022	13.51	2.10	0.23	0.098
Sb	SiO_2	Al_2O_3	CaO	MgO	MnO	
0.20	13.78	0.46	9.31	0.33	0.93	

表 3 - 92　矿样的物相分析

锌物相	ZnO	$ZnSO_4$	$ZnSiO_3$	ZnS	$ZnFe_2O_4$	Zn_T
锌含量/%	17.27	0.05	0.66	1.08	0.45	19.51

（2）浸出过程

试验规模为浸出剂 200 mL/次，对氧化锌矿粒度、总氨浓度、时间及温度等条件进行优化。在总氨浓度 7.5 mol/L、$n_{NH_4^+}/n_{NH_3} = 2:1$、浸出温度 40 ℃、液固比为 4:1 的条件下，粒度对锌浸出率的影响如图 3 - 43 所示。

当矿样粒度为 69 μm 时，经过 60 min 浸出，锌的浸出率为 88.9%；随着矿样粒度增大到 98 μm，锌的浸出率降低到 76.72%。说明锌的浸出速度随着氧化锌矿粒度的减小而增大，粒度越小浸出越快，浸出率也越高。这是由于每次试验加入的矿样总量一定，粒度越小，颗粒数就越多，反应总表面积就越大，而浸出速度与反应表面积成正比，因此粒度减小浸出速度增大，浸出率也越高。

在粒度为 69 μm、浸出温度 40 ℃、液固比为 4:1、$n_{NH_4^+}/n_{NH_3} = 2:1$ 的条件下，总氨浓度对锌浸出率的影响如图 3 - 44 所示。

很明显，总氨浓度对锌的浸出率的影响非常显著，锌的浸出速度和浸出率均随着总氨浓度的增加而增大，在总氨浓度为 7.5 mol/L 和 4.5 mol/L 的条件下，经过 60 min 浸出，锌的浸出率分别达到 88.9% 和 84.31%。而当总氨浓度降低到 1.5 mol/L 时，锌的浸出率随浸出时间的延长变化缓慢，同样的时间内，锌的浸出率只有 59.4%。

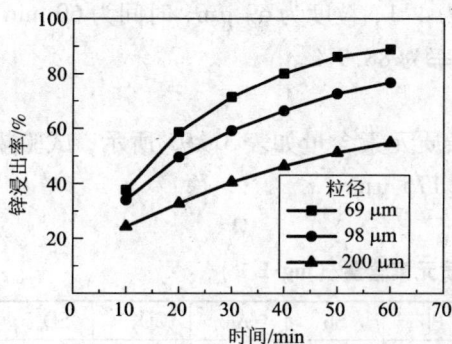

图 3-43　粒度对浸出率的影响

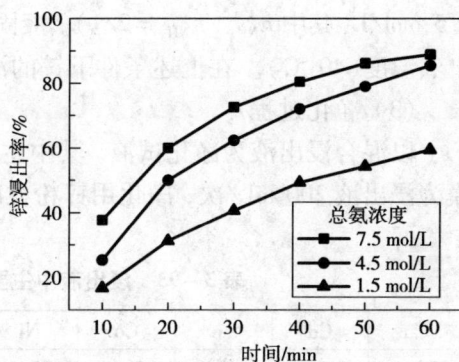

图 3-44　总氨浓度对浸出率的影响

在粒度为 69 μm、总氨浓度 7.5 mol/L、浸出温度 40 ℃、液固比为 4:1、$n_{NH_4^+}/n_{NH_3}=2:1$ 的情况下浸出时间对锌浸出率的影响如图 3-45 所示。

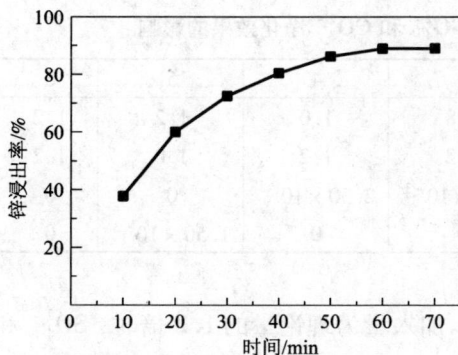

图 3-45　时间对浸出率的影响

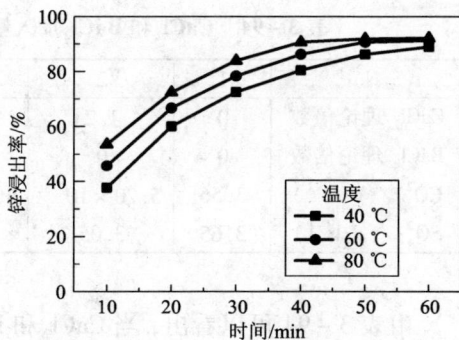

图 3-46　温度对浸出率的影响

由图 3-45 可以看出，浸出时间对锌的浸出率的影响非常显著，锌的浸出率随着浸出时间的延长快速增长，60 min 浸出后锌的浸出率达到最大值。

在粒度为 69 μm、总氨浓度 7.5 mol/L、液固比为 4:1、$n_{NH_4^+}/n_{NH_3}=2:1$ 的情

况下，温度对浸出过程的影响如图 3 - 46 所示。

从图 3 - 46 可以看出，温度对锌的浸出率的影响并不明显。当浸出温度从 40 ℃上升到 80 ℃时，在 60 min 时间内浸出率从 88.9% 升到 92.1%，仅升高 3.1%。考虑到随着温度的升高氨的挥发速度加快，因此从减少浸出剂消耗和保护环境角度出发，也不适宜采用较高的浸出温度。

由上确定浸出这种氧化锌矿的优化条件为：总氨（$NH_4^+ + NH_3$）浓度为 7.5 mol/L（其中 $n_{NH_4^+}/n_{NH_3} = 2/1$），液固比为 4:1，粒度为 69 μm，时间为 60 min，自然温度（40 ℃）。在上述条件下锌的浸出率为 88.9%。

（3）净化过程

以混合浸出液为净化试液，其中主要杂质元素含量如表 3 - 93 所示，试验规模为浸出液 200 mL/次，净化用锌粉粒度为 175 μm。

表 3 - 93　浸出液中主要杂质元素含量/（mg·L^{-1}）

Cu	Cd	Fe	Co	Ni	Pb	Sb	As	CO_3^{2-}	SO_4^{2-}
54.4	550.4	微	2.1	25.0	62.5	6.6	0.1	3560	3650

1）除 SO_4^{2-} 和 CO_3^{2-}

用 $CaCl_2$ 和 $BaCl_2$ 除去 SO_4^{2-} 和 CO_3^{2-}，常温下 $CaCl_2$ 和 $BaCl_2$ 加入量对 SO_4^{2-} 和 CO_3^{2-} 净化效果的影响如表 3 - 94 所示。

表 3 - 94　$CaCl_2$ 和 $BaCl_2$ 加入量对 SO_4^{2-} 和 CO_3^{2-} 净化效果的影响

No	1	2	3	4	5	6
$CaCl_2$ 理论倍数	0	1.2	0.8	1.0	1.2	1.2
$BaCl_2$ 理论倍数	0	0	1.2	1.2	1.0	1.2
CO_3^{2-}/（g·L^{-1}）	3.56	5.20×10^{-3}	1.20×10^{-3}	2.30×10^{-3}	0	0
SO_4^{2-}/（g·L^{-1}）	3.65	3.05	0	0	1.50×10^{-3}	0

由表 3 - 94 可以看出，当 $CaCl_2$ 和 $BaCl_2$ 加入量为理论量的 1.2 倍时，SO_4^{2-} 和 CO_3^{2-} 在溶液中的含量几乎为 0。因此，$CaCl_2$ 和 $BaCl_2$ 的最佳加入量为理论量的 1.2 倍。

2）除 As 和 Sb

溶液中的 As 和 Sb 以 $AsCl_5^{2-}$ 和 $SbCl_5^{2-}$ 形式存在，净化时先用 H_2O_2（30%）把 $AsCl_5^{2-}$ 和 $SbCl_5^{2-}$ 氧化成带负电的胶态 As_2O_5 和 Sb_2O_5，H_2O_2 用量为 2.5 mL/L 浸出液，然后加入带正电的胶体将 As 和 Sb 一起共沉淀。结果表明，As 和 Sb 的含

量可以降低到 0.2 mg/L，达到净化要求。

3）除 Cu、Cd、Pb 等

浸出液经过除 Fe、As、Sb 后，按本章前述条件，采用两段逆流锌粉置换法除 Cu、Cd、Pb 等杂质，净化试验结果如表 3 – 95 所示。

表 3 – 95　锌粉两段逆流净化液的杂质元素含量/(mg·L^{-1})

Cu	Cd	Co	Ni	Fe	Pb
0.02	0.03	0.31	0.08	0.17	0.42

由表 3 – 95 可知，采用锌粉两段逆流置换法可以有效去除 Cu、Cd、Pb、Co、Ni 等杂质，净化后溶液可以满足电解要求。

（4）电解过程

在容积为 1000 mL 的电解槽中电解，规模为 800 mL 净化液/次，电锌经洗涤、烘干后称重，计算电流效率。

电解条件：电解液 Zn^{2+} 浓度为 40 g/L，电流密度为 400 A/m^2，槽电压为 2.8 ~ 3.1 V，钛板为阳极，铝片为阴极，异极距为 3.0 cm，温度 40 ~ 60 ℃，电解废液中锌浓度为 10 g/L。电解试验结果如表 3 – 96 及表 3 – 97 所示。

表 3 – 96　电解试验结果

溶液	$\rho_{Zn^{2+}}$/(g·L^{-1})	[NH_3]/(mol·L^{-1})	V/mL	平均槽电压/V	电流效率/%
电解前液	40	1.70	800	3.0	96.35
废电解液	10	1.09	792		

表 3 – 97　电锌成分/(×10^{-4}%)

元素	Zn[①]	Pb	Fe	Cd	Ni	Co	Cu	Sb	As	Mn
含量	>99.999	2.7	0.05	0.39	0.52	0.15	0.80	0.39	0.57	0.23

注：①Zn 含量单位%。

由表 3 – 97 可以看出，电锌质量高，w_{Zn} >99.999%，杂质元素 Cu、Cd、Co、Ni、As、Sb、Fe 含量均小于 0.0001%。由表 3 – 96 和表 3 – 97 的数据计算得出，能耗为 2553 kW·h/t，每电解 1 t 锌消耗氨 0.351 t。电解废液中氨的浓度为 1.09 mol/L，电解废液经补充氨后可循环利用，无污染。

3.1.5.6 兰坪低品位氧化锌矿制电锌

（1）原料

兰坪低品位氧化锌矿的成分和物相分析分别见表 3－98 和表 3－99，由表 3－98 和表 3－99 可知锌矿品位仅为 6.59%，并且硫化锌、硅酸锌和铁酸锌含量之和占总锌含量的 25.19%，属于氨性体系难浸出低品位氧化锌矿。

表 3－98　兰坪低品位氧化锌矿化学成分

元素	Zn	Pb	Cd	As	Sb	Fe	Cu	CaO	MgO	SiO$_2$
含量/%	6.59	1.00	0.091	0.084	0.14	6.89	0.003	27.35	0.83	17.16

表 3－99　兰坪低品位氧化锌矿的物相分析

物相	ZnCO$_3$	ZnSO$_4$	ZnSiO$_3$	ZnS	ZnFe$_2$O$_4$	Zn$_T$
锌含量/%	4.89	0.04	0.46	0.78	0.42	6.59

（2）循环浸出与锌富集

对于品位 <10% 的低品位氧化锌矿须采用循环浸出方法提高浸出液中 Zn^{2+} 浓度，使之 >35 g/L，达到电积锌要求，在这种情况下，原则工艺流程如图 3－47 所示。

共进行三个阶段的循环浸出试验。第一阶段循环浸出试验结果分别见图 3－48 和图 3－49。

从图 3－48 中可知，循环浸出 5 次后，浸出液中锌浓度基本趋于稳定，达到 35 g/L 左右，可满足电积的要求。从图 3－49 可知，随循环次数的增加，锌浸出率先逐渐降低，后稳定在 70% 左右，氨可溶锌浸出率为 90%～93%。

第二阶段试验的目的是考察循环浸出过程中提高浸出剂中 NH$_4$Cl 浓度对提高浸出液中锌浓度和锌浸出率的影响，试验结果见图

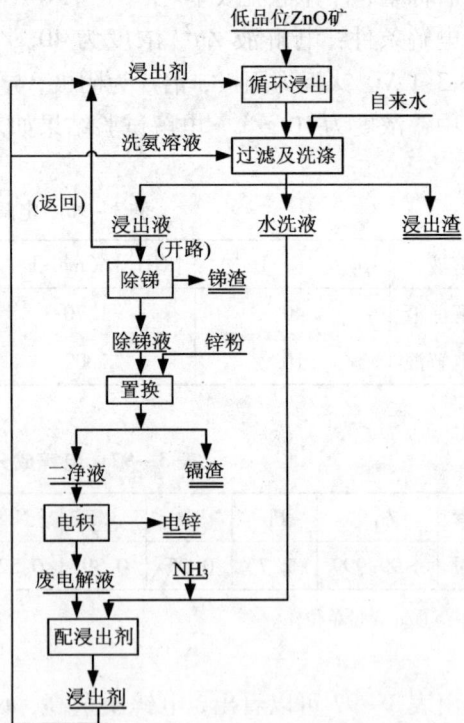

图 3－47　MACA 法处理低品位氧化锌矿的原则工艺流程

3 - 50 和图 3 - 51。

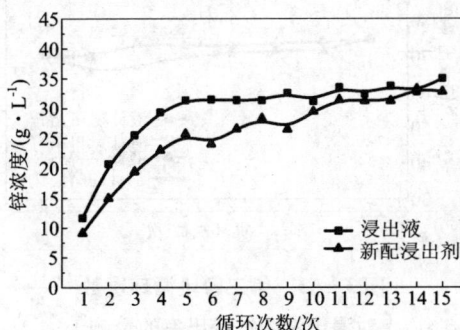

图 3 - 48　第一阶段循环次数
对浸出液中锌浓度的影响

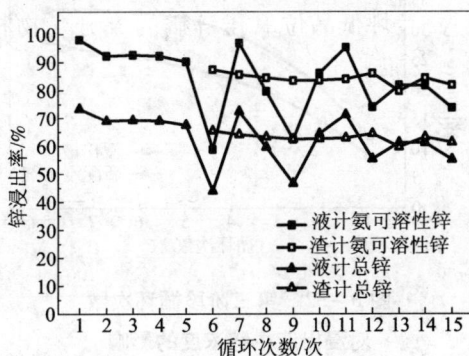

图 3 - 49　第一阶段循环次数
对浸出液中锌浸出率的影响

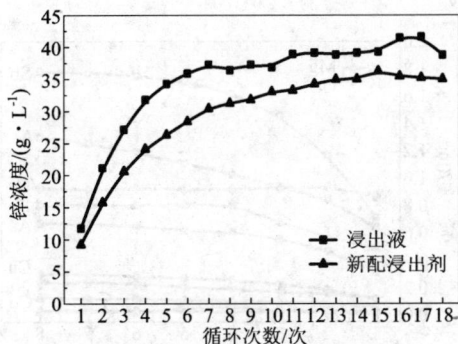

图 3 - 50　第二阶段循环次数
对浸出液中锌浓度的影响

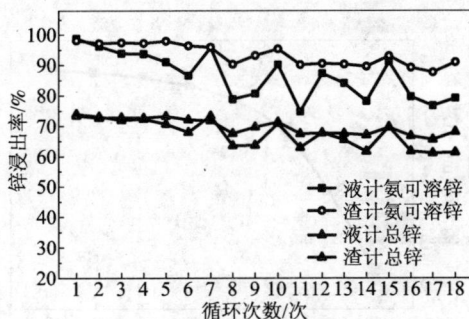

图 3 - 51　第二阶段循环次数
对浸出液中锌浸出率的影响

　　由图 3 - 50 可知，锌浓度增大趋势与第一阶段循环试验相同，但稳定锌浓度为 40 g/L，比第一阶段试验约高 5 g/L。从图 3 - 51 可知，锌浸出率的变化趋势亦与第一阶段循环试验相同，但平衡后的最高锌浸出率比第一阶段循环试验高。因此，采用 4 mol/L 的 NH_4Cl 浓度为最佳。

　　第三阶段试验将浸出液开路分数调整至 28.75%，以保证锌浸出率处于较高水平，又可以使浸出液锌浓度维持在 35 g/L 左右。试验结果见图 3 - 52 和图 3 - 53。

　　由图 3 - 52 可知，浸出液中锌浓度在第 5 次循环浸出后已稳定在 33 g/L 左右。图 3 - 53 说明，前 6 次浸出渣计总锌浸出率均 > 73%，氨可溶锌浸出率 > 93%。

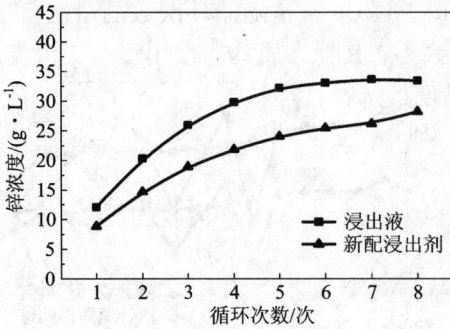

图 3 - 52　第三阶段循环次数
对浸出液中锌浓度的影响

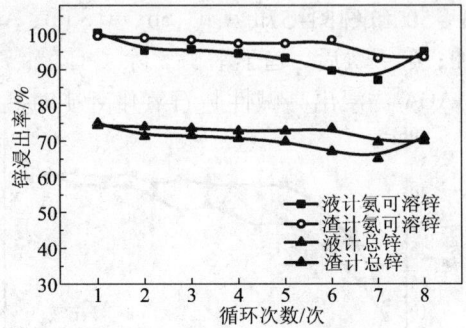

图 3 - 53　第三阶段循环次数
对浸出液中锌浸出率的影响

采用 ICP - AES 分析第三阶段循环浸出各次浸出液杂质元素含量，如图 3 - 54 和图 3 - 55，总氨和氯的平衡见表 3 - 100。

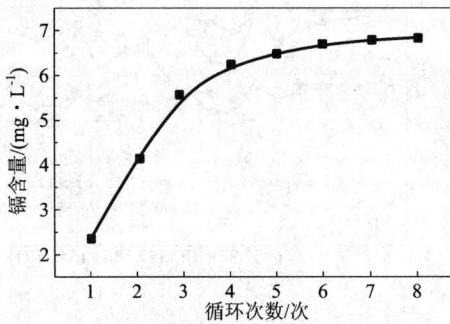

图 3 - 54　第三阶段浸出液中镉含量

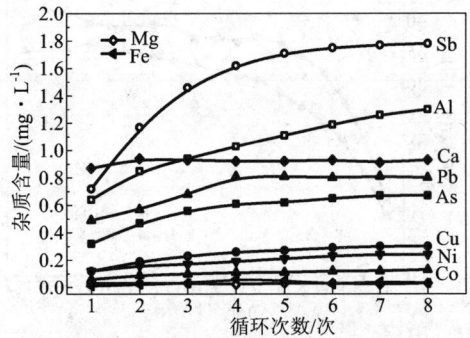

图 3 - 55　第三阶段浸出液中
其他杂质元素含量

表 3 - 100　循环浸出过程中总氨和氯的平衡

循环次数	元素	投入量/mol	开路量/mol			出入误差	
		氨洗液	浸出液	水洗渣	总计	绝对值/mol	相对值/%
9	总氨	5.250	4.855	0.326	5.181	-0.069	-1.31
	氯	2.625	2.514	0.0528	2.567	-0.058	-2.21
10	总氨	5.250	4.869	0.336	5.205	-0.045	-0.86
	氯	2.625	2.522	0.0492	2.571	-0.054	-2.06
11	总氨	5.250	4.864	0.331	5.195	0.055	-1.05
	氯	2.625	2.518	0.0479	2.566	-0.059	-2.25

比较两图可知，Cd、Sb、Al、Pb、As、Cu、Ni、Co 含量随循环次数的增加而增加；第 4 次后，趋于平衡。除了 Cd 和 Sb 较高外，其他杂质元素浸出很少。可见，MACA 法浸出高碱性脉石氧化锌矿时具有高度的选择性。

由表 3 - 100 可知，总氨和氯的平衡很好，每次投入量与开路量几乎一致，出入误差很小。由总氨和氯的平衡可计算出循环浸出过程氨耗为 0.171 t/t 锌，氯化铵耗为 0.096 t/t 锌。浸出渣中氨和氯的含量很低，经适当处理即可堆存，对环境不会造成污染。

（3）浸出液的净化

按 3.1.5.5 节所述优化条件将开路出的平衡浸出液进行净化除杂，净化液的杂质元素含量如表 3 - 101 所示。

表 3 - 101　净化液的杂质元素含量/(mg·L^{-1})

No	As	Sb	Cu	Cd	Co	Ni	Pb	Fe
1	0.03	0.37	0.08	0.05	0.38	0.08	0.38	0.05
2	0.01	0.26	0.10	0.06	0.41	0.08	0.42	0.046
3	0.05	0.31	0.09	0.04	0.30	0.05	0.40	0.051
4	0.06	0.30	0.10	0.07	0.28	0.07	0.45	0.045
平均	0.04	0.31	0.09	0.06	0.34	0.07	0.41	0.048

表 3 - 101 说明，净化后液中绝大部分的杂质含量都很低，均低于 0.5 mg/L。

（4）电积锌

在 3.1.5.5 节所述的优化条件下，将净化后液电积锌，结果见表 3 - 102 和表 3 - 103。从表 3 - 102 中可以看出，平均电流效率为 93.60%，电能消耗在 2954 kW·h/t。电解废液的锌浓度降至 17 g/L 以下，电解过程中氨水消耗为 0.914 t/t 锌。由表 3 - 103 可知，电锌质量达到 GB 470—1997 0#电锌标准。

表 3 - 102　电积试验结果

循环次数	阶段	体积/mL	锌浓度/(g·L^{-1})	总氨浓度/(mol·L^{-1})	电流效率/%
9	电解原液	710	37.89	6.411	93.81
	电解废液	695	15.37	5.218	
10	电解原液	710	39.01	6.488	93.40
	电解废液	700	16.90	5.391	
11	电解原液	710	38.76	6.402	93.60
	电解废液	701	15.44	5.259	

表 3－103　电锌成分(×10^{-4}%)

元素	Zn①	Pb	Fe	Cd	Ni	Co	Cu	Sb	As	Mn
1	>99.99	0.50	0.05	0.36	0.50	0.18	0.82	0.38	0.50	0.18
2	>99.99	0.48	0.04	0.40	0.46	0.15	0.80	0.36	0.59	0.20
3	>99.99	0.62	0.03	0.40	0.51	0.16	0.78	0.40	0.52	0.22
4	>99.99	0.57	0.04	0.39	0.48	0.12	0.81	0.35	0.57	0.23

注：①锌含量单位%。

3.2　铅配合物冶金

3.2.1　概述

　　湿法炼铅的历史较火法炼铅晚，19 世纪末才出现若干有关湿法炼铅的报道，当时所处理的原料大都是不适合于火法处理的低品位铅锌矿以及工厂中含铅的半产品或废料，所用方法主要是氧化焙烧和食盐水浸出及铁置换。1915—1925 年英美等国曾广泛开展湿法炼铅的试验研究工作和半工业生产。1925 年以后由于浮选技术的发展，以高品位硫化精矿为处理对象的火法炼铅基本上成熟，因而湿法炼铅又为人们所忽略。20 世纪六七十年代，人们认识到铅中毒及 SO$_2$ 废气的危害性，许多国家颁布法律对环境污染严加限制，迫使火法炼铅厂不得不考虑采取措施以解决这个问题，因此随着锌、铜、镍、钴等金属湿法冶金的发展，湿法炼铅试验研究时有报道，据不完全统计，在 20 世纪六七十年代十多年内，在英、美、德、法、日等国申请的有关专利就不下四、五十项。不少冶炼厂、国立科研单位以及私营研究发展企业都开始重视这个课题，分别进行了具有一定成果的实验室试验和扩大试验。

　　湿法炼铅工艺和其他湿法冶金工艺一样，基本上可以分为三大步骤，即：含铅原料的浸出，浸出液的净化及由净化液提取铅及其伴生金属。对于硫化铅精矿来说，其浸出方法大致可分为以下 5 种，即：

　　①氧化性化合物直接浸出法，在试验研究中已广泛采用的有硫酸高铁和氯化高铁；②溶剂与氧化剂相结合的浸出法，例如：Cl$_2$ 加 O$_2$，高氯酸或硅氟酸加 PbO$_2$、MnO$_2$；③将硫化铅转化为硫酸铅，再进行浸出，例如：采用硫酸浸出或高压氧酸浸出，形成硫酸铅，然后再转化为铅的硅氟酸盐，高氯酸盐或其他水溶性铅化合物；④将硫化铅通过氯化焙烧或氯盐浸出转化为氯化铅，然后再用食盐水浸出；⑤电化氯化法，即在适当溶剂内通过阳极氧化和硫化铅分解为铅离子和元素硫。

　　含铅浸出液的净化比浸出过程容易，也远较其他金属矿浸出液的净化过程简单。浸出液中比较正电性的金属如银、铜等，可用铅粉置换出来，而较负电性的金属，如铁、锌等，可用水解沉淀或溶剂萃取除掉。如果是氯化铅溶液还可通过冷却结晶，先获得纯净的氯化铅结晶，过滤后净化，即变为伴生金属的综合回收和浸出液的循环利用问题。

由净化溶液提取金属铅，可采用置换沉淀、高压氢还原或电积法。此外，如果通过浸出和净化而得到固体的铅化合物，例如：氯化铅、碳酸铅等，还可以在电解槽内和适当电解质中便与阴极接触进行固相还原而获得海绵状金属铅。如果为纯净的氯化铅也可通过氯化物熔盐电解而直接获得腐蚀级金属铅。采用电化氧化法时，还可以通过离子隔膜进行电积，在阴极上得到金属铅。

以上铅浸出过程的基本原理系基于 2 价态铅与氯离子或氟离子形成配合物而进入溶液。因此，本专著将这些湿法炼铅方法称之为铅配合物冶金，本节重点介绍铅氯配合物冶金和铅氟配合物冶金。

3.2.2　铅氯配合物冶金

3.2.2.1　硫化铅精矿氯盐浸出 – 氯化铅电解工艺

（1）概述

美国学者 J. E. Murply 及我国赵天从等详细研究了硫化铅精矿氯盐浸出 – 氯化铅电解工艺，首先用 $FeCl_3$ 溶液处理方铅矿浮选精矿以获得氯化铅，经过滤后，由 $PbCl_2$、元素硫和脉石组成的浸出残渣用热的食盐水（NaCl 溶液）溶解 $PbCl_2$。随后将食盐水冷却结晶出纯 $PbCl_2$，纯 $PbCl_2$ 在熔盐电解槽中电解获得铅和氯气。氯气用废浸出液吸收而使 $FeCl_3$ 再生以便继续使用。其他有价物如 S^0、Ag、Cu 和 Zn 等，可另行处理浸出渣或浸出液而加以回收。

（2）基本原理

1）热力学及基本反应

方铅矿的浸出之所以选择在氯盐中进行，是因为 2 价铅与氯离子形成配合物，从而使氯离子浓度对氯化铅在氯盐溶液中的溶解度的影响很大（图 3 – 56）。氯化铅的溶解度及 $E^{\ominus} - \lg a_{Cl^-}$ 平衡图都得到了充分研究。

大量试验结果表明，用三氯化铁浸出铅精矿很容易将硫化铅中的硫转变成元素硫，在低温下铅转变成 $PbCl_2$ 结晶，在高温高氯根浓度下铅转变成 $PbCl_4^{2-}$。低

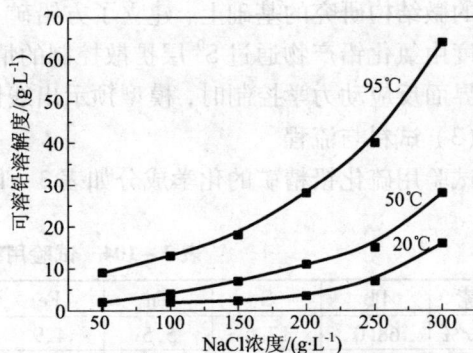

图 3 – 56　$PbCl_2$ 在 NaCl 水溶液中的溶解度

数据来源：DEMASSiEUX

温浸出是在40℃下进行，$FeCl_3$ 将 PbS 转变成固体 $PbCl_2$ 和元素硫并进入渣相；固液分离后用热浓盐水选择性溶解 $PbCl_2$，然后再冷却溶液沉淀出纯氯化铅结晶。低温浸出全过程可用以下化学反应式表示：

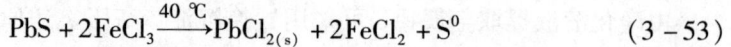

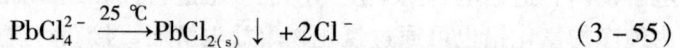

$$PbS + 2FeCl_3 \xrightarrow{40\ ℃} PbCl_{2(s)} + 2FeCl_2 + S^0 \qquad (3-53)$$

$$PbCl_{2(s)} + 2Cl^- \xrightarrow{95\ ℃} PbCl_4^{2-} \qquad (3-54)$$

$$PbCl_4^{2-} \xrightarrow{25\ ℃} PbCl_{2(s)} \downarrow + 2Cl^- \qquad (3-55)$$

高温浸出过程是在高温下直接将 PbS 氧化成 $PbCl_4^{2-}$ 和元素硫，固液分离后通过浸出液冷却沉淀出氯化铅结晶：

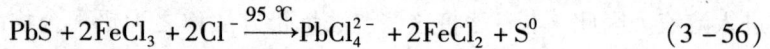

$$PbS + 2FeCl_3 + 2Cl^- \xrightarrow{95\ ℃} PbCl_4^{2-} + 2FeCl_2 + S^0 \qquad (3-56)$$

由于1价银也与与氯离子形成配合物，精矿中的银亦被浸出：

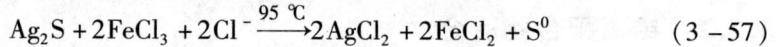

$$Ag_2S + 2FeCl_3 + 2Cl^- \xrightarrow{95\ ℃} 2AgCl_2 + 2FeCl_2 + S^0 \qquad (3-57)$$

但因银的矿物组成和特点不尽相同，银的浸出率在 20% ~85% 波动。

熔盐电解过程中产生氯气，继而用氯气再生 $FeCl_3$：

$$PbCl_2 == Pb + Cl_2 \uparrow \qquad (3-58)$$

2）动力学

在氯盐介质中，一般选择三氯化铁作氧化剂。三氯化铁浸出的优点是硫化铅氧化速度快和三氯化铁容易再生。M. Kobayashi 等人对方铅矿三氯化铁浸出动力学进行了研究和综述，指出在稀三氯化铁溶液（三氯化铁浓度 <0.1 mol/L）和在较浓三氯化铁介质中的反应机理是不同的。动力学模型包括反应产物 $PbCl_2$ 通过元素硫产物层的外扩散和界面化学反应两种机理。Dutrizac 和 Chen 考察了三氯化铁浸出期间形成产物层的微结构，发现在未反应的 PbS 核与元素硫产物层之间形成 $PbCl_2$ 薄层。M. Pritzker 在三氯化铁浸出的收缩核模型和有 $PbCl_2$ 和 S^0 两个产物层的微结构研究的基础上，建立了方铅矿三氯化铁浸出过程的数学模型。在反应速度由氯化铅产物通过 S^0 层扩散控制的情况下，系统显示出抛物线特性；当系统受界面反应动力学控制时，模型预示出线性速率。

（3）试料与流程

试验用硫化铅精矿的化学成分如表3-104所示，其工艺流程见图3-57。

表3-104 试验用铅精矿成分

元素	Pb	S	Zn	Fe	不溶物	Cu	Sn	Al
含量/%	68.0	17.5	5.5	4.9	2.3	0.81	0.28	0.29
元素	Cd	As	Bi	Ca	Co	Mg	Mn	Ni
含量/%	0.06	0.07	0.01	0.01	0.004	0.05	0.02	0.001

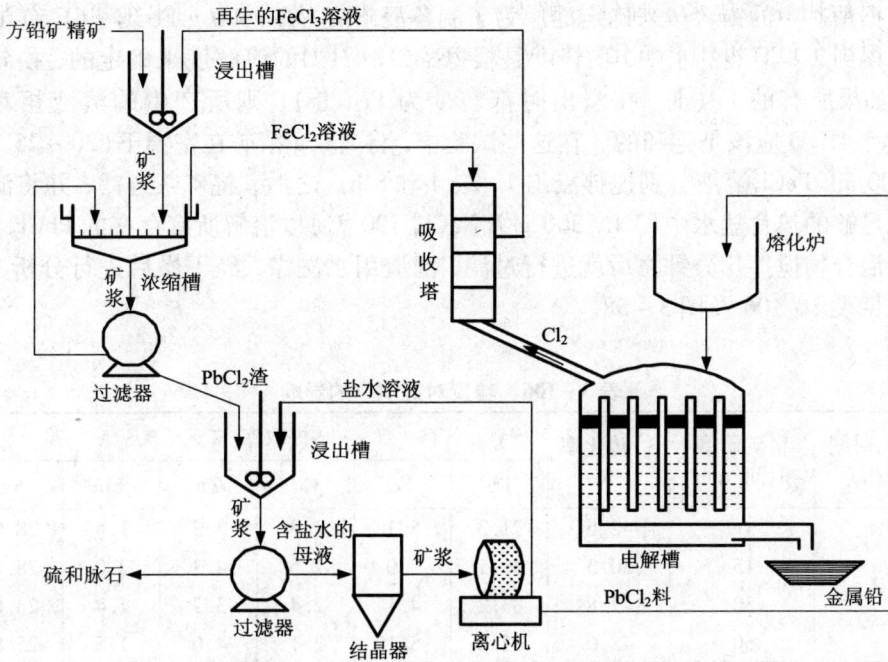

图 3 - 57　从方铅矿精矿生产金属铅的流程图

（4）浸出试验

1）粒度的影响

研究的第一个因素是粒度。精矿在球磨机中加以研磨，各种研磨时间所获得的结果示于表 3 - 105。

表 3 - 105　研磨对方铅矿精矿粒度的影响

研磨时间 /min	平均粒度 /μm	筛分析/%				
		$d > 230$ μm	230 μm $> d$ > 150 μm	150 μm $> d$ > 75 μm	75 μm $> d$ > 45 μm	$d < 45$ μm
0	17.0	2.5	13.8	10.8	22.5	50.1
15	4.8	0.5	0.3	0.6	10.7	87.9
30	3.0	0.5	0.4	0.5	2.4	96.2
60	2.4	0.5	0.4	0.6	1.6	96.9

方铅矿的硬度是非常低的（莫氏硬度 2.5），而且非常脆，因此只用 15 min 的

研磨即被磨细。细磨后的精矿试料用110%理论量的$FeCl_3$溶液处理，溶液的用量是根据精矿中的铅含量来确定的。为了制备浸出液，将1600 g $FeCl_3 \cdot 6H_2O$溶于足以得到2 L溶液的水中，稀释度是根据$FeCl_2 \cdot H_2O$的溶解度来确定的，换句话说，如果所有的Fe(Ⅲ)在浸出时都转变为Fe(Ⅱ)，则所产生的溶液相对于$FeCl_2 \cdot 4H_2O$应该是饱和的。在这些试验中，将200 g精矿在室温下(20~25 ℃)用500 mL $FeCl_3$溶液分别搅拌浸出1、2、4和8 h。之后，将矿浆过滤，并将滤饼加到足够的热食盐水中(3 L, 300 g/L NaCl, 100 ℃)以溶解所有存在的$PbCl_2$，将这种混合物搅拌几分钟之后就进行过滤，滤渣用水洗涤，经干燥后进行分析，其结果见表3-106及图3-58。

表 3-106 粒度对提取率的影响

浸出时间 /h	精矿研磨 时间/min	S^0 转化率 /%	提取率/%					
			Pb	Fe	Cu	Zn	Sb	Ag
1	0	42.6	71.3	5.1	2.3	3.3	1.4	28.9
	15	50.3	86.1	2.0	2.5	4.3	2.0	28.9
	30	47.8	83.2	4.1	2.4	3.2	1.4	28.6
	60	48.0	83.5	5.1	2.1	4.0	1.5	25.8
2	0	49.1	84.0	8.2	2.7	3.8	1.9	29.5
	15	55.4	95.5	6.1	3.2	5.6	2.0	30.2
	30	56.3	96.9	5.1	3.0	6.4	2.1	30.3
	60	52.0	96.9	5.1	2.7	6.7	1.9	28.2
4	0	53.4	94.2	5.9	1.8	4.1	1.7	29.7
	15	56.0	97.8	8.8	1.7	4.4	1.8	30.1
	30	57.8	99.8	6.0	2.6	5.2	1.2	36.8
	60	56.6	99.4	6.9	2.3	5.6	1.2	33.0
8	0	56.7	99.0	6.9	2.0	5.1	2.0	31.1
	15	57.0	99.8	8.8	2.5	6.2	1.4	35.5
	30	56.5	99.0	7.2	2.6	6.2	1.5	32.7
	60	56.9	99.5	5.5	2.5	6.3	1.5	33.8

从表3-106及图3-58可明显看出，将精矿磨15min是有利的，进一步磨细几乎没有影响，除铅和银以外的组分的提取率是极小的，这是有利的。因为与除铅以外的元素结合的氯在电解过程中不能被回收而需加以补充。

2) m_{FeCl_3}/m_{PbS}的影响

在上述试验中，将200 g精矿用500 mL含有165 g/L Fe^{3+}的$FeCl_3$溶液进行浸出，这约比与PbS反应所需要的理论量(445 mL)多10%，为了测定不同的

m_{FeCl_3}/m_{PbS}对反应速度的影响,将 200 g 研磨 15 min 的精矿分别用 400、600、800 和 1000 mL $FeCl_3$ 溶液,在室温(20~25 ℃)下各搅拌 1、2、4 和 8 h,浸出残渣用像上述试验一样的食盐水处理,溶渣用水洗涤,经干燥后进行分析,其结果示于表 3-107 及图 3-59 中。

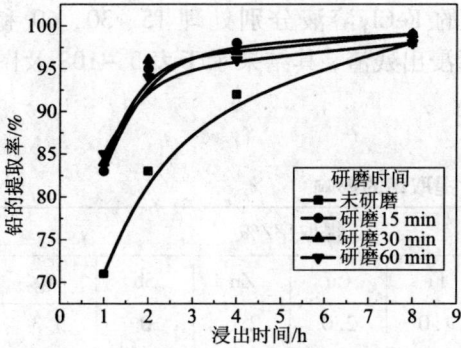

图 3-58 粒度对从铅精矿中回收 $PbCl_2$ 的影响

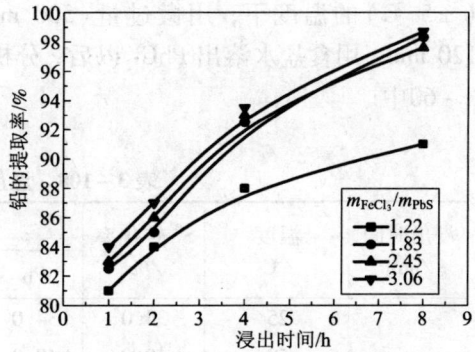

图 3-59 m_{FeCl_3}/m_{PbS} 对从铅精矿回收 $PbCl_2$ 的影响

表 3-107 m_{PbCl_3}/m_{PbS} 对提取率的影响

浸出时间 /h	m_{PbCl_3}/m_{PbS}	S^0 转化率 /%	提取率/%					
			Pb	Fe	Cu	Zn	Sb	Ag
1	1.22	52.9	82.0	0	2.3	3.4	1.8	0
	1.83	47.7	83.4	6.1	2.7	4.3	1.6	16.0
	2.45	48.9	83.8	6.1	2.7	5.1	1.5	28.7
	3.06	51.4	82.9	5.1	2.7	5.5	1.2	27.9
2	1.22	48.9	90.9	0	1.9	3.5	2.3	26.9
	1.83	53.4	91.5	5.9	2.9	5.1	2.0	28.9
	2.45	54.6	93.4	6.9	3.2	7.5	2.0	35.0
	3.06	57.0	92.1	6.8	3.1	8.3	1.3	35.0
4	1.22	52.3	90.1	0	1.4	3.7	0	29.5
	1.83	58.3	98.4	6.1	3.4	6.7	3.6	37.4
	2.45	56.6	98.6	4.1	3.7	8.8	1.8	40.0
	3.06	56.3	99.3	6.1	3.5	9.7	3.6	41.7
8	1.22	55.1	91.1	0	0	4.0	0	23
	1.83	60.0	99.6	8.2	4.0	8.8	3.6	32.9
	2.45	60.0	99.8	6.1	3.7	10.4	0	54.5
	3.06	56.3	99.8	8.2	3.6	11.9	8.9	53.1

为了满足方程式(3-53)，$m_{\text{FeCl}_3}/m_{\text{PbS}} = 1.36/1$ 应该是需要的。图 3-59 表明，用大于这个比值的量对铅的提取影响不大，仅对除铅以外的元素有较少的影响。

3）温度的影响

为了测定温度的影响，将细磨 15 min 的精矿(200 g)在 25、50、75 和 100 ℃ (±5 ℃)的温度下，用微过量(500 mL)的 $FeCl_3$ 溶液分别处理 15、30、60 和 120 min，用食盐水溶出 $PbCl_2$ 以后，分析了浸出残渣，其结果示于表 3-108 及图 3-60中。

表 3-108　温度对提取率的影响

浸出时间 /min	温度 /℃	S^0 转化率 /%	提取率/%					
			Pb	Fe	Cu	Zn	Sb	Ag
15	25	34.0	34.0	1.0	2.0	2.6	0	5.3
	50	48.0	48.0	3.1	3.1	7.0	1.6	30.6
	75	57.1	57.1	4.1	6.0	12.9	3.6	34.6
	100	64.9	64.9	10.2	17.3	50.1	0	48.9
30	25	40.0	40.0	3.1	2.2	3.5	1.1	17.7
	50	52.0	52.0	5.1	9.2	9.2	1.6	34.8
	75	59.4	59.4	6.1	17.3	17.3	0	46.5
	100	64.9	64.9	13.3	42.4	42.4	1.8	57.0
60	25	50.3	86.1	2.0	2.5	4.3	1.1	28.9
	50	56.3	95.7	6.1	4.4	10.2	1.7	40.1
	75	64.9	99.7	9.2	20.4	27.9	0	49.6
	100	68.3	99.8	15.3	41.8	53.2	5.6	69.0
120	25	55.4	95.5	6.1	3.2	5.6	1.2	30.2
	50	56.6	99.0	8.2	5.9	12.0	1.1	49.3
	75	65.1	99.5	11.2	31.0	35.8	0	50.0
	100	72.0	99.5	19.4	73.1	75.8	7.1	85.3

从图 3-60 可明显看出，温度的影响非常显著，在 100 ℃时，只 15 min 就获得了令人满意的回收率(64.90%)，较长的时间导致了除铅以外的元素的更多溶解。如前所述，这是一个缺点，因为与铅结合的氯是唯一能被回收而用于再生 Fe(Ⅲ)的氯，为了保持浸出液中 Fe(Ⅲ)的浓度，呈 $FeCl_3$ 形态的与 Fe、Cu、Sb 和其他元素起作用的氯必须加以补充，因此最可能短的浸出时间是我们所希望的。

加热不但增加反应速度，而且也大大改善浸出渣的沉降和过滤性能，因此，任何实际的应用多半是需要热浸。由于食盐水(NaCl 溶液)在第二道工序(图 3-

57）必须被加热以获得纯的 PbCl$_2$，因此，应该将 FeCl$_3$ 和 NaCl 溶液合并，这样可省去过滤工序。

4）酸度的影响

上述试验所使用的 FeCl$_3$ 浸出液没有酸化，可是，降低 pH 预料可增加反应速度。为了测定酸度的影响，将铅精矿（200 g）用 500 mL 含有微过量的 FeCl$_3$（400 g FeCl$_3 \cdot$ 6H$_2$O）加

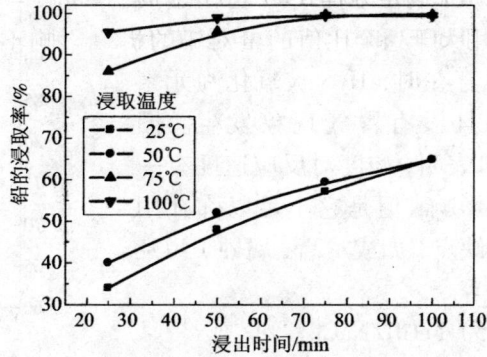

图 3-60　温度对从铅精矿回收 PbCl$_2$ 的影响

50、100、250 和 200 mL 浓盐酸(38%)溶液进行处理，试验在室温(20~25 ℃)下分别进行 15、30、60 和 120 min，为了避免盐酸的损失，在这种情况下没有加热，试验结果示于表 3-109 及图 3-61 中。

表 3-109　酸度对提取率的影响

浸出时间 /min	添加 HCl /mL	S⁰ 转化率 /%	提取率/%					
			Pb	Fe	Cu	Zn	Sb	Ag
15	25	40.8	63.5	2.0	1.5	2.4	1.8	11.4
	50	45.5	70.0	10.2	1.2	2.2	5.3	9.9
	75	45.5	76.1	4.1	1.2	2.6	7.1	14.9
	100	56.2	83.1	8.2	1.2	3.0	8.9	21.8
30	25	43.5	69.2	3.1	1.7	2.8	7.1	9.9
	50	48.2	76.2	9.2	1.4	2.6	5.3	17.0
	75	53.0	82.6	12.2	1.2	2.4	7.1	14.9
	100	51.3	87.9	13.3	1.3	2.8	10.7	27.7
60	25	47.4	80.6	12.2	1.9	3.1	5.4	15.6
	50	50.6	86.9	16.3	1.4	2.6	8.9	18.8
	75	52.2	92.0	15.3	1.3	2.4	7.1	21.9
	100	55.7	95.5	15.3	1.3	3.1	7.1	30.6
120	25	48.0	90.0	12.2	1.8	3.0	1.8	9.3
	50	56.3	94.2	14.3	1.1	1.9	1.8	23.4
	75	53.1	96.1	14.3	1.2	2.5	8.9	19.7
	100	46.3	97.0	14.3	1.2	2.7	8.9	25.8

HCl 缓慢地与 PbS 起作用而产生 $PbCl_2$ 和 H_2S，可是在有 $FeCl_3$ 存在时，H_2S 被氧化为元素硫并且没有冒气现象发生。图 3-61 表明，酸度对反应速度有一定的影响，但是它不足以弥补用酸的缺点，如成本高、腐蚀、污染空气等。

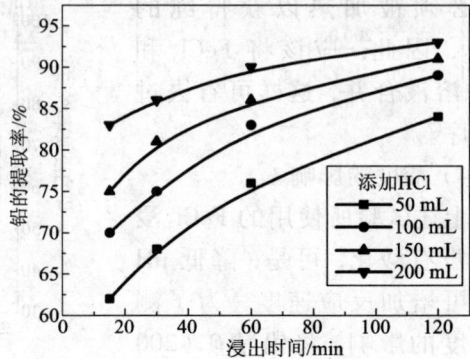

图 3-61 酸度对浸出率的影响

5) $FeCl_3/NaCl$ 浸出

对于这方面的试验，浸出液是由添加 400 g $FeCl_3 \cdot 6H_2O$ 到 2 L 为 NaCl 和 $PbCl_2$ 两者所饱和的盐水组成的。$FeCl_3$ 的添加置换出一些 NaCl 而产生一种每升（20 ℃）含 200 g $FeCl_3 \cdot 6H_2O$、230 g NaCl 和 24 g $PbCl_2$ 的溶液。希望 2 L 溶液能足以处理 200 g 精矿。为了精确地确定用量，在 20、50、95 ℃（±1 ℃）的温度下测定了 $PbCl_2$ 在溶液中的溶解度，其结果示于图 3-56。

200 g 精矿会产生 182 g $PbCl_2$，显而易见，在 100 ℃时为了溶解反应中所形成的 $PbCl_2$，需要 2.5 L $FeCl_3/NaCl$ 溶液。虽然这个体积使 Fe(Ⅲ) 大为过剩（为理论量的 140%），但在以后所有的试验中都采用了这个数值。因为 Fe(Ⅲ) 过剩在任何实际应用中是有优点的，起到防止操作条件变化的缓冲作用。用 $FeCl_3/NaCl$ 混合液进行的探索试验表明，用这种方法与仅仅用 $FeCl_3$ 浸出的效果相当，获得的 $PbCl_2$ 也与 NaCl 溶液浸出所获的一样纯。

为了确定再循环的可能性和杂质累积的影响，将 200 g 研磨 15 min 的精矿用 2.5 L $FeCl_3/NaCl$ 溶液在 100 ℃下浸出 15 min，将滤液冷却至室温以结晶出 $PbCl_2$，并且将溶液调整到 2.5 L，用氯气使该溶液饱和后将其加热到 100 ℃并用以处理 200 g 精矿。上述步骤重复了 10 次，每次浸出之后所获得的提取率示于表 3-110~表 3-112，根据单一浸出所得的物料平衡示于图 3-62。

试验进展顺利，浸出效果没有随时间的延长而降低，并且杂质的累积也是极微小的，如所预料的那样，在含有少量硫酸根，铜和银的浸出液中锌是主要杂质。铁和锑只溶解到有限的程度，砷和铋似乎是不可溶的，砷可能形成了砷酸铁，而铋可能转变成为不溶的氯氧化物。

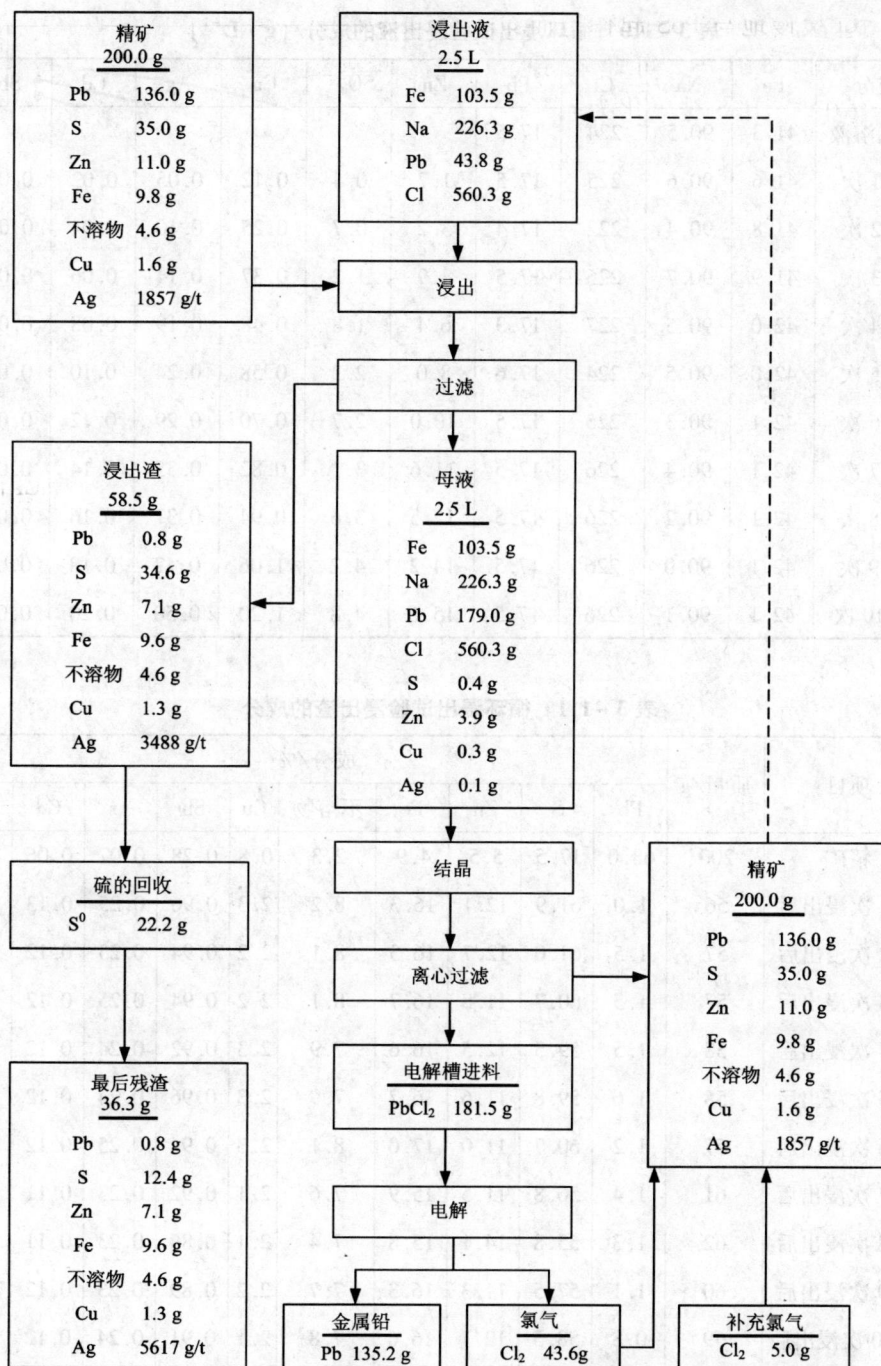

图 3 - 62　从方铅矿精矿中回收铅的物料平衡

表 3 −110   循环浸出试验浸出液的成分/(g · L⁻¹)

成分	Fe	Na	Cl	Pb	Zn	SO$_4^{2-}$	Cu	Ag	Cd	Sb
原始溶液	41.3	90.5	224	17.5						
第 1 次	41.6	90.6	225	17.5	1.7	0.4	0.12	0.05	0.02	0.01
第 2 次	41.8	90.4	222	17.4	3.2	0.7	0.25	0.10	0.04	0.02
第 3 次	41.9	90.7	225	17.5	4.9	1.2	0.37	0.14	0.06	0.03
第 4 次	42.0	90.5	227	17.3	6.4	1.8	0.48	0.19	0.08	0.04
第 5 次	42.0	90.5	224	17.6	8.0	2.2	0.58	0.24	0.10	0.04
第 6 次	42.1	90.3	225	17.5	10.0	2.7	0.70	0.29	0.12	0.05
第 7 次	42.1	90.4	226	17.5	11.6	3.1	0.82	0.35	0.14	0.05
第 8 次	42.1	90.2	226	17.5	12.5	3.6	0.94	0.37	0.16	0.06
第 9 次	42.1	90.0	226	17.5	14.2	4.2	1.06	0.42	0.18	0.07
第 10 次	42.1	90.1	226	17.5	15.6	4.8	1.20	0.50	0.20	0.08

表 3 −111   循环浸出试验浸出渣的成分

项目	质量/g	成分/%									
		Pb	S	Zn	Fe	不溶物	Cu	Sb	As	Cd	Ag
精矿	200	68.0	17.5	5.5	4.9	2.3	0.8	0.28	0.07	0.06	41
第 1 次浸出后	56	1.0	61.9	12.1	16.3	8.2	2.3	0.96	0.25	0.13	82
第 2 次浸出后	57	1.5	61.0	12.7	16.3	8.1	2.2	0.94	0.25	0.12	79
第 3 次浸出后	57	1.5	60.7	11.8	16.7	8.1	2.2	0.94	0.25	0.12	93
第 4 次浸出后	58	1.5	59.5	12.5	16.6	7.9	2.3	0.92	0.24	0.12	79
第 5 次浸出后	58	1.6	59.8	11.6	16.7	7.9	2.3	0.96	0.24	0.12	79
第 6 次浸出后	57	1.2	60.7	11.0	17.0	8.1	2.3	0.94	0.25	0.12	79
第 7 次浸出后	61	1.4	56.8	11.5	15.9	7.6	2.1	0.92	0.23	0.11	85
第 8 次浸出后	62	1.3	55.8	14.1	15.8	7.4	2.1	0.86	0.23	0.11	85
第 9 次浸出后	60	1.1	57.5	11.3	16.3	7.7	2.2	0.89	0.23	0.12	7.6
第 10 次浸出后	59	0.8	58.5	12.7	16.6	7.8	2.1	0.91	0.24	0.12	41
平均	59	1.3	59.2	12.1	16.4	7.9	2.2	0.92	0.24	0.12	77

表 3 - 112　循环浸出试验的金属浸出率/%

成分	Pb	S	Zn	Fe	Cu	Sb	Cd	Ag
第 1 次浸出后	99.6	0.9	38.6	6.8	18.7	4.5	44.2	46.6
第 2 次浸出后	99.3	0.7	34.1	5.0	20.3	5.6	39.3	44.1
第 3 次浸出后	99.3	1.2	38.6	3.1	20.3	4.3	38.3	35.7
第 4 次浸出后	99.3	1.4	34.1	2.5	17.2	5.0	41.7	42.8
第 5 次浸出后	99.3	0.9	38.6	1.1	15.6	1.1	46.7	48.5
第 6 次浸出后	99.5	1.2	34.2	0.6	18.7	5.6	43.3	47.0
第 7 次浸出后	99.3	0.9	36.4	0.4	17.9	0.9	39.2	34.3
第 8 次浸出后	99.4	1.2	20.5	0.5	18.7	3.1	43.3	38.5
第 9 次浸出后	99.5	1.4	38.6	0.3	18.7	4.3	40.0	47.2
第 10 次浸出后	99.6	1.4	31.8	0.0	21.9	1.6	40.8	65.3
平均	99.4	1.1	35.5	2.0	18.8	3.6	41.7	45.0

(5)熔盐电解

1) 试验装置及方法

小型试验设备的示意图见图 3 - 63。

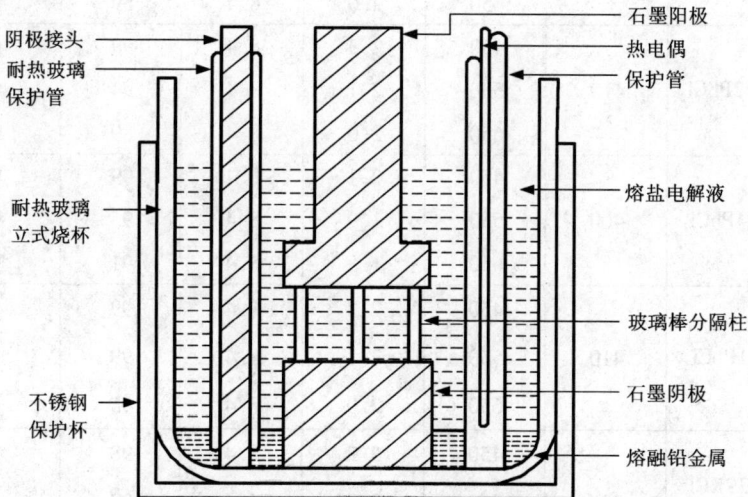

图 3 - 63　用于小型试验的电解槽

试验槽为 1000 mL 直立式耐热玻璃烧杯,放在 316 型不锈钢容器中,用装有温度自动控制器的 Lindberg 5600 型坩埚炉供热,温度用接在 Leeds-Northrup 电子电位自动记录仪上的铬-铝热电偶监视,1 台 Trygon M15-50 A 型整流器供给直流电,用连接有 50 A, 50 mV 整流器的 Leeoc-Northrup 8690 型电位计测量直流电,用 Heathkit 1 M-102 型万用表检查电压。

2)电解质的成分和温度的影响

单独的熔融 $PbCl_2$ 是不适合作电解质的,因为它溶解在阴极上沉积成金属铅且熔点相当高(501 ℃)且蒸气压(550 ℃时 373.3 Pa)过大。所以需要将 $PbCl_2$ 与金属卤化物(一种或多种)结合以降低熔池的熔点和消除烟化($PbCl_2$ 挥发)。

做了一系列试验,以确定其最佳电解质成分和温度。要求组成熔盐的氯化物与 $PbCl_2$ 的混合物能在 450 ℃ 以下熔化,且有良好的导电性,合理的价格,可忽略不计的蒸气压,分解电压比 $PbCl_2$ 高。在电解质制备中对采用的所有盐都是不经过任何处理就使用的。在试验中采用共晶体成分,除温度外其他参数都是固定的。操作条件为:电流密度 8000 A/m^2,电极距 2.5392 cm,时间 2 h,温度 450 ~ 650 ℃。试验结果示于表 3-113 中。

表 3-113 电解质成分和温度对电流效率和电能消耗的影响

熔池成分 (摩尔分数)	熔点 /℃	熔池温度 /℃	电能输入		电流效率 /%	电能消耗 /(kW·h·kg^{-1})
			电压/V	电流/A		
100PbCl$_2$	501	550	2.1	8.4	84	0.64
		650	2.0	8.4	59	0.88
28NaCl - 72PbCl$_2$	410	450	2.3	8.4	99	0.60
		550	2.1	8.4	94	0.57
		650	2.0	8.4	89	0.57
36LiCl - 64PbCl$_3$	400	450	2.1	8.4	99	0.55
		550	1.9	8.4	95	0.53
		650	1.8	8.4	91	0.51
49KCl - 51PbCl$_2$	410	450	2.3	8.4	99	0.62
		550	2.1	8.4	99	0.55
		650	2.0	8.4	95	0.57
34LiCl - 39KCl - 27PbCl$_2$	320	450	2.2	8.4	98	0.57
		550	2.0	8.4	97	0.53
		650	1.9	8.4	92	0.53

只用 $PbCl_2$ 得出的结果很差，烟化过多，从 550 ℃时的 5 g/h 到 650 ℃时的 15 g/h，当温度升高时生成的铅有些又复溶于溶池，导致电流效率的迅速下降，加入其他的盐可阻止这种情况，例如：610 ℃下 Pb 在纯 $PbCl_2$ 中的溶解度为 0.037%(x)，当有 40% KCl 时，则变为 0.0006%，在这类化合物中 LiCl – $PbCl_2$ 系统具有良好的导电性，但是此试验所有温度下 LiCl – $PbCl_2$ 和 NaCl – $PbCl_2$ 熔池都烟化，KCl 是唯一能大大减少 $PbCl_2$ 挥发的卤化物，但是，KCl – $PbCl_2$ 熔池在 450 ℃以上时仍有一定程度的挥发。LiCl – KCl – $PbCl_2$ 体系的结果最好，这种三元体系还具有一个优点，即 $PbCl_2$ 含量可在大范围内变动而不会使熔池冻结。表 3 – 114 列出的能耗是比较性的，但不包括加热所需的能量，基于这些试验，以后的试验温度为 450 ℃。

3）$PbCl_2$ 浓度的影响

在 450 ℃、电流密度 8000 A/m^2、电极距为 2.54 cm 的条件下，进行了 $PbCl_2$ 浓度的电解试验，用 NaCl – $PbCl_2$、LiCl – $PbCl_2$ 和 KCl – $PbCl_2$ 体系所得结果列于表 3 – 114，所得的数据表明：这些混合物在 450 ℃时熔融的范围很窄。$PbCl_2$ 浓度对电能消耗的影响很小。

表 3 –114　$PbCl_2$ 浓度对电流效率和电能消耗的影响

熔池成分	w_{PbCl_2} /%	槽电压 /V	电流效率 /%	电能消耗 /(kW·h·kg⁻¹)
NaCl – $PbCl_2$	94.1	2.25	98.7	0.59
	92.9	2.26	98.7	0.59
	91.7	2.27	99.2	0.59
	90.6	2.25	99.2	0.59
LiCl – $PbCl_2$	94.2	2.10	97.1	0.56
	92.6	2.08	98.7	0.54
	91.6	2.07	98.8	0.53
	90.6	2.07	99.1	0.53
KCl – $PbCl_2$	82.0	2.44	98.6	0.64
	80.8	2.42	99.8	0.63
	79.5	2.41	99.5	0.63
	78.2	2.42	99.7	0.63

4）电流密度和电阻的影响

电流密度和电极距是决定设备尺寸和电能消耗的两个最重要的参数，在 450 ℃，含有 80% $PbCl_2$ 的 LiCl – KCl – $PbCl_2$ 熔池中进行试验，结果列于表 3 – 115 中。从中可以看出，电极距和电流密度对电效率并无重大影响，但对电能消耗有明显影响，特别是在高电流密度下（图 3 – 64）是这样。

表 3 – 115　电流密度和电极距对电流效率和电能消耗的影响

电流密度/($A \cdot m^{-2}$)	电极距/cm	电流效率/%	电能消耗/($kW \cdot h \cdot kg^{-1}$)
3877.5	1.27	99.7	0.446
3877.5	2.54	97.0	0.480
3877.5	3.81	96.9	0.497
7755	1.27	98.4	0.537
7755	2.54	99.2	0.573
7755	3.81	98.9	0.614
15510	1.27	98.7	0.694
15510	2.54	97.3	0.778
15510	3.81	98.8	0.862
31020	1.27	98.6	1.030
31020	2.54	98.6	1.224
31020	3.81	98.4	1.357

注：不包括外加热所用的能量。

5）金属纯度

由图 3 – 57 所示的流程制得的 $PbCl_2$ 试样在 450℃ 的 LiCl – KCl 熔池中电解所得的电铅进行成分分析。结果与 ASTM 规格中腐蚀级铅的标准一起列于表 3 – 116 中，该产品满足了所有规格。对于银，如果在析出 $PbCl_2$ 结晶以前用铅粒搅拌富溶液（母液）也能达到标准。

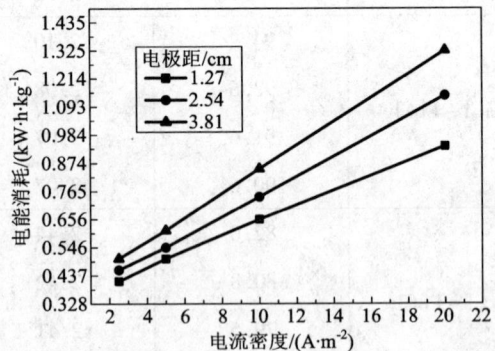

图 3 – 64　电流密度和电极距对电能消耗的影响

表 3 -116 PbCl$_2$和铅产品的纯度/(×10^{-4}%)

杂质	PbCl$_2$	铅产品	ASTM 规格
Sb	无	无	<1
As	2	2	<15
Bi	无	无	<500
Cl	—	无	
Cu	2	3	<15
Fe	49	15	<20
Ag	37	80	<15
Na	70	无	
S	33	无	

（6）小结

三氯化铁浸出 - 熔盐电解工艺比火法冶炼具有若干优点：没有 SO$_2$ 和铅排出，适合于小规模生产，基础投资不大，需要的劳动力很少，不需供应昂贵的冶金焦，方铅矿中99%以上的铅在一瞬间就能被浸出，虽然能耗比熔炼稍微高一点。有价值的元素如 Ag、Cu 和 Zn 能够用简单的方法如置换、离子交换等法从浸出液中加以回收；主要的产物 PbCl$_2$ 足够纯，可以直接加到电解槽中而获得腐蚀级铅；释放出的氯气容易被用过的浸出液吸收，省去了运输和贮存氯气所需的设备；由于 FeCl$_2$ 和 Cl$_2$ 之间的反应是放热的，所以以用这个方法也能获得大量的热。该法不仅可以避免产生 SO$_2$，而且可以产出有价元素硫，明显的缺点在于使用腐蚀性液体，需要补充氯气以及处理和加热大量的溶液。

3.2.2.2 含铅废料制铅盐

（1）基本原理

在高氯根浓度溶液中，PbCl$_2$ 以及 PbSO$_4$ 及 AgCl 因 Pb^{2+} 及 Ag$^+$ 形成氯配合离子而溶解：

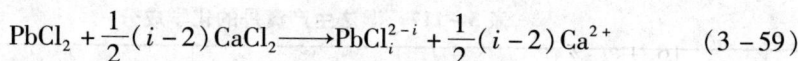

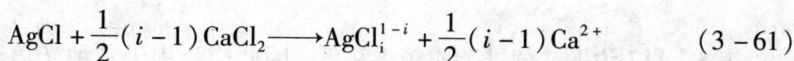

$$PbCl_2 + \frac{1}{2}(i-2)CaCl_2 \longrightarrow PbCl_i^{2-i} + \frac{1}{2}(i-2)Ca^{2+} \qquad (3-59)$$

$$PbSO_4 + \frac{i}{2}CaCl_2 \longrightarrow PbCl_i^{2-i} + CaSO_4 + \left(\frac{i}{2}-1\right)Ca^{2+} \qquad (3-60)$$

$$AgCl + \frac{1}{2}(i-1)CaCl_2 \longrightarrow AgCl_i^{1-i} + \frac{1}{2}(i-1)Ca^{2+} \qquad (3-61)$$

温度越高，溶解度越大。因此，过程应在较高的温度下进行。向浸铅液中加入石灰可发生如下沉铅反应：

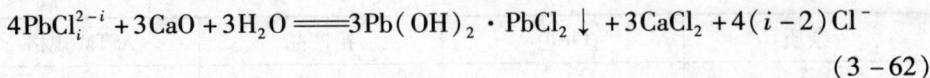

$$4PbCl_i^{2-i} + 3CaO + 3H_2O = 3Pb(OH)_2 \cdot PbCl_2 \downarrow + 3CaCl_2 + 4(i-2)Cl^-$$

$$(3-62)$$

该过程在 pH = 8.5 ~ 9 的条件下进行。因此，开始沉淀前有中和反应产生：

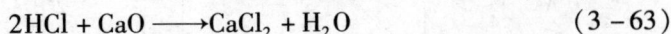

$$2HCl + CaO \longrightarrow CaCl_2 + H_2O \qquad (3-63)$$

元素硫和碳都是亲油性的，极易浮选。因此，只要用松节油作起泡剂，黄药和煤油作捕收剂，在 pH = 8 ~ 11 时，即可将硫磺、硫化物及碳浮出，从而与 PbCO_3 分离。

在碳酸钠或碳酸铵溶液中，$PbCl_2$ 易转化为 $PbCO_3$：

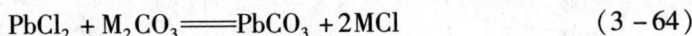

$$PbCl_2 + M_2CO_3 = PbCO_3 + 2MCl \qquad (3-64)$$

碳酸铅在醋酸中很容易溶解：

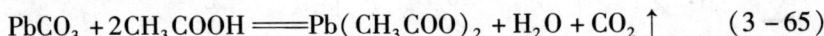

$$PbCO_3 + 2CH_3COOH = Pb(CH_3COO)_2 + H_2O + CO_2 \uparrow \qquad (3-65)$$

（2）铅渣制铅品

氯化铅渣包括锡，铋氯化精炼渣以及铅锑精矿的氯化浸出渣等，氯化铅渣可采用两种方式直接制取铅品：①氯配合浸出，即用浓氯化物溶液在高温下直接浸出氯化铅渣；②先将氯化铅渣转化为碳酸铅渣，然后再用硝酸或醋酸或氢氟酸浸出铅并制取铅品。下面举例详细说明。

1）氯化铅渣制取黄丹

①原料及工艺流程

制取黄丹的原料为处理焊锡过程中产生的氯化铅渣及其他含铅废料。采用湿法工艺（见图 3 - 65）进行黄丹粉的生产。

②工艺技术条件

本工艺首先在强搅拌及 105 ~ 110 ℃ 的温度下，用酸性饱和食盐水浸出含铅物料，然后净化除去 Cu、Fe、Ag 等杂质，经冷却结晶和碱转化等作业，再烘干至水分 <1% 即得粉状优质黄丹粉。

③产品质量

湿法工艺生产黄丹粉的化学成分列于表 3 - 117。

表 3 - 117　湿法生产黄丹的化学成分

成分	PbO	Cu	Fe	Ni	Cr	Ag	H_2O
含量/%	≥98.5	≤0.005	≤0.004	≤0.001	≤0.001	≤0.001	<1

表 3 - 117 说明，黄丹杂质较火法低，因此广泛用于各种光学玻璃、铅玻璃的制造上。

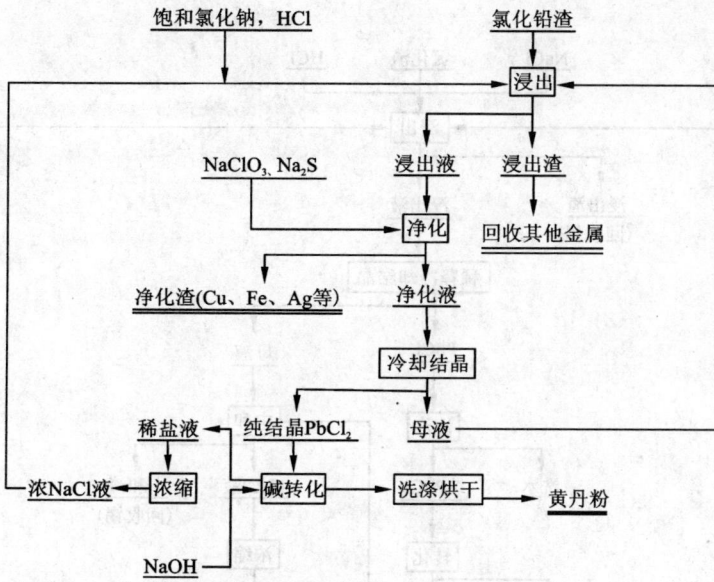

图 3 − 65　铅渣生产黄丹工艺流程

（3）氯化铅渣制取醋酸铅

1）原料及工艺流程

以硫化铋精矿为原料火法生产精铋时，产出大量含铅氯化渣，在处理焊锡废料过程中也产出含铅氯化渣，其化学成分和形态见表 3 − 118。利用上述含铅氯化渣作原料制取醋酸铅已投入工业生产，其工艺流程如图 3 − 66 所示。

表 3 − 118　含铅氯化渣的主要成分与形态

成分/%	Pb	Fe	Sn	Cu	Bi	Ag
铋生产的氯化渣	51.0 ~ 61.50	2.5 ~ 8.50	0.9 ~ 6.50	0.9 ~ 1.70	0.5 ~ 0.80	0.09 ~ 0.28
锡生产的氯化渣	63.0 ~ 65.00	0.11	6.0 ~ 7.0	微	1.00	0.13 ~ 0.65
主要形态	$PbCl_2$	$FeCl_2$	$SnCl_2$	$CuCl_2$	$BiCl_3$	$AgCl$

实践证明，本流程工艺合理，设备简单，操作方便，无污染，产品质量稳定，成本低廉。具有较好的经济效益和社会效益。

2）工艺过程及技术条件

①氯化渣的食盐浸出

首先将氯化渣研磨至粒径小于 425 μm 后，用饱和工业食盐水在不断搅拌下，蒸汽直接加温浸出氯化渣。在浸出液中，铅以 $PbCl_i^{2-i}$ 配阴离子形态存在，其饱

```
        NaCl      氯化渣       HCl
          |         |          |
          └─────────┼──────────┘
      ┌───────────→ 浸出 ←──────────────────────────┐
      │              |                              │
      │      ┌───────┴────────┐                     │
      │   浸出渣           浸出液                    │
      │  (回收铅)             |                      │
      │                稀释冷却结晶                  │
      │              ┌────────┴─────────┐           │
      │           PbCl₂               母液          │
      │              |                  |           │
      │            洗涤 ───────────→   中和          │
      │         ┌────┴─────┐      ┌─────┴──────┐    │
      │      洗水        纯PbCl₂  NaCl液    中和渣   │
      │                   |        |       (回收锡)  │
      │                  转化     浓缩               │
      │              ┌────┴─────┐  └───────────────┘
      │           PbCO₃       母液
      │              |          |
      └──────────→ 溶解 ←─── 醋酸 ←──────────────┐
          ┌─────────┼─────────┐                  │
        残渣    醋酸铅溶液 ──→ 浓缩结晶 ──→ 醋酸铅 │
                              |                    │
                            母液 ──────────────────┘
```

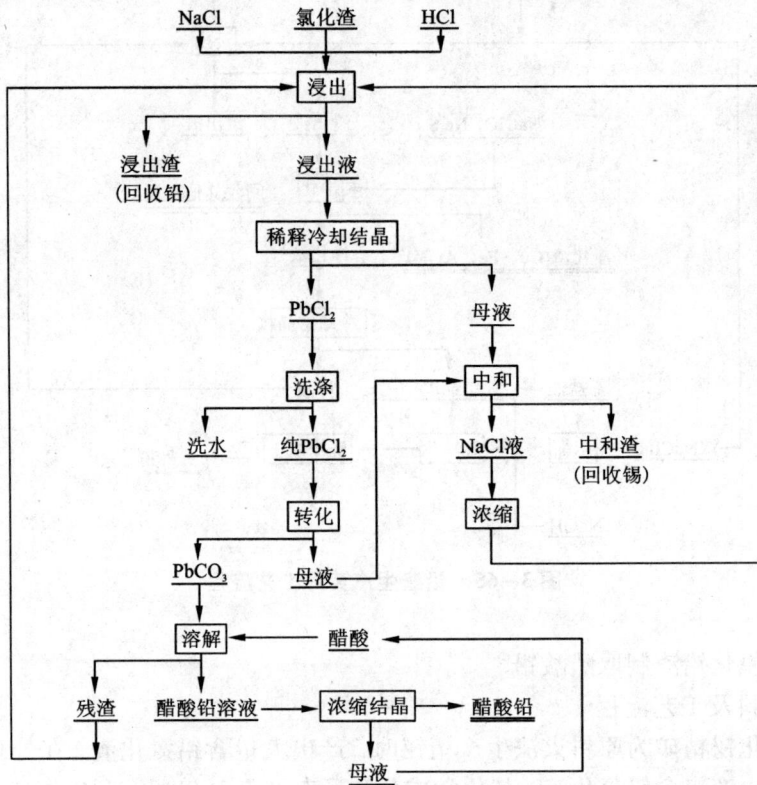

图 3-66　含铅氯化渣制取醋酸铅工艺流程

和浓度随温度及氯离子浓度的升高而升高，因此，生产中控制 NaCl 溶液密度为
1.21 g/cm³(含 NaCl 340 g/L)，维持 95 ℃以上的温度。为确保渣料与溶液有充分
的接触面积，搅拌速度必须在 20 r/min 以上。根据渣中的含铅量和食盐溶液浓缩
返回利用等因素，采用 8∶1 的液固比，而浸出时间一般控制在 2.5 h 左右。

②纯净氯化铅的制取

用自来水将浸出液稀释 1 倍，同时将溶液温度降低到常温，则析出大量
$PbCl_2$，静置 8 h 后，去掉上清液，即得白色的 $PbCl_2$ 结晶。这种结晶稍经水洗，离
心过滤即为纯净的 $PbCl_2$ 晶体，含 Pb >73.5%，在滤液稀释冷却过程中，加入少
量工业盐酸控制溶液 pH 为 2～3，以提高 $PbCl_2$ 结晶的质量。

③氯化铅转化为碳酸铅

$PbCl_2$ 不溶于醋酸，而 $PbCO_3$ 易溶于醋酸。因此，要将 $PbCl_2$ 转化为 $PbCO_3$，以
便生成醋酸铅。转化剂必须过量，保持转化过程中料浆的 pH 在 8 以上，转化温
度维持在 85 ℃以上，时间 3 h 以上。转化过程完成后，静置一下抽去上清液，用

热水洗涤沉淀数次，控制 pH 在 7 以上，以除去游离的碳酸盐和氯盐。离心过滤后，即得纯净的白色 $PbCO_3$，含 Pb >75.5%。

④制取醋酸铅

碳酸铅在醋酸中很容易溶解：在常温下即开始溶解，激烈反应完成后，通蒸汽慢慢加热，使溶解反应加速完成。最后调整溶液密度为 1.6111 ~ 1.8125 g/cm^3（55 ~ 65 波美度）。过滤后，将醋酸铅溶液在不锈钢滚筒结晶器上结晶，转速为 65 r/min，根据气温和溶液浓度控制流量，便可连续、快速结晶。从结晶器出口流出黏糊状醋酸铅结晶，离心脱水后，即得白色醋酸铅结晶成品。产品中含 $Pb(CH_3COO)_2 \cdot 3H_2O \geqslant 98\%$，水不溶物 $\leqslant 0.05\%$。

3）主要技术指标

氯化铅渣中铅的浸出率 92%，总回收率 98.5%，氯化铅中铅的转化结晶率 93.5%。

(4) 铅锑精矿的氯化浸出渣的深度加工和综合利用

1）原料特点

我国广西有极其丰富的脆硫锑铅矿精矿（简称 J.C.），这种精矿用"新氯化 - 水解法"处理生产高纯氧化锑，同时获得氯化铅渣，其成分见表 3 - 119。

表 3 - 119　广西 J.C. 酸法制氧化锑附产品铅渣成分/%

J.C. 类别	Pb	Sb	Zn	Ag	Bi
长坡 3#	29.71 ~ 31.37	0.95 ~ 1.56	2.39 ~ 2.72	0.12 ~ 0.18	0.06 ~ 0.10
100#	37.32	1.86	0.58	0.024	—

J.C. 类别	Cu	Sn	Fe	In	S_T
长坡 3#	0.29 ~ 0.40	0.36 ~ 0.41	4.10 ~ 7.94	0.006	28.58 ~ 29.68
100#	0.10	0.26	3.10	SiO_2 - 3.44	31.49

J.C. 类别	S^0	SO_4^{2-}	Cl	C	
长坡 3#	16.49	2.98 ~ 3.91	9.28 ~ 10.13	4.29 ~ 4.60	
100#	29.30	1.91	11.68	2.11	

铅渣中的铅 76.88% 以氯化铅形态存在，22% 以 $PbSO_4$ 形态存在，以硫化铅存在的铅 <0.75%；另外，元素硫占总硫的 93.05%。

2）工艺流程

根据原料特点，可采用两种方法对这种铅渣进行深度加工和综合利用。第一种方法是浓氯化钙直接浸出法，原则流程见图 3 - 67；第二种方法是转化 - 浮选法,原则流程见图 3 - 68。这两种流程各有特点,前者适于小规模生产,后者则适于大规模建厂和全面综合利用及深度加工。

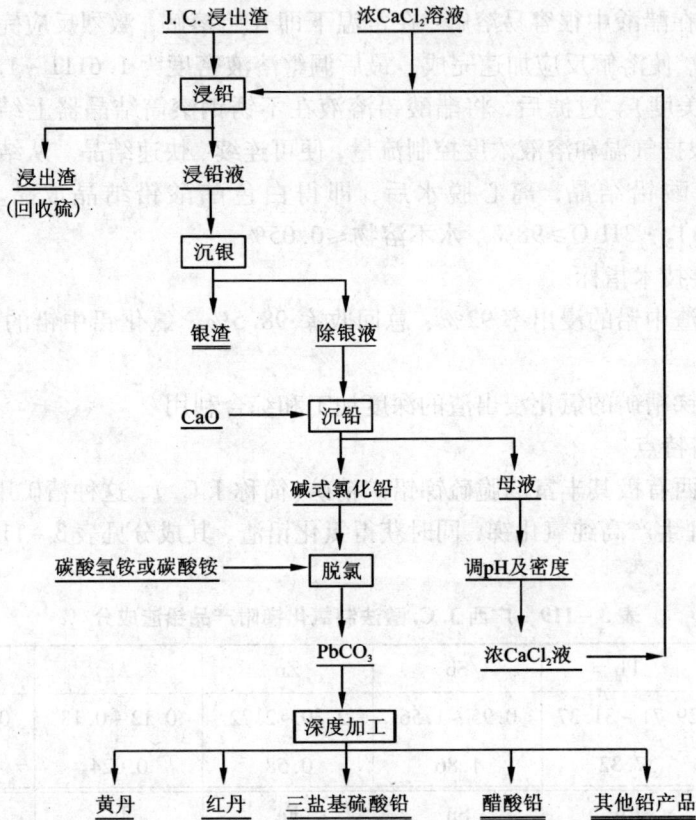

图 3 -67　J. C. 氯化 - 浸出渣直接制取铅产品流程

①浓氯化钙溶液浸出法

浸铅条件为:$CaCl_2$浓度 450 g/L,温度 60 ~ 61 ℃,时间 6 h,液固比 = 8∶1,结果见表 3 - 120。表中数据说明,平均铅浸出率为 94.04%,银浸出率为 84.46%,用再生 $CaCl_2$ 溶液作浸出剂时,Pb 和 Ag 的浸出率分别为 92.25% 和 82.48%。

沉铅条件为:室温;时间 1 h;CaO 用量为理论量,即 pH = 8.8。沉铅率高达 98.73%;碱式氯化铅品位高达 99.19%,其成分(%)为:Pb 82.07,Sb 0.14,Ag 0.014。这种碱式氯化铅完全可以作为深加工的原料,制备黄丹、三盐基硫酸铅及硝酸铅等铅的化工产品。

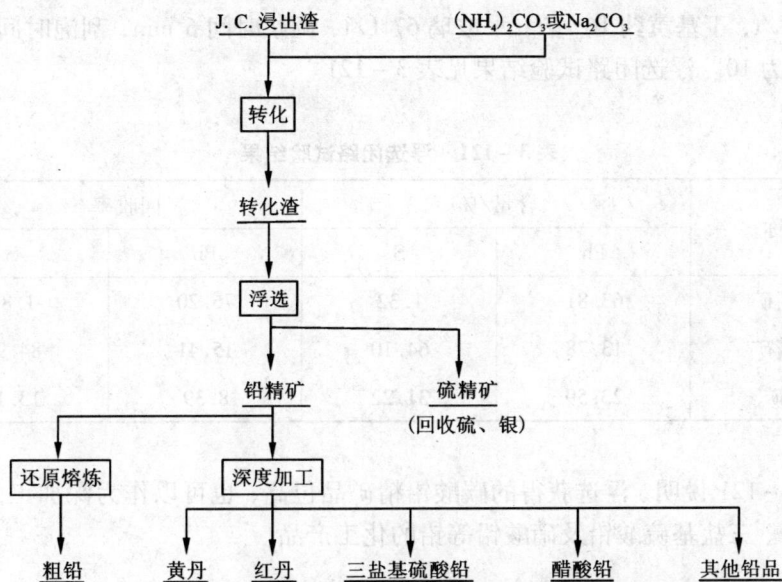

图 3-68　J. C. 氯化 - 浸出渣转化 - 浮选法制铅品原则流程

表 3-120　CaCl$_2$浸出铅和银扩大试验结果

No	浸出渣/%			浸出液/(g·L^{-1})			洗液/(g·L^{-1})			渣计浸出率/%	
	质量/g	Pb	Ag	体积/L	Pb	Ag	体积/L	Pb	Ag	Pb	Ag
1	116.81	2.58	0.070	1.6	18.56	0.19	0.475	4.83	0.034	94.86	85.40
2	116.80	3.55	0.079	1.58	15.71	0.19	0.502	5.00	0.036	93.22	83.51
平均	—	3.065	0.0745		17.135	0.19	—	4.915	0.035	94.04	84.455
3[①]	116.78	3.89	0.084	1.58	12.47	0.19	0.49	5.00	0.025	92.25	82.48

注：①浸出剂为再生 CaCl$_2$溶液(密度 1.32 g/cm^3；Pb 0.3 g/L，Ag 0.008 g/L)。

②转化 - 浮选法

用 Na$_2$CO$_3$作转化剂，转化条件为：时间 2 h，$n_{\mathrm{Na_2CO_3}}/n_{\mathrm{Pb}}=1.49$，温度 70 ℃，液固比 = 2∶1，强烈搅拌。PbCl$_2$及 PbSO$_4$的转化率均在 99% 以上。用成分(%)为 Pb 38.72、S$_T$ 29.26、SO$_4^{2-}$ 0.43 及 Cl$^-$ 0.28 的转化渣进行浮选闭路试验；两段粗选，一段精选和一段扫选。粗选一、精选和扫选条件为：矿浆浓度 20%，2$^\#$油 0.25 L/t，煤油 0.75 L/t，丁基黄药 20 L/t，水玻璃 60 L/t；调浆时间 6 min，刮泡

时间 4 min，矿浆 pH 为 10。粗选二条件为：矿浆浓度 18.37%，2#油 0.28 L/t，煤油 0.85 L/t，丁基黄药 16 L/t，水玻璃 67 L/t，调浆时间 6 min，刮泡时间 4 min，矿浆 pH 为 10。浮选闭路试验结果见表 3 – 121。

表 3 – 121　浮选闭路试验结果

名称	含量/%		回收率/%	
	Pb	S	Pb	S
铅精矿	63.81	1.32	76.20	1.87
硫精矿	13.78	64.10	15.41	84.98
中矿	23.59	31.22	8.39	13.15

表 3 – 121 说明，浮选获得的碳酸铅精矿品位高，也可以作为深加工的原料，制备黄丹、三盐基硫酸铅及硝酸铅等铅的化工产品。

3.2.3　铅氟配合物冶金

3.2.3.1　概述

H_2SiF_6 是一种强酸，氟离子对 2 价铅又有很强的配合能力。所以，H_2SiF_6 可以有效地浸出含铅物料中的铅，人们对于 H_2SiF_6 处理铅精矿及高银铅阳极泥都进行了研究，由于经济上的原因，硅氟酸处理高银铅阳极泥更具优势。用硅氟酸浸铅法处理高银铅阳极泥的工艺流程如图 3 –69 所示。浸出过程中一般需加入还原剂，以防止贵金属进入溶液；向浸铅液中加入硫酸制成硫酸铅和再生硅氟酸。该法的优点是 Pb 回收率高，Ag 不被浸出。缺点是 Sb 和 Bi 有少部分被浸出，且 H_2SiF_6 价格高，有剧毒。

图 3 –69　硅氟酸处理铅阳极泥高铅浸出渣的工艺流程

3.2.3.2　试料

以高铅氯化浸出渣及混合氯化浸出渣为试料，成分如表 3 –122 所示。

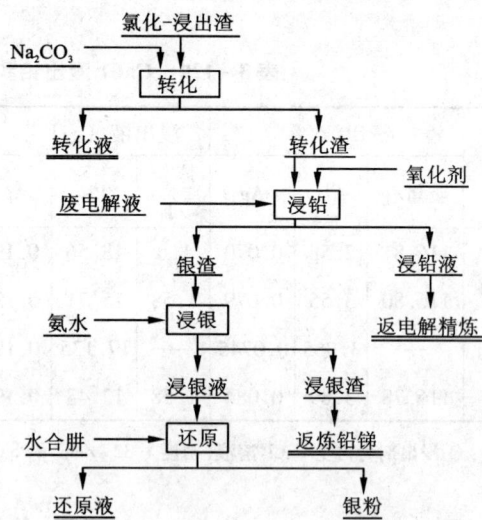

表 3 - 122　铅银渣的化学成分(w/%)

元素	Ag	Pb	Cl
浸出渣	5.12	68.40	28.74
混合浸出渣	4.90	62.37	31.21

3.2.3.3　基本原理

在碱金属碳酸盐作用下，氯化 - 浸出渣中的氯化物转化为碳酸盐：

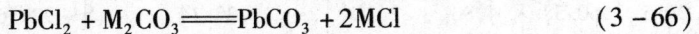

$$PbCl_2 + M_2CO_3 =\!\!= PbCO_3 + 2MCl \tag{3-66}$$

硅氟酸可浸出转化渣中的铅：

$$PbCO_3 + H_2SiF_6 =\!\!= PbSiF_6 + H_2O + CO_2 \uparrow \tag{3-67}$$

在氨溶液中，因形成银氨配合物而使银进入溶液：

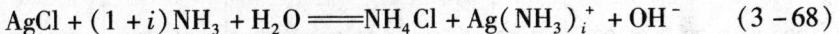

$$AgCl + (1+i)NH_3 + H_2O =\!\!= NH_4Cl + Ag(NH_3)_i^+ + OH^- \tag{3-68}$$

水合肼可将银氨配合物还原成银粉：

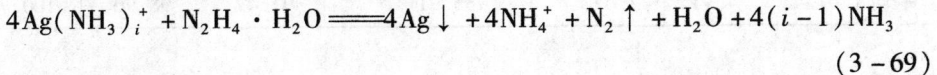

$$4Ag(NH_3)_i^+ + N_2H_4 \cdot H_2O =\!\!= 4Ag \downarrow + 4NH_4^+ + N_2 \uparrow + H_2O + 4(i-1)NH_3 \tag{3-69}$$

3.2.3.4　试验结果

（1）转化试验

首先固定 $V_{苏打溶液}/m_{浸出渣} = 4:1$，温度为 80 ℃，转化时间为 4 h，考察苏打用量对转化率的影响，其结果如图 3 - 70 所示。

图 3 - 70 表明，苏打用量为理论量的 2 倍时，转化率最高，达 92.46%，转化渣含 Cl，这时硅氟酸浸铅率为 86.93%。

然后固定苏打用量为理论量的 2 倍，$V_{苏打溶液}/m_{浸出渣} = 4:1$，温度为 80 ℃，考察转化时间对转化率的影响。试验结果表明，随着时间的延长，转化率提高，当转化时间为 2 h 和 4 h 时，转化率分别为 81.0% 和

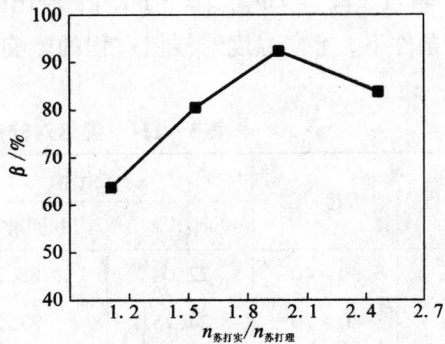

图 3 - 70　苏打用量对转化过程的影响

92.46%；但超过 4 h 时，转化率趋于稳定，因此，选取转化时间为 4 h。转化温度为室温、50 ℃ 和 80 ℃ 下的转化率分别为 49.0%、73.88% 及 83.12%，表明随着温度的提高，转化率明显提高。确定最佳转化温度为 80 ℃。从而最终确定苏打转化氯化 - 浸出渣的最佳条件为：苏打用量为理论量的 2 倍，$V_{苏打溶液}/m_{浸出渣} = 4:1$，转化温度为 80 ℃，转化时间为 4 h，充分搅拌。在该条件下进行综合条件试

验，每次试验所用硅氟酸质量为 200 g，结果如表 3 - 123 所示。

表 3 - 123　苏打转化试验结果

编号	转化渣（w/%）			转化液中 $\rho_{Na_2CO_3}/(g\cdot L^{-1})$	转化率 /%	回收率/%	
	Pb	Ag	Cl			Pb	Ag
10	61.83	4.86	2.96	38.71	84.05	99.47	99.73
15	61.14	4.96	2.35	48.55	92.50	97.59	100.87
16	60.58	4.86	2.31	33.14	92.56	97.66	99.85
17	61.04	4.99	2.17	32.37	93.00	98.50	102.60
18	61.18	4.80	2.43	27.75	92.07	99.96	100.01
19	61.42	4.89	1.93	36.99	93.80	98.77	100.20
20	62.77	4.99	2.52	32.91	91.92	100.77	102.00
平均	61.42	4.91	2.67	35.91	91.42	98.96	100.75

表 3 - 123 表明，苏打转化渣平均含 Cl 2.67%，平均转化率为 91.42%。在转化过程中，金属损失很少，铅回收率为 98.96%，银回收率达 100%。

（2）浸铅试验

以 10#转化渣为试料，以密度为 1.18 g/cm³ 的 H_2SiF_6 作浸出剂，在 $w_{H_2SiF_6}/w_{H_2O}=4:1$，$V_{H_2SiF_6}/m_{浸出渣}=5$ mL/g，浸出时间为 1 h，机械搅拌，每次投料 20 g 的固定条件下，考察温度对浸铅过程的影响，结果如表 3 - 124 所示。

表 3 - 124　温度对硅氟酸浸铅效果的影响

编号	温度/℃	浸出渣		浸出液	
		$w_{Pb}/\%$	Pb 回收率/%	$\rho_{Pb}/(g\cdot L^{-1})$	Pb 回收率/%
1	30~40	22.04	88.26	63.22	84.69
2	60~70	24.75	87.22	63.55	85.13
3	80~90	24.89	87.25	62.12	84.21

表 3 - 124 表明，温度对浸铅过程影响不大，30~40 ℃ 即可。然后在 $V_{H_2SiF_6}/m_{浸出渣}=4:1$，H_2SiF_6 密度为 1.12 g/cm³，温度为 60~70 ℃，浸出时间为 1 h 的情况下进行浸铅综合条件试验，结果如表 3 - 125 所示。

表 3 – 125　浸铅综合条件试验结果

编号	浸出渣/%			浸出液		
	Pb	Ag	Pb 回收率	$\rho_{Pb}/(g \cdot L^{-1})$	Pb 回收率/%	Ag 回收率/%
10	22.16	13.72	86.90	148.16	87.80	101.64
15	22.18	13.38	86.93	132.71	89.00	98.16
16	22.41	12.28	85.43	143.5	78.46	98.49
17	23.26	12.34	84.73	154.11	87.70	100.73
18	26.12	12.32	85.99	146.55	89.60	95.64
19	23.11	10.28	86.46	143.00	86.50	101.24
20	22.19	17.09	85.94	141.92	83.84	100.91
平均	22.50	12.93	86.07	145.87	85.74	99.76

从表 3 – 125 可以看出，硅氟酸浸铅效果较好，浸铅率为 84.73% ~ 86.90%；在浸铅过程中，银回收率为 99.76%。硝酸浸铅效果比硅氟酸的浸铅效果更好，浸铅率大于 95%，银回收率达 28.5%。但考虑到浸铅液返回铅电解精炼，故仍采用硅氟酸浸铅。

（3）小结

①用全湿法处理高锑低银类铅阳极泥的氯化 – 浸出渣是可行的，银以富银渣（含 Ag > 12% ）回收，总回收率近 100%；铅以硅氟酸铅溶液回收补充铅电解精炼贫化的铅离子，铅直收率及总回收率分别为 85.91% 及 98.99%。

②在氯化 – 浸出渣中银大部分以金属态存在时，$PbCl_2$ 的转化与浸银不能同步进行，为避免银分散，只能采用苏打作转化剂，而不能用碳铵。

3.3　镉氨配合物冶金

3.3.1　概述

镉是一种较稀有的金属，自然界中没有单质镉，镉一般与铅锌共生，含镉通常为 0.01% ~ 0.7%，选矿时大部分进入锌精矿或铅锌精矿中，几乎不进入铅矿。在湿法炼锌中，镉富集于铜镉渣中，一般含镉 4% ~ 10%；而 ISP 工艺中镉分散在烧结电尘和锌精馏高镉锌中，一般电尘含镉 3% ~ 15%、高镉锌含镉 12% ~ 30%。近年来，不少专家学者研究了从废镍镉电池中回收镉，但目前镉提取原料主要还是铜镉渣和含镉烟尘。

传统提镉工艺"硫酸浸出 – 净化 – 锌粉置换"存在以下缺点：①消耗大量价高的锌粉；②得到的海绵镉含铅高，使得镉的精炼过程复杂，工艺流程长。

何静等根据镉可形成 Cd(II) – 氨配合物的原理，提出了镉氨配合物冶金方法，即"氨 – 硫酸铵溶液浸出 – 净化 – 电积镉"工艺，并用以处理铜镉渣及镉烟尘，可方便地提取金属镉，实现镉 – 锌分离及锌的回收利用。蔡凌等则采用"氧化焙烧 – 氨性溶液浸出（氨 – 碳酸铵溶液浸出或氨水浸出或氨水 – 氯化铵浸出）– 沉淀"法回收废镍镉电池中的镍及镉。

3.3.2　镉氨配合物冶金原理

3.3.2.1　浸出过程

浸出过程中，镉原料中的镉、锌、铅、铜、镍及钴均会生成相应的配合物离子进入氨性溶液中，而铁的化合物几乎不溶于氨性溶液而进入渣中或以 $Fe(OH)_3$ 形式沉淀下来。

（1）镉浸出

Cd 在烟尘中的存在形式有 CdO、CdS、$CdSO_4$，其中 CdS 在氨性溶液中是不溶的，CdO 溶于氨性溶液，$CdSO_4$ 溶于水；而废镍镉电池中，镉以海绵状金属镉形式存在，需氧化焙烧，使其转化成氧化物，然后再用氨 – 铵盐溶液浸出。镉浸出反应方程式如下：

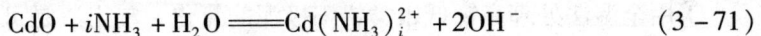

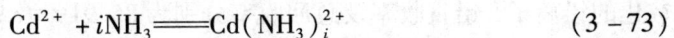

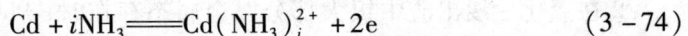

$$2Cd + O_2 =\!=\!= 2CdO \tag{3-70}$$

$$CdO + iNH_3 + H_2O =\!=\!= Cd(NH_3)_i^{2+} + 2OH^- \tag{3-71}$$

$$CdSO_4 =\!=\!= Cd^{2+} + SO_4^{2-} \tag{3-72}$$

$$Cd^{2+} + iNH_3 =\!=\!= Cd(NH_3)_i^{2+} \tag{3-73}$$

$$Cd + iNH_3 =\!=\!= Cd(NH_3)_i^{2+} + 2e \tag{3-74}$$

$Cd(NH_3)_i^{2+}$（$i = 1 \sim 6$）等平衡常数见表 3 – 126，Cd(II) – NH_3 – H_2O 体系中各级配合物的分布 ϕ 见图 3 – 71。

表 3 – 126　Cd 的氨配合平衡常数

$Cd(NH_3)_i^{2+}$（i）	1	2	3	4	5	6
逐级稳定常数 $\lg K_i$	2.05	2.10	1.44	0.93	– 0.36	– 1.66
积累稳定常数 $\lg \beta_i$	2.05	4.15	5.59	6.52	6.16	4.50

由表 3 – 126 和图 3 – 71 可知，镉在氨 – 铵 – 水液中的积累稳定常数 $\lg \beta_4$ 最大，且当 $[NH_3] > 1.0$ mol/L 时，镉主要以 $Cd(NH_3)_4^{2+}$ 形式存在。

（2）锌浸出

Zn 在镉原料中的存在形式有 ZnO、ZnS、ZnSO₄，其中 ZnS 在氨性溶液中是不溶的，2 价锌被氨性溶液浸出的反应方程式见 3.1.2.1 小节。

（3）铅浸出

烟尘中 Pb 的存在形式有 PbO、PbS、PbSO₄，这三种形式的铅的化合物都是不溶于水的，其中 PbO 在 $(NH_4)_2SO_4$ 溶液中，也是微溶的，方程式为：

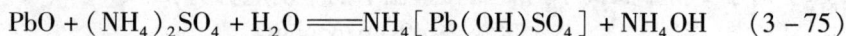

图 3 – 71 $Cd(II) – NH_3 – H_2O$ 体系中各级配合物的分布

$$PbO + (NH_4)_2SO_4 + H_2O \Longrightarrow NH_4[Pb(OH)SO_4] + NH_4OH \qquad (3 – 75)$$

$PbSO_4$ 是一种不溶于水但溶于氨性溶液的物质，反应方程式为：

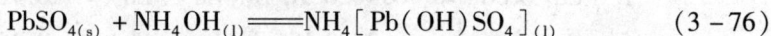

$$PbSO_{4(s)} + NH_4OH_{(l)} \Longrightarrow NH_4[Pb(OH)SO_4]_{(l)} \qquad (3 – 76)$$

上述反应引起 $Pb(II)$ 溶解获得的含铅溶液是不稳定的，当外界条件改变，或时间延长，铅从溶液中沉淀析出。

$$2NH_4[Pb(OH)SO_4]_{(l)} \Longrightarrow PbO \cdot PbSO_{4(s)} + (NH_4)_2SO_4 + H_2O \qquad (3 – 77)$$

该反应发生与否受溶液中其他盐浓度以及静置时间的强烈影响，根据 S. Guy 等的报道，随着时间的延长与溶液中 Zn^{2+} 浓度的增大，Pb 在溶液中的浓度显著下降，因此只要提高浸出液中 Cd^{2+}、Zn^{2+} 的浓度，也就是循环几次浸出电尘，然后将浸出液陈化放置一定长的时间，就可以达到除去溶液中铅的目的。

（4）铜镍钴的浸出

镉烟尘或镉渣中还含有少量铜、钴等元素；废镍镉电池中 Ni 以 NiOOH 存在，经氧化焙烧，Ni 及 Co 生成氧化物，铜、镍、钴等的浸出反应见第 2 章的有关内容。

3.3.2.2 铜镉渣及镉烟尘 MASA 浸出液电积镉原理

在氨 – 硫酸铵 – 水体系（简称 MASA 体系）浸出铜镉渣或镉烟尘的浸出液中的镉与锌的浓度比较高，将浸出液放置一段时间后，其中 Pb 的浓度会降到很低的水平，用置换法可将 Cu 彻底除去：

$$Cu^{2+} + Cd \Longrightarrow Cu + Cd^{2+} \qquad (3 – 78)$$

在 MASA 体系中电积镉时，即使电解液中 Zn 含量很高，锌也不沉积，从而实现锌与镉的分离，其基本原理如下。

各金属离子同时电积的条件为：

$$E_{析,A} = E_{析,B} \qquad (3 – 79)$$

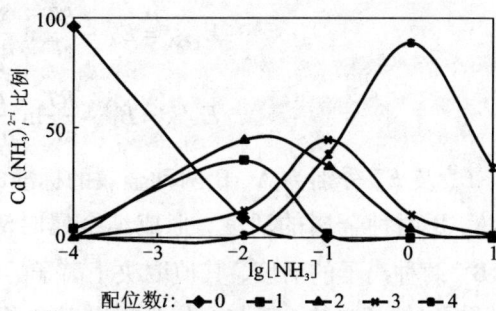

$$E_{析,A} = E_A^{\ominus} - \frac{RT}{zF}\ln\frac{a_A}{a_{A^{z+}}} - \eta_A \qquad (3-80)$$

$$E_{析,B} = E_B^{\ominus} - \frac{RT}{zF}\ln\frac{a_B}{a_{B^{z+}}} - \eta_B \qquad (3-81)$$

式中：$E_A^{\ominus}$ 及 $E_B^{\ominus}$ 分别为 A、B 两种金属的标准电极电位；a_A 及 a_B 分别为阴极沉积物中 A、B 两种金属的活度，形成纯金属时活度为 1；$a_{A^{z+}}$ 及 $a_{B^{z+}}$ 分别为溶液中 A^{z+}、B^{z+} 两种离子的活度，其值取决于离子的浓度；η_A 及 η_B 分别为 A、B 两种金属阴极析出的超电势，值与金属性质及其电积速度有关，电积速度愈高，超电势愈大。

金属电积的超电势很小，可以认为各金属的超电势为 0 V，各种金属的活度为 1。对于 2 价金属离子与金属在室温下的平衡电势为：

$$E_{析,A} = E_A^{\ominus} + 0.02908\lg a_{A^{z+}} \qquad (3-82)$$

$$E^{\ominus}(Cd^{2+}/Cd) = -0.4026\ V,\ E^{\ominus}(Zn^{2+}/Zn) = -0.7628\ V \qquad (3-83)$$

$$E^{\ominus}(Cu^{2+}/Cu) = +0.3402\ V,\ E^{\ominus}(Pb^{2+}/Pb) = -0.1263\ V \qquad (3-84)$$

根据式(3-82)与式(3-83)可以得出各杂质金属与 Cd 同时电积时的浓度关系为：

$$a = 10^{\frac{E_{Cd2+/Cd}^{\ominus} - E_A^{\ominus}}{0.02908}} \times a_{Cd} \qquad (3-85)$$

于是可得出 Zn、Pb、Cu 与 Cd 同时电积时的条件：

$$a_{Zn} = 10^{12.387}a_{Cd} \qquad (3-86)$$

$$a_{Pb} = 10^{-9.51}a_{Cd} \qquad (3-87)$$

$$a_{Cu} = 10^{-25.66}a_{Cd} \qquad (3-88)$$

可见只有当溶液中 Zn 活度是 Cd 活度的 $10^{12.387}$ 倍时 Zn 才会与 Cd 同时电积，而 Pb、Cu 却显然比 Cd 要先从溶液中析出，因此必须严格控制溶液中 Pb 和 Cu 的浓度。

3.3.2.3 废镍镉电池氨性浸出液净化及金属回收原理

废镍镉电池用氨－碳酸铵水溶液浸出，浸出液中主要含镉、镍、钴等金属离子。根据以上金属离子的化学性质，可用氧化沉淀法回收钴，用萃取法富集和回收镍，最后用碳酸盐沉淀法回收镉，其基本原理如下：

(1) 钴的氧化沉淀原理

因为配合物 $Co(NH_3)_6^{3+}$ 比配合物 $Co(NH_3)_6^{2+}$ 稳定性小很多，所以 Co^{2+} 能被萃取，而 Co^{3+} 则不能。因此在萃取 Ni 以前，必须先将钴(Ⅱ)氧化为钴(Ⅲ)。在氨性溶液中，钴(Ⅱ)－氨配合物能被空气氧化，生成 $Co(OH)_3$ 沉淀，但须加入适量石墨粉作催化剂，同时用作屏蔽剂防止 NH_3 的挥发。$Co(OH)_3$ 沉淀用盐酸溶解时，Co^{3+} 被还原生成 $CoCl_2$，然后制备 $CoCl_2 \cdot 6H_2O$ 产品；主要反应如下。

$$4Co(NH_3)_4^{2+} + O_2 + 8OH^- + 2H_2O \xrightarrow{石墨} 4Co(OH)_3 \downarrow + 16NH_3 \uparrow \quad (3-89)$$

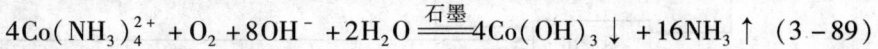

（2）镍萃取和反萃取原理

用 Lix64N 作萃取剂，煤油作稀释剂，可以很好地有选择性地从 Ni 和 Cd 氨性溶液中萃取 Ni：

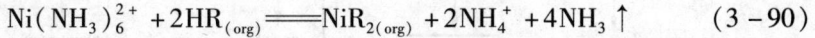

$$Ni(NH_3)_6^{2+} + 2HR_{(org)} = NiR_{2(org)} + 2NH_4^+ + 4NH_3 \uparrow \quad (3-90)$$

可用 H_2SO_4 溶液从负镍有机相中反萃 Ni，从而使镍得以分离及富集。

$$NiR_{2(org)} + 2H^+ = Ni^{2+} + 2HR_{(org)} \quad (3-91)$$

硫酸镍溶液浓缩结晶即得到六水硫酸镍（$NiSO_4 \cdot 6H_2O$）产品。

（3）沉淀法回收镉原理

加热含镉的碳酸铵浸出液或向其中通入热蒸汽，以逐出浸出液中的 NH_3，这时镉即可生成三方晶系的白色碳酸镉沉淀：

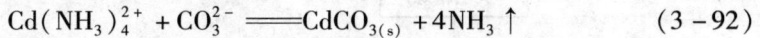

$$Cd(NH_3)_4^{2+} + CO_3^{2-} = CdCO_{3(s)} + 4NH_3 \uparrow \quad (3-92)$$

3.3.3　硫酸铵 – 氨 – 水体系中镉烟尘及铜镉渣制取电镉

作者对硫酸铵 – 氨 – 水体系中镉烟尘和铜镉渣制取电镉工艺进行了系统研究。下面具体介绍。

3.3.3.1　原料及流程

原料为中国南方某冶炼厂的铅锌精矿烧结电烟尘，其组成如表 3 – 127 所示，原则流程如图 3 – 72 所示。

表 3 – 127　电尘化学成分/%

No	Cd	Zn	Pb	Fe
1	2.48	0.94	59.81	0.05
2	6.44	1.23	59.98	0.22

3.3.3.2　结果及讨论

（1）浸出过程

先用硫酸铵、氨水和纯水配制组成为 NH_3 3mol/L 及 NH_4^+ 5 mol/L 的浸出剂，然后在液固比为 2.5、温度为 35 ℃及机械搅拌 1.5 h 的条件下浸出 1# 电尘，滤渣用 pH 为 10 的氨水洗涤。结果如表 3 – 128 所示。

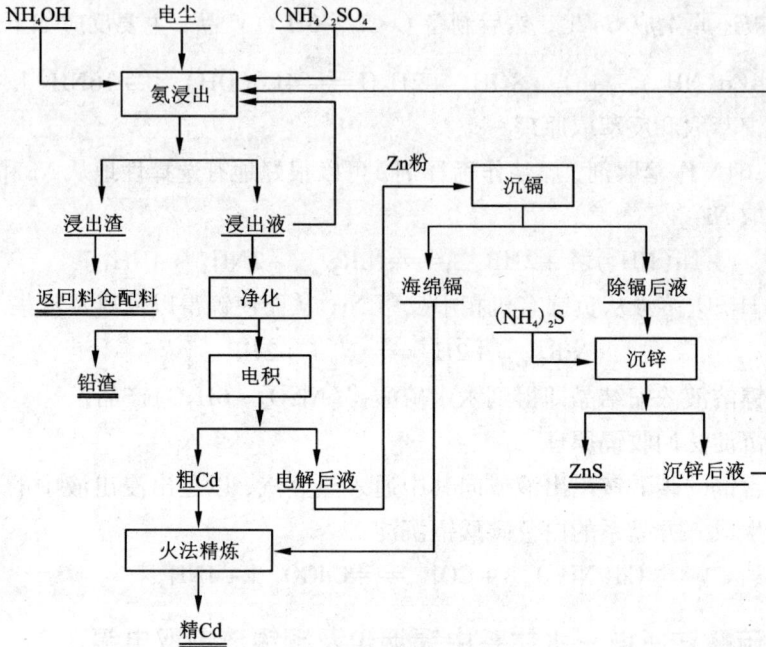

图 3 - 72 氨法电尘提镉原则工艺流程图

表 3 - 128 1#电尘浸出试验结果

No	浸出渣/%			浸出率/%	
	渣率	Cd	Zn	Cd	Zn
1	87.50	0.233	0.111	91.77	89.67
2	88.70	0.289	0.099	89.65	90.66
3	87.91	0.238	0.092	91.56	86.97
平均	87.87	0.254	0.101	90.99	89.10

表 3 - 128 数据表明，在选定的浸出条件下镉的浸出率平均为 90.99%，锌的浸出率平均为 89.1%。

由于浸出液中镉浓度较低，达不到电解要求，须采用多次循环浸出以提高浸出液中的镉浓度。循环浸出条件与上述一样，但以前一次浸出液配成浸剂，并以 2#电尘为循环浸出试验的原料，结果见表 3 - 129 及表 3 - 130。

由表 3 - 129 可以看出，镉浸出率比不循环时即表 3 - 128 的结果下降了 20%，主要原因是 1#电尘含镉量为 2#电尘的 2.6 倍，而没有相应地扩大液固比。

但也可以看出随着浸出次数的增加, 锌的浸出率没有降低, 而镉的浸出率有轻微的降低, 产生这种情况的原因有二: 一是随着循环次数的增加, 浸出剂中 SO_4^{2-} 有少许减小, 见表 3 - 130; 二是由于浸出剂中金属总离子浓度升高所致。

表 3 - 129　浸出率与循环次数的关系

循环/次	2#电尘/g	浸出液/$(g \cdot L^{-1})$			浸出渣/%			浸出率/%	
		V/mL	Cd	Zn	m/g	Cd	Zn	Cd	Zn
1	400	970	7.885	3.182	414.70	0.548	0.162	77.09	82.13
2	440	1100	13.828	6.183	447.70	0.748	0.094	69.31	89.83
3	456	1040	22.194	10.253	482.00	0.713	0.088	69.61	90.10
4	456	1050	28.789	13.736	464.65	0.896	0.113	63.19	87.75
5	452	1100	34.359	19.587	452.05	0.806	0.094	67.50	90.00

表 3 - 130　硫酸根浓度与循环次数的关系

循环/次	1	2	3	4	5
$[SO_4^{2-}]/(mol \cdot L^{-1})$	0.3098	0.2835	0.2655	0.2547	0.2361

(2) 净化过程

净化的主要目的是除 Pb, 如前所述, 硫酸铵 - 氨 - 水体系中铅的浓度受多种因素的影响, 但大多因素都是浸出过程决定了的。在此, 只考察可调因素即其他金属离子的浓度和溶液静置时间对除 Pb 效果的影响。

1) 溶液静置时间对溶液中 Pb 浓度的影响

以 3 次循环浸出液为试液, 调整氨浓度为 1.9 mol/L 后将其密封静置, Pb^{2+} 浓度随陈化时间变化的情况见表 3 - 131。

表 3 - 131　陈化时间与浸出液 Pb 浓度的关系/$(g \cdot L^{-1})$

时间/h	0	1	2	3	4	6	7	17
Pb	0.31	0.224	0.19	0.134	0.141	0.128	0.085	0.0047
Cd	—	24.66	25.96	—	26.26	28.38		33.5
Zn	—	5.98	6.43		5.9	6.47		5.25

由表 3 - 131 可以看出, 随着时间的延长, 生成的 $PbO \cdot PbSO_4$ 沉淀增多, 从而导致 Pb 浓度逐渐降低, 其结果与 S. Guy 等报道的相吻合。G. C. Bratt 等认为, 氨挥发和 Pb 浓度降低的原因可能是发生以下反应:

$$NH_4[Pb(OH)SO_4]_{(1)} + (NH_4)_2SO_4 =\!=\!= PbSO_4 \cdot (NH_4)_2SO_4 \downarrow + NH_3 \uparrow + H_2O$$

$$(3-93)$$

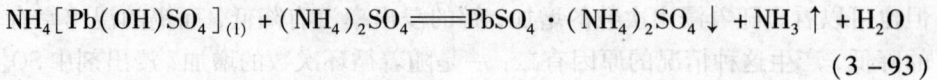

同时由表 3-131 还可以看出，溶液中 Cd 与 Zn 的浓度基本恒定，Cd 的浓度略有提高，其原因可能是取样或分析误差所致。

2）溶液中 Pb 浓度与 Cd、Zn 浓度的关系

按上述条件进行 5 次循环浸出，以提高浸出液中金属离子浓度，考察 Pb 浓度与 Cd、Zn 浓度的关系，其结果如表 3-132 所示。

表 3-132　Pb 浓度与其他金属离子浓度的关系/ $(g \cdot L^{-1})$

循环/次	1	2	3	4	5
Pb	0.645	0.587	0.31	0.135	0.085
Cd	9.380	16.170	22.00	33.33	39.78
Zn	2.550	6.180	9.25	7.00	9.73

由表 3-132 可以看出，随着循环浸出次数的增加，溶液中 Pb 的浓度显著下降，而 Cd 与 Zn 的浓度升高，主要是由于当 Cd 与 Zn 进入溶液后与 NH_3 形成稳定的配合离子，使得 Pb 的溶解度降低。

由此可见，循环浸出是十分可行的，这不仅可以提高溶液中 Cd 与 Zn 的浓度，使浸出液更有利于电积，而且还可以大幅降低浸出液中的 Pb 含量。

3）最佳条件除铅

至少循环浸出 4 次以上才能获得 Cd 浓度合格的浸出液，因此，确定循环浸出次数为 5 次，陈化时间为 17 h。按上述条件进行循环浸出和浸出液除铅试验，结果表明，浸出液的铅浓度由 0.087 g/L 降至 0.0047 g/L，除 Pb 率为 94.6%，溶液中的 Pb 基本上全部除去。

（3）电积过程

本工艺最大的优势在于用选择性电积代替了锌粉置换，从而取消了锌粉消耗，选择性电积的目的是既要尽可能提取镉，又要尽可能使锌保留在电解液中，从而达到锌镉分离的目的。为此我们在电积试验中，既考察有关电解技术参数的影响，又考察金属镉的质量。

1）电解液镉浓度对电积过程的影响

①对电流效率的影响

以除 Pb 后的镉浸出液为电解液，在电流密度 300 A/m² 的条件下电积 80 min，考察电解液镉浓度对电流效率的影响，结果如表 3-133 所示。

表 3 –133　电解液镉浓度与电流效率及槽电压的关系

Cd 浓度/($g \cdot L^{-1}$)	28.7	22.3	17.1	12.8	10.8	8.2	5.7	4.4
电流效率/%	92.4	104	84.3	67.8	48.8	47.3	44.1	14.2
槽电压/V	4.25	4	3.7	3.85	4.15	4.1	4.2	4.25

由表 3 –133 可以看出，电解液中镉含量高时，电流效率很高，镉浓度在 22.3 g/L 时电流效率最高，17.1 g/L 以上电流效率≥84.3%，随着电解液中镉浓度的降低，电流效率减小。但当电解液中镉浓度为 28.7 g/L 时电流效率则降至 92.4%。

②对槽电压的影响

由表 3 –133 可以看出，电解液中 Cd 的浓度对槽电压的影响不大，呈现出先减小后增大的趋势，在 17 g/L 左右达最小值。

③Zn 浓度与电解时间的关系

在电流密度 300 A/m² 的条件下考察电解液中 Zn 浓度与电解时间的关系，结果如表 3 –134 所示。

表 3 –134　溶液中 Zn 浓度与电解时间的关系

电解时间/min	10	20	30	40	50	60	70	80
Zn 浓度/($g \cdot L^{-1}$)	9.0	9.3	9.4	9.5	8.7	9.0	11.8	10.8

电解液中 Zn 浓度是一个很重要的参数，因为 Zn 浓度变化会产生两方面的严重影响：一是 Zn 浓度提高，则 Zn 以金属的形式在阴极析出，从而降低镉的品位，显然这是我们不想看到的；二是 Zn 浓度减小，会使溶液中总金属浓度减小，从而会降低溶液的电流效率。表 3 –134 说明，电解液中的锌浓度没有减小，在电解过程后期，锌浓度还有少量的提高，这中间除了有分析上的误差外，还有很大程度是因为随着电解的进行，电解液体积减少，从而使 Zn 浓度有轻微的提高。

2) 电流密度对电积过程的影响

①对电流效率的影响

用成分(g/L)为 Cd 15、Zn 3.3 的浸出净化液在不同电流密度下进行 80 min 的电积试验，其结果如表 3 –135 所示。

由表 3 –135 可以看出，随着电流密度的提高，电流效率先增大后减小，电流密度为 750 A/m² 时电流效率最高，因此确定最佳电流密度为 750 A/m²。

表 3 – 135　电流密度与电流效率及槽电压的关系

电流密度/(A·m^{-2})	300	450	600	750	900	1200
电流效率/%	47.2	57.9	80.6	86.0	53.7	62.6
槽电压/V	3.52	4.33	4.7	5.25	5.6	6.15

当电流密度较小时，电积过程的速度由电极表面的电化学反应控制，电流密度的提高可以加快电化学反应速度，降低电阻耗电，从而提高电流效率。当电流密度达到一定值后，电积过程速度被离子扩散控制，电流效率也就达到了最大值，继续提高电流密度，电流效率反而会降低，这是因为电流密度太高的时候会发生析氢反应，从而降低了电流效率。

②对槽电压的影响

由表 3 – 135 可以看出，随着电流密度的增加，槽电压不断升高，槽电压与电流密度基本呈直线关系。

根据欧姆定律，槽电压与反电动势 $-E_{(Cd^{2+}/Cd)}$ 之差等于通过电解槽的电流与电解槽及各部分接触电阻、导线电阻之和的乘积。因此，在极板面积一定的情况下，槽电压跟电流密度与电阻和的乘积成线性关系，但由于随着电流密度的提高，溶液中的阴阳离子运动加速，溶液电阻减小，从而使电流密度与槽电压不呈线性关系。

3）综合条件试验

根据以上试验结果，确定电积过程的优化条件为：①电解液中镉浓度≥15 g/L；②电流密度为 750 A/m^2。用成分如表 3 – 136 所示的循环浸出净化液作为电解前液，电积时间分别为 90 min 与 80 min，结果如表 3 – 137 所示。

表 3 – 136　电解前液成分

元素	Cd	Zn	Pb	Cu
成分/(g·L^{-1})	41.4	11.7	0.013	0.062

表 3 – 137　电镉的成分/%

No	电积时间/min	质量/g	Cd	Zn	Pb	Cu
D$_1$	90	14.1	91.05	0.115	0.58	0.20
D$_2$	80	12.4	90.89	0.13	0.63	0.23

由于电镉具有较高的化学活性，部分金属镉在空气中氧化成 CdO，从而降低

了电镉中的镉含量，表 3 - 138 为扣除氧含量后的电镉成分及电流效率。

表 3 - 138 说明，电镉品位很高，其中杂质 Zn 与 Cu 还可以进一步通过火法精炼除去，从而制得精镉；电流效率较高，在 87% 以上。

表 3 - 138　扣除氧含量后的电镉成分及电流效率/%

No	Cd	Zn	Pb	Cu	η_e
D_1	99.03	0.125	0.631	0.218	87.00
D_2	98.92	0.136	0.687	0.237	87.34

3.3.4　氨配合法处理废镍镉电池

3.3.4.1　概述

废旧镍镉电池富含镍和镉，镍是很贵的重金属和战略金属，镉是毒性很大的重金属，废旧镍镉电池若不处理而随便丢弃，不仅对环境造成严重镉污染，而且浪费高价值的镍资源。因此，对废旧镍镉电池进行无害化处理和资源利用具有重大意义。镍（Ⅱ）和镉（Ⅱ）均有很强的氨配合能力，氨配合法处理废旧镍镉电池综合回收镍和镉是一个极具应用前景的研究领域。国内外学者对此已开展了广泛而深入的研究。H. Reinhardt 于 1997 年提出碳酸铵 - 氨 - 水体系中处理废旧镍镉电池后，蔡凌、仉佩崧、卢志强等对该体系中从废旧镍镉电池中回收镍和镉的工艺进行了系统研究；随即，孔祥华和王晓峰对纯氨水体系，史凤梅、马玉新和乌大年对氯化铵 - 氨 - 水体系处理废旧镍镉电池的工艺进行了深入研究。现将他们的研究成果介绍如下，这对镍、镉资源的循环利用和环境保护有重要意义。

3.3.4.2　碳酸铵 - 氨 - 水体系中处理废旧镍镉电池

（1）原料及流程

试验原料主要为废镉镍电池经过消电、破碎及焙烧预处理后的金属氧化物粉末。试验流程见图 3 - 73 所示。

（2）配合浸出

在室温及搅拌 24 h 的条件下，研究了氨和碳酸铵浓度对金属浸出率的影响。结果发现，总氨浓度（$NH_3 + NH_4^+$）为 5.8 mol/L，总碳酸根浓度（$CO_3^{2-} + HCO_3^-$）为 2.5 mol/L 时，镍、镉和钴的浸出率分别为 99.40%、99.10% 及 98.60%。

浸取时间在 7 h 前随时间延长，金属浸出率升高，但 7 ~ 8 h 以后没有影响，温度对浸出率也没有影响。

在浸出液组成为 3.9 mol/L NH_3 + 2.5 mol/L NH_4HCO_3，浸出时间为 10 h 及浸出液体积为 500 mL 的固定条件下，逐步增加电池粉末的量，考察液固比对浸

```
                          电池粉末
                             │
                             ▼
                        ┌─────────┐
                        │ 配合浸出 │◄──────────────────┐
                        └─────────┘                    │
                             │                         │
                           浸出液                       │
                             │                         │
                             ▼                         │
   Co(OH)₃渣              ┌─────────┐                   │
  ◄──────────────────────│ 氧化沉钴 │                   │
   (回收Co)              └─────────┘                   │
                             │                         │
                          沉钴后液                      │
                             │        含NH₃,NH₄⁺,OH⁻,HCO₃²⁻,CO₃²⁻
     H₂SO₄                   │                         │
       │                     ▼                         │
 NiSO₄液  ┌─────┐        ┌─────────┐                    │
◄─────────│ 反萃 │◄───────│ Ni萃取  │                    │
         └─────┘  有机相  └─────────┘                    │
                             │                         │
                           萃余液                       │
                             │                         │
                             ▼                         │
                        ┌─────────┐                    │
                        │  沉Cd   │                     │
                        └─────────┘                    │
                          │     │                      │
                      CdCO₃   沉镉后液 ──────────────────┘
```

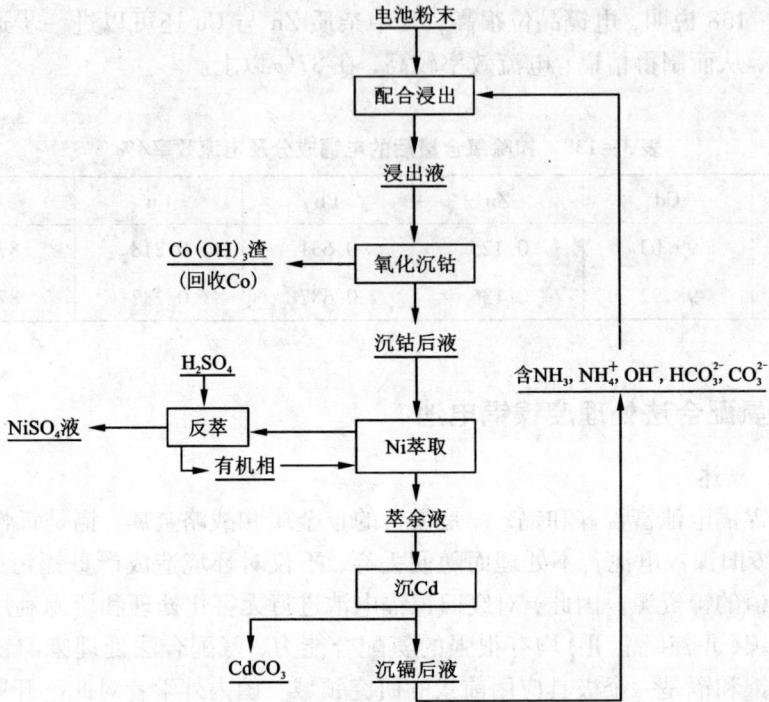

图 3 – 73 废镍镉电池氨法浸出回收工艺原则流程

出过程的影响。发现液固比的影响很大，当液固比为 50/1.05 时，镍、镉和钴的浸出率均为 98%，它们在浸出液中的浓度分别为 4.48 g/L、2.35 g/L 及 2.31 g/L。

（3）浸出液的净化

因为 $Co(NH_3)_6^{3+}$ 比 $Co(NH_3)_6^{2+}$ 稳定性差很多，所以在氨性溶液中，只有钴（Ⅱ）- 氨配合物能被空气氧化为 3 价钴，而 Cd 没有高价态，Ni 虽然有高价态，但不会被空气氧化。氧化沉 Co 试验方法如下：将 2 价钴盐溶于 4 mol/L NH_3 及 2.5 mol/L NH_4HCO_3 的溶液中，使 Co^{2+} 含量为 0.38 g/L，分别放在两个烧杯中搅拌，控制室温为 90 ℃，后一烧杯中加入适量石墨粉作催化剂，同时作覆盖剂，防止 NH_3 的挥发。试验结果见表 3 – 139，由此表可见，在 90 ℃下通入空气 2.5 h 及石墨的催化作用下，Co^{2+} 全部氧化为 Co^{3+}，生成 $Co(OH)_3$ 沉淀。

表 3 – 139 Co²⁺ 的氧化条件试验比较/(g·L⁻¹)

时间/h	Co³⁺（室温）	Co³⁺（90 ℃，石墨催化）
1.5	0.090	0.35
2.5	0.14	0.38
5	0.35	0.38

（4）镍的萃取

1）萃取

用 LIX64N 萃取 Ni 的平衡见图 3 – 74，有机相萃入 Ni 配合物后呈绿色。

由图 3 – 74 可得到一级、二级或 n 级萃取后液中 Ni 的含量。镉和钴在含量较小时，不被 LIX64N 萃取；在 Cd 含量较高时，它们同样会被萃取，但萃取率相当低。通过 2~3 级萃取，Ni 的萃取率通常达到 99.86% 以上。试验测得的 Ni 和 Cd 的分配比见表 3 – 140。

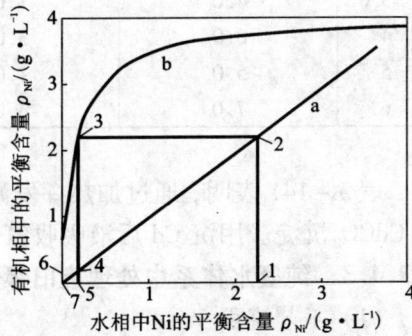

图 3 – 74 萃取 Ni 的平衡图

2）反萃

溶于有机相的 Ni 化合物很容易被 H_2SO_4 反萃，负 Ni 有机相与 2 mol/L H_2SO_4 混合后，水相中 Ni 的平衡浓度为 19 g/L，分配比 $D < 10^{-3}$。Ni 的反萃率超过 99.21%。

表 3 – 140 Ni 和 Cd 的分配比及浓度

No	V_{org}/V_a	浓度/(g·L⁻¹)				D_{Ni}	D_{Cd}
		$\rho_{Ni_{aq}}$	$\rho_{Ni_{org}}$	$\rho_{Cd_{aq}}$	$\rho_{Cd_{org}}$		
1	1:10	2.29	3.90	1.30		1.7	
2	1:5	1.79	3.90	1.29		2.2	
3	1:2	0.42	3.59	1.30		8.5	
4	1:1	0.023	2.23	1.29		100	
5	1:2	0.003	1.06	1.29	0.018	>10²	0.014
6	1:5	0.003	0.48	1.14	0.035	>10²	0.031
7	1:10	0.003	0.26	0.94	0.037	>10²	0.039
8	1:20	0.003	0.13	0.74	0.029	>10²	0.039

（5）沉镉

不同溶液组成下的 $CdCO_{3(s)}$ 溶解度见表 3 – 141。

表 3 –141　碳酸铵 – 氨 – 水体系中 Cd 的溶解度

No	$c_{NH_3} + c_{NH_4^+}$ /(mol·L^{-1})	$c_{CO_3^{2-}} + c_{HCO_3^-}$ /(mol·L^{-1})	pH	$c_{Cd_{aq}}$ /(g·L^{-1})
1	3.0	1.0	9.67	0.45
2	5.0	3.0	8.78	0.02
3	4.0	1.0	9.86	2.50
4	6.0	3.0	9.15	0.19
5	5.0	1.0	10.07	8.60
6	7.0	3.0	9.42	1.08

表 3 –141 表明，通过加热挥发游离氨的办法，可使 Cd(Ⅱ) – 氨配合物分解成 CdCO₃沉淀。用沉 Cd 后液吸收氨返回使用。

3.3.4.3　纯氨水体系中处理废旧镍镉电池

（1）工艺流程

纯氨水体系中处理废镍镉电池回收镉和镍的工艺流程见图 3 –75。

（2）试验结果与讨论

纯氨水体系中处理废镍镉电池回收镉和镍的试验结果见表 3 –142，数据处理结果见表 3 –143。

表 3 –142 说明，在 NH₃浓度足够高的情况下，电池中的 Ni(OH)₂、Cd(OH)₂可与氨水发生配合反应，迅速溶解；经 500 ℃烘烤后所得的 NiO 与 CdO 不同，NiO 几乎不溶于氨水，而 CdO 在 pH 及 NH₃浓度足够高的条件下迅速溶解，从而达到镍镉分离的目的。从表 3 –143 可见，镍及镉的浸出率均很高，可达 98% 以上；从产物纯度看，无论是 NiO 还是 Cd(OH)₂都可以达到 99% 以上。

表 3 –142　纯氨水体系中处理废镍镉电池试验结果/(g·L^{-1})

样品	Ni^{2+}	Cd^{2+}	Co^{2+}
镍镉电池浸出液	15.45	6.80	27.3
废铁盐酸溶解液	0.25	0.41	—
第一次驱氨后液	11.65×10^{-3}	0.001	33.3
混合粉末 500 ℃烘烤后氨浸液	0.74×10^{-3}	9.88	5.3
NiO 盐酸溶解液	166.3	0.73	—
Cd(OH)₂盐酸溶解液	12.91×10^{-3}	37.6	—
第二次驱氨后液	59.95×10^{-3}	0.022	—

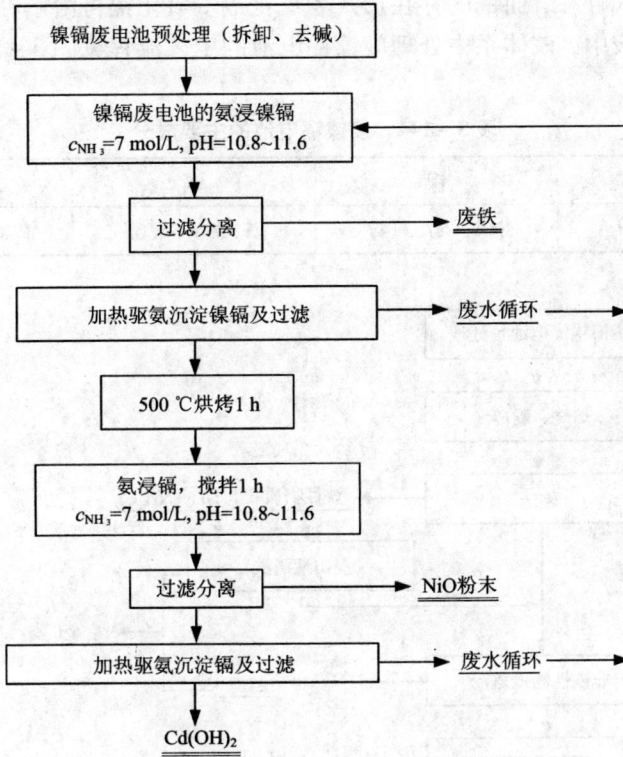

图 3-75　废镍镉电池回收工艺流程二

表 3-143　试验数据处理结果/%

指标	镉浸出率	镍浸出率	Cd(OH)$_2$ 纯度	NiO 纯度
结果	98.5	99.6	99.97	99.56

镉镍电池中一般含有少量的 Co，Co(Ⅱ)可以溶于氨水，生成配合离子，颜色为粉红色。在浸出液加热驱氨时，因为 Co(NH$_3$)$_n^{2+}$ 相对稳定，使大部分 Co 留在驱氨后液中，从而可实现 Co 的分离回收。例如有 81.3% 的 Co 留在第一次驱氨后液中。向驱氨后液中加入 H$_2$O$_2$，驱氨后液由粉红色变为无色，并析出 Co(OH)$_3$ 沉淀。

3.3.4.4　氯化铵-氨-水体系中处理废旧镍镉电池

在氯化铵-氨-水体系中，镉和镍、铁、钴有较好的分离效果，无需先除去镍、铁、钴，缩短了工艺流程，提高了回收产品的纯度，减少了在废镍镉电池处理过程中造成二次污染的可能性。

（1）原料及试验流程

废镍镉电池试样的成分见表 3-144，废旧镍镉电池经焙烧后，镍以金属镍和氧化亚镍的形式存在,而镉的存在形式为氧化镉。氧化镉可溶解在一定浓度的氨水-氯化铵溶液中,该体系中处理废镍镉电池的工艺流程见图3-76所示。

表3-144 废镍镉电池的主要成分

元素	镍	镉	钾
含量/%	1.1~17.3147	11.6~55.6	1.3684~3.4824

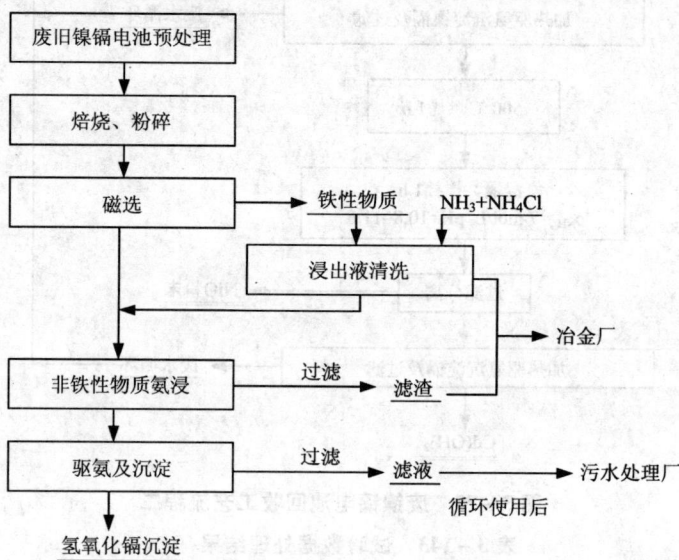

图3-76 氯化铵-氨-水体系中处理废镍镉电池流程

(2)单因素浸出试验

1)预处理

将废镍镉废电池去壳后放入烘箱,在105 ℃的条件下烘3 h,冷却后分离活性物质,再将活性物质研磨、筛分、焙烧、粉碎和磁选分离铁性物质。

2)结果与讨论

①温度对镉浸出率的影响

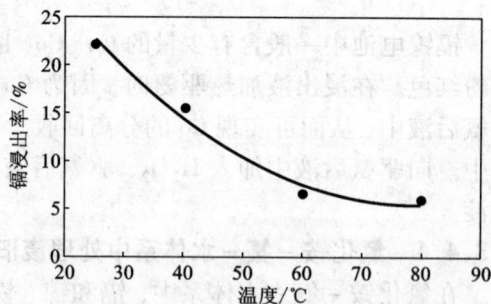

图3-77 温度对镉元素浸出率的影响

在氨浓度为2 mol/L,氯化铵的浓度为0.5 mol/L及浸取液体积为15 mL的固定条件下,考察温度对镉浸出的影响,结果见图3-77。

由图 3 - 77 可知，温度对镉浸出具有重要影响，随着温度的升高，使浸出液中的氨快速挥发，从而降低镉的浸出率。

②氨浓度对镉浸出率的影响

在温度为 25 ℃，浸出液体积为 15 mL，时间为 2 h 的固定条件下，考察氨浓度对镉浸出率的影响，结果如图 3 - 78 及图 3 - 79。

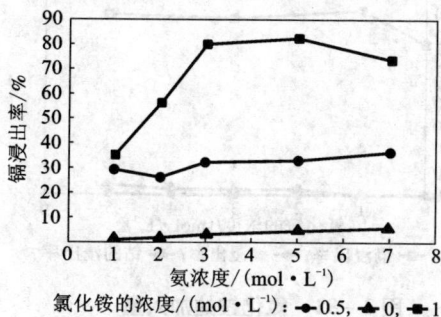

图 3 - 78　氨浓度对镉浸出率的影响

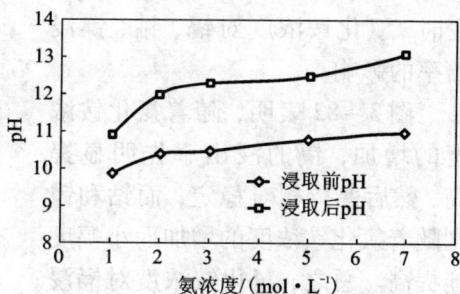

图 3 - 79　浸出液的 pH 值变化

由图 3 - 78 可知，氯化铵可改善镉的浸出效果，其浸出率随氯化铵浓度的增加而升高。随着氨浓度在一定范围内增加，镉的浸出率相应增加，当氨浓度与氯化铵浓度之比大于一定数值时，镉的浸出率下降，然而氨浓度继续增加使镉的浸出率大幅度提高。

在氯化铵浓度不变的情况下，氨浓度对镉、镍、钴浸出率的影响如图 3 - 80。

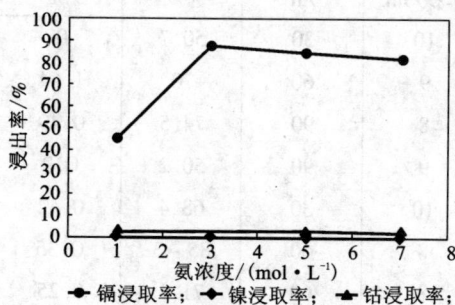

图 3 - 80　氨浓度对镉、镍及钴浸出的影响

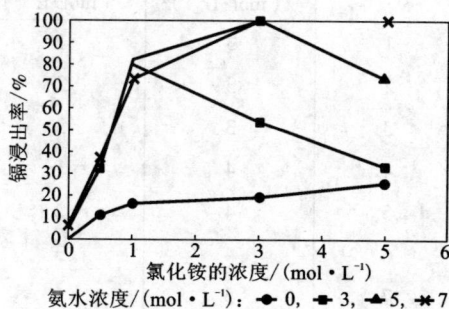

图 3 - 81　氯化铵浓度对镉浸出率的影响

由图 3 - 80 可知，氨浓度对镉浸出率的影响较大，而对镍、钴浸出率的影响较小，其浸出率几乎不变。

③氯化铵浓度对镉浸出率的影响

在固定其他条件的情况下，氯化铵浓度对镉浸出率的影响见图 3 - 81。

由图 3 – 81 可知，氯化铵浓度对镉浸出率的影响较大。它可以调节浸出液的 pH 值，同时还可为氨配合反应提供足够的配体，氯离子还可以与 Cd^{2+} 形成可溶性的氯配合物，但镉在浸出液中的物种主要是镉氨配合物。氯化铵浓度增加到一定程度后，在不同的氨浓度下，镉的浸出率才有明显改变，且随着氨浓度的增加而提高。

由图 3 – 82 可知，当氨浓度不变时，氯化铵浓度对镉、钴、镍浸出率的影响。

图 3 – 82 表明，随着氯化铵浓度的增加，镉的浸出率先明显提高，然后保持相对稳定，而钴和镍则随着氯化铵浓度的增加而小幅度地提高。总之，氯化铵浓度对镉浸出率的影响大，对镍、铁、钴等的浸出影响较小。

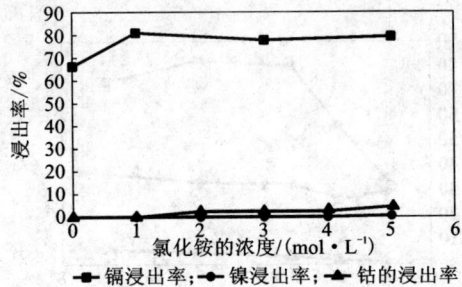

图 3 – 82 氯化铵的加入量
对镉、镍及钴元素浸出率的影响

（3）浸出正交试验

在单因素试验的基础上，进行正交试验优化浸出条件。该试验的正交试验设计及结果见表 3 – 145。

表 3 – 145 正交试验设计及结果

No	氨浓度 /(mol·L^{-1})	氯化铵浓度 /(mol·L^{-1})	浸出液体积/mL	浸出时间 /h	镉浸出率 /%	镍浸出率 /%
1	3	1	10	30	50.7	0
2	3	2	9	60	70	1.64
3	3	3	8	90	74.5	0.49
4	4	1	9	90	50.2	0.2
5	4	2	10	30	68,4	0.42
6	4	3	8	60	85 – 3	0.35
7	5	1	8	60	71.1	0.25
8	5	2	9	90	80.7	0.26
9	5	3	10	30	96.2	0.41

续上表

No	氨浓度 /(mol·L^{-1})	氯化铵浓度 /(mol·L^{-1})	浸出液 体积/mL	浸出时间 /h	镉浸出率 /%	镍浸出率 /%
K_1	195.2	172	230.9	215.3		
K_2	203.9	159.1	200.9	226.4		
K_3	248	256	215.3	205.4	以镉的浸出率 为参考值	
K_1 平均值	65.1	57.3	77	71.8		
K_2 平均值	68	50.01	62.6	75.5		
K_3 平均值	82.7	85.3	71.8	68.5		
R	17.6	35.27	14.4	7		
K_1	2.38	0.70	109	1.08		
K_2	0.97	2.32	2.10	2.24	以镍的浸出率 为参考值	
K_3	0.92	1.25	1.08	0.93		
R	1.46	1.62	1.02	1.29		

由表 3 – 145 可确定氯化铵浓度、氨浓度和浸出液的体积对镉的浸出率影响比较大，浸出时间影响较小。在氨浓度为 5 mol/L、氯化铵浓度为 3 mol/L、浸出液体积为 8 mL、浸出时间为 60 min 的优化条件下，镉最大程度地被浸出。而当氨浓度为 3 mol/L、氯化铵浓度为 2 mol/L、浸出液的体积为 9 mL、浸出时间为 90 min 的条件下，镉的浸出效果最差。

各浸出条件对镍浸出率的影响较小。浸出镍的最佳条件为：氨浓度为 3 mol/L，氯化铵浓度为 2 mol/L，浸出液体积为 9 mL，浸出时间为 60 h。镉的最佳浸出条件近于镍的最差浸出条件，因此，在镉的最佳浸出条件下，可以得到比较理想的镉、镍分离效果，这时，镉的浸出率为 98.6%。

（4）镉的回收

镉占浸出液中总金属量的 99% 以上，而镍、铁和钴所占的比例 <0.4%，向浸镉液中加入适量的硫化钠，即形成亮黄色的硫化镉沉淀：

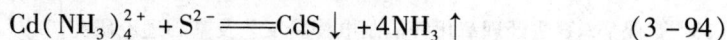

$$Cd(NH_3)_4^{2+} + S^{2-} =\!=\!= CdS \downarrow + 4NH_3 \uparrow \qquad (3-94)$$

可得纯度较高的有应用前景的硫化镉产品。

参考文献

[1] 吴本泰. 从菱锌矿制氧化锌技术[P]. 中国专利申请, CN88102610, 1988

[2] 倪景清, 唐天彪. 一种制取氧化锌的方法[P]. 中国专利申请, CN90105488.7, 1990

[3] 唐谟堂, 鲁君乐. 袁延胜, 等. 氨法制取氧化锌方法[P]. 中国发明专利, ZL9210303. 7, 1992

[4] 刘健. 氨浸法从菱锌矿直接制取活性 ZnO[J]. 有色金属(冶炼部分), 1993, (3): 25 – 26

[5] 欧阳民. 兰坪氧化锌矿冶金化工新工艺研究[D]. 长沙: 中南工业大学, 1994

[6] 唐谟堂, 鲁君乐, 袁延胜, 等. $Zn(II) - (NH_3)_2SO_4 - H_2O$ 系氨络合平衡[J]. 中南矿冶学院学报, 1994, (6): 701 – 705

[7] 蒋元春, 付永吉, 冉龙鸣. 生产高分散性活性氧化锌的方法[P]. CN94111865.7, 1995

[8] 欧阳民, 唐谟堂, 等. $Zn(II) - NH_3 - (NH_4)_2CO_3 - H_2O$ 系热力学平衡研究[C]. 第六届全国铅锌冶炼学术年会论文集, 银川, 1996

[9] 唐谟堂, 欧阳民. 硫铵法制取等级氧化锌[J]. 中国有色金属学报, 1998, (1): 118 – 121.

[10] 杨声海. $Zn(II) - NH_3 - NH_4Cl - H_2O$ 体系电积锌工艺及其理论研究[D]. 长沙: 中南工业大学, 1998

[11] Coco Guzman Antonio, Garcia Carcedo Fernando, Alguacil Priego Francisco Jose, et al. Process for obtaining a high purity zinc oxide by leaching Waelz oxide with ammonium carbonate solutions[P]. ES2110355, 1998

[12] 唐谟堂, 杨声海. $Zn(II) - NH_3 - NH_4Cl - H_2O$ 体系电积锌工艺及阳极反应机理[J]. 中南工业大学学报(自然科学版), 1999, (2): 153 – 156

[13] 杨声海, 唐谟堂, 龙运炳, 等. 一种高纯锌金属的制备方法[P]. 中国发明专利, ZL99115463.0, 1999

[14] 杨声海, 唐谟堂. Thermodynamics of $Zn(II) - NH_3 - NH_4Cl - H_2O$ system [J]. Transactions of Nonferrous Metals Society of China, 2000, 10(6): 830 – 833

[15] 唐谟堂, 程华月. 磷酸锌的应用及其制备工艺的现状与发展[J]. 无机盐工业, 2000, (2): 29 – 31

[16] 程华月. 氧化锌矿氨法直接制取磷酸锌[D]. 长沙: 中南大学, 2000

[17] 杨国华. 氨水 – 碳铵联合法浸取络合制备高纯度活性氧化锌方法[P], CN00112249. 5, 2000

[18] 张保平. 氨法处理氧化锌矿制电锌新工艺及基础理论研究[D]. 长沙: 中南大学; 2001

[19] 张保平, 唐谟堂. 氨浸法在湿法炼锌中的优点及展望[J]. 江西有色金属, 2001, (4): 27 – 28

[20] 杨声海, 唐谟堂. $Zn(II) - NH_3 - NH_4Cl - H_2O$ 体系生产金属锌[J]. 有色金属(冶炼部分), 2001, (1): 7 – 9

[21] 张保平, 唐谟堂, 杨声海. 锌氨配合体系电积锌研究[J]. 湿法冶金, 2001, (4): 175 – 178

[22] 赵廷凯, 唐谟堂. 湿法炼锌净化钴渣新处理工艺[J]. 中南工业大学学报(自然科学版),

2001，(4)：390－394

[23] 赵廷凯. 氨法处理湿法炼锌净化钴渣制取锌粉和回收钴[D]. 长沙：中南工业大学，2001

[24] 张保平，唐谟堂. $NH_4Cl-NH_3-H_2O$ 体系浸出氧化锌矿[J]. 中南工业大学学报(自然科学版)，2001，(5)：483－486

[25] 杨声海，唐谟堂，邓昌雄，等. 由氧化锌烟灰氨法制取高纯锌[J]. 中国有色金属学报，2001，(6)：1110－1113

[26] Mikhnev A D, Pashkov G L, Drozdov S V, et al. Ammonia-carbonate technology of zinc extraction from blast furnace slimes[J]. Tsvetnye Metally, 2002, (5): 34－38

[27] 赵廷凯，唐谟堂，梁晶. 制取活性锌粉的 $Zn(II)-NH3-H_2O-(NH_4)_2SO_4$ 体系电解法[J]. 中国有色金属学报，2003，(3)：774－777

[28] 杨声海. $Zn(II)-NH_3-NH_4Cl-H_2O$ 体系制备高纯锌理论及应用[D]. 长沙：中南大学，2003

[29] 杨声海，唐谟堂，何静，等. 锌焙砂氨法制取高纯锌(英文)[J]. 吉首大学学报(自然科学版)，2003，(3)：45－49

[30] 张保平，唐谟堂，杨声海. 氨法处理氧化锌矿制取电锌[J]. 中南工业大学学报(自然科学版)，2003，(6)：619－623

[31] Yang S H, Tang M T, Chen Y F, et al. Anodic reaction kinetics of electrowinning zinc in system of $Zn(II)-NH_3-NH_4Cl-H_2O$[J]. Transactions of Nonferrous Metals Society of China, 2004, 14(3): 626－630

[32] 杨声海，唐谟堂，何静，等. 锌焙砂氨法生产高纯锌[J]. 中国有色冶金，2004，(2)：14－16

[33] 杨声海，唐谟堂，等. 用 NH_4Cl 溶液浸出氧化锌矿石[J]. 湿法冶金，2006，(4)：179－182

[34] 唐谟堂，张鹏，等. $Zn(II)-(NH_4)_2SO_4-H_2O$ 体系浸出锌烟尘[J]. 中南大学学报(自然科学版)，2007，(5)：867－872

[35] 唐谟堂，杨声海，王瑞祥，等. 一种处理氧化锌矿或氧化锌二次资源制取电锌的方法，CN200810031486x，2008

[36] 王瑞祥，唐谟堂，刘维，等. $NH_3-NH_4Cl-H_2O$ 体系浸出低品位氧化锌矿制取电锌[J]. 过程工程学报，2008，(S1)：219－222

[37] 王瑞祥，唐谟堂，杨建广，等. $Zn(II)-NH_3-Cl^--CO_3^{2-}-H_2O$ 体系中 $Zn(II)$ 配合平衡[J]. 中国有色金属学报，2008，18(s1)：192－198

[38] Wang R X, Tang M T, Yang S H, et al. Leaching kinetics of low grade zinc oxide ore in the system of $NH_3-NH_4Cl-H_2O$[J]. Jurnal of Central South University of Technology, 2008, 15 (5): 679－683

[39] 王瑞祥. MACA 体系中处理低品位氧化锌矿制取电锌的理论与工艺研究[D]. 长沙：中南大学，2009

[40] 张家靓. MACA 法循环浸出低品位氧化锌矿制取电锌新工艺研究[D]. 长沙：中南大学，2010

[41] Agracheva R A, Volskii A N, Egorov A M. Treatment of lead sulphide concentrates by application of ferric chloride solutions[J]. Izv. AKud. Nauk SSSR, otd. Tekhn. Nauk Mel. i Toplivo, V 3, 1958: 37 – 46

[42] Agracheva R A, Volskii A N. Processing of lead sulphide concentrates by treatment with ferric chloride[J]. Sb. Nauchn. Tr. Mosk. Inst. Tsvetn. Metab. i Zolota. r. 33. 1960: 26 – 33

[43] Mantell C L. Electrochemical Engineering[M]. Mcgra-Hill Book Co., Inc. New York, 4th., ed., 1960: 403

[44] Cotterill C H, Cigan J M. AIME world symposium on mining and metallurgy of lead, V. 2. american institute of mining[M]. Metallurgical and Petroleum Engineers, New York, 1970: 37 – 46

[45] Haver F P, Uchida K, Wong M M. Recovering elemental sulfur from non-ferrous minerals: Ferric chloride leaching of chalcopyrite concentrate[J]. Bureau of Mines, RI 7474, 1971

[46] Tunley T H, Kohler P, Sampson T D. The metsep process for the separation and recovery of zinc, iron, and hydrochlorie acid from spent pickle liquors. S. African Nat. Inst. Metal. 1658, 1974: 14

[47] Dutric J E, R 1 C Mac Donald. Ferric ion as a leaching medium[J]. Miner. Sci Eng, V. 6, NO. 2, 1974: 59 – 100

[48] Marphy J E, Haver F P, Wong M M. Recovery of lead from galena by a leach-electrolysis procedure[J]. Bureau of Mines RI 7913, 1974, 8PP

[49] Haver F P, Baker R D, Wong M M. Improvements in ferric chloride leaching of chalcopyrite concentrate, Bureauof Mines RI 8007, 1975, 16PP

[50] 赵天从. 国外湿法炼铅技术动态. 中南矿冶学院内部资料, 1976

[51] 赵天从, 汪键, 宾万达, 等. 硫化铅精矿 $FeCl_3$ 浸出—$PbCl_2$ 固态阴极还原试验报告, 1979

[52] 赵天从. 湿法炼铅的前景[C]. 中国金属学会重有色金属学术委员会论文集, I(铅锌), 株洲, 1979

[53] 赵天从. 重金属冶金学(上下册)[M]. 北京: 冶金工业出版社, 1981

[54] 郑蒂基, 付崇说. 关于铅氯离子—水系在氯离子强度大及升温条件下的平衡研究[J], 中南矿冶学院学报, 1981, 4: 1 – 9

[55] 吴筱锦, 赵天从, 乐颂光. 关于酸性氯化物溶液中 PbS 的阳极过程[J]. 有色金属, 1982, 34(4): 67 – 75

[56] Tan K G, Bartels K, Bedard P L. Lead chloridesolubili and density data in binary aqueoussolution[J]. Hydrometallurgy, 1987, 17: 335 – 356

[57] Holdich R G. Thesolubility of aqueousleadchloride solutions [J]. Hydrometallurgy, 1987, 19: 199 – 208

[58] Pritzker M. Model for the ferricchloride leaching of galena[J]. Met, trans. B, 1988, 29B: 953 – 960

[59] Kobaxashi M, Putrizac J E, Toguri J M. Acritical review of the ferricchlorideleaching of galena [J]. Canadian Metallurgical Quarterly, 1990, 293: 201 – 211

[60] Kobaxashi M, Putrizac J E, Toguri J M. Acritical review of the ferricchlorideleaching of galena [J]. Canadian Metallurgical Quarterly, 1990, 293: 201 – 211

[61] Dutrizac J E, Chen T T. The effect of the elemental sulfureaction production the leachingof galenainferricchlorid midia[J]. Met Trans. B, 1990, 21B 4: 935 – 943

[62] Winad R. Chloride hydrometallurgy[J]. Hydrometallurgy, 1991, 27: 285 – 316

[63] 唐谟堂, 鲁君乐, 晏德生, 等. 广西大厂脆硫锑铅矿氯化浸出渣处理试验报告. 中南工业大学有色冶金研究所, 1990

[64] 陈进中. 大厂脆硫锑铅矿氯化浸出渣新处理工艺研究[D]. 长沙: 中南工业大学, 1996

[65] 聂晓军, 陈庆帮, 刘如意. 高锑低银铅阳极泥湿法提银及综合回收的研究[J]. 广东工业大学学报, 1996, 3 (4): 51 – 57

[66] 唐谟堂, 唐朝波, 杨声海, 等. 用 AC 法处理高锑低银类铅阳极泥——氯化 – 浸出和干馏的扩大试验[J]. 中南工业大学学报(自然科学版), 2002, 33 (4): 360 – 363

[67] 尹文新, 韩跃新, 王德全. 湿法炼铅研究进展[J]. 矿冶, 2005, 9(14): 52 – 54

[68] 何静, 唐谟堂, 刘维. 氨法浸出提镉新工艺[J]. 化工学报, 2006, 7(57): 1727 – 1731

[69] GUY S. Solubility of lead and zinc compounds in ammoniacal ammonium sulphate solutions[J]. Hydrometallurgy, 1982, (8): 251 – 260

[70] Reinhardt Hans, Ottertun, et al. [P]. US Parent: 4053553, 1997: 10 – 11

[71] 孔祥华. 镉镍旧电池的回收处理[D]. 北京: 北京科技大学, 1998

[72] 梅光贵, 王德润, 周敬元, 王辉. 湿法炼锌学[M]. 长沙: 中南大学出版社, 2001: 431 – 438

[73] 孔祥华, 王晓峰. 旧镉镍电池湿法回收处理[J]. 电池, 2001, 31(2): 97 – 99

[74] 孔祥华, 王晓峰. 镉镍旧电池的回收处理[J]. 电池, 2001, 30(5): 231 – 232

[75] 屠海令, 赵国权, 郭青蔚. 有色金属: 冶金、材料、再生与环保[M]. 北京: 化学工业出版社, 2003: 162 – 164

[76] 侯慧芬. 从废 Ni – Cd 电池中回收有价金属[J]. 上海有色金属, 2003, 24(1): 43 – 47

[77] 史凤梅, 马玉新, 乌大年, 等. 废旧镍镉电池的处理技术[J]. 青岛大学学报(工程技术版), 2003, 18(4): 76 – 79

[78] 史凤梅. 废镍镉电池中镉的回收及资源化研究[D]. 青岛: 青岛大学, 2004: 18 – 41

[79] 王书民. 废镍镉电池的再生利用[J]. 商洛师范专科学校学报, 2005, 19(1): 99 – 101

[80] 张凤玲. 冶金方法处理废旧镍镉电池的研究进展[J]. 中国资源综合利用, 2007, 25(6): 14 – 16

[81] 蔡凌, 伉佩崧, 卢志强. 废旧可充电池重金属回收的新工艺[J]. 城市环境与城市生态, 2007, 20(5): 27 – 31

[82] Kersti B Nilsson, Lars Eriksson, Vadim G. Kessler, et al. The coordination chemistry of the copper(Ⅱ), zinc(Ⅱ) and cadmium(Ⅱ) ions in liquid and aqueous ammonia solution, and the crystal structures of hexaamminecopper(Ⅱ) perchlorate and chloride, and hexaamminecadmium(Ⅱ)chloride[J]. Journal of Molecular Liquids, 2007: 113 – 120

[83] 王瑞祥, 武岩鹏, 唐谟堂. Cd(Ⅱ) – NH$_3$ – Cl$^-$ – H$_2$O 体系配合平衡[J]. 有色金属(冶炼部分), 2010, (4)

第4章　锑铋锡汞配合物冶金

4.1　锑配合物冶金

4.1.1　锑氯配合物冶金

4.1.1.1　概述

锑氯配合冶金称为酸性湿法炼锑，其研究始于1870年，经历过三个发展阶段。第一阶段的特征是以三氯化铁作氯化浸出剂，浸出液经电解或置换获得金属锑，到1985年止，尚未获得工业应用。第二阶段仅数年，其主要特征是以五氯化锑或氯气作氯化剂，直接由硫化锑矿或精矿制取锑白，获得小规模工业应用。第三阶段的主要特征是处理高铅复杂锑精矿和多金属复杂含锑物料制取多种高档次锑品，与等离子体超细粉体技术相结合，生产高纯氧化锑的生产线已于1998年在柳州华锡集团柳州冶炼厂试产成功，三年前，辰州矿业建成一条2000 t/a 规模的"新氯化 – 水解法"高纯氧化锑生产线，目前已达产达标，生产正常。

迫于低浓度二氧化硫烟气危害和适应锑的市场格局，锑氯配合冶金在开发利用我国极为丰富的高铅复杂锑矿资源上较传统火法具有明显的优势。

已获工业应用的锑氯配合冶金的主要方法是以 A# 氯化剂———种五氯化锑的水溶液为浸出剂的"氯化 – 水解法"和"新氯化 – 水解法"都是在赵天从教授指导下由中南工业大学开发成功的，前者只适用于单一硫化矿，后者则可处理复杂锑矿或精矿，并生产高纯产品。另外，已工业应用的锑氯配合冶金方法还包括"氯气浸出 – 水解法"，这是广东工学院曾达等开发成功的。氯气代替三氯化铁作氯化 – 浸出剂是锑氯配合冶金技术的一大进步，这种方法的最大优点是避免了大量铁对分离过程的干扰及不需再生浸出剂；但也存在元素硫产率低、氯耗高、浸出液锑浓度低、酸耗高及过程难控制等问题。针对这些问题，20世纪80年代初，中南工业大学开发成功 A# 氯化剂，A# 氯化剂兼备有三氯化铁和氯气氯化剂的优点，但是摒弃了它们的缺点，其发现和使用将锑氯配合冶金推向一个崭新的阶段。锑氯配合冶金的原则工艺流程如图4 – 1所示，主要包括氯化 – 浸出，还原，水解，中和及置换等过程。针对处理对象的不同，所用的工艺流程可简可繁。对于单一硫化锑矿不需除铅、脱砷及回收有价元素的过程，对于脆硫锑铅矿精矿和铅阳极泥各个步骤都需要，流程最长。而高铅或高砷硫化锑矿需在单一硫化锑矿的基础上分别增加脱铅及除砷步骤。

4.1.1.2　锑氯配合物冶金原理

（1）氯化浸出过程的基本原理

在 $A^{\#}$ 氯化剂浸出硫化锑矿及含锑阳极泥过程中，既要考虑氧化 – 还原平衡：

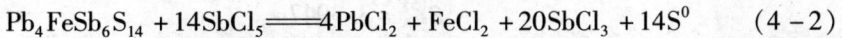

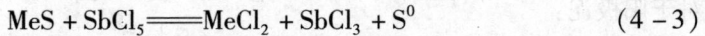

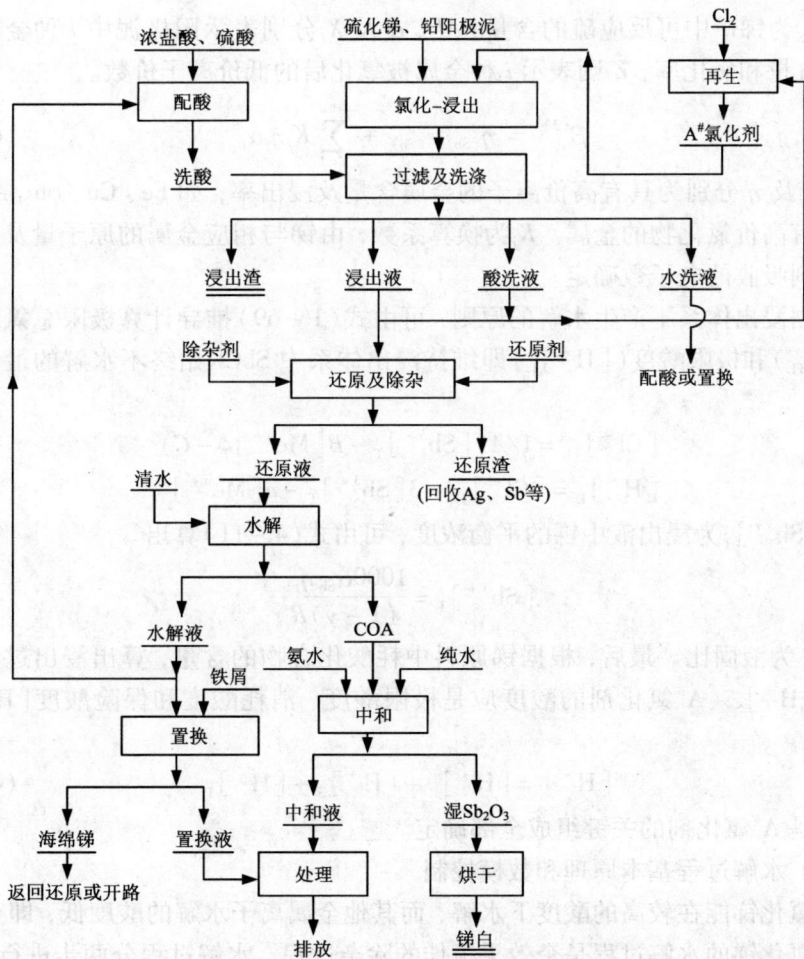

$$Sb_2S_3 + 3SbCl_5 = 5SbCl_3 + 3S^0 \qquad (4-1)$$

$$Pb_4FeSb_6S_{14} + 14SbCl_5 = 4PbCl_2 + FeCl_2 + 20SbCl_3 + 14S^0 \qquad (4-2)$$

$$MeS + SbCl_5 = MeCl_2 + SbCl_3 + S^0 \qquad (4-3)$$

$$2Me + iSbCl_5 = 2MeCl_i + iSbCl_3 \qquad (4-4)$$

图 4 – 1　酸性湿法炼锑原则工艺流程

又要考虑浸出体系中存在水解平衡。根据氧化－还原平衡,可确定浸出液返回分数 γ:

$$\gamma = \frac{(1+\delta)\beta^{(5)}}{(1+\delta)\beta^{(5)} + \beta^{(3)}} \qquad (4-5)$$

式中:δ 为 $A^{\#}$氯化剂关键组分过剩系数;$\beta^{(5)}$ 及 $\beta^{(3)}$ 分别为氯化剂及浸出液中 5 价及 3 价锑的当量含量。对于硫化锑矿:

$$\beta^{(5)} = 3.3047\alpha_S \qquad (4-6)$$

对于阳极泥:

$$\beta^{(5)} = \sum_{i=1}^{n} \frac{121.75\alpha_i Z_i (1-x_i)}{2M_i} \qquad (4-7)$$

式中:α_S 为锑矿中可反应硫的含量:M_i、α_i 及 X_i 分别表示阳极泥中 i 种金属的分子量、含量和氧化率,Z_i 则表示 i 种金属被氧化后的低价离子价数。

$$\beta^{(3)} = \eta_{(Sb)}\alpha_{(Sb)} + \sum_{j=1}^{n} K_j\eta_j\alpha_j \qquad (4-8)$$

式中:α_j 及 η_j 分别为具有高价离子的金属含量及浸出率;如 Fe、Cu、Sn、As 等可视为具有高价氯化物的金属。K_j 为换算系数,由锑与相应金属的原子量及一个分子氯化剂吸收的电子数确定。

根据浸出体系不产生水解的原则,可由式(1-69)推导计算极限总氯根浓度($[Cl^-]_{TL}$)和极限酸度($[H^+]_L$)即维持浸出体系中 $SbCl_3$ 始终不水解的最低酸度的公式:

$$[Cl^-]_{TL} = 1/A([Sb^{3+}]_T - B[Me^{n+}]_T - C) \qquad (4-9)$$

$$[H^+]_L = [Cl^-]_{TL} - 3[Sb^{3+}]_T - n[Me^{n+}]_T \qquad (4-10)$$

式中:$[Sb^{3+}]_T$ 为浸出液中锑的平衡浓度,可由式(4-11)算出。

$$[Sb^{3+}]_T = \frac{1000\alpha_{Sb}\eta_{Sb}}{(1-\gamma)R} \qquad (4-11)$$

式中:R 为液固比。最后,根据锑原料中耗酸化合物的含量,算出浸出过程的消耗酸度$[H^+]_S$。$A^{\#}$氯化剂的酸度应是极限酸度、消耗酸度和保险酸度$[H^+]_P$的总和:

$$[H^+] = [H^+]_L + [H^+]_S + [H^+]_P \qquad (4-12)$$

于是 $A^{\#}$氯化剂的关键组成全部确定。

(2)水解过程基本原理和数模控制

三氯化锑能在较高的酸度下水解,而其他金属离子水解的酸度低,即 pH 高。因而三氯化锑的水解过程是个效果极佳的除杂过程。水解过程分两步进行,第一步水解成两种中间产物:

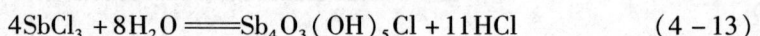

$$4SbCl_3 + 8H_2O \Longrightarrow Sb_4O_3(OH)_5Cl + 11HCl \qquad (4-13)$$

$$4SbCl_3 + 6H_2O \Longrightarrow Sb_4O_3(OH)_3Cl_3 + 9HCl \qquad (4-14)$$

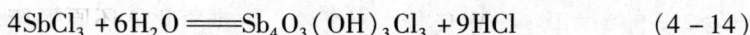

这两种中间产物是不稳定的, 继而脱水转化为稳定的水解产物:

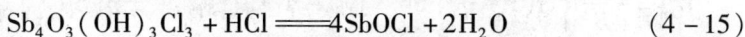

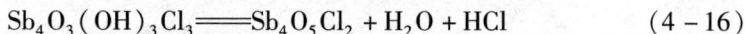

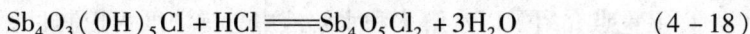

$$Sb_4O_3(OH)_3Cl_3 + HCl \Longrightarrow 4SbOCl + 2H_2O \qquad (4-15)$$

$$Sb_4O_3(OH)_3Cl_3 \Longrightarrow Sb_4O_5Cl_2 + H_2O + HCl \qquad (4-16)$$

$$Sb_4O_3(OH)_5Cl + 3HCl \Longrightarrow 4SbOCl + 4H_2O \qquad (4-17)$$

$$Sb_4O_3(OH)_5Cl + HCl \Longrightarrow Sb_4O_5Cl_2 + 3H_2O \qquad (4-18)$$

设三氯化锑原液及水解液的体积分别为 $V_原$ 和 V_T; 三氯化锑原液和水解液中总锑、总氯及其他金属离子浓度分别为 $[Sb^{3+}]_{T原}$、$[Cl^-]_{T原}$、$[Me^{n+}]_{T原}$ 和 $[Sb^{3+}]_T$、$[Cl^-]_T$ 及 $[Me^{n+}]_T$, 水解液酸度为 $[H^+]$, 水解产物为 $Sb_4O_5Cl_2$。则可以由三氯化锑水解系的基本热力学模型——式(1-68)及式(1-69)推导出一系列计算加水量或中和剂量的公式, 从而灵活地控制水解过程。这里仅介绍一些具有代表性而又常见的公式。例如: 纯三氯化锑溶液的冲稀水解在 $Sb(III)-Cl^--H_2O$ 水解系中进行, 因此, $B=0$。

按水解液锑浓度计算时加水量为:

$$V_水 = \frac{AV_原(2[Cl^-]_{T原} - [Sb^{3+}]_{T原})}{2\lg[Sb^{3+}]_T - A[Sb^{3+}]_T - 2C} - V_原 \qquad (4-19)$$

对于纯固态三氯化锑的冲稀水解为:

$$V_水 = \frac{A(1.34037 \times 10^{-2}G + 3[Sb^{3+}]_T)}{\lg[Sb^{3+}]_T - C} + 9.8637 \times 10^{-5}G \qquad (4-20)$$

式中: G 为固体三氯化锑的质量, g; 算出加水量的单位为 L。

含有不形成氯配离子的其他金属离子的三氯化锑溶液的冲稀水解在 $Sb(III)-Me(I)-Cl^--H_2O$ 系中进行, 按水解率计算时:

$$V_水 = \frac{V_原}{C}\left\{(1-\eta+\frac{A}{2}\eta)[Sb^{3+}]_{T原} - A[Cl^-]_{T原} - B[Me^+]_原\right\} - V_原 \qquad (4-21)$$

对三氯化锑溶液用碱液作中和剂的中和水解过程, 可按式(4-22)计算碱液加入量:

$$V_碱 = \frac{V_原}{B[Me^+]_碱 + C}\left\{(1-\eta+\frac{A}{2}\eta)[Sb^{3+}]_{T原} - A[Cl^-]_{T原} - B[Me^+]_原 - C\right\} \qquad (4-22)$$

式中: $V_碱$ 及 $[Me^+]_碱$ 分别表示碱液体积及浓度。

用不形成氯配合阴离子的碱金属盐或氧化物做中和剂时有:

$$G_中 = \frac{NV_原}{B}\left\{(1-\eta+\frac{A}{2}\eta)[Sb^{3+}]_{T原} - A[Cl^-]_{T原} - B[Me^+]_原 - C\right\} \qquad (4-23)$$

式中: $G_中$、N 分别为中和剂的克数和克当量数。用能形成氯配合离子的锌的碱性化合物作中和剂时, 水解过程在 $Sb(III)-Zn(II)-Cl^--H_2O$ 系中进行, 这时有：

$$G_{Zn} = \frac{MV_{原}}{B}\left\{ lg(1-\eta)\left[Sb^{3+}\right]_{T原} - A\left[Cl^-\right]_{T原} + \frac{A}{2}\eta\left[Sb^{3+}\right]_{T原} - B\left[Zn^{2+}\right]_{T原} - C\right\}$$

$$(4-24)$$

式中：G_{Zn} 及 M 分别为锌化合物的质量和分子量。

以上重点介绍了以水解率和水解液中总锑浓度为控制目标的水解数模，当然还可以以总氯浓度和酸度为控制目标，从而求得一系列的水解模型。

4.1.1.3 氯化浸出

（1）硫化锑精矿的浸出

1）浸出方式及技术条件

硫化锑精矿、脆硫锑铅矿精矿的氯化－浸出过程分循环浸出和非循环浸出两种形式。循环浸出是 A# 氯化剂作为浸出剂的必要浸出方式，因为 A# 氯化剂必须由返回的浸出液配制和再生。氯气浸出是非循环浸出，浸出条件是：①保证游离酸度 2.5 ~ 3.0 mol/L，也可用 NaCl 来代替部分游离酸；②反应温度 80 ~ 85 ℃；③反应时间 2.0 ~ 4.0 h；④氯气用量，以浸出终点浸出液中含 Sb^{5+} 10 g/L 为准；⑤必须用 2.0 ~ 2.5 mol/L 的洗酸洗浸出渣 3 ~ 5 次，再水洗 3 ~ 5 次。循环浸出条件为：①氯化剂过剩系数 0.1 ~ 0.15；②浸出液返回分数，按有关公式计算，对于单一硫化锑矿，一般为 60% 左右，而对于脆硫锑铅矿精矿却高达 72% ~ 75%；③浸出剂酸度：HCl 1.5 ~ 2.0 mol/L；H_2SO_4 0.75 ~ 1.0 mol/L，采用 H_2SO_4 主要是为了抑制铅进入浸出液；④温度和时间与一般浸出一样；⑤浸出终点判断：以浸出液为红棕色，含 Sb^{5+} 5 ~ 10 g/L 为准；⑥采用混酸洗渣，洗酸酸度与浸出剂一样，其量等于开路的浸出液量；⑦酸洗之后水洗浸出渣 3 ~ 5 次，洗水量为精矿的50%。洗酸由返回的水解液或浸渣水洗液和浓盐酸及浓硫酸（处理高铅锑精矿时用）配制，根据它们的酸度及要配洗酸的体积，建立二元或三元联立方程组，解之则可求得它们各自的用量。采用这种方式配酸，复杂锑矿可节酸 40% 以上，单一锑矿节酸 30% 以上，同时减少废水排放量。

2）浸出过程实践及设备

以循环浸出为例说明浸出过程操作：浸出过程包括 A# 氯化剂的配置和再生，加矿、保温、搅拌、过滤及洗涤等步骤。A# 氯化剂再生前液由返回的浸出液和全部酸洗液配制，检查其主要成分、酸度和体积符合要求后，即通氯气再生，再生率（$[Sb^{5+}]/[Sb]_T$）≥95% 时，再生完成。浸出和再生在同一反应釜中进行，再生完成后，即可加矿浸出，浸出和再生都放出大量的热，因此，为加快通氯和加矿速度，必须采取冷却措施，以排走多余的热量。一般采用搪瓷反应釜（有夹套）作为浸出及再生槽，也可用其他耐腐蚀材质制作的反应槽，但必须附设有冷却排热装置。浸出槽盖装有均匀分布的由内外包有聚四乙烯的钢管制成的四根通氯管，并有排气管由排风机排出酸雾。在浸出过程中，维持80~85℃的温度，检查是否到终点，若浸出液为灰白色，则氧化剂不够，需要补充通氯，使浸出液转为棕红色，并且 Sb^{5+} 为5~10 g/L，即可过滤，过滤可以在真空抽滤槽或带式过滤机上进行；因为要进行酸洗和水洗，不便用压滤机过滤。如果是带滤机，需要设置过滤段、酸洗段和水洗段，滤渣洗净后自动卸下，劳动强度小。用抽滤槽过滤时浸出液刚好滤干但滤渣未开裂前就要酸洗，如此洗涤3~5次；酸洗完成后进行水洗。当然，用抽滤槽过滤，劳动强度大得多。

　　3）浸出过程技术数据及指标

　　以脆硫锑铅矿循环氯化-浸出的生产实际数据为例说明。精矿、浸渣、浸液、酸洗液、水洗液的成分见表4-1。

表4-1　浸出过程原料及产物化学成分

成分	Sb	Pb	Zn	Fe	Cu	Ag	Mn	As
精矿	29.41	34.94	3.92	8.69	0.12	0.07	0.16	0.58
浸出液	323.33	1.96	29.83	71.31	0.57	0.56	2.42	0.355
浸出渣	0.80	49.29	0.652	3.69	0.058	0.0219	0.015	0.817
酸洗液	138.91	1.66	—	37.36	—	0.196	—	—
水洗液	18.69	1.14	—	8.66	—	0.024	—	—

成分	Ca	Sn	Mg	Bi	In	$S(SO_4^{2-})$	Cl^-	$H^{+①}$
精矿	1.03	0.46	0.048	0.017	0.0026	31.33	—	—
浸出液	0.23	0.16	0.83	—	0.006	(32.98)	488.39	2.504
浸出渣	0.82	0.317	0.002	—	—	34.92	11.69	—
酸洗液	—	—	—	—	—	(70.23)	252.36	—
水洗液	—	—	—	—	—	(21.95)	67.69	—

　　注：表中：溶液成分含量单位为g/L，但[H^+]为mol/L，固体成分含量单位为%。

　　按渣计算，锑和银的浸出率为97.97%及78.98%；铅的入渣率≥99%；硫的转化率为99.74%。主要化工材料单耗(t/t Sb_2O_3)：氯气1.236；工业盐酸0.350；工业硫酸0.250。

　　（2）高锑铅阳极泥的浸出

　　以脆硫锑铅矿精矿火法冶炼产出的高锑低银类铅阳极泥(成分见表4-2)为原料，在10 L的电热搪瓷釜进行氯化浸出，根据氧化度和脱F泥成分，按有关公式计算出浸出液返回分数、耗酸量、洗酸量及酸度、循环液固比、实效液固比、造液试验的氧化剂消耗、循环次数等，然后，进行造液试验。其中，双氧水造液1次（1000 g 干脱 F 泥），循环造液2次（1060 g 和 1893 g 干脱 F 泥），从第4次起即开始循环浸出试验，每次试验用 2000 g 干脱 F 泥。试验条件为：氧化剂过剩系数 0.10；温度 80 ℃；时间 2 h；浸剂游离酸度 3.5 mol/L；酸洗及水洗各 3～5 次，洗剂量为 500 mL。再生及浸出的具体操作是：每槽浸出过滤完成后，按浸出液返回的体积分数抽出一定量的浸出液开路馏砷或干馏，将其余的浸出液全部注入再生柱，大部分浓盐酸在加入脱 F 泥前注入反应釜，只留 300 mL 浓盐酸与 200 mL 水配成洗酸洗浸出渣，酸洗液也全部移入再生柱。然后通氯气再生，直到 A# CA 中 $\rho_{Sb^{3+}} \leqslant 10$ g/L 为止。

表 4-2　高锑低银类铅阳极泥及脱 F 泥成分（w/%）

成分	Ag	Sn	Sb	As	Pb	Bi	Cu	F
阳极泥	1.05	0.43	69.74	1.26	11.92	0.33	1.35	3.85
脱 F 泥	1.12	0.414	67.82	0.61	12.83	0.623	2	2.40

注：试样中各金属的氧化度分别为：Sb, 51.47%；Cu, 60.26%；As, 19.04%；Bi, 约 100%；Pb, 约 100%；Sn, 35.26%。

氯化-浸出试验包括3次造液试验和8次循环浸出试验，结果如表 4-3～表 4-5。从表 4-3～表 4-5 可以看出：①"贵贱"金属彻底分离，锑、铜、铋、锡的浸出率都大于 98%，银的入渣率达到 97.20%，但铅的入渣率只有 72.49%；②金属富集比较高，浸液中锑的质量浓度近 300 g/L，浸渣银质量分数大于 5%，Pb 质量分数达到 57.92%，有利于下步处理。

（3）富贵锑的浸出及贵金属的富集

1）贵锑电解工艺与存在问题

鼓风炉熔炼过程中，98% 的金富集在贵锑中，将贵锑继续吹炼，得到的锑阳极板送电解，阴极锑返回鼓风炉前床捕集金，阳极泥经过硝酸浸煮、坩埚炉熔炼、马弗炉吹炼后，得到金的富集产物金银合金，金银合金送精炼厂提取金、银。近年来由于进入鼓风炉矿物杂质含量的升高，在冶炼过程中富集于贵锑中，严重影响贵锑电解工艺的正常运行。贵锑电解工艺不仅能耗高、环境污染严重、有价金属损失大，而且生产周期长、金属直收率和回收率低，是制约生产正常进行的"瓶颈"。

表 4-3　循环浸出试验浸液量及成分 $\rho/(\text{g}\cdot\text{L}^{-1})$

次数	浸出液/mL	Sb	Ag	Pb	Cu	Sn	Bi	As	Fe	Sb⁵⁺	Ca	Mg
1	8470	231.6	1.024	3.390	4.230	0.014	1.540	2.74	0.2	48.44	0.2	—
2	8260	288.8	1.033	1.290	5.020	0.012	1.650	3.80	15.12	16.670	0.657	0.027
3	9070	285.9	0.941	1.280	5.190	0.009	1.710	4.560	7.620	9.890	0.593	0.026
4	8450	294.0	0.921	1.240	5.580	0.008	1.790	2.920	5.160	24.150	0.671	0.028
5	8450	293.4	0.431	1.390	4.420	0.006	1.530	5.870	—	22.450	—	—
6	8560	295.8	0.472	1.420	5.380	0.006	1.530	5.810	—	12.320	—	—
7	8600	282.3	0.533	1.620	4.200	0.005	1.460	5.940	—	17.360	—	—
8	8594	287.9	1.166	1.150	5.170	0.008	1.870	8.290	—	26.380	—	—
平均	8557	289.8	0.815	1.340	4.900	0.008	1.640	4.990	9.30	22.210	0.640	0.027

表 4-4　循环浸出试验浸渣量及成分 $w/\%$

次数	浸渣重/g	Sb	Ag①	Ag②	Ag③	Pb	Cu	Bi	Sn	As	Fe	渣率
1	198.90	0.477	6.610	4.360	—	60.47	0.003	~0	0.001	0.024	0.074	9.94
2	249.60	0.540	7.210	5.660	—	60.27	~0	0.002	0.024	0.490	0.032	12.48
3	252.40	0.092	7.600	5.670	—	68.40	~0	0.004	0.002	0.003	0.006	12.62
4	455.00	0.680	3.850	—	4.96	46.53	0.001	0.047	<0.001	0.152	—	22.75
5	329.50	0.379	5.330	5.680	4.590	59.320	0.001	0.071	<0.001	0.071	—	16.48
6	433.00	0.728	3.890	5.280	4.230	58.610	0.004	0.057	<0.001	0.122	—	21.65
7	352.85	0.700	4.680	4.570	5.680	60.570	0.090	<0.010	0.0002	0.670	—	17.65
8	298.20	0.906	—	5.950	4.840	56.960	0.100	0.051	0.036	1.450	0.055	16.06
平均	321.20	0.510	5.230	5.320	—	57.920	0.025	0.030	<0.008	0.37	0.055	16.06

注：①离子光谱分析结果；②长沙矿冶研究院分析结果；③作者分析结果。

表 4 – 5 循环浸出试验渣计浸出率和入渣率 $w/\%$

次数	浸出率				
	Sb	Cu	Bi	Sn	As
1	99.93	99.5	~100	99.97	99.61
2	99.90	~100	99.96	99.28	89.98
3	99.98	~100	99.91	99.93	99.93
4	99.97	99.99	98.28	99.95	94.33
5	99.91	99.97	98.12	99.94	98.08
6	99.77	99.91	98.02	99.95	95.67
7	99.82	98.23	99.72	99.99	80.61
8	99.80	98.34	98.78	98.69	64.56
平均	99.89	98.34	98.78	98.69	90.35

次数	入渣率			
	Ag[①]	Ag[②]	Ag[③]	Pb
1	—	—	—	46.83
2	112.4	88.27	—	58.63
3	114.6	85.49	—	67.28
4	91.80	—	118.3	82.51
5	75.40	80.35	—	76.13
6	84.06	114.1	99.19	98.88
7	88.90	86.81	81.24	83.43
8	—	118.4	113.2	66.19
平均	94.54	95.57	103.0	74.29

注：①等离子光谱分析结果；②长沙矿冶研究院分析结果；③作者分析结果。

2）选择性湿氯化工艺

基于原料成分的变化，结合综合回收的发展要求，开发了直接从锑阳极板中富集金银的湿法工艺（见图 4 – 2），该新工艺解决了现有生产的"瓶颈"问题，不仅提高了金的直收率，而且做到有价金属的综合回收。

选择性湿氯化分离贵贱金属工艺过程：在盐酸与氯化钠体系中进行，通过控制体系电位，用双氧水氧化溶解贵锑合金中铜、镍、锑等贱金属，铅被氧化成氯化铅进入金渣中，而大部分银和金全部进入金渣。金经过热酸洗涤和热水洗涤后，在浸出液、热酸洗液和热水洗液中以氯化铅的形态回收铅。洗涤铅后的金渣再经过烘干即得到粗金粉。进入浸出液中的小部分银以银氯配合离子的形态进入溶液，在还原工序中加入少量贵锑粉还原。还原银后的浸出液采用中和水解沉淀的方法得到氯氧锑；沉淀锑后的浸出液再用中和沉淀方式回收铜和镍。

贵锑
↓
磨料
↓
氧化剂、盐酸+氯化钠 →
选择性氯化
↓
趁热过滤
├─ 滤液
│　↓
│　冷却
│　↓
│　过滤
│　├─ 滤液
│　│　↓
│　│　生料还原
│　│　↓
│　│　过滤
│　│　├─ 还原渣
│　│　└─ 还原后液
│　│　　　↓
│　│　　　水解
│　│　　　├─ 水解后液
│　│　　　│　↓
│　│　　　│　中和沉铜镍
│　│　　　│　↓
│　│　　　│　过滤
│　│　　　│　├─ 铜镍渣
│　│　　　│　└─ 溶液（处理排放）
│　│　　　└─ 氯氧锑
│　└─ 氯化铅渣
└─ 浸出渣
　　↓
　　热酸洗涤
　　↓
　　过滤
　　├─ 滤渣
　　│　↓
　　│　热水洗涤
　　│　↓
　　│　过滤
　　│　├─ 滤渣
　　│　│　↓
　　│　│　烘干
　　│　│　↓
　　│　│　酸洗
　　│　│　├─ 金粉
　　│　│　└─ 废液（返回浸出工序）
　　│　└─ 洗水
　　│　　　↓
　　│　　　冷却过滤
　　│　　　├─ 氯化铅
　　│　　　└─ 滤液（排放）
　　└─ 洗酸
　　　　↓
　　　　冷却过滤
　　　　├─ 氯化铅
　　　　└─ 滤液

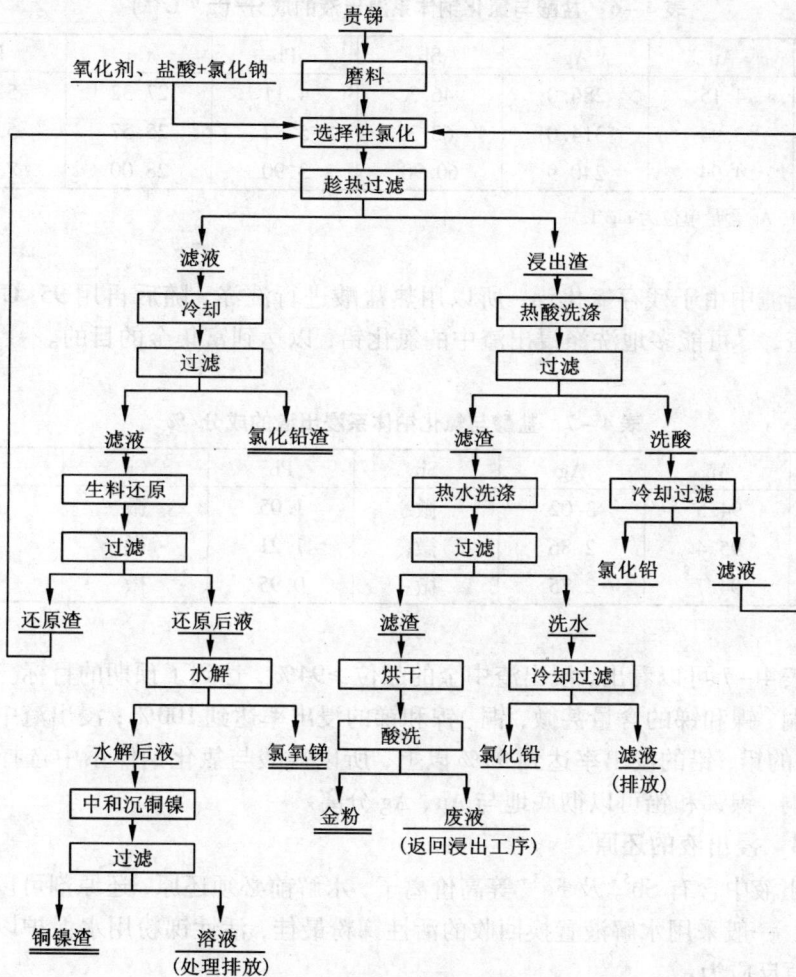

图 4 – 2　从贵锑中选择性氯化分离贵贱金属工艺流程

3）工艺条件

选择性氯化浸出条件如下：①贵锑粉 100 kg；②c_{HCl} = 4.5 mol/L；③c_{NaCl} = 1.0 mol/L；④液固比 L∶S = 7.5∶1；⑤双氧水加入量 1∶1（与贵锑粉的质量比）；⑥终点电位 350 ~ 380 mV；⑦温度 353 ~ 363 K；⑧反应时间 3 ~ 5 h；⑨搅拌速度 100 r/min。

4）浸出结果

浸出结果见表 4 – 6 及表 4 – 7。从表 4 – 6 可以看出，进入溶液中的金量很少，以浸出液中金的含量计算金的直收率可以达到 99.9% 以上；同时有部分银进入浸出液，平均量达到 300 mg/L，所以必须在后面的还原工序加以回收。

表 4 - 6　盐酸与氯化钠体系浸出液的成分/(g·L⁻¹)

成分	Au	Ag	Sb	Pb	Cu	Ni
1	4.15	286.0	46.3	4.11	27.32	5.06
2	3.94	314.0	63.3	5.32	25.57	5.82
3	4.94	240.9	60.90	3.90	28.00	7.11

注：Au、Ag 含量单位为 mg/L。

浸出渣中由于残存氯化锑，所以用热盐酸进行洗涤，随后再用 95 ℃ 热水洗涤浸出渣，尽可能多地洗涤浸出渣中的氯化铅，以达到富集金的目的。

表 4 - 7　盐酸与氯化钠体系浸出渣的成分/%

成分	Au	Ag	Sb	Pb	Cu	Ni
1	94.5	3.02	微	1.05	微	微
2	95.4	2.86	微	1.21	微	微
3	94.7	2.75	微	0.95	微	微

从表 4 - 7 可以看出，浸出渣中金的品位≥94%，达到了预期的目标。而浸出渣中的铜、镍和锑的含量甚微，铜、镍和锑的浸出率达到 100%；浸出渣中还含有 1% 左右的铅，铅的浸出率达到 99% 以上，所以盐酸与氯化钠体系中选择性氯化浸出使铜、镍锑和铅可以彻底地与 Au、Ag 分离。

4.1.1.4　浸出液的还原

浸出液中含有 Sb^{5+} 及 Fe^{3+} 等高价离子，水解前必须还原，还原剂可以用锑粉或铁粉。一般采用水解液置换回收的活性锑粉最佳，活性锑粉用水保护以防止氧化、还原反应为：

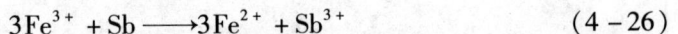

$$3Sb^{5+} + 2Sb \longrightarrow 5Sb^{3+} \qquad (4-25)$$

$$3Fe^{3+} + Sb \longrightarrow 3Fe^{2+} + Sb^{3+} \qquad (4-26)$$

还原过程在常温下进行，以还原液为白色或浅绿色为还原终点。如果浸出液中含银较高，还原时顺便将银置换回收，即在还原到达终点后，用 5 ~ 20 μm 的细铁粉多批加入沉淀银，当浸液含 Ag≥0.5 g/L，银的回收率大于 90%，还原渣银含量≥7%。还原液易氧化，要及时水解。

4.1.1.5　还原液的干馏

干馏试验系统由控温测温仪器、热风管、风机、干馏筒及其可以变速和测速的驱动系统、分馏塔、搪瓷冷凝器和 2 台 AX242 型真空泵组成。热风管的加热功率为 4 kW，干馏塔内径为 200 mm，长为 1000 mm，内衬聚四氟乙烯塑料。驱动系统采用无级变速齿轮传动，以高锑铅阳极泥的循环浸出液的还原液作为干馏试验的料液。干馏开始前，将开路的浸出液或脱砷液加入少许海绵锑制备还原液，不过滤直接移入干馏筒内，然后按操作程序开动干馏系统。升温后每隔 15 min 或 30 min 记录温度，达到正常温度后将电阻丝功率调到最大，以加快干馏速度。快蒸干时，受液瓶出现大量白烟，此时取出馏砷液，并关闭硬控电阻丝，将软控温度调至 280 ~ 300 ℃，进入干馏期。干馏结束前 1 ~ 2 h，间或加入少许浓盐酸。干馏终点的表征是干馏渣全干，易脱落，易脆。到达干馏终点后，按顺序关闭干馏系统，稍冷后扒渣、称重，按液固比 6∶1 将干馏渣浸泡于冷水中，泡发后过滤洗涤，得铜、铋水浸液。

在干馏筒转速为 17 ~ 165 r/min，热风温度为 700 ℃（蒸馏期）及 280 ℃（干馏期），出口温度为 150 ℃时进行 9 次干馏试验。其中：第 1 ~ 2 次为探索试验，合并出料；以后 7 次分批出料。其试验结果如表 4 - 8 和表 4 - 9 所示。

表 4 - 8 和表 4 - 9 表明，热风直热干馏是可行的，体现在：①制得纯度较高的 $SbCl_3$ 溶液，除砷以外，Cu、Bi、Sn、Fe、Pb、Ag 等杂质含量都非常低，m_{Me}/m_{Sb} 为 3.4×10^{-4} ~ 3.5×10^{-6}，符合制备高档锑品的要求。而且锑的馏出率及总回收率分别达到 84.09% 及 98.55%。在干馏初期加入浓盐酸（其体积为还原液的 10%）时，锑馏出率高达 95.20% ~ 98.59%。②进入浸出液的银、铜、铋得到了充分回收，其回收率分别为 98.97%、90.82% 及 93.21%。聚四氟乙烯防腐内衬无明显变化，能够适应工艺要求。热风直热，干馏速度大大加快。但气体量大增，冷凝量加大，而塔径小，分馏塔不起分馏作用，故 $SbCl_3$ 溶液中砷含量仍然较高。为了解决这个问题，宜在干馏前蒸馏脱砷，这样还可以将干馏筒的溶液中锑质量浓度提高 3 倍以上，这意味着干馏生产能力扩大 3 倍以上。

表 4 - 8 砷馏出液量及成分 $\rho/(g \cdot L^{-1})$

次数	V/mL	As	Sb	Ag	Cu	Bi	Pb	Sn	Fe
1	3160	1.61	162.5	—	—	—	—	—	—
2	2660	3.65	143.7	—	—	—	—	0.0077	
3	3640	2.96	112.9	0.0001	~0			0.003	0.019
4	3220	1.93	95.25		0.033	0.013	0.020	0.003	0.019
5	3000	2.05	191.5	<0.0005	0.003	0.012	0.136	0.0011	
6	3050	1.23	171.8	0.0032	0.010	0.016	0.077	0.0027	
7	3350	2.36	191.5	<0.0005	0.0034	0.015	0.227	0.0031	
8	3500	1.24	145.8	<0.01	0.236	0.020	0.0098	0.0031	
平均	3207	2.13	151.9	<0.0029	0.012	0.014	0.080	0.031	0.038

表4-9 SbCl₃溶液量及成分 $\rho/(g \cdot L^{-1})$

次数	V/mL	Sb	Ag	As	Cu	Bi	Pb	Sn	Fe
1	450	559.9	—	2.92	—	—	—	—	—
2	1050	480.9	0	0.845	0.0078	0.0077	0.038	0.02	0.034
3	1050	796.9	0	0.316	0.007	0.023	0.066	0.017	0.065
4	900	784.6	0	0.102	0.006	0.031	0.065	0.019	0.041
5	1100	567.7	0	0.0035	0.58	0.0036	0.026	0.43	0.016
6	750	609.8	0.0018	0.52	0.0058	0.037	0.49	0.019	—
8	1125	656.7	<0 0023	0.73	0.0055	0.049	0.035	0.018	—
平均	980	651.9	<0.0023	0.73	0.0056	0.031	0.224	0.018	0.047

4.1.1.6 三氯化锑水解

（1）水解方式及技术条件和指标

水解包括冲稀水解和中和水解两种方式。在冲稀水解脱水良好的情况下不应采用中和水解，中和水解只适用于阳极泥及极复杂的脆硫锑铅矿精矿浸液的还原液。冲稀水解在常温下进行，控制水解液含 Sb^{3+} 1~2 g/L，用公式（4-19）计算加水量。脱水后搅拌10~20 min；氯氧锑滤饼用纯水洗8次以上。中和水解过程的数控水解率原料为铅阳极泥时取45%~50%，为长坡脆硫锑矿精矿时取85%，用氨水或苏打为中和剂，按式（4-23）计算其加入量，洗涤要求与冲稀水解过程一样。必要时，水解过程中加入某些配合剂以提高产品质量。水解率均很高（≥95%）。水解液含锑≤1 g/L。

（2）水解过程作业

当还原液加入到澄清水中后，$SbCl_3$ 开始水解，生成一些不稳定的吸附了大量水的中间产物，致使料浆很黏稠，需加强搅拌，然后发生明显的脱水过程。

生成过滤性能好易洗涤的 $Sb_4O_5Cl_2$。脱水10~20 min后停搅拌沉清，然后抽上清液，再将沉底的氯氧锑过滤。中等规模以上工厂用带滤机过滤比较好，带滤机设置过滤段和洗涤段，用纯水洗涤确保氯氧化锑洗干净；带滤连续化，劳动强度低。小规模的工厂用真空抽滤槽过滤。水解液滤完后，即用纯水洗滤饼洗8次以上，以确保洗净杂质元素。

4.1.1.7 氯氧化锑的中和

中和的目的是脱除 $Sb_4O_5Cl_2$ 中的氯，使之转化为 Sb_2O_3，一般用氨水做中和剂：

$$Sb_4O_5Cl_2 + 2NH_4OH \longrightarrow 2Sb_2O_3 + 2NH_4Cl + H_2O \qquad (4-27)$$

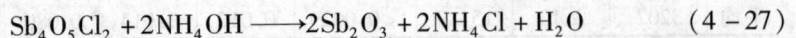

另外，在中和的同时加入适量的配合剂及转型剂，可以大大降低氧化锑中铅铁等杂质元素的含量（≤0.001%），并使氧化锑的晶形由斜方转化成立方，大大

减小锑的光敏性，对保持白度非常有利。中和过程中，用中和洗液调浆，在常温条件下中和，中和终点 pH 为 7.5 左右，并稳定 10~20 min。然后，过滤洗涤，中等规模以上工厂应该用带滤机，带滤机应设置过滤段和洗涤段，小规模工厂用真空抽滤槽过滤机，用纯水洗涤，洗涤快到终点（8 次以上）时，用 $AgNO_3$ 检查洗液无白色沉淀为止。

由脆硫锑铅矿精矿和高锑铅阳极泥直接制成的高纯度氧化锑产品质量情况见表 4-10。

表 4-10　新氯化-水解法及 AC 法直接制得的高纯氧化锑主成分及杂质元素含量/%

编号	Sb_2O_3	Pb	As	Fe	Cu
OA-2	99.83	0.0012	0.0098	0.0019	0.00069
OA-3	99.91	0.0021	0.017	0.0005	0.00029
OA-4	99.81	0.0014	0.021	0.0005	0.00026
OA-5	99.85	0.000	0.00017	0.0005	0.00001
OA-7	99.85	0.000	0.0000	0.0006	0.000
编号	Bi	Se	S	Cl	原料及方法
OA-2	0.0062	0.0022	0.0013	0.013	脆硫锑铅矿精矿，新氯化-水解法
OA-3	0.0054	0.0023	0.0010	0.012	
OA-4	0.0052	0.0024	0.0010	0.016	
OA-5	0.000	0.000	—	0.011	高锑铅阳极泥，AC 法
OA-7	0.000	0.000	—	0.0095	

注：新氯化-水解法未采取除砷措施；AC 法比新氯化-水解法多一个还原液的干馏过程，产出纯 $SbCl_3$ 后再水解。

4.1.1.8　湿氧化锑的干燥

湿氧化锑含水 30% 左右，必须进行干燥，使水分降到 0.1% 以下。中等以上规模的应该采用连续干燥设备干燥，小规模的用干燥盘在隧道窑中干燥。要注意的是，产生的水汽含微量 HCl，干燥设备的材质最好是钢衬氟塑料或耐热橡胶。

4.1.1.9　氯氧化锑阻燃剂的制取

（1）概述

氯氧化锑（$Sb_4O_5Cl_2$ 与 SbOCl）是使氯-锑阻燃协效体系在燃烧过程中产生阻燃效应的重要中间物质。与常用的锑系阻燃剂如三氧化二锑（Sb_2O_3）锑酸钠 [$NaSb(OH)_6$]等相比，氯氧化锑具有可大幅度地降低被阻燃彩色塑料的色料量（仅为锑白的十分之一)及减少重配使用的卤素阻燃剂的用量以及不影响塑料透明度三大优点。国外没有推广应用氯氧化锑的主要原因是其制备工艺问题,虽然制备方法较多,如制备 SbOCl 的方法就有三氯化锑水解法,三氧化二锑 – 乙醇法,三氧化二锑 – 三氯化锑法,三氧化二锑 – 浓盐酸法等,但这些方法工艺复杂,须用锑白和盐酸或氯化氢合成,生产成本高。而我国 20 世纪末试产成功的新氯化水解法,处理脆硫锑铅矿精矿生产高纯氧化锑的中间产品就是氯氧化锑($Sb_4O_5Cl_2$),其生产成本比锑白低。因此,推广应用氯氧化锑作阻燃剂是很有发展前途的。

本小节将简要介绍以铅锑复杂精矿的氯化浸出液为原料,经还原、水解及进一步除杂制备高质量的微细 $Sb_4O_5Cl_2$ 以及以湿法锑白工艺的中间产物氯氧化锑 $Sb_4O_5Cl_2$ 为原料常温常压下与盐酸直接合成出 SbOCl 的工艺方法。

(2) $Sb_4O_5Cl_2$ 阻燃剂的制取

1) 原料及制备步骤

原料为脆硫铅锑精矿的氯化浸出液,取自柳州华锡集团某厂,其主要成分如表 4 – 11 所示。

表 4 – 11 脆硫铅锑精矿的氯化浸出液成分 $\rho/(g \cdot L^{-1})$

Sb^{3+}	Sb^{5+}	Fe^{2}	Fe^{3+}	Cl^-	Pb^{2+}	SO_4^{2-}	Zn^{2+}	Ag^+
331.52	8.48	62.59	8.72	488.39	1.96	32.98	29.83	0.56

制备步骤包括还原、水解和除杂。浸出液的还原前已述及,但还原液的水解与生产锑白工艺不大一样,采用冲稀水解方式,搅拌 20 ~ 30 min,并用去离子水进行多次洗涤,使大量杂质分离。进一步除杂是制备 $Sb_4O_5Cl_2$ 阻燃剂的关键步骤,采用一定浓度的稀盐酸、乙酸及 A、B、C 等溶液对 $Sb_4O_5Cl_2$ 粗产品进行除杂处理,以达到产品白度、粒度和光稳定性的要求。

2) 水解过程

对水解酸度、搅拌速度、初始 Sb^{3+} 浓度等水解条件进行优化,发现水解酸度对水解产物成分的影响较大(如图 4 – 3)。

从图 4 – 3 可知,在水解过程中,生成 SbOCl 和 $Sb_4O_5Cl_2$ 两种固体产物的转折点为 $c_{H^+} = 2.36$ mol/L 处。当水解酸度 $c_{H^+} < 2.36$ mol/L 时,水解生成 $Sb_4O_5Cl_2$ 沉淀;当 2.36 mol/L < c_{H^+} <

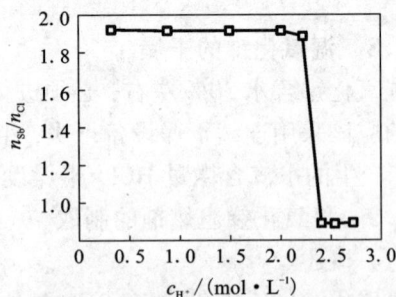

图 4 – 3 水解液初始酸度对产物中 Sb 与 Cl 的原子数之比的影响

2.69 mol/L 时，则生成 SbOCl 沉淀。而当水解酸度 $c_{H^+} \geqslant 2.69$ mol/L 时，溶液中没有沉淀生成，即还原液不发生水解。为保证水解率高，并避免产生过多的工业废水，控制加水量为 $V_{水} = 9V_{液}$。此时的 $c_{H^+} = 0.35$ mol/L，Sb^{3+} 的水解率为 98%。

如图 4-4 所示，搅拌速度对水解产物 $Sb_4O_5Cl_2$ 的粒度影响较明显；随着搅拌速度的增大，产物的粒度变小；当搅拌速度达到 52.8 r/s 时，产物 $Sb_4O_5Cl_2$ 的平均粒径为 5.37 μm。

如图 4-5 所示，初始 Sb^{3+} 浓度对水解产物 $Sb_4O_5Cl_2$ 粒度的影响较小，为了节约水解过程中的用水量，避免产生过多的工业废水，在实际工业生产过程中还原液以不加酸稀释为宜。

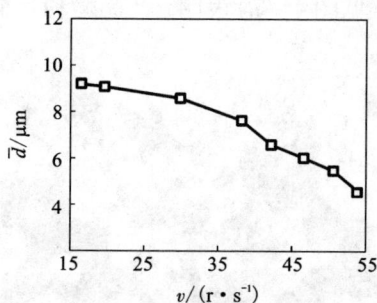

图 4-4　反应搅拌速度 v 与
产物平均粒径 $\bar{d}$ 的关系

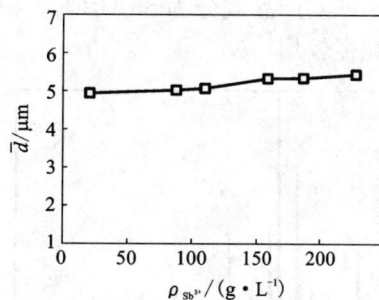

图 4-5　水解初始 Sb^{3+} 质量浓度
与产物平均粒径 $\bar{d}$ 的关系

3）粗 $Sb_4O_5Cl_2$ 除杂

经 ICP-AES 分析，水解过程中生成的粗 $Sb_4O_5Cl_2$ 还含有质量分数为 1.46% 的杂质。杂质的存在，严重影响了产品 $Sb_4O_5Cl_2$ 的颜色，产品的白度仅为 89.0。为了提高产品的白度和纯度，必须对粗 $Sb_4O_5Cl_2$ 除杂。除杂条件为：液固比 = 2∶1，搅拌 3 h，先用配合剂溶液洗涤，再用蒸馏水洗涤，干燥，杂质含量、白度以及粒度的测定结果如表 4-12 所示。

表 4-12 中，A、B、C 均为配合剂混合溶液。可见 3 种配合剂混合液都具有显著的除杂效果，除杂后产品的白度有较大提高，粒径也有所减小。A 和 B 这 2 种溶液的除杂效果相当，但经 A 溶液处理后产品 $Sb_4O_5Cl_2$ 的白度最高，达 96.60，与火法锑白的白度相当。A 溶液的除杂效果好，这是溶液中各组分综合作用的结果。经过除杂处理的 $Sb_4O_5Cl_2$ 样品其光稳定性也大大提高，在室内久置白度没有变化；而水解产物粗 $Sb_4O_5Cl_2$ 在室内放置 15 d 后，颜色就会变为暗灰色，白度降低。其原因有待进一步研究。

表 4 – 12　除杂结果

项目	未洗	HCl/(mol·L^{-1})		乙酸/(mol·L^{-1})	A	B	C
		1.5	2.3	1.0			
$w_{Sb_4O_5Cl_2}$/%	98.54	99.20	99.52	99.60	99.80	99.85	99.74
白度	89.00	93.77	95.58	94.00	96.60	96.00	95.50
平均粒径 $\bar{d}$/μm	5.37	5.30	4.68	5.20	4.35	4.50	4.83

4）产品的结构及形貌

产品中氯质量分数为 11.25%，锑为 76.30%，Cl 与 Sb 的原子数之比为 0.501。其 X 射线衍射谱如图 4 – 6 所示。产品的特征谱线与理论特征谱线吻合很好，证实产品成分为 $Sb_4O_5Cl_2$。扫描电镜图（见图 4 – 7）表明，产品微粉呈椭球形，粒径较均一。

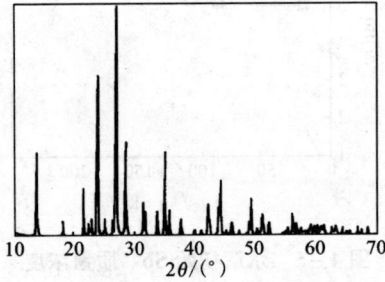

图 4 – 6　产品 $Sb_4O_5Cl_2$ 的 XRD 谱图

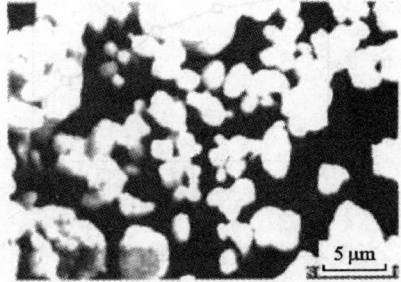

图 4 – 7　产品 $Sb_4O_5Cl_2$ 的 SEM 图

5）产品的性能

把所制备的 $Sb_4O_5Cl_2$ 阻燃剂微粉，等量替代超细 Sb_2O_3，加入到 70 ℃绝缘 PVC 阻燃电缆料中（上海化工厂配方），进行氧指数测试实验（见图 4 – 8）。结果表明，等质量的微细 $Sb_4O_5Cl_2$ 的阻燃性能略优于超细 Sb_2O_3。由于 $Sb_4O_5Cl_2$ 中的 Sb 元素含量比 Sb_2O_3 中的低，故微细 $Sb_4O_5Cl_2$ 的阻燃效率比超细 Sb_2O_3 的高。此外，为达到同样的着色效果，添加 $Sb_4O_5Cl_2$ 时所用的黄色颜料量与添加 Sb_2O_3 时所用的黄色颜料量相比明显减少（约减少 50%）；不加色料时，添加

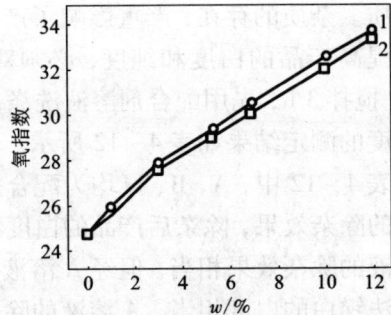

图 4 – 8　两种阻燃剂的添加量与氧指数的关系

1—$Sb_4O_5Cl_2$；2—Sb_2O_3

$Sb_4O_5Cl_2$ 的电缆料样品其透明度明显提高。

　　总之，利用脆硫铅锑精矿的氯化浸出液经还原后水解，可制备出平均粒径为 4.35 μm，白度为 96.6，纯度为 99.85% 的微细 $Sb_4O_5Cl_2$ 阻燃剂，而且工艺简单，成本低。微细 $Sb_4O_5Cl_2$ 的阻燃效果比超细 Sb_2O_3 好，能降低其中的色料用量，提高塑料的透明度。

　　(3) SbOCl 阻燃剂的制取

　　1) 原料及合成原理

　　以湿法锑白的中间产物粗 $Sb_4O_5Cl_2$ 为原料，其平均粒径 7.36 μm，纯度 98.45%，白度 89.037。

　　SbOCl 的合成原理是，$Sb_4O_5Cl_2$ 溶于浓盐酸生成 $SbCl_3$ 酸性溶液，该溶液再与 $Sb_4O_5Cl_2$ 微粉反应生成 SbOCl 晶体：

$$Sb_4O_5Cl_{2(s)} + 10HCl_{(aq)} = 4SbCl_{3(aq)} + 5H_2O \qquad (4-28)$$

$$Sb_4O_5Cl_{2(s)} + SbCl_{3(aq)} = 5SbOCl_{(s)} \qquad (4-29)$$

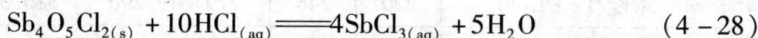

　　2) 合成条件的优化

　　对搅拌速度、反应时间、Sb^{3+} 浓度和酸度等合成条件进行优化。在反应液 (37 ℃ 浓盐酸溶解 $Sb_4O_5Cl_2$ 的饱和液) 与 $Sb_4O_5Cl_2$ 的液固比为 1.5 mL:1 g 及室温下合成 48 h 的情况下，搅拌速度对产物中 Cl、Sb 原子比的影响如表 4-13 所示。

表 4-13　搅拌速度对产物中 Cl、Sb 原子比的影响

搅拌速度/(r·s^{-1})	10.0	24.8	31.9	35.0	40.0	45.0	52.8
Cl、Sb 原子比	0.503	0.506	0.531	0.560	0.972	1.010	1.000

　　表 4-13 说明，当搅拌速度大于 40 r/s 时所得产物中的 Cl、Sb 原子比约为 1.0，XRD 分析证实为 SbOCl。搅拌速度在 35～40 r/s 之间时产物中的 Cl、Sb 原子比发生了很大的变化。这可能是当搅拌速度增大到一定程度时剧烈的混合显著提高了反应表面的 Sb^{3+} 浓度，从而提高了 Sb^{3+} 的扩散速度。

　　从表 4-14 可知，当搅拌速度为 48 r/s，液固比为 1.5:1 时，产物中的 Cl、Sb 原子比随着反应时间的延长而逐渐增加，当反应时间大于 16 h 时才能得到纯的 SbOCl 产品。用不同浓度的盐酸溶解 $Sb_4O_5Cl_2$ 至饱和可得到不同 Sb^{3+} 浓度和酸度的反应液，在固定搅拌速度 48 r/s 和反应时间 18 h 的条件下，合成产物中 Cl、Sb 原子比的变化情况见表 4-15。从表 4-15 可以看出，当反应液中 [Sb^{3+}] 290 g/L 时，产物中的 Cl、Sb 原子比约为 1.0，XRD 分析证实为 SbOCl。在 Sb^{3+} 浓度为 248～290 g/L 时产物中的 Cl、Sb 原子比提高很快。这表明该反应属扩散控制，反应物浓度的大小是影响反应速度的关键因素。在合成反应前后反应液中 [H^+] 变

化不大。实验表明 H^+ 在反应过程中有明显的催化作用。在[H^+]高的反应液中合成反应进行得快,随着反应液中[H^+]的降低,反应速度显著变慢,反应时间显著延长直至反应不能发生。由于酸度低反应过程中几乎不发生反应物和产物的溶解作用,固体 $Sb_4O_5Cl_2$ 的转化率最高可达100%。

表4 – 14　反应时间对产物中 Cl、Sb 原子比的影响

反应时间/h	0	2	6	10	12	16	18
Cl、Sb 原子比	0.501	0.501	0.503	0.633	0.783	0.985	1.000

表4 – 15　反应液中的 Sb^{3+} 浓度和[H^+]及其对产物中 Cl、Sb 原子比的影响

Sb^{3+} 浓度/$(g \cdot L^{-1})$	220	248	279	290	310.3	336.2	387
反应前液中[H^+]/$(mol \cdot L^{-1})$	—	—	2.70	2.88	2.93	3.01	3.04
反应后液中[H^+]/$(mol \cdot L^{-1})$	—	—	2.70	2.85	2.90	3.02	3.02
Cl、Sb 原子比	0.529	0.650	0.880	0.980	1.000	1.010	1.010

3) 产品检测及表征

经测试合成的 SbOCl 纯度为99.8%,白度为96.6,较原料 $Sb_4O_5Cl_2$ 的纯度(98.45%)和白度(89.0)都有较大的提高。产品平均粒径为5.90 μm,与原料相比粒径反而有所细化,这与通 HCl 气体的高温合成体系不同。产品经 XRD 分析证实为 SbOCl 单斜晶体,扫描电镜(SEM)分析证明为规则的立方晶形粒度均匀(图4 –9)。

4) 阻燃性能测试

把制备的 SbOCl 阻燃剂等量替代超细 Sb_2O_3 添加到70 ℃的绝缘 PVC 阻燃电缆料中按照 GB/T 2406—93 标准测试氧指数。结果表明 SbOCl 的阻燃性能明显优于传统的超细 Sb_2O_3(图4 – 10)。电缆料所用的色料量较超细 Sb_2O_3 约减少60%,不加色料时样条的透明度有明显提高。

总之,湿法锑白工艺中间产物 $Sb_4O_5Cl_2$ 在浓盐酸中的饱和溶液与 $Sb_4O_5Cl_2$ 反应,在常温(25 ℃左右)低酸([H^+] < 3.1 mol/L)的温和条件下可制备出纯度99.8%、白度96.6%的微细 SbOCl 阻燃剂。用于70 ℃绝缘 PVC 阻燃电缆料时,其阻燃协效性能优于超细 Sb_2O_3,且能降低其中的色料用量,不加色料时较少影响电缆料的透明度。该合成工艺简单成本低廉具有广泛的工业应用前景。

图 4-9　产品 SbOCl 的 SEM 图

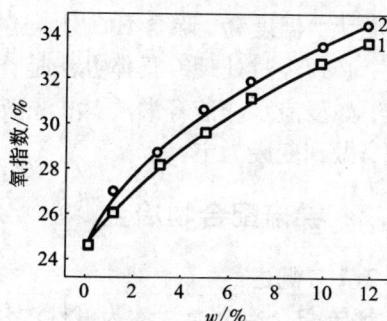

图 4-10　阻燃剂的添加量与限氧指数的关系
1—Sb_2O_3；2—SbOCl

4.1.1.10　水解液的置换

水解液含 Sb^{3+} 1 g/L 左右，含 H^+ 1.0~1.4 mol/L。少部分返回配洗酸，大部分开路。为了回收其中的锑，并为还原过程提供活性锑粉，水解液必须用铁屑置换。置换过程在常温下进行，铁用量为理论量的 1.2 倍（$[Sb^{3+}] > 0.5$ g/L）或 2.0 倍（$[Sb^{3+}] \leqslant 0.5$ g/L），置换时间 30 min 左右，用冲水法检查置换后液无白色沉淀即到置换终点。此时，必须马上过滤，如果继续搅拌，活性锑粉会被空气氧化而返溶。

4.1.1.11　三废治理

（1）废渣治理

锑氯配合冶金的废渣有浸出渣、还原渣和废水处理渣三种。单一硫化锑矿的浸出渣含元素硫和 SiO_2 都较高，用浮选法回收硫磺后是制水泥的好原料。脆硫锑铅矿精矿的氯化浸出渣富含铅银硫等有价元素，经转化脱氯浮选得硫精矿和可直接进行低温还原熔炼的碳酸铅精矿，硫精矿再用浮选法分选出元素硫，并产出二次铅精矿。还原渣一般含 Sb≥50%，是火法炼锑厂的好原料；如果含有银，则先回收银，再回收锑。废水处理渣的主要成分是 $Fe(OH)_2$、$Fe(OH)_3$ 及 $CaSO_4$，对环境无害，堆于渣场或铺路。

（2）废水治理

锑氯配合冶金废水主要是置换液，约 23 m^3/t 氧化锑，成分（g/L）为：Sb 0.004；Ag 0.0014；Fe^{2+} 7.83；Pb 0.13；Cu 0.0069；As 0.0104；Sn 0.009；Cl^- 46.42；SO_4^{2-} 3.77。这种废水先用石灰石中和至 pH≥2，再用石灰中和，并鼓入空气或加入漂白粉之类的氧化剂，最后调 pH 7~7.5；沉清，有害元素 Pb、As、Cd、Sb、Zn 等的含量均可达到国家标准。

（3）废气治理

锑氯配合冶金过程的废气有浸出及再生过程的酸雾，还原过程酸雾及中和过程的氨雾。还原酸雾及氨雾量很少，只需排出厂房外部即可。但浸出及再生过程酸雾量大，温度高，除含 HCl 外，还含有 Cl_2、$SbCl_3$、$SbCl_5$ 等腐蚀性强、毒性大的物质，必须经过处理。具体办法是，将这种酸雾气体引入淋洗塔，用含有 $SbCl_3$ 的溶液，如浸渣水洗液等淋洗，淋洗液再返回浸出过程。这样，上述物质全部回收利用，做到变废为宝。

4.1.2 锑硫配合物冶金

4.1.2.1 概述

锑硫配合冶金通常称为碱性湿法炼锑，它适用于硫化锑精矿或脆硫锑铅矿精矿等硫化锑矿或精矿的处理，包括 4 个工序：①用硫化钠和氢氧化钠溶液作为浸出剂进行浸出，产出硫代亚锑酸钠溶液。②硫代亚锑酸钠溶液电积或氧化沉淀，产出阴极锑或（焦）锑酸钠。③阴极废液处理，用以生产硫化钠和净化后的浸出液，或锑酸钠母液处理回收硫代硫酸钠。④阳极液净化及阴极锑精炼。以产出阴极锑为目的碱性湿法炼锑工艺曾在美国及前苏联获得工业应用，20 世纪 70 年代我国也建成了 200 kt/a 规模的生产厂，运行时间很短，因碱耗大，成本高而关闭。20 世纪 90 年代初至两三年前，用锑硫配合冶金方法由复杂的脆硫锑铅矿精矿直接制取（焦）锑酸钠在我国曾被广泛应用，但是，近几年来，由于产品市场问题，这种方法生产的（焦）锑酸钠已越来越少。

4.1.2.2 硫化锑精矿的浸出

（1）浸出过程的反应

用 Na_2S 溶液浸出硫化锑精矿及脆硫锑铅精矿的原理是 S^{2-} 与 Sb_2S_3 产生配合反应，形成一系列的锑（Ⅲ）硫配合离子 SbS_i^{3-2i}：

$$(2i-3)S^{2-} + Sb_2S_3 \Longrightarrow 2SbS_i^{3-2i} \qquad (4-30)$$

$$3(2i-3)S^{2-} + Sb_6Pb_4FeS_{14} \Longrightarrow 6SbS_i^{3-2i} + 4PbS + FeS \qquad (4-31)$$

Na_2S 在水中能强烈地发生水解：

$$Na_2S + H_2O \Longrightarrow NaOH + NaHS \qquad (4-32)$$

而水解后产生的 NaHS 又被空气中的氧所氧化，生成多硫化钠 Na_2S_2，从而降低 Na_2S 的作用，所以在 Na_2S 浸出液中加入一定的 NaOH，以抑制这两种影响浸出效率的不利反应。实验证明，在添加 NaOH 的情况下，Na_2S 的用量略高于理论量，就可得到很高的浸出率。因此，实际上使用的浸出剂为 $Na_2S + NaOH$，当 Na_2S 不足时，NaOH 对 Sb_2S_3 也有一定的溶解作用，其反应分两步进行：

$$Sb_2O_3 + 3Na_2S + 3H_2O \Longrightarrow Sb_2S_3 + 6NaOH \qquad (4-33)$$

$$(2i-3)S^{2-} + Sb_2S_3 \Longrightarrow 2SbS_i^{3-2i} \qquad (4-34)$$

高价氧化物 Sb_2O_4 和 Sb_2O_5 在 Na_2S 溶液中不溶解。硫化锑精矿中的伴生金属，除 Sn、Hg 和 As 外，Cu、Pb、Fe、Zn、Ag 等在 Na_2S 溶液中都难溶解，在浸出过程中富集于渣中。Sn、Hg 和 As 硫化物的浸出反应如下：

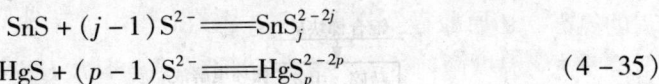

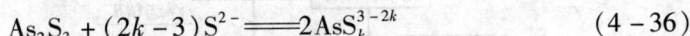

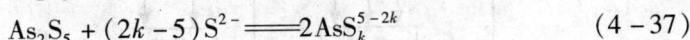

$$SnS + (j-1)S^{2-} = SnS_j^{2-2j}$$

$$HgS + (p-1)S^{2-} = HgS_p^{2-2p} \qquad (4-35)$$

$$As_2S_3 + (2k-3)S^{2-} = 2AsS_k^{3-2k} \qquad (4-36)$$

$$As_2S_5 + (2k-5)S^{2-} = 2AsS_k^{5-2k} \qquad (4-37)$$

砷硫化物也能被 NaOH 溶解，但毒砂（FeAsS）中的砷不溶。

（2）浸出作业的实践

浸出作业应既要取得尽可能高的浸出率，又要制取适合下一步处理的溶液。浸出作业可间断或连续进行，工业生产上多采用后者，以便于实现自动化并提高浸出过程的生产率；间断浸出比较适合于小型和原料多变的企业，但工业上较少采用，图 4-11 和图 4-12 分别示出间断浸出和连续浸出的工艺流程。

间断浸出实例：我国半工业试验所用浮选锑精矿含 Sb 48% ~ 55%，其中氧化物料约占 12.7%，浸出剂为阴极废液结晶后的母液，含 Na₂S 120 ~ 140 g/L，NaOH 20 ~ 28 g/L，Sb 15 ~ 17.5 g/L，液（体

图 4-11 间断浸出工艺流程图

积）固（质量）比为 3:5 ~ 5:1，锑浸出率可达 99.6% ~ 99.8%，砷浸出率 40% ~ 45%，渣含锑 0.3% ~ 0.4%，渣率 22% ~ 35%。

由浸出液和洗水制成阴极液，其主要成分（g/L）为：Sb 93 ~ 100，As 0.25 ~ 0.38，Na₂S 20，NaOH 116 ~ 125，Na₂SO₄ 26 ~ 31，Na₂CO₃ 60 ~ 77，Na₂SO₃ 4 ~ 8，Na₂S₂O₃ 39 ~ 60。

连续浸出实例：前苏联某厂所用原料为浮选硫化锑精矿和氧化物料，浸出剂为含 Na₂S 90 ~ 100 g/L，NaOH 25 ~ 35 g/L 和 Sb 20 ~ 30 g/L 的电解废液。浸出槽用蒸汽夹套加热，为了强化过程，其中设有管式加热器，浸出和电解是闭路循环，所以浸出所用的硫化钠溶液浓度必须高，但在电解液中硫化钠浓度又必须尽量低，最有利的浓度应根据处理原料的形态，溶剂和电解费用选定。

利用含锑 25 ~ 35 g/L 的电解废液浸出，可以得到含锑 70 ~ 80 g/L 的浸出液，其组成也能满足电解的要求，浮选精矿锑的浸出率为 98% ~ 99%，渣含锑 1.3% ~ 1.7%。

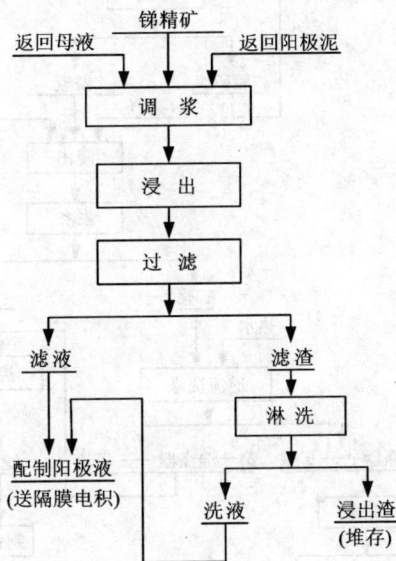

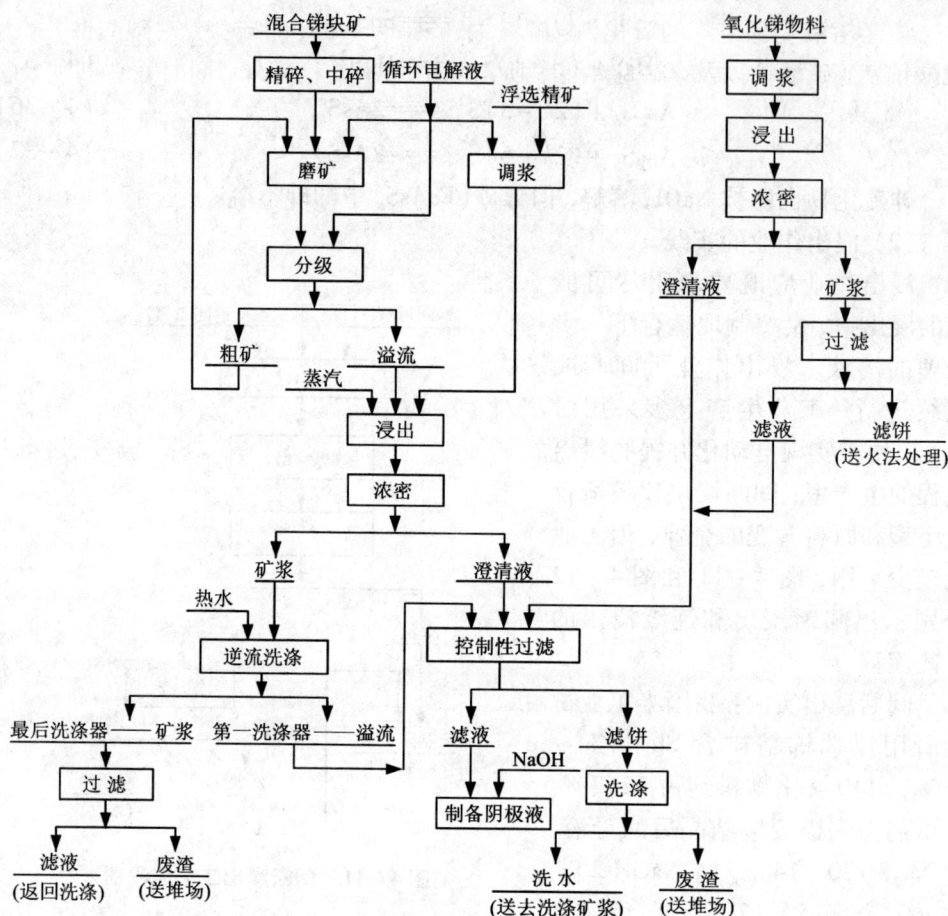

图 4 - 12　苏联某湿法炼锑厂连续浸出流程

4.1.2.3　浸出液的电积

（1）概述

从硫化钠碱性溶液中提取锑，工业生产上现有隔膜电积和无隔膜电积两种方法。前者操作比较麻烦，但电流效率高。我国采用隔膜电积，阴极液的成分比较复杂，锑主要以锑-硫配合离子 SbS_i^{3-2i} 存在，阳极液为 NaOH 溶液。无隔膜电积直接使用 Na_2S 和 NaOH 的浸出液，而不另外补加 NaOH，电积析锑的主要反应可由下式表示：

$$SbS_i^{3-2i} + 2iNaOH \Longrightarrow Sb + iNa_2S + (2i-3)OH^- + 3/2H_2O + 3/4O_2 \quad (4-38)$$

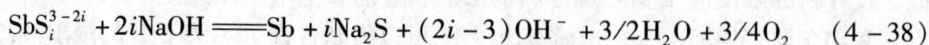

除在阴极产出金属锑外，还可在溶液中再生 Na_2S，用以制取工业硫化钠，从

而使 Sb_2S_3 中的硫得到回收利用。

由于溶液受到空气的氧化，电解液中还有不同浓度的硫酸钠、碳酸钠、硫代硫酸钠、亚硫酸钠以及多硫化钠等，所以除上列主要反应外，同时还有其他复杂的化学反应。

（2）阴极过程

电积时阴极上的主要反应是负电性的锑配合离子可在阴极上放电，析出金属锑，其反应为：

$$SbS_i^{3-2i} + 3e \longrightarrow Sb + iS^{2-} \tag{4-39}$$

溶液的还原主要是 SbS_j^{5-2j} 还原成 SbS_i^{3-2i}，$Na_2S_2O_3$ 和 Na_2S_2 还原成 Na_2S 等，其反应如下：

$$SbS_j^{5-2j} + (i-j)S^{2-} + 2e \longrightarrow SbS_i^{3-2i} \tag{4-40}$$

$$S_2O_3^{2-} + 3H_2O + 6e \longrightarrow S_2^{2-} + 6OH^- \tag{4-41}$$

$$S_2^{2-} + 2e \longrightarrow 2S^{2-} \tag{4-42}$$

锑由 5 价配合离子还原为 3 价后，又不免受到空气的氧化。还原与氧化循环进行，消耗电能，这是无隔膜电积效率低的原因。隔膜电积，把阳极液装在隔膜袋内，与阴极液有效地分开。阴极液中 Na_2S_2、$Na_2S_2O_3$ 和高价锑配离子含量减少，阴极液还原反应随之减少，电流效率相应提高。

实践证明，在一般电积条件下，溶液中的锡离子不会放电析出，而砷会放电析出，所以通常所得的阴极锑还需精炼除砷。

（3）阳极过程

在 $Na_2S - NaOH$ 浸出液中，阳极上主要发生两个电化学反应：

$$4OH^- - 4e \longrightarrow 2H_2O + O_2 \uparrow \tag{4-43}$$

$$S^{2-} - 2e \longrightarrow S \tag{4-44}$$

一般情况下，由于 OH^- 浓度很高，析出电位较低，所以阳极上主要是 OH^- 的放电，当 OH^- 浓度很低而 S^{2-} 浓度较高时，S^{2-} 也会放电，生成元素硫，后者可与硫化钠生成多硫化钠：

$$S + Na_2S \longrightarrow Na_2S_2 \tag{4-45}$$

多硫化钠在阳极上被氧原子氧化成为 $Na_2S_2O_3$：

$$Na_2S_2 + 3O \longrightarrow Na_2S_2O_3 \tag{4-46}$$

Na_2S_2 和 $Na_2S_2O_3$ 在阴极上还原使阴极锑重新溶解：

$$Sb + 3S^- + (i-3)S^{2-} \longrightarrow SbS_i^{3-2i} \tag{4-47}$$

$$S_2O_3^{2-} + 3H_2O + 8e \longrightarrow 2S^{2-} + 6OH^- \tag{4-48}$$

$$S_2^{2-} + 2e \longrightarrow 2S^{2-} \tag{4-49}$$

$$S_3^{2-} + 4e \longrightarrow 3S^{2-} \tag{4-50}$$

以上过程都消耗电能，因而降低电流效率。多硫化钠中的硫还会将 SbS_i^{3-2i} 氧化成为 SbS_j^{5-2j}：

$$SbS_i^{3-2i} + S_2^{2-} + (j-i-2)S^{2-} \longrightarrow SbS_j^{5-2j} \qquad (4-51)$$

由此可见，多硫化钠降低电流效率，不但表现在由于溶解阴极锑和阴极上的还原作用，而且主要的还是能使 SbS_i^{3-2i} 氧化成为 SbS_j^{5-2j}。

为消除多硫化钠和硫代硫酸钠的不利影响，并使 SbS_i^{3-2i} 尽可能少地移向阳极氧化，以提高电流效率，在实践中采用隔膜电积。

在隔膜电积中，阳极上 OH^- 离子放电产生原子氧，使存在于阳极液中盐氧化，也使 S^{2-} 氧化生成各种盐类。氧化生成的 SO_3^{2-}、$S_2O_3^{2-}$ 可能进一步氧化成 SO_4^{2-}，所以阳极液中 SO_4^{2-} 增加，给电积作业带来不利影响。

阳极液中不断补充新的 NaOH 溶液，其中含有一定量的 Na_2CO_3，同时阳极液在循环过程中也可能与空气中的 CO_2 作用生成 Na_2CO_3，按理应该有 Na_2CO_3 的积累，但实际上阳极液中的 Na_2CO_3 浓度波动在 $20 \sim 50 \ g/L$，并不继续增加，这说明阳极过程也可能有 CO_3^{2-} 放电：

$$2CO_3^{2-} - 4e \longrightarrow 2CO_2 + O_2 \qquad (4-52)$$

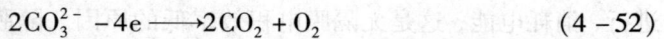

（4）隔膜电积和无隔膜电积

隔膜电积和无隔膜电积的工艺流程分别见图 4 – 13 和图 4 – 14。

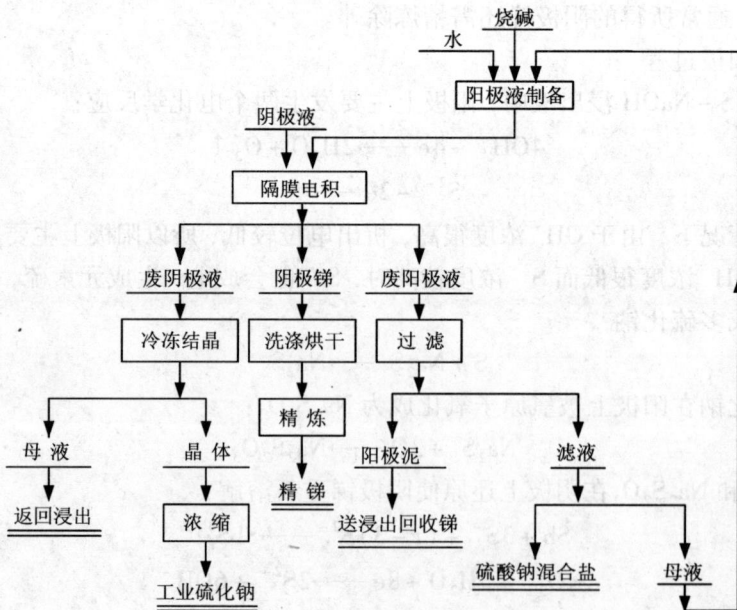

图 4 – 13　隔膜电积流程图

制备液

无隔膜电积

阴极沉积物　　　　　　　返回电解液

贫化电积　　　　　　　　返回浸出

阴极沉积物

热水

洗　涤

洗水　　　　　阴极锑
　　　　　　　(返精炼)

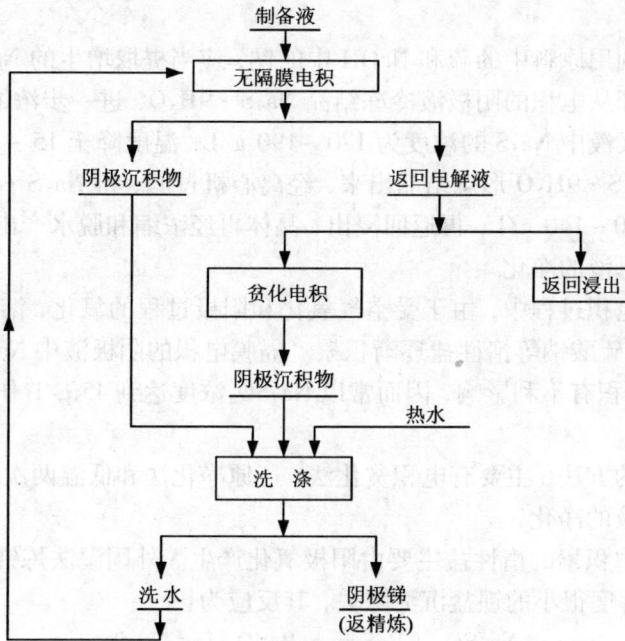

图 4 - 14　无隔膜电积流程图

隔膜电积的阴极液一般含 Sb 90 ~ 100 g/L 和 Na_2S 20 g/L，阳极液主要是 NaOH 溶液，浓度为 120 ~ 100 g/L，阳极液装入帆布袋内，阴、阳极液循环速度分别为 45 L/h 和 12 ~ 18 L/h。电解液温度 50 ~ 55 ℃，槽电压 2.65 ~ 3 V，电流效率 82% ~ 85%，每吨锑直流电耗 2050 ~ 3200 kW·h，碱耗为 1.05 t。

无隔膜电积只使用一种电解液，含 Sb、NaOH 和 Na_2S 各 50 ~ 60 g/L，Na_2CO_3 20 ~ 30 g/L，$Na_2S_2O_3$ 和 Na_2SO_3 共 60 ~ 65 g/L，Na_2SO_4 75 ~ 80 g/L，Na_2S < 1 g/L。电积过程中锑和苛性钠降低，硫化钠和惰性盐含量增高，排出的电解液成分(g/L)为：Sb 20 ~ 30，Na_2S 90 ~ 105，NaOH 25 ~ 30，$Na_2S_2O_3$ 和 Na_2SO_3 共 75 ~ 80，Na_2SO_4 100 ~ 120，Na_2CO_3 25 ~ 35。无隔膜电积槽电压与隔膜电积相近，为 2.7 ~ 3.0 V，电流效率仅 45% ~ 55%，因而每吨锑电耗高达 3000 ~ 4000 kW·h。

4.1.2.4　废电解液的处理

(1) 工业硫化钠的提取

电解过程中，不但不消耗 Na_2S，而且还副产 Na_2S，电积消耗而需要补充的只是作为阳极液的 NaOH 溶液。根据电积过程总反应式(4 - 38)计算析出 1 kg 锑，溶液中将有 1.92 kg Na_2S 生成，在浸出过程中溶解 1 kg 锑只需消耗 0.96 kg Na_2S，故浸出－电解过程中有 0.96 kg Na_2S 增生。但是，在浸出－电积循环过程中，由于部分 Na_2S 氧化生成 Na_2S_2、$Na_2S_2O_3$ 等多硫化钠，所以实际上增生 Na_2S $0.4 \sim 0.8$ kg。

为了综合利用原料中的硫和 NaOH 中的钠，应当提取增生的 Na_2S，以利于碱性浸出过程。即从电积的阴极液冷冻结晶 $Na_2S \cdot 9H_2O$，进一步浓缩产出硫化钠。

电积后阴极液中 Na_2S 的浓度为 $170 \sim 190$ g/L，温度降至 $15 \sim 18$ ℃，增生的硫化钠便以 $Na_2S \cdot 9H_2O$ 形态结晶出来，经离心机过滤，得 $Na_2S \cdot 9H_2O$ 和母液，母液含 Na_2S $130 \sim 140$ g/L，再返回浸出，晶体再经浓缩和脱水产出工业硫化钠。

（2）结晶母液的净化

在浸出－电积过程中，由于受空气氧化和阳极过程的氧化，溶液中硫代硫酸钠、硫酸钠、亚硫酸钠等惰性盐逐渐积累。隔膜电积的阴极液中 Na_2SO_4 积累到 45 g/L 时，即对电积有不利影响，因而常以 Na_2SO_4 浓度达到 45 g/L 作为溶液净化的起点。

溶液净化的方法，主要有电积贫化法、还原净化法和低温两次结晶净化法。

（3）阳极液的净化

电解过程中积累的惰性盐主要由阳极氧化产生。外国湿法炼锑厂采用 BaS 处理，以生成溶解度很小的钡盐沉淀除去，其反应为：

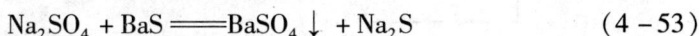

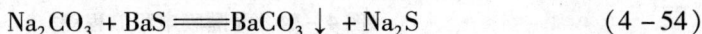

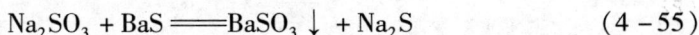

$$Na_2SO_4 + BaS = BaSO_4\downarrow + Na_2S \qquad (4-53)$$

$$Na_2CO_3 + BaS = BaCO_3\downarrow + Na_2S \qquad (4-54)$$

$$Na_2SO_3 + BaS = BaSO_3\downarrow + Na_2S \qquad (4-55)$$

由于 BaS 溶液的加入，阳极液体积膨胀，不利于净化；再生的 Na_2S 大部分留在阳极液内循环，不利于电积操作，同时所产钡渣又需处理回收，使工艺流程复杂化。我国采用真空蒸发和结晶净化法，其原理是将阳极液水分蒸发后，Na_2SO_4 在 NaOH 溶液中达到饱和，可结晶出来，溶液放出过滤，滤液返回阳极液循环，滤渣是以结晶硫酸钠为主的混合钠盐，可用于制取工业硫化钠的原料。

4.1.2.5 浸出液的催化氧化及锑酸钠的制取

（1）催化氧化反应及 NaOH 消耗

催化氧化沉锑过程的基本化学反应如下：

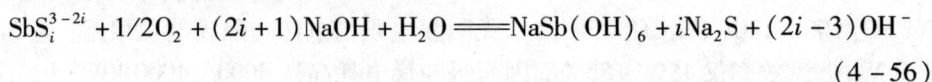

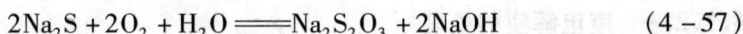

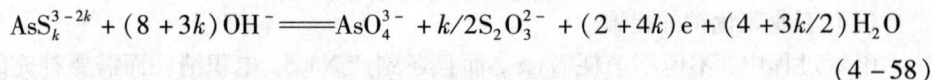

$$SbS_i^{3-2i} + 1/2O_2 + (2i+1)NaOH + H_2O = NaSb(OH)_6 + iNa_2S + (2i-3)OH^-$$
$$(4-56)$$

$$2Na_2S + 2O_2 + H_2O = Na_2S_2O_3 + 2NaOH \qquad (4-57)$$

$$AsS_k^{3-2k} + (8+3k)OH^- = AsO_4^{3-} + k/2S_2O_3^{2-} + (2+4k)e + (4+3k/2)H_2O$$
$$(4-58)$$

反应（4-56）和反应（4-58）消耗 NaOH，而反应（4-57）产生 NaOH。根据锑液成分 $[Sb] = 61.73$ g/L，$[As] = 8.88$ g/L，进行计算：

反应（4-56）消耗 NaOH：$2 \times 40 \times 61.73/(2 \times 121.75) = 20.28$ g/L；

反应（4 - 58）消耗 NaOH：$6 \times 40 \times 8.88 / (2 \times 74.92) = 14.22$ g/L；

反应总消耗 NaOH 34.50 g/L。

（2）直接法生产锑酸钠的工艺技术条件

影响氧化沉锑过程的主要因素有：锑浓度、锑液中 NaOH 浓度、催化剂组合及用量、鼓风强度及反应温度等。催化剂可以选择可溶性铜盐、可溶性锰盐、苯二酚、草酸盐及酒石酸盐等。其中，可溶性铜盐可为硫酸铜或者氯化铜等，可溶性锰盐可为硫酸锰、二氧化锰或高锰酸钾等，苯二酚可为对苯二酚、间苯二酚或邻苯二酚。对催化剂选择总的要求是：能快速有效沉锑、不产生固体物污染焦锑酸钠产品、不使溶液着色严重而影响主产品焦锑酸钠及副产品硫代硫酸钠的质量、价格便宜或加入量少以及无毒等。

两种或更多种催化剂的组合能更加有效加速沉锑过程。通过筛选实验，确定催化剂组合及用量为：0.25 g/L 邻苯二酚 + 0.5 g/L 高锰酸钾 + 1.0 g/L 苯酚。苯酚的加入是关键，它具有邻苯二酚相同的催化机理，催化性能与其差不多，而在一定用量范围内基本不使沉锑后液着色。

鼓风强度是指单位时间鼓风量与反应器横截面积之比。鼓风强度越大，反应体系中反应剂氧气的浓度越大，而且分布均匀，显然是有利于沉锑反应；但当鼓风强度达到一定程度时，由于氧气在液相中溶解度是有限的，鼓风强度再增加，基本上不影响沉锑过程。因此，鼓风强度选择 $1.6 \sim 2.0$ m³/(m² · min)。

从动力学角度考虑，温度从两个方面影响沉锑过程。一方面，随着温度的升高，根据阿累尼乌斯公式 $\ln K = -E_a / (R \times T) + B$，显然有利于提高反应速度；另一方面，随着温度的升高，由于氧气在溶液中溶解度下降，根据质量作用定律，反而降低反应速度。生产实践中反应温度为 $80 \sim 90$ ℃。

从催化氧化反应可知，反应消耗 NaOH 的总量是 34.5 g/L，因此必须保证沉锑液中有足够的 NaOH，以使反应快速彻底进行；当 NaOH 浓度达到 50 g/L 左右，已基本上不影响沉锑后液锑浓度，因此该体系中 NaOH 浓度可选择 50 g/L，其过量系数按沉锑及砷氧化消耗计算为 $1.4 \sim 1.5$。

总之，催化氧化沉锑最佳工艺技术条件是：催化剂组合及用量为 0.25 g/L 邻苯二酚 + 0.5 g/L 高锰酸钾 + 1.0 g/L 苯酚；鼓风强度 $1.6 \sim 2.0$ m³/(m² · min)；反应温度 $80 \sim 90$ ℃；NaOH（按沉锑及砷氧化消耗）过量系数 $1.4 \sim 1.5$。在上述最佳条件下，进行空气氧化沉锑 12 h，溶液中锑基本被沉淀完全。

（3）硫代硫酸钠的提取

在 Sb - Na - S - H_2O 系空气催化氧化中，首先进行的是游离 Na_2S 的氧化反应生成 $Na_2S_2O_3$，当游离 Na_2S 浓度不大时，开始进行 Na_3SbS_3 的氧化反应，伴随着溶液颜色的变化，即从草黄色经暗褐色到无色，而这样的颜色变化标志着不同 S、Sb 原子比的锑硫配合物，即当 $x_S / x_{Sb} = 3$ 时，颜色为草黄色；当 $x_S / x_{Sb} = 2.5$ 时，颜色为深橙色；当 $x_S/x_{Sb} = 2$ 时，颜色为暗褐色。

脱硫反应生成的游离 Na_2S 又马上被氧化成 $Na_2S_2O_3$，脱硫反应方程式为：

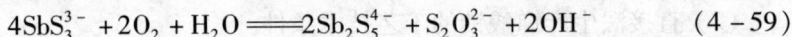

$$4SbS_3^{3-} + 2O_2 + H_2O \xrightarrow{\hspace{1cm}} 2Sb_2S_5^{4-} + S_2O_3^{2-} + 2OH^- \qquad (4-59)$$

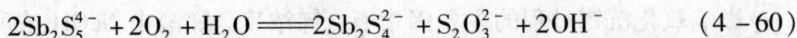

$$2Sb_2S_5^{4-} + 2O_2 + H_2O \xrightarrow{\hspace{1cm}} 2Sb_2S_4^{2-} + S_2O_3^{2-} + 2OH^- \qquad (4-60)$$

综上所述，沉锑后液中 $Na_2S_2O_3$ 是基本产物，其所含硫占溶液中总硫的 81%，另有少量的 Na_2SO_3、Na_2SO_4，其中 Na_2SO_3 所含硫占溶液中总硫的 9.5%，Na_2SO_4 含硫占溶液中总硫的 9.5%。

对以上成分的沉锑后液进行蒸发浓缩和冷却结晶，首先硫代硫酸钠以 $Na_2S_2O_3 \cdot 5H_2O$ 形式析出，离心分离，即可得工业级硫代硫酸钠产品，母液主要是 Na_2SO_4 和 Na_2SO_3，用石灰处理后排放。

4.2 铋氯配合物冶金

4.2.1 概述

我国铋资源极其丰富，仅湖南郴州市就占全国储量的 64% 以上，约占世界总储量的 50%，价值 50 多亿美元。在自然界中铋很少形成单独的矿床，大多与铅、锡、铜、钨、钼等矿物共生，其中与铅、锡、铜矿物共生的铋难以通过选矿方法分离，一般从铅、锡、铜的冶炼副产物中回收铋；而与钨、钼共生的辉铋矿和铋华等可用选矿方法产出铋精矿，但其中硅含量较高，且含铍、氟，采用火法冶金处理时，铍、氟和低浓度二氧化硫烟气污染严重。在铋的消费结构上，60% 以上的铋是以化工产品形式在胃药、电子陶瓷、催化剂、阻燃剂等高科技领域得到广泛应用，这些产品都对铋的纯度要求很高。至今为止，生产铋化工产品均以精铋为原料，制取硝酸铋是传统铋深加工流程中必经工序，在该过程中排放致癌物——NO_x。针对上述问题，并根据 Bi(Ⅲ) 易形成氯配合物的原理，人们开展了铋氯配合冶金方法研究，最先是研究三氯化铁酸性水溶液体系中处理铋中矿及复杂铋物料制取海绵铋的工艺。20 世纪 90 年代初，作者开始研究非三氯化铁体系的铋氯配合冶金工艺与理论，用氯化-水解法处理硫化铋精矿、铋中矿直接制取铋化学品，用氯化-干馏法处理硫化铋精矿制取三氯化铋和纳米氧化铋。与此同时，邱定番、王成彦等开始研究非三氯化铁体系中硫化铋精矿的矿浆电解，并完成工业试验。本节重点介绍由作者完成的柿竹园硫化铋精矿和铋中矿的氯配合冶金的研究结果。

4.2.2　铋氯配合物冶金原理

4.2.2.1　氯化浸出过程

在硫化铋矿的氯化浸出中既存在 Bi_2S_3 的氧化过程：

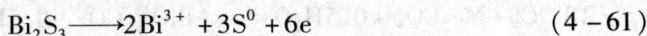

$$Bi_2S_3 \longrightarrow 2Bi^{3+} + 3S^0 + 6e \tag{4-61}$$

也存在氯化铋的配合平衡和水解平衡：

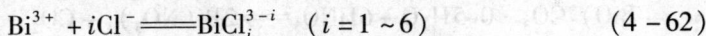

$$Bi^{3+} + iCl^- \Longrightarrow BiCl_i^{3-i} \quad (i = 1 \sim 6) \tag{4-62}$$

$$BiCl_i^{3-i} + H_2O \Longrightarrow BiOCl\downarrow + 2HCl + (i-3)Cl^- \tag{4-63}$$

由式(1-74)建立的三氯化铋水解体系的基本热力学模型可知，浸出液中其他金属离子的富集(如 Fe^{2+})可代替需添加的金属氯化物，进一步提高铋浸出率，降低浸出体系极限酸度。当浸出体系中铁离子富集到 30 g/L 时，极限酸度可降低到 0.16 mol/L，通过非氧化浸出试验，可确定某种铋矿在相应液固比和铋浓度下的消耗酸度，从而确定浸出体系的总酸度。铁离子的存在对 Bi_2S_3 的氧化还起着极其重要的催化作用，如反应(4-64)和(4-65)：

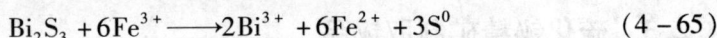

$$FeCl_3 \longrightarrow Fe^{3+} + 3Cl^- \tag{4-64}$$

$$Bi_2S_3 + 6Fe^{3+} \longrightarrow 2Bi^{3+} + 6Fe^{2+} + 3S^0 \tag{4-65}$$

在循环浸出中，浸出液中的金属离子浓度较常规浸出过程富集 $1/(1-\nu)$ 倍，ν 为浸出液返回分数，利用式(4-66)可确定达平衡的循环浸出次数：

$$De = 1 - (1-\nu) + \nu^2 + \cdots + \nu^{n-1} \tag{4-66}$$

其中：De 为浸出体系中金属浓度与平衡浓度的相对误差。

4.2.2.2　浸出液净化过程

向浸出液中加入硫酸根及钡盐，则铅离子形成硫酸铅和硫酸钡复盐沉淀：

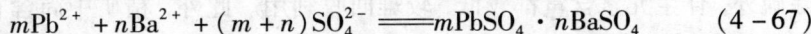

$$mPb^{2+} + nBa^{2+} + (m+n)SO_4^{2-} \Longrightarrow mPbSO_4 \cdot nBaSO_4 \tag{4-67}$$

从而达到除铅之目的。加入硫化剂，可使铜、砷及银等杂质元素除去。

$$2Me^{j+} + jS^{2-} \Longrightarrow Me_2S_j \tag{4-68}$$

4.2.2.3　铋品制备过程

$BiCl_i^{3-i}$ 中和水解的基本反应为：

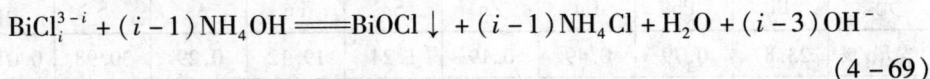

$$BiCl_i^{3-i} + (i-1)NH_4OH \Longrightarrow BiOCl\downarrow + (i-1)NH_4Cl + H_2O + (i-3)OH^- \tag{4-69}$$

按式(4-68)计算碱液加入量(mL)：

$$V_{碱} = \frac{V_{原}\{(1-\eta+A\eta)[Bi^{3+}]_{T原} - A[Cl^-]_{T原} - B[Me^+]_{原} - C\}}{B[Me^+]_{碱} + C} \tag{4-70}$$

式中：η 为数控水解率；$V_{原}$、$[Bi^{3+}]_{T原}$、$[Cl^-]_{T原}$、$[Me^+]_{原}$ 分别表示 $BiCl_3$ 原液的体积、铋离子总摩尔浓度、氯根总摩尔浓度及其他金属离子的摩尔浓度；A、B、C

为常数。

氯氧化铋用烧碱溶液脱氯，可直接获得氧化铋：

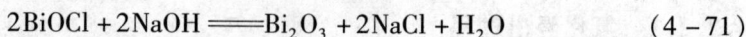

$$2BiOCl + 2NaOH == Bi_2O_3 + 2NaCl + H_2O \qquad (4-71)$$

用碱金属碳酸盐也可以脱去氯氧化铋中的大部分氯：

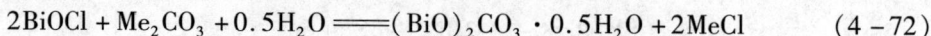

$$2BiOCl + Me_2CO_3 + 0.5H_2O == (BiO)_2CO_3 \cdot 0.5H_2O + 2MeCl \qquad (4-72)$$

粗次碳酸铋用工业硝酸溶解，浓缩结晶后可制得纯硝酸铋。

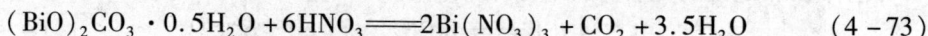

$$(BiO)_2CO_3 \cdot 0.5H_2O + 6HNO_3 == 2Bi(NO_3)_3 + CO_2 + 3.5H_2O \qquad (4-73)$$

纯硝酸铋经水解可制得次硝酸铋：

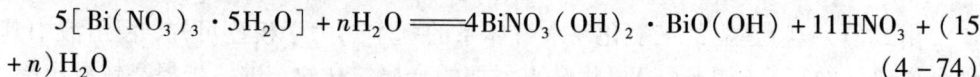

$$5[Bi(NO_3)_3 \cdot 5H_2O] + nH_2O == 4BiNO_3(OH)_2 \cdot BiO(OH) + 11HNO_3 + (15$$
$$+ n)H_2O \qquad (4-74)$$

次硝酸铋用碱金属碳酸盐转化可制得纯次碳酸铋：

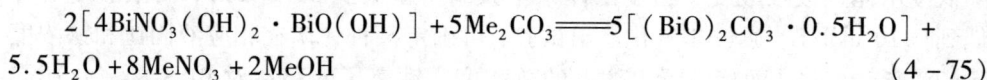

$$2[4BiNO_3(OH)_2 \cdot BiO(OH)] + 5Me_2CO_3 == 5[(BiO)_2CO_3 \cdot 0.5H_2O] +$$
$$5.5H_2O + 8MeNO_3 + 2MeOH \qquad (4-75)$$

次碳酸铋经煅烧即获得纯氧化铋：

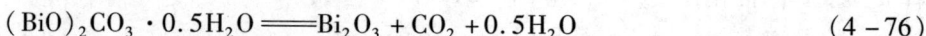

$$(BiO)_2CO_3 \cdot 0.5H_2O == Bi_2O_3 + CO_2 + 0.5H_2O \qquad (4-76)$$

4.2.3　硫化铋精矿制取铋品

4.2.3.1　矿物原料与工艺流程

试验所采用的矿物原料系柿竹园含铍含氟铋精矿，其化学成分如表 4-16 所示。物相分析表明，铋主要以辉铋矿存在，也有少量的氧化铋和金属铋。大部分铁以黄铁矿形式出现；钙主要以萤石、碳酸盐存在；硅的主要存在形态是石英和硅酸盐；铍以绿柱石的形态存在。矿相十分复杂，精矿中的主要有价元素是铋，除硫外，伴生元素含量都较低，较难回收利用。此外，精矿中尚含有 0.0024% 的 BeO 及 1.30% 的 F，因此，在选择冶炼方法和工艺流程时，必须考虑铍、氟的危害。

表 4-16　柿竹园含铍含氟铋精矿化学成分

元素	Bi	Pb	Cu	Zn	Sn	Fe	As	S	Ag
含量/%	23.87	0.79	0.49	0.19	1.24	19.12	0.29	30.98	0.0105
元素	F	WO_3	Mo	BeO	CaO	Al_2O_3	SiO_2	Au[①]	—
含量/%	1.30	0.60	1.80	0.0024	5.22	1.87	8.80	1.68	—

注：①含量单位为 g/t。

湿法处理硫化铋精矿直接制取铋系化工产品的工艺流程如图 4-15 所示。首

先采用 Cl_2 为氧化剂和氯化剂,在盐酸体系中进行硫化铋精矿氯化循环浸出,以提高溶液中铋离子浓度;浸出液可通过化学沉淀法依次除去 Ag、Pb、Cu、As 等杂质,也可基于溶液中各种氯化物沸点的差异,通过干馏过程使得 H_2O、HCl 和低沸点氯化物 ($SiCl_4$、$AsCl_3$、$SnCl_4$、$AlCl_3$、$MoCl_6$、WCl_6) 挥发分馏进入冷凝液,高沸点难于挥发的氯化物 ($ZnCl_2$、$PbCl_2$、$CuCl_2$、$FeCl_2$、CaF_2、BeF_2) 则保留于干馏渣中,从而获得纯净的 $BiCl_3$ 晶体;以纯净的 $BiCl_3$ 溶液为原料,采用中和水解法产出氯氧铋,再经碱液脱氯转化,所得脱氯化合物作为制取各种铋系列化工产品的原料。本工艺流程具有下述特点:①直接由铋精矿制取较纯的氯化铋,过程简单,成本低廉,经济效益好;②防止铍、氟等有毒元素的污染,有利于环境保护;③能有效回收原料中各种伴生有价元素,综合利用较好;④冷凝液返回再使用,酸耗大幅降低。

4.2.3.2　氯化循环浸出

硫化铋精矿氯化循环浸出条件为:循环液固比 2.5∶1、温度 85 ℃、通氯时间 0.4 min/g 矿、总反应时间 2 h、初始酸度 0.707 mol/L、添加剂 MC 0.1%、Fe^{2+} 10 g/L、NH_4Cl 1 mol/L、洗酸酸度 1.572 mol/L、浸出液返回系数 0.68,在此条件下进行了一系列的浸出试验,结果列于表 4 – 17。结果表明,当浸出体系与平衡状态的误差 De < 5% 时,循环浸出 7 次以上方达到浸出体系的平衡。采用循环浸出,铋的浸出率高达 99% 以上,浸出液中的铋含量可富集到 270 g/L,为常规浸出的 3 倍,扩大了后续过程的设备生产能力,同时提高了浸出液中的其他金属离子的浓度,有利于有价伴生金属的回收。由表 4 – 17 还可看出,原料中的 Pb、Cu、Zn、Ag 也大部分被浸出进入溶液,必须设置专门的净化分离工序,以综合回收这些有价金属。

表 4 – 17　硫化铋精矿氯化循环浸出试验结果

成分	Bi	Pb	Cu	Zn	Sn	Mo	WO_3	BeO	F	Ag	Ca
浸出液/(g·L⁻¹)	266.4	2.50	2.50	1.56	0.17	0.13	0.08	0.003	8.56	0.106	7.81
浸出渣/%	0.27	0.23	0.50	0.06	1.51	2.39	0.43	0.022	0.92	13.89①	0.12
浸出率/%	99.22	79.47	30.41	76.92	15.25	7.47	50.12	24.61	58.68	90.79	97.79

注:①含量单位为 g/t。

试验结果表明,氯气与盐酸的消耗是很低的,每吨浸出液中铋所需消耗的氯气为 0.695 t,工业盐酸为 0.6265 t。酸耗低的原因是由于采用了循环浸出,且利用了三氯化铋水解体系热力学数学模型所确定的浸出体系的最低酸度,而浸出液中其他金属离子的富集(如 Fe^{2+})可代替需添加的金属氯化物,进一步提高铋浸出率,降低浸出体系极限酸度。氯耗低的主要原因是 MC 添加剂抑制了黄铁矿及磁黄铁矿中硫的氧化以及元素硫进一步氧化成为高价硫。

图 4-15 中流程图：

铋精矿　　HCl+Cl₂
　　↓
氯化浸出
　↓　　　　↓
浸出液　　浸出渣

除杂 → 净化渣（回收Pb、Ag、Cu）
还原
酸洗 → 酸洗液

净化液
还原液
酸洗渣（回收S、W、Mo）

干馏

BiCl₃　　干馏渣（回收Be、W、Mo等）　　分馏液

稀酸溶浸

铋溶液

中和水解
　↓　　　　↓
水解液　　氯氧铋

铁屑 → 置换
脱氯转化

海绵铋　　置换液　　脱氯液　　脱氯化合物

熔铸　　处理　　　　　　　加工

粗铋　　排放　　超细氧化铋　硝酸铋　次硝酸铋　次碳酸铋　纳米氧化铋纤维

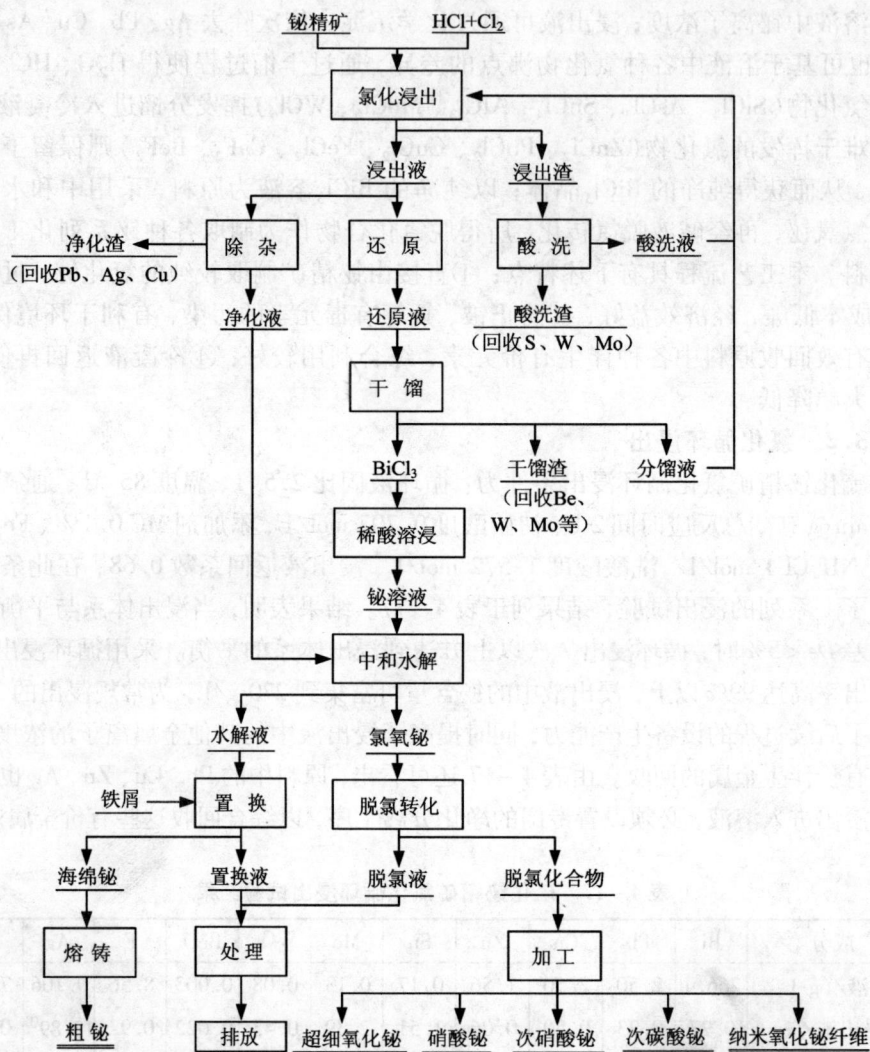

图 4-15　湿法处理硫化铋精矿直接制取铋系化工产品的工艺流程

4.2.3.3　浸出液净化

（1）除银

　　分别采用 A#、B# 两种除银剂进行浸出液除银试验，结果列于表 4-18。由表 4-18 可知，A#、B# 两种除银剂皆能有效脱除浸出液中的银，但 B# 除银剂价廉易得，选其作为除银剂，银的平均脱除率高达 98.67%，浸出液中 Ag 含量降低至 0.003 g/L 以下，而每吨浸出液可回收银 0.4 kg，铋的回收率接近 100%，B# 除银

剂消耗为 0.25 kg/t Bi。

表 4 - 18 浸出液除银试验结果

除银剂种类	除银剂理论倍数	原液含 Ag /(g·L^{-1})	除银后液含 Ag/(g·L^{-1})	除银率 /%	固定条件
A$^#$	1.00	0.108	0.0065	93.97	常温；2 h；3$^#$絮凝剂 1 滴
	1.00	0.106	0.0037	98.29	
B$^#$	1.25	0.108	0.002	97.79	常温；30 min
	1.25	0.108	0.0016	98.24	
	1.50	0.108	0.0014	99.99	

（2）除铅

在时间 45 min、室温、硫酸根浓度 18.18 g/L、钡铅摩尔比 6∶1 的优化条件下，进行浸出液除铅试验，结果列于表 4 - 19。由表 4 - 19 可以看出，在优化条件下，平均除铅率高达 94.34%，除铅后液中 Pb 含量仅为 0.086 g/L。除铅过程中，铋回收率为 99.85%，硫酸盐及钡盐的消耗分别为 0.0735 t/t Bi 和 0.059 t/t Bi，铅渣产率为 0.0913 t/t Bi。

表 4 - 19 浸出液除铅试验结果

序号	除铅后液成分/(g·L^{-1})				液计除铅率/%	液计铋回收率/%	渣产率/(t·t^{-1} Bi)	除铅渣成分/%		渣铋损失率/%
	Bi	Cu	As	Pb				Pb	Bi	
1	255.17	2.28	0.071	0.069	96.59	101.12	0.0921	2.24	1.71	0.16
2	253.45	2.55	0.098	0.079	96.10	99.70	0.0902	3.22	1.75	0.16
3	253.45	2.50	0.11	0.11	94.57	100.43	0.0915	3.25	1.35	0.12
平均	254.02	2.44	0.093	0.086	95.75	100.42	0.0913	2.90	1.60	0.15

（3）除铜砷

在温度 95 ℃、时间 2 h、A$^#$除杂剂 1.2 倍理论量、C$^#$除杂剂 1.6 倍理论量的优化条件下，进行浸出液除铜砷试验，结果如表 4 - 20 和表 4 - 21 所示。

表 4–20　除铜后液化学组成及液计除杂率和铋回收率

序号	除铜后液成分/(g·L^{-1})			液计除杂率/%		液计铋回收率/%
	Bi	Cu	As	Cu	As	
1	245.45	0.15	0.08	93.85	13.98	99.89
2	263.64	0.025	0.05	98.98	44.42	100
3	245.13	0.08	0.049	96.68	45.53	99.75
平均	251.51	0.085	0.06	96.50	34.64	99.88

表 4–21　除铜渣化学组成及渣计除杂率和铋回收率

序号	铜渣成分/%			渣计除杂率/%		渣计铋回收率/%	铜渣产率/(t·t^{-1} Bi)
	Bi	Cu	As	Cu	As		
1	3.92	31.80	0.10	89.06	7.35	99.89	0.0269
2	8.27	45.24	0.13	89.61	6.76	99.84	0.0191
3	8.27	42.98	0.088	78.29	4.21	99.86	0.0173
平均	6.82	40.01	0.11	85.65	6.11	99.86	0.0211

由表 4–20 和表 4–21 可以看出，浸出液净化脱除铜、砷效果较好，液计除铜率可达 96.50%，脱砷率为 34.64%，铋的回收率则高达 99.88%。由于铜渣的损失，渣计除杂率较低，但铋的回收率相近。铜渣产率为 0.0211 t/t Bi，铜渣含铜高达 40%，可以作为铜精矿加以回收利用，预计每吨铋可回收金属铜 8.44 kg。A$^{\#}$、C$^{\#}$除杂剂的消耗分别为 0.00135 t/t Bi 和 0.0135 t/t Bi，盐酸消耗则为 0.03 t/t Bi。

4.2.3.4　还原液的干馏

首先对氯化浸出液进行活性炭吸附处理以除去有机物，防止干馏过程中出现起泡现象；进而向溶液中加入海绵铋搅拌反应 0.5 h，使得高价金属离子如 Fe^{3+}、As^{5+}、Sb^{5+} 等还原为低价离子，并富集回收溶液中的银离子。所得还原液倒入自制的干馏设备中，保持干馏体系呈密闭状态并抽成一定负压，逐渐升高温度，使干馏瓶中的水分、盐酸及低沸点氯化物挥发经分馏进入冷凝瓶，BiCl$_3$ 则挥发进入分馏瓶中贮存。分别考察了干馏温度、压强、时间等因素对铋干馏率的影响，结果如图 4–16 和图 4–17 所示。

由图 4–16 可以看出，随着体系温度的升高或体系内负压的增加，BiCl$_3$ 的干馏率均逐渐上升。这是因为干馏温度的升高，使干馏母体中 BiCl$_3$ 的蒸发得到加强，以致在单位时间内蒸发的 BiCl$_3$ 量也随之增加；体系内负压的增加，使 BiCl$_3$ 能在较低的温度下得以蒸发，同样可使其在单位时间内蒸发的量得到提高。由图 4–17 可知，在体系压强为 74.659 kPa、温度为 480 ℃时，溶液中大部分的 BiCl$_3$ 于 0.5 h 内已基本干馏出来，说明其干馏速率很大。随着大部分 BiCl$_3$ 的馏出，干

馏母液中 $BiCl_3$ 含量逐渐减少，$BiCl_3$ 活度也随之减小，以至 $BiCl_3$ 的蒸气压降低，最终导致干馏速度也比较缓慢，在随后的 0.5~2.5 h 内，干馏率仅增加 8% 左右。

在体系压强 74.659 kPa、温度 480 ℃、时间 1 h 的条件下所得馏出物的化学成分列于表 4-22。由表 4-22 可见，馏出物 $BiCl_3$ 的纯度较高，影响 $BiCl_3$ 质量的因素主要是低沸点金属氯化物如 Mo、W、Sb 等的氯化物杂质，这些氯化物的沸点比 $BiCl_3$ 的低，但由于其在干馏母体中的含量较少，活度也较小，所以有可能一起挥发出来，而且又难以用分馏方法加以彻底分离。高沸点金属氯化物如 Pb、Cu、Zn、Fe 等的氯化物可能是由夹带进入干馏产物。

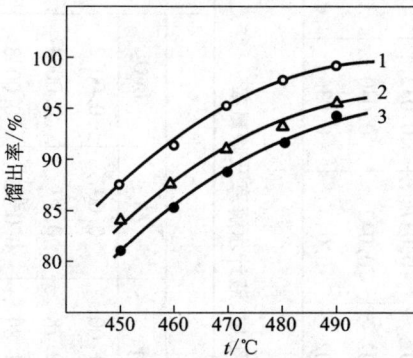

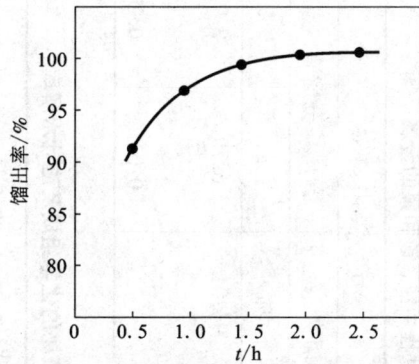

图 4-16　体系压强和温度对 $BiCl_3$ 干馏率的影响
1—74.659 kPa, 1 h；2—87.911 kPa, 1 h；
3—94.657 kPa, 1 h

图 4-17　时间对 $BiCl_3$ 干馏率的影响
体系压强 74.659 kPa，干馏温度 480 ℃

表 4-22　干馏产物的化学组成/%

组成	$BiCl_3$	Mo	WO_3	Pb	Cu	Zn	Sb	As	F	Fe	BeO
含量	99.28	0.057	0.092	0.0051	0.0024	0.014	0.017	0.0005	痕	0.0013	痕

表 4-23 列出了铋、铍和氟在浸出和干馏过程中的平衡情况。由表 4-23 可见，金属铋的直收率相当高，若将分馏液和干馏渣中的铋进一步回收，将使铋的回收率更高。铍是一种剧毒的元素，在氯化浸出过程中是分散的，其中 79.62% 进入浸出渣中，20.38% 进入浸出液，在浸出液预处理过程中又 100% 保留于溶液中，而在干馏过程中则基本上以氟化铍的形态富集在干馏渣中。经估算，渣中铍含量达 0.044%。氟的行为与铍相似，氯化浸出过程中有 41.32% 进入浸出渣中，干馏过程中也基本富集于干馏渣，分馏液中有 0.2% 的氟可能是形成了氟化氢所致。总之，"氯化浸出-干馏"可将铍、氟富集在浸出渣和干馏渣中，使其污染减小到最低限度。

表 4-23　氯化浸出和干馏过程中铋、铍和氟的金属平衡

元素	加入 铋精矿+返回液/g	浸出弃渣 g	浸出弃渣 %	BiCl₃干馏物 g	BiCl₃干馏物 %	分馏液 g	分馏液 %	干馏渣 g	干馏渣 %
Bi	225.69	2.288	1.01	212.23	94.04	6.70	2.97	4.60	2.04
BeO	0.01774	0.01412	79.62	0.00027				0.0036	20.38
F	11.314	4.675	41.32			0.023	0.20	6.614	58.46

表 4-24　水解沉铋所得氯氧铋的化学组成及渣计水解率

序号	化学组成/% Bi	F	Sb	As	Cu	Pb	Fe	Zn	BeO	渣计水解率/%
1	79.55	0.018	0.035	0.0036	0.002	0.037	0.032	0.004	痕	51.47
2	81.13	0.027	0.028	0.0028	0.002	0.042	0.040	0.005	痕	53.41
平均	80.34	0.023	0.032	0.0032	0.002	0.040	0.036	0.0045	痕	52.44

表 4-25　水解母液的化学组成、液计水解率及除氟率

序号	化学组成/(g·L⁻¹) Bi	F	Cu	Pb	Fe	Zn	BeO	液计水解率/%	除氟率/%
1	56.52	2.85	0.049	0.018	11.00	0.60	0.0072	56.21	99.13
2	55.96	2.90	0.051	0.018	12.78	0.59	0.0064	57.04	98.68
平均	56.24	2.88	0.050	0.018	11.89	0.0595	0.0068	56.62	98.91

4.2.3.5　中和水解沉铋

以净化除杂后的纯 $BiCl_3$ 溶液(化学组成(g/L)：Bi 248.34；Sb 0.15；Ag 0.0032；Zn 1.09；Cu 0.085；Fe 21.28；As 0.06；Cl^- 136.08；SO_4^{2-} 5.39；F^- 3.34)为原料，在数控水解率 $\eta_{控}$ =0.2、氨水浓度 1.5 mol/L、温度 40 ℃ 的优化条件下进行水解沉铋试验，结果分别列于表 4 - 24 和表 4 - 25。结果表明，当数控水解率 $\eta_{控}$ =0.2 时，实际水解率控制在 50% ～60%，氨水消耗为 0.621 t/t Bi。在水解沉铋的同时，可脱除 F、Fe、Cu、Zn、Be 等杂质，使氯氧铋品位接近 100%。

4.2.3.6　氯氧铋脱氯

根据文献的研究结果，选择 CA 为脱氯剂，在温度 40 ℃、液固比 9∶1、时间 1 h 的条件下考察了 CA 用量对氯氧铋脱氯过程的影响，结果如表 4 - 26 所示。

表 4 - 26　脱氯剂用量对脱氯效果的影响

CA 的理论倍数	1.22	1.46	2.44	1.22[①]
液计脱氯率/%	73.31	71.96	83.13	83.68
固计脱氯率/%	89.82	75.28	92.38	92.52

注：①脱氯时间为 2 h。

表 4 - 26 说明，脱氯剂的最佳用量为理论量的 2.44 倍，此时脱氯率达到 92.38%。在此优化条件下进行氯氧化铋脱氯扩大试验，结果列于表 4 - 27。由表 4 - 27 可知，扩大试验中氯氧铋脱氯效果比较理想，固计脱氯率为 81.94% ～ 89.26%，脱氯剂用量为 0.554 t/t Bi。

表 4 - 27　氯氧铋脱氯扩大试验结果

序号	脱氯铋化合物成分/%									脱氯率/%	
	Bi	Cl	Pb	Cu	Zn	Fe	Ag	Sb	As	液计	固计
1	79.12	2.38	—	0.003	0.009	0.043	0.003	0.14		85.51	81.94
2	81.06	1.45	0.23	—	—	0.02			0.008	82.91	89.26

4.2.3.7　铋品的制备

(1)硝酸铋的制取

脱氯铋化合物采用硝酸溶解后进行冷却结晶，液固分离后所得一次硝酸铋再进行二次结晶即可得到 $Bi(NO_3)_3 \cdot 5H_2O$ 产品。脱氯化合物硝酸溶解试验结果列于表 4 - 28，硝酸铋结晶试验结果则如表 4 - 29 所示。

表 4 - 28 脱氯铋化合物的硝酸溶解试验结果

序号	硝酸铋液含 Bi/(g·L^{-1})	残渣组成/%		铋溶解率/%		固计溶Cl 率/%
		Bi	Cl	液计	固计	
1	300.0	57.77	9.80	93.12	93.51	38.28
2	313.54	72.09	12.23	约100	97.19	74.10

表 4 - 29 硝酸铋结晶母液的成分及其结晶率

序号	母液含 Bi/(g·L^{-1})			液计结晶率/%			
	一次母液	二次母液	三次母液	一次结晶	二次结晶	三次结晶	共计
1	268.75	379.17	—	78.87	61.42	—	78.87
2	343.75	339.58	248.33	77.31	75.15	80.44	91.80

结果表明, 采用硝酸溶解脱氯化合物, 铋溶解率大于90%, 并随着脱氯率的提高而提高。应尽量控制硝酸酸度以使 BiOCl 不溶解, 这是确保产品质量的关键。硝酸铋溶液一次结晶率为 77.31% ~ 78.87%。硝酸铋产品质量列于表 4 - 30。由表 4 - 30 可以看出, 金属杂质除 3# 产品中 Pb 为化学纯外, 其余产品均达到分析纯要求; 非金属杂质, 约有一半达到化学纯的含量要求。制取硝酸铋产品的物料消耗(t/t 硝酸铋)分别为: 工业硝酸(63%)0.837, 化学纯硝酸 0.293, 中和剂 1.366, 氯化剂 0.181, 脱氯剂 0.266, 铋的总回收率 99.90%。

表 4 - 30 硝酸铋产品质量/%

序号	1	2	3	产品质量标准	
				分析纯	化学纯
Bi(NO$_3$)$_3$ · 5H$_2$O	100.30	100.95	100.70	≥99.0	≥99.0
Cu	<0.00012	<0.00012	<0.00012	≤0.001	≤0.003
Ag	<0.00024	<0.00024	<0.00024	≤0.001	≤0.003
Pb	0.0021	0.0058	0.015	≤0.01	≤0.05
Zn	<0.00029	<0.00029	<0.00029	—	—
Sb	0.0021	0.00026	0.00058	—	—
Fe	0.0003	0.00031	0.00021	≤0.0005	≤0.001
As	<0.00019	<0.00019	0.00019	≤0.0005	≤0.001
Te	<0.00048	<0.00048	<0.00048	—	—
Cl$^-$	0.0094	0.0047	0.0036	≤0.002	≤0.005
SO$_4^{2-}$	0.013	0.011	0.0071	≤0.005	≤0.01

（2）次硝酸铋的制取

采用硝酸铋水解工艺制取次硝酸铋。在温度 25 ℃、时间 1 h、纯水淋洗 3 次的固定条件下，考察了终点平衡酸度对硝酸铋水解过程的影响，结果见表 4 – 31。

表 4 – 31　终点平衡酸度对硝酸铋水解过程的影响

序号	终点酸度 /(mol·L^{-1})	水解液含铋 /(g·L^{-1})	次硝酸铋含铋/%	铋直收率/%		加水倍数
				液计	固计	
1	0.1	1.725	70.73	82.85	83.19	44.68
2	0.2	3.29	69.46	83.17	81.95	22.34
3	0.3	6.10	—	78.58	78.53	14.90

表 4 – 31 说明，终点平衡酸度以 0.2 mol/L，即每份 Bi(NO$_3$)$_3$·5H$_2$O 加水 22.34 份为最好。由此，在温度 25 ℃、时间 2 h、终点平衡酸度 0.2 mol/L、纯水淋洗 3 次的优化条件下进行了硝酸铋水解制取次硝酸铋的扩大试验，结果分别列于表 4 – 32 和表 4 – 33。

表 4 – 32　硝酸铋水解制取次硝酸铋扩大试验结果

序号	规模 /(g·次$^{-1}$)	水解液含 Bi/(g·L^{-1})	铋直收率/%		Bi 总收率 /%
			液计	固计	
1	77	3.50	80.39	82.45	99.90
2	64	3.65	79.84	80.40	99.90
3	70	3.25	81.09	80.67	—
平均	70.3	3.47	80.44	81.17	99.90

表 4 – 33　次硝酸铋产品质量/(10^4%)

序号	Bi[①]	Cu	Ag	Pb	Zn	Sb	Fe	As	Te	Cl$^-$	SO$_4^{2-}$
2	70.98	<2	<4	4.1	<4.8	3.3	<3.2	<3.2	<8	43	81
3	71.27	<2.4	<4	30	<2.4	14	<3.2	<5.6	<8	19	180
AR	70.86~73.55	≤50	合格	≤50	—	—	≤30	≤6	—	<50	≤100
CP	70.86~73.55	≤50	合格	≤1000	—	—	≤30	≤6	—	≤50	≤100

注：①Bi 单位为%。

由表 4 – 32 和表 4 – 33 可以看出，扩大试验中铋的直收率为 80.44% ~ 81.17%，铋的总回收率则高达 99.99%，所得次硝酸铋产品质量达到分析纯标准。由硝酸铋制备 1 t 次硝酸铋，约需要消耗 40 t 纯水及 0.962 t 中和剂。

（3）次碳酸铋的制取

在温度 25 ℃、液固比 9∶1、碳酸盐用量为 2.5 倍理论量的条件下，采用碳酸盐转化法由次硝酸铋制取次碳酸铋，结果列于表 4 – 34。

表 4 – 34　次碳酸铋产品质量/(10^4%)

序号	Bi①	Cu	Ag	Pb	Zn	Sb	Fe	As	Te	Cl⁻	SO₄²⁻	NO₃⁻
1	81.18	<2.2	<4.5	19	<5.4	7.9	<7.2	<3.6	<9	25	150	2300
2	81.36	<2.7	<13.5	8.3	<4.5	6.5	<4.0	<4.5	<4.5	100	44	420
AR	≥80.14	≤50	合格	合格	—	—	—	≤6	—	≤100	≤100	合格
CP	≥79.73	≤100	≤50	≤200	—	—	—	≤10	—	≤200	≤200	≤50

注：1—转化时间 1 h；2—转化时间 4 h。①Bi 单位为%。

由表 4 – 34 可知，所得次碳酸铋产品中金属杂质含量均符合分析纯标准，但对非金属杂质，只有当转化时间延长到 4 h，并用热水洗涤时，才能达到分析纯要求。由次硝酸铋制取次碳酸铋的过程中，铋的回收率接近 100%，碳酸盐转化剂的消耗则为 0.475 t/t 次碳酸铋。

（4）氧化铋的制取

将次碳酸铋在 520 ~ 550 ℃下煅烧 1 ~ 3 h，即可制得氧化铋产品，其质量如表 4 – 35 所示。

表 4 – 35　氧化铋产品质量/(10^4%)

序号	Bi①	Cu	Ag	Pb	Zn	Sb	Fe	As	Te	Cl⁻	SO₄²⁻	N
1	89.90	<2.5	<5	19	<6	7.8	9.2	<4	<10	190	31	5.2
2	89.47	<2.5	<5	17	<6	13	13	<4.8	<10	68	25	4.7
AR	≥89.25	合格	—	—	—	—	≤20	≤10	—	≤50	≤100	≤30
CP	≥88.35	合格	—	—	—	—	≤50	≤50	—	≤100	≤500	≤50

注：①Bi 单位为%。

从表 4 – 35 可以看出，氧化铋产品中金属杂质含量均符合分析纯要求，非金属杂质中 SO₄²⁻ 及 N 也达到分析纯要求，但 Cl⁻ 含量尚只满足化学纯要求。由次碳酸铋制备氧化铋过程中，铋的直收率接近 100%。

（5）溶胶 – 凝胶法制备纳米氧化铋

将脱氯化合物与 alk + R 配制成浓度为 0.5 mol/L 的铋配合溶液，进而用蒸馏水冲稀水解，并控制体系 pH 为 12，所得氢氧化铋凝胶形貌如图 4 – 18 所示。由图 4 –

18 可知, 氢氧化铋凝胶是由许多胶粒物构筑成空间结构, 胶粒大小在 10 ~ 30 nm 之间; 陈化 4 h 后, 氢氧化铋凝胶的形貌转变成针状或丝状, 并彼此牵连。

图 4 - 19a 是氢氧化铋湿凝胶采用无水乙醇洗涤四次后在 40 ℃ 下真空干燥 4 h 所得干凝胶的 XRD 衍射图谱, 未能发现任何明显的衍射峰, 这表明此凝胶为非晶态氢氧化铋; 图 4 - 19b 和图 4 - 19c 分别是氢氧化铋湿凝胶采用蒸馏水和无水乙醇洗涤两次后在 80 ℃ 下真空干燥 10 h 所得干凝胶的 XRD 衍射图谱, 两者形状类似, 都显示出一定衍射峰, 表明无定形氢氧化铋在 80 ℃ 下脱去部分水形成部分近程有序结构。

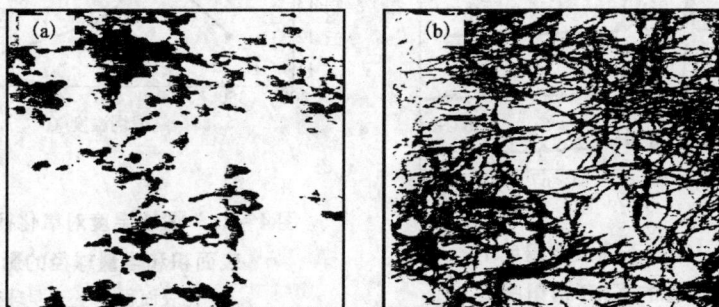

图 4 - 18　氢氧化铋湿凝胶 TEM 图

a—未陈化; b—陈化 4 h

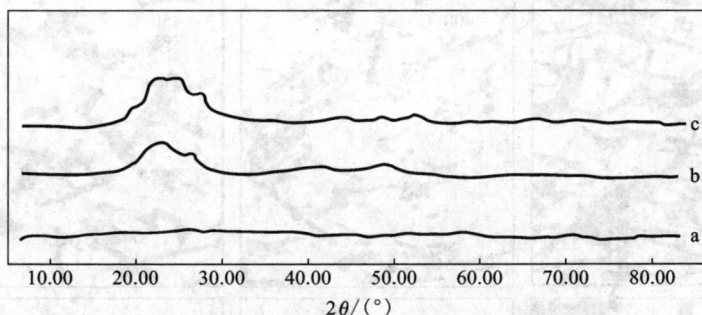

图 4 - 19　氢氧化铋凝胶 XRD 图谱

a—湿凝胶; b—干凝胶, 蒸馏水洗涤; c—干凝胶, 无水乙醇洗涤

干凝胶在不同温度下煅烧 1 h 后的 XRD 衍射图谱如图 4 - 20 所示。由图 4 - 20 可以看出, 煅烧温度在 350 ~ 450 ℃, 所得产物均为 β - Bi_2O_3; 当煅烧温度提高至 500 ℃ 后, 产物的 XRD 特征衍射峰发生改变, 晶体结构由 β - Bi_2O_3 转变为 α - Bi_2O_3。当煅烧时间为 1.5 h 时, 煅烧温度对产物比表面积和当量球径的影响如图 4 - 21 所示。当煅烧温度由 350 ℃ 提高到 550 ℃ 时, 产物的比表面积随之由 17.33

m^2/g 减小到 11.31 m^2/g，当量球径相应地由 42 mm 增加到 65 mm。这也与图 4-20 相对应，随着煅烧温度的提高，枝状或针状 Bi_2O_3 粒子不断收缩并相互黏结，比表面积随之减小，最终形成规整的球形粒子，且当量球径不断增加。

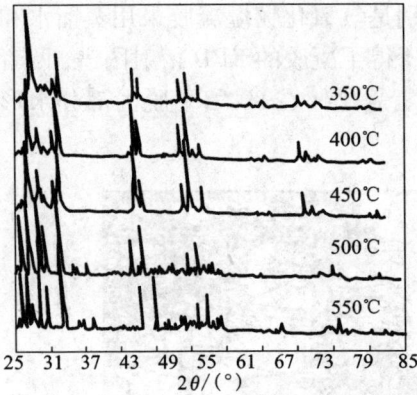

图 4-20　不同煅烧温度下
所得产物的 XRD 衍射图谱

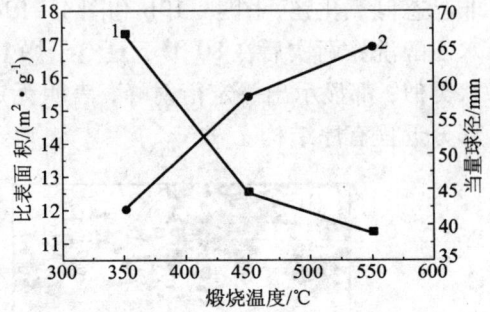

图 4-21　煅烧温度对氧化铋粉末比
表面积和当量球径的影响
1—比表面积；2—当量球径

干凝胶在不同温度下煅烧 1.5 h 后的形貌如图 4-22 所示。结果表明，煅烧

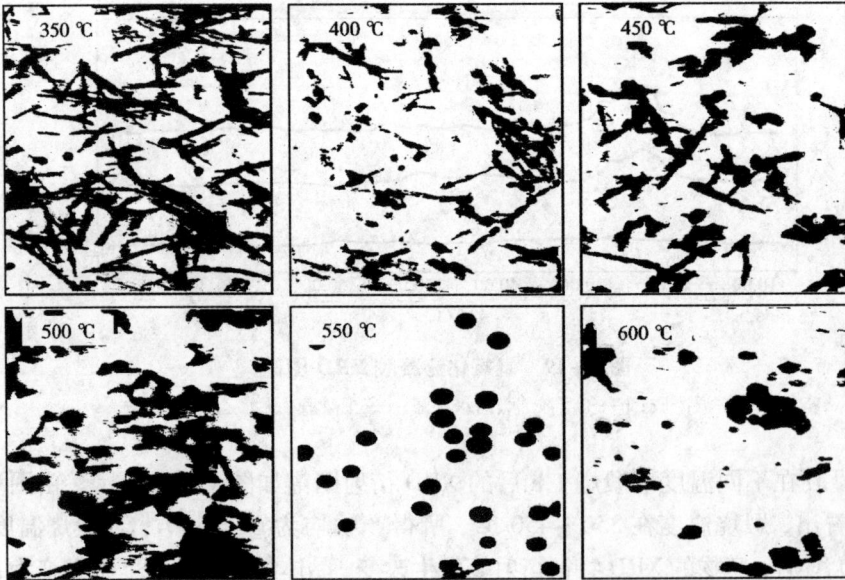

图 4-22　干凝胶在不同温度下煅烧后的 TEM 图

温度为 350 ℃时，所得产物的形貌为枝状或针状晶体，平均粒径为 30 nm；随着煅烧温度的提高，产物形貌逐渐由枝状和针状晶体向球形粒子转变；温度为 550 ℃时，基本全部为球形粒子，平均粒径为 60 nm 左右；此后继续提高煅烧温度，小的球形粒子之间发生黏结长大，平均粒径增加到 65 nm 左右。

所得 Bi_2O_3 粉末的化学组成如表 4-36 所示。从表 4-36 可以看出，Bi_2O_3 粉末中所含杂质元素较多，其中 Ca、Ba、Mg 三种元素含量较高，其他杂质元素含量较低，这可能与制备过程中所用试剂有关。Bi_2O_3 粉体中杂质总含量小于 235 μg/g，粉末纯度高于 99.97%，杂质含量符合电子陶瓷用 Bi_2O_3 产品质量要求。

表 4-36　Bi_2O_3 粉末的杂质含量/$(μg \cdot g^{-1})$

元素	含量	元素	含量	元素	含量
Se	<5	In	<5	Mo	<10
Sn	<5	Mn	<5	W	<10
Zn	<5	Mg	<20	Ni	<10
Sb	<10	Cu	<5	Co	<10
Pb	<10	As	<10	Ti	<10
Cd	<5	Fe	<10	Ca	<25
K	<10	Na	<10	Ba	<25
Al	<5	Ag	<5	Cl	<10

(6)水热法制取纳米氧化铋纤维

以不同形貌的 Bi_2O_3 粉体为原料，在低温水热环境中进行微观结构重组，制备高纯度的纳米 Bi_2O_3 纤维。在固液比 4.7 g/L、温度 160 ℃、时间 24 h 的条件下，考察了搅拌速度对 Bi_2O_3 纤维形貌的影响，结果如图 4-23 所示。

结果表明搅拌速度对 Bi_2O_3 纳米线的生成有较大的影响，不搅拌或快速搅拌均不利于纳米 Bi_2O_3 纤维的完全转化，慢速的搅拌更利于 Bi_2O_3 纳米纤维的生成。

在固液比 4.7 g/L、时间 24 h、慢速搅拌的条件下，考察了反应温度对纳米 Bi_2O_3 纤维形貌的影响，结果如图 4-24 所示。由图 4-24 可以看出，在 110~160 ℃温度范围内均可生成纳米 Bi_2O_3 纤维。

在固液比 4.7 g/L、pH=3.0、温度 160 ℃、慢速搅拌的条件下，考察了反应时间对纳米 Bi_2O_3 纤维形貌的影响，结果如图 4-25 所示。图 4-26 为纳米 Bi_2O_3 纤维的 TEM 图和高分辨 SEM 图。

图 4-23 不同搅拌条件下所得纳米 Bi_2O_3 纤维 SEM 图

a—未搅拌；b—快速搅拌；c—慢速搅拌

图 4-24 不同反应温度下所得纳米 Bi_2O_3 纤维 SEM 图

a—160 ℃；b—130 ℃；c—110 ℃

结果表明单根 Bi_2O_3 纳米纤维的直径为 16 nm，在 TEM 图中，Bi_2O_3 纳米纤维表现为三根单纤维结合，高分辨 SEM 图晶格条纹清晰，间距 0.924 nm，定向结晶。BET 比表面积为 20.2 m^2/g。

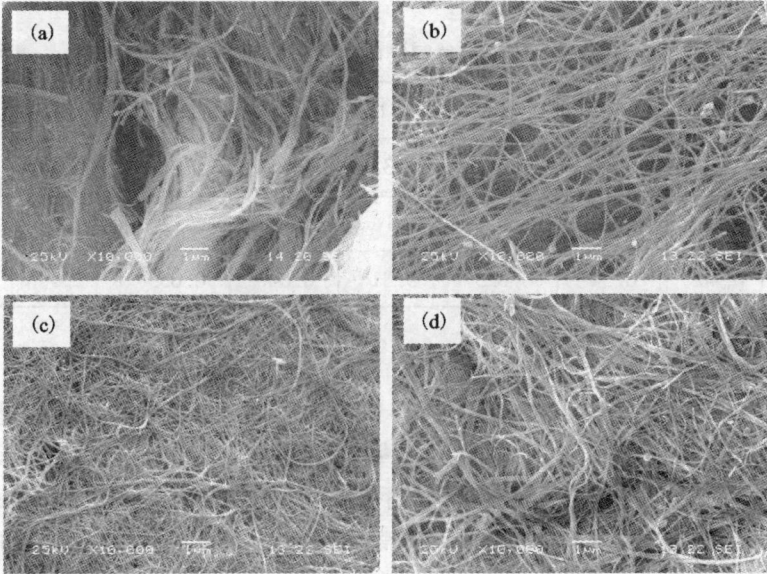

图 4 – 25　不同反应时间下所得纳米 Bi_2O_3 纤维 SEM 图

a—24 h；b—12 h；c—8 h；d—2 h

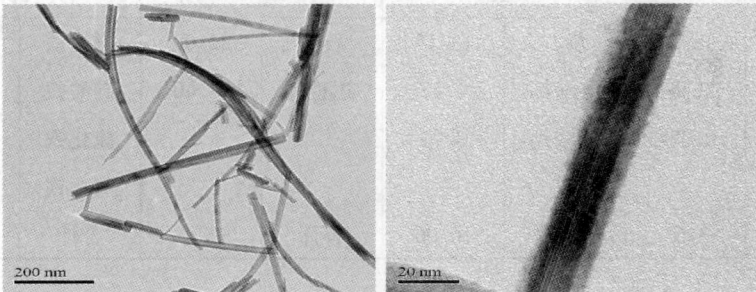

图 4 – 26　纳米 Bi_2O_3 纤维的 TEM 图和高分辨 SEM 图

4.2.4　含铍铋中矿提取铋

4.2.4.1　试验原料及工艺流程

研究所用原料为湖南省柿竹园铋中矿，其主要化学组分如表 4 – 37 所示。原料中萤石和 SiO_2 含量很高，主要有价元素是铋，还可综合回收钨、钼、锡、锌、铜等伴生金属，金、银含量较低，回收价值不大。此外，该矿石还含有 0.046% 的剧毒 BeO。因此，在选择和确定工艺流程时必须考虑氟、铍等有毒元素的行为和走向，并提出有效的环保处置方案。

表 4-37　柿竹园铋中矿的化学成分/%

元素	Bi	Sn	Mo	WO$_3$	CaF$_2$	Fe	Pb	Cu
含量	3.62	0.29	0.76	1.32	19.68	7.66	0.087	0.11
元素	Zn	As	Sb	S	BeO	Ag	Au[①]	SiO$_2$
含量	0.40	0.34	0.025	5.81	0.046	0.055	2.1	37.59

注：①Au 单位为 g/t。

柿竹园铋中矿的物相组成列于表 4-38。结果表明，铋的矿物主要是辉铋矿，其占铋总量的 82.09%，其余的铋则以氧化铋和金属铋的形态存在；矿石中的 CaO 主要以萤石、硅酸盐和碳酸钙形式存在，SiO$_2$ 的物相包括石英和硅酸盐两种，分别占 SiO$_2$ 总量的 55.93% 和 44.07%；铁主要以黄铁矿、赤铁矿、褐铁矿等形态存在，三者约占铁总量的 85% 以上。

表 4-38　柿竹园铋中矿的物相组成/%

Bi		CaO		SiO$_2$		Fe	
氧化铋	0.57	萤石	13.15	石英	22.08	磁性铁	1.35
硫化铋	2.98	碳酸钙	2.12	硅酸盐	17.40	碳酸铁	1.13
金属铋	0.077	硅酸钙	0.79			硫化铁	4.16
						氧化铁	1.03
合计	3.63	合计	16.06	合计	39.48	合计	7.67

柿竹园铋中矿湿法处理流程如图 4-27 所示。

4.2.4.2　氯化浸出

（1）单因素条件试验

铋中矿氯化浸出过程的影响因素有酸度、氧化剂过剩系数、温度、时间、液固比、粒度、NaCl 浓度等。首先在搅拌速度 500 r/min、3# 絮凝剂浓度 10 g/L、A# 添加剂 5 滴的固定条件下进行氯化浸出单因素条件试验，结果如图 4-28 ~ 图 4-33。

```
                          铋中矿
                            │
                         ┌──────┐
                         │ 湿 磨 │
                         └──────┘
                            │
                       ┌──────────┐
                       │  氯化浸出  │◄──── 氧化剂+MeCl_n+HCl
                       └──────────┘
          ┌────────────────┴────────────────┐
        浸出渣                            浸出液
 (回收硫、萤石、钨、铍等)          ┌──────────┴──────────┐
                              ┌──────┐              ┌──────┐
                              │ 置 换 │◄── 铁屑      │ 还 原 │
                              └──────┘              └──────┘
                                 │                     │
                              ┌──────┐              ┌──────┐
                              │ 过 滤 │              │ 水 解 │
                              └──────┘              └──────┘
                    ┌────────────┴──────┐      ┌─────┴──────┐
                 置换后液            海绵铋      BiOCl        水解液
                 ┌──────┐          ┌──────┐  ┌──────┐     ┌──────┐
                 │ 除氟铍 │          │ 酸 溶 │  │ 提 纯 │     │ 除氟铍 │
                 └──────┘          └──────┘  └──────┘     └──────┘
                    │                 │      ┌──────┐   ┌───┴────┐
              ┌──────────┐        ┌──────┐ 碱►│ 转 化 │ 废渣    净化液
              │ 排放或返回 │        │ 净 化 │  └──────┘        (排放或返回)
              └──────────┘        └──────┘      │
                                     │   (BiO)_2CO_3·0.5H_2O
                                  ┌──────┐      │
                                  │ 制铋品 │  ┌──────┐
                                  └──────┘  │ 煅 烧 │
                                            └──────┘
                                               │
                                             Bi_2O_3
```

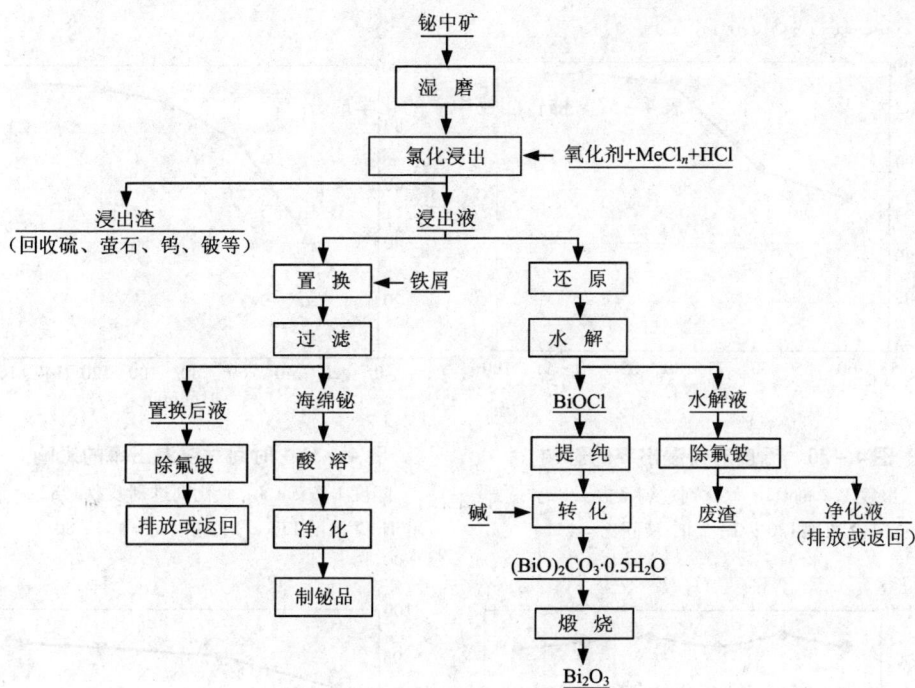

图 4 - 27　湿法处理柿竹园铋中矿原则工艺流程

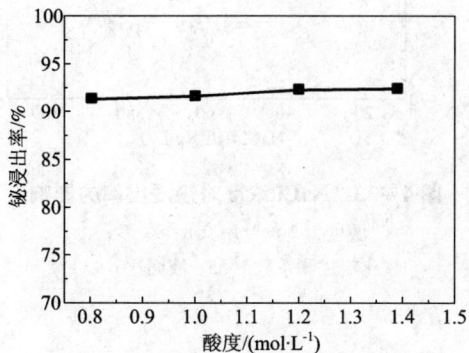

图 4 - 28　酸度对铋浸出率的影响
氧化剂过剩系数 1.55；80 ℃；2 h；
NaCl 浓度 130 g/L；液固比 = 4∶1

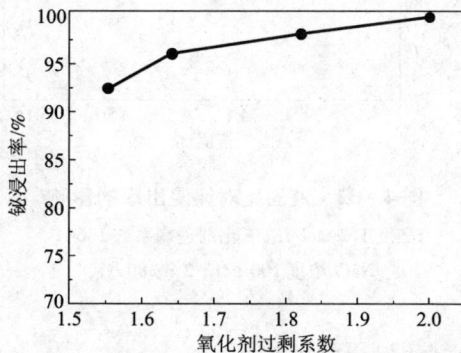

图 4 - 29　氧化剂过剩系数对铋浸出率的影响
酸度 1.2 mol/L；80 ℃；2 h

依据单因素条件试验结果，确定铋中矿氯化浸出的最佳条件是：酸度 1.2 mol/L，氧化剂用量为理论量的 1.64 ~ 2.00 倍，温度 90 ~ 95 ℃，反应时间 2 h，液固比(4 ~ 4.5)∶1，NaCl 浓度 50 ~ 100 g/L。

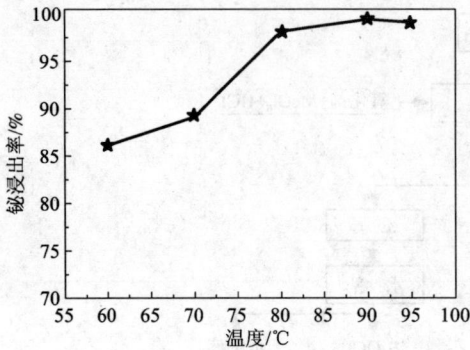

图 4-30   温度对铋浸出率的影响

酸度 1.2 mol/L；氧化剂过剩系数 1.82；
NaCl 浓度 130 g/L；2 h；液固比 = 4:1

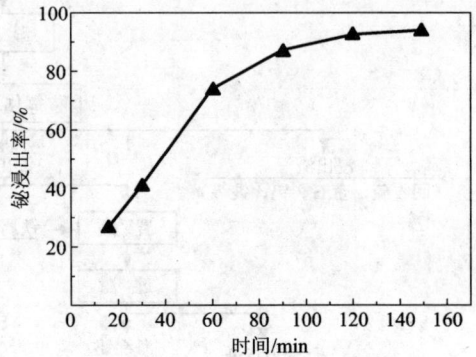

图 4-31   时间对铋浸出率的影响

酸度 1.2 mol/L；氧化剂过剩系数 1.82；
NaCl 浓度 130 g/L；液固比 = 4:1；80 ℃

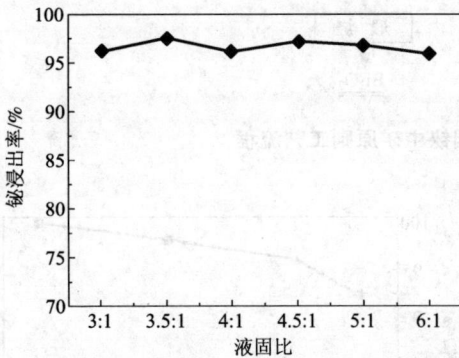

图 4-32   液固比对铋浸出率的影响

酸度 1.2 mol/L；氧化剂过剩系数 1.64；
NaCl 浓度 100 g/L；2 h；80 ℃

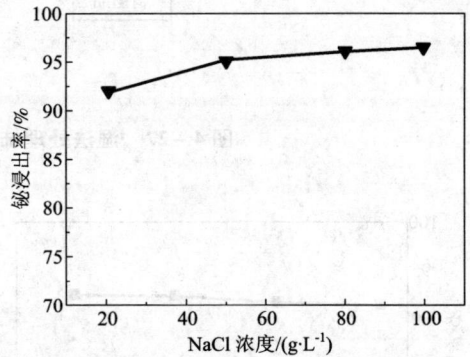

图 4-33   NaCl 浓度对铋浸出率的影响

酸度 1.2 mol/L；2 h；80 ℃；
氧化剂过剩系数 1.55；液固比 = 4:1

（2）正交试验

为考察各因素对铋中矿氯化浸出过程的综合效应，在液固比 4:1、搅拌速度 500 r/min、3#絮凝剂 10 g/L、A#添加剂 5 滴的固定条件下，用 $L_{27}(3^{13})$ 正交表对氧化剂的理论倍数（A）、酸度（B）、NaCl 浓度（C）、温度（D）、时间（E）安排正交试验，相关因素及其水平列于表 4-39，正交试验条件及其结果列于表 4-40。

表 4 – 39　铋中矿氯化浸出正交试验因素及其水平

因　　素		水　　平		
		1	2	3
A	氧化剂理论倍数	1.55	1.64	1.73
B	酸度/(mol·L⁻¹)	0.80	1.00	1.20
C	NaCl 浓度/(g·L⁻¹)	60	80	100
D	温度/℃	85	90	95
E	时间/h	1.5	2	2.5

表 4 – 40　正交试验结果

试验号	1	2	3	4	5	6	7	8	9
浸出率/%	87.32	93.25	89.91	97.72	99.12	99.12	99.18	98.91	98.25
试验号	10	11	12	13	14	15	16	17	18
浸出率/%	96.50	94.05	96.35	91.55	98.64	98.61	98.50	96.77	98.56
试验号	19	20	21	22	23	24	25	26	27
浸出率/%	94.13	96.40	90.90	91.61	97.16	96.99	99.20	98.73	98.74

根据表 4 – 40 所示结果对氯化浸出过程各影响因素进行方差分析和交互作用分析，结果分别列于表 4 – 41 和表 4 – 42。

表 4 – 41　方差分析结果

方差来源	偏差平方和	自由度	均方	F 比值	显著性
A(氧化剂过剩系数)	$S_A = S_1 = 2.92$	2	1.46	0.65	
B(酸度)	$S_B = S_2 = 132.55$	2	66.28	29.33	* *
C(NaCl 浓度)	$S_C = S_5 = 17.36$	2	8.68	3.84	
D(浸出温度)	$S_D = S_8 = 4.81$	2	2.41	1.07	
E(浸出时间)	$S_E = S_{11} = 30.54$	2	15.27	6.76	*
A×B	$S_{A \times B} = S_3 + S_4 = 63.60$	4	15.90	7.04	*
A×D	$S_{A \times D} = S_9 + S_{10} = 16.30$	4	4.08	1.81	
A×E	$S_{A \times E} = S_{12} + S_{13} = 15.45$	4	3.99	1.77	
误差	$S_E = S_6 + S_7 = 9.05$	4	2.26		

表4-42 $A \times B$ 交互作用分析

B（酸度）	A（氧化剂过剩系数）		
	1	2	3
1	$X_1 + X_2 + X_3 = 270.48$	$X_{16} + X_{17} + X_{18} = 293.83$	$X_{22} + X_{23} + X_{24} = 285.76$
2	$X_{25} + X_{26} + X_{27} = 296.67$	$X_4 + X_5 + X_6 = 295.96$	$X_{10} + X_{11} + X_{12} = 286.90$
3	$X_{13} + X_{14} + X_{15} = 288.80$	$X_{19} + X_{20} + X_{21} = 281.43$	$X_7 + X_8 + X_9 = 296.34$

由表4-41和表4-42可知，酸度对铋中矿氯化浸出过程的影响非常显著，浸出时间较显著，由此，确定铋中矿氯化浸出的最佳工艺条件为 $A_3B_3C_2D_3E_2$，即氧化剂用量为理论量的1.73倍，酸度1.2 mol/L，NaCl浓度80 g/L，温度95 ℃，时间2 h。在此优化条件下进行综合扩大试验，结果分别列于表4-43和表4-44。

表4-43 浸出渣的化学组成和渣计浸出率

元素	Bi	WO_3	Mo	Sn	CaF_2	Fe	Zn	Cu	Pb	S[①]
含量/%	0.027	1.55	0.97	0.25	17.69	6.78	0.14	0.049	0.01	6.28
浸出率/%	99.41	6.12	≈0	31.08	28.14	29.24	72.02	64.39	90.81	86.42

注：①为入渣率。

表4-44 浸出液的化学成分/$(g \cdot L^{-1})$

元素	Bi^{3+}	Sn_T	Zn^{2+}	Sb_T	As_T	Cu_T	Cl^-	BeO
含量	7.74	0.042	0.39	0.03	0.06	0.14	79.91	0.0057
元素	Pb^{2+}	Fe^{3+}	Fe^{2+}	In^{3+}	Ag^+	F^-	SO_4^{2-}	Ca^{2+}
含量	0.17	3.38	4.48	0.003	0.003	3.46	4.60	5.04

结果表明，在最佳工艺条件下进行氯化浸出，铋中矿中99.4%的Bi进入浸出液，而大部分 WO_3、Mo、Sn保留于浸出渣中，可通过选矿方法加以回收。铜的浸出率不高，可能是因为溶液中的铜和FeS发生反应：$FeS + Cu^{2+} =\!=\!= CuS + Fe^{2+}$，使得铜的浸出率低于70%。氯化浸出过程中主要金属平衡如表4-45所示，其中96.81%的Bi进入溶液，而 WO_3、Mo、Sn的入渣率分别是94.94%、102.04%和68.97%。

表 4 − 45   氯化浸出过程中主要金属平衡

元素	项目	加入			产出				出入误差
		调浆液	原矿	共计	浸出渣	浸出液	酸洗液	共计	
Bi	金属量/g	0.162	3.36	3.792	0.168	3.638	0.3696	4.024	+0.232
	比例/%	44.27	95.73	100	0.42	96.81	9.19	106.12	+6.12
WO₃	金属量/g	—	1.32	1.32	1.24	—	—	1.24	−0.08
	比例/%	—	100	100	94.94	—	—	94.94	−5.06
Mo	金属量/g	—	0.76	0.76	0.775	—	—	0.775	+0.015
	比例/%	—	100	100	102.04	—	—	102.04	+2.04
Sn	金属量/g	—	0.29	0.29	0.2	0.02	—	0.22	−0.07
	比例/%	—	100	100	68.97	6.90	—	75.87	−24.13

4.2.4.3   海绵铋的制取

采用铁粉置换法从铋中矿氯化浸出液中制取海绵铋，所用浸出液的化学组成列于表 4 − 46。首先采用单因素条件试验法详细考察了铁粉理论倍数、温度、时间、搅拌速度和 pH 等因素对置换率以及所得海绵铋形态的影响，确定最佳工艺条件并进行综合扩大试验。

表 4 − 46   浸出液的化学组成/$(g \cdot L^{-1})$

元素	Bi^{3+}	Pb^{2+}	Cu^+	Zn^{2+}	As^{3+}	Sb^{3+}	Fe^{2+}	Fe^{3+}
含量	7.74	0.17	0.14	0.39	0.06	0.03	痕	3.38
元素	Sn^{2+}	Ag^+	F^-	Cl^-	SO_4^{2-}	BeO	Na^+	In^{3+}
含量	0.042	0.003	3.46	79.91	4.60	0.0057	痕	0.003

（1）铁粉理论倍数的影响

在温度 50 ℃、时间 30 min、料液初始 pH 为 0.2 ~ 0.5、搅拌速度 200 r/min 的固定条件下，考察铁粉理论倍数对置换过程的影响，结果如表 4 − 47 所示。

表 4 − 47   铁粉理论倍数对置换过程的影响

铁粉理论倍数	1.1	1.2	1.3	1.4	1.5
置换后液铋含量/$(g \cdot L^{-1})$	0.015	0.018	0.021	0.033	0.026
置换率/%	99.84	99.81	99.78	99.65	99.72
海绵铋形态	灰色	灰色	灰中带黄	灰中带黄	黄色

从海绵铋形态和置换率来看，铁粉用量为 1.2 倍理论量时，海绵铋的形态较好，铁含量少，且铋的置换率高达 99.78%。由此，确定最为适宜的铁粉用量为 1~1.2 倍理论量。

(2)温度的影响

在铁粉为 1~1.2 倍理论量、时间 30 min、料液初始 pH 为 0.2~0.5、搅拌速度 200 r/min 的固定条件下，改变温度以考察其对置换过程的影响，结果见表 4-48。

表 4-48　温度对置换过程的影响

温度/℃	9	30	40	50	60	70
置换后液铋含量/(g·L^{-1})	0.0288	0.0298	0.024	0.018	0.0308	0.026
置换率/%	99.69	99.68	99.75	99.79	99.67	99.72
海绵铋形态	灰中带黄	灰色	灰色	灰色	灰色	灰色

结果表明，温度对置换过程影响不大，但较高的温度有利于海绵铋的长大，过滤性能也得到改善，而溶液中的其他金属离子如 Cu^+、Pb^{2+}、Sn^{2+} 等也尽可能地被置换，有利于有价金属的综合回收。因此，较为适宜的置换温度为 40~50 ℃。

(3)时间的影响

在铁粉为 1~1.2 倍理论量、温度 50 ℃、料液初始 pH 为 0.2~0.5、搅拌速度 200 r/min 的固定条件下，改变时间以考察其对置换过程的影响，结果见表 4-49。

表 4-49　时间对置换过程的影响

时间/min	20	30	40	50
置换后液铋含量/(g·L^{-1})	0.0154	0.018	0.042	0.0833
置换率/%	99.84	99.79	99.55	99.16
海绵铋形态	灰中带黄	灰色	灰色	灰色

从铋的置换率来看，随着反应时间的延长，析出的海绵铋出现一定程度的返溶，这和 Rorhenevrkii 在盐酸介质中用铁置换铋的动力学机理研究结果相符。反应时间为 20 min 时，置换率高达 99.86%，说明置换反应速度很快；但化学分析结果表明，当置换时间由 20 min 延长至 30 min 后，所得海绵铋的品位随之由 64.49% 增加至 76.780%。从海绵铋的质量和置换率两方面综合考虑，确定最佳置换时间为 30~40 min。

(4)搅拌速度的影响

在铁粉为 1~1.2 倍理论量、温度 50 ℃、料液初始 pH 为 0.2~0.5、时间30 min 的固定条件下，改变搅拌速度以考察其对置换过程的影响，结果如表4-50所示。

表 4 – 50　搅拌速度对置换过程的影响

搅拌速度/$(r \cdot min^{-1})$	0	200	700
置换后液铋含量/$(g \cdot L^{-1})$	0.0154	0.018	0.042
置换率/%	99.84	99.79	99.55
海绵铋形态	灰中带黄	灰色	灰色

由表 4 – 50 可知，搅拌速度为 0 时，铁粉反应不完全，反应速度慢，置换率低，海绵铋中铁杂质含量高；但搅拌速度太高，海绵铋返溶现象加剧，导致铋置换率下降。

（5）料液初始 pH 的影响

采用 3 mol/L 的 $NH_3 \cdot H_2O$ 调节料液初始 pH 为 0.6 ~ 0.8，在铁粉为 1 ~ 1.2 倍理论量、温度 50 ℃、搅拌速度 200 r/min 的条件下加入铁粉置换 40 min 后，溶液中残铋浓度为 1.5 g/L，置换率只有 84.08%；料液初始 pH 为 0.2 ~ 0.5 时，相同反应条件下置换率可达 99.55%。因此，对铋中矿氯化浸出液可不调 pH 而直接进行铁粉置换。

（6）综合扩大试验

依据单因素条件试验结果，确定铁粉置换制取海绵铋的最优工艺条件为：铁粉为 1 ~ 1.2 倍理论量、料液初始 pH 为 0.2 ~ 0.5、温度 40 ~ 50 ℃、时间 30 ~ 40 min，在此优化条件下进行综合扩大试验，所得海绵铋的化学组分列于表 4 – 51。

表 4 – 51　海绵铋的化学组成/%

元素	Bi	Cu	Pb	Ag	Fe
含量	84.98	0.021	0.087	0.0071	0.072

4.2.4.4　氯氧铋的制取

以铋中矿氯化浸出液为原料（化学成分如表 4 – 52 所示），加入还原剂将溶液中的 Fe^{3+} 还原为 Fe^{2+}，进而通过中和水解工艺制取氯氧铋，所得氯氧铋再用 12 mol/L 盐酸溶解，加入纯净水进行冲稀水解提纯氯氧铋。

表 4 – 52　还原前液的化学组成/$(g \cdot L^{-1})$

元素	Bi^{3+}	Pb^{2+}	Cu^+	Zn^{2+}	As^{3+}	Sb^{3+}	Fe^{2+}	Fe^{3+}
含量	6.80	0.17	0.12	0.43	0.084	0.012	6.01	1.49
元素	Sn^{2+}	Ag^+	F^-	Cl^-	SO_4^{2-}	BeO	Na^+	In^{3+}
含量	0.048	痕	3.58	64.80	4.21	0.0041	26.7	痕

(1)还原过程

在温度 50 ℃、时间 30 min 的条件下，向铋中矿氯化浸出液中添加不同种类的还原剂以考察其对 Fe^{3+} 还原过程的影响，结果如表 4 - 53 所示。结果表明，采用高纯铋粉和自制的活性海绵铋的还原效果好，而烘干后的海绵铋还原效果很差，溶液中 $[Fe^{3+}]$ 反而增加，这可能是由于烘干后的海绵铋大部分氧化，失去还原能力，而海绵铋中的 Fe 也氧化成 Fe_2O_3，后者酸溶进入溶液致使 $[Fe^{3+}]$ 增加。湿的自制海绵铋疏松多孔，反应活性好，还原效果佳，是生产实践中应该采用的还原剂。由于本实验所用铋中矿品位低，以高纯铋粉为还原剂，在温度 9 ℃、时间 30 min、还原剂过剩系数 1.2 的条件下进行还原过程综合扩大试验，结果列于表 4 - 54。结果表明，在 9 ℃ 低温下，采用高纯铋粉也可将铋中矿氯化浸出液中 $[Fe^{3+}]$ 还原至 1 g/L 以下。

表 4 - 53 还原剂种类对 Fe^{3+} 还原过程的影响

还原剂种类	还原前 $\rho_{Fe^{3+}}$/(g·L^{-1})	还原后 $\rho_{Fe^{3+}}$/(g·L^{-1})	还原率/%
高纯铋粉	1.49	0.29	80.54
海绵铋(湿)	1.49	0.21	85.91
海绵铋(干)	1.49	1.86	—

表 4 - 54 还原过程综合扩大试验结果

序号	还原前液组成/(g·L^{-1})		还原后液组成/(g·L^{-1})		Fe^{3+} 还原率/%
	Fe^{3+}	Bi^{3+}	Fe^{3+}	Bi^{3+}	
1	1.49	6.80	0.51	10.92	65.77
2	3.38	7.74	0.92	9.42	72.78

(2)中和水解过程

为选择合适的水解方式，以还原后液为料液，在温度 10 ℃、时间 30 min、搅拌速度 200 r/min 的条件下进行水解方法对比试验，结果见表 4 - 55。

表 4 - 55 水解方式对中和水解过程的影响

水解方式	水解前 $\rho_{Bi^{3+}}$/(g·L^{-1})	水解后 $\rho_{Bi^{3+}}$/(g·L^{-1})	水解率/%
冲稀水解 1:10	10.92	0.0059	99.41
加碱调 pH = 0.5~0.6 后冲稀水解	10.92	0.18	94.27
理论量氨水中和	10.92	0.011	99.89

　　由表 4 - 55 可知，冲稀水解和氨水中和水解的结果非常理想，但冲稀水解的加水量大，废液多，也不利于下步回收其他有价金属。因此，选用中和水解，采用单因素条件实验法详细考察了数控水解率、氨水浓度、温度和时间等因素对中和水解过程的影响，结果分别如图 4 - 34 ~ 图 4 - 37。

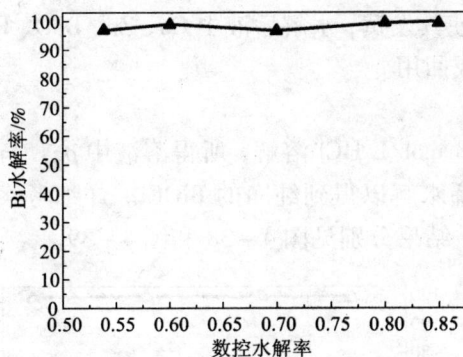

图 4 - 34　数控水解率对铋水解率的影响
氨水浓度 3 mol/L；60 ℃；30 min；
搅拌速度 200 r/min

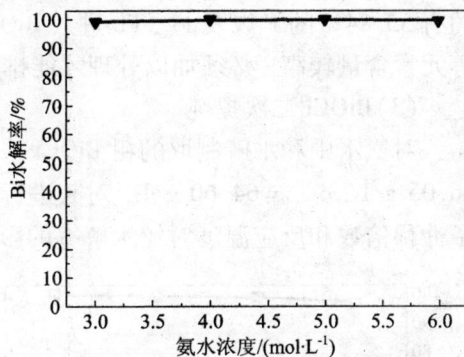

图 4 - 35　氨水浓度对铋水解率的影响
数控水解率 0.80；60 ℃；30 min；
搅拌速度 200 r/min

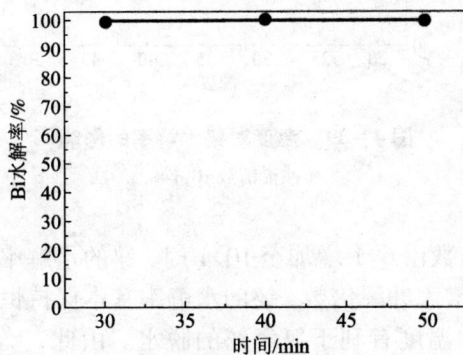

图 4 - 36　反应时间对铋水解率的影响
数控水解率 0.80；氨水浓度 5 mol/L；
搅拌速度 200 r/min；60 ℃

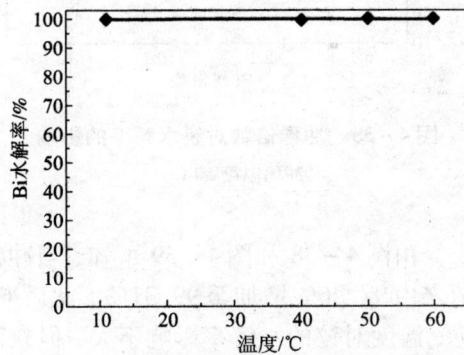

图 4 - 37　反应温度对铋水解率的影响
数控水解率 0.80；氨水浓度 5 mol/L；
搅拌速度 200 r/min；30 min

　　由图 4 - 34 ~ 图 4 - 37 确定氨水中和水解制取 BiOCl 的最佳工艺条件为：数控水解率 0.80、温度 40 ~ 50 ℃、时间 30 ~ 40 min、氨水浓度 5 mol/L，在此优化条件下进行综合扩大试验，水解液的化学成分列于表 4 - 56。

表 4 − 56　水解液的化学成分/（g·L⁻¹）

B_i^{3+}	Pb^{2+}	Cu^+	Zn^{2+}	BeO	F^-
0.0087	0.0017	0.13	0.36	0.0025	2.47

由此计算得铋水解率为 99.93%。由表 4 − 56 还可知，氨水中和水解过程中，约有 35.84% 的 F 以及 Fe、Pb 进入 BiOCl 使其发黄，水解后液中 Cu、Zn、BeO、F 等元素含量较高，必须加以处理才能排放或回用。

（3）BiOCl 二次提纯

对氨水中和水解制取的粗 BiOCl 采用 8 mol/L HCl 溶解，所得溶液中 $\rho_{Bi^{3+}}$ = 46.05 g/L，ρ_{Cl^-} = 64.60 g/L，对其进行冲稀水解以得到纯净的 BiOCl。详细考察了冲稀倍数和反应温度对铋水解率的影响，结果分别见图 4 − 38 和图 4 − 39。

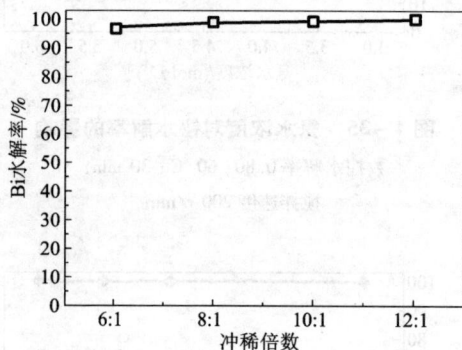

图 4 − 38　冲稀倍数对铋水解率的影响
（冲稀温度 50℃）

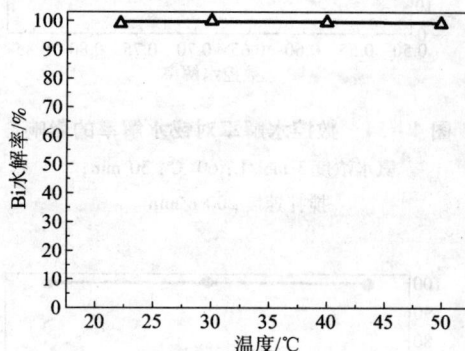

图 4 − 39　温度对铋水解率的影响
（冲稀倍数 10:1）

由图 4 − 38 和图 4 − 39 可知，当冲稀倍数由 6:1 增加至 10:1 时，铋的水解率随之由 97.26% 增加至 99.31%，此后继续增大冲稀倍数，铋的水解率基本保持恒定；温度对铋的水解率影响不大，但较高的温度有利于氯氧铋的脱水。由此，确定最佳冲稀水解条件为：冲稀倍数 10:1、温度 40 ℃，在此优化条件下所得 BiOCl 的化学成分见表 4 − 57。结果表明，二次冲洗水解所得 BiOCl 产品质量符合 YB 3498—82 一级品标准，但其中 F、Pb、Cu、Fe 等有害杂质含量较高，尤其是 F 含量高达 1.25%，必须进一步采用提纯除杂措施以提高 BiOCl 产品的质量。

表 4 − 57　二次冲稀水解所得 BiOCl 的化学成分/%

元素	Bi	Cu	Fe	Pb	F	SiO₂
含量	78.93	0.001	0.02	0.59	1.25	0.081

这说明，铋中矿中杂质元素含量与铋含量的比例要比铋精矿高得多，所以直接制取高纯铋品也就困难得多。因此，铋中矿只能用作湿法提取铋的原料，而不能直接用来制取铋的化工产品。

4.3　锡氯配合物冶金

4.3.1　概述

随着我国经济建设的迅速发展，再生锡的生产具有越来越大的意义。再生锡来源多种多样，其中最主要的是锡阳极泥及锡烟尘，它们分布广泛，数量大，成分十分复杂，通常都含锑、铋、铅、铜、砷、银等伴生金属，处理非常困难，但它们的综合利用价值大。锑、铋、铅、铜、砷、银、铁等杂质元素及锡本身的氧化态均可形成氯配合物，在酸性水溶液中具有大的溶解度，这为氯配合冶金法处理锡阳极泥及锡烟尘和综合利用这些有价元素创造了先决条件。值得说明的是，新鲜的即尚未氧化的锡阳极泥与氧化完全的锡阳极泥的处理过程是不一样的，氧化完全的锡阳极泥与锡烟尘一样，锡均以正 4 价的 SnO_2 存在，是惰性的，不进入酸性氯化物溶液；而新鲜的锡阳极泥用盐酸浸出时，锡绝大部分形成 $Sn(II)$ 或 $Sn(IV)$ - 氯配合物而进入溶液。下面分别介绍由作者提出和深入研究过的这两类锡物料的氯配合冶金工艺。

4.3.2　锡阳极泥的综合利用与 ATO 的制取

4.3.2.1　原料及流程

原料锡阳极泥取自柳州华锡集团某厂，其化学成分及主成分物相如表 4 - 58 及表 4 - 59 所示。

表 4 - 58　柳州华锡集团某厂锡阳极泥成分/%

Sn	Sb	Cu	Pb	Ag	Bi	Zn	As
47.13	15.68	12.99	0.33	0.058	0.088	0.088	0.089

表 4 - 59　锡阳极泥中主要成分的物相/%

锡物相	含量	锑物相	含量	铜物相	含量
SnO 中 Sn	44.81	Sb_xO_y 中 Sb	5.33	Cu_2O 中 Cu	0.41
SnO_2 中 Sn	0.62	Sb_2S_3 中 Sb	0.010	CuO 中 Cu	0.19
金属态 Sn	1.69	金属态 Sb	8.13	金属态 Cu	12.38
SnS 中 Sn	0.01	锑酸盐中 Sb	2.21	硫化铜中 Cu	0.01

从表 4 - 58 和表 4 - 59 可以看到：该电解锡阳极泥中几乎集中了粗锡中所有

类型的杂质；锡、锑、铜含量较高，且锑、铜的物相以金属锑及金属铜为主；另外，该阳极泥含银、铋、砷较低，成分较为复杂，属低银的多金属物料；所含的金属性质相近，两性元素较多，难于进行常规工艺的贵金属及多金属的综合回收。针对这种物料的特点，采用氯配合物冶金方法来处理这种锡、锑原料。其工艺流程见图 4 - 40。

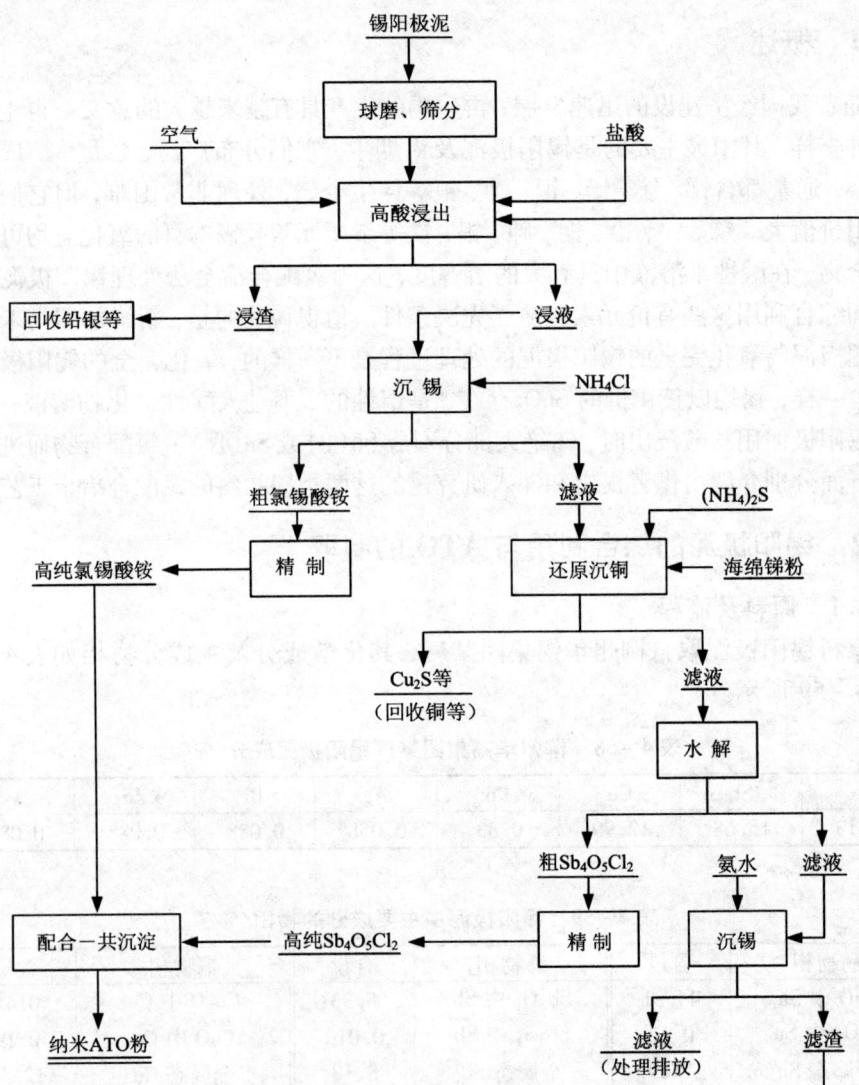

图 4 - 40 锡阳极泥全湿法处理流程

该流程的优点是：①综合利用好，使该阳极泥中的锡、锑、铜、铅等都得以回收利用；②较好地解决了锡、锑、铜的分离问题；③产品附加值高，所得高纯氯锡酸铵及高纯氯氧锑既可以以产品出售也可进一步制备成高附加值的 ATO 粉体及导电浆料等；④环境保护好，"三废"污染小。

4.3.2.2　基本原理

新鲜锡阳极泥湿法处理包括氧化酸浸、沉锡、氯锡酸铵精制、还原沉铜、水解、氯氧锑精制六个过程，各过程原理如下。

（1）氧化酸浸过程

新鲜锡阳极泥浸出时吹入空气氧化其中的 0 价态金属。这时，绝大部分锡、锑、铜等进入溶液，而铅、银等留在渣中。主要反应有：

$$Sn + 2HCl =\!=\!= SnCl_2 + H_2 \uparrow \tag{4-77}$$

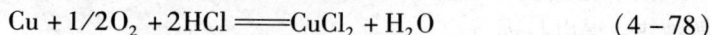

$$Cu + 1/2O_2 + 2HCl =\!=\!= CuCl_2 + H_2O \tag{4-78}$$

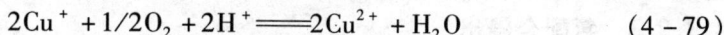

$$2Cu^+ + 1/2O_2 + 2H^+ =\!=\!= 2Cu^{2+} + H_2O \tag{4-79}$$

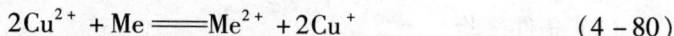

$$2Cu^{2+} + Me =\!=\!= Me^{2+} + 2Cu^+ \tag{4-80}$$

可见，Cu 在氧化浸出过程中起着重要的催化作用。而锡、锑、铜等主要金属进入浸出液，则为后续的湿法处理创造了条件。

（2）沉锡过程

当氯化铵浓度足够高时，溶液中的 4 价锡离子会以氯锡酸铵的形式沉淀出来，实现锡与锑、铜的初步分离。关于这点在第 1 章中已有详细的热力学分析及试验验证。

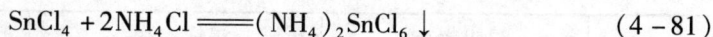

$$SnCl_4 + 2NH_4Cl =\!=\!= (NH_4)_2SnCl_6 \downarrow \tag{4-81}$$

（3）氯锡酸铵精制过程

用两种以上对杂质元素离子溶解能力或配合力强的洗涤剂洗涤氯锡酸铵，按式（4-82）控制氯锡酸铵的精制过程：

$$Q_n = Q_0(V/V_0)^n \cdot K \tag{4-82}$$

式中：Q_n 为精制 n 次后的产品中杂质含量；Q_0 为精制前的杂质含量；V_0 每次沉淀洗涤时的溶液体积；V 为过滤后产品中含母液的体积；n 为精制次数；K 为大于 1 的与以上因素有关的系数。

（4）还原脱铜过程

沉锡后液中还含有少量的 Sb^{5+} 及 Fe^{3+}，它们消耗沉铜剂 S^{2-}，所以须将它们在沉铜之前还原。由 CuS 和 Cu_2S 的溶度积定义式

$$K_{sp(CuS)} = [Cu^{2+}] \cdot [S] = 6.3 \times 10^{-36} \tag{4-83}$$

$$K_{sp(Cu_2S)} = [Cu^+]^2 \cdot [S] = 2.5 \times 10^{-48} \tag{4-84}$$

和 CuS 和 Cu_2S 的沉淀反应：

$$Cu^{2+} + S^{2-} =\!=\!= CuS \downarrow \tag{4-85}$$

$$2Cu^+ + S^{2-} =\!=\!= Cu_2S\downarrow \tag{4-86}$$

可以看出，若能采用特定的还原剂将沉锡后液中的 Cu^{2+} 还原为 Cu^+，则沉锡后液中的铜离子将更容易沉淀出来，且沉淀剂量可减小一半。另外，所用的还原剂不能引入其他的杂质。根据这些要求，最好选定海绵锑为还原剂，$(NH_4)_2S$ 为沉铜剂。较高温度下的硫化沉淀可以除去锑以外几乎所有的重金属离子。这样就初步达到了既脱铜又除杂的目的。

$$Me^{2+} + S^{2-} =\!=\!= MeS\downarrow \tag{4-87}$$

（5）水解提锑过程

沉铜后液的溶液体系可以认为是 $Sb(III) - Me(I) - Cl - H_2O$ 体系，4.1.1.6 小节已有详细叙述。

由于是在较高酸度下水解沉锑，所以含量很高的 Fe、Zn 等杂质元素留在水解液中，得以与锑分离。

4.3.2.3 氯配合浸出

（1）条件试验

用较高浓度的盐酸作浸出剂，以 $L_9(3^4)$ 正交表安排氧化氯配合浸出条件试验，试验结果见表 4 - 60。对试验数据进行极差分析和方差分析，根据锡、锑、铜浸出率的极差和方差分析结果，确定氧化氯配合浸出最优条件为 $A_2B_3C_1D_1$，即液固比为 7:1，酸度为 6 mol/L，温度为 70 ℃，并鼓入一定量的空气。

表 4 - 60　氧化氯配合浸出试验结果

试验号	浸锡率/%		浸锑率/%		浸铜率/%	
	液计	渣计	液计	渣计	液计	渣计
1	100.75	99.61	46.11	64.40	87.20	81.88
2	100.58	99.99	84.83	—	99.90	95.73
3	97.36	99.97	104.30	99.61	99.40	98.79
4	96.95	—	98.84	99.09	98.90	97.83
5	100.09	—	93.82	—	99.80	—
6	102.85	99.97	100.70	99.16	98.64	99.61
7	99.27	99.89	100.07	99.29	98.70	98.68
8	103.63	—	103.00	—	97.45	—
9	104.39	—	104.10	—	99.20	—

（2）综合条件试验

按上述最佳条件进行氧化氯配合浸出综合条件试验，其结果见表 4 -61。

表 4 - 61　最优条件下的试验结果/%

元素	Sn	Sb	Cu
浸液金属浓度/($g \cdot L^{-1}$)	46.33	19.05	15.91
液计浸出率	99.50	97.20	97.98
渣计浸出率	99.85	99.43	98.34
平均浸出率	99.68	98.32	98.16

从表 4 - 61 可以看出,综合条件试验取得了很好结果,锡、锑和铜的平均浸出率分别为 99.68%、98.32% 及 98.16%。

(3) 实验室扩大试验

在上述最佳试验条件下,进行了两次氧化酸浸实验室扩大试验,试验规模为 200 g/次,在 2000 mL 的四孔瓶内进行,采用机械搅拌并恒温加热。试验结果见表 4 - 62。表 4 - 62 说明,在最佳条件下的扩大试验结果与综合条件试验结果符合得很好,锡、锑、铜的渣计浸出率分别为 99.12%、97.77% 及 98.81%;而铅和银的入渣率也分别高达 93.18% 及 95.69%。另外,渣率很低,银富集率较高,有利于下一步回收。但表中显示的渣计浸出率较液计浸出率高,而锑的液计浸出率较综合试验低,这些均系试验误差和分析误差造成。

表 4 - 62　氧化酸浸实验室扩大试验结果

试验产物	项目	试验号	Sn	Sb	Cu	Pb[①]	Ag[①]
浸出液	成分/($g \cdot L^{-1}$)	1	63.0	20.4	16.0	—	—
		2	59.0	18.93	15.54	—	—
	浸出率/%	1	98.92	94.58	97.16	—	—
		2	98.96	95.38	98.28	—	—
	平均浸出率/%		98.91	94.98	97.72	—	—
浸出渣	成分/%	1	24.48	31.43	14.29	17.14	3.14
		2	32.28	14.29	4.76	30.0	5.33
	渣率/%	1			8.33		
		2			6.87		
	浸出率/%	1	98.96	96.49	98.00	90.91	94.83
		2	99.27	99.04	99.60	95.45	96.55
	平均浸出率/%		99.12	97.77	98.81	93.18	95.69

注:①铅和银是入渣率。

4.3.2.4　粗 $Sn(NH_4)_2Cl_6$ 的制取

(1) 沉锡条件试验

以工业级 NH_4Cl 为沉淀剂,按单因素实验法进行沉锡条件试验。对沉淀剂用量、反应时间、反应温度等因素条件进行优化,选定最佳沉锡条件为:①NH₄Cl 的用量为理论量的 3.5 倍;②沉锡时间为 30～45 min;③反应温度为 25 ℃。

(2) 沉锡综合条件试验

在上述优化条件下进行了两次规模为 300 mL/次综合条件小型试验及规模为 1000 mL/次的综合条件扩大试验,结果见表 4-63。

表 4-63　沉锡综合条件试验结果

试验规模		小	试		扩	试	
试验号		1	2	平均	1	2	平均
沉锡率/%	液计	92.26	93.42	92.84	93.4	95.7	94.55
	固计	99.87	99.63	99.75	102.39	97.2	99.795

对生成的固体沉淀物进行 X 射线衍射分析,其结果与标准谱线比较(见图 4-41),彼此吻合很好,说明锡沉淀物确实是氯锡酸铵,再用 ICP - AES 分析确定其中的杂质含量。

将两次综合条件小型试验和综合条件扩大试验所得粗氯锡酸铵合并进行 ICP - AES 分析,其中所含杂质见表 4-64。

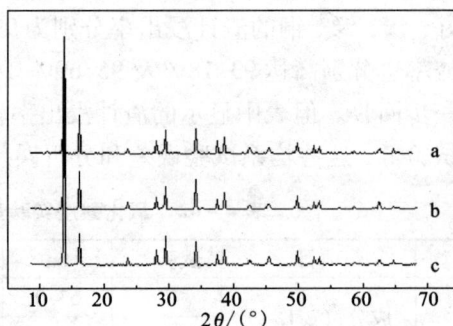

图 4-41　25 ℃扩大试验时所得粗氯锡酸铵和分析纯氯锡酸铵 X - 射线对照图

a—25 ℃时粗氯锡酸铵;

b—扩大试验所得粗氯锡酸铵;

c—分析纯氯锡酸铵

表 4-64　粗氯锡酸铵杂质成分($\mu g \cdot g^{-1}$)

元素	Se	Zn	Sb	Pb	Cd	Co	S	P
含量	0.1	36.2	1997.0	11.1	9.3	0.5	10.3	13.4
元素	Si	Ni	Fe	Ca	Cu	K	Ba	
含量	25.6	7.4	25.4	2.2	1162.9	212.7	7.8	

由表 4-63 和表 4-64 可以看出,沉锡综合条件试验取得了较好结果,扩大试验的液计沉锡率达到 94.55%。

按式(4-88)计算得粗氯锡酸铵的纯度为 98.91%。

$$粗氯锡酸铵纯度 = \frac{锡的理论百分含量 - 杂质百分含量}{锡的理论百分含量} \times 100\% \qquad (4-88)$$

4.3.2.5　铜回收

（1）沉铜条件试验

以海绵锑为还原剂，$(NH_4)_2S$ 为沉铜剂开展沉铜条件试验，对沉淀剂用量、反应时间、反应温度等因素进行优化，确定最佳沉铜条件为：①$(NH_4)_2S$ 加入量为 1 倍理论量；②沉铜时间为 45 min；③沉铜温度为 75 ℃。

（2）综合条件试验

在上述优化条件下进行规模为 300 mL/次两次综合条件小型试验及规模为 1000 mL/次的 2 次综合条件实验室扩大试验，结果见表 4-65。

表 4-65　沉铜综合条件试验结果

试验规模	小	试		扩	试	
试验号	1	2	平均	1	2	平均
沉铜率/%	96.73	95.42	96.075	94.89	97.43	96.16
沉锑率/%	3.46	5.33	4.395	4.36	6.54	5.45

从表 4-65 可以看到，按照优化条件下进行的沉铜试验均取得了较好效果，沉铜率大于 96%，锑在沉铜后液中的回收率大于 94%，初步实现了铜锑分离。

4.3.2.6　粗 $Sb_4O_5Cl_2$ 的制取

以沉铜之后溶液作为制取粗 $Sb_4O_5Cl_2$ 的料液，其主要成分见表 4-66。

表 4-66　沉铜后液的主要成分

成分	Sn^{4+}	Sb^{3+}	Pb^{2+}	Cu^{2+}	Cl^-	Zn^{2+}	Fe^{3+}
浓度/$(g\cdot L^{-1})$	3.59	12.858	0.205	0.126	188.2	0.018	4.8

按计算，本实验沉铜后液初始酸度 $c_{H^+} = 4.8$ mol/L。为了保证锑的高回收率，试验取 $\eta = 98\%$，再按式（4-21）计算出的加水量约为还原液的 8.5 倍。此时水解液的 $c_{H^+} = 0.36$ mol/L，水解产物为 $Sb_4O_5Cl_2$。

水解制备粗 $Sb_4O_5Cl_2$ 试验的规模为 300 mL/次，分析水解前后溶液中的锑含量以计算锑的实际水解率（和设定 98% 的水解率相比较）。合并三次同样试验条件水解所得粗 $Sb_4O_5Cl_2$，水解后液成分如表 4-67 所示，用 ISP-AES 分析粗 $Sb_4O_5Cl_2$ 中杂质成分及含量见表 4-68 所示。

表 4 – 67　水解后溶液中主要金属离子及含量

成分	Sn^{4+}	Sb^{3+}	Pb^{2+}	Cu^{2+}	Fe^{3+}
含量/$(g \cdot L^{-1})$	0.37	0.026	0.018	0.01	0.45

表 4 – 68　粗 $Sb_4O_5Cl_2$ 中杂质成分及含量/$(\mu g \cdot g^{-1})$

元素	Hg	Se	Sn	Zn	Pb	Cd	Mn	V	Al	W	S
含量	5.7	4.2	779.1	15.9	861.8	1.4	1.1	0.7	3.5	5.5	29.5
元素	P	Bi	Ni	Fe	Cr	Ca	K	Ag	Ti	Y	Ba
含量	30.5	145.2	15.1	269	1.5	28	0.9	8.1	4.1	0.2	1.2

4.3.2.7　高纯 $Sn(NH_4)_2Cl_6$ 和高纯 $Sb_4O_5Cl_2$ 的制取

（1）粗 $Sb_4O_5Cl_2$ 的提纯

沉铜后液水解生成的粗 $Sb_4O_5Cl_2$ 中含有大量的杂质，若不精制提纯，则其中的杂质将极大影响后续产品的性能。所以，有必要对其进行精制提纯。

采用有关文献提纯 $Sb_4O_5Cl_2$ 的方法对沉铜后液水解生成的粗 $Sb_4O_5Cl_2$ 进行处理。用 $A^{\#}$ 溶液精制后的 $Sb_4O_5Cl_2$ 的杂质含量见表 4 – 69。

表 4 – 69　经过 $A^{\#}$ 溶液处理后 $Sb_4O_5Cl_2$ 中的杂质/$(\mu g \cdot g^{-1})$

元素	Hg	Se	Sn	Zn	Pb	Cd	Mn	V	Al	W	S
含量	—	—	201.5	7.1	20.7	—	—	—	—	—	—
元素	P	Bi	Ni	Fe	Cr	Ca	K	Ag	Ti	Y	Ba
含量	17.9	—	13.8	25.6	—	—	—	—	—	—	—

从表 4 – 69 中可以看出，经过 $A^{\#}$ 溶液处理后，粗氯氧化锑中的杂质元素大大降低，其中主要的杂质元素为 Sn、Zn、Pb、P、Ni、Fe 等，若将该产品用于制备 ATO，其样品纯度将达 4N 以上。精制时锑的回收率大于 98.5%。

（2）粗 $Sn(NH_4)_2Cl_6$ 的精制

粗氯锡酸铵中主要杂质为 Sb、Cu 及 K、Si 等。Sb、Cu 杂质的来源为沉锡的过程中，部分 Sb、Cu 将可能被吸附或夹杂进氯锡酸铵晶体中而析出；K、Si、Fe 等杂质可能是在沉锡或洗涤过程中由外界引入。

通过洗涤和重结晶两种精制方案的比较，重结晶对绝大部分的杂质都有很好的去除效果，尤其是 Sb 的效果更加明显，而氯化铵饱和溶液洗涤对铜的去除效果相当好。因此，拟定了两种处理方案：A. 先用去离子水配制的氯化铵饱和溶液洗涤，再用无水乙醇洗涤一次，两次洗涤后的氯锡酸铵再用去离子水溶解进行两次重结晶；B. 先用去离子水配制的氯化铵饱和溶液洗涤，再用无水乙醇洗涤一次，最后用含 5% 酒石酸的去离子水溶解两次洗涤后的氯锡酸铵进行一次重结晶，结果列于表 4 - 70。

经方案 A、B 处理过的氯锡酸铵的杂质含量又一次降低，得到的氯锡酸铵的纯度分别达到 99.9731% 和 99.9744%，精制过程中锡的回收率达到 98% 以上。

表 4 - 70　原氯锡酸铵、一次重结晶、方案 A、B 处理的氯锡酸铵杂质含量/($\mu g \cdot g^{-1}$)

元素	Hg	Se	Zn	Sb	Pb	Cd	Co	Mg	S
原料	—	0.1	37.4	1997.0	178.1	9.3	0.5	—	10.3
一次重结晶	—	—	13.7	292.9	—	—	—	—	27.2
A	—	—	5.0	233.7	—	—	—	3.9	8.5
B	—	—	18.2	108.6	—	—	—	0.4	49.8
元素	P	As	Si	Ni	Fe	Ca	Cu	K	Ba
原料	13.4	—	25.6	7.4	25.4	2.2	1162.9	212.7	7.8
一次重结晶	17.7	—	—	—	—	—	18.3	—	15.5
A	16.5	—	—	—	—	—	4.2	—	18.5
B	23.6	—	—	—	—	—	—	—	—

从上表可以看到，除锑外，经一次重结晶后样品中所含杂质大为降低；表中数据表明其他杂质元素总量仅为 92.4 μg/g。实际上，若将该氯锡酸铵作为制备 ATO 超细粉的原料时，其中的锑无需除去，此时 ATO 用氯锡酸铵的纯度高达 4N 以上。用这种原料来制备 ATO 不仅不需花大力气来除锑，相反，实验操作时还需按化学计量加入相应量的锑，并通过一定的反应条件实现锑的完全掺杂。

4.3.2.8　纳米 ATO 粉体的制取

（1）概述

通过理论分析和方案比较，用配合 - 共沉淀法制备 ATO 导电粉。该方法以电解锡阳极泥中提取的高纯 $(NH_4)_2SnCl_6$ 和 $Sb_4O_5Cl_2$ 为原料，将一定量的特定配位剂加入到 $Sb_4O_5Cl_2$ 的酸性水溶液中防止锑的提前水解，然后将该溶液和 $(NH_4)_2SnCl_6$ 溶液混合后，再加入适当的氨水强制水解，并控制一定的 pH 和一定搅拌速度搅拌，使锡锑在分子级水平上达到均匀共沉淀，在共沉淀反应的后期向体系中加入一定量的小分子沉淀剂（草酸或草酸铵），继续搅拌 30 min 后在一定的条件下陈化，液固分离，采用特定的方法将所得的前驱体进行分散处理，前驱体干燥后在相应的条件下煅烧，即可得到完全掺杂的超细 ATO 粉。

配位剂的选择非常重要，各种配体所制得的 ATO 粉体的导电性能及粒径差别较大，其中以酒石酸为配位剂的 ATO 粉体导电性最佳，粉体粒径也比较小。

（2）配合－共沉淀 ATO 前躯体条件试验

用酒石酸为配合剂，以自制的高纯 $(NH_4)_2SnCl_6$ 和 $Sb_4O_5Cl_2$ 为原料进行条件试验，其步骤是先制得锡、锑氧化物水合物沉淀前驱体，再进行表面改性、煅烧得 ATO 导电粉体。以 ATO 粉体的导电性能、粒径分布、粒度形貌等表征为考察目标，确定制备 ATO 粉体的最佳条件为：①沉淀终点 pH 为 3；②沉淀时间为 90 min；③沉淀温度为 60 ℃；④洗涤次数为 6 次，洗涤方式是先倾泻陈化后的溶胶上清液，再用 60 ℃ 适量蒸馏水冲稀溶胶，静置 6 h 后过滤分离；⑤掺杂锑浓度为 8%；⑥煅烧温度 650 ℃；⑦用分散剂 c 作表面活性剂。

（3）综合条件试验

在所确定的最佳条件下进行综合试验。即在 1000 mL 的烧杯中加入一定量的氯氧锑配成锑浓度为 0.1 mol/L 的悬浊液 750 mL，再加入配合剂 12 g，搅拌片刻，生成澄清透明的锑配合溶液，在 10 L 的不锈钢桶中加入一定量的氯锡酸铵配成锡浓度为 0.3 mol/L 的锡溶液 6 L，随后将两溶液均匀混合；在 2000 mL 的烧杯中配制成 3 mol/L 的氨水溶液 1500 mL 待用；在 10 L 的不锈钢桶中加入蒸馏水 800 mL，水浴加热至 60 ℃，在恒定的搅拌速度下采用并加方式，将锡锑配合溶液和氨水溶液均匀滴入不锈钢桶中，保持滴定终点的 pH 值为 3 左右，60 min 加完料，再反应 30 min，然后加入包覆剂草酸铵 20 g，继续反应 20 min 后常温陈化 12 h，采用倾泻方式固液分离，采用煮沸脱水的方式干燥前驱体，所得前驱体于 650 ℃ 煅烧 3.5 h 后即得纳米级 ATO 粉。这种粉体的物性表征如图 4－42 和图 4－43。图 4－42 说明这种 ATO 粒径范围窄，粒度细（约 75 nm），形貌均一（均为球形及仿球形）。

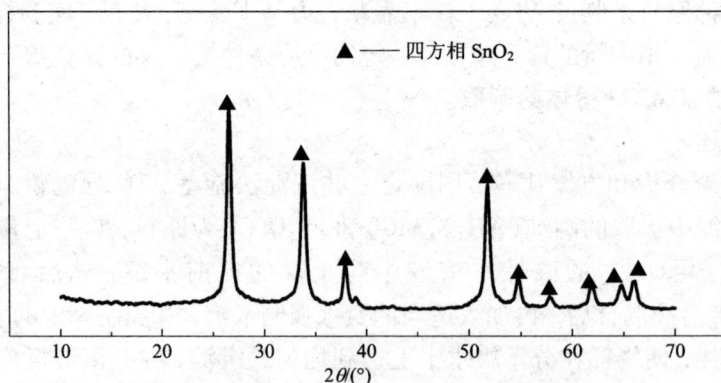

图 4－42　综合试验制备 ATO 的 X 射线衍射图

（固定反应 pH＝3，反应温度 60 ℃，洗涤次数为 6 次，加料及反应时间 90 min，
分散剂 c，陈化时间 2 h，80 ℃ 条件下干燥，煅烧温度 650 ℃，煅烧时间 3.5 h）

图 4 – 43　采用配合 – 共沉淀法在优化条件下制得 ATO 超细粉 SEM 及 TEM 图

（固定反应 pH = 3，反应温度 60 ℃，洗涤次数为 6 次，加料及反应时间 90 min，
分散剂 c，陈化时间 2 h，80 ℃条件下干燥，煅烧温度 650 ℃，煅烧时间 3.5 h）

由图 4 – 43 可见，综合实验样品的 X 射线衍射数据与四方相 SnO_2 的 JCPDS 标推卡片很好相符，表明样品具有四方相的金红石结构。在试验条件范围内未见 Sb 及其他杂质的衍射峰，表明 Sb 的掺杂并没有带来新的物相结构，但是它使样品衍射峰的位置发生了较小的迁移。这也表明共沉淀法使掺杂 Sb 固溶于 SnO_2 晶格中，较好地实现了复合掺杂。

SEM 图中所示的粉末颗粒呈现规则的球形，形貌较为均一，在掺杂浓度样品中均没有分相存在，说明掺入的锑原子固溶于氧化锡晶格中，这与 XRD 结果一致。并且，粉末粒径比较小，单分散性较好，仅见一些轻微的软团聚。但 Scherrer 公式计算粒径小于 SEM 测定值。这是由于 Scherrer 公式计算粒径为平均晶粒度，SEM 测定值为颗粒度。同时又有多种因素影响了 Scherrer 公式计算粒径的准确性：首先，涉及 Scherrer 公式的使用前提，即晶体中没有不均匀应变等晶格缺陷存在，衍射线宽化由晶粒尺寸大小引起，当样品结晶度不好及晶体内部不是完整的理想晶体时，同样会导致衍射峰宽化，而此时并不意味着晶粒度就一定小。采用自制的电阻测量装置，测得综合条件下制备的 ATO 粉的相对电阻值为 36.4 kΩ。

4.3.3　CR 法从含锡物料中回收锡及伴生金属

4.3.3.1　基本原理

复杂锡烟尘中的元素绝大部分以氧化物或含氧酸盐形态存在，除了 SiO_2、SnO_2 等惰性氧化物外，由于形成氯配合物，盐酸几乎能与所有的金属氧化物作用，从而使伴生元素与锡石分离，达到富集锡和回收有价元素的目的。另外，烟尘中的砷和锑大部分以高价氧化物或含氧酸盐存在，它们与盐酸反应很慢，进入溶液后，也不易用蒸馏法除去。因此，必须还原成低价态。还原剂的选择是非常重要的，如果选择强还原剂，则会产生剧毒的 H_3As，对操作人员安全极为有害；如果选择中强还原剂，则会生成砷、锑金属，不利于砷、锑浸出。因此，我们选择还原性较弱的 ZnS 作为高价砷、锑化合物的还原剂。在 6 mol/L 以上的盐酸浓度及 100 ℃左右的温度下，进入溶液的 $AsCl_3$ 会迅速挥发。因是氯化和还原同时进行的过程，故简称为 CR 过程，该过程的主要化学反应如下。

$$Me_xO_y + xiCl^- + yH_2O \Longrightarrow xMeCl_i^{2y/x-i} + 2yOH^- \tag{4-89}$$

$$Me_3(SbO_4)_2 + 2ZnS + 2(i+j+3)HCl \Longrightarrow 2SbCl_i^{3-i} + 3MeCl_2 + 2ZnCl_j^{2-j} + 2S^0 + 8H_2O + 2(i+j-5)H^+ \tag{4-90}$$

$$Sb_2O_4 + ZnS + (2i+j)HCl \Longrightarrow 2SbCl_i^{3-i} + ZnCl_j^{2-j} + S^0 + 4H_2O + (2i+j-8)H^+ \tag{4-91}$$

$$H_3AsO_4 + ZnS + (k+j)HCl \Longrightarrow AsCl_k^{3-k} + ZnCl_j^{2-j} + S^0 + 4H_2O + (k+j-5)H^+ \tag{4-92}$$

在 HCl 体系中，As(Ⅲ)易挥发：

$$H_3AsO_3 + 3HCl \Longrightarrow AsCl_3 \uparrow + 3H_2O \tag{4-93}$$

$GeCl_4$ 比 $AsCl_3$ 沸点更低，也会挥发进入气相。馏出的 $AsCl_3$ 与氧化剂反应，生成 H_3AsO_4：

$$AsCl_3 + 2H_2O + H_2O_2 \Longrightarrow H_3AsO_4 + 3HCl \tag{4-94}$$

H_3AsO_4 沸点较高、不易挥发，可通过蒸馏浓缩回收馏出液中的 HCl。在浓缩砷液中加入 $CuSO_4$，以氨水作中和剂合成砷酸铜时，溶液中存在如下反应平衡：

$$NH_3 \cdot H_2O \Longrightarrow NH_4^+ + OH^- \tag{4-95}$$

$$Cu^{2+} + nNH_3 \Longrightarrow Cu(NH_3)_n^{2+} \quad (n=1,2,3,4) \tag{4-96}$$

$$3Cu^{2+} + 2AsO_4^{3-} \Longrightarrow Cu_3(AsO_4)_2 \tag{4-97}$$

当 $CuSO_4$ 量固定时，随着体系 pH 升高，溶液中 $NH_3 \cdot H_2O$ 活度增大，从而降低了 Cu^{2+} 的活度；与此同时，AsO_4^{3-} 活度增大。因此，pH 是决定体系状态的最重要的因素，且存在一最佳 pH 值，使沉砷率最高。

铅也以氯配合离子进入溶液，但浓度很小。因此，绝大部分铅以 $PbCl_2$ 的形式留于 CR 过程残渣中。在热浓 NaCl 溶液浸出过程中，铅(Ⅱ)-氯配合离子浓度大幅度提高，铅被浸入溶液，得以与锡分离。三氯化锑水解过程原理及控制方法前已述及，在此不再赘述。

4.3.3.2 CR 法处理复杂锡烟尘

（1）原料与流程

广西大厂砂坪锡中矿烟化所获得的锡烟尘成分十分复杂（表4-71），有价成分多，极具回收价值；物相也十分复杂，锡主要以锡石存在，砷、锑主要以高价态存在，极难处理。曾研究过的两种处理方法存在砷污染严重和综合利用差等问题。因此，我们提出用 CR 法处理这种复杂锡烟尘，其原则流程如图 4-44 所示。

表 4-71　广西大厂砂坪复杂锡烟尘成分/%

Sn	Sb	Pb	Zn	Ag	S	Fe	As
23.28	11.81	20.74	4.79	0.055	2.56	1.85	6.42
Bi	Cu	Cd	In	CaO	SiO_2	Al_2O_3	
0.004	—	—	0.047	0.31	2.79	1.20	

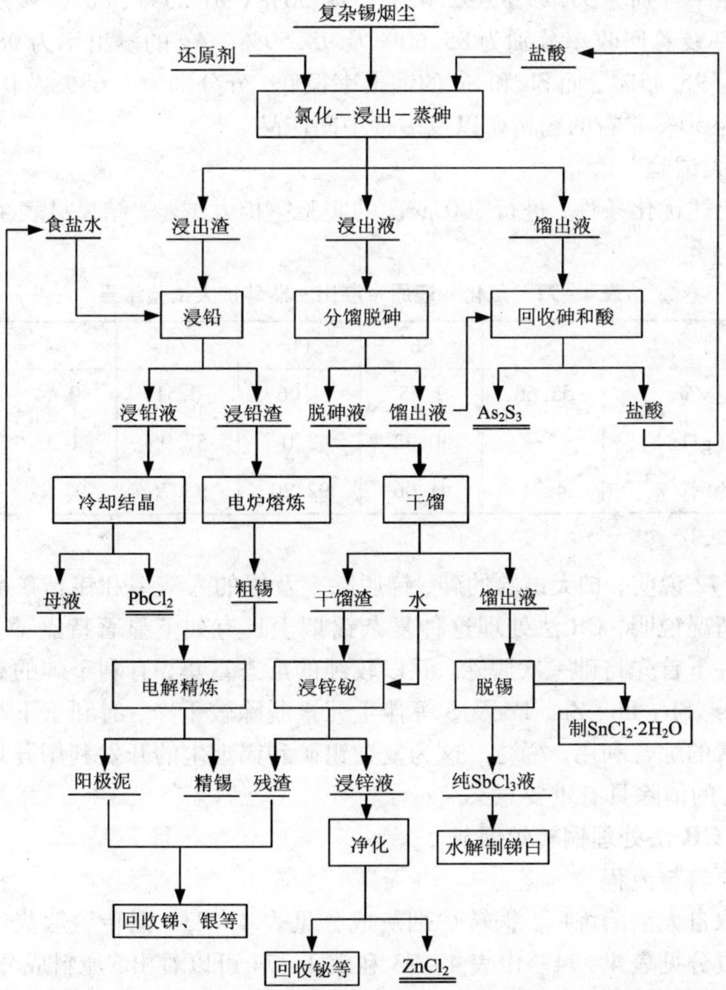

图 4-44　CR 法处理广西大厂高砷锑多金属锡烟尘原则流程

（2）处理结果

1）小型试验

经条件试验优化得 CR 过程的最佳条件：①浓盐酸用量为 40 mL/g 尘；②酸度第一批为 10 mol/L，第二批为 6 mol/L；③ZnS 用量为 0.1887 g/g 尘；④分两批加入 ZnS 和盐酸，第一批 ZnS 随烟尘加入，第二批 ZnS 和盐酸在反应两小时后加入；⑤第一批盐酸/第二批盐酸 =5；⑥第一批 ZnS/第二批 ZnS = 0.5464；⑦温度 105 ℃；⑧总反应时间为 4 h；⑨体系压力为 99324.89 Pa；⑩浸渣用 6 mol/L 盐酸洗 3 ~ 5 次后用热浓 NaCl 溶液浸出铅。

在上述优化条件下进行的综合条件试验获得良好结果：As、Sb、Pb、Zn、Fe 及 S 的脱除率分别为 97.25%、92.02%、98.30%、96.25%、88.64% 及 84.99%，Sn 的入渣率及总回收率分别为 85.60% 及 98.59%，Ag 的浸出率为 98.66%，As 的馏出率为 95.35%，而 Sb 和 Sn 的馏出率很低，分分别为 1.68% 及 0.106%，得到了品位为 50% 左右的锡精矿以及多种中间产品。

2）扩大试验

仍按上述优化条件，进行 300 g/次的实验室扩大试验，结果见表 4 - 72。

表 4 - 72　氯化 - 还原 - 浸出 - 蒸砷扩大试验结果

项目	Sn	Sb	Pb	Zn	As	S
浸出渣/%	55.66	2.65	4.06	0.51	0.44	4.60
浸出液/(g·L^{-1})	—	30.32	2.0	57.95	1.32	—
渣计脱除率/%	4.71	91.06	92.20	95.76	97.27	28.38

表 4 - 72 说明，扩大试验的砷、锑脱除率及锡的入渣率和锡精矿品位优于小试。以上情况说明，CR 法处理这种复杂锡烟尘具有如下显著特点：①能在一般的冶金条件下首先将砷一次脱除，并以较纯的形态富集，有利于砷的利用和砷害防治；②As、Sb、Pb、Zn、Fe 及 S 等伴生元素脱除较干净，有利于下步锡的冶炼和伴生元素的综合利用。总之，这为复杂锡矿和锡烟尘的开发利用开拓了新的途径，对砷害的消除具有重要意义。

4.3.3.3　CR 法处理铜转炉烟灰

（1）原料与流程

原料取自大冶冶炼厂，铜转炉烟灰成分见表 4 - 73，铜转炉烟灰经水溶后的水不溶渣成分见表 4 - 74。由表 4 - 73 和表 4 - 74 可以看出，原料成分十分复杂，主要含铅、铋、锌、铜、锡、镉等有价元素，另外含有较高的砷。这给拟定合理的处理流程带来了很大困难，不仅要综合回收其中的有价元素，而且还要解决环境污染问题。为此，特拟定处理这种烟灰的工艺流程见图 4 - 45。

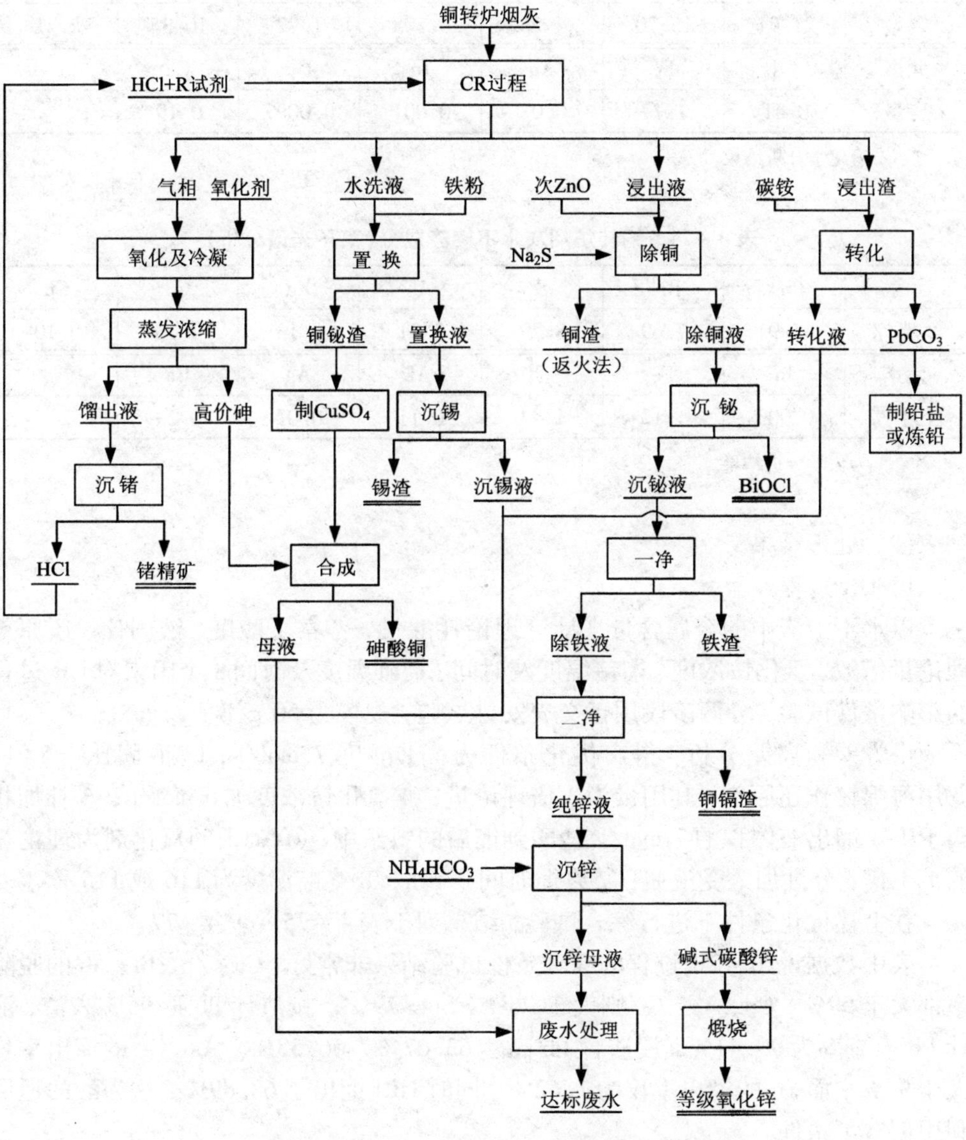

图 4 - 45　CR 法处理铜转炉烟灰原则流程

该流程具有综合利用程度高，主金属回收率高，污染少等优点，尤其是砷产品开发和砷污染防治，锡、铅回收等问题解决得很好。但也存在设备防腐要求高，化学试剂消耗较多等缺点。

表 4 - 73   大冶冶炼厂铜转炉烟灰化学成分(离子光谱分析)/%

元素	Pb	S	Bi[①]	Sn[①]	Cu[①]	Zn	As[①]
含量	21.91	15.70	4.26	0.505	1.92	10.35	2.41
元素	Cd	Fe	Ag	In	Ge	Ca	
含量	0.41	1.77	0.02	0.001	0.0097	0.19	

注:①为化学分析结果。

表 4 - 74   铜转炉烟灰水不溶渣成分(离子光谱分析)

元素	Pb[①]	Bi[①]	S	As	Zn	Cd	Cu
含量/%	45.91	7.69	8.79	2.31	0.13	0.10	0.10
元素	In	Fe	Sn[①]	Al	Ag	Ca	
含量/%	0.003	1.12	1.44	0.11	0.02	0.29	

注:①为化学分析结果。

(2)处理结果

1)CR 过程

以水不溶渣中的金属含量来计算理论耗酸量,考察了酸度、液固比、还原剂理论量倍数、氯化铵浓度、馏锗温度及时间、馏砷温度及时间 8 个因素对 CR 过程的影响条件试验,分两阶段用正交表安排试验,规模为 50 g/次。

由方差和离差分析,得出优化条件为:①酸度 7 mol/L;②液固比 = 5:1;③用海绵铋作还原剂,其用量为 3 倍理论量;④氯化铵浓度 1.6 mol/L;⑤补加相当于 1/4 馏出液体积的 7 mol/L 盐酸到馏后的料浆中;⑥$AsCl_3$ 的氧化剂为理论量的 1.1 倍,分批加入受液瓶;⑦终馏时间 0.5 h;⑧终馏温度为 116 或 115 ℃。

在上述优化条件下进行综合试验,结果列于表 4 - 75 ~ 表 4 - 77。

表中数据说明,CR 过程的综合条件试验结果非常好,Cu、Zn、Bi、As 的脱除率都大于 99%,Cd、Ag、Ge 则大于 96%,Sn > 79%。按渣计 Pb 近 95% 入渣,液计 Pb 入渣率为 99.41%,浸渣含 Pb 高达 63.67% ~ 66.53%。As、Ge 的馏出率均大于 99%;而 Sn 的馏出率仅为 1.62%,同时 HCl 馏出了 68.89%,这为酸的返回利用创造了条件。

表 4-75　CR 过程综合试验产物成分

	序号	Cu	Pb	Zn	Bi	As	Cd	Ag	Sn	Ge	Fe	Cl⁻	SO₄²⁻
浸渣/%	33	—	65.72	—	0.0576	0.0027	0.0455	—	0.28	0.004	—	22.93	0.14
	34	0.0024	63.67	0.0052	0.0623	0.0021	0.0419	0.002	0.36	0.0004	—	23.96	0.56
	35	0.0409	66.53	0.171	0.0783	0.092	0.0482	0.0033	0.39	0.0002	—	19.23	0.40
	36	0.0111	66.15	0.0005	0.0617	0.077	0.493	0.0004	0.28	0.0004	—	21.13	0.13
浸液/(g·L⁻¹)	33	—	0.17	54.22	46.22	0.19	1.13	—	0.21	0.0001	14.54	280.79	173.12
	34	7.54	0.27	57.51	59.44	0.12	1.57	0.065	0.57	0.0001	18.47	262.0	233.30
	35	7.54	0.22	58.41	—	0.031	1.58	0.086	0.64	0.0001	17.08	300.64	173.12
	36	3.83	0.35	48.06	75.22	0.13	1.37	0.12	0.22	0.0001	14.70	243.21	233.30
馏出液 /(g·L⁻¹)	33	—	—	—	7.50	7.18	—	—	0.011	0.015	—	252.78	—
	34	—	—	—	1.17	6.14	—	—	0.006	0.012	—	268.02	—
	35	—	—	—	0.75	12.44	—	—	0.015	0.002	—	—	—
	36	—	—	—	0.38	6.26	—	—	0.014	0.015	—	227.96	—
水洗液 /(g·L⁻¹)	33	9.50	—	6.27	—	—	—	—	6.27	—	—	105.65	—
	34	11.85	—	1.12	—	—	—	—	9.79	—	—	139.68	—
	35	11.10	—	1.10	—	—	—	—	17.15	—	—	170.53	—
	36	18.18	—	18.18	0.38	—	—	—	7.17	—	—	96.43	—

表4-76 CR过程综合试验渣计浸出率或入渣率/%

序号	Cu	Pb[①]	Zn	Bi	As	Cd	Ag	Sn	Ge
33	—	—	—	99.84	99.97	96.65	—	83.57	98.78
34	99.96	92.03	99.81	99.81	99.97	96.78	96.84	77.57	98.70
35	99.33	95.77	99.95	99.93	98.80	96.29	94.80	75.64	99.35
36	99.82	95.05	99.98	99.82	99.00	96.23	99.43	82.62	98.71
平均	99.70	94.28	99.92	99.85	99.54	96.49	97.02	79.85	98.89

注：①为入渣率。

表4-77 CR过程综合试验组分馏出率/%

序号	As	Ge	Sn	Cl⁻	HCl
33	98.37	99.59	2.31	58.31	68.91
34	99.04	99.59	0.68	65.84	77.72
35	99.78	97.77	1.48	—	—
36	98.93	99.54	2.02	55.25	60.02
平均	99.03	99.12	1.62	59.80	68.89

将脱砷后的馏出液返回CR过程，其含酸量占总用酸的51.44%；按上述优化条件进行酸返回利用试验，烟灰规模为500 g/次，结果见表4-78。

由表4-78可以看出，酸返回利用对CR过程无任何影响，值得指出的是，这次试验中锡的浸出率提高到99.92%以上。

总之，50%以上的酸回用和CR过程的好结果，为各有价元素的综合回收，砷品的制取及砷害的防治打下了良好基础。

表4-78 CR过程酸返回利用试验结果

序号	项目	Cu	Zn	Bi	Ag	Sn	Cd	渣率
37	浸渣成分/%	0.0134	0.0017	0.00012	0.0031	0.0013	0.0001	31.933
	渣计浸率/%	99.78	99.99	99.999	95.95	99.92	99.99	—
38	浸渣成分/%	0.0089	0.0016	0.00014	0.0027	0.0011	0.0001	31.093
	渣计浸率/%	99.86	99.995	100	95.80	99.93	99.99	—

2）浸出液除铜

以 Na_2S 作硫化剂，优化沉铜条件为：温度 95 ℃；时间 2 h；Na_2S 量为理论量的 3.05 倍，浓度为 100 g/L；沉铜前用 0.258 g/mL 的次 ZnO[成分(%)：Zn 63.28，Bi 5.32，Cu 0.02，Cd 0.08]中和残酸。在上述条件下，沉铜结果很好(见表 4 – 79)，除 Cu 率为 97.30% ~ 99.35%，而 Bi 和 Zn 的回收率都大于 99%。铜渣含 Cu 14.64% ~ 16.23%，Bi 0.94% ~ 1.46%，Zn 2.09% ~ 3.34%，可返回火法处理。

表 4 – 79　第 37 及 38 号浸液除铜试验结果

名称	序号	V/mL 或 m/g	Cu	Bi	Zn	HCl /(mol·L^{-1})
CR 浸液 /(g·L^{-1})	37	265	8.06	64.03	68.83	—
	38	260	9.08	56.58	62.19	—
除铜液 /(g·L^{-1})	37	410	0.0005	37.23	135.33	1.49
	38	460	0.00045	29.78	132.3	1.62
铜渣/%	37	20.6	10.64	18.15	4.0l	—
	38	23.6	9.90	25.79	6.73	—
除铜率及金属 直收率/%	37		99.99	77.96	98.65	
	38		99.99	58.63	97.48	

3）水解沉铋

对 37 号及 38 号除铜液先用水冲稀 l 倍，然后用 1:1 的氨水调 pH = 2.5，在 60 ℃下稳定 30 min，澄清后过滤，获得了良好的沉铋效果(见表 4 – 80)。

表 4 – 80　中和水解沉铋试验结果

序号	沉铋液 体积 V/mL	沉铋液成分/(g·mL^{-1})						BiOCl		沉铋率%		η_{Zn}/%
		Bi	Zn	Cu	Fe	Cd	Mn	m/g	x_{Bi}/%	液计	渣计	液计
37	780	0.014	60.56	0.0004	3.93	0.62	0.008	19.6	68.74	99.92	97.81	94.34
38	860	0.029	62.89	0.0003	3.93	0.63	0.007	16.15	72.31	99.80	93.37	97.34

表 4 – 80 说明，液计沉铋率均大于 99.8%，锌回收率大于 94%。从烟灰到氯氧铋的总回收率为 99.36%。

4）锌品制取

套用现有工艺技术条件，由沉铋后液(水解液)制等级氧化锌，结果良好，由水解液到等级氧化锌，锌的总直收率大于90%，氧化锌质量达到直接法一级或二级要求。

5) 分离铜锡

用铁粉置换法分离水洗液中的铜和锡，条件为1.5或1.75倍理论铁粉量，常温及2 h，结果非常好(见表4 - 81)：铜、铋置换率(液计)都大于99.9%，锡回收率也大于99.5%。

表4 - 81　置换法分离铜锡综合试验结果

名称	No	V/mL 或 m/g	含量/($g \cdot L^{-1}$)			备注
			Cu	Sn	Bi	
置换后液	11	440 mL	0.0032	3.78	痕	1.75 倍 Fe 粉
	12	460 mL	0.022	3.39	痕	1.50 倍 Fe 粉
铜铋渣	11	10.70 g	52.55%	0.06%	18.43%	
	12	9.54 g	54.13%	0.059%	20.33%	
回收率/%	11	液计	99.98	105.80	约100	
		渣计	93.28	99.59	97.43	
	12	液计	99.83	99.20	约100	
		渣计	85.67	99.64	95.82	
	平均	液计	99.91	102.50	约100	
		渣计	89.47	99.62	96.63	

6) 沉锡

常温下用氨水将沉铜后液(含 Sn 3.44 g/L)中和至 pH 为4.5～5后沉锡，沉锡率大于99.9%。锡渣含锡量高达69.12%，从烟灰到锡渣，锡的直收率为75.68%。

7) 酸回收与砷浓缩

混合 CR 馏出液含 As 5.77 g/L，Cl^- 6.345 mol/L，HCl 5.96 mol/L。以此为料液进行浓缩砷及回收酸试验，直到砷浓缩20倍(即含 As 115.4g/L)，砷液冷却后无结晶析出，若再浓缩，则有结晶析出。因此，以 CR 馏出液第二次蒸馏95%为佳。此时，第二次馏出液含 HCl 5.88 mol/L，盐酸回收93.72%，按 CR 过程投入的总盐酸消耗计算，盐酸的返回利用率为49.73%。

8) 砷酸铜合成

砷酸铜合成优化条件为：$CuSO_4$ 液(含 Cu 38 g/L)为理论量的105%，常温，pH =6.0及搅拌0.5 h。以 CR 馏出液的浓缩液为试液，合成砷酸铜，结果见表4 - 82。

表 4-82　砷酸铜合成综合条件试验结果/%

名称	质量或体积	As	Cu	沉砷率	铜回收率
砷酸铜	21.56 g	26.585	34.28	99.32	95.89
沉砷后液	505 mL	0.0061 g/L	0.7015 g/L	99.95	95.40

表中数据说明，结果十分满意，沉砷率 99.32%，铜回收率 >95%，砷酸铜产品符合要求。

4.4　汞氯配合物冶金

4.4.1　概述

汞是一种古老而稀贵的金属，应用历史十分久远。传统炼汞方法主要是火法，包括回转窑法、多膛炉法、高炉法、沸腾炉法和蒸馏炉法。火法炼汞具有建设投资少，操作简单，维修方便，水电消耗少，生产成本低等优点，但存在含汞尾气量大，对生态环境污染严重，劳动条件差等问题。另一方面，由于汞的毒性及其对环境的危害，汞的应用领域日益缩小，而且其应用形态已由金属汞应用为主转化为以汞化合物应用为主。因此，开发能直接制备汞化工产品的全湿法清洁炼汞新工艺是在所必然。

基于汞的氧化态易与氯离子形成汞氯配合物的特点，1927 年美国 W. Glasser 提出了用次氯酸盐浸出硫化汞矿生产汞的专利，20 世纪 70 年代末，R. S. Olson 和 D. Brown 先后提出氯气浸出法。1983 年钟迁科等进行了氯盐体系中硫化汞阴极直接还原研究，获得了活汞直收率 97.55%，转化率大于 99%，电流效率 90.6% 的良好指标。接着，赵天从、殷群生和钟迁科等提出了汞氯配合物冶金新概念，即用汞氯配合物冶金方法由汞精矿或废汞资源直接制备汞的化工产品，并进行了系统研究。他们在研究中发现，汞的氯化浸出液经苛化直接制取氧化汞和氯化汞等化工产品具有其他汞冶炼工艺无法比拟的优越性。因此，张亚雄等一直用汞氯配合物冶金方法生产氯化汞触媒。

本节系统介绍殷群生博士及其合作者用汞氯配合物冶金方法处理汞精矿直接制取汞的化工产品以及董丰库用氯配合法进行烟气徐汞方面的研究成果，这对消除烟气汞污染和含汞的高危废弃物的资源化与无害化处理具有重要指导意义。

4.4.2　汞氯配合物冶金原理

汞精矿氯化浸出过程错综复杂，涉及气、液、固三相，包含有气液平衡过程、电极反应过程、多相化学反应和均相化学反应。而溶液内的均相化学反应中又包含着配位平衡反应、歧化反应、复分解反应和氧化还原反应等多种形式。

4.4.2.1 汞氯配合物冶金热力学

(1) $Hg^{2+} - Cl^- - H_2O$ 系平衡

$Hg^{2+} - Cl^- - H_2O$ 系涉及的主要反应除了溶解沉淀,氧化还原反应之外,还有配位离解平衡,因而配位体 Cl^- 的浓度可以对体系平衡产生明显的影响。根据有关热力学数据可建立下列配合平衡方程:

$$[Hg]_T = [Hg^{2+}] + [HgCl^+] + [HgCl_2] + [HgCl_3^-] + [HgCl_4^{2-}] + 2[Hg_2^{2+}]$$
$$(4-98)$$

$$[Cl]_T = [Cl^-] + [HgCl^+] + 2[HgCl_2] + 3[HgCl_3^-] + 4[HgCl_4^{2-}] \qquad (4-99)$$

由式(4-98)和式(4-99)可求得 $Hg^{2+} - Cl^-$ 配合离子各物种分布(见图 4-46),经进一步计算得到的 E-pH 图如图 4-47 和图 4-48 所示,E-pCl 图如图 4-49 和图 4-50 所示。

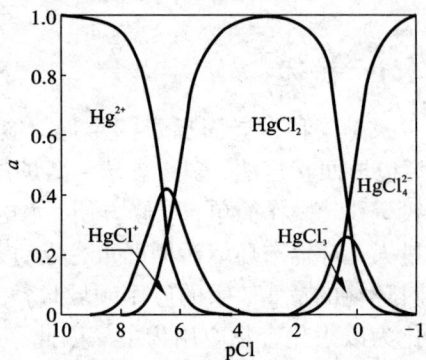

图 4-46 $Hg^{2+} - Cl^- - H_2O$ 系物种分布

$([Hg^{2+}]_T = 1\ mol/L,\ 25\ ℃)$

从图 4-46～图 4-50 可以看到,Hg^{2+} 与 Cl^- 的配位能力相当强。例如,当溶液内 $[Hg^{2+}]$ 为 1 mol/L,游离 $[Cl^-]$ 为 0.01 mol/L 时,溶液内游离 $[Hg^{2+}]$ 已下降至 5.465×10^{-10} mol/L。从而显著地扩大了溶液内 Hg(Ⅱ) 离子的稳定区,降低了相应的氧化还原电位,这从热力学上表明了氯化浸出使汞精矿中的汞(Ⅱ)以 $Hg^{2+} - Cl^-$ 配离子形式稳定存在于浸出液中的可能性。

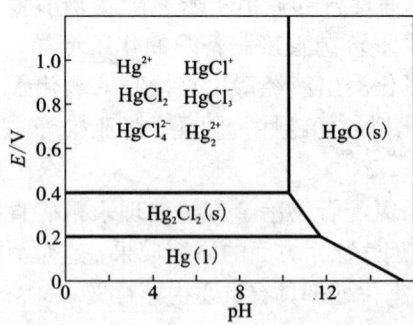

图 4-47 $Hg^{2+} - Cl^- - H_2O$ 系 E-pH 图

$([Hg^{2+}]_T = 0.2\ mol/L,$

$[Cl^-]_T = 4.79\ mol/L,\ 25\ ℃)$

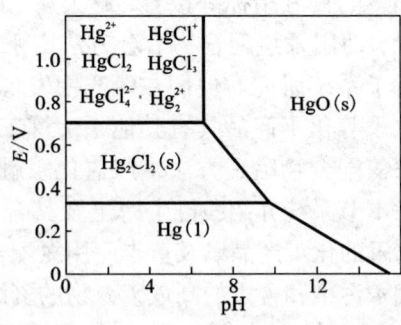

图 4-48 $Hg^{2+} - Cl^- - H_2O$ 系 E-pH 图

$([Hg^{2+}]_T = 0.2\ mol/L,$

$[Cl^-]_T = 0.4534\ mol/L,\ 25\ ℃)$

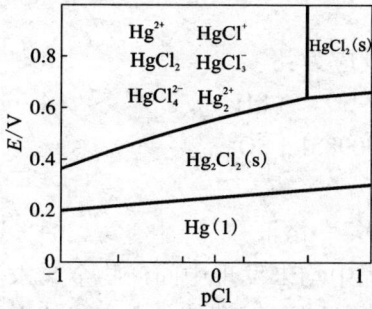

图 4 - 49　$Hg^{2+} - Cl^- - H_2O$ 系 $E - pCl$ 图
（$[Hg^{2+}]_T = 1$ mol/L, pH = 6.0, 25 ℃）

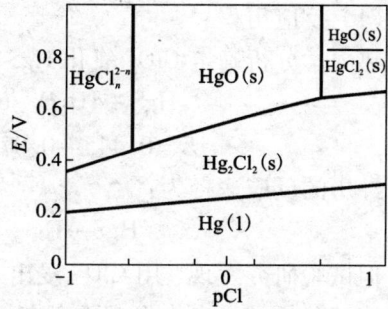

图 4 - 50　$Hg^{2+} - Cl^- - H_2O$ 系 $E - pCl$ 图
（$[Hg^{2+}]_T = 1$ mol/L, pH = 10.0, 25 ℃）

（2）$HgS - Cl^- - H_2O$ 系平衡

对于 $HgS - Cl^- - H_2O$ 系，由于 Cl 的引入，将与 Hg^{2+} 之间发生一系列的配位平衡，从而导致游离 Hg^{2+} 浓度的大幅减小，根据方程（4 - 98）和式（4 - 101）可在图 4 - 47 的基础上得到 $HgS - Cl^- - H_2O$ 系的 $E - pH$ 图，如图 4 - 51 所示，其中所包含的热力学平衡规律也可为汞配合浸出提供理论依据。

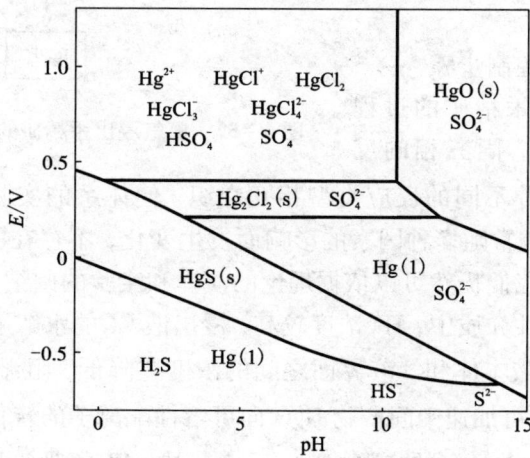

图 4 - 51　$HgS - Cl^- - H_2O$ 系 $E - pH$ 图
（$[SO_4^{2-}]_T = 1.0$ mol/L, $[S^{2-}]_T = 0.5$ mol/L, $[Cl^-]_T = 4.736$ mol/L, 25 ℃）

4.4.2.2 汞氯配合物冶金动力学及过程机理

(1) 反应历程

热力学分析确定 ClO⁻ 氧化 HgS 的半电池反应为：

$$HgS + 4H_2O - 6e \Longrightarrow Hg + SO_4^{2-} + 8H^+ \qquad (4-100)$$

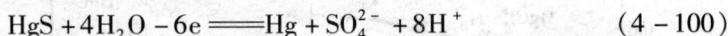

$$E = 0.445 - 0.0788pH + 0.00985lg[SO_4^{2-}]$$

经历的反应途径为：

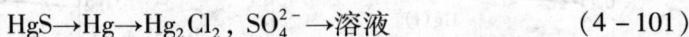

$$HgS \rightarrow Hg \rightarrow Hg_2Cl_2, \quad SO_4^{2-} \rightarrow 溶液 \qquad (4-101)$$

但试验研究发现，用 ClO⁻ 浸出 HgS 的过程中均未发现中间产物金属汞。对浸出渣的分析结果也未发现汞存在。而金属汞一旦生成，即使是粉末状的细小颗粒，也不会立即被氧化消失，可以在渣中分析出他们的存在。这说明在氯气或次氯酸浸出汞精矿的过程中不经由中间生成物金属汞。

事实上，在已知的化学反应中，三级反应已属罕见，三级以上反应尚未发现。式(4-101)不可能包含全部反应基元，从而也就不能代表反应历程的步骤。根据理论分析和实验事实，Cl_2 气浸出汞精矿的反应历程可能如图 4-52 所示。

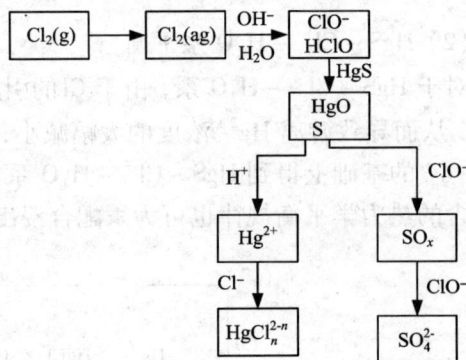

图 4-52 氯气浸出汞精矿的反应历程示意图

(2) 浸出速度控制步骤

氯气浸出硫化汞精矿的过程是一个涉及气、液、固三相的反应。化学过程中各种不同的反应类型相互交织，使体系的实际浸出过程十分复杂，速度控制步骤常常随多种因素的影响而发生变化，不存在固定不变的浸出速度控制步骤。但是我们仍然可以依据理论的演绎和实验的归纳，得出实验研究条件的规律性。在酸性介质中，H^+ 浓度较高，浸出液 Cl_2 的水解平衡左移，使 Cl_2 的浓度升高，Cl_2 在溶液本体和气液界面之间的浓度差降低，阻滞了 Cl_2 的吸收。同时 H^+ 浓度较高，又可加速中间产物 HgO 向可溶性配离子的转化，因而 Cl_2 的化学吸收步骤和 ClO⁺ 氧化 HgS 的步骤相比，后者较快，Cl_2 的吸收过程就成了整个浸出过程的速度控制步骤。在碱性介质中，OH⁻ 浓度较高，水解平衡向右移动，使浸出液中氯气的浓度保持很低，增加了氯气吸收过程的推动力，而且较高的 OH⁻ 浓度也不利于产物 HgO 的溶解，固态 HgO 覆盖在精矿颗粒的表面阻滞了 HgS 的进一步氧化，因而氯气的化学吸收速度和 ClO⁻ 氧化 HgS 的速度相比，前者较快。ClO⁻ 氧化 HgS 的过程是整个浸出过程的决速步。在近乎中性的介质中，反应前期，汞精矿物料的表面积较大，ClO^- 和 HgS 之间反应迅速，Cl_2 的吸收过程为整个浸出过程的速度控制步骤。随着反应进行，固液之间界面面积不断缩小，控制步骤逐步转向 ClO^- 与 HgS 之间的反应。研究已表明，后一过程由液相扩散所控制。

（3）pH 自然变动下的氯气浸出机理

汞精矿悬浮电解的研究大幅度提高了直浸率和电流效率，但是阴极析汞的问题并未彻底解决。而悬浮电解研究说明，HgS 并非阳极直接氧化，而是 Cl^- 在阳极析出 Cl_2，Cl_2 水解生成 ClO^-，ClO^- 再氧化 HgS 使之被浸出，因此，悬浮电解浸出实质上是氯化浸出。一些学者对于 Cl_2 水解的途径尽管存在分歧，但对于 Cl_2 的水解速度十分快速这一点却有共识，在碱性溶液中的反应速度常数为 10^{14} 数量级，水解反应几乎可以瞬间完成。由于非新生态 Cl_2 水解成 ClO^- 的速度常数远大于 ClO^- 氧化 HgS 的液固两相反应速度常数；因而新生态氯较分子氯活泼这一差别对浸出过程的速度将不发生影响。可以推断，由外界将电解得到的氯气引入悬浮液来浸出 HgS 精矿，既可消除悬浮电解中阴极析汞的弊端，又可获得较高的浸出速度和浸出率，其技术经济指标可望优于悬浮电解。

（4）控制 pH 的氯气浸出机理

1）氯气吸收过程的理论分析

描述气体吸收过程机理的模型主要有三种，即双膜理论模型、渗透理论模型和涡流界面层模型。尽管是比较相似的模型，但由于它们对伴有化学反应的复杂体系常能得出较为简明的处理结果，因而目前仍被广泛应用。

双模理论假定在气液界面两侧各存在一个静止膜，气相的一侧称为气膜，气液两相的物质传递速率取决于物质在气膜和液膜内的分子扩散速率。在一般情况下，气膜的阻力小于液膜的阻力，因此物质在气液两相中的传递速率可以表示成：

$$N = \frac{D_1}{\delta_1} \cdot (C_i - C_1) \qquad (4-102)$$

式中：N 为传递速率；D_1 为液相扩散系数；δ_1 为液相膜厚度；C_i 为界面浓度；C_1 为液相本体内浓度。

渗透理论模型认为处于界面的液体，由于流体的扰动常被液流主体所置换。当液体在界面驻留期间，溶解气体将由于不稳定的分子扩散而渗透到液相。若假设处于界面的各液体单元都具有相同的逗留时间 h，则可推得不稳定扩散方程，然后应用误差函数理论，求得微分方程，导出在零到 h 时间内的平均吸收率方程为：

$$N = 2\sqrt{\frac{D_1}{\pi_1}}(C_i - C_1) \qquad (4-103)$$

Danckwerts 认为，Higbie 渗透理论假设界面更新的各单元都具有相同的驻留

时间与实际情况不符,而应该是按概率分布的,并提出了传质速率方程:

$$N = \sqrt{D_1 \cdot S}(C_i - C_1) \tag{4-104}$$

式中:S 为单位时间内界面被更新的面积比率,是一个用来表征表面更新程度的特征常数。

涡流界面层模型认为传质过程应同时考虑分子扩散和涡流扩散两方面的因素,并建立起传质方程:

$$N = -(D_1 - \varepsilon_d)\frac{dc}{dy} \tag{4-105}$$

式中:ε_d 为液体的涡流扩散系数;c 为浓度;y 为轴向距离;$\frac{dc}{dy}$ 为轴向传质速率。

上述各种理论模型的传质速率方程中,尽管传质体系数各不相同,但有一点是一致的,即有利于增大界面浓度和液相本体浓度之差的因素,以及有利于增大气液接触面积的因素都将加速气体的吸收。Cl_2 的吸收过程是伴随化学反应的气体吸收过程,因而为了加速 Cl_2 的吸收,可以通过下述几种途径:一是使引入的 Cl_2 成细小的气泡状,以增大气液接触面积;二是加强涡流,减小扩散层厚度;三是增加 Cl_2 压力,使界面层液相 Cl_2 浓度增大。四是减小液相本体中 Cl_2 的浓度。前已提出,Cl_2 的水解速率很快,在十分短促的时间内即可达到平衡,因此可以推断,任何有利于 Cl_2 的水解平衡向右移动的因素都可以降低溶液本体中的 Cl_2 浓度并加速 Cl_2 的吸收速度。

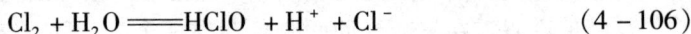

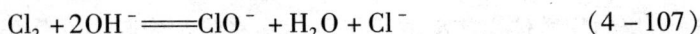

$$Cl_2 + H_2O \Longrightarrow HClO + H^+ + Cl^- \tag{4-106}$$

$$Cl_2 + 2OH^- \Longrightarrow ClO^- + H_2O + Cl^- \tag{4-107}$$

2)浸出过程中硫的行为

①S^0 的氧化

根据热力学数据,元素硫化在 pH 为 1 ~ 14 时氧化成 SO_4^{2-} 的电极电位是 0.3522 ~ −0.7510 V(vs. SHE)。就此而言,S^0 氧化 SO_4^{2-} 似乎不难。但事实上,S^0 在溶液内相当稳定而较难氧化。这说明元素硫比较稳定而不易氧化的原因主要是动力学原因。

图 4 − 53 为不同 pH 下元素硫被氯气氧化时测定的悬浮

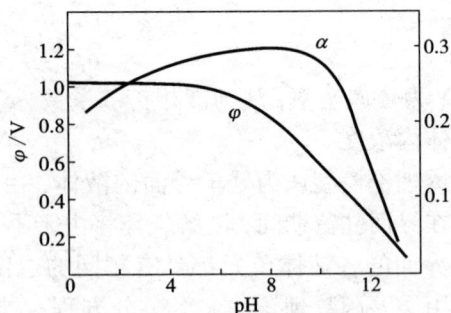

图 4 − 53　pH、悬浮电位和氧化率三者关系

(S^{2-} 1.302 g,循环水 3.16 L/h,时间 15 min,25 ℃)

电位 φ 与 pH,以及硫的氧化率 α 与 pH 的关系。图中反映出 S^0 被氧化的速度的

极大值不在悬浮电位最高的低 pH 区,而在 pH = 8 左右。这与文献中 OH^- 的存在有助于打开 S_8 环的论点相一致。

②SO_3^{2-} 氧化

HgS 中呈 -2 价的硫不可能一步氧化成 SO_4^{2-},因此对可能的中间产物 SO_3^{2-},也用氯气进行氧化研究。测定了 $\varphi - pH$ 的动态关系(图 4 - 54),控制 pH 值为 6.6 时的 $\varphi - t$ 关系(图 4 - 55)以及不同条件下的氧化速率。结果说明,在 0.02 V 左右的低电压下,SO_3^{2-} 可以被迅速定量地氧化成 SO_4^{2-},不可能成为浸出过程中的速度控制步骤。

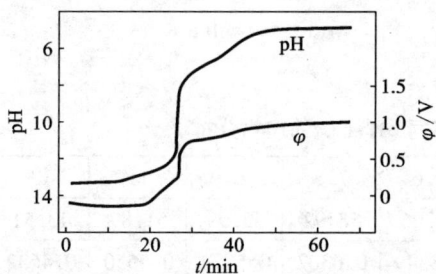

图 4 - 54 SO_3^{2-} 氧化过程 $\varphi - pH$ 动态关系

[浓度/(mol·L^{-1}):Na_2SO_3 0.165,NaOH 0.625,NaCl 2.849,恒液量循环,25 ℃]

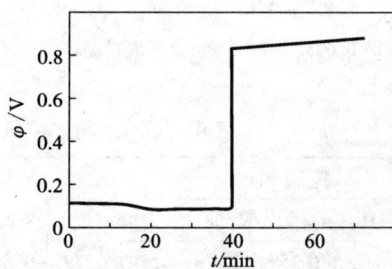

图 4 - 55 悬浮电位随时间变化

[浓度/(mol·L^{-1}):Na_2SO_3 0.5375,NaCl 2.849,pH 6.6,恒液量循环,25 ℃]

③$S_2O_3^{2-}$ 的氧化

硫代硫酸钠的结构式可表示为:

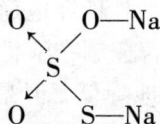

其中包含一个 -2 价的 S。试验表明,当向 $Na_2S_2O_3$ 的溶液中引入 Cl_2 后,溶液很快由透明变为乳白,随后出现黄色粉状硫,根据测定了 $\varphi - pH$ 的动态关系(图 4 - 56),结合控制 pH 为 6.6 时的 $\varphi - t$ 关系(图 4 - 57)以及不同 pH 下的氧化结果。结果说明,在 0 V 左右的混合电压下,$S_2O_3^{2-}$ 可以被迅速定量地氧化成 SO_4^{2-} 和 S^0,但元素硫的进一步氧化相当缓慢,在 pH 较低时很难全部转化为 SO_4^{2-}。

④硫化汞的行为

控制不同的 pH 对硫化汞精矿进行氯气浸出,然后分析浸出液和浸出渣中各硫相的含量,由此获得的有关结果列于表 4 - 83。

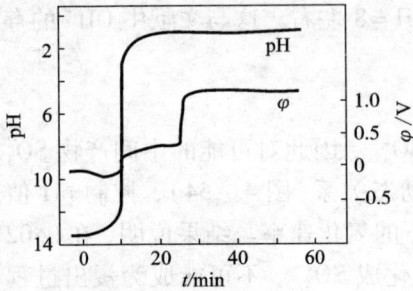

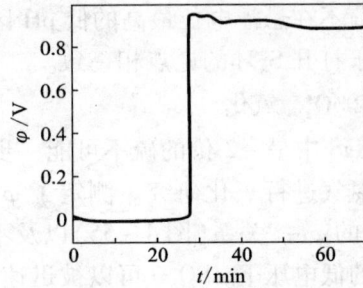

图 4 – 56 $S_2O_3^{2-}$ 氧化过程 φ – pH 动态关系

浓度/(mol·L^{-1})：Na$_2$S$_2$O$_3$ 0.168，

NaOH 0.625，NaCl 2.849，恒液量循环，25 ℃

图 4 – 57 悬浮电位随时间变化

浓度/(mol·L^{-1})：Na$_2$S$_2$O$_3$ 0.168，

NaCl 2.849，pH 6.6，25 ℃

表 4 – 83 汞精矿氯气浸出中不同 pH 下硫的产物分布

控制 pH	0.5	3.5	5.6	7.6	9.0	11	13
HgS 的浸出率/%	58.65	72.51	78.06	58.92	53.99	51.89	43.31
HgS 的硫浸出量/g	0.6273	0.7755	0.8349	0.6302	0.5774	0.5550	0.4632
转化为 SO_4^{2-} 的硫量/g	0.4697	0.6123	0.7614	0.6220	0.5780	0.5522	0.4701
转化为 SO_4^{2-} 的百分率/%	74.87	78.95	91.2	98.7	100.1	99.5	101.5

注：浸出固定条件为精矿 20 g，氯气流量 3.16 L/h。

表 4 – 83 数据表明，在碱性和中性溶液中，HgS 氧化时其组分硫基本上全部转化为 SO_4^{2-}。而在酸性介质中，则有一部分转化为元素硫。例如：若控制 pH 为 0.5，转化为元素硫的比例为 25%。对悬浮电解中硫的行为也进行了研究，所得结果与上述情况一致，由此可见，若控制在酸性范围内进行硫化汞精矿的氯气浸出，氧化剂氯气的消耗将可以大幅地降低，但是也将引起氯气逸散的加剧、浸出液杂质含量的升高等问题，因而在实际确定 pH 控制范围时还应综合考虑。

4.4.2.3 汞氯配合物冶金过程原理

汞精矿氯配合冶金制取汞盐新工艺包括三个基本过程，即浸出、净化和转化，其基本原理如下。

（1）浸出过程

Cl$_2$ 通入矿浆，水解生成 ClO$^-$，ClO$^-$ 再氧化 HgS 使之被浸出。主要反应为：

$$HgS + 4ClO^- \longrightarrow HgCl_4^{2-} + SO_4^{2-} \tag{4 – 108}$$

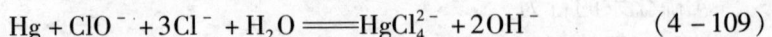
$$Hg + ClO^- + 3Cl^- + H_2O \longrightarrow HgCl_4^{2-} + 2OH^- \tag{4 – 109}$$

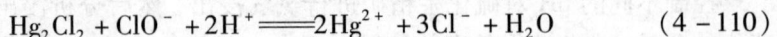
$$Hg_2Cl_2 + ClO^- + 2H^+ \longrightarrow 2Hg^{2+} + 3Cl^- + H_2O \tag{4 – 110}$$

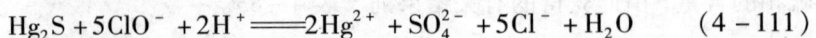
$$Hg_2S + 5ClO^- + 2H^+ \longrightarrow 2Hg^{2+} + SO_4^{2-} + 5Cl^- + H_2O \tag{4 – 111}$$

$$HgO + H_2O + 2Cl_2 + CaCl_2 = CaHgCl_4 + 2HClO \qquad (4-112)$$

$$HgO + 4NaCl + H_2O = Na_2HgCl_4 + 2NaOH \qquad (4-113)$$

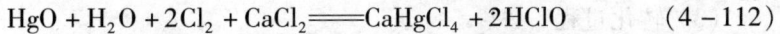

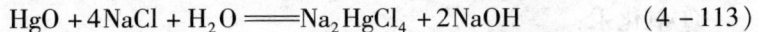

可见，本法对各类含汞物料的浸出都是适合的，各物料中不同形态的汞都发生化学溶解而进入浸出液中。

（2）净化过程

浸出液中主要的杂质为 Ca^{2+}、Mg^{2+} 及少量的 Fe^{3+} 等，通过调整 pH 用碳酸盐和磷酸盐适当处理，可以取得较好的净化效果。pH 越低，杂质含量越高（表 4 – 84）。

表 4 – 84　不同 pH 浸出液内杂质含量/（g·L^{-1}）

浸出液标号	pH	Ca	Mg	Fe	Cr	Si	Al
L1	8.10	1.1	0.74	0.00335	0.00225	0.11	0.00025
L2	3.10	1.28	1.85	0.00438	0.00288	0.21	0.00037
L3	0.90	3.23	2.34	0.900	0.00250	0.89	0.0007

根据有关热力学数据，可以求得下列平衡常数：

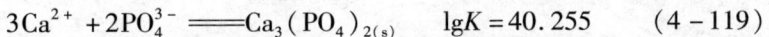

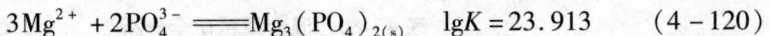

$$Ca^{2+} + 2OH^- = Ca(OH)_{2(s)} \qquad \lg K = 5.346 \qquad (4-114)$$

$$Mg^{2+} + 2OH^- = Mg(OH)_{2(s)} \qquad \lg K = 11.154 \qquad (4-115)$$

$$Fe^{3+} + 3OH^- = Fe(OH)_{3(s)} \qquad \lg K = 38.545 \qquad (4-116)$$

$$Ca^{2+} + CO_3^{2-} = CaCO_{3(s)} \qquad \lg K = 8.114 \qquad (4-117)$$

$$Mg^{2+} + CO_3^{2-} = MgCO_{3(s)} \qquad \lg K = 7.910 \qquad (4-118)$$

$$3Ca^{2+} + 2PO_4^{3-} = Ca_3(PO_4)_{2(s)} \qquad \lg K = 40.255 \qquad (4-119)$$

$$3Mg^{2+} + 2PO_4^{3-} = Mg_3(PO_4)_{2(s)} \qquad \lg K = 23.913 \qquad (4-120)$$

上列各化学方程式的平衡常数都比较大，说明反应可以进行得较彻底。因而向浸出液中加入含 OH^-、CO_3^{2-} 或 PO_4^{3-} 的物质将可能使浸出液中的主要杂质沉淀出来。试验证实，通过调整 pH，用碳酸盐和磷酸盐适当处理，可以取得较好的净化效果（表 4 – 85）。

表 4 – 85　不同浸出剂对浸出液的净化效果

净化剂种类	净化液pH	净化后液成分/（g·L^{-1}）			净化率/%		
		Ca	Mg	Fe	Ca	Mg	Fe
NaOH	8.8	2.17	1.828	0.0022	32.82	21.88	99.76
Na$_2$CO$_3$	8.8	1.085	1.910	0.0019	66.41	18.38	99.79
Na$_3$PO$_4$	8.8	0.0934	0.145	0.0017	97.11	93.80	99.81

（3）转化过程

①氧化汞：

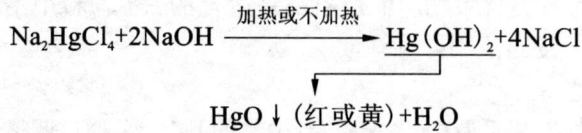

$$Na_2HgCl_4 + 2NaOH \xrightarrow{\text{加热或不加热}} Hg(OH)_2 + 4NaCl$$

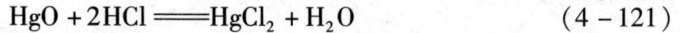

$$HgO\downarrow(\text{红或黄}) + H_2O$$

②氯化汞：

$$HgO + 2HCl =\!=\!= HgCl_2 + H_2O \tag{4-121}$$

以 HgO 为母体产品，其余汞化合物均可由此衍生而得。

4.4.3 汞精矿制取氧化汞

湿氯化法处理汞精矿直接制取 $HgCl_2$、HgI_2、$HgSO_4$ 等多种汞化工产品的优越性不仅在于可以避免传统火法炼汞中高温下汞蒸气的严重污染，而且还在于可以根据市场需要，方便地调整产品方案。汞精矿的氯化浸出液经净化后再进行碱化处理，即可控制得粗 HgO，再经进一步酸化除杂质可制得精 HgO。HgO 既是目前国际市场销量较大的产品，在美、日等国耗量已超过汞产品总量的一半，又是进一步生产 $HgCl_2$、HgI_2、$HgSO_4$ 等多种化工产品的母体。

4.4.3.1 原料与流程

试验所用原料为凤凰县产朱砂（含 Hg 82.688%）和汞矿（含 Hg 4.464%）配成的含 Hg 20.5% 的混合汞精矿，配成这种中等偏低品位混合精矿作为试料的目的是适宜处理凤凰县大量中低品位的汞精矿。粒度 75 μm，精矿成分见表 4-86。

表 4-86　混合汞精矿全分析

成分	Hg	SiO₂	CaO	MgO	Ae₂O₃	Ba
含量/%	20.50	7.98	19.41	13.70	3.78	0.34
成分	Fe	S	Pb	Zn	Sb	
含量/%	0.18	0.35	0.10	0.43	4.03	

氯配合法处理汞精矿直接制取汞化工产品的原则流程见图 4-58。

该流程的特点是：浸出过程速度快；浸出率高，浸出渣含汞低，可以不经再处理直接废弃；工业用水循环使用，少量经处理后排放，减少了水污染。可随时根据市场需要调整产品结构，可从浸出液直接产生 HgO、$HgCl_2$ 等化工产品，无须像火法那样先制得金属汞，再使金属汞氧化或氯化，减少生产环节，避免污染，降低成本，体现新工艺的优越性。

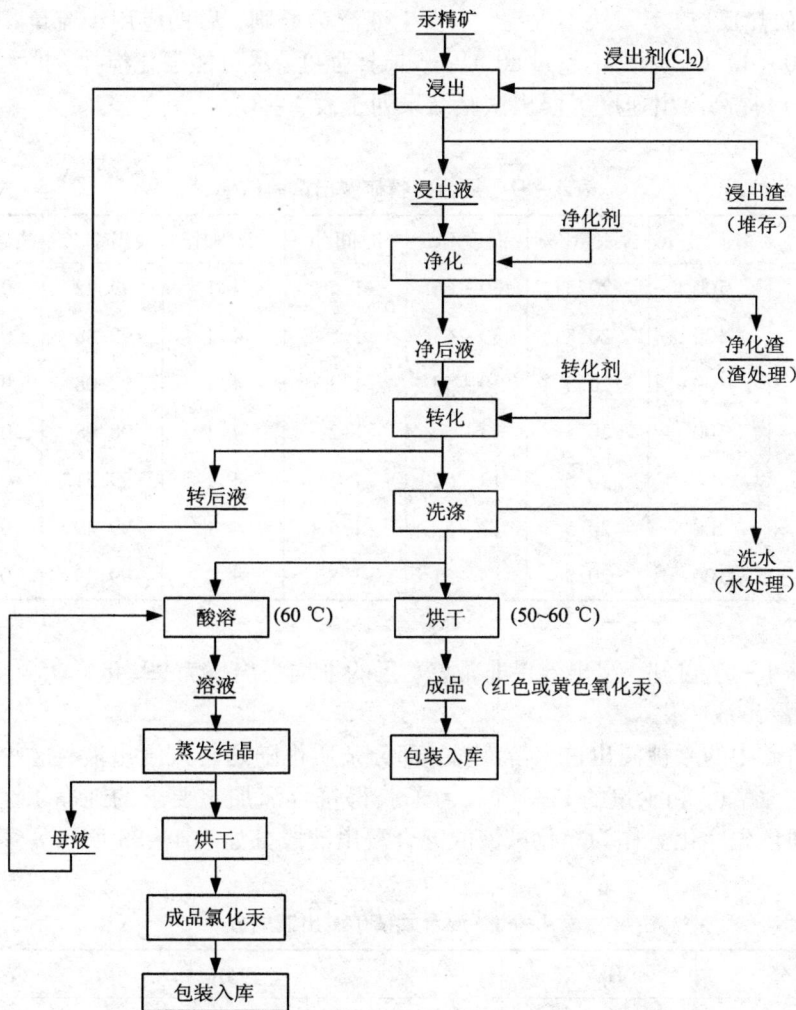

图 4-58　汞精矿氯化浸出制取氧化汞和氯化汞工艺流程

4.4.3.2　结果及讨论

汞精矿氯化浸出制取氧化汞实际上为两大阶段：即汞精矿中的汞溶解进入溶液，通过氯化浸出和液固分离实施，以及氧化汞产品制取由浸出液经过净化、转化而成。

（1）浸出

浸出过程的控制条件和操作步骤为：①两级浸出，即两个反应器交替轮作，实际上一个为浸出，另一个为尾气吸收，机械搅拌；②不外加热；③pH 控制在 6

左右，通过调整加碱量控制终点 pH；④氯气流量控制：浸出过程前期用大流量，以升温(放热反应)不太快不太高，不发生液泛为原则，后期应用小流量；⑤温度控制在 20~40 ℃，最高不超过 80 ℃；⑥搅拌强度：尽可能强化搅拌，扩大气液接触面积，以提高浸出速度。浸出试验结果列于表 4-87。

表 4-87 混合汞精矿浸出试验结果

编号	精矿量/g	含汞量/%	温度/℃	时间/h	液固比	浸出率/%	渣含汞/%
F1-1	100	20.5	30~66	1.5	4:1	99.92	0.025
F1-2	100	20.5	30~63	1.5	4:1	99.88	0.037
F1-3	100	20.5	30~55	1.3	4:1	99.08	0.377
F1-4	100	20.5	13~50	1.2	4:1	98.98	0.305
F1-5	100	20.5	13~52	1.5	4:1	99.51	0.152
F1-6	100	20.5	13~53	1.5	4:1	99.49	0.152
F1-7	100	20.5	13~51	1.5	4:1	99.49	0.152

由表 4-87 可知，浸出效果非常好，汞的平均浸出率为 99.48%。

(2)浸出液净化

当精矿中的汞被浸出进入溶液时，部分杂质也随之转入浸出液，这些杂质主要是 Ca^{2+}、Mg^{2+} 和少量的 Fe^{3+} 等。为了获得符合深加工要求的纯净汞溶液，浸出液必须预先净化。作为净化试液的混合浸出液成分如表 4-88 所示。

表 4-88 混合汞精矿浸出液成分

成分	Hg^{2+}	Ca^{2+}	Mg^{2+}	Fe
含量/(g·L^{-1})	38.6	1.96	4.5	0.047

用 Na_2CO_3-Na_3PO_4 法对汞浸出液进行净化，净化试验规模为 200 mL/次，净化条件及效果如表 4-89 所示。

从表 4-89 可以看出，在 13 ℃、30 min、pH 为 9.05 及净化剂用量为 12.96 g 的优化条件下，净化效果非常好，铁、钙及镁的脱除率分别为 98.94%、99.84% 及 99.07%。

表 4 - 89　净化条件及效果

编号	条件控制				净后液成分/$(g \cdot L^{-1})$				脱除率/%		
	温度/℃	时间/min	pH	净化剂用量/g	Hg^{2+}	Fe	Ca^{2+}	Mg^{2+}	Fe	Ca^{2+}	Mg^{2+}
F2 - 1	13	30	8.75	12.37	23.40	0.0005	0.014	0.12	98.94	99.29	97.33
F2 - 2	13	30	8.45	11.78	26.05	0.00063	0.022	0.23	98.66	98.88	94.89
F2 - 3	13	30	9.05	12.96	25.35	0.0005	0.0032	.0042	98.94	99.84	99.07
F2 - 4	25	30	8.85	12.49	25.54	0.0031	0.0075	0.10	93.40	99.62	97.78
F2 - 5	25	30	8.55	11.78	25.48	0.0034	0.016	0.24	92.77	99.18	94.67
F2 - 6	45	30	8.30	11.78	27.45	0.0038	0.006	0.28	91.92	99.69	93.78
F2 - 7	45	30	8.70	12.96	26.11	0.0043	0.0051	0.17	90.85	99.74	96.22

（3）产品转化

净化液在不同的温度下转化的产品有橘红和橘黄两种颜色的氧化汞。转化条件见表 4 - 90，红色氧化汞产品质量与用户要求见表 4 - 91 所示，黄色氧化汞质量见表 4 - 92。

表 4 - 91 及表 4 - 92 说明，红色氧化汞和黄色氧化汞产品质量均符合有关要求。

表 4 - 90　产品转化条件

条件	产品类别	
	黄色氧化汞	红色氧化汞
汞浓度/$(g \cdot L^{-1})$	±18	±18 ~ 20
NaOH 浓度/$(g \cdot L^{-1})$	±200	±200
NaOH 用量（理论倍数）	1.4 ~ 1.6	1.4 ~ 1.6
转化温度/℃	室温(13 ~ 18)	沸
转化时间/min	20 ±	25 ~ 30
搅拌速度/$(r \cdot min^{-1})$	150 ~ 250	150 ~ 250
作业环境	避光	避光
洗涤温度/℃	60 ~ 80	60 ~ 80
洗涤次数	洗至无 Cl^- 为止	洗至无 Cl^- 为止
烘干温度/℃	50 ~ 60	50 ~ 60

表4-91 红色氧化汞质量及有关标准对照

单位	本试验产品			国产试剂二级	贵州汞矿4#	752厂检验	752厂要求	日本I级产品
	F3-1	F3-4	F3-7					
含量/%	100.16	99.92	99.52	99.5	98.44	97.74	>98	>98
盐酸中不溶物/%				0.03				限度内
灼烧残渣/%				0.05				<0.3
氯化物(Cl)/%				0.003	0.003	没发现	<0.003	0.01以下
氮化物(N)/%				0.005	0.0006	0.0045	<0.005	限度内
硫酸盐/%				0.003	0.0063			
其他(以Pb计)/%				0.002	0.0043		<0.002	
铁/%				0.005	微量	0.004	<0.005	
视密度/(g·cm⁻³)					5.0956	4.9	4.7	

表4-92 黄色氧化汞质量

编号	F3-2	F3-3	F3-5	F3-6
HgO含量/%	98.57	99.74	99.38	97.96

（4）废水处理

生产过程中，不产生有毒害气体，废渣中既不含有金属汞，也不含有可溶性汞化合物，可以露天堆放。少量开路废水，经适当处理后，完全可以达到排放标准(0.05 mg/L)。

4.4.4 氯配合物法烟气除汞

4.4.4.1 概述

锌汞共存于闪锌矿晶格中，因此，每吨锌精矿常含有几克乃至几百克的汞，在焙烧过程中，汞几乎百分之百进入烟气，其中约50%进入硫酸，降低硫酸产品品质。例如我国某炼锌厂年产硫酸1000 kt，平均含Hg 100 μg/g；而特级及优级硫酸要求含Hg≤5 μg/g。如此大量的汞含量严重超标的硫酸流入市场后，势必造成大范围的汞污染；另一方面，汞很贵，价格近30万元/t，而且资源短缺。因此，冶炼烟气除汞势在必行，可实现提高硫酸产品质量，综合利用汞资源，提高经济效益之目的。

4.4.4.2 除汞原理

硫化汞在焙烧过程中，产生汞蒸气和二氧化硫：

$$HgS + O_2 =\!=\!= Hg \uparrow + SO_2 \qquad\qquad (4-122)$$

当汞蒸气与 $HgCl_2$ 溶液接触时，产生氯化亚汞固态结晶：

$$Hg + HgCl_2 =\!=\!= Hg_2Cl_2 \downarrow \qquad\qquad (4-123)$$

$HgCl_2$ 可能被二氧化硫还原：

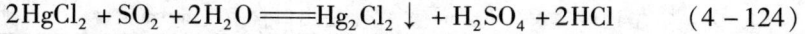

$$2HgCl_2 + SO_2 + 2H_2O =\!=\!= Hg_2Cl_2 \downarrow + H_2SO_4 + 2HCl \qquad (4-124)$$

在过剩氯离子存在的情况下，生成稳定的不被二氧化硫还原的汞（Ⅱ）－氯配合离子 $HgCl_i^{2-i}$，降低氧化还原电位，并能选择性地氧化汞蒸气，达到烟气除汞的目的。

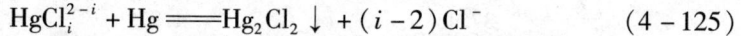

$$HgCl_i^{2-i} + Hg =\!=\!= Hg_2Cl_2 \downarrow + (i-2)Cl^- \qquad (4-125)$$

Hg_2Cl_2 沉淀用氯气氧化成 $HgCl_i^{2-i}$，一部分氯化汞溶液返回利用，另一部分开路制备氯化汞产品。

4.4.4.3　除汞流程与装置

烟气除汞流程及设备配制见图 4-59，采用填料吸收塔脱汞，该塔配置在二次低温电除雾器和干燥塔之间，这样使焙烧烟气在经过高温静电除尘，两段逆流洗涤，间冷及两段低温电除雾后，再进入除汞塔。

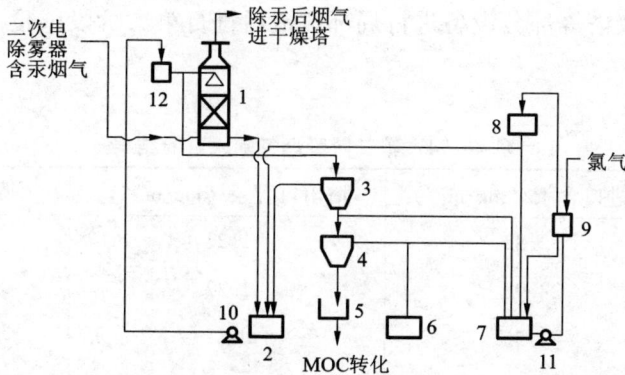

图 4-59　烟气除汞流程及设备配制图

1—吸收填料塔；2—溶液循环槽；3—1# 沉淀槽；4—2# 沉淀槽；5—氯化亚汞过滤器；
6—处理槽；7—氧化槽；8—氧化液高位槽；9—气液混合器；10、11—陶瓷泵；12—循环液高位槽

4.4.4.4　试验技术参数与条件

烟气除汞工业试验技术参数与条件为：①空塔烟气流速，$0.43 \sim 0.47$ m/s；②喷淋强度，15 $m^3/(m^2 \cdot h)$；③氯化汞溶液汞浓度，3.0 g/L；④循环液中氯离子浓度，35 g/L；⑤塔身阻力损失，$196 \sim 294$ Pa；⑥吸收塔入口平均温度，41 ℃；⑦吸收塔出口平均温度，38.5 ℃。

4.4.4.5 试验结果

烟气除汞工业试验分两阶段进行,第一阶段试验结果见表4-93。

表4-93 第一阶段烟气汞试验结果

序号	塔进口含汞/(mg·m^{-3})	塔出口含汞/(mg·m^{-3})	吸收效率/%
1	35.51	1.68	95.27
2	26.48	1.44	94.56
3	48.89	1.58	96.77
4	37.43	1.27	96.61
5	55.42	1.28	97.69
6	17.85	0.77	95.67
7	50.93	1.58	96.90
8	35.75	0.96	97.27
平均	35.75	1.05	97.06

表中数据说明,除汞效果很好,平均除汞率为97.06%。在第一阶段试验的基础上,对吸收塔等部分设备进行局部改造后进行第二阶段试验,结果见表4-94及表4-95。

表4-94 第二阶段烟气除汞试验结果

序号	塔进口含汞/(mg·m^{-3})	塔出口含汞/(mg·m^{-3})	吸收效率/%
1	32.82	1.22	96.28
2	28.92	1.22	95.78
3	41.55	0.82	98.03
4	25.48	0.84	96.70
5	69.08	0.81	98.83
6	63.15	2.83	98.69
7	73.71	0.83	98.87
8	61.84	0.83	98.66
平均	37.31	0.96	97.43

表 4 – 95　成品酸含汞/(μg·g⁻¹)

序号	1	2	3	4	5	6	7	8	平均
酸中汞	0.02	6.16	4.68	4.12	3.85	5.00	5.09	3.08	4.60

从表 4 – 94 及表 4 – 95 可以看出,除汞效果好而稳定,除汞烟气平均含 Hg 1.05 mg/m³,平均除汞率为 97.43%,最高为 99.20%;除汞烟气平均含 Hg 0.96 mg/m³,成品酸中平均含汞 4.6 μg/g,达到国家特级硫酸的标准要求。

4.4.4.6　结论

(1) 含汞锌精矿焙烧烟气用氯配合法除汞在技术上及工程上均是可行的,工业试验取得很好的技术经济指标,将含汞 37.31 mg/m³ 烟气中的汞除至 0.96 mg/m³,使成品酸的汞含量达到国家特级硫酸的标准要求。

(2) 在经济上比碘配合法更具优越性,碘配合法 KI 的单耗为 0.25 t/t 汞,费用为 5 万元/t 汞;而氯配合法的氯气单耗为 1.4t/t 汞,费用为 980 元/t 汞。

(3) 附产品氯化亚汞可深加工成用量很大的氯化汞催化剂。

参考文献

[1] 赵天从. 锑[M]. 北京:冶金工业出版社,1987:345 – 443

[2] 赵天从,汪键. 有色金属提取冶金手册,锡锑汞卷[M]. 北京:冶金工业出版社, 1999:217 – 388

[3] Меыников С М. Сурьма[M]. Москва:Металлургия,1977

[4] 唐谟堂. 广西大厂脆硫锑铅矿新处理工艺及其基础理论的研究[D]. 长沙:中南矿冶学院,1981

[5] 唐谟堂,赵天从,等. 广西大厂脆硫锑铅矿精矿新进理工艺及其基础理论研究[J]. 中南矿冶学院学报,1982,(4):18 – 27

[6] 赵天从,唐谟堂,等. 硫化锑矿"氯化 – 水解法"制取锑白[P]. 中国发明专利,ZL85107329

[7] 唐谟堂. 氯化 – 干馏法的研究——理论基础及实际应用[D]. 长沙:中南工业大学. 1986

[8] 唐谟堂,赵天从. 三氯化锑水解体系的热力学研究[J]. 中南矿冶学院学报,1987,18(5): 522 – 528

[9] Tang Motang, Zhao Tiancong. The study on thermodynamics of hydrolysis of antimony trichloride [C]//Proceedings of the First International Conference on the Metallurgy and Materials Science of W, Ti, Re and Sb, Changsha:CSUT Press, 1988,3:1452

[10] Tang Motang, Zhao Tiancong. A thermodynamic study on the basic and negative potential fields of the systems of Sb – S – H₂O and Sb – Na – S – H₂O[J]. J. Cent – South Inst:MIN:METALL, 1988, 19 (1):35 – 43

[11] 唐谟堂,鲁君乐,袁延胜,等. 高铅高砷硫化锑矿的处理方法[P]. 中国发明专利,

ZL88105788.6

[12] Tang Motang, Zhao Tiancong, et al. Principle and application of the new chlorination-hydroliza-tion process[J]. J. CENT – SOUTH INST MIN METALL, 1992, 23(4): 405 – 411

[13] 唐谟堂, 赵天从. AC 法处理广西大厂脆硫锑铅矿精矿[J], 有色金属(冶炼部分), 1989, (6): 13 – 16

[14] 唐谟堂, 赵天从, 等. 新氯化 – 水解法处理广西大厂脆硫锑铅矿精矿[J], 有色金属(冶炼部分), 1991, (5): 20 – 22, 19

[15] 鲁君乐, 唐谟堂, 袁延胜, 等. 新氯化 – 水解法处理铅阳极泥[J]. 有色金属(冶炼部分), 1992, (3): 21 – 23, 30

[16] 唐谟堂, 赵天从. 酸法生产锑白的数模控[J]. 湖南有色金属, 1994, (3): 179 – 183

[17] 唐谟堂, 韦明芳, 鲁君乐, 等. 新氯化 – 水解法处理大厂100号脆硫锑铅矿精矿主干流程半工业试验报告, 1995

[18] 唐谟堂, 陈进中, 蔡传算. 从铅锑精矿氯化浸出渣处理新工艺(I)——苏打转化研究[J]. 中南工业大学学报(自然科学版), 1996, (2): 164 – 167

[19] 陈进中. 大厂脆硫锑铅矿氯化浸出渣新处理工艺研究[D]. 长沙: 中南工业大学, 1996

[20] 唐谟堂. 酸性湿法炼锑的发展与应用前景[J]. 湖南有色金属, 1997, (增刊): 21 – 24

[21] 唐谟堂, 王玲. 中和水解法处理脆硫锑铅精矿浸出液新工艺[J]. 中南工业大学学报(自然科学版), 1997, (3): 226 – 228

[22] 王玲. 大厂脆硫锑铅矿氯化浸出液无污染处理新工艺研究[D]. 长沙: 中南工业大学, 1997

[23] 唐建军. 空气氧化硫代亚锑酸钠溶液沉锑研究[D]. 长沙: 中南大学, 1999

[24] 阳卫军, 唐谟堂. 氯氧化锑阻燃剂的制备、阻燃机理及其阻燃应用[J]. 化学世界, 2000, (12): 619 – 623

[25] 唐谟堂, 阳卫军. 氯氧化锑阻燃剂研究进展[J]. 现代化工, 2000, (6): 15 – 19

[26] 阳卫军, 唐谟堂. SbOCl 阻燃剂的酸法合成[J]. 中南工业大学学报(自然科学版), 2000, (6): 520 – 523

[27] 阳卫军, 金胜明, 唐谟堂. 直接由工业 $Sb_4O_5Cl_2$ 合成 SbOCl 阻燃剂[J]. 过程工程学报, 2001, (3): 321 – 323

[28] 阳卫军, 唐谟堂. $Sb_4O_5Cl_2$ 阻燃助剂的制备工艺[J]. 中南工业大学学报(自然科学版), 2001, (3): 273 – 276

[29] 阳卫军. 阻燃用氯氧化锑的制备、应用性能及阻燃机理研究[D]. 长沙: 中南大学, 2001

[30] 彭长宏, 唐谟堂, 杨声海, 等. 铅碱性精炼废渣制取三氧化二锑[J]. 中南工业大学学报(自然科学版), 2001, (6): 577 – 579

[31] 阳卫军, 金胜明, 唐谟堂. 氯氧化锑与三氧化二锑的阻燃应用性能[J]. 中南工业大学学报(自然科学版), 2001, (6): 595 – 598

[32] 唐谟堂, 唐朝波, 杨声海, 等. 用 AC 法处理高锑低银类铅阳极泥——氯化浸出和干馏的扩大试验[J]. 中南工业大学学报(自然科学版), 2002, (4): 360 – 363

[33] 阳卫军, 唐谟堂, 金胜明. Thermal decomposition kinetics of antimony oxychloride in air[J].

Transactions of Nonferrous Metals Society of China, 2002, 12(1): 156 – 159

[34] 阳卫军, 金胜明, 唐谟堂. 卤 – 锑协同阻燃机理研究进展[J]. 现代塑料加工应用, 2002, (1): 45 – 48

[35] 唐谟堂, 杨声海, 唐朝波, 等. 用 AC 法从高锑低银类铅阳极泥中回收银和铅[J]. 中南工业大学学报(自然科学版), 2003, (2): 132 – 135

[36] 唐谟堂, 杨声海, 唐朝波, 韦元基. AC 法处理高锑低银类铅阳极泥——铜和铋的回收[J]. 中南大学学报(自然科学版), 2003, (5): 499 – 501

[37] 杨建广, 唐谟堂, 杨声海, 等. 配合 – 共沉淀法制备锑掺杂二氧化锡(ATO)粉[J]. 中国有色金属学报, 2005, 15(6): 966 – 974

[38] 任晋, 杨天足, 刘伟锋, 等. 金锑精矿提金工艺的改进[J]. 贵金属, 2009, 30(4): 52 – 57

[39] 金贵忠. 再生铅碱性精炼渣的锑回收工艺研究[D]. 长沙: 中南大学, 2009

[40] 汪立果. 铋冶金 [M]. 北京: 冶金工业出版社, 1986

[41] 唐明成. 湖南柿竹园铋中矿冶金化工新工艺及其基础理论研究[D]. 长沙: 中南工业大学, 1992

[42] 唐谟堂, 鲁君乐, 袁延胜, 等. 柿竹园高硅含铍含氟铋精矿直接制取铋化工产品实验室小型试验报告, 1992

[43] 唐谟堂. 三氯化铋水解体系的热力学研究[J]. 中南矿冶学院学报, 1993, 24(1): 45 – 51

[44] 唐冠中, 许秀莲. 从低品位硫化铋矿中生产氯氧化铋的新方法 [J]. 有色金属(冶炼部分), 1994, (4): 16 – 18

[45] 唐谟堂, 鲁君乐. 由柿竹园高硅含铍含氟铋精矿直接制取铋品 [J]. 中南工业大学学报, 1995, 26(2): 186 – 191

[46] 王成彦, 邱定蕃, 张寅生, 等. 矿浆电解法处理铋精矿的研究 [J]. 有色金属, 1995, 47(3): 55 – 59

[47] 唐冠中, 杨新生. 从氯氧化铋制取高纯度铋化工产品的研究 [J]. 有色金属(冶炼部分), 1995, (2): 9 – 11

[48] 郑国渠, 唐谟堂. 柿竹园含铍含氟铋精矿冶金新工艺 [J]. 中国有色金属学报, 1996, 6(4): 62 – 65

[49] 郑国渠. 氯化 – 干馏法处理柿竹园铋精矿基础理论及工艺研究[D]. 长沙: 中南工业大学, 1996

[50] 郑国渠, 唐谟堂, 赵天从. 氯盐体系中铋湿法冶金的基础研究 [J]. 中南工业大学学报, 1997, 28(1): 34 – 36

[51] 郑国渠, 唐谟堂. 含铍含氟硫化铋精矿氯化浸出液中铋、铍、铁物种研究 [J]. 中南工业大学学报, 1997, 28(6): 543 – 546

[52] 邱定蕃. 矿浆电解[M]. 北京: 冶金工业出版社, 1999

[53] 郑国渠, 唐谟堂. $BiCl_3$ – HCl – H_2O 系蒸发过程馏余物物相研究[J]. 中国有色金属学报, 2000, 10(2): 250 – 252

[54] 郑国渠, 曹华珍, 唐谟堂. 氯氧铋制备高纯氧化铋过程中除氯的研究[J]. 有色金属,

2001, 53(2): 52 - 54

[55] 金胜明. C₃烃氨氧化钼铋催化剂的制备、表征、评价及理论研究[D]. 长沙：中南大学, 2001

[56] 唐谟堂, 杨声海, 唐朝波, 等. AC 法处理高锑低银类铅阳极泥——铜和铋的回收[J]. 中南大学学报(自然科学版), 2003, 34(5): 499 - 501

[57] 唐谟堂, 杨建广, 金胜明, 等. 钼铋精矿直接提取铋、钼及铋品开发新工艺研究试验报告, 2009

[58] Yang Jianguang, Yang Jianying, Tang Motang, et al. The solvent extraction separation of bismuth and molybdenum from a low grade bismuth glance flotation concentrate[J]. Hydrometallurgy, 2009, (96): 342 - 348

[59] Yang Jianguang, Tang Chaobo, Yang Shenghai, et al. The separation and electrowinning of bismuth from a bismuth glance concentrate using a membrane cell[J]. Hydrometallurgy, 2009 doi: 10. 1016/j. hydromet. 2009. 09. 004

[60] 唐谟堂, 汪键, 鲁君乐, 等. CR 法处理广西大厂高砷高锑多金属锡烟尘小型试验报告, 1987

[61] 唐谟堂, 汪键, 鲁君乐, 等. CR 法处理广西大厂复杂锡烟尘补充试验报告, 1991

[62] Tang Motang, Zhao Tiancong, et al. CR process for treating Guang-Xi Dachang's complex tin dusts bearing high As and Sb[J]. Transactions of Nonferrous Metals Society of China, 1992, (4): 37 - 40

[63] 唐谟堂, 鲁君乐, 袁延胜, 等. 大冶铜转炉烟灰水洗渣湿法处理实验室小型试验报告, 1993

[64] 李时晨. 云锡盐酸氯化 - 置换水解法处理锡铅阳极泥[J]. 云锡科技, 1995, 22(2): 37 - 42

[65] 李鹏, 唐谟堂, 鲁君乐. 由含砷烟灰直接制取砷酸铜[J]. 中国有色金属学报, 1997, (1): 37 - 39

[66] Maurice C Fuerstenau, Guoxin Wan, Selective separation of tin from a chloride leach solution [J]. Hydrometallurgy, 1997, (46): 229 - 234

[67] 赵天从, 汪键. 有色金属提取冶金手册, 锡锑汞卷[M]. 北京：冶金工业出版社, 1999, 217 - 388

[68] 黄位森. 锡[M]. 北京：冶金工业出版社, 2000: 12 - 44

[69] 杨建广, 唐谟堂, 唐朝波, 杨声海. SnCl₄ - NH₄Cl - HCl - H₂O 体系热力学分析[J]. 湿法冶金, 2004, (2): 85 - 91

[70] 吴斌秀. 含铋铅烟尘制取铋品新工艺研究[D]. 长沙：中南大学, 2004

[71] 杨建广, 唐谟堂, 唐朝波, 杨声海. 锑掺杂二氧化锡薄膜的导电机理及其理论电导率[J]. 微纳电子技术, 2004, (4): 18 - 21

[72] 杨建广, 唐谟堂, 唐朝波, 杨声海. 湿法制备纳米 ATO 粉体团聚的形成及消除方法[J]. 中国涂料, 2004, (7): 33 - 38

[73] Tang Motang, Yang Jianguang, Yang Shenghai, et al. Thermodynamic calculation of Sn(Ⅳ) -

NH$_4^+$ – Cl$^-$ – H$_2$O system[J]. Transactions of Nonferrous Metals Society of China, 2004, 14 (4): 802 – 806

[74] 杨建广, 唐谟堂, 唐朝波, 杨声海. 锑掺杂二氧化锡薄膜的导电机理及其理论电导率[J]. 中国粉体技术, 2004, (4): 1 – 4

[75] 杨建广, 唐谟堂, 杨声海, 唐朝波. 一种回收锡二次资源的新工艺[J]. 湿法冶金, 2005, 24(2): 97 – 101

[76] 杨建广, 唐谟堂, 杨声海, 唐朝波. 配合 – 共沉淀法制备锑掺杂二氧化锡(ATO)粉[J]. 中国有色金属学报, 2005, 15(6): 966 – 974

[77] 杨建广, 唐谟堂, 杨声海, 唐朝波, 陈永明. Sn(Ⅳ) – Sb(Ⅲ) – NH$_3$ – NH$_4$Cl – H$_2$O 体系热力学分析及其应用[J]. 中南大学学报(自然科学版), 2005, 36(4): 582 – 586

[78] 杨建广. 锡阳极泥制取纯(NH$_4$)$_2$SnCl$_6$、Sb$_4$O$_5$Cl$_2$ 及纳米 ATO 的新工艺和理论研究[D]. 长沙: 中南大学, 2005

[79] 唐谟堂, 李鹏. CR 法处理铜转炉烟灰制取砷酸铜[J]. 中国有色冶金, 2009, (6): 55 – 59

[80] 赵天从. 重金属冶金学(上下册)[M]. 北京: 冶金工业出版社, 1981

[81] Glasser W. US Pat, 1637481, 1927

[82] 钟廷科, 等. 有色金属, 1984, 36(4): 42

[83] 殷群生, 赵天从. 冶金配位化学(络合物冶金)[J]. 湖南有色金属, 1987, (1): 35, 41 – 47; 1987, (2): 17, 30 – 34

[84] Yin Qunsheng, Zhao Tiancong. An investigation on cathodic reduction of complex ions of Hg^{2-} – Cl$^-$ [C]//XXV International Conference in Coordination Chemistry《Book of Abstract》, Nanjing, China, July 26 ~ 34, 1987: 311

[85] 赵天从, 殷群生, 钟延科. 银——汞膜电极上吸汞反应的机理[C]. 第二届全国汞学术会议论文, 1987

[86] 殷群生. 氯化浸出朱砂精矿制取多种汞品的机理和工艺[D]. 长沙: 中南工业大学, 1987

[87] 唐谟堂, 鲁君乐, 贺青蒲, 等. 凤凰县汞矿全湿法制取汞盐试验报告, 1988

[88] 董丰库. 氯络合法烟气徐汞的工业试验[J]. 有色冶炼, 1994, (5): 37 – 40

[89] 张亚雄. 贵汞生产氯化汞 – 活性炭触媒的技术进展[J]. 有色冶炼, 1995, (6): 29 – 32

[90] 赵天从, 汪键. 有色金属提取冶金手册, 锡锑汞卷[M]. 北京: 冶金工业出版社, 1999: 217 – 388

[91] 张亚雄, 杨春, 吴斌. 氯化汞触媒在使用过程中的回收利用[J]. 聚氯乙烯, 2008, 36 (2): 27 – 29, 37

第 5 章 金银配合物冶金

金银是在地壳中含量很低的金属，其含有率为 Au 0.004 g/t，Ag 0.07 g/t，资源极为稀少且分散，加工提取的难度大。通常可以将金银的矿产资源分成两大类，一类是有价金属以金银为主，其他的有色金属的回收价值低；另一种类型是有价金属以重金属(如铜、铅)为主，金银与之伴生，在提取铜、铅等有色金属过程中逐渐富集，最终从富集物中提取金、银。目前从矿石中提取的金银主要是来自这两种类型的矿产资源。不论是从何种资源中提取金银，几乎均涉及利用金、银与有关配体形成配合物使金、银溶解进入溶液的过程。例如，从有价金属以金、银为主的矿石中浸出金银所用的氰化法；利用亚硫酸钠浸出铜、铅阳极泥经过转化后形成的氯化银等。

5.1 金银的氰化法提取

在自然界中，有价金属以金银为主的矿石中金银含量很低。以金为例，通常原矿中金的含量只有 0 ~ 10 g/t，即使经过选矿富集，精矿中金的品位也只有 10 ~ 100 g/t。从含量如此之低的矿石中提取金银所花的代价是十分高的，如古代采用以铅、汞作为捕集剂提取金银的炼丹术。直到 1887 年 MacArthur 和 Foreest 发明了用氰化钾溶液浸出矿石中金，并用锌丝置换含金的氰化物溶液得到金泥的方法后，氰化法在 20 世纪大规模地应用于金的提取，成为从矿石中提取金的一种标准方法。氰化法对黄金提取的贡献可以从下面的数据得以说明，至今为止，人类累计生产的黄金已超过 160 kt，而 20 世纪自氰化法出现以来黄金的产量占人类黄金生产总产量的 75% 以上，可以说，氰化法的出现是黄金提取的一次革命。

氰化提金法是目前从矿石、精矿和尾矿中提取金最经济而又简便的方法，具有对金的浸出具有选择性高、回收率高和对矿石的适应性广等优点。

5.1.1 氰化浸出金银的热力学

金银在氰化物溶液中的溶解，百余年来曾经提出了许多理论，现在通常认为金银(Me)的氰化可以写成下列两个反应：

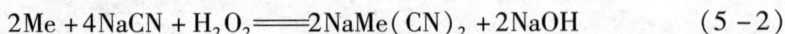

$$2Me + 4NaCN + 2H_2O + O_2 \Longrightarrow 2NaMe(CN)_2 + 2NaOH + H_2O_2 \quad (5-1)$$

$$2Me + 4NaCN + H_2O_2 \Longrightarrow 2NaMe(CN)_2 + 2NaOH \quad (5-2)$$

对于金，按(5-2)式进行的程度不大，而主要按(5-1)式进行。

在水溶液中，金的标准电位非常高。

$$Au^+ + e \rightleftharpoons Au \qquad \varphi^\ominus = 1.69\ V \qquad\qquad (5-3)$$

因此，在水溶液中要使金氧化进入溶液是十分困难的。

然而，金离子能与许多配体(如氰根)形成十分稳定的配合物，从而使其溶解进入溶液成为可能，金离子与 CN^- 形成配合物的反应为：

$$Au^+ + 2CN^- \rightleftharpoons Au(CN)_2^- \qquad \beta = \frac{a_{Au(CN)_2^-}}{a_{Au^+} \cdot a_{CN^-}^2} = 10^{38.75} \qquad (5-4)$$

因此，当溶液中有 CN^- 存在时，Au^+ 的活度(α_{Au^+})急剧降低。

根据能斯特方程，金属在溶液中的电位与其离子活度 $\alpha_{Me^{n+}}$ 有关：

$$\varphi = \varphi^\ominus + \frac{RT}{nF}\ln a_{Me^{n+}} \qquad\qquad (5-5)$$

25 ℃时，金的电位方程为：

$$\varphi = 1.69 + 0.059\lg\alpha_{Au^+} \qquad\qquad (5-6)$$

在氰化物溶液中，由于 $Au(CN)_2^-$ 的生成，金属金与 $Au(CN)_2^-$ 构成的半电池反应为：

$$Au(CN)_2^- + e \rightleftharpoons Au + 2CN^- \qquad \varphi_{Au(CN)_2^-/Au} = \varphi^\ominus_{Au(CN)_2^-/Au} + \frac{RT}{F}\ln\frac{a_{Au(CN)_2^-}}{a_{CN^-}^2}$$

$$(5-7)$$

式(5-7)表示的标准电位 $\varphi^\ominus_{Au(CN)_2^-/Au}$ 为 $a_{Au(CN)_2^-}$ 和 a_{CN^-} 均为 1 时金在该溶液中的电位。

由于 Au^+ 与 CN^- 之间的配位平衡，当溶液中 $a_{Au(CN)_2^-}$ 和 a_{CN^-} 均为 1 时，溶液中 a_{Au^+} 由式(5-4)可表达为：

$$a_{Au^+} = \frac{1}{\beta} \qquad\qquad (5-8)$$

此时，式(5-6)所示金的电位为：

$$\varphi_{Au^+/Au} = 1.69 + 0.059\lg\frac{1}{\beta} = -0.60\ V \qquad\qquad (5-9)$$

式(5-9)为金在 $a_{Au(CN)_2^-}$ 和 a_{CN^-} 均为 1 时氰化物溶液中的电位数值，即为式(5-7)中金与 $Au(CN)_2^-$ 构成的半电池反应的标准电位，亦即：

$$\varphi^\ominus_{Au(CN)_2^-/Au} = 1.69 + 0.059\lg\frac{1}{\beta} = -0.60\ V \qquad\qquad (5-10)$$

式(5-10)表明，在氰化物溶液中，金的标准电位急剧下降，可以选择适当的氧化剂将金氧化。

含 CN^- 离子的溶液通常呈碱性，在碱性溶液中，使用最广泛的氧化剂为 O_2，其有关半电池反应为：

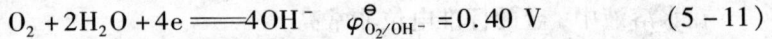

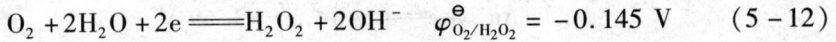

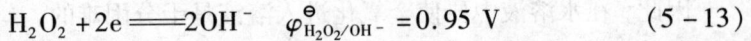

$$O_2 + 2H_2O + 4e \Longrightarrow 4OH^- \qquad \varphi^\ominus_{O_2/OH^-} = 0.40 \text{ V} \tag{5-11}$$

$$O_2 + 2H_2O + 2e \Longrightarrow H_2O_2 + 2OH^- \qquad \varphi^\ominus_{O_2/H_2O_2} = -0.145 \text{ V} \tag{5-12}$$

$$H_2O_2 + 2e \Longrightarrow 2OH^- \qquad \varphi^\ominus_{H_2O_2/OH^-} = 0.95 \text{ V} \tag{5-13}$$

式(5-11)~式(5-13)表明，O_2 或 H_2O_2 均可在氰化物溶液中作为氧化剂使金氧化进入溶液。

根据氧化和还原两个半电池反应标准电位，可以计算出金在氰化物溶液中溶解反应的 $\Delta G^\ominus_{298}$：

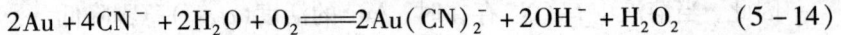

$$2Au + 4CN^- + 2H_2O + O_2 \Longrightarrow 2Au(CN)_2^- + 2OH^- + H_2O_2 \tag{5-14}$$

$$2Au + 4CN^- + H_2O_2 \Longrightarrow 2Au(CN)_2^- + 2OH^- \tag{5-15}$$

式(5-14)所示金的溶解反应的标准自由能变化 $\Delta G^\ominus_{298}$ 为：

$$\Delta G^\ominus_{298} = -2F(\varphi^\ominus_{O_2/H_2O_2} - \varphi^\ominus_{Au(CN)_2^-/Au}) = -87815 \text{ J} \tag{5-16}$$

按式(5-15)反应，金溶解反应标准自由能变化为：

$$\Delta G^\ominus_{298} = -2F(\varphi^\ominus_{H_2O_2/OH^-} - \varphi^\ominus_{Au(CN)_2^-/Au}) = -299150 \text{ J} \tag{5-17}$$

热力学计算表明，反应(5-14)和(5-15)是十分容易进行的，即在氰化物溶液中金很容易被氧化，以 $Au(CN)_2^-$ 配离子的形式进入溶液，采用的氧化剂可以是 O_2 或 H_2O_2，这就是氰化浸金的热力学基础。

同样，对于金属银在氰化物溶液中的溶解可以得到类似的结果。

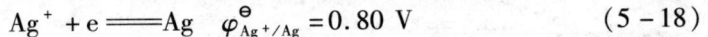

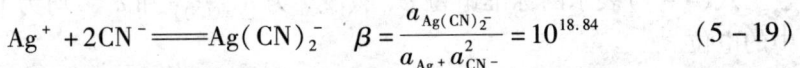

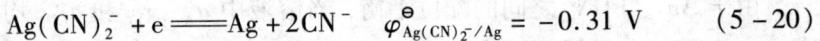

$$Ag^+ + e \Longrightarrow Ag \qquad \varphi^\ominus_{Ag^+/Ag} = 0.80 \text{ V} \tag{5-18}$$

$$Ag^+ + 2CN^- \Longrightarrow Ag(CN)_2^- \qquad \beta = \frac{a_{Ag(CN)_2^-}}{a_{Ag} \cdot a^2_{CN^-}} = 10^{18.84} \tag{5-19}$$

$$Ag(CN)_2^- + e \Longrightarrow Ag + 2CN^- \qquad \varphi^\ominus_{Ag(CN)_2^-/Ag} = -0.31 \text{ V} \tag{5-20}$$

按式(5-1)和式(5-2)，银溶解反应的标准自由能变化分别为 -30.9 kJ 和 -243 kJ。

应当指出，金的溶解尽管按反应(5-14)和(5-15)在热力学上均可进行，且反应(5-15)的标准自由能变化的负值比反应(5-14)的要大得多，但由于动力学的原因，反应(5-15)难以实现，金的溶解主要是按反应(5-14)进行。

以上讨论的是在标准状态下的热力学，在接近工业条件下，氰化物溶液溶解金银的过程可用 $Au(Ag) - CN^- - H_2O$ 系电位 - pH 图(如图 5-1 所示)进行分析。

图 5-1 中各线分别表示下列方程：

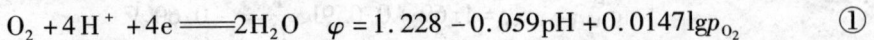

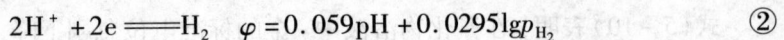

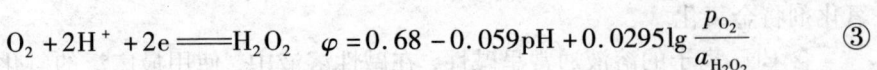

$$O_2 + 4H^+ + 4e \Longrightarrow 2H_2O \qquad \varphi = 1.228 - 0.059pH + 0.0147\lg p_{O_2} \quad ①$$

$$2H^+ + 2e \Longrightarrow H_2 \qquad \varphi = 0.059pH + 0.0295\lg p_{H_2} \quad ②$$

$$O_2 + 2H^+ + 2e \Longrightarrow H_2O_2 \qquad \varphi = 0.68 - 0.059pH + 0.0295\lg \frac{p_{O_2}}{a_{H_2O_2}} \quad ③$$

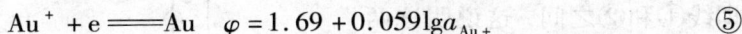

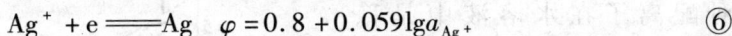

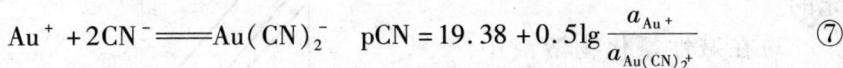

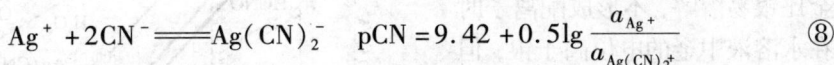

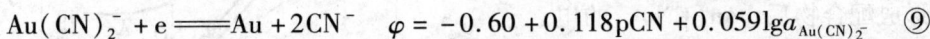

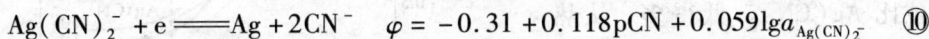

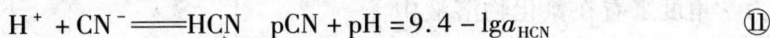

$$H_2O_2 + 2H^+ + 2e \Longrightarrow 2H_2O \quad \varphi = 1.77 - 0.059pH + 0.0295lga_{H_2O_2} \quad ④$$

$$Au^+ + e \Longrightarrow Au \quad \varphi = 1.69 + 0.059lga_{Au^+} \quad ⑤$$

$$Ag^+ + e \Longrightarrow Ag \quad \varphi = 0.8 + 0.059lga_{Ag^+} \quad ⑥$$

$$Au^+ + 2CN^- \Longrightarrow Au(CN)_2^- \quad pCN = 19.38 + 0.5lg\frac{a_{Au^+}}{a_{Au(CN)_2^+}} \quad ⑦$$

$$Ag^+ + 2CN^- \Longrightarrow Ag(CN)_2^- \quad pCN = 9.42 + 0.5lg\frac{a_{Ag^+}}{a_{Ag(CN)_2^+}} \quad ⑧$$

$$Au(CN)_2^- + e \Longrightarrow Au + 2CN^- \quad \varphi = -0.60 + 0.118pCN + 0.059lga_{Au(CN)_2^-} \quad ⑨$$

$$Ag(CN)_2^- + e \Longrightarrow Ag + 2CN^- \quad \varphi = -0.31 + 0.118pCN + 0.059lga_{Ag(CN)_2^-} \quad ⑩$$

$$H^+ + CN^- \Longrightarrow HCN \quad pCN + pH = 9.4 - lga_{HCN} \quad ⑪$$

令 $A = a_{CN^-} + a_{HCN}$

则

$$pH + pCN = 9.4 - lgA + lg(1 + 10^{pH-9.4})$$

$$Zn^{2+} + 2e \Longrightarrow Zn \quad \varphi = -0.76 + 0.0295lga_{Zn^{2+}} \quad ⑫$$

$$Zn(CN)_4^{2-} \Longrightarrow Zn^{2+} + 4CN^- \quad pCN = 4.2 + 0.25lg\frac{a_{Zn^{2+}}}{a_{Zn(CN)_4^{2-}}} \quad ⑬$$

$$Zn(CN)_4^{2-} + 2e \Longrightarrow Zn + 4CN^- \quad \varphi = -1.261 + 0.118pCN + 0.0295lga_{Zn(CN)_4^{2-}}$$

$$⑭$$

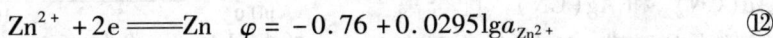

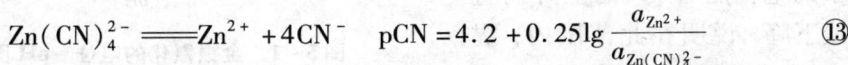

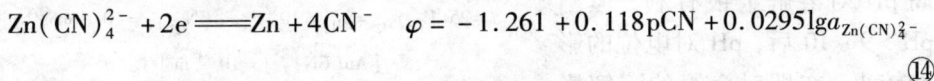

图 5-1 中的横坐标,既代表 pH,也可代表 pCN。pH 和 pCN 的关系可用下式换算:

$$pH + pCN = 9.4 - lgA + lg(1 + 10^{pH-9.4})$$

由于在金氰化时,氰化物的浓度极稀,可以浓度代替活度,并以 $A = a_{CN^-} + a_{HCN} = [CN^-]_T = 10^{-2}$ mol/L 代入上式,化简可得方程:

$$pCN = 11.4 + lg(1 + 10^{pH-9.4}) - pH$$

用该方程,可算出 pCN 与 pH 的之间的相关数值,如表 5-1 所示。

表 5-1　$[CN^-]_T = 10^{-2}$ mol/L 下 pH 与 pCN 的相关数值

pH	0	2	4	6	8	9.4	10~14
pCN	11.4	9.4	7.4	5.4	3.4	2.3	2

从图 5-1 可得出以下几点结论:

1)用氰化物溶液溶解金银,生成配离子的电极电位,比游离金银离子的电极电位低得多,所以氰化物溶液是溶解金银的良好溶剂和配合剂。

2)金银被氰化物溶液溶解形成 $Au(CN)_2^-$、$Ag(CN)_2^-$ 配离子的反应线⑨、

⑩，几乎都落入水稳定区中，即线①和②之间，这说明这两种配离子在水溶液中是稳定的。

3）在碱性氰化物溶液中，金比银易溶解，不形成配离子时在水溶液中金的电位高于银，但形成配合物后，$Au(CN)_2^-$ 的电位比 $Ag(CN)_2^-$ 低得多，从热力学角度来看在氰化物溶液中金比银容易溶解。

4）在 pH < 9～10 时，$Au(CN)_2^-$ 和 $Ag(CN)_2^-$ 配合离子的电位随着 pH 的上升而直线下降，说明在此范围内，提高 pH 对溶解金银有利，但当 pH >9～10 后，pH 对电位的影响较小，亦即对金银的溶解影响较小。

图5-1 金银氰化的电位-pH图

$t = 25\ ℃$，$p_{O_2} = p_{H_2} = 10^5\ Pa$，$[CN^-]_T = 10^{-2}\ mol/L$；

$[Au(CN)_2^-] = 10^{-4}\ mol/L$；

$[Ag(CN)_2^-] = 10^{-4}\ mol/L$；$[Zn(CN)_4^{2-}] = 10^{-2}\ mol/L$

5）氰化物溶金的曲线⑨及下方的平行曲线说明，在 pH 相同时，金配离子的电极电位随着配离子活度降低而降低。银也具有同样的规律。

6）O_2/H_2O 线在金线、银线之上，说明 O_2 是溶解金银的良好氧化剂。

7）溶金半电池与 O_2/H_2O 组成的原电池，在 pH =9～10 的电位差最大，也就是 $\Delta G^\ominus$ 的负值最大，反应进行最彻底，故氰化控制 pH 在 9～10 间。

8）pH <9.4 时，氰化物主要以 HCN 存在，在 pH >9.4 时则主要以 CN^- 存在。

9）强氧化剂的存在能将 CN^- 氧化，增加氰化物的消耗。

10）锌能从氰化液中置换出金。

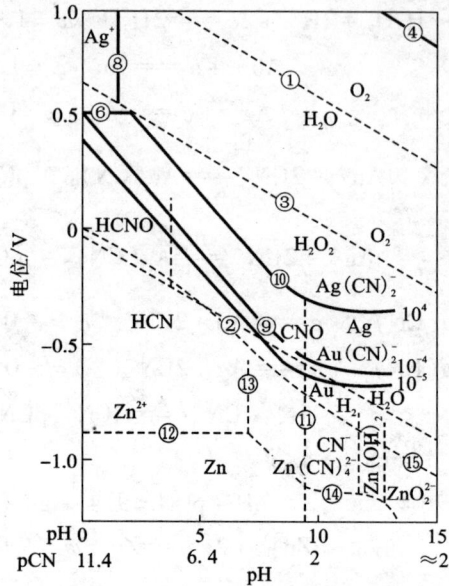

5.1.2 氰化浸出金银的动力学

动力学研究表明，氰化物溶液浸出金实质上是电化学溶解过程，遵循下列方程。

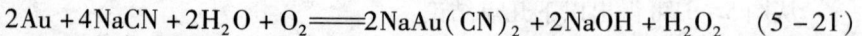

$$2Au + 4NaCN + 2H_2O + O_2 = 2NaAu(CN)_2 + 2NaOH + H_2O_2 \quad (5-21)$$

对于银的溶解，同样可以写出类似的反应式，测得金、银以氧气和过氧化氢作氧化剂时的溶解速度列于表 5-2。

表5-2　金、银在不同氧化剂作用下在氰化物溶液中的溶解

溶解质量/mg	需用时间/min	
	氰化物 + 氧气	氰化物 + 过氧化氢
金 10	5 ~ 10	30 ~ 90
银 5	15	180

表5-2的结果表明,在存在氧气的情况下,在氰化物溶液中以过氧化氢作氧化剂使金银溶解的反应为一缓慢过程,即下列反应很难发生:

$$2Au + 4NaCN + H_2O_2 \Longrightarrow 2NaAu(CN)_2 + 2NaOH \qquad (5-22)$$

实际上,当溶液中存在大量过氧化氢时,氰根离子会被氧化为对金、银不起作用的 CNO^-:

$$CN^- + H_2O_2 \Longrightarrow CNO^- + H_2O \qquad (5-23)$$

因此,在金的氰化浸出过程中,在氧气存在的前提下主要是按反应(5-21)进行的,即金在氰化物溶液中的溶解反应除生成 $Au(CN)_2^-$ 外,还会生成 H_2O_2。

由于金粒表面不均匀或存在晶体缺陷,金银在氰化物溶液中的溶解本质上是一个电化学腐蚀过程。溶解时,金从其表面的阳极区失去电子进入溶液,与此同时,溶液中的氧气则从金表面的阴极区获得电子而被还原为 H_2O_2。金在氰化物溶液中的溶解如图5-2所示。

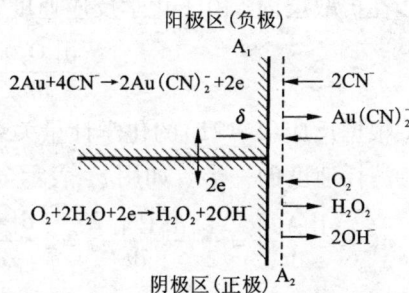

图5-2　金在氰化物溶液中的溶解示意图

在阳极区:

$$2Au + 4CN^- \Longrightarrow 2Au(CN)_2^- + 2e$$

在阴极区:

$$O_2 + 2H_2O + 2e \Longrightarrow H_2O_2 + 2OH^-$$

总的反应为:

$$2Au + 4CN^- + O_2 + 2H_2O \Longrightarrow 2Au(CN)_2^- + H_2O_2 + 2OH^-$$

研究表明,金氰化反应的速度常数 K 与温度 T 的关系式为:

$$\lg K = -3.432 - \frac{762}{T}$$

相应的活化能为 15 kJ/mol,说明在以氧气作为氧化剂时,金在氰化物溶液中的溶解属于典型的扩散控制过程。而影响扩散控制反应的最大因素是浓差极化,浓差极化是由菲克定律所决定的。

在阳极区，CN^-向金表面扩散的速度为：

$$\frac{d[CN^-]}{dt} = \frac{D_{CN^-}}{\delta} A_1([CN^-] - [CN^-]_0)$$

式中：D_{CN^-}为CN^-在溶液中的扩散系数；δ为扩散层的厚度；$[CN^-]$为扩散层外（本体）CN^-浓度；$[CN^-]_0$为扩散层内CN^-的浓度；A_1为阳极区的面积。

在扩散层内，由于化学反应速度很快，所以$[CN^-]_0 \to 0$，则有

$$\frac{d[CN^-]}{dt} = \frac{D_{CN^-}}{\delta} A_2[CN^-]$$

在阴极区，O_2向阴极表面扩散的速度为

$$\frac{d[O_2]}{dt} = \frac{D_{O_2}}{\delta} A_2([O_2] - [O_2]_0)$$

式中：D_{O_2}为O_2在溶液中的扩散系数；$[O_2]$为扩散层外（本体）O_2的浓度；$[O_2]_0$为扩散层内O_2的浓度；A_2为阴极区的面积。

在扩散层内，由于化学反应速度很快，在扩散层内$[O_2]_0 \to 0$，则有

$$\frac{d[O_2]}{dt} = \frac{D_{O_2}}{\delta} A_2[O_2]$$

根据反应(5-21)的化学计量关系，金的溶解速度为O_2消耗速度的2倍，为CN^-消耗速度的一半。如用v_{Au}表示金的溶解速度，则有：

$$v_{Au} = \frac{d[Au]}{dt} = \frac{1}{2}\frac{d[CN^-]}{dt} = 2\frac{d[O_2]}{dt} = A_1\frac{D_{CN^-}}{2\delta}[CN^-] = A_2 \cdot 2\frac{D_{O_2}}{\delta}[O_2] \tag{5-24}$$

阳极区面积A_1和阴极区面积A_2可分别表示为：

$$A_1 = \frac{2v_{Au}\delta}{D_{CN^-}[CN^-]}$$

$$A_2 = \frac{v_{Au}\delta}{2D_{O_2}[O_2]}$$

令阳、阴极的总面积A为：

$$A = A_1 + A_2 = \frac{2v_{Au}\delta}{D_{CN^-}[CN^-]} + \frac{v_{Au}\delta}{2D_{O_2}[O_2]}$$

得到金的溶解速度v_{Au}与各种参数的表达式为：

$$v_{Au} = \frac{2AD_{O_2}[O_2]D_{CN^-}[CN^-]}{\delta(D_{CN^-}[CN^-] + 4D_{O_2}[O_2])} \tag{5-25}$$

当游离CN^-浓度很低时，式(5-25)成为：

$$v_{Au} = \frac{2AD_{O_2}[O_2]D_{CN^-}[CN^-]}{4\delta D_{O_2}[O_2]} \tag{5-26}$$

即　$v_{Au} = \dfrac{AD_{CN^-}[CN^-]}{2\delta}$　（5-27）

这一结果表明：当游离 CN^- 浓度很低时，金的溶解速度只随 CN^- 浓度的增加而增加。

当游离 CN^- 浓度很高时，式（5-25）中分母的第二项可忽略，则有：

$$v_{Au} = \dfrac{2AD_{O_2}[O_2]D_{CN^-}[CN^-]}{\delta D_{CN^-}[CN^-]}$$

（5-28）

即　$v_{Au} = \dfrac{2AD_{O_2}[O_2]}{\delta}$　（5-29）

这也就是说，当氰化物浓度很高时，金溶解速度主要取决于溶液中氧的浓度，即此时金的溶解速度与溶液中氧气的浓度成正比。

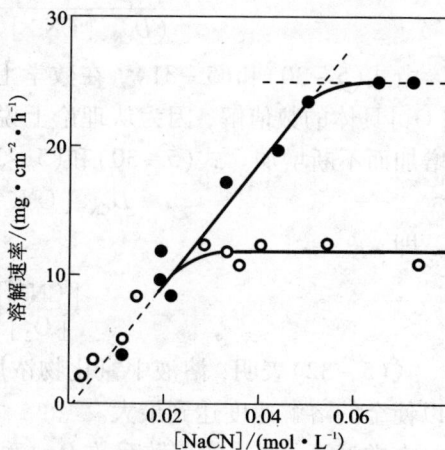

图 5-3　金的溶解速度与氰化物浓度和氧压之间的关系

○ 氧压为 3.4×10^5 Pa,

● 氧压为 7.4×10^5 Pa；温度均为 25 ℃

图 5-3 为氰化时金的溶解速度与氰化物浓度和氧压之间的关系，由图可见，当氰化物的浓度小于 0.02 mol/L 时，金的溶解速率与氰化物的浓度成正比；而在氰化物浓度大于 0.02 mol/L 后，金的溶解速率主要与氧化有关。

实际上在工业氰化过程溶液中氧气浓度和 CN^- 浓度都不可能很高，故有最佳的比值。

将式（5-25）分别对 $[CN^-]$ 和 $[O_2]$ 进行微分，则有：

$$\frac{dv_{Au}}{d[CN^-]} = \frac{2AD_{O_2}D_{CN^-}}{\delta}\left\{ \frac{[O_2]}{D_{CN^-}[CN^-]+4D_{O_2}[O_2]} - \frac{D_{CN^-}[O_2][CN^-]}{(D_{CN^-}[CN^-]+4D_{O_2}[O_2])^2} \right\}$$

$$\frac{dv_{Au}}{d[O_2]} = \frac{2AD_{O_2}D_{CN^-}}{\delta}\left\{ \frac{[CN^-]}{D_{CN^-}[CN^-]+4D_{O_2}[O_2]} - \frac{D_{O_2}[O_2][CN^-]}{(D_{CN^-}[CN^-]+4D_{O_2}[O_2])^2} \right\}$$

当金的溶解速度 v_{Au} 达到最大时，则有

$$\frac{dv_{Au}}{d[CN^-]} = 0$$

$$\frac{dv_{Au}}{d[O_2]} = 0$$

即

$$\frac{D_{CN^-}[CN^-]}{(D_{CN^-}[CN^-]+4D_{O_2}[O_2])} = 1$$

（5-30）

$$\frac{4D_{O_2}[O_2]}{(D_{CN^-}[CN^-]+4D_{O_2}[O_2])}=1 \qquad (5-31)$$

由式(5-30)和(5-31)，在数学上求不出金的溶解速度达到最大时[CN⁻]和[O₂]具体的数值解，因为从理论上说来，金的氰化速度应随着[CN⁻]或[O₂]的增加而不断增加。式(5-30)和(5-31)要成立，只能有：

$$D_{CN^-}[CN^-]=4D_{O_2}[O_2]$$

即

$$\frac{[CN^-]}{[O_2]}=4\frac{D_{O_2}}{D_{CN^-}} \qquad (5-32)$$

式(5-32)表明，溶液中氰化物浓度与氧气浓度之间有一个合适的比值，也可以使金的溶解速度达到最大。

在常温下，氰根的扩散系数 D_{CN^-} 和氧气的扩散系数 D_{O_2} 见表5-3。

表5-3 氰根和氧气的有关扩散系数数值

$t/℃$	$w_{KCN}/\%$	$D_{CN^-}/(10^{-5}cm^2\cdot s^{-1})$	$D_{O_2}/(10^{-5}cm^2\cdot s^{-1})$	D_{O_2}/D_{CN^-}
18		1.72	2.54	1.48
25	0.03	2.01	3.54	1.76
27	0.0175	1.75	2.20	1.26
平均值		1.83	2.76	1.5

如果 D_{CN^-} 和 D_{O_2} 均取平均值，则 $\frac{D_{O_2}}{D_{CN^-}}$ 为：

$$\frac{D_{O_2}}{D_{CN^-}}=\frac{2.76\times10^{-5}}{1.83\times10^{-5}}=1.5$$

由式(5-32)可得，在氰化液中，当金的溶解速度达到最大时，CN⁻ 与 O₂ 浓度的最佳比值为：

$$\frac{[CN^-]}{[O_2]}=4\times1.5=6$$

$\frac{[CN^-]}{[O_2]}$ 的比值说明：在用氰化溶液浸金过程中，溶液中氧气的浓度或 CN⁻ 的浓度对于氰化物溶金具有同等重要性，两者的浓度应符合一定的比值，才能使溶金速度达到最大。仅提高溶液中 O₂ 的浓度（充气），溶液中缺少游离氰化物，不能达到最大的溶金速度；相反，只提高溶液中氰化物浓度不保证溶液中 O₂ 的浓度，过量的氰化物也不能提高溶金速度，在这种情况下，过量的氰化物是不必要的。

工业上金的氰化是在常温常压的条件下进行，在室温（25 ℃）和常压下，1 L 水能溶解 8.2 mg O_2，相当于 0.257×10^{-3} mol/L。在此氧气浓度下，溶金最大速度的出现，应当在 KCN 浓度等于 $6 \times 0.257 \times 10^{-3}$ mol/L 或 0.01% 的时候。

表 5-4 为金银在氰化物溶解速度达到最佳时，$[CN^-]$ 与 $[O_2]$ 的比值。

表 5-4　金银溶解最佳时氰化物和氧气浓度的比值

Me	$t/℃$	$[O_2]$ /$(10^{-3} mol \cdot L^{-1})$	$[CN^-]$ /$(10^{-3} mol \cdot L^{-1})$	$[CN^-]/[O_2]$
Au	25	1.28	6.0	4.69
	25	0.27	1.3	4.86
	25	1.28	8.8	6.8
Ag	24	9.55	56.0	5.85
	24	4.35	25.0	5.75

从表 5-4 的数据说明，$[CN^-]/[O_2]$ 的比值在 4.6~6.8 的范围内，与理论值比较接近。

5.1.3　氰化物的水解和保护碱

工业上浸金所用的氰化物是由弱酸（HCN）和强碱 $[KOH、NaOH、Ca(OH)_2]$ 生成的盐类，在水溶液中 CN^- 会发生水解生成 HCN 和 OH^-。

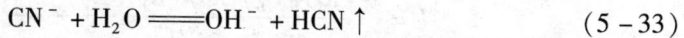

$$CN^- + H_2O \Longrightarrow OH^- + HCN \uparrow \qquad (5-33)$$

在不同的 pH 下，溶液中氰化物 CN^- 和 HCN 占 $[CN^-]_T$ 的百分比例（ϕ）如图 5-4 所示。从图 5-4 可见，溶液 pH 为 7 时，氰化物几乎全部水解为 HCN；溶液 pH 为 11 时，溶液中的氰化物几乎全部离解为 CN^-；当溶液 pH 为 9.4 时，HCN 与 CN^- 的比例为 1:1。

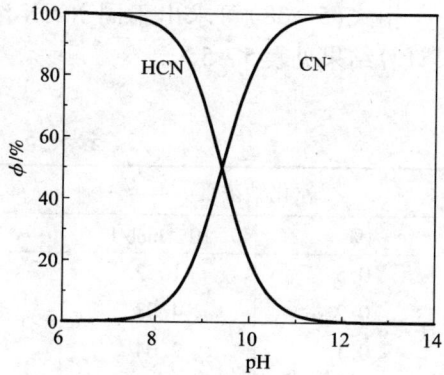

在金的氰化过程中，是以 CN^- 的形式与金形成配合物，氰化物水解成 HCN 是极不希望的，因为这不仅会导致氰化物的损失，而且还会使生产场所的空气被有毒的 HCN 气体污染。

由于在金的氰化过程中，采用的氰化物浓度十分低，可以认为其活度大致等于浓度，则式（5-33）水解常数可表达为：

图 5-4　溶液中 $[CN^-]$ 和 $[HCN]$ 占 $[CN]_T$ 的百分比例（ϕ）与 pH 的关系

$$K_b = \frac{[HCN][OH^-]}{[CN^-]} = \frac{K_w}{K_a} \tag{5-34}$$

25 ℃时,水的离子积$K_w = 10^{-14}$和HCN的离解常数$K_a = 10^{-9.4}$,则

$$K_b = 1.26 \times 10^{-5}$$

由K_b可以求出CN^-的水解率,设溶液中氰化物的总浓度为C_0,其水解率为h,那么未水解的氰化物浓度为$(C_0 - C_0 h)$ mol/L。即溶液中游离的CN^-浓度$[CN^-]$为:

$$[CN^-] = C_0(1-h) \tag{5-35}$$

在不存在外加碱(保护碱)的条件下,水解时,形成等量的 HCN 和 OH^-,即$[HCN] = [OH^-] = C_0 h$;而存在外加碱的条件下,水解后生成的 HCN 浓度仍为$C_0 h$,但OH^-的浓度$[OH^-]$为$C_b + C_0 h$,其中C_b为外加碱的浓度。因此,式(5-34)中,

$$[HCN] = C_0 h \tag{5-36}$$

$$[OH^-] = C_b + C_0 h \tag{5-37}$$

将式(5-35)~式(5-37)代入式(5-34)得:

$$K_b = \frac{C_0 h(C_b + C_0 h)}{C_0 - C_0^h}$$

即

$$C_0 h^2 + (K_b + C_b)h - K_b = 0$$

$$h = \frac{-(K_b + C_b) + \sqrt{(K_b + C_b)^2 + 4C_0 K_b}}{2C_0} \tag{5-38}$$

由式(5-38)可求出不同 NaCN 浓度、不同保护碱浓度下氰化物的水解率,其计算结果见表5-5。

表5-5 氰化钠的水解率

氰化钠浓度		不同 CaO 浓度(%)下 NaCN 的水解率/%		
%	10^{-2}mol/L	0	0.01	0.05
0.5	10.2	1.1	0.32	0.07
0.2	4.08	1.7	0.34	0.07
0.1	2.04	2.5	0.35	0.07
0.05	1.02	3.5	0.35	0.07
0.02	0.408	5.4	0.35	0.07
0.01	0.204	7.6	0.35	0.07
0.005	0.102	10.5	0.35	0.07
0.002	0.041	16.1	0.35	0.07

从表 5-5 可见，当不加保护碱时，氰化物浓度越稀，水解率越大；加入少量的碱可有效地抑制氰化物的水解。为此，在生产实践中，通常加入数量不多的碱（CaO 或 NaOH）保护氰化物，避免其水解，这在金的氰化工艺中称之为保护碱。

保护碱除抑制氰化物的水解外，还可以中和氰化过程中产生的硫酸、碳酸。这些酸会与氰化物作用生成 HCN：

$$2NaCN + H_2SO_4 \Longrightarrow Na_2SO_4 + 2HCN\uparrow \tag{5-39}$$

$$2NaCN + H_2CO_3 \Longrightarrow Na_2CO_3 + 2HCN\uparrow \tag{5-40}$$

5.2　金银的氯化法提取

氯离子作为一种广泛的配合剂，在水溶液中能与许多金属离子形成配合物，贵金属（金、银和铂族金属）均能与氯离子形成稳定的配合物，在一定条件下实现与其他金属的分离。

5.2.1　氯化浸出金银的热力学

5.2.1.1　金的氯化浸出原理

在水溶液中，Au^+ 和 Au^{3+} 均可与 Cl^- 形成配合物：

$$Au^+ + 2Cl^- \Longrightarrow AuCl_2^- \tag{5-41}$$

$$Au^{3+} + 4Cl^- \Longrightarrow AuCl_4^- \tag{5-42}$$

在氯化物溶液中，由于 $AuCl_2^-$、$AuCl_4^-$ 等配离子的生成，金属金与之构成的半电池反应为：

$$AuCl_2^- + e \Longrightarrow Au + 2Cl^- \tag{5-43}$$

$$\varphi^\ominus_{AuCl_2^-/Au} = 1.15 \text{ V}$$

$$AuCl_4^- + 3e \Longrightarrow Au + 4Cl^- \tag{5-44}$$

$$\varphi^\ominus_{AuCl_4^-/Au} = 1.00 \text{ V}$$

图 5-5 是 25 ℃、$[Au]_T = 10^{-5}\text{mol/L}$、$[Cl]_T = 10^{-2}\text{mol/L}$ 的 $Au-Cl-H_2O$ 系的 $\varphi-pH$ 图。图 5-5 表明在 $Au-Cl-H_2O$ 系中能稳定存在于溶液中的金物种只有 $AuCl_4^-$，且仅在酸性介质和较高的电位下才能稳定存在。

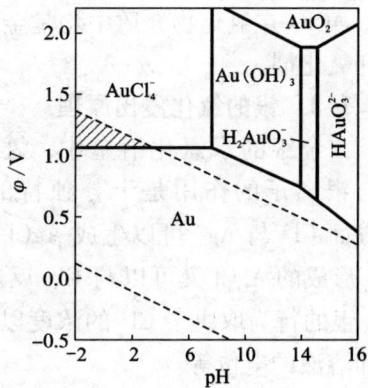

图 5-5　$Au-Cl-H_2O$ 系的 $\varphi-pH$ 图
$[Au]_T = 10^{-5} \text{ mol/L}, [Cl]_T = 10^{-2} \text{ mol/L}$

在固体物料中，金基本上是以金属金的形式存在的，要使金能溶解进入溶液，体系中除了要有作为配合剂的氯离子外，还要有将金属金氧化的氧化剂存在。所采用的氧化剂通常为含氯的化合物，如氯酸盐、次氯酸盐、氯气等。

在 $Cl-H_2O$ 体系中可能存在的离子及化合物很多，而实际上在水溶液氯化过程所涉及的主要有 Cl^-、Cl_2、$HClO$、ClO^- 等，虽然氯酸盐在氯化物介质中也常用作氧化剂，但它通常伴随着氯气的生成。因此，在考虑 $Cl-H_2O$ 体系的平衡时所涉及的离子与化合物为 Cl^-、Cl_2、$HClO$、ClO^- 等，存在的平衡关系如下：

$$Cl_{2(g)} + 2e \Longrightarrow 2Cl^- \quad \varphi = 1.359 + 0.0295 \lg p_{Cl_2} \qquad ①$$

$$ClO^- + 2H^+ + 2e \Longrightarrow Cl^- + H_2O \qquad ②$$

$$\varphi = 1.716 - 0.0591 pH + 0.0295 \lg[ClO^-] - 0.0295 \lg[Cl^-]$$

$$HClO + H^+ + 2e \Longrightarrow Cl^- + H_2O \qquad ③$$

$$\varphi = 1.495 - 0.0295 pH + 0.0295 \lg[HClO] - 0.0295 \lg[Cl^-]$$

$$ClO^- + H^+ \Longrightarrow HClO \quad pH = 7.485 - \lg([HClO]/[ClO^-]) \qquad ④$$

$$2HClO + 2H^+ + 2e \Longrightarrow Cl_{2(g)} + 2H_2O \qquad ⑤$$

$$\varphi = 1.63 - 0.0591 pH + 0.0591 \lg[HClO] - 0.0295 \lg p_{Cl_2}$$

根据上述 5 个反应，可以作出在 $[Cl^-] = [ClO^-] = [HClO] = 1$ mol/L，$p_{Cl_2} = 1.013 \times 10^5$ Pa 时 $Cl_2 - H_2O$ 系的 $\varphi - pH$ 图，如图 5 - 6 所示。

从图 5 - 6 可以看出，ClO_3^-、Cl_2、$HClO$ 在氯化物介质中均是金的良好氧化剂。

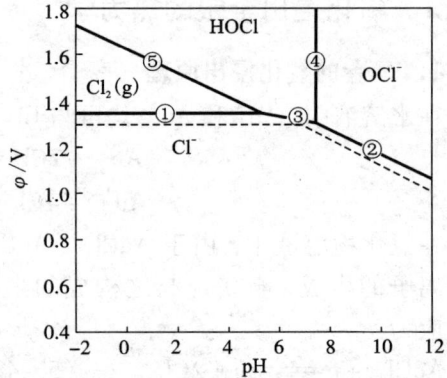

图 5 - 6　$Cl - H_2O$ 体系的 $\varphi - pH$ 图

5.2.1.2　银的氯化浸出原理

在金银的水氯化冶金中，氯离子与银离子的作用是十分独特的，一方面 Cl^- 与 Ag^+ 可以生成 $AgCl$ 沉淀，另一方面当溶液中氯离子浓度很高的时候，形成的 $AgCl$ 又可以与 Cl^- 反应形成配离子进入溶液。因此，在氯化物溶液中，银的行为取决于 Cl^- 的浓度以及可以与 Cl^- 形成配合物的其他金属离子的浓度和溶液的电位等。

有 Cl^- 存在的条件下，银与氯离子的半电池反应为：

$$AgCl + e \Longrightarrow Ag + Cl^- \quad \varphi^{\ominus} = 0.2223 \text{ V} \qquad (5-45)$$

这表明当有 Cl^- 存在时，银十分容易被氧化形成 $AgCl$。另外，在一定的条件下，Ag_2O 也可与其反应：

$$Ag_2O + 2Cl^- + H_2O \Longrightarrow 2AgCl + 2OH^- \qquad (5-46)$$

上式表明，只要有足够的 Cl^- 存在，Ag_2O 也能转化为 $AgCl$。因此，$Ag -$

Cl – H$_2$O 的 φ – pH 图在常见的 pH（1 ~ 14）范围内，表现出相对简单的形式（如图 5 – 7 所示）。

在水溶液中 Ag$^+$ 与 Cl$^-$ 可形成配位数高达 4 的配合物，其有关的配位反应如下：

$$Ag^+ + Cl^- \Longrightarrow AgCl \quad (5-47)$$

$$\beta_1 = \frac{[AgCl]}{[Ag^+][Cl^-]}$$

$$Ag^+ + 2Cl^- \Longrightarrow AgCl_2^- \quad (5-48)$$

$$\beta_2 = \frac{[AgCl_2^-]}{[Ag^+][Cl^-]^2}$$

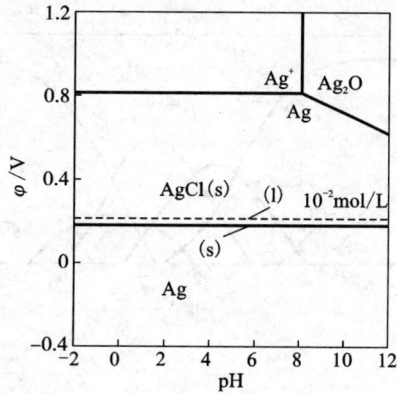

图 5 – 7　Ag – Cl – H$_2$O 系的电位 – pH 图

$t = 25\ ℃,\ [Cl]_T = 5\ mol/L,\ [Ag]_T = 10^{-2}\ mol/L$

$$Ag^+ + 3Cl^- \Longrightarrow AgCl_3^{2-} \quad (5-49)$$

$$\beta_3 = \frac{[AgCl_3^{2-}]}{[Ag^+][Cl^-]^3}$$

$$Ag^+ + 4Cl^- \Longrightarrow AgCl_4^{3-} \quad (5-50)$$

$$\beta_4 = \frac{[AgCl_3^{3-}]}{[Ag^+][Cl^-]^4}$$

Ag$^+$ – Cl$^-$ 配合物存在的形式取决于溶液中游离的 Cl$^-$ 浓度，其变化规律如图 5 – 8 所示。由图 5 – 8 可见，随着溶液中游离 Cl$^-$ 浓度的上升，形成高配位数配合物的比例增大。温度对氯化银溶解度的影响也较为显著，氯化银在水中的溶解度 $[Ag]_T$ 与溶度积的关系如表 5 – 6 所示。水溶液中由于 Ag$^+$ – Cl$^-$ 配合物的形成及温度的升高，使得 AgCl 在溶液中的溶解随着 Cl$^-$ 浓度的升高而升高，图 5 – 9 是氯化银在溶液中溶解的 $[Ag]_T$ 与 $[Cl^-]$ 的关系。

表 5 – 6　氯化银在水溶液中的溶解度与溶度积

温度/℃	25	50	75	100
lgK_{sp}	-9.75	-8.93	-8.23	-7.60
$[Ag]_T$（计算值，mg/L）	1.90	4.90	—	22.6
$[Ag]_T$（计算值，mg/L）	1.95	5.40	—	21.00

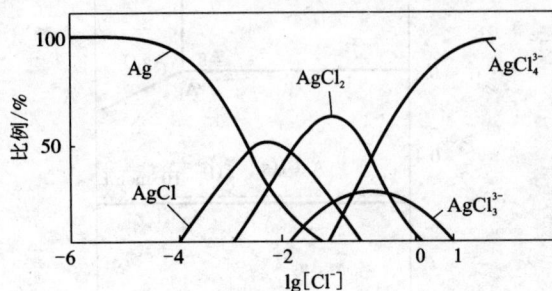

图 5 - 8　溶液中银的分布形式与[Cl⁻]的关系

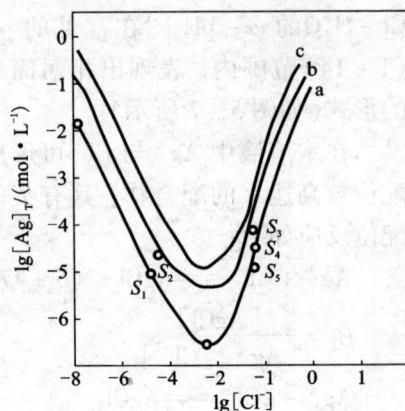

图 5 - 9　Ag - Cl - H₂O 系中

$\lg[\,Ag\,]_T - \lg[\,Cl^-\,]$ 的关系图

a—t 为 25 ℃，S_1，S_3 为实测值；

b—t 为 50 ℃，S_2 为计算值，S_4 为实测值；

c—t 为 75 ℃，S_5 为实测值

由图 5 - 9 可见，要将银以氯化银的形式从溶液中沉淀，水溶液中游离的氯离子浓度应控制在一定的范围，当[Cl⁻] = 2.37×10^{-3} mol/L 时，氯化银沉淀最彻底。此时溶液中残存的银离子浓度最低。另一方面，由 Ag - Cl 配合物的形成，当游离氯离子的浓度很高时，溶液中银的总浓度[Ag]_T 可以达到很高的水平，也可以用此方法来浸出固体物料中的银。

5.2.2　氯化提取金银实例

5.2.2.1　金泥的控制电位浸出

（1）概述

将矿石进行氰化浸出或富集后，产出富含金的原料如氰化金泥、钢棉电积金泥和利用混汞法得到的汞金。在这些含金原料中，除了金银之外，还含有大量的贱金属杂质，通过控制溶液电位的方法，将在这些含金原料中的贱金属杂质选择性溶出，使贵金属得到进一步富集，分离贱金属后的粗金粉再进行氯化溶解使金进入溶液，最终加还原剂将 AuCl₄⁻ 还原得纯度在 99.9% 以上的金粉。

表 5 - 7 和表 5 - 8 所列出的是钢棉电积金泥的主要成分和粒度分布，钢棉电积金泥的主要特点是金银的含量高，金泥中各主要元素赋存状态复杂，在钢棉的电积过程中，由于阴极电流密度、溶液浓度变化等因素，金、银、铜等金属容易同时在阴极析出，形成合金或相互包裹。

表 5 – 7　钢棉电积金泥的主要成分

成分	Au	Ag	Cu	Pb	Fe
含量/%	43.33	43.00	2.60	3.49	0.17

表 5 – 8　钢棉电积金泥的粒度分布

粒度/μm	$d < 58$	$58 < d < 75$	$75 < d < 106$	$106 < d < 270$	$d > 270$	合计
	-250	$+250 \sim -200$	$+200 \sim -150$	$+150 \sim -50$	$+50$	
分布/%	85.17	4.13	5.30	2.86	2.54	100

钢棉处理的工艺流程为：

钢棉电积金泥→控制电位脱除贱金属→氯化溶金→还原→金粉

（2）控制电位除杂

在一定的酸度、温度和液固比条件下，加入氯酸钠溶液进行溶解贱金属杂质，随着氯酸钠溶液的加入，溶液的电位上升，当电位上升至 450 ~ 460 mV 时，通过控制氯酸钠溶液的加入量来控制电位在此范围维持一定时间，当电位超过 450 ~ 460 mV 只升不降时，说明贱金属杂质的脱除已基本完成。反应时间的长短取决于钢棉电积金泥的组成和粒度，在实际生产中一般需 2 ~ 3 h。图 5 –

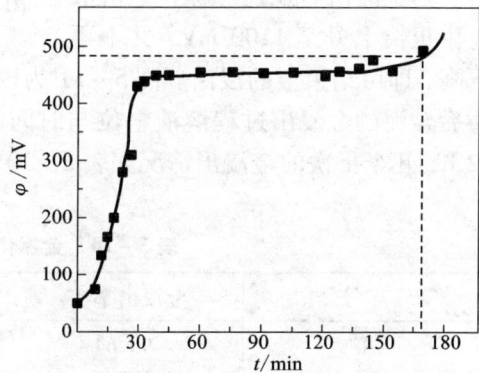

图 5 – 10　盐酸脱除贱金属杂质的电位与时间的关系

10 为某一批次钢棉电积金泥生产所得的溶液电位控制曲线，实际生产中脱除贱金属的情况如表 5 – 9 所示。从表 5 – 9 可见，铅铁的脱除率可达 90% 以上，而铜只有 60% 左右，这是因为铜随金、银在电积钢棉的过程中一同与金银析出，并与金、银呈合金形态存在于金泥中，由于金、银的包裹而使铜的浸出率不高。

表 5 – 9　控制电位除杂过程各金属的脱除率

序号	脱除率/%			
	Ag	Cu	Pb	Fe
1	0.017	70.67	94.90	90.49
2	0.020	59.30	89.86	96.58
3	0.011	60.60	89.37	95.78
4	0.015	60.72	92.13	95.00

（3）氯化浸金

分离贱金属后进行液固分离，浸出渣（粗金粉）在一定酸度、温度和液固比的条件下，加入氯酸钠溶液，溶液的电位迅速上升，当电位达到 700 ~ 750 mV 时，大量的银开始激烈反应，电位出现平稳。当银的氧化结束后，溶液的电位再度开始上升至 1000 ~ 1050 mV，此时金的溶解开始，控制氯酸钠溶液的加入量，使电位维持在 1050 mV 左右。当金的溶解反应结束时，溶液电位很快上升至 1100 mV，并不再

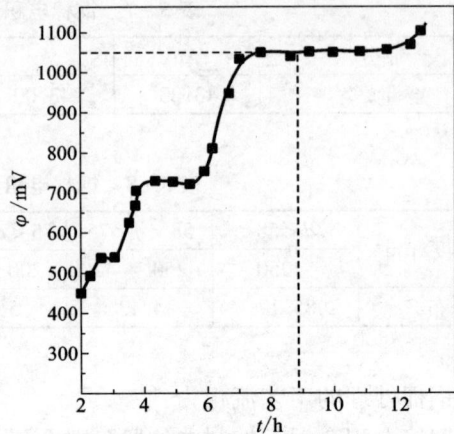

图 5 – 11　金氯化浸出的溶液电位 – 时间曲线

下降，即可结束金的浸出。图 5 – 11 为以氯酸钠溶液作为氧化剂处理除贱金属杂质后金泥的金浸出过程溶液电位与时间的关系曲线。一般情况下氯化浸金约需12 h，几个批次的金浸出情况如表 5 – 10 所示。

表 5 – 10　金氯化浸出的生产情况

序号	金浸出率/%	渣含金/%	渣率/%
1	99.64	0.27	52.93
2	99.90	0.073	58.20
3	99.30	0.93	58.92
4	99.47	0.32	56.48

（4）金的还原

金的浸出结束后，停止加入氯酸钠溶液，在 80 ~ 90 ℃ 下搅拌 10 ~ 20 min，以除去溶液中残余的氯气。过滤，将含金的滤液加温至 70 ~ 80 ℃，用氢氧化钠溶液将 pH 调节至 1.0 ~ 1.5，加入草酸进行还原，还原过程的溶液电位 – 时间曲线如图 5 – 12 所示，当电位在 780 mV 附近时，出现一个拐点，电位值呈急剧下降趋势，当溶液电位降至约 780 mV 时结束金的还原，向还原后液中加入一定量的草酸可将溶液中残存的金还原。

5.2.2.2　锰银矿中浸出银

（1）原料及流程

姚维义、唐谟堂等研究了从银锰矿中采用氯化浸出法提银的工艺，该工艺具

有废水少、银回收率高和综合利用的特点，2004 年在广西福斯银冶公司实现工业应用，目前的产能是 20 t/a 白银。所采用的银锰矿有两种，一种为硫化矿，一种为氧化矿，其化学成分如表 5 - 11 所示，所采用的流程如图 5 - 13 所示。

表 5 - 11　银锰精矿的化学成分/%

元素	Ag	Mn	Pb	Fe	As	S	Zn	Sb
硫化矿	0.8000	19.81	4.27	18.76	4.85	31.4	2.45	1.125
氧化矿	0.1498	37.38		8.46	0.92			

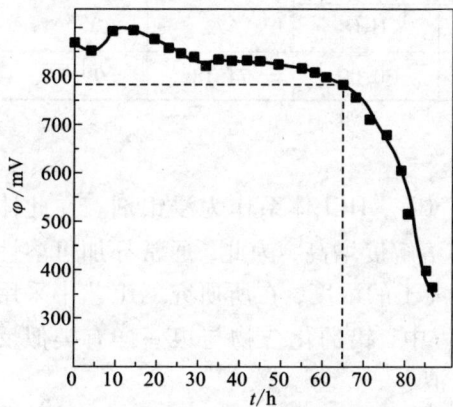

图 5 - 12　金氯化浸出液还原
过程的溶液电位 - 时间曲线

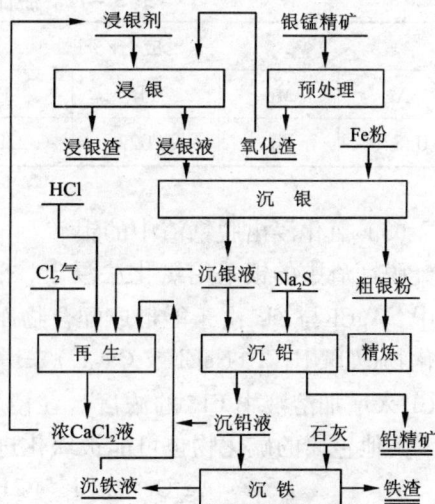

图 5 - 13　银锰矿分离提取银
和铅等有价金属的流程

　　由于两种矿物中的银大部分被其他矿物所包裹，极难处理，需要将硫化矿中的黄铁矿和毒砂破坏，将氧化矿中的软锰矿破坏，使银暴露。将硫化矿与氧化矿混合处理，可以利用氧化矿中的二氧化锰将硫化矿中的黄铁矿和毒砂氧化并进行脱锰预处理，达到同时从两种含银精矿中回收锰和银的目的。

　　（2）脱锰预处理

　　预处理在硫酸介质中进行，首先加入的 H_2SO_4 与 MnS 反应及酸溶性脉石溶解：

$$MnS + H_2SO_4 =\!=\!= MnSO_4 + H_2S \uparrow \tag{5-51}$$

$$MeO + H_2SO_4 =\!=\!= MeSO_4 + H_2O \tag{5-52}$$

$$MeCO_3 + H_2SO_4 = MeSO_4 + CO_2 \uparrow + H_2O \qquad (5-53)$$

加入氧化精矿后，部分黄铁矿和毒砂被 MnO_2 氧化分解，解离出银相：

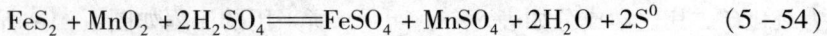

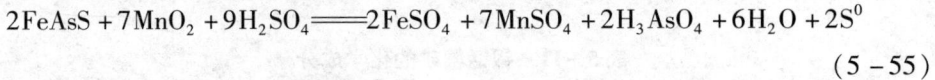

$$FeS_2 + MnO_2 + 2H_2SO_4 = FeSO_4 + MnSO_4 + 2H_2O + 2S^0 \qquad (5-54)$$

$$2FeAsS + 7MnO_2 + 9H_2SO_4 = 2FeSO_4 + 7MnSO_4 + 2H_3AsO_4 + 6H_2O + 2S^0$$
$$(5-55)$$

其他的硫化物也可以发生氧化反应：

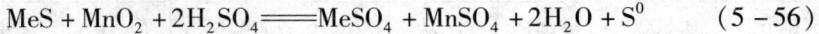

$$MeS + MnO_2 + 2H_2SO_4 = MeSO_4 + MnSO_4 + 2H_2O + S^0 \qquad (5-56)$$

经脱锰处理后浸出渣的成分如表 5-12 所示。

表 5-12　脱锰渣的主要化学成分

成分/%					渣率/%	Ag 回收率/%
Ag	Mn	Pb	Fe	H_2O		
0.830	微	5.022	22.37	30.00	74.18	99.74

（3）氯化浸出脱锰渣中的银

脱锰渣中的银采用氯化法浸出，采用 $FeCl_3 - HCl$ 体系作为浸银剂。在此体系中，$AgCl$ 与 Cl^- 由于能形成配合物而使其溶解度增高，为此，通常补加可溶性氯化物（如 NH_4Cl、$NaCl$ 或 $CaCl_2$）来增加氯离子的浓度，在所研究的工艺中采用 $CaCl_2$ 来增加溶液中 Cl^- 的浓度。在浸银过程中，铅的化合物与银一样有类似反应，其他金属的硫化物也可能被氧化进入溶液。

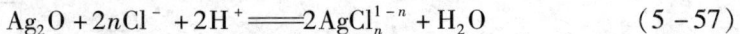

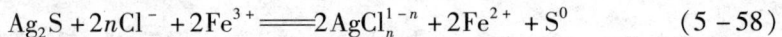

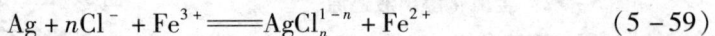

$$Ag_2O + 2nCl^- + 2H^+ = 2AgCl_n^{1-n} + H_2O \qquad (5-57)$$

$$Ag_2S + 2nCl^- + 2Fe^{3+} = 2AgCl_n^{1-n} + 2Fe^{2+} + S^0 \qquad (5-58)$$

$$Ag + nCl^- + Fe^{3+} = AgCl_n^{1-n} + Fe^{2+} \qquad (5-59)$$

银浸出的技术条件：$CaCl_2$ 溶液的相对密度 ≥ 1.32，$[Fe]_T \leq 20$ g/L，$[Fe^{3+}] \geq 16$ g/L，$[Pb]_T \leq 10$ g/L，pH 为 $1 \sim 4$，温度 95 ℃，时间 2 h，液固比（对脱锰渣）为 5∶1。采用的浸银剂成分如表 5-13 所示，浸出完成后所得浸银渣的渣率为 91.91%，银的浸出率为 97.26%，浸出渣含银为 0.024%；银浸出液的成分如表 5-14 所示。

表 5-13　浸银剂的成分

浸银剂的成分/(g·L⁻¹)						密度/(g·cm⁻³)
HCl	Pb	Cl⁻	Ag⁺	Fe²⁺	Fe³⁺	
10.04	11.04	311.44	0.036	0.44	17.52	1.32

表 5 - 14　银浸出液的化学成分/(g·L⁻¹)

HCl	Pb	Cu^{2+}	Ag^+	Fe^{2+}	Fe^{3+}
5.4	18.30	1.35	10.64	10.42	—

（4）从银浸出液中沉银

采用铁粉置换法沉银，铁粉的用量为溶液中还原 Ag^+ 和 Fe^{3+} 理论量的 1.5 倍计，温度 60 ℃，反应时间 1.5 h，银的置换率为 92% ~ 97%，银置换后液中银的浓度为 0.014 g/L。置换后得到的粗银粉银含量为 37% 左右。

沉银后液采用硫化沉淀除铅、用石灰调节 pH 除铁后，用氯气氧化其中的 Fe^{2+} 即可返回浸银工序。

5.3　金银的硫脲法提取

对于硫脲溶解金银机理进行过许多的研究，涉及到热力学和动力学两方面，由于硫脲在碱性介质中不稳定，通常说的硫脲提金一般都是在酸性介质中进行的。

5.3.1　硫脲溶解金银的热力学

硫脲又称硫代尿素（Thiourea，常简写为 Thio 或 tu），其分子式为 $SC(NH_2)_2$，分子量 76.12，密度 1.405 g/cm³，熔点 180 ~ 182 ℃。它易溶于水，20 ℃时在水中的溶解度为 9% ~ 10%，25 ℃时为 14%，硫脲在水溶液中显中性。

硫脲在碱性溶液中不稳定，容易分解为硫化物和氨基氰：

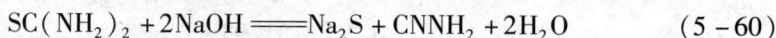

$$SC(NH_2)_2 + 2NaOH =\!=\!= Na_2S + CNNH_2 + 2H_2O \tag{5-60}$$

氨基氰 $CNNH_2$ 不稳定，进一步分解：

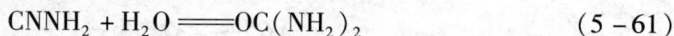

$$CNNH_2 + H_2O =\!=\!= OC(NH_2)_2 \tag{5-61}$$

在碱性介质中硫脲分解产生的硫离子可与溶液中的 Au^+、Ag^+、Cu^{2+} 等金属离子形成硫化物沉淀。

在酸性溶液中硫脲具有还原性，可以被氧化成多种产物。如在室温下的酸性介质中，硫脲长时间放置能自行氧化为二硫甲脒（$SCN_2H_3)_2$：

$$(SCN_2H_3)_2 + 2H^+ + 2e =\!=\!= 2SC(NH_2)_2 \tag{5-62}$$

$$\varphi^{\ominus}_{(SCN_2H_3)_2/SC(NH_2)_2} = 0.42\ V$$

二硫甲脒是活泼的氧化剂，它可进一步分解为硫脲、氨基氰和元素硫。

$$(SCN_2H_3)_2 =\!=\!= SC(NH_2)_2 + CNNH_2 + S^0 \tag{5-63}$$

无论在酸性或碱性溶液中，加热至 60 ℃以上硫脲均会发生分解：

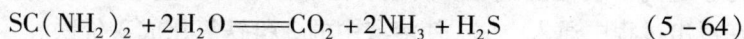

$$SC(NH_2)_2 + 2H_2O =\!=\!= CO_2 + 2NH_3 + H_2S \tag{5-64}$$

作为贵金属金、银的浸出剂，硫脲能与金、银离子形成稳定的配合物

$$Au^+ + 2SC(NH_2)_2 = Au[SC(NH_2)_2]_2^+ \qquad (5-65)$$

$$\beta_{Au} = 3.16 \times 10^{21}$$

$$Ag^+ + 3SC(NH_2)_2 = Ag[SC(NH_2)_2]_3^+ \qquad (5-66)$$

$$\beta_{Ag} = 1.48 \times 10^{13}$$

由于硫脲在水溶液中是中性分子，它与金、银生成的配合离子均为正电荷配合离子，而氰化法金、银与 CN^- 离子生成的均为配合阴离子。

由金硫脲配合离子的稳定常数表达式(5-65)，可以计算出硫脲金配合离子与金组成的标准电位 $\varphi_{Au[SC(NH_2)_2]_2^+/Au}^{\ominus}$

$$Au[SC(NH_2)_2]_2^+ + e = Au + 2SC(NH_2)_2 \qquad (5-67)$$

$$\varphi_{Au[SC(NH_2)_2]_2^+/Au}^{\ominus} = 0.38 \text{ V}$$

将(5-62)和(5-67)相比，有 $\varphi_{(SCN_2H_3)_2/SC(NH_2)_2}^{\ominus} > \varphi_{Au[SC(NH_2)_2]_2^+/Au}^{\ominus}$，这表明硫脲的氧化产物二硫甲脒在适当的条件下，可以作为金的氧化剂，而自身还原为硫脲。二硫甲脒的分解速度相当快，在 pH 较高时尤为明显，因此，控制合适的 pH 可以减缓二硫甲脒的分解并使其作为浸金过程中的氧化剂。为了避免硫脲过多氧化，应当选择合适的氧化剂并控制一定的浓度。在工业上可以选用的氧化剂有过氧化氢、溶解氧、高价铁(Fe^{3+})、高锰酸钾、硝酸等。氧化能力强的氧化剂如高锰酸钾、硝酸会引起硫脲迅速地、不可逆转地分解，而金的溶解很少。

在实际应用中，能作为酸性介质中硫脲浸金氧化剂的有二硫甲脒、3 价铁、氧气、过氧化氢等，有关化学反应如下：

$$Au + 2SC(NH_2)_2 + 0.25O_2 + H^+ = Au[SC(NH_2)_2]_2^+ + 0.5H_2O \qquad (5-68)$$

$$\Delta G^{\ominus} = -81.93 \text{ kJ}$$

$$Au + Fe^{3+} + 2SC(NH_2)_2 = Au[SC(NH_2)_2]_2^+ + Fe^{2+} \qquad (5-69)$$

$$\Delta G^{\ominus} = -37.73 \text{ kJ}$$

$$Au + 2SC(NH_2)_2 + 0.5H_2O_2 + H^+ = Au[SC(NH_2)_2]_2^+ + H_2O \qquad (5-70)$$

$$\Delta G^{\ominus} = -134.13 \text{ kJ}$$

$$Au + SC(NH_2)_2 + 0.5(SCN_2H_3)_2 + H^+ = Au[SC(NH_2)_2]_2^+ \qquad (5-71)$$

$$\Delta G^{\ominus} = -7.72 \text{ kJ}$$

从式(5-68)~式(5-71)可见，式(5-70)反应趋势最大，但过氧化氢作为氧化剂的氧化能力太强，也十分容易将硫脲氧化。而式(5-71)的反应趋势最小，但二硫甲脒作为氧化剂时在动力学上最为有利，二硫甲脒本身是硫脲的氧化产物。因此，在工业上通常可以使用的氧化剂是 3 价铁和氧气，但氧气氧化金在动力学上为一缓慢的过程。所以，在酸性硫脲浸金中，最常见的氧化剂是 3 价铁，在浸出过程中通入空气，使溶液中的 2 价铁氧化成 3 价铁。

但是，Fe^{3+} 在硫脲浸金体系中的行为实际上比式(5-69)所描述的复杂，铁离子可以与硫酸根离子和硫脲生成一种稳定的混配型配合物$\{Fe(\mathrm{III})SO_4[SC(NH_2)_2]_3\}^+$，$Fe^{2+}$ 则可以生成相应的 $\{Fe(\mathrm{II})[SC(NH_2)_2]SO_4\}$ 类的配合物。这些配合物的生成有利于减缓硫脲的分解，可避免金由于硫脲的降解产物所产生的表面钝化现象。但当铁离子过量时，除了可以增加硫脲的氧化外，由于 Fe^{3+} 与硫脲形成配合物，降低硫脲的浓度，从而使得金的提取率下降。

硫脲除了与金(银)形成可溶性配合物外，一些重金属也能与硫脲形成配合物，杂质金属离子(Me^{a+})与硫脲形成配合物的反应可用下式表示：

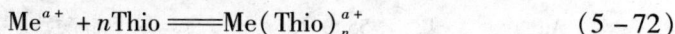

$$Me^{a+} + n\mathrm{Thio} \Longrightarrow Me(\mathrm{Thio})_n^{a+} \tag{5-72}$$

$$\beta_n = \frac{[Me(\mathrm{Thio})_n^{a+}]}{[Me^{a+}][\mathrm{Thio}]^n}$$

一些金属离子与硫脲形成配合离子的稳定常数(β_n)列于表5-15。

表 5-15 一些金属离子与硫脲(Thio)形成配合离子的稳定常数(β_n)

配合离子	$Au(\mathrm{Thio})_2^+$	$Ag(\mathrm{Thio})_3^+$	$Cu(\mathrm{Thio})_4^+$	$Cu(\mathrm{Thio})_3^+$	$Cd(\mathrm{Thio})_3^{2+}$
β_n	$10^{21.50}$	$10^{13.17}$	$10^{15.40}$	$10^{12.82}$	$10^{3.55}$
配合离子	$Hg(\mathrm{Thio})_4^{2+}$	$Hg(\mathrm{Thio})_2^{2+}$	$Pb(\mathrm{Thio})_3^{2+}$	$Bi(\mathrm{Thio})_6^{3+}$	$Zn(\mathrm{Thio})_2^{2+}$
β_n	$10^{26.30}$	$10^{21.90}$	$10^{2.04}$	$10^{11.94}$	$10^{1.77}$

表5-15的数据表明，从热力学角度，硫脲浸金具有较高的选择性，杂质离子中，除汞与硫脲形成的配合物的稳定性与金的相当外，其他的配合物的稳定性均比金硫脲配合物的稳定性小。

图 5-14 硫化精矿在不同浸出条件下金的浸出率与时间的关系

5.3.2 硫脲溶解金银的动力学

有关文献研究了从高铜硫化精矿中浸出金、银的动力学，所用的精矿如表5-16所示。

在硫化精矿的粒度为 125 μm，液固比为 10:1 的条件下浸出，发现搅拌速度在 400~1000 r/min 范围内对 Au、Ag 的浸出率不影响，浸出需要通气时，气体经伸入矿浆的带气体分布嘴的导管引入。在不同的条件下，金的浸出率与时间的关系如图5-14所示。

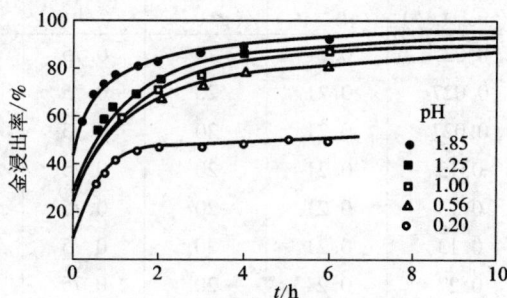

表 5 - 16　含铜硫化精矿的元素和物相分析

元素	含量/%	物相	含量/%
Cu	9.3	黄铜矿	20.7
Fe	36.4	闪锌矿	1.15
Pb	1.84	方铅矿	2.12
Zn	0.77	黄铁矿	11.9
S	30.7	磁黄铁矿	37.0
Au	55.0 ~ 56.3	硅酸盐	20.9
Ag	150		

注：Au、Ag 的含量以 g/t 计。

由于金在矿石中一般以自然金粒形式存在，其溶解过程可近似地以未反应核收缩模型描述，其速率控制步骤可用固液界膜内扩散(FD)、表面化学反应(CR)和不变粒径多孔层内扩散(SD)等方程表示，利用三种不同控制步骤的速率为基础，将图 5 - 14 中 45 min 前的数据进行处理，所得结果如表 5 - 17 所示。

表 5 - 17　不同浸出条件下金溶解速率控制模型的计算结果

$[H_2SO_4]_0$ /$(mol \cdot L^{-1})$	p_{O_2} /$(10^{-5}Pa)$	$[Thio]_0$ /$(g \cdot L^{-1})$	浸出时间 /h	反应模型	方差	速度常数 R_0/h^{-1}
0.027	0.21	20	0.75	SD	0.9983	0.0687 ± 0.0016
0.027	0.21	20	0.75	FD	0.9515	0.306 ± 0.040
0.027	0.21	20	0.75	CR	0.9668	0.128 ± 0.014
0.13	0.21	20	0.75	SD	0.9977	0.172 ± 0.005
0.13	0.21	20	0.75	FD	0.9404	0.417 ± 0.066
0.13	0.21	20	0.75	CR	0.9685	0.203 ± 0.021
0.27	0.21	20	0.75	SD	0.9977	0.215 ± 0.006
0.27	0.21	20	0.75	FD	0.8588	0.526 ± 0.123
0.27	0.21	20	0.75	CR	0.9626	0.257 ± 0.029
0.48	0.21	20	0.75	SD	0.9748	0.388 ± 0.036
0.48	0.21	20	0.75	FD	0.7607	0.73 ± 0.23
0.48	0.21	20	0.75	CR	0.8695	0.40 ± 0.09
0.88	0.21	20	0.75	SD	0.9753	0.218 ± 0.020
0.88	0.21	20	0.75	FD	0.8079	0.61 ± 0.17
0.88	0.21	20	0.75	CR	0.8732	0.285 ± 0.063

　　表 5 - 17 的数据表明：用不变粒径多孔层内扩散控制的方程进行描述时，其速度常数的相对误差较小，方程的相关系数最大。因此，可以认为在用硫脲浸金的过程中，其浸出速率可由不变粒径多孔层内扩散控制的模型来表达。

　　在不同的条件下，考察了不同浓度硫酸铁、溶解氧和过氧化氢三种不同氧化剂及溶液电位对金浸出速率的影响，有关的结果见表 5 - 18 和图 5 - 15。

表 5 - 18　在不同的电位下金的浸出速率常数

[Thio]$_0$ /(g·L^{-1})	(mol·L^{-1})	氧化还原位 /V(SCE)	[二硫甲脒]$_0$ /(mmol·L^{-1})	R_0(Au) /h^{-1}	硫脲消耗 /(kg·t^{-1})
15	0.197	0.15	3.30	0.110	42.1
15	0.197	0.20	48.2	0.301	46.4
20	0.263	0.12	0.63	0.035	43.8
20	0.263	0.15	6.04	0.185	49.1
20	0.263	0.20	141.1	0.346	60.6
50	0.657	0.12	3.91	0.321	81.8
50	0.657	0.15	33.5	0.366	84.3

　　当用硫酸铁作氧化剂时，其浓度大于 15 g/L 后，浓度的进一步增加对浸金的速率无明显影响；用 O$_2$ 作氧化剂时，金、银的浸出速率在低氧压时随着氧分压上升而呈线性增加，但当氧分压达到或超过 0.2 × 10^5 Pa，氧分压对金、

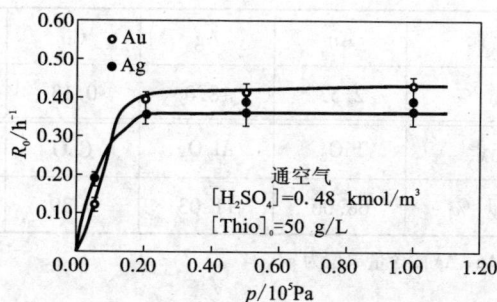

图 5 - 15　不同氧分压下金、银浸出的速率常数

银的浸出速率无明显影响；采用 H$_2$O$_2$ 作氧化剂时，在 H$_2$O$_2$ 浓度为 0.5% ~4.0%，氧化剂的浓度对浸出速率影响不大，其影响作用与 O$_2$ 非常相似。动力学的研究表明，当溶液中的电位达到一定值后，氧化剂不再是影响浸出速率的因素，降低溶液的氧化电位，略微降低浸出速率，但有利于降低硫脲的实际消耗。

　　与氰化浸金相比，在硫脲溶液中金、银的浸出速率明显提高，在最佳的条件下，60% 的金在最初的 15 min 内可浸出，而在氰化浸出时，相应条件下前 30 min 内只能浸出 40%。

5.4　金银的氨配合物浸出

5.4.1　金的氨配合物浸出

巨少华等研究了用 $NH_3 - NH_4Cl - H_2O$ 体系浸金的热力学，其详细情况见 1.2.6节，由于浸出体系中金的浓度相对较低，而作为配体的 NH_3 和 Cl^- 的浓度相对很高，溶液中金以 $Au(I)$ 和 $Au(III)$ 的价态出现，$Au(I)$ 将形成 $Au(NH_3)_2^+$ 和 $AuCl_2^-$，$Au(III)$ 则形成 $Au(NH_3)_4^{3+}$ 和 $AuCl_4^-$。要使溶液中金的浓度达 5×10^{-5} mol/L，则只需要 -0.2 V 左右的电位，且随着 NH_3 浓度增加，该电位值略有减小；在本体系的条件下，φ_{O_2/OH^-} 约为 0.7 V，因此 O_2 可以将金氧化进入 $NH_3 - NH_4Cl$ 溶液。

采用某难处理金矿用 $NH_3 - NH_4Cl - H_2O$ 体系对其进行柱浸试验，所用的难处理金矿的成分如表 5-19 所示。

表 5-19　$NH_3 - NH_4Cl - H_2O$ 体系柱浸金矿的成分

元素	Au	Ag	Cu	Pb	Zn	Fe
含量/%	2.53	18.0	0.13	0.15	0.22	7.27
元素	SiO₂	Al₂O₃	CaO	MgCO₃	S	总量
含量/%	68.06	11.03	0.39	1.35	0.51	89.11

注：Au、Ag 的含量单位为 g/t。

在 NH_4Cl 浓度为 2 mol/L、NH_3 浓度为 0.5 mol/L 的条件下，进行了不同氧化剂和氧化剂用量柱浸金矿的试验，其中试验 1 采用空气作氧化剂，试验 2 采用金矿量的 1% 的漂白粉作氧化剂，试验 3 用金矿量的 5% 的漂白粉作氧化剂。在浸出柱中进行循环浸出，每隔 5~15 天取样分析，所得的结果如图 5-16 所示。

从图 5-16 可见：①用空气

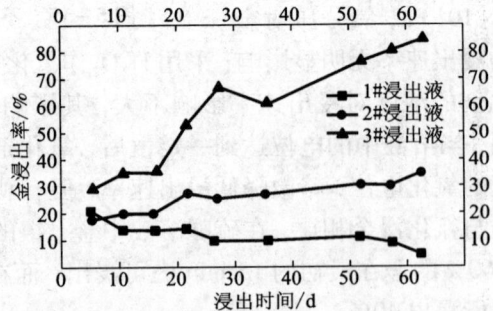

图 5-16　难处理金矿在 $NH_3 - NH_4Cl - H_2O$ 体系中的柱浸金浸出率与时间的关系

作为氧化剂通入到柱内会使 NH_3 的挥发增加，导致金的浸出率随时间的延长而逐渐降低；②氧化剂漂白粉用量的增加有利于金的浸出，当漂白粉的用量为金矿量的 5% 时，经过 58 天的浸出，金的浸出率可达 80.6%。

5.4.2　银的氨配合物浸出

冶金工业中利用银与氨形成配合物的特性，使其形成 $Ag(NH_3)_2^+$ 配离子从固体物料中选择性分离，一般来说应先将固体物料中的银转化为氯化银。

5.4.2.1　其本原理

在采用氨浸出氯化银的过程中，能与银发生配位反应的配体有三种，其有关配合物稳定常数如表 5 - 20 所示。

表 5 - 20　氨浸出氯化银过程中涉及的反应及稳定常数

No	反应式	平衡常数	No	反应式	平衡常数
I	$AgCl = Ag^+ + Cl^-$	$K_{sp} = 1.8 \times 10^{-10}$	VI	$Ag^+ + 2OH^- = Ag(OH)_2^-$	$\beta_{02} = 10^{3.6}$
II	$NH_3 + H^+ = NH_4^+$	$K_1^H = 1.8 \times 10^9$	VII	$Ag^+ + 3OH^- = Ag(OH)_3^{2-}$	$\beta_{03} = 10^{4.8}$
III	$Ag^+ + NH_3 = Ag(NH_3)^+$	$\beta_1 = 10^{3.26}$	VIII	$Ag^+ + Cl^- = AgCl$	$\beta_{C1} = 10^{3.04}$
IV	$Ag^+ + 2NH_3 = Ag(NH_3)_2^+$	$\beta_2 = 10^{7.20}$	IX	$Ag^+ + 2Cl^- = AgCl_2^-$	$\beta_{C2} = 10^{5.04}$
V	$Ag^+ + OH^- = Ag(OH)$	$\beta_{01} = 10^{2.3}$	X	$Ag^+ + 3Cl^- = AgCl_3^{2-}$	$\beta_{C3} = 10^{5.30}$

由于在氨水浸出氯化银过程中，$Ag^+ - OH^-$ 和 $Ag^+ - Cl^-$ 形成的配合物比 $Ag^+ - NH_3$ 配合物的稳定常数要小得多，且相对于 $[NH_3]$，体系中 $[OH^-]$ 和 $[Cl^-]$ 也要小得多，因此，实际上在浸出时，主要只考虑形成的 $Ag^+ - NH_3$ 配合物，在氨水溶液中由氯化银的溶解进入溶液的银总浓度 $[Ag]_T$ 为：

$$[Ag]_T = [Ag^+] + [Ag(NH_3)^+] + [Ag(NH_3)_2^+] \tag{5-73}$$

将表 5 - 20 中的有关平衡常数代入式 (5-73)，则有：

$$[Ag]_T = \frac{K_{sp}}{[Cl^-]}(1 + \beta_1[NH_3] + \beta_2[NH_3]^2) \tag{5-74}$$

由于式 (5-74) 中 $[Cl^-]$ 是由于 AgCl 的溶解而进入溶液的，当不考虑其与 Ag^+ 的配位作用时，应当有 $[Ag]_T = [Cl^-]$，则 AgCl 的溶解度可表达为：

$$[Ag]_T = \{K_{sp}(1 + \beta_1[NH_3] + \beta_2[NH_3]^2)\}^{\frac{1}{2}} \tag{5-75}$$

由式 (5-75) 可以求得 $[Ag]_T$ 与 $[NH_3]$ 的关系，所得的结果如图 5 - 17 所示。

从图 5 - 17 可见，AgCl 的溶解度 $[Ag]_T$ 与 $[NH_3]$ 的关系近似呈直线关系，联系到式 (5-75) 可以看出，只有当 $1 + \beta_1[NH_3]$ 与 $\beta_2[NH_3]^2$ 相比可以忽略时，才

有可能使 $[Ag]_T$ 与 $[NH_3]$ 成直线关系，这也表明在体系中银与氨的配合物主要是以 $Ag(NH_3)_2^+$ 的形式存在的，与文献的报道是一致的。

图 5 – 18 是 AgCl 的溶解度 $[Ag]_T$ 与溶液 pH 的关系，在 pH < 7.7，$[NH_3]_T$ < 8.0 mol/L 时，AgCl 在氨水中的溶解度 < 2.7 g/L，而在 pH > 11 时，AgCl 在氨水中的溶解度基本保持不变。因此，在 7.7 < pH < 11 的范围内，提高 pH 可以提高银的

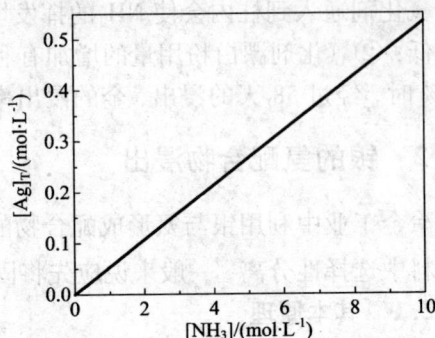

图 5 – 17　AgCl 在氨水中的溶解度与 $[NH_3]$ 的关系

溶解度；在 pH < 7.7 时，不适宜用来浸出银，而在 11 < pH < 13.5 时，pH 对银的浸出率影响不大，最佳的浸银 pH 应在 11 左右。

图 5 – 19 是溶液中氯离子浓度对 AgCl 溶解度 $[Ag]_T$ 的影响。用氨水浸出 AgCl 时，AgCl 溶解后 Cl^- 进入溶液。除此之外，体系中还存在其他 Cl^-（记为 $[Cl^-]_{外}$），由于 $[Cl^-]_{外}$ 通常比 $[NH_3]$ 低，可以不考虑 $Cl^- - Ag^+$ 的配合作用。

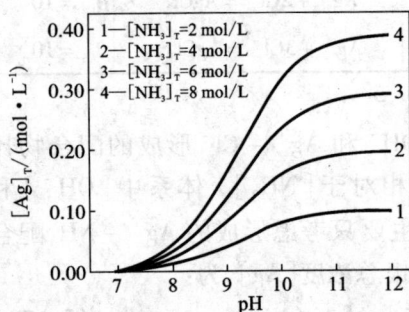

图 5 – 18　AgCl 的溶解度与 pH 的关系

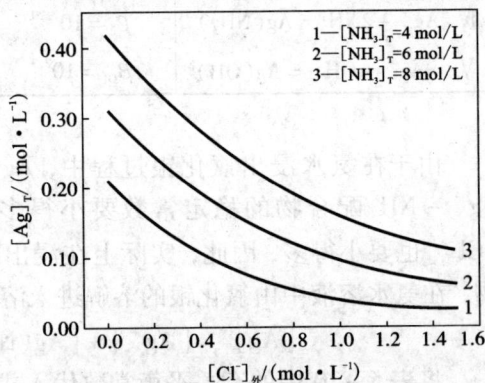

图 5 – 19　pH = 11 时氯化银溶解度 $[Ag]_T$ 与 $[Cl^-]_{外}$ 的关系

从图 5 – 19 可以看出，当 pH 与 $[NH_3]_T$ 一定时，$[Ag]_T$ 随着 $[Cl^-]_{外}$ 增大而减小，因此，若体系中有外加的氯离子进入溶液，则氯化银的溶解度将减小，不利于浸出。

在进行氯化银溶解度 $[Ag]_T$ 与 $[Cl^-]_{外}$ 的计算时，未考虑 Cl^- 与 Ag^+ 的配位作用。就 $[Cl^-]$ 对 $[Ag]_T$ 的影响而言，可以将其分为两部分，一部分是在 $[Cl^-]$ 相对

来说较小时，Cl^- 的作用主要是用于 AgCl 的生成，此时 Cl^- 与 Ag^+ 的配位作用可以忽略。因此，在这种情况下，随着 Cl^- 浓度的增大氯化银的溶解度减小。另一部分是 $[Cl^-]$ 相对来说较大时，Cl^- 可与 Ag^+ 配位，在这种情况下随着氯离子浓度的增大 AgCl 的溶解度将增加。但总的说来，由于 Ag^+ - Cl^- 配合物的形成导致氯化银的溶解比 Ag^+ - NH_3 配合物的要小得多。例如，$[Cl^-] = 1.5$ mol/L、$[NH_3]$ $= 3$ mol/L 时，比较溶液中 NH_3 与 Ag^+ 和 Cl^- 与 Ag^+ 配位的银浓度可由下式表示：

$$\frac{\beta_1[NH_3] + \beta_2[NH_3]^2}{\beta_{C1}[Cl^-] + \beta_{C2}[Cl^-]^2 + \beta_{C3}[Cl^-]^3} = 155 \tag{5-76}$$

从式(5-76)可见，存在一定浓度 NH_3 时，可以忽略 Cl^- 与 Ag^+ 的配位作用。

5.4.2.2　应用实例

在铜电解阳极泥(或铅电解阳极泥)的湿法处理过程中，对银的提取通常采用氨浸流程(见图 5-20)。

阳极泥中的银经过预处理脱除贱金属杂质后，银转化为 AgCl。工业上用氨水浸出 AgCl 时在室温下进行，氨的浓度为 8% ~ 10%(6 mol/L 左右)，按进入溶液中银的浓度 ≤35 g/L(0.315 mol/L 左右)确定液固比。如果溶液中的银提取后，含 NH_3 的后液再继续用于浸出 AgCl，则溶液中积累了 0.315 mol/L 的 Cl^-。在此条件下，溶液中 $[Ag]_T$ 应由下式决定：

$$[Ag]_T = \frac{-[Cl^-]_\text{外} + \sqrt{[Cl^-]_\text{外}^2 + 4K_{sp}(1 + \beta_1[NH_3] + \beta_2[NH_3]^2)}}{2}$$

$$\tag{5-77}$$

上式中 $[Cl^-]_\text{外}$ 为 NH_3 溶液中的 Cl^- 浓度，根据每次氨水返回使用积累的 Cl^- 浓度，由上式计算出 $[NH_3] = 6$ mol/L 的条件下，返回次数、溶液中 Cl^- 的浓度 $[Cl^-]_\text{外}$ 与溶液中氯化银的溶解度 $[Ag]_T$ 关系如表 5-21 所示。

表 5-21　氨水返回次数与溶液中银总浓度 $[Ag]_T$ 和 Cl^- 浓度 $[Cl]_\text{外}$ 的关系(mol/L)

次数	1	2	3	4	5	6	7
$[Ag]_T$	0.315	0.195	0.150	0.126	0.111	0.099	0.091
$[Cl^-]_\text{外}$	0.315	0.510	0.660	0.786	0.897	0.996	1.087
次数	8	9	10	11	12	13	14
$[Ag]_T$	0.085	0.079	0.075	0.070	0.068	0.065	0.062
$[Cl^-]_\text{外}$	1.172	1.251	1.326	1.396	1.464	1.529	1.591

阳极泥
↓
焙烧蒸硒
├─ 蒸硒渣
│   ↓
│ 酸浸分铜 ←─────────┐
│ ├─ 分铜液   │
│ │   ↓   │
│ │ 回收铜   │
│ └─ 分铜渣   │
│   ↓   │
│   氨浸分银 ───────┘
│   ├─ 分银液
│   │   ↓
│   │ 水合肼还原
│   │ ├─ 银粉
│   │ │   ↓
│   │ │ 铸板
│   │ │   ↓
│   │ │ 电解
│   │ │   ↓
│   │ │ 电银
│   │ └─ 废水
│   └─ 分银渣
│   ↓
│   硝酸分铅
│   ├─ 分铅液
│   │   ↓
│   │ 沉铅
│   │ ├─ 沉铅液(返回分铅)
│   │ └─ 硫酸铅
│   └─ 分铅渣
│   ↓
│   氯化分金
│   ├─ 分金液
│   │   ↓
│   │ SO_2还原
│   │ ├─ 金粉
│   │ │   ↓
│   │ │ 铸板
│   │ │   ↓
│   │ │ 电解
│   │ │   ↓
│   │ │ 电金
│   │ └─ 还原后液
│   │   ↓
│   │   锌置换
│   │   ├─ 废液(中和排放)
│   │   └─ 铂钯精矿
│   └─ 锡锑渣
└─ 炉气
     ↓
   吸收
   ├─ 溶液
   └─ 粗硒

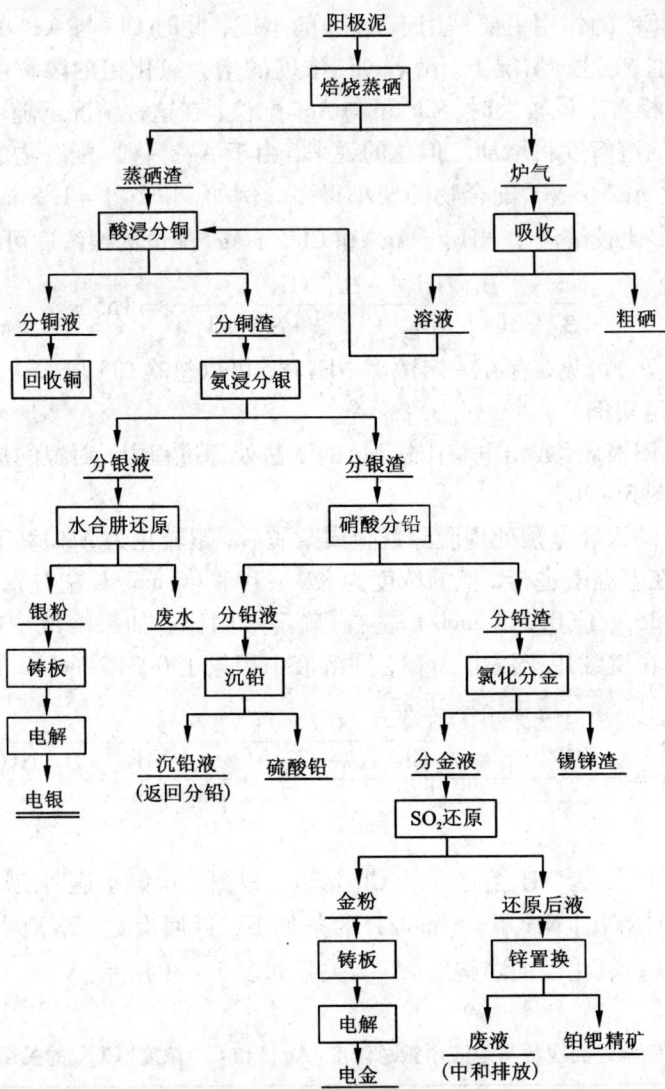

图 5 – 20 铜阳极泥硫酸盐化焙烧 – 酸浸脱铜 – 氨浸分银 – 氯化分金流程

由表 5 – 21 的数据可见，氨水浸出氯化银后，如提取银后的溶液返回使用，由于溶液中的 Cl^- 浓度不断上升（Cl^- 在每次浸出后均积累），导致溶液浸银效果不断下降。当溶液中 Cl^- 浓度达到 1.5 mol/L 左右时，氯化银在 6 mol/L NH_3 溶液中的溶解度$[Ag]_T \approx 7$ g/L，如此低的溶解度，失去了工业应用价值。由此可知，在氨水浸出氯化银时，溶液中的 Cl^- 对浸出是极为不利的，这也是氨水浸银的溶液不能循环使用的直接原因。

5.5　含硫配合物提取金

硫的化学性质极为复杂,在水溶液中其价态可由 -2 变化到 $+6$ 价,形成的阴离子有 S^{2-}、S_x^{2-}、$S_2O_3^{2-}$、SO_3^{2-}、$S_2O_6^{2-}$、SO_4^{2-} 等,在这些阴离子中如 S_x^{2-}、$S_2O_3^{2-}$、SO_3^{2-} 可以与金、银形成配合物,从而实现金、银从固体物料中的分离。

5.5.1　多硫化物浸金

所谓多硫化物是指含硫的化合物中存在 S_x^{2-},S_x^{2-} 离子中的 x 可以从 2 到 6,在水溶液中是由 S^{2-} 和元素硫反应而成,例如,硫磺粉溶于硫化钠溶液中生成多硫化钠溶液。水溶液中,多硫离子只有 S_4^{2-} 和 S_5^{2-} 是稳定的,S_2^{2-}、S_3^{2-} 歧化生成 S_4^{2-}、S_5^{2-} 及 S^{2-}。多硫离子如同过氧离子(O_2^{2-})一样具有氧化性,例如,S_4^{2-} 作氧化剂时,可获得 6 个电子而成为 S^{2-}。

根据实验研究,在隔绝空气和不存在其他氧化剂的条件下,金在多硫化物溶液中仍十分容易溶解,其溶解反应可以写成:

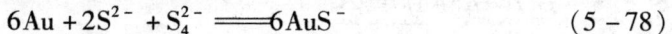

$$6Au + 2S^{2-} + S_4^{2-} =\!=\!= 6AuS^- \qquad (5-78)$$
$$\Delta G_{298}^{\ominus} = -82.421 \text{ kJ}$$
$$8Au + 3S^{2-} + S_5^{2-} =\!=\!= 8AuS^- \qquad (5-79)$$
$$\Delta G_{298}^{\ominus} = -112.471 \text{ kJ}$$

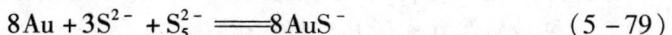

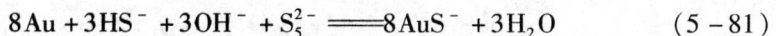

在 pH 小于 14 时,溶液中的硫化物有相当一部分是以 HS^- 的形式存在的,故还可能有以下反应:

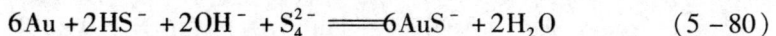

$$6Au + 2HS^- + 2OH^- + S_4^{2-} =\!=\!= 6AuS^- + 2H_2O \qquad (5-80)$$
$$\Delta G_{298}^{\ominus} = -93.774 \text{ kJ}$$
$$8Au + 3HS^- + 3OH^- + S_5^{2-} =\!=\!= 8AuS^- + 3H_2O \qquad (5-81)$$
$$\Delta G_{298}^{\ominus} = -129.500 \text{ kJ}$$

从式(5-78)~式(5-81)可见,在没有其他氧化剂的条件下,金在热力学上很容易溶于多硫化物溶液中。

南非曾对含金的辉锑矿精矿进行过多硫化铵的浸出试验,建立了规模为 5 t/d 的试验厂,从含 Sb 31.5%、As 4.5%、Au 60 g/t 的浮选精矿中回收金和锑。多硫化铵浸出的条件为常温、常压,多硫化铵的用量为理论量的 2~3 倍,溶液中多硫化铵的浓度为 40%,浸出时间为 8 h,在密闭容器中进行。浸出过程中,金的浸出率为 80%,锑的浸出率为 90%,砷的浸出率不高,只有 0.6%。用活性炭吸附多硫化铵浸出液中的金,吸附金后的溶液,通入蒸汽使锑以 Sb_2S_3 的形式沉淀产出锑精矿,而加热过程中产生的 NH_3 和 H_2S 经冷凝回收后用于再生多硫化铵,多硫化铵的再生率可达90%。

多硫化物法特别适合于处理含有易溶硫化物的金矿物料,有一种含 S 23.77%、As 4.78%、Sb 2.85%、Au 50 g/t 的难处理金矿,直接氰化金的浸出率很低。对这种难处理金矿进行加石灰固硫固砷焙烧,所得焙砂固砷率在99%以上,固硫率为97.54%。焙砂中还含5.38%硫化物形态的硫,X 射线衍射分析表明,焙砂中的硫化物主要是以硫化钙的形态存在。因为硫化钙在水中有一定的溶解度,直接进行氰化,S^{2-} 会严重地干扰金的氰化。因此如采用氰化浸金的方案,在焙砂氰化前要先行除去硫化钙。但是如采用多硫化物浸出,则可以利用焙砂中的硫化钙而不必事先将其除去。在 Na_2S 浓度 136 g/L,加入元素硫[$Na_2S:S = 1:(3\sim4)$],温度 80~90 ℃ 的条件下浸出 2 h,金的浸出率可达80%左右。而将加石灰固硫固砷焙烧后的焙砂直接氰化,其金的浸出率只有58.00%;将焙砂在溶液中先进行空气氧化除去硫化钙后再氰化,金的浸出率也只提高至80.83%,与多硫化物的浸出效果相当,浸渣进行第二段氰化,金的总浸出率也只能提高到85.39%。

从多硫化物浸金所得的溶液中回收金,可采用活性炭吸附或用铝粉置换。

5.5.2　硫代硫酸盐浸金

硫代硫酸根离子中 S 的平均价态为 +2 价,形成的硫代硫酸为不稳定酸,即 $S_2O_3^{2-}$ 遇酸分解为元素硫和二氧化硫:

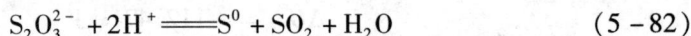

$$S_2O_3^{2-} + 2H^+ =\!=\!= S^0 + SO_2 + H_2O \tag{5-82}$$

因此,$S_2O_3^{2-}$ 作为浸金试剂,其浸出过程要在碱性条件下进行。硫代硫酸根离子能与 Au^+ 及 Ag^+ 形成稳定的配合物,有关的反应为:

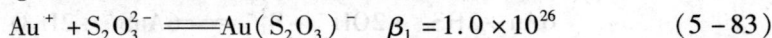

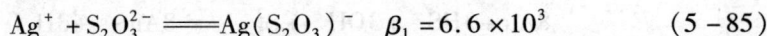

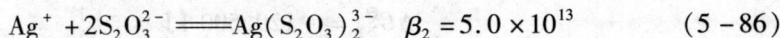

$$Au^+ + S_2O_3^{2-} =\!=\!= Au(S_2O_3)^- \qquad \beta_1 = 1.0 \times 10^{26} \tag{5-83}$$

$$Au^+ + 2S_2O_3^{2-} =\!=\!= Au(S_2O_3)_2^{3-} \qquad \beta_2 = 5.0 \times 10^{28} \tag{5-84}$$

$$Ag^+ + S_2O_3^{2-} =\!=\!= Ag(S_2O_3)^- \qquad \beta_1 = 6.6 \times 10^3 \tag{5-85}$$

$$Ag^+ + 2S_2O_3^{2-} =\!=\!= Ag(S_2O_3)_2^{3-} \qquad \beta_2 = 5.0 \times 10^{13} \tag{5-86}$$

因此,在硫代硫酸盐溶液中,当有合适的氧化剂存在时,金、银可以溶解进入溶液。曾进行过用硫代硫酸铵溶液溶解纯金片的试验,研究了溶液温度、氧气的分压、搅拌强度、试剂浓度和铜离子对金溶解速度的影响,认为金的溶解是按下式进行的:

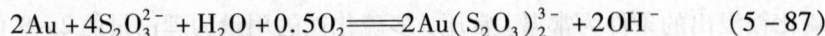

$$2Au + 4S_2O_3^{2-} + H_2O + 0.5O_2 =\!=\!= 2Au(S_2O_3)_2^{3-} + 2OH^- \tag{5-87}$$

研究发现:在金的溶解过程需要有 $Cu(NH_3)_4^{2+}$ 作为催化剂,若无 $Cu(NH_3)_4^{2+}$,则上述反应不能进行。硫代硫酸盐溶液浸金的反应可写成:

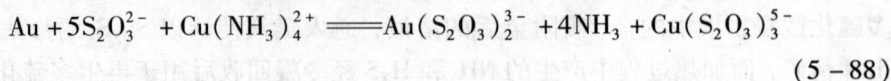

$$Au + 5S_2O_3^{2-} + Cu(NH_3)_4^{2+} =\!=\!= Au(S_2O_3)_2^{3-} + 4NH_3 + Cu(S_2O_3)_3^{5-}$$

$$\tag{5-88}$$

$$Au + 2S_2O_3^{2-} + Cu(NH_3)_4^{2+} \Longrightarrow Au(S_2O_3)_2^{3-} + 2NH_3 + Cu(NH_3)_2^{+} \qquad (5-89)$$

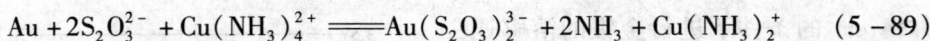

表 5 - 22 列出了有关电极反应的标准电极电位。从表 5 - 22 可见：从热力学上看，无论是 O_2 还是 $Cu(NH_3)_4^{2+}$，在硫代硫酸盐体系中均可作为金浸出的氧化剂。

表 5 – 22　硫代硫酸盐浸金体系有关电极反应的标准电极电位

电极反应	电极电位/V
$Au^{+} + e \Longrightarrow Au$	1.69
$Au(S_2O_3)_2^{3-} + e \Longrightarrow Au + 2S_2O_3^{2-}$	-0.126
$Cu(NH_3)_4^{2+} + e \Longrightarrow Cu(NH_3)_2^{+} + 2NH_3$	0.00
$Cu(NH_3)_4^{2+} + 2e \Longrightarrow Cu + 4NH_3$	-0.06
$Cu(NH_3)_2^{+} + e \Longrightarrow Cu + 2NH_3$	-0.12
$O_2 + 2H_2O + 4e \Longrightarrow 4OH^{-}$	0.401
$2SO_3^{2-} + 3H_2O + 4e \Longrightarrow S_2O_3^{2-} + 6OH^{-}$	-0.58
$2SO_4^{2-} + 5H_2O + 8e \Longrightarrow S_2O_3^{2-} + 10OH^{-}$	-0.76
$SO_4^{2-} + H_2O + 2e \Longrightarrow SO_3^{2-} + 2OH^{-}$	-0.93
$S_4O_6^{2-} + 2e \Longrightarrow 2S_2O_3^{2-}$	0.09

实际浸出过程中，$Cu(NH_3)_4^{2+}$ 在反应中起着催化剂的作用，生成的 $Cu(S_2O_3)_3^{5-}$ 或 $Cu(NH_3)_2^{+}$ 再被氧气氧化为高价铜的配离子。

用旋转圆盘法对金银在硫代硫酸钠溶液中的溶解动力学进行研究。单一的硫代硫酸钠溶液（浓度为 0.09 ~ 0.19 mol/L），在温度为 65 ℃鼓入空气的条件下，溶解 6 h，结果发现在金片和银片表面都覆盖一层黑色沉淀物，而金银未溶解进入溶液。X 射线衍射分析说明，在金片表面的沉淀物为元素硫，而在银片表面的沉淀物为元素硫和硫化银。加入催化剂硫酸铜（0.016 mol/L）的条件下，在与上述浓度相同的硫代硫酸钠溶液中，溶解金（银）片 15 ~ 20 min，金（银）片上仍覆盖有黑色的沉淀物，主要为元素硫、硫化铜和硫化银。这是因为在一定的温度下，$S_2O_3^{2-}$ 能分解生成 S 及 S^{2-} 所致：

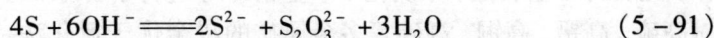

$$S_2O_3^{2-} \Longrightarrow SO_3^{2-} + S \qquad (5-90)$$

$$4S + 6OH^{-} \Longrightarrow 2S^{2-} + S_2O_3^{2-} + 3H_2O \qquad (5-91)$$

为了抑制 $S_2O_3^{2-}$ 分解产生 S 和 S^{2-}，往硫代硫酸钠的溶液中加入稳定剂亚硫酸钠，在 SO_3^{2-} 存在的条件下，可能存在的元素硫迅速地转化成 $S_2O_3^{2-}$。在硫酸铜浓度为 0.016 mol/L、亚硫酸钠浓度 0.2 mol/L，温度 65 ~ 70 ℃，金（银）片面积

$3.14\ cm^2$ 的条件下进行金银的溶解速度测定，其结果如图 5 -21 所示。

从图 5 -21 可见，在 $Na_2S_2O_3$ 浓度为 $0.06 \sim 0.13\ mol/L$ 的范围内，随着 $Na_2S_2O_3$ 浓度的增加，金(银)的溶解速度直线上升；而当 $Na_2S_2O_3$ 浓度大于 $0.13\ mol/L$ 之后，随着 $Na_2S_2O_3$ 浓度的增加，金(银)的溶解速度反而下降。

综上所述，用硫代硫酸盐浸金，最重要的两点是：①体系要有 2 价铜离子作为金浸出的催化剂；②需添加亚硫酸钠作为浸金试剂硫代硫酸根的稳定剂，其比例通常为 $n_{Na_2S_2O_3} : n_{Na_2SO_3} = 1:1$。

图 5 -21 硫代硫酸钠浓度与金(银)溶解速度的关系

由于氰化法对于含铜金矿的浸出效果差，所以硫代硫酸盐法对于处理含铜金矿有其优势，但这种浸金方法还处于研究阶段，尚无工业应用的实例。

对于硫代硫酸盐浸出金(银)的贵液，通常采用活性炭吸附或铝粉置换回收金、银。

5.5.3 石硫合剂浸金

石硫合剂系指将元素硫与石灰进行反应制得的试剂，石灰与元素硫在水溶液中发生的反应如下：

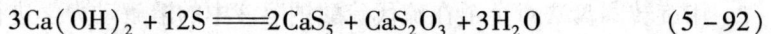

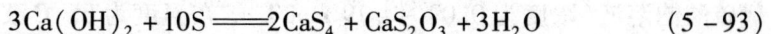

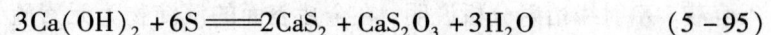

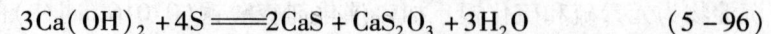

$$3Ca(OH)_2 + 12S \Longrightarrow 2CaS_5 + CaS_2O_3 + 3H_2O \tag{5-92}$$

$$3Ca(OH)_2 + 10S \Longrightarrow 2CaS_4 + CaS_2O_3 + 3H_2O \tag{5-93}$$

$$3Ca(OH)_2 + 8S \Longrightarrow 2CaS_3 + CaS_2O_3 + 3H_2O \tag{5-94}$$

$$3Ca(OH)_2 + 6S \Longrightarrow 2CaS_2 + CaS_2O_3 + 3H_2O \tag{5-95}$$

$$3Ca(OH)_2 + 4S \Longrightarrow 2CaS + CaS_2O_3 + 3H_2O \tag{5-96}$$

上述有关反应形成的多硫离子的类别主要取决于石灰与硫磺的比例，从上述反应可见，石硫合剂实质上是含有多硫离子和硫代硫酸根离子的混合物，兼有多硫化物浸金和硫代硫酸盐浸金的特点。国内对石硫合剂浸金作了较多的研究工作，先后对含金氧化矿、硫化矿、金精矿等进行了探索试验，初步认为石硫合剂对高硫、高铅、高铜、高砷等多金属矿的浸金优于氰化法，适应性也较强。现将有关试验结果列于表 5 -23。

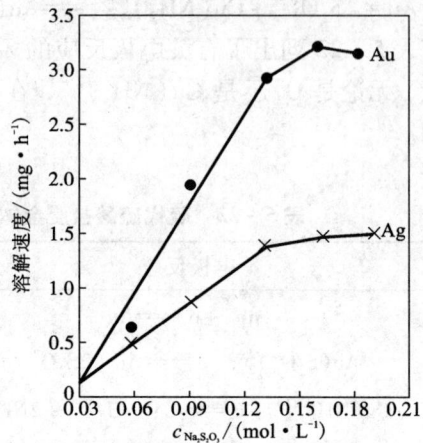

表 5 - 23　石硫合剂对各种含金物料的浸出效果

矿种	Au/(g·t^{-1})	Cu/%	Pb/%	Fe/%	S/%	As/%	金浸出率/%
含砷氧化原矿	3.08	0.01	0.01	21.05	1.50	1.50	98.78
多金属硫化矿	59.99	3.90	11.00	32.00	32.02		96.00
镍精矿氯化渣	1100			0.29	61.50		99.00
高铅铜砷精矿	300.10	1.74	37.10	11.20	23.61	4.00	99.00
高砷硫化矿	44.69	0.01	0.03	19.12	15.29	5.89	97.26
含砷精矿	54.00					3.50	96.00
含砷原矿	7.10	0.41	1.26	3.61	2.94	0.51	92.60
难处理金矿	3.07	0.06	0.02	5.08	1.37	0.12	89.00

从石硫合剂的浸金效果来看，它适合于处理的矿种类较多，浸出效果好，浸出速度快，试剂价廉易得。但存在着浸出过程试剂浓度高，从浸出液回收金难，浸金试剂再生较难等问题，需进一步解决。

5.6　含硫配合物提取银

5.6.1　亚硫酸盐浸出银

采用含硫配合物来提取银最重要的方法当属亚硫酸钠浸出法，此法的主要应用领域是用湿法处理铜(或铅)电解阳极泥，从阳极泥中浸出分离以氯化银形式存在的银。

5.6.1.1　基本原理

同 NH_3 一样，SO_3^{2-} 也能与 Ag^+ 形成稳定的配合物 $Ag(SO_3)^-$、$Ag(SO_3)_2^{3-}$、$Ag(SO_3)_3^{5-}$：

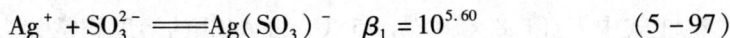

$$Ag^+ + SO_3^{2-} \rule[0.5ex]{1em}{0.4pt} Ag(SO_3)^- \quad \beta_1 = 10^{5.60} \qquad (5-97)$$

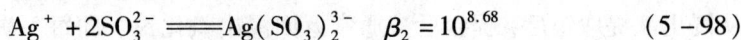

$$Ag^+ + 2SO_3^{2-} \rule[0.5ex]{1em}{0.4pt} Ag(SO_3)_2^{3-} \quad \beta_2 = 10^{8.68} \qquad (5-98)$$

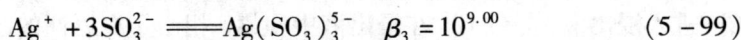

$$Ag^+ + 3SO_3^{2-} \rule[0.5ex]{1em}{0.4pt} Ag(SO_3)_3^{5-} \quad \beta_3 = 10^{9.00} \qquad (5-99)$$

SO_3^{2-} 为弱酸根离子，在溶液中它可以与 H^+ 反应：

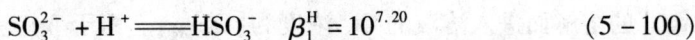

$$SO_3^{2-} + H^+ \rule[0.5ex]{1em}{0.4pt} HSO_3^- \quad \beta_1^H = 10^{7.20} \qquad (5-100)$$

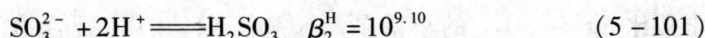

$$SO_3^{2-} + 2H^+ \rule[0.5ex]{1em}{0.4pt} H_2SO_3 \quad \beta_2^H = 10^{9.10} \qquad (5-101)$$

图 5 - 22 为溶液中 SO_3^{2-}、HSO_3^-、H_2SO_3 各物种所占的比例与 pH 值的关系。

从图 5 - 22 可见，溶液的 pH < 1.9，SO_3^{2-} 主要以 H_2SO_3 的形式存在；pH 在 1.9 ~ 7.2 时，主要以 HSO_3^- 的形式存在；而 pH > 7.2，主要以 SO_3^{2-} 的形式存在。在工业上，利用亚硫酸根与银的配合反应进行氯化银的浸出，因此，希望在溶液中的亚硫酸应主要以亚硫酸根的形式存在。在工业上用亚硫酸钠浸银时，一般控制 pH 在 9 左右，此时溶液中亚硫酸根含量比例达 95% 以上。

溶液中各种银 - 亚硫酸根配合离子及银离子所占的比例与游离亚硫酸根浓度的关系如图 5 - 23 所示。

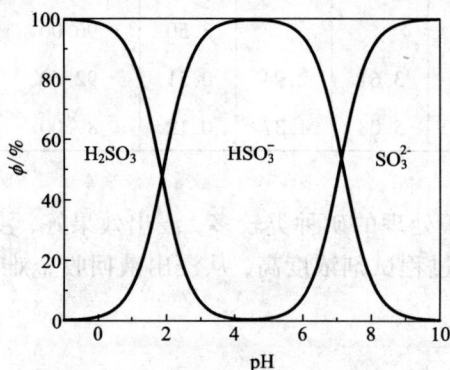

图 5 - 22 溶液中 SO_3^{2-}、HSO_3^-、
H_2SO_3 的含量比例(ϕ)与 pH 关系

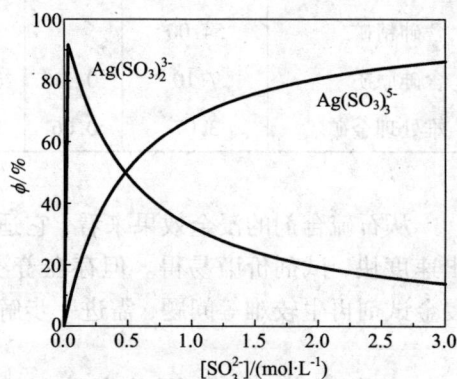

图 5 - 23 银 - 亚硫酸根配合离子
含量比例(ϕ)与 [SO_3^{2-}] 的关系

从图 5 - 23 可见，在工业浸银的条件下，溶液中的银主要是以 $Ag(SO_3)_2^{3-}$ 和 $Ag(SO_3)_3^{5-}$ 的形式存在。当 AgCl 与亚硫酸钠溶液反应达到平衡时，溶液中银离子的总浓度 $[Ag]_T$ 可用下式表示：

$$[Ag]_T = [Ag^+] + [Ag(SO_3)^-] + [Ag(SO_3)_2^{3-}] + [Ag(SO_3)_3^{5-}] = \frac{K_{sp}}{[Cl^-]}(1$$
$$+ \beta_1[SO_3^{2-}] + \beta_2[SO_3^{2-}]^2 + \beta_3[SO_3^{2-}]^3) \qquad (5 - 102)$$

上式中 K_{sp}(1.8 × 10^{-10}, 25 ℃) 为 AgCl 的溶度积常数。采用亚硫酸钠浸银，从浸出液提取银后，提银后液通常返回浸出氯化银。即每一次浸出后氯化银中的 Cl^- 进入浸出液，导致 Cl^- 在浸出液中积累，相当于在返回的浸出液中另外加入了 Cl^-。当亚硫酸钠溶液返回浸出时，令已积累在溶液中的 Cl^- 的浓度为 $[Cl]_{外}$，由 AgCl 的溶解而进入溶液的 Cl^- 浓度为 $[Cl]_{AgCl}$。由于 Ag^+ - Cl^- 形成的配合物稳定常数比 Ag^+ - SO_3^{2-} 的小得多，不考虑 Ag^+ - Cl^- 配合物的生成，则有 $[Ag]_T = [Cl]_{AgCl}$，体系中氯离子的总浓度 $[Cl] = [Ag]_T + [Cl]_{外}$，式(5 - 102)成为：

$$[Ag]_T = \frac{K_{sp}}{[Cl^-]_{\text{外}} + [Ag]_T}(1 + \beta_1[SO_3^{2-}] + \beta_2[SO_3^{2-}]^2 + \beta_3[SO_3^{2-}]^3)$$

$$(5-103)$$

即：

$$[Ag]_T = \frac{-[Cl^-]_{\text{外}} + \sqrt{[Cl^-]_{\text{外}}^2 + 4K_{sp}(1 + \beta_1[SO_3^{2-}] + \beta_2[SO_3^{2-}]^2 + \beta_3[SO_3^{2-}]^3)}}{2}$$

$$(5-104)$$

图 5-24 为 pH > 9 的亚硫酸钠溶液中 AgCl 的溶解度($[Ag]_T$)与亚硫酸根浓度($[SO_3^{2-}]$)的关系。

由图 5-24 可见，溶液中不存在积累的 Cl^- 时，亚硫酸钠具有较好的浸银效果，而当溶液中积累了较高的 Cl^- 后，银的浸出效果将大幅度下降。与氨水浸出氯化银相比，亚硫酸根离子与银的配合能力要强一些，尽管溶液中氯

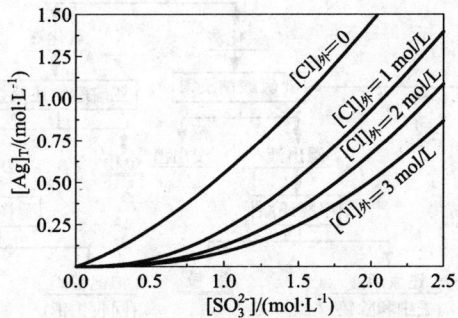

图 5-24　AgCl 在亚硫酸钠溶液中的溶解度与 $[SO_3^{2-}]$ 的关系

离子的浓度高达 3 mol/L，但在工业上采用的亚硫酸根浸银浓度下，银的浓度仍可达 35 g/L 以上。

5.6.2　应用实例

在目前铜（或铅）阳极泥的湿法处理中，对于经处理后阳极泥以氯化银形式存在的银，主要是采用亚硫酸钠（俗称亚钠）浸出法，所采用的典型工艺流程如图 5-25 所示。

银浸出的条件：Na_2SO_3 250~280 g/L，pH 8~9，温度 30~40 ℃，按浸出液中银的浓度为 30 g/L 计算液固比，搅拌浸出 5 h。

银还原条件：按 30 g/L 计加入 NaOH，在 40~50 ℃下加入甲醛还原，甲醛：银 = 1:(2.5~3)，还原终点溶液中银的含量为 0.5~1 g/L。还原结束，过滤得到银粉后，滤液通 SO_2 至 pH = 8.5~9 以再生亚硫酸钠返回分银。

随着溶液循环次数的增加，母液中的 Cl^- 不断积累、浓度增加，溶液返回 10 次后，积累的 Cl^- 浓度可高达 3 mol/L 以上，浸银的效果变差（见图 5-24）。现行的方法是每次抽出一部分亚硫酸钠溶液进行深度还原回收其中的银，而后弃去深度还原的溶液。

现在使用湿法处理阳极泥的工艺中，广泛采用亚硫酸钠浸银工艺，这种方法

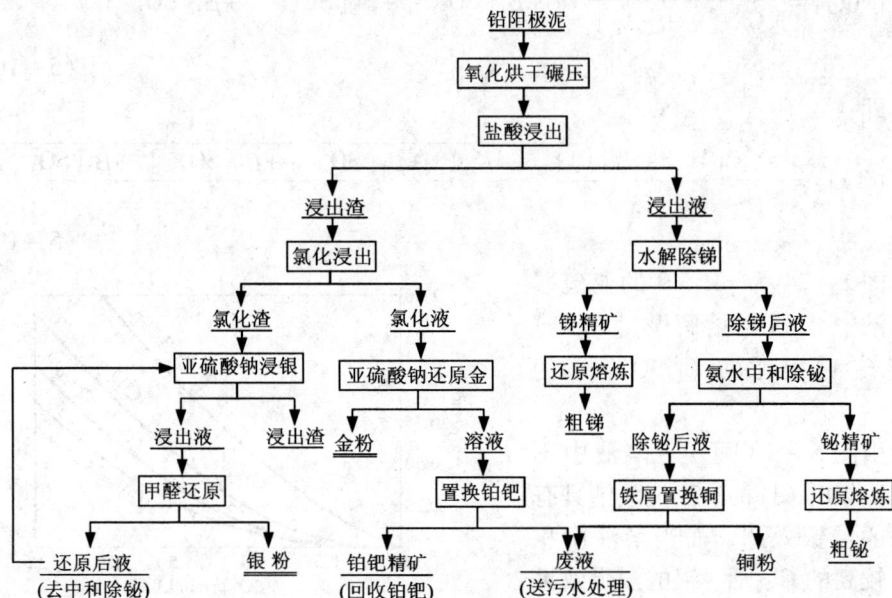

图 5 - 25　铅阳极泥湿法处理的工艺流程

相对其他方法，成本较低，浸出液受污染的程度小，银粉质量高，作业环境好，母液可以循环使用，是一种比较好的分银方法。

这种方法的主要缺点是，亚硫酸钠作为浸出剂所要求的浓度较高（250 g/L 以上），冬季易结晶，同时亚硫酸钠还容易被空气中的氧气氧化，生成 Na_2SO_4，硫酸钠在水中的溶解度低，达到饱和时易形成结晶析出，妨碍浸出过程的进行。

参考文献

[1] 杨天足，等. 贵金属冶金及产品深加工[M]. 长沙：中南大学出版社，2005

[2] Mcquiston F W, et al. Gold and silver cyanidation plant practice[C]. American Institte of Mining. Metallurgical and Petrolem Engineers. New York，1975

[3] 赵捷，乔繁盛. 黄金冶金[M]. 原子能工业出版社，1988

[4] Micheal W George. Gold[M]. Mineral Commodity Summaries，2005

[5] 宾万达，卢宜源. 贵金属冶金学[M]. 长沙：中南大学出版社，2011

[6] 黄礼煌. 金银提取技术（第2版）[M]. 北京：冶金工业出版社，2003

[7] 古映莹. 金氰化过程氰根与氧气浓度的最佳比值[J]. 黄金，1994，15(6)：50

[8] 钟平，黄承玲，胡跃华. 酸性水溶液氯化提金新方法与工艺的研究[J]. 江西有色金属，14

(4)：27 - 29

[9] 钟平, 胡跃华. 氯化提金研究和工艺应用现状[J]. 赣南师范学院学报, 1997, (6)：61 - 66

[10] 赵文焕. 强化氯化法提取金银工艺研究[J]. 湿法冶金, 1996, (1)：24 - 33

[11] 姜涛. 提金化学[M]. 湖南科学技术出版社, 1998

[12] 中南矿冶学院冶金研究室编. 氯化冶金[M]. 北京：冶金工业出版社, 1978

[13] 张祥麟, 康衡. 配位化学[M]. 中南工业大学出版社, 1986

[14] 余建民. 贵金属分离与精炼工艺学[M]. 北京：化学工业出版社, 2006

[15] 丁龙波, 范卿, 王玉贵. 氰化金泥全控电湿法直接精炼新工艺[J]. 黄金, 1999, 20(5)：34 - 37

[16] 姚维义, 唐谟堂, 陈永明, 等. 硫化银锰精矿全湿法提银新工艺[J]. 金属矿山, 2004, (7)：47 - 50

[17] 姚维义, 唐谟堂, 谢敦义, 等. 高锰高砷硫化银精矿湿法提银扩大试验[J]. 现代化工, 2004, 24(2)：26 - 29

[18] 童雄, 钱鑫, 黄伟. 硫脲浸金过程选择氧化剂的热力学判据[J]. 有色金属, 1997, 49(3)：52 - 54

[19] 郑粟, 王云燕, 柴立元. 基于配位理论的碱性硫脲选择性溶金机理[J]. 中国有色金属学报, 15(10)：1629 - 1635

[20] 郭观发, 胡岳华, 邱冠周. 硫脲提金理论研究——金溶解动力学[J]. 黄金, 1994, (9)：30 - 33

[21] 张静, 兰新哲, 宋永辉, 等. 酸性硫脲法提金的研究进展[J]. 贵金属, 30(2)：75 - 82

[22] 方兆珩. 高 Cu 硫化精矿中硫脲浸取 Au 和 Ag 的动力学[J]. 化工冶金, 14(4)：319 - 326

[23] Ju Shaohua, Tang Motang, Yang Shenghai. Thermodynamics and technology of extracting gold from low-grade gold ore in system of $NH_4Cl - NH_3 - H_2O$[J]. Trans. Nonferrous Met. Soc. China, 2006, 16：203 - 208

[24] 巨少华. MACA 体系中铜、镍和金的冶金热力学及低品位矿的堆浸工艺研究[D]. 长沙：中南大学, 2006

[25] 杨天足, 窦爱春, 江名喜, 楚广. 氯离子浓度对氨水浸出氯化银的影响[J]. 贵金属, 2006, 27(4)：6 - 11

[26] 杨天足, 陈希鸿, 卢宜源, 等. 多硫化钠浸金研究[J]. 中南矿冶学院学报, 1992, 23(6)：687

[27] 杨天足, 宾万达, 陈希鸿, 卢宜源. 难处理金矿加石灰焙烧焙砂的多硫化物浸出[J]. 黄金, 1995, 16(10)：29

[28] 黎鼎金, 王永录. 贵金属提取与精炼(修订版)[M]. 长沙：中南大学出版社, 2003

[29] 杨丙雨, 兰新哲, 张箭, 韩爱玉. 石硫合剂的提金原理和应用[J]. 贵金属, 1997, 18(2)：58

[30] 李雁南. 石硫合剂法浸出金[J]. 湿法冶金, 1998, (4)：1

[31] 张杜超, 杜新玲, 杨天足, 等. 氯化银在含氯离子的亚硫酸钠溶液中的浸出研究[J]. 贵金属, 2007, 28(3)：10 - 14

图书在版编目(CIP)数据

配合物冶金理论与技术/唐谟堂、杨天足等著 . —长沙:中南大学
出版社,2011. 10
ISBN 978-7-5487-0169-9

Ⅰ.配... Ⅱ.①唐...②杨... Ⅲ.螯合物 – 湿法冶金
Ⅳ.TF111. 3

中国版本图书馆 CIP 数据核字(2010)第 262188 号

配合物冶金理论与技术

唐谟堂 杨天足 等著

□**责任编辑** 史海燕
□**责任印制** 文桂武
□**出版发行** 中南大学出版社
　　　　　　社址:长沙市麓山南路　　　　　邮编:410083
　　　　　　发行科电话:0731-88876770　　　传真:0731-88710482
□**印　　装** 长沙市宏发印刷厂

□**开　　本** 720×1000 B5　□**印张** 29.5　□**字数** 570 千字
□**版　　次** 2011 年 10 月第 1 版　□2011 年 10 月第 1 次印刷
□**书　　号** ISBN 978-7-5487-0169-9
□**定　　价** 118.00 元